MATLAB/Simulinkによる
現代制御入門

川田昌克 著

森北出版株式会社

まえがき

筆者が若かりし頃に執筆した「MATLAB/Simulink によるわかりやすい制御工学」が「古典制御理論」を中心とした内容であるのに対し，本書は「現代制御理論」を中心とした内容である.「現代制御理論」については，すでに，著名な先生方により執筆された数々の優れた本が出版されている．それにもかかわらず，筆者が執筆を志したのは，これらの本の多くが，一部の優秀な学生を除いては少々難解であり，また，理解を深めるための例題や演習も少ないと感じていたからである．さらに，現在では,「現代制御理論」を利用するために，MATLAB/Simulink というツールが必要不可欠となっているが，両者をリンクさせた書物はきわめて少ない．このような問題意識をもって，本書を執筆した.

本書の特徴を以下に示す.

1. 古典制御理論を学んできた者が現代制御理論を学ぶための動機付けを行うため，**第 1 章**で両者を比較した，一つの見方を示した.
2. 読者が内容の理解を深めるために，例題と演習問題を他書と比べて多く掲載した．ほとんどの例題や演習問題では，読者が手計算で追うことができるように配慮した．また，視覚的に理解できるよう図を多用した.
3. 各章の章末には，その内容に関連した MATLAB/Simulink の使用方法を示した．また，各例題や演習問題の結果を MATLAB/Simulink で確認するための M ファイルや Simulink モデルを，本書のサポートページ
   - https://www.morikita.co.jp/soft/92041/

   に掲載した.
4. MATLAB/Simulink が使用できない場合であっても，その内容の理解に支障がないように配慮した.
5. 現代制御理論の発展形として，比較的，新しいトピックスである線形行列不等式 (LMI) についても言及した.

当初は，実システムへの応用例を最終章として掲載するつもりであったが，筆者の文章力のなさのためにページ数が多くなってしまい，その掲載を見送らざるを得なかった．これについては，別の機会に執筆できればと考えている.

本書を執筆するにあたり，各例題や演習問題では MATLAB/Simulink を多用した．筆者の OS 環境は Windows 7 (64bit) であり，MATLAB のバージョンとしては，執筆時

点での最新バージョンである

- MATLAB Version 7.11 (R2010b)
- Simulink Version 7.6 (R2010b)
- Control System Toolbox Version 9.0 (R2010b)
- Symbolic Math Toolbox Version 5.5 (R2010b)(注 0.1)
- Robust Control Toolbox Version 3.5 (R2010b)(注 0.2)

を使用した．また，**第 9 章**では，MATLAB 上で動作するフリーウェアの

- SeDuMi（セデュミ） Version 1.3 (20100405)
- SDPT3 Version 4.0
- YALMIP（ヤルミップ） Version 3 (R20100903)

も併用した(注 0.3)．

本書の執筆にあたっては，できる限り誤りがないように記述したつもりであるが，筆者の能力不足により不備な点や誤った点があることを危惧している．この点については，読者の御叱正を頂ければ幸いである．

最後に，大幅な執筆の遅れにもかかわらず，辛抱強くお待ち頂いた富井 晃 氏をはじめとする森北出版株式会社の関係各位，石井智也 氏に厚く御礼を申し上げます．

平成 23 年 早春　筆者記す

平成 23 年（2011 年）6 月に本書の第 1 刷が発行されてから約 14 年が経過したが，おかげさまでこのたび第 6 刷を増刷する運びとなった．執筆当時の MATLAB/Simulink のバージョンは R2010b であったが，今回の校正作業を進めている時点での最新バージョンは R2024b である．バージョンアップに伴い，MATLAB/Simulink で作成したファイルの記述に修正が必要な部分が生じていたため，今回，R2024b でも動作するように改訂作業を行った．ただし，Simulink モデルの拡張子については `mdl` のままとしているので，適宜，拡張子を `slx` と読み替えてほしい．

今後とも，引き続き皆様の愛読書として活用していただければ幸いである．

令和 7 年 晩冬　筆者記す

(注 0.1) R2008b より Symbolic Math Toolbox で用いられる数式計算エンジンのデフォルトは，商用の Maple (https://www.maplesoft.com/) から MuPAD に変更になった．そのため，R2008a までと R2008b 以降では Symbolic Math Toolbox を利用したときの実行結果が異なる場合があるので注意されたい．

(注 0.2) **第 8 章**の例題の一部で必要である．また，**第 9 章**で LMI ソルバ LMILAB を利用したい場合にも必要である．

(注 0.3) インストールの方法については，**付録 B.7** を参照されたい．

目　次

第 1 章

古典制御理論から現代制御理論へ

PID 制御に代表される古典制御理論は，制御対象の数学モデルを伝達関数表現で表し，制御系設計や解析を議論している．古典制御理論は，1 次システムや 2 次システムのように，低次である 1 入出力システムの制御対象に対しては威力を発揮するが，高次のシステムや入出力間に干渉のある多入力多出力システムの制御対象に対する取り扱いが困難である．それに対し，現代制御理論では，制御対象の入力信号 (操作量) や出力信号 (制御量) だけでなく，内部状態も考慮した状態空間表現とよばれる数学モデルで制御対象を記述し，内部状態をフィードバックする構造のコントローラを用いることによって，高次のシステムや多入力多出力システムの取り扱いを容易にしている．

ここでは，簡単な具体例により現代制御理論を学ぶ動機付けについて説明する．

1.1 高次システムに対する古典制御理論の限界

古典制御理論(classical control theory)で代表的な **PID 制御**(PID control)(注 1.1) は，制御対象が 2 次までの低次なシステムであれば極(pole)を任意に設定できるため，安定性(stability)を確保できるが，制御対象が 3 次以上の高次システムの場合，一般に，安定性を保証できるとは限らない．ここでは，高次システムの制御対象として図 1.1 の 2 慣性システムを考え，このことを説明する．

例 1.1 ……… 2 慣性システム (図 1.1) の伝達関数表現

図 1.1 の 2 慣性システムにおいて，台車 1 に力 $u(t) = f_1(t)$ を加え，台車 2 の位置 $y(t) = z_2(t)$ を制御することを考える．台車 1, 2 の粘性摩擦を無視すると，その運動方程式は

$$\mathcal{P}: \begin{cases} M_1\ddot{z}_1(t) = u(t) - \underbrace{k\bigl(z_1(t) - y(t)\bigr)}_{f_k(t)} - \underbrace{\mu\bigl(\dot{z}_1(t) - \dot{y}(t)\bigr)}_{f_\mu(t)} \\ M_2\ddot{y}(t) = \overbrace{k\bigl(z_1(t) - y(t)\bigr)} + \overbrace{\mu\bigl(\dot{z}_1(t) - \dot{y}(t)\bigr)} \end{cases} \tag{1.1}$$

となる．古典制御理論では，制御対象の数学モデルを

伝達関数表現

$$\mathcal{P}:\ y(s) = P(s)u(s) \tag{1.2}$$

(注 1.1) PID は Proportional (比例)，Derivative (微分)，Integral (積分) の頭文字である．

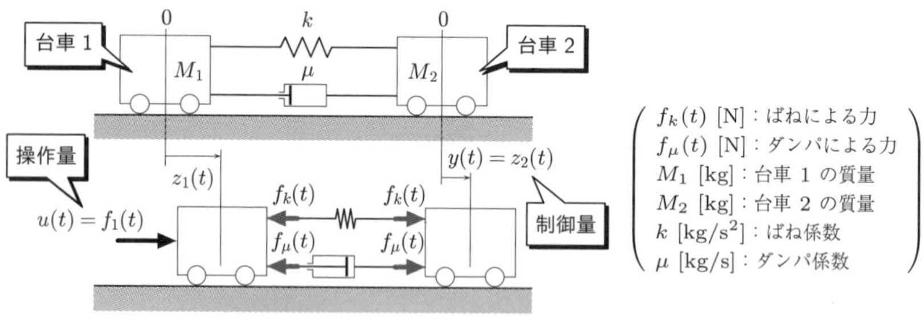

図 1.1　台車 1 にのみ操作量 $u(t)=f_1(t)$ が加わっている 2 慣性システム

とよばれる形式で表す．ただし，$u(s)=\mathcal{L}\big[u(t)\big]$, $y(s)=\mathcal{L}\big[y(t)\big]$ はそれぞれ信号 $u(t)$, $y(t)$ のラプラス変換(注 1.2)であり，$P(s):=y(s)/u(s)$ は "$u(s)$ から $y(s)$ までの**伝達関数** (transfer function)" である．たとえば，$M_1=0.5$, $M_2=1$, $k=2$, $\mu=1$ のとき，$y(0)=0$, $\dot{y}(0)=0$, $z_1(0)=0$, $\dot{z}_1(0)=0$ として (1.1) 式の両辺をラプラス変換し，$z_1(s)$ を消去すると，次式の伝達関数表現が得られる．

$$\mathcal{P}:\ y(s)=P(s)u(s),\ \ P(s)=\frac{2s+4}{s^2(s^2+3s+6)} \tag{1.3}$$

機械システムの制御では，図 1.2 に示す P–D 制御 (微分先行型 PD 制御) が利用されることが多い．ただし，$y^{\rm ref}(t)$ は $y(t)$ の目標値，$e(t):=y^{\rm ref}(t)-y(t)$ (注 1.3) は偏差である．そこで，

P–D コントローラ

$$\mathcal{K}:\ u(t)=\overbrace{k_{\rm P}e(t)}^{\text{比例動作}}-\overbrace{k_{\rm D}\dot{y}(t)}^{\text{微分動作}} \iff \mathcal{K}:\ u(s)=k_{\rm P}e(s)-k_{\rm D}sy(s) \tag{1.4}$$

を用いて，図 1.1 の 2 慣性システムの位置制御 (台車 2 の位置 $y(t)=z_2(t)$ をその目標値 $y^{\rm ref}(t)$ に追従させる制御) を実現することを考える．P–D コントローラの設計パラメータである $k_{\rm P}$, $k_{\rm D}$ の選び方には様々な方法が考えられるが，ここでは，部分的モデルマッチング法 (北森の方法) により決定する．

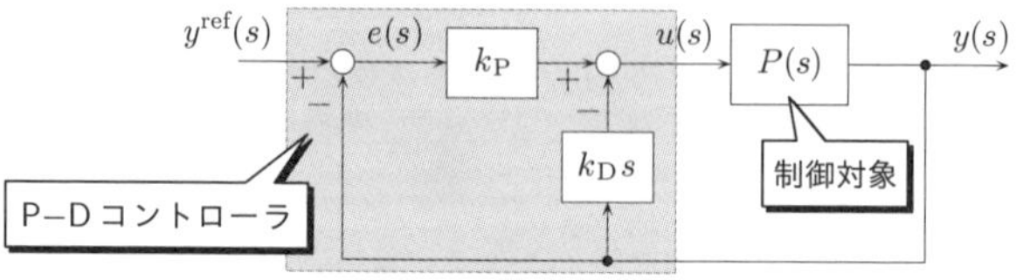

図 1.2　P–D 制御

(注 1.2) ラプラス変換については付録 A.1 (p.197) を参照すること．また本書では，大文字で標記される伝達関数 $P(s)$ と区別するため，信号 $f(t)$ のラプラス変換を $f(s)=\mathcal{L}\big[f(t)\big]$ のように小文字で表す．

(注 1.3) 本書では，A が B により定義されることを，"$A:=B$" と記述する．

例 1.2 ………………………………………… **2 慣性システム (図 1.1) の P–D 制御**

以下の手順により $k_{\mathrm{P}}, k_{\mathrm{D}}$ を定める．

ステップ 1　目標値 $y^{\mathrm{ref}}(s)$ から制御量 $y(s)$ への伝達関数 $T(s) := y(s)/y^{\mathrm{ref}}(s)$ を求めると，次式のようになる．

$$T(s) = \frac{P(s)k_{\mathrm{P}}}{1 + P(s)\bigl(k_{\mathrm{D}}s + k_{\mathrm{P}}\bigr)} = \frac{N_T(s)}{D_T(s)} \tag{1.5}$$

$$\begin{cases} N_T(s) = 2k_{\mathrm{P}}s + 4k_{\mathrm{P}} \\ D_T(s) = s^4 + 3s^3 + \bigl(6 + 2k_{\mathrm{D}}\bigr)s^2 + \bigl(2k_{\mathrm{P}} + 4k_{\mathrm{D}}\bigr)s + 4k_{\mathrm{P}} \end{cases}$$

ステップ 2　$1/T(s)$ は筆算により，

$$\begin{array}{r|l}
 & 1 + \dfrac{k_{\mathrm{D}}}{k_{\mathrm{P}}}s + \dfrac{3}{2k_{\mathrm{P}}}s^2 + \cdots \\ \hline
4k_{\mathrm{P}} + 2k_{\mathrm{P}}s & 4k_{\mathrm{P}} + \bigl(2k_{\mathrm{P}} + 4k_{\mathrm{D}}\bigr)s + \bigl(6 + 2k_{\mathrm{D}}\bigr)s^2 + 3s^3 + s^4 \\
 & 4k_{\mathrm{P}} + 2k_{\mathrm{P}}s \\ \hline
 & 4k_{\mathrm{D}}s + \bigl(6 + 2k_{\mathrm{D}}\bigr)s^2 + 3s^3 + s^4 \\
 & 4k_{\mathrm{D}}s + 2k_{\mathrm{D}}s^2 \\ \hline
 & 6s^2 + 3s^3 + s^4 \\
 & 6s^2 + 3s^3 \\ \hline
 & \vdots
\end{array}$$

のように計算でき，$1/T(s)$ を，次式のように無限級数で表現することができる．

$$\frac{1}{T(s)} = 1 + \frac{k_{\mathrm{D}}}{k_{\mathrm{P}}}s + \frac{3}{2k_{\mathrm{P}}}s^2 + \cdots \tag{1.6}$$

なお，$1/T(s)$ を $s = 0$ においてテイラー展開することによっても，(1.6) 式と同様の結果を得ることができる．

ステップ 3　P–D 制御では設計パラメータが $k_{\mathrm{P}}, k_{\mathrm{D}}$ の 2 個，存在する．そこで，規範モデルの伝達関数 $G_{\mathrm{M}}(s)$ として，2 次遅れ要素

$$G_{\mathrm{M}}(s) = \frac{\omega_{\mathrm{n}}^2}{s^2 + 2\zeta\omega_{\mathrm{n}}s + \omega_{\mathrm{n}}^2}, \quad \omega_{\mathrm{n}} > 0, \quad \zeta > 0 \tag{1.7}$$

を考える．このとき，システム $y_{\mathrm{M}}(s) = G_{\mathrm{M}}(s)y^{\mathrm{ref}}(s)$ のステップ応答は，与える固有角周波数 ω_{n} の大きさに比例して速応性が向上し，減衰係数 ζ の値に応じて安定度が決まる．**図 1.3** に，(1.7) 式の単位ステップ応答を示す．$G_{\mathrm{M}}(s)$ の逆数は

$$\frac{1}{G_{\mathrm{M}}(s)} = 1 + \frac{2\zeta}{\omega_{\mathrm{n}}}s + \frac{1}{\omega_{\mathrm{n}}^2}s^2 \tag{1.8}$$

であるので，(1.8) 式と (1.6) 式の 2 次までの項が一致するように，コントローラ (1.4) 式のパラメータ $k_{\mathrm{P}}, k_{\mathrm{D}}$ を，次式により定める．

$$k_{\mathrm{P}} = \frac{3\omega_{\mathrm{n}}^2}{2}, \quad k_{\mathrm{D}} = 3\zeta\omega_{\mathrm{n}} \tag{1.9}$$

P–D コントローラ (1.4), (1.9) 式を用いたシミュレーション結果を，**図 1.4** に示す．ただし，設計パラメータを $\zeta = 0.7$, $\omega_\mathrm{n} = 0.5, 2$ と選び，目標値は，

$$y^{\mathrm{ref}}(t) = \begin{cases} 0 & (t < 0) \\ 1 & (t \geq 0) \end{cases}$$

とした．**図 1.4** からわかるように，P–D 制御では，ω_n を大きくするに従って $G_\mathrm{M}(s)$ と $T(s)$ との近似の精度が悪くなり，ω_n を大きくしすぎると不安定となる．この要因は，$T(s)$ の分母 $D_T(s)$ が 4 次であるのに対し，P–D コントローラ (1.4) 式のパラメータが k_P, k_D の 2 個しかないため，$T(s)$ の 4 個の極 ($D_T(s) = 0$ の解) を任意に指定できないことにある．

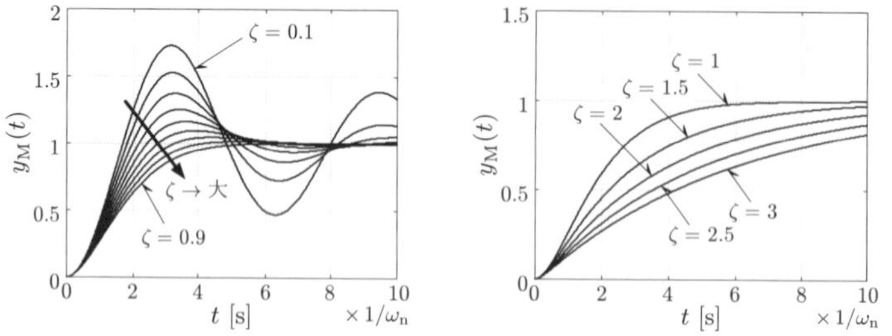

(a) 不足制動 $(0 < \zeta < 1)$　　(b) 臨界制動 $(\zeta = 1)$，過制動 $(\zeta > 1)$

図 1.3　2 次の規範モデル $y_\mathrm{M}(s) = G_\mathrm{M}(s)y^{\mathrm{ref}}(s)$ の単位ステップ応答

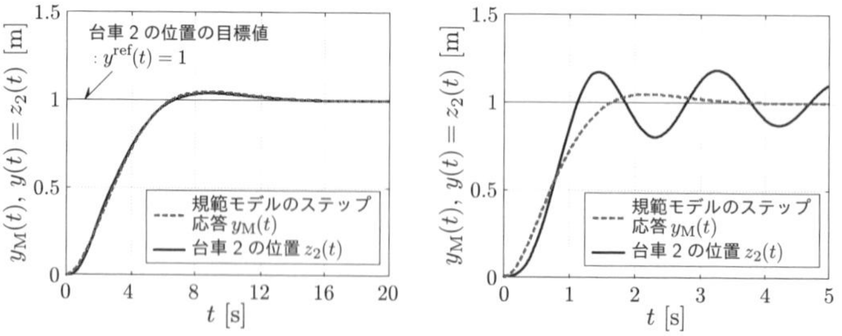

(a) $\omega_\mathrm{n} = 0.5$, $\zeta = 0.7$　　(b) $\omega_\mathrm{n} = 2$, $\zeta = 0.7$

図 1.4　P–D 制御のシミュレーション結果

1.2　現代制御理論における高次システムの取り扱い

図 1.1 の 2 慣性システムに対する P–D 制御では，台車 2 の状態 $(y(t) = z_2(t)$, $\dot{y}(t) = \dot{z}_2(t))$ のみをコントローラ (1.4) 式に利用したが，台車 1 の状態 $(z_1(t)$, $\dot{z}_1(t))$ も利用した方が，より高性能な制御が期待できる．そこで，**現代制御理論**（modern control theory）では，台車 2 の状態だけでなく，台車 1 の状態もコントローラに利用する．

例 1.3 ……………… **2 慣性システム (図 1.1) の状態フィードバック制御**

容易にわかるように，定常状態で，台車 2 が定値の目標値 $y^{\mathrm{ref}}(t)=y_{\mathrm{c}}^{\mathrm{ref}}$ で静止している $(y(t)=z_2(t)=y_{\mathrm{c}}^{\mathrm{ref}})$ とき，台車 1 の位置 $z_1(t)$ も $y_{\mathrm{c}}^{\mathrm{ref}}$ で静止している．このことを考慮し，コントローラの形式を

$$\begin{aligned}\mathcal{K}:\ u(t)&=\overbrace{k_{\mathrm{P1}}e_1(t)-k_{\mathrm{D1}}\dot{z}_1(t)}^{\text{台車 1 の P–D 制御}}+\overbrace{k_{\mathrm{P2}}e_2(t)-k_{\mathrm{D2}}\dot{z}_2(t)}^{\text{台車 2 の P–D 制御}}\\ e_1(t)&=y^{\mathrm{ref}}(t)-z_1(t),\ \ e_2(t)=y^{\mathrm{ref}}(t)-z_2(t)\end{aligned} \tag{1.10}$$

と選ぶ．さらに，

$$\boldsymbol{x}(t)=\begin{bmatrix}x_1(t)\\x_2(t)\\x_3(t)\\x_4(t)\end{bmatrix}=\begin{bmatrix}z_1(t)\\\dot{z}_1(t)\\z_2(t)\\\dot{z}_2(t)\end{bmatrix}\begin{matrix}\left.\begin{matrix}\\\\\end{matrix}\right\}\text{台車 1 の状態}\\\left.\begin{matrix}\\\\\end{matrix}\right\}\text{台車 2 の状態}\end{matrix}\ \Bigg\}\ \text{2 慣性システム（制御対象）の状態}$$

$$\boldsymbol{k}=\begin{bmatrix}k_1 & k_2 & k_3 & k_4\end{bmatrix}=\begin{bmatrix}-k_{\mathrm{P1}} & -k_{\mathrm{D1}} & -k_{\mathrm{P2}} & -k_{\mathrm{D2}}\end{bmatrix},\quad h=k_{\mathrm{P1}}+k_{\mathrm{P2}}$$

とおくと，(1.10) 式は，“制御対象の**状態変数**(state variable) $\boldsymbol{x}(t)$ をフィードバックした項 $\boldsymbol{kx}(t)$” と “目標値 $y^{\mathrm{ref}}(t)$ からのフィードフォワードの項 $hy^{\mathrm{ref}}(t)$” の和

状態フィードバック形式のコントローラ (state feedback)

$$\mathcal{K}:\ u(t)=\boldsymbol{kx}(t)+hy^{\mathrm{ref}}(t) \tag{1.11}$$

で表すことができる (図 1.5 参照)．状態フィードバック形式のコントローラについては，**第 4 章**で詳しく説明する．コントローラ (1.11) 式を用いると，目標値 $y^{\mathrm{ref}}(s)$ から制御量 $y(s)$ への伝達関数 $T(s)$ の極を任意に設定できるという利点がある．実際，目標値 $y^{\mathrm{ref}}(s)$ から制御量 $y(s)$ への伝達関数 $T(s):=y(s)/y^{\mathrm{ref}}(s)$ を求めると，

$$T(s)=\frac{N_T(s)}{D_T(s)} \tag{1.12}$$

$$\begin{cases}N_T(s)=2\big(k_{\mathrm{P1}}+k_{\mathrm{P2}}\big)s+4\big(k_{\mathrm{P1}}+k_{\mathrm{P2}}\big)\\ D_T(s)=s^4+\big(3+2k_{\mathrm{D1}}\big)s^3+2\big(3+k_{\mathrm{P1}}+k_{\mathrm{D1}}+k_{\mathrm{D2}}\big)s^2\\ \qquad\qquad +2\big\{k_{\mathrm{P1}}+k_{\mathrm{P2}}+2\big(k_{\mathrm{D1}}+k_{\mathrm{D2}}\big)\big\}s+4\big(k_{\mathrm{P1}}+k_{\mathrm{P2}}\big)\end{cases}$$

となる．したがって，k_{P1}, k_{D1}, k_{P2}, k_{D2} により $T(s)$ の極 ($D_T(s)=0$ の根) を任意に指定でき，P–D コントローラ (1.4) 式よりも柔軟な設計が可能である．

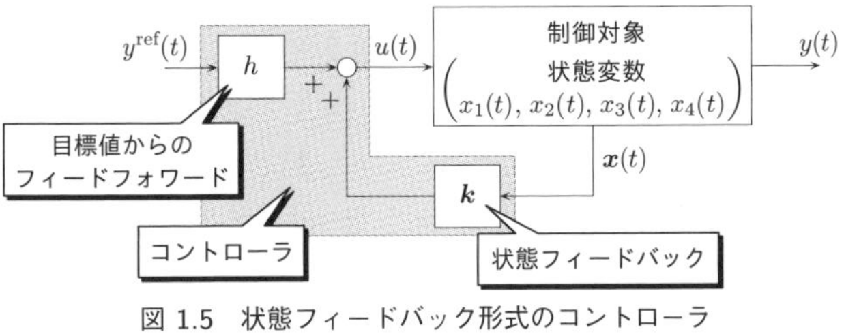

図 1.5 状態フィードバック形式のコントローラ

また，現代制御理論では，**極配置法**(pole placement method) (4.3 節) や**最適レギュレータ理論**(optimal regulator theory) (第 8 章) といった設計法で，$\boldsymbol{k}, h$ が設計される．たとえば，最適レギュレータ理論により，評価関数

$$J = \int_0^\infty \left\{60\bigl(y(t) - y_c^{\rm ref}\bigr)^2 + u(t)^2\right\} dt$$

を最小とするようなコントローラ (1.11) 式のゲインを求めると，

$$\boldsymbol{k} = \begin{bmatrix} -1.90 & -1.71 & -5.84 & -4.45 \end{bmatrix}, \quad h = 7.75$$

が得られる．このときのシミュレーション結果 (図 1.6 (a)) は，1.1 節で説明した P–D 制御のシミュレーション結果 (図 1.6 (b)) と比べて，同程度の速応性であるにもかかわらず，振動が抑制された応答となる．

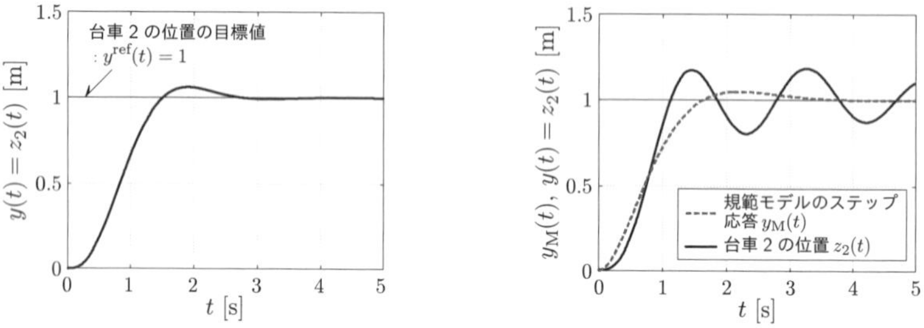

(a) 状態フィードバック形式のコントローラ (1.11) 式を用いた場合　(b) P–D コントローラ (1.4), (1.9) 式を用いた場合 ($\omega_{\rm n} = 2, \zeta = 0.7$)

図 1.6　シミュレーション結果

このように，現代制御理論では，制御対象のすべての状態 $\boldsymbol{x}(t)$ をフィードバックした形式のコントローラが用いられる．一方，古典制御理論において標準的に用いられてきた伝達関数表現は，入力信号 $u(t)$ と出力信号 $y(t)$ との関係に注目しているため，状態 $\boldsymbol{x}(t)$ を陽に表すことができない．そこで，現代制御理論では，制御対象の状態 $\boldsymbol{x}(t)$ を陽に表現するため，制御対象の数学モデルを，**状態空間表現**(state space representation) とよばれる形式

状態空間表現

$$\mathcal{P} : \begin{cases} \dot{\boldsymbol{x}}(t) = \boldsymbol{A}\boldsymbol{x}(t) + \boldsymbol{b}u(t) & \cdots\cdots\cdots\text{ 状態方程式} \\ y(t) = \boldsymbol{c}\boldsymbol{x}(t) & \cdots\cdots\cdots\text{ 出力方程式} \end{cases} \tag{1.13}$$

で記述する．状態空間表現 (1.13) 式は，**状態方程式**(state equation) とよばれる 1 階の微分方程式と**出力方程式**(output equation) とよばれる代数方程式で表される．図 1.7 に状態空間表現のブロック線図を示す．なお，状態空間表現については，第 2 章で詳しく説明する(注1.4)．

また，古典制御理論で用いられる伝達関数表現は，初期値が零であることを前提とし

(注1.4) 2 慣性システムの状態空間表現は後述の例 2.4 (p.15) で求める．

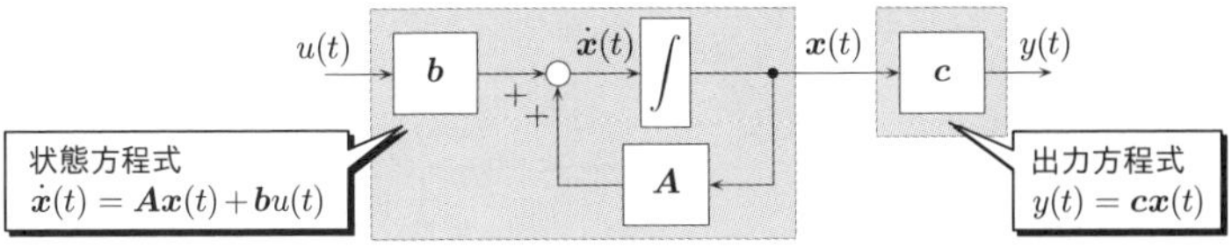

図 1.7 1 入出力システムの状態方程式，出力方程式のブロック線図

ている．しかし，実際には，零でない初期値から制御したいような場合も考えられる．それに対し，現代制御理論で用いられる状態空間表現は初期値が零である必要はなく，初期値を考慮した議論が容易になる．初期値を考慮した時間応答については **第 3 章**で詳しく説明する．

1.3 多入力多出力システムに対する古典制御理論の限界

図 1.1 に示した 2 慣性システムは，操作量 $u(t)$，制御量 $y(t)$ が共にスカラーであり，**1 入出力システム** (**1 入力 1 出力システム**，**SISO システム** (single-input single-output system)) とよばれる．PID 制御に代表される古典制御理論では，基本的に，制御対象が 1 入出力システムであることを前提として理論展開されているため，複数の操作量や制御量が存在する **多入力多出力システム** (**MIMO システム** (multiple-input multiple-output system))(注 1.5) の取り扱いが困難である．

多入力多出力システムの例として，**図 1.8** に示す 2 慣性システムを考えてみよう．

例 1.4 ……………… 2 入力 2 出力の 2 慣性システム (図 1.8) の伝達関数表現

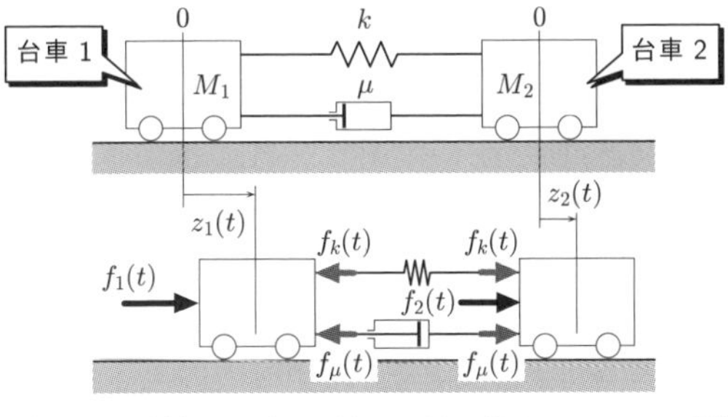

図 1.8 台車 1, 2 に外部から力 $f_1(t)$, $f_2(t)$ が加わっている 2 慣性システム

図 1.8 の 2 慣性システムは，台車 1 に力 $f_1(t)$ が加わっているだけでなく，台車 2 にも力 $f_2(t)$ が加わっており，台車 1 の位置 $z_1(t)$ だけでなく，台車 2 の位置 $z_2(t)$ も制御することを目的としている．そのため，この 2 慣性システムは，操作量 $\boldsymbol{u}(t)$，制御量 $\boldsymbol{y}(t)$ を

$$\boldsymbol{u}(t) = \begin{bmatrix} u_1(t) \\ u_2(t) \end{bmatrix} = \begin{bmatrix} f_1(t) \\ f_2(t) \end{bmatrix}, \quad \boldsymbol{y}(t) = \begin{bmatrix} y_1(t) \\ y_2(t) \end{bmatrix} = \begin{bmatrix} z_1(t) \\ z_2(t) \end{bmatrix} \tag{1.14}$$

(注 1.5) p 個の操作量，q 個の制御量がある場合，p 入力 q 出力システムとよぶこともある．

とした 2 入力 2 出力システムである．この 2 慣性システムの線形微分方程式は，

$$\mathcal{P}:\begin{cases} M_1\ddot{y}_1(t) = u_1(t) - \underbrace{k\big(y_1(t)-y_2(t)\big)}_{f_k(t)} - \underbrace{\mu\big(\dot{y}_1(t)-\dot{y}_2(t)\big)}_{f_\mu(t)} \\ M_2\ddot{y}_2(t) = u_2(t) + \overbrace{k\big(y_1(t)-y_2(t)\big)} + \overbrace{\mu\big(\dot{y}_1(t)-\dot{y}_2(t)\big)} \end{cases} \tag{1.15}$$

となる．ここで，$y_1(0)=0$, $\dot{y}_1(0)=0$, $y_2(0)=0$, $\dot{y}_2(0)=0$ として (1.15) 式の両辺をラプラス変換すると，

$$\begin{bmatrix} M_1s^2+\mu s+k & -(\mu s+k) \\ -(\mu s+k) & M_2s^2+\mu s+k \end{bmatrix}\begin{bmatrix} y_1(s) \\ y_2(s) \end{bmatrix} = \begin{bmatrix} u_1(s) \\ u_2(s) \end{bmatrix} \tag{1.16}$$

となるから，

伝達関数表現

$$\mathcal{P}:\ \underbrace{\begin{bmatrix} y_1(s) \\ y_2(s) \end{bmatrix}}_{\boldsymbol{y}(t)} = \underbrace{\begin{bmatrix} P_{11}(s) & P_{12}(s) \\ P_{21}(s) & P_{22}(s) \end{bmatrix}}_{\boldsymbol{P}(s)}\underbrace{\begin{bmatrix} u_1(s) \\ u_2(s) \end{bmatrix}}_{\boldsymbol{u}(s)} \tag{1.17}$$

$$\boldsymbol{P}(s) = \begin{bmatrix} P_{11}(s) & P_{12}(s) \\ P_{21}(s) & P_{22}(s) \end{bmatrix} = \frac{1}{D(s)}\begin{bmatrix} M_2s^2+\mu s+k & \mu s+k \\ \mu s+k & M_1s^2+\mu s+k \end{bmatrix}$$

$$D(s) = s^2\big(M_1M_2s^2+M_{12}\mu s+M_{12}k\big),\quad M_{12}=M_1+M_2$$

が得られる．ここで行列 $\boldsymbol{P}(s)$ を $\boldsymbol{u}(s)$ から $\boldsymbol{y}(s)$ への**伝達関数行列**（transfer function matrix）とよび，伝達関数表現 (1.17) 式を，図 1.9 に示すブロック線図で表す．

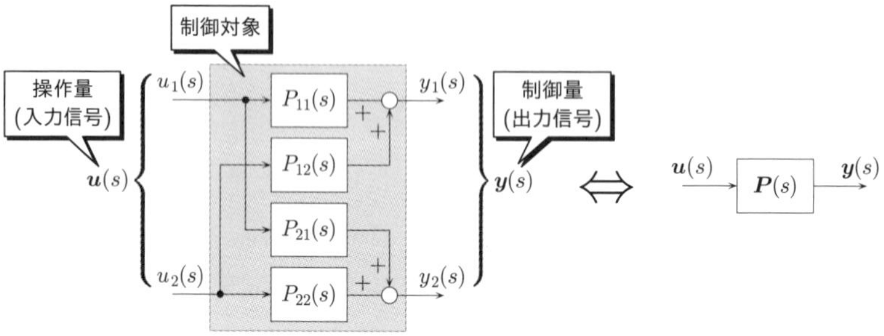

図 1.9　図 1.8 の 2 慣性システムの伝達関数表現

図 1.8 の 2 慣性システムは，台車 1 に力 $f_1(t)$ を加えると，台車 1 だけでなく連結部 (ばね，ダンパ) を介して台車 2 も動き，同様に，台車 2 に力 $f_2(t)$ を加えると，台車 2 だけでなく台車 1 も動く．つまり，台車 1 と台車 2 は独立に動作するわけではなく，入出力の間に相互干渉が存在する．古典制御理論の枠組みでコントローラを設計する最も単純な方法は，ばねやダンパにより生じる力 $f_k(t)$, $f_\mu(t)$ が十分小さいとして考慮せず，2 個の 1 入出力システム

$$\mathcal{P}:\begin{cases} y_1(s) \fallingdotseq P_1(s)u_1(s), & P_1(s) = \dfrac{1}{M_1 s^2} \\ y_2(s) \fallingdotseq P_2(s)u_2(s), & P_2(s) = \dfrac{1}{M_2 s^2} \end{cases} \tag{1.18}$$

で近似し，それぞれの 1 入出力システムに対してコントローラを設計するという方法である．以下に，(1.18) 式に対する P–D コントローラの設計例を示す．

例 1.5 ……………………………… **2 入力 2 出力の 2 慣性システム (図 1.8) の P–D 制御**

(1.18) 式を対象とし，$y_1(t)$, $y_2(t)$ をそれらの目標値 $y_1^{\mathrm{ref}}(t)$, $y_2^{\mathrm{ref}}(t)$ に追従させる P–D コントローラ

$$\mathcal{K}:\ u_i(t) = k_{\mathrm{P}i}e_i(t) - k_{\mathrm{D}i}\dot{y}_i(t),\ \ e_i(t) = y_i^{\mathrm{ref}}(t) - y_i(t)\ \ (i = 1,\,2) \tag{1.19}$$

を設計する．台車 1, 2 の目標値 $y_1^{\mathrm{ref}}(s)$, $y_2^{\mathrm{ref}}(s)$ から $y_1(s)$, $y_2(s)$ までの伝達関数 $T_1(s)$, $T_2(s)$ は，(1.18), (1.19) 式より，それぞれ

$$T_i(s) := \frac{y_i(s)}{y_i^{\mathrm{ref}}(s)} = \frac{k_{\mathrm{P}i}}{M_i s^2 + k_{\mathrm{D}i}s + k_{\mathrm{P}i}}\ \ (i = 1,\,2) \tag{1.20}$$

となる．したがって，(1.20) 式と与えられた 2 次の規範モデルの伝達関数

$$G_{\mathrm{M}i}(s) = \frac{\omega_{\mathrm{n},i}^2}{s^2 + 2\zeta_i\omega_{\mathrm{n},i}s + \omega_{\mathrm{n},i}^2}\ \ (i = 1,\,2) \tag{1.21}$$

とを一致させるように k_{P1}, k_{D1}, k_{P2}, k_{D2} を定めると，次式となる．

$$k_{\mathrm{P}i} = M_i\omega_{\mathrm{n},i}^2,\ \ k_{\mathrm{D}i} = 2M_i\zeta_i\omega_{\mathrm{n},i}\ \ (i = 1,\,2) \tag{1.22}$$

$\omega_{\mathrm{n},i} = 5$, $\zeta_i = 0.7$ とした P–D コントローラ (1.19), (1.22) 式を用いてシミュレーションを行った結果を，**図 1.10** に示す．ばねやダンパにより生じる力 $f_k(t)$, $f_\mu(t)$ が大きい場合 $(k = 2,\ \mu = 2)$，入出力間の相互干渉が無視できず，台車 1 (台車 2) が移動すると台車 2 (台車 1) も大きく移動する．その結果，目標値から離れた位置で台車 1, 2 が静止してしまい，定常偏差が生じることがわかる．

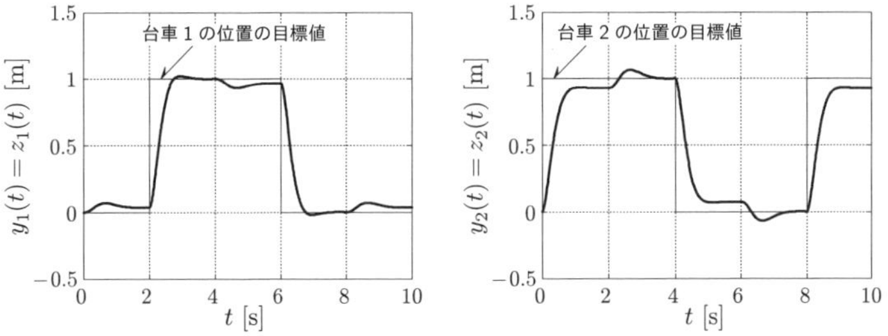

(a)　台車 1 の応答　　(b)　台車 2 の応答

図 1.10　P–D 制御のシミュレーション結果 $(M_1 = 2,\ M_2 = 1,\ k = 2,\ \mu = 2)$

1.4 現代制御理論における多入力多出力システムの取り扱い

1.3 節で説明したように，古典制御理論では，多入力多出力システムの取り扱いは容易ではない．それに対し，現代制御理論では，制御対象の数学モデルを状態空間表現で表すことにより，1 入出力システムと同様の理論展開で，容易に，多入力多出力システムを扱うことができる．

例 1.6 ……………………… 2 入力 2 出力の 2 慣性システム (図 1.8) の状態フィードバック制御

図 1.8 に示す 2 入力 2 出力の 2 慣性システムを考えた場合，その数学モデルを状態空間表現

$$\mathcal{P}: \begin{cases} \dot{\boldsymbol{x}}(t) = \boldsymbol{A}\boldsymbol{x}(t) + \boldsymbol{B}\boldsymbol{u}(t) & \cdots\cdots\cdots \text{状態方程式} \\ \boldsymbol{y}(t) = \boldsymbol{C}\boldsymbol{x}(t) & \cdots\cdots\cdots \text{出力方程式} \end{cases} \tag{1.23}$$

$$\boldsymbol{x}(t) = \begin{bmatrix} z_1(t) & \dot{z}_1(t) & z_2(t) & \dot{z}_2(t) \end{bmatrix}^{\mathrm{T}}$$

で表せば，状態フィードバック形式のコントローラ

$$\mathcal{K}:\ \boldsymbol{u}(t) = \boldsymbol{K}\boldsymbol{x}(t) + \boldsymbol{H}\boldsymbol{y}^{\mathrm{ref}}(t) \tag{1.24}$$

$$\boldsymbol{y}^{\mathrm{ref}}(t) = \begin{bmatrix} y_1^{\mathrm{ref}}(t) \\ y_2^{\mathrm{ref}}(t) \end{bmatrix},\quad \boldsymbol{K} = \begin{bmatrix} k_{11} & k_{12} & k_{13} & k_{14} \\ k_{21} & k_{22} & k_{23} & k_{24} \end{bmatrix},\quad \boldsymbol{H} = \begin{bmatrix} h_{11} & h_{12} \\ h_{21} & h_{22} \end{bmatrix}$$

を設計することができる．最適レギュレータ理論により (1.24) 式のゲイン $\boldsymbol{K}, \boldsymbol{H}$ を求め，シミュレーションを行うと，図 1.11 の結果が得られる．図 1.10 に示したように，P–D 制御では，ばねやダンパにより生じる力 $f_k(t)$, $f_\mu(t)$ が大きい場合，入出力間の干渉の影響が強く現れた．それに対し，コントローラ (1.24) 式を用いた状態フィードバック制御では，図 1.11 からわかるように，このような場合でも入出力間の干渉の影響を速やかに除去し，目標値に追従させることができる．

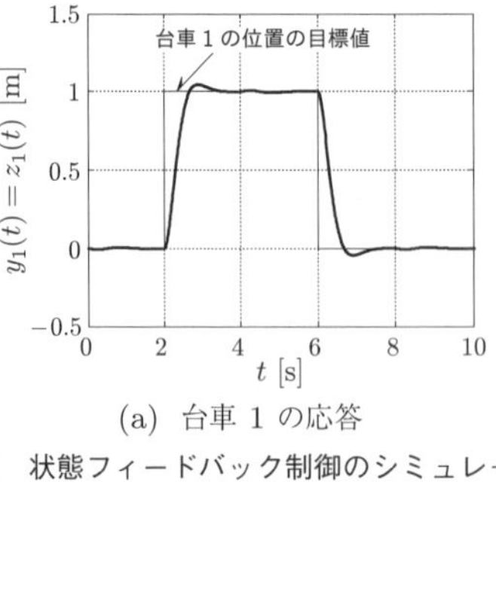

(a) 台車 1 の応答

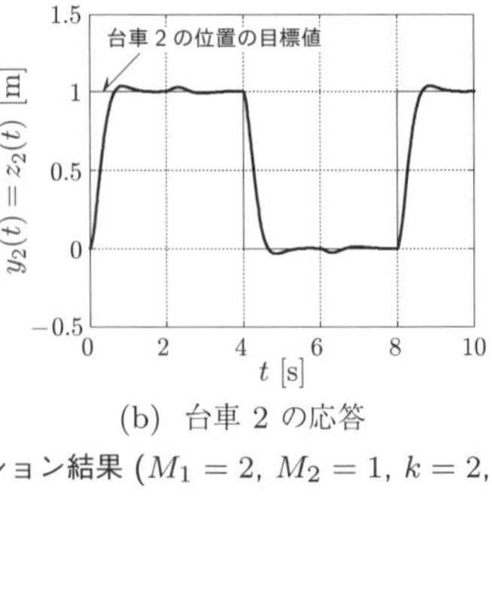

(b) 台車 2 の応答

図 1.11 状態フィードバック制御のシミュレーション結果 ($M_1 = 2$, $M_2 = 1$, $k = 2$, $\mu = 2$)

第 2 章

システムの状態空間表現

第 1 章で説明したように，現代制御理論では，制御対象が高次システムや多入力多出力システムである場合の取り扱いを容易にするため，状態変数とよばれる内部信号をフィードバックするコントローラが用いられる．このことを考慮し，制御対象の数学モデルは，その入出力関係を表す伝達関数表現ではなく，入出力信号と状態変数により記述される状態空間表現が用いられる．ここでは，線形システムの制御対象の状態空間表現での表し方を説明し，また，状態空間表現と伝達関数表現との関係について説明する．

2.1　線形システムと非線形システム

操作量(manipulated variable) (入力信号) を $u(t)$，**制御量**(controlled variable) (出力信号) を $y(t)$ とした 1 入出力システムの制御対象を考えたとき，その数学モデルを，

線形微分方程式 (1 入出力システム)

$$\begin{aligned}\mathcal{P}:\ & \alpha_n y^{(n)}(t) + \cdots + \alpha_1 y^{(1)}(t) + \alpha_0 y(t) \\ & = \beta_m u^{(m)}(t) + \cdots + \beta_1 u^{(1)} + \beta_0 u(t)\end{aligned} \tag{2.1}$$

という形式[注 2.1]で表すことができる場合，対象とするシステムは**線形システム**(linear system)であるという．線形システムは，初期値がすべて零であるときに，以下の条件を満足する．

Point！　線形システムの特徴

- 入力 $u(t)$ を k 倍すると，出力 $y(t)$ も k 倍となる．
- 入力に $u(t) = v_1(t), u(t) = v_2(t)$ を加えたとき，出力がそれぞれ $y(t) = w_1(t)$, $y(t) = w_2(t)$ であれば，入力に $u(t) = k_1 v_1(t) + k_2 v_2(t)$ を加えたときの出力は，$y(t) = k_1 w_1(t) + k_2 w_2(t)$ となる (**重ね合わせの原理**(principle of superposition))．

それに対し，線形微分方程式 (2.1) 式で表すことができないシステムを，**非線形システム**(nonlinear system)とよぶ．制御対象が線形システムである場合，初期値をすべて零 ($y^{(0)}(0) = y(0) = 0, \cdots$, $y^{(n-1)}(0) = 0$, $u^{(0)}(0) = u(0) = 0, \cdots$, $u^{(m-1)}(0) = 0$) として線形微分方程式 (2.1) 式

[注 2.1] 記述の簡単のため，信号 $f(t)$ を k 回時間微分したものを，$f^{(k)}(t)$ と表す．

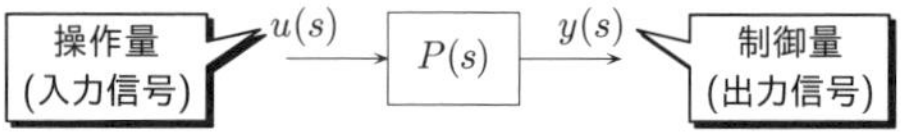

図 2.1　伝達関数表現のブロック線図

をラプラス変換することによって，制御対象の数学モデルを，

伝達関数表現 (1 入出力システム)

$$\mathcal{P}:\ y(s) = P(s)u(s),\ \ P(s) = \frac{\beta_m s^m + \cdots + \beta_1 s + \beta_0}{\alpha_n s^n + \cdots + \alpha_1 s + \alpha_0} \tag{2.2}$$

で記述することが可能である．図 2.1 に伝達関数表現のブロック線図を示す．

線形，非線形システムの例として，図 2.2, 2.3 に示すアームシステムを考える．これらは，回転面が水平面か鉛直面かだけの違いであるが，その特性は大きく異なる．

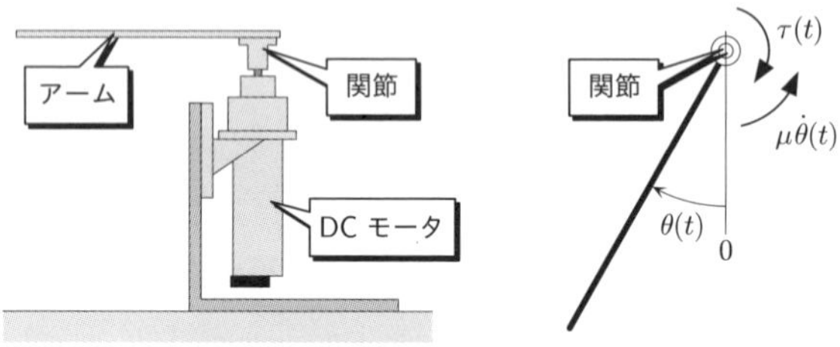

図 2.2　水平面を回転するアームシステム

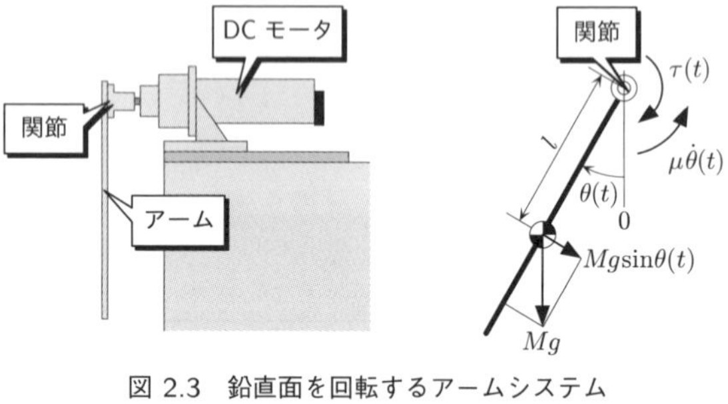

図 2.3　鉛直面を回転するアームシステム

例 2.1 ……………… **線形システムの例：水平面を回転するアームシステム**

図 2.2 に示す水平面を回転するアームシステムの運動方程式は，$u(t) = \tau(t)$ [N·m]：入力トルク，$y(t) = \theta(t)$ [rad]：アームの角度変位とすると，次式となる．

$$J\ddot{y}(t) = u(t) - \mu\dot{y}(t) \tag{2.3}$$

ここで，$\alpha_2 = J$, $\alpha_1 = \mu$, $\alpha_0 = 0$, $\beta_0 = 1$ とおくと，線形微分方程式 (2.1) 式の形式

$$\alpha_2\ddot{y}(t) + \alpha_1\dot{y}(t) + \alpha_0 y(t) = \beta_0 u(t) \tag{2.4}$$

で表すことができる．

図 2.4 (a) は，$u(t) = 0.25, 0.5, 1, 2$ [N·m] を加えたときの $y(t)$ を示したものであるが，線形システムであるため，$u(t)$ を k 倍すると $y(t)$ も k 倍されていることが確認できる．

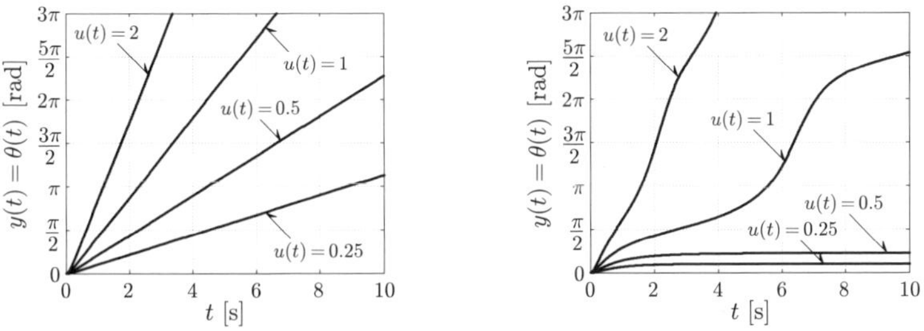

(a) 水平面を回転するアームシステムの場合　(b) 鉛直面を回転するアームシステムの場合

($J = 0.0712$ [kg·m^2]：軸まわりの慣性モーメント，$\mu = 0.695$ [kg/s]：粘性摩擦係数，
$M = 0.390$ [kg]：アームの質量，$l = 0.204$ [m]：軸と重心の距離，$g = 9.81$ [m/s^2]：重力加速度)

図 2.4　シミュレーション結果

例 2.2 ………… **非線形システムの例：鉛直面を回転するアームシステム**

図 2.3 に示す鉛直面を回転するアームシステムの運動方程式は，$u(t) = \tau(t)$ [N·m]：入力トルク，$y(t) = \theta(t)$ [rad]：アームの角度変位とすると，

$$J\ddot{y}(t) = u(t) - Mgl\sin y(t) - \mu\dot{y}(t) \tag{2.5}$$

である．(2.5) 式には重力トルク $Mgl\sin y(t)$ が非線形項として含まれているため，このシステムは非線形システムである．また，重力トルクは，アームが水平 ($\theta(t) = \pm(\pi/2 + k\pi)$ $(k = 0, 1, 2, \cdots)$) である場合に最大，アームが垂直 ($\theta(t) = \pm k\pi$ $(k = 0, 1, 2, \cdots)$) である場合に最小となる．そのため，図 2.4 (b) に示すように，$u(t)$ を k 倍しても $y(t)$ は k 倍されていないことがわかる．つまり，重力トルクよりも小さな入力 $u(t) = 0.25, 0.5$ [N] を加えると，これが重力トルクとつり合うような姿勢でアームは静止するが，重力トルクよりも大きな入力 $u(t) = 1, 2$ [N·m] を加えると，アームは脈動しながら回転を続ける．

2.2 線形システムの状態空間表現

2.2.1 状態空間表現

現代制御理論では，入力信号 (操作量) $\boldsymbol{u}(t) \in \mathbb{R}^p$ と出力信号 (制御量) $\boldsymbol{y}(t) \in \mathbb{R}^q$ に加えて，**状態変数** (state variable) とよばれる内部信号 $\boldsymbol{x}(t) \in \mathbb{R}^n$ (注 2.2) を用いることによって，線形システムである制御対象の数学モデルを，次式の**状態空間表現** (state space representation) により記述する (注 2.3)．

(注 2.2) 状態変数 $\boldsymbol{x}(t)$ には必ずしも物理的な意味合いをもたせる必要はないが，たとえば機械システムでは物理的な意味をもたせて位置 (角度)，速度 (角速度) を状態変数に選ぶことが多い．

(注 2.3) $a \in \mathbb{R}$ は a が実数のスカラー，$\boldsymbol{a} \in \mathbb{R}^n$ は $\boldsymbol{a}$ が n 次元で要素が実数の列ベクトル (縦ベクトル)，$\boldsymbol{A} \in \mathbb{R}^{n\times m}$ は $\boldsymbol{A}$ が $n \times m$ 次元で要素が実数の行列であることを意味している．

線形システムの状態空間表現 (多入力多出力 (p 入力 q 出力) システム))

$$\mathcal{P}: \begin{cases} \dot{\boldsymbol{x}}(t) = \boldsymbol{A}\boldsymbol{x}(t) + \boldsymbol{B}\boldsymbol{u}(t) & \cdots\cdots\cdots\cdots \text{状態方程式} \\ \boldsymbol{y}(t) = \boldsymbol{C}\boldsymbol{x}(t) + \boldsymbol{D}\boldsymbol{u}(t) & \cdots\cdots\cdots\cdots \text{出力方程式} \end{cases} \tag{2.6}$$

$$\boldsymbol{u}(t) = \begin{bmatrix} u_1(t) \\ \vdots \\ u_p(t) \end{bmatrix} \in \mathbb{R}^p,\ \ \boldsymbol{y}(t) = \begin{bmatrix} y_1(t) \\ \vdots \\ y_q(t) \end{bmatrix} \in \mathbb{R}^q,\ \ \boldsymbol{x}(t) = \begin{bmatrix} x_1(t) \\ \vdots \\ x_n(t) \end{bmatrix} \in \mathbb{R}^n,$$

$$\boldsymbol{A} = \begin{bmatrix} a_{11} & \cdots & a_{1n} \\ \vdots & \ddots & \vdots \\ a_{n1} & \cdots & a_{nn} \end{bmatrix} \in \mathbb{R}^{n\times n},\ \ \boldsymbol{B} = \begin{bmatrix} b_{11} & \cdots & b_{1p} \\ \vdots & \ddots & \vdots \\ b_{n1} & \cdots & b_{np} \end{bmatrix} \in \mathbb{R}^{n\times p},$$

$$\boldsymbol{C} = \begin{bmatrix} c_{11} & \cdots & c_{1n} \\ \vdots & \ddots & \vdots \\ c_{q1} & \cdots & c_{qn} \end{bmatrix} \in \mathbb{R}^{q\times n},\ \ \boldsymbol{D} = \begin{bmatrix} d_{11} & \cdots & d_{1p} \\ \vdots & \ddots & \vdots \\ d_{q1} & \cdots & d_{qp} \end{bmatrix} \in \mathbb{R}^{q\times p}$$

つまり，状態空間表現では，状態変数 $\boldsymbol{x}(t)$ を導入することで，**状態方程式**(state equation)とよばれる 1 階の微分方程式と，**出力方程式**(output equation)とよばれる代数方程式により，システムが記述される．これをブロック線図で表すと，図 2.5 に示すようになる．また，(2.6) 式は n 個の状態変数 x_i をもつため，$\boldsymbol{n}$ **次システム**(n-dimensional system)とよばれる．とくに，(2.6) 式において $p = 1, q = 1$ とした 1 入出力の線形システムの場合，次式のように記述する．

線形システムの状態空間表現 (1 入出力システム)

$$\mathcal{P}: \begin{cases} \dot{\boldsymbol{x}}(t) = \boldsymbol{A}\boldsymbol{x}(t) + \boldsymbol{b}u(t) & \cdots\cdots\cdots\cdots \text{状態方程式} \\ y(t) = \boldsymbol{c}\boldsymbol{x}(t) + du(t) & \cdots\cdots\cdots\cdots \text{出力方程式} \end{cases} \tag{2.7}$$

$$u(t) \in \mathbb{R},\ \ y(t) \in \mathbb{R},\ \ \boldsymbol{x}(t) = \begin{bmatrix} x_1(t) & \cdots & x_n(t) \end{bmatrix}^{\mathrm{T}} \in \mathbb{R}^n,$$

$$\boldsymbol{A} = \begin{bmatrix} a_{11} & \cdots & a_{1n} \\ \vdots & \ddots & \vdots \\ a_{n1} & \cdots & a_{nn} \end{bmatrix} \in \mathbb{R}^{n\times n},\ \ \boldsymbol{b} = \begin{bmatrix} b_1 \\ \vdots \\ b_n \end{bmatrix} \in \mathbb{R}^n,$$

$$\boldsymbol{c} = \begin{bmatrix} c_1 & \cdots & c_n \end{bmatrix}\ (\boldsymbol{c}^{\mathrm{T}} \in \mathbb{R}^n),\ \ d \in \mathbb{R}$$

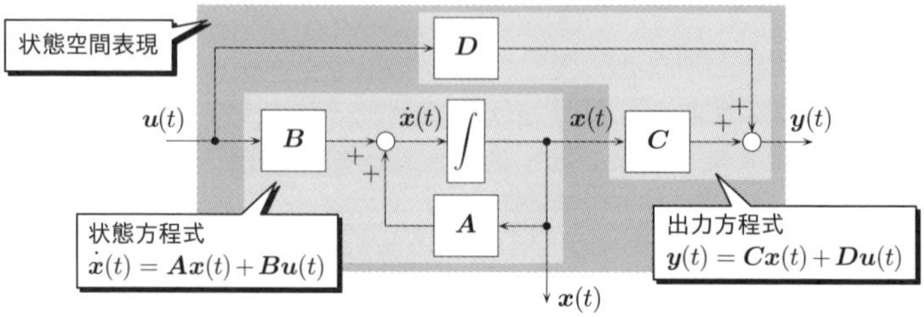

図 2.5　状態空間表現 (2.6) 式のブロック線図

(2.6) 式における $\boldsymbol{D}\boldsymbol{u}(t)$ は，$\boldsymbol{u}(t)$ から $\boldsymbol{y}(t)$ への**直達項**(feedthrough term)とよばれる．なお，2.4 節で説明するように，1 入出力システムを考えた場合，(2.2) 式における $u(s)$ から $y(s)$ への伝達関数 $P(s)$ が**真にプロパー**(strictly proper) **(厳密にプロパー)** $(n > m)$ であるとき，(2.7) 式における直達項の係数は $d = 0$ であり，伝達関数 $P(s)$ の相対次数が 0 $(n - m = 0)$ のとき，直達項の係数は $d \neq 0$ となる．

例 2.3 ……………… **水平面を回転するアームシステムの状態空間表現**

図 2.2 (p.12) の水平面を回転するアームシステムの運動方程式は，(2.3) 式であった．状態変数を $\boldsymbol{x}(t) = \begin{bmatrix} x_1(t) & x_2(t) \end{bmatrix}^{\mathrm{T}} = \begin{bmatrix} y(t) & \dot{y}(t) \end{bmatrix}^{\mathrm{T}}$ と選ぶと，

$$\begin{cases} \dot{x}_1(t) = \dot{y}(t) = x_2(t) = 0 \cdot x_1(t) + 1 \cdot x_2(t) + 0 \cdot u(t) \\ \dot{x}_2(t) = \dfrac{d}{dt}\dot{y}(t) = \ddot{y}(t) = \dfrac{1}{J}\bigl(u(t) - \mu\dot{y}(t)\bigr) = \dfrac{1}{J}\bigl(u(t) - \mu x_2(t)\bigr) \\ \qquad\;\; = 0 \cdot x_1(t) - \dfrac{\mu}{J}x_2(t) + \dfrac{1}{J}u(t) \end{cases} \tag{2.8}$$

であるから，状態方程式

$$\underbrace{\begin{bmatrix} \dot{x}_1(t) \\ \dot{x}_2(t) \end{bmatrix}}_{\dot{\boldsymbol{x}}(t)} = \underbrace{\begin{bmatrix} 0 & 1 \\ 0 & -\dfrac{\mu}{J} \end{bmatrix}}_{\boldsymbol{A}} \underbrace{\begin{bmatrix} x_1(t) \\ x_2(t) \end{bmatrix}}_{\boldsymbol{x}(t)} + \underbrace{\begin{bmatrix} 0 \\ \dfrac{1}{J} \end{bmatrix}}_{\boldsymbol{b}} u(t) \tag{2.9}$$

が得られる．また，制御量は $y(t)\ (= \theta(t)) = x_1(t)$ であるから，出力方程式は次式となる．

$$y(t) = x_1(t) = 1 \cdot x_1(t) + 0 \cdot x_2(t) + 0 \cdot u(t) = \underbrace{\begin{bmatrix} 1 & 0 \end{bmatrix}}_{\boldsymbol{c}} \underbrace{\begin{bmatrix} x_1(t) \\ x_2(t) \end{bmatrix}}_{\boldsymbol{x}(t)} + \underbrace{0}_{d} \cdot u(t) \tag{2.10}$$

例 2.4 ……………… **図 1.1 (p.2) の 2 慣性システムの状態空間表現**

例 1.1 (p.1) で示した図 1.1 の 2 慣性システムの運動方程式において，$M_1 = 0.5$, $M_2 = 1$, $k = 2$, $\mu = 1$ とすると，

$$\mathcal{P} : \begin{cases} 0.5\ddot{z}_1(t) = f_1(t) - 2\bigl(z_1(t) - z_2(t)\bigr) - \bigl(\dot{z}_1(t) - \dot{z}_2(t)\bigr) \\ \quad\;\; \ddot{z}_2(t) = \qquad\quad\;\; 2\bigl(z_1(t) - z_2(t)\bigr) + \bigl(\dot{z}_1(t) - \dot{z}_2(t)\bigr) \end{cases} \tag{2.11}$$

である．操作量を $u(t) = f_1(t)$，制御量を $y(t) = z_2(t)$，状態変数を

$$\boldsymbol{x}(t) = \begin{bmatrix} x_1(t) & x_2(t) & x_3(t) & x_4(t) \end{bmatrix}^{\mathrm{T}} = \begin{bmatrix} z_1(t) & \dot{z}_1(t) & z_2(t) & \dot{z}_2(t) \end{bmatrix}^{\mathrm{T}}$$

と選び，(2.11) 式を状態空間表現で表してみよう．

$x_1(t) = z_1(t)$, $x_3(t) = z_2(t)$ の時間微分は，

$$\begin{cases} \dot{x}_1(t) = \dot{z}_1(t) = x_2(t) = 0 \cdot x_1(t) + 1 \cdot x_2(t) + 0 \cdot x_3(t) + 0 \cdot x_4(t) + 0 \cdot u(t) \\ \dot{x}_3(t) = \dot{z}_2(t) = x_4(t) = 0 \cdot x_1(t) + 0 \cdot x_2(t) + 0 \cdot x_3(t) + 1 \cdot x_4(t) + 0 \cdot u(t) \end{cases} \tag{2.12}$$

である．一方，(2.11) 式より，$x_2(t) = \dot{z}_1(t),\ x_4(t) = \dot{z}_2(t)$ の時間微分は，

$$\begin{cases} \dot{x}_2(t) = \ddot{z}_1(t) = 2f_1(t) - 4\big(z_1(t) - z_2(t)\big) - 2\big(\dot{z}_1(t) - \dot{z}_2(t)\big) \\ \qquad = 2u(t) - 4\big(x_1(t) - x_3(t)\big) - 2\big(x_2(t) - x_4(t)\big) \\ \qquad = -4x_1(t) - 2x_2(t) + 4x_3(t) + 2x_4(t) + 2u(t) \\ \dot{x}_4(t) = \ddot{z}_2(t) = 2\big(z_1(t) - z_2(t)\big) + \big(\dot{z}_1(t) - \dot{z}_2(t)\big) \\ \qquad = 2\big(x_1(t) - x_3(t)\big) + \big(x_2(t) - x_4(t)\big) \\ \qquad = 2x_1(t) + 1 \cdot x_2(t) - 2x_3(t) - 1 \cdot x_4(t) + 0 \cdot u(t) \end{cases} \tag{2.13}$$

である．したがって，(2.12), (2.13) 式を行列の形式に書き換えると，状態方程式

$$\underbrace{\begin{bmatrix} \dot{x}_1(t) \\ \dot{x}_2(t) \\ \dot{x}_3(t) \\ \dot{x}_4(t) \end{bmatrix}}_{\dot{\boldsymbol{x}}(t)} = \underbrace{\begin{bmatrix} 0 & 1 & 0 & 0 \\ -4 & -2 & 4 & 2 \\ 0 & 0 & 0 & 1 \\ 2 & 1 & -2 & -1 \end{bmatrix}}_{\boldsymbol{A}} \underbrace{\begin{bmatrix} x_1(t) \\ x_2(t) \\ x_3(t) \\ x_4(t) \end{bmatrix}}_{\boldsymbol{x}(t)} + \underbrace{\begin{bmatrix} 0 \\ 2 \\ 0 \\ 0 \end{bmatrix}}_{\boldsymbol{b}} u(t) \tag{2.14}$$

が得られる．また，制御量は $y(t) = z_2(t)$ であるから，出力方程式は次式のようになる．

$$y(t) = z_2(t) = x_3(t) = \underbrace{\begin{bmatrix} 0 & 0 & 1 & 0 \end{bmatrix}}_{\boldsymbol{c}} \underbrace{\begin{bmatrix} x_1(t) \\ x_2(t) \\ x_3(t) \\ x_4(t) \end{bmatrix}}_{\boldsymbol{x}(t)} + \underbrace{0}_{d} \cdot u(t) \tag{2.15}$$

問題 2.1　図 2.6 の 1 慣性システムにおいて，$u(t) = f(t),\ y(t) = z(t),\ \boldsymbol{x}(t) = \begin{bmatrix} z(t) & \dot{z}(t) \end{bmatrix}^{\mathrm{T}}$ としたとき，状態空間表現 (2.7) 式を求めよ．ただし，台車自体の粘性摩擦は無視する．

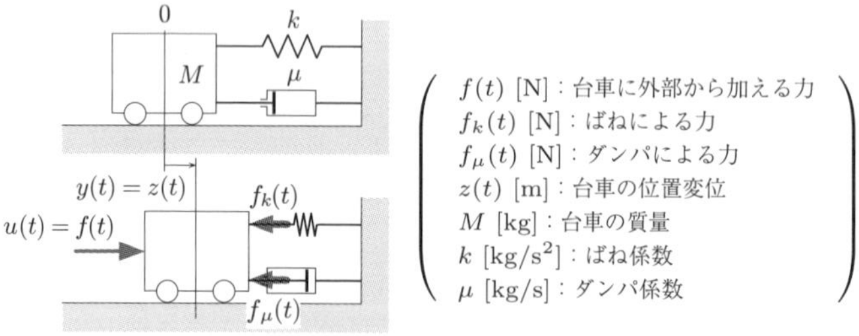

図 2.6　1 慣性システム

2.2.2　同値変換

状態変数 $\boldsymbol{x}(t)$ の選び方は唯一ではなく無数に存在する．つまり，任意の正則(注 2.4) な行列 $\boldsymbol{T} \in \mathbb{R}^{n \times n}$ を用いて，

(注 2.4) 正則行列に関しては**付録 C.1 (h)** (p.232) を参照すること．

$$\overline{\boldsymbol{x}}(t) = \boldsymbol{T}\boldsymbol{x}(t) \in \mathbb{R}^n \tag{2.16}$$

という状態座標変換を行うと，(2.7) 式より

$$\begin{aligned}\dot{\overline{\boldsymbol{x}}}(t) &= \boldsymbol{T}\dot{\boldsymbol{x}}(t) = \boldsymbol{T}\big(\boldsymbol{A}\boldsymbol{x}(t) + \boldsymbol{B}\boldsymbol{u}(t)\big) = \boldsymbol{T}\big(\boldsymbol{A}\boldsymbol{T}^{-1}\overline{\boldsymbol{x}}(t) + \boldsymbol{B}\boldsymbol{u}(t)\big) \\ &= \boldsymbol{T}\boldsymbol{A}\boldsymbol{T}^{-1}\overline{\boldsymbol{x}}(t) + \boldsymbol{T}\boldsymbol{B}\boldsymbol{u}(t) \end{aligned}\tag{2.17}$$

$$\boldsymbol{y}(t) = \boldsymbol{C}\boldsymbol{x}(t) + \boldsymbol{D}\boldsymbol{u}(t) = \boldsymbol{C}\boldsymbol{T}^{-1}\overline{\boldsymbol{x}}(t) + \boldsymbol{D}\boldsymbol{u}(t) \tag{2.18}$$

となる．したがって，状態空間表現 (2.6) 式を別の状態空間表現

状態空間表現の同値変換

$$\mathcal{P} : \begin{cases} \dot{\overline{\boldsymbol{x}}}(t) = \overline{\boldsymbol{A}}\overline{\boldsymbol{x}}(t) + \overline{\boldsymbol{B}}\boldsymbol{u}(t) & \cdots\cdots\cdots\cdots \text{状態方程式} \\ \boldsymbol{y}(t) = \overline{\boldsymbol{C}}\overline{\boldsymbol{x}}(t) + \overline{\boldsymbol{D}}\boldsymbol{u}(t) & \cdots\cdots\cdots\cdots \text{出力方程式} \end{cases} \tag{2.19}$$

$\overline{\boldsymbol{x}}(t) = \boldsymbol{T}\boldsymbol{x}(t) \in \mathbb{R}^n$, $\overline{\boldsymbol{A}} = \boldsymbol{T}\boldsymbol{A}\boldsymbol{T}^{-1} \in \mathbb{R}^{n\times n}$, $\overline{\boldsymbol{B}} = \boldsymbol{T}\boldsymbol{B} \in \mathbb{R}^{n\times p}$,
$\overline{\boldsymbol{C}} = \boldsymbol{C}\boldsymbol{T}^{-1} \in \mathbb{R}^{q\times n}$, $\overline{\boldsymbol{D}} = \boldsymbol{D} \in \mathbb{R}^{q\times p}$

に書き換えることができ，このような変換を**同値変換**（equivalence transformation）とよぶ．また，変換行列 $\boldsymbol{T}$ の選び方は無数にあるため，システムを表す状態空間表現は無数に存在することがわかる．

例 2.5 ………………………………………… RCL 回路の状態空間表現と同値変換

図 2.7 に示す RCL 回路の回路方程式は

$$\begin{cases} v_{\mathrm{in}}(t) = v_L(t) + v_R(t) + v_C(t) \\ v_L(t) = L\dfrac{di(t)}{dt}, \quad v_R(t) = Ri(t), \quad v_C(t) = \dfrac{1}{C}\displaystyle\int_0^t i(t)dt \end{cases} \tag{2.20}$$

である．ここで，$u(t) = v_{\mathrm{in}}(t)$：入力電圧，$y(t) = v_C(t)$：出力電圧とする．

まず，状態変数 $\boldsymbol{x}(t)$ を

$$\boldsymbol{x}(t) = \begin{bmatrix} x_1(t) \\ x_2(t) \end{bmatrix} = \begin{bmatrix} v_C(t) \\ \dot{v}_C(t) \end{bmatrix} = \begin{bmatrix} \dfrac{1}{C}\displaystyle\int_0^t i(t)dt \\ \dfrac{1}{C}i(t) \end{bmatrix} \tag{2.21}$$

と選ぶと，(2.20) 式より，

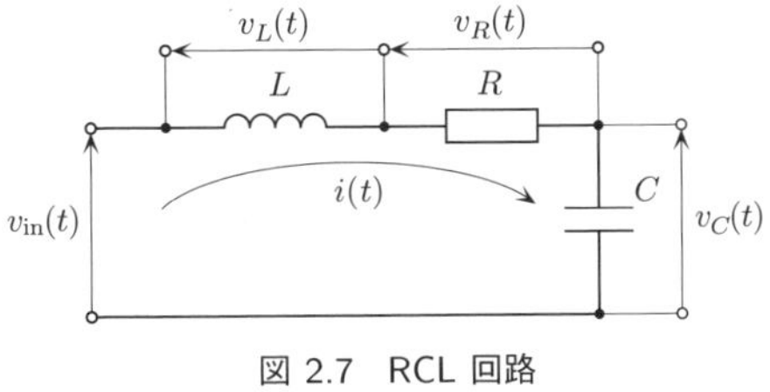

図 2.7　RCL 回路

$$\begin{cases} \dot{x}_1(t) = \dot{v}_C(t) = x_2(t) = 0 \cdot x_1(t) + 1 \cdot x_2(t) + 0 \cdot u(t) \\ \dot{x}_2(t) = \ddot{v}_C(t) = \dfrac{1}{C}\dfrac{di(t)}{dt} = \dfrac{1}{CL}\left(-\dfrac{1}{C}\displaystyle\int_0^t i(t)dt - Ri(t) + v_{\rm in}\right) \\ \qquad = -\dfrac{1}{CL}x_1(t) - \dfrac{R}{L}x_2(t) + \dfrac{1}{CL}u(t) \end{cases} \tag{2.22}$$

$$y(t) = v_C(t) = x_1(t) = 1 \cdot x_1(t) + 0 \cdot x_2(t) + 0 \cdot u(t) \tag{2.23}$$

である．(2.22), (2.23) 式を行列の形式に書き換えると，次式の状態空間表現が得られる．

$$\mathcal{P}: \begin{cases} \dot{\boldsymbol{x}}(t) = \boldsymbol{A}\boldsymbol{x}(t) + \boldsymbol{b}u(t) \\ y(t) = \boldsymbol{c}\boldsymbol{x}(t) \end{cases}, \quad \boldsymbol{A} = \begin{bmatrix} 0 & 1 \\ -\dfrac{1}{CL} & -\dfrac{R}{L} \end{bmatrix}, \quad \boldsymbol{b} = \begin{bmatrix} 0 \\ \dfrac{1}{CL} \end{bmatrix}, \quad \boldsymbol{c} = \begin{bmatrix} 1 & 0 \end{bmatrix} \tag{2.24}$$

一方，状態変数 $\overline{\boldsymbol{x}}(t)$ を，電荷 $q(t) = \displaystyle\int_0^t i(t)dt$ [C] と電流 $\dot{q}(t) = i(t)$ [A] に選び，

$$\overline{\boldsymbol{x}}(t) = \begin{bmatrix} \overline{x}_1(t) \\ \overline{x}_2(t) \end{bmatrix} = \begin{bmatrix} q(t) \\ \dot{q}(t) \end{bmatrix} = \begin{bmatrix} \displaystyle\int_0^t i(t)dt \\ i(t) \end{bmatrix} \tag{2.25}$$

とすると，(2.20) 式より，

$$\begin{cases} \dot{\overline{x}}_1(t) = \dot{q}(t) = \overline{x}_2(t) = 0 \cdot \overline{x}_1(t) + 1 \cdot \overline{x}_2(t) + 0 \cdot u(t) \\ \dot{\overline{x}}_2(t) = \ddot{q}(t) = \dfrac{di(t)}{dt} = \dfrac{1}{L}\left(-\dfrac{1}{C}\displaystyle\int_0^t i(t)dt - Ri(t) + v_{\rm in}\right) \\ \qquad = -\dfrac{1}{L}\overline{x}_1(t) - \dfrac{R}{CL}\overline{x}_2(t) + \dfrac{1}{L}u(t) \end{cases} \tag{2.26}$$

$$y(t) = v_C(t) = \frac{1}{C}\int_0^t i(t)dt = \frac{1}{C} \cdot \overline{x}_1(t) + 0 \cdot \overline{x}_2(t) + 0 \cdot u(t) \tag{2.27}$$

である．(2.22), (2.23) 式を行列の形式に書き換えると，(2.24) 式とは異なる状態空間表現

$$\mathcal{P}: \begin{cases} \dot{\overline{\boldsymbol{x}}}(t) = \overline{\boldsymbol{A}}\overline{\boldsymbol{x}}(t) + \overline{\boldsymbol{b}}u(t) \\ y(t) = \overline{\boldsymbol{c}}\,\overline{\boldsymbol{x}}(t) \end{cases}, \quad \overline{\boldsymbol{A}} = \begin{bmatrix} 0 & 1 \\ -\dfrac{1}{CL} & -\dfrac{R}{L} \end{bmatrix}, \quad \overline{\boldsymbol{b}} = \begin{bmatrix} 0 \\ \dfrac{1}{L} \end{bmatrix}, \quad \overline{\boldsymbol{c}} = \begin{bmatrix} \dfrac{1}{C} & 0 \end{bmatrix} \tag{2.28}$$

が得られる．また，(2.21) 式の $\boldsymbol{x}(t)$ と (2.25) 式の $\overline{\boldsymbol{x}}(t)$ との関係は，

$$\overline{\boldsymbol{x}}(t) = \boldsymbol{T}\boldsymbol{x}(t), \quad \boldsymbol{T} = \begin{bmatrix} C & 0 \\ 0 & C \end{bmatrix} \tag{2.29}$$

であるから，同値変換により (2.28) 式の係数行列を，以下のように得ることもできる．

$$\overline{\boldsymbol{A}} = \boldsymbol{T}\boldsymbol{A}\boldsymbol{T}^{-1} = \begin{bmatrix} C & 0 \\ 0 & C \end{bmatrix}\begin{bmatrix} 0 & 1 \\ -\dfrac{1}{CL} & -\dfrac{R}{L} \end{bmatrix}\begin{bmatrix} \dfrac{1}{C} & 0 \\ 0 & \dfrac{1}{C} \end{bmatrix} = \begin{bmatrix} 0 & 1 \\ -\dfrac{1}{CL} & -\dfrac{R}{L} \end{bmatrix} \tag{2.30a}$$

$$\overline{\boldsymbol{b}} = \boldsymbol{T}\boldsymbol{b} = \begin{bmatrix} C & 0 \\ 0 & C \end{bmatrix}\begin{bmatrix} 0 \\ \dfrac{1}{CL} \end{bmatrix} = \begin{bmatrix} 0 \\ \dfrac{1}{L} \end{bmatrix} \tag{2.30b}$$

$$\overline{\boldsymbol{c}} = \boldsymbol{c}\boldsymbol{T}^{-1} = \begin{bmatrix} 1 & 0 \end{bmatrix} \begin{bmatrix} \dfrac{1}{C} & 0 \\ 0 & \dfrac{1}{C} \end{bmatrix} = \begin{bmatrix} \dfrac{1}{C} & 0 \end{bmatrix} \tag{2.30c}$$

問題 2.2 例 2.4 (p.15) で示した 2 慣性システムに関する以下の設問に答えよ．

(1) 状態変数を

$$\overline{\boldsymbol{x}}(t) = \begin{bmatrix} \overline{x}_1(t) & \overline{x}_2(t) & \overline{x}_3(t) & \overline{x}_4(t) \end{bmatrix}^{\mathrm{T}} = \begin{bmatrix} z_1(t) & \dot{z}_1(t) & z_1(t) - z_2(t) & \dot{z}_1(t) - \dot{z}_2(t) \end{bmatrix}^{\mathrm{T}}$$

としたとき，運動方程式 (2.11) 式から，以下の状態空間表現を導出せよ．

$$\mathcal{P} : \begin{cases} \dot{\overline{\boldsymbol{x}}}(t) = \overline{\boldsymbol{A}}\overline{\boldsymbol{x}}(t) + \overline{\boldsymbol{b}}u(t) \\ y(t) = \overline{\boldsymbol{c}}\,\overline{\boldsymbol{x}}(t) \end{cases} \tag{2.31}$$

(2) $\overline{\boldsymbol{x}}(t) = \boldsymbol{T}\boldsymbol{x}(t)$ となる変換行列 $\boldsymbol{T}$ を求めよ．また，例 2.4 で求めた状態空間表現 (2.14), (2.15) 式の係数 $\boldsymbol{A}$, $\boldsymbol{b}$, $\boldsymbol{c}$, d を利用して $\overline{\boldsymbol{A}}$, $\overline{\boldsymbol{b}}$, $\overline{\boldsymbol{c}}$ を

$$\overline{\boldsymbol{A}} = \boldsymbol{T}\boldsymbol{A}\boldsymbol{T}^{-1}, \quad \overline{\boldsymbol{b}} = \boldsymbol{T}\boldsymbol{b}, \quad \overline{\boldsymbol{c}} = \boldsymbol{c}\boldsymbol{T}^{-1} \tag{2.32}$$

により求めたとき，(1) で導出された $\overline{\boldsymbol{A}}$, $\overline{\boldsymbol{b}}$, $\overline{\boldsymbol{c}}$ と一致することを確認せよ．

2.2.3 非線形システムの状態空間表現と近似線形化

例 2.2 (p.13) で説明した鉛直面を回転するアームシステムは，非線形なシステムであり，その挙動は複雑に変化する．しかし，図 2.4 (b) では，$u(t) = 0.5$ としたときの $y(t)$ が，$u(t) = 0.25$ としたときの $y(t)$ の約 2 倍となっており，微小な動作範囲では線形システムの特徴をもつことがわかる．このように，非線形システムの動作領域を限定することで，非線形システムを近似的に線形システムとみなすことを，**近似線形化**（approximate linearization）あるいは**線形近似**とよぶ．制御対象を線形システムとみなせるのであれば，その解析やコントローラ設計を系統的かつ容易に行うことができるため，近似線形化の操作を行ったうえで局所的に解析や設計を議論することが多い．

近似線形化の基本的な考え方は，“非線形関数 (曲線) を，ある点の近傍で線形関数 (直線) とみなす” ということである．非線形関数 (曲線) $z = f(x)$ が与えられたとき，点 $(a,\ f(a))$ における接線 (直線) は，次式となる．

$$z - f(a) = f'(a)\bigl(x - a\bigr) \quad \Longrightarrow \quad z = f(a) + f'(a)\bigl(x - a\bigr) \tag{2.33}$$

図 2.8 より，点 $(a,\ f(a))$ の近傍では，非線形関数 (曲線) は接線 (直線) とほぼ一致し，

$$f(x) \fallingdotseq f(a) + f'(a)\bigl(x - a\bigr) \tag{2.34}$$

のように近似できる．なお，$x = a$ まわりで $z = f(x)$ をテイラー展開すると，

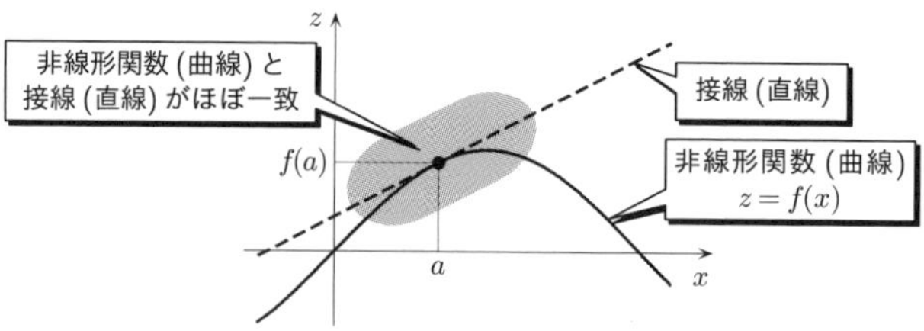

図 2.8 非線形関数 (曲線) と接線 (直線) との関係

$$z = \underbrace{f(a) + f'(a)\big(x - a\big)}_{1\ 次近似関数} + \frac{1}{2!} f''(a)\big(x - a\big)^2 + \frac{1}{3!} f'''(a)\big(x - a\big)^3 + \cdots$$

となることから明らかなように，曲線上の点 $(a,\ f(a))$ における接線 (2.33) 式は，テイラー展開による 1 次近似関数である．

例 2.6 ………………………… 近似線形化の例：鉛直面を回転するアームシステム

例 2.2 (p.13) で説明したように，垂直面を回転するアームシステムの非線形微分方程式は (2.5) 式であるから，$\boldsymbol{x}(t) = \begin{bmatrix} x_1(t) & x_2(t) \end{bmatrix}^{\mathrm{T}} = \begin{bmatrix} \theta(t) & \dot{\theta}(t) \end{bmatrix}^{\mathrm{T}}$, $u(t) = \tau(t)$, $y(t) = \theta(t)$ とおくと，垂直面を回転するアームシステムの状態空間表現は，次式となる．

$$\mathcal{P}: \begin{cases} \dot{\boldsymbol{x}}(t) = \boldsymbol{f}(\boldsymbol{x}(t)) + \boldsymbol{g}u(t) & \cdots\cdots\ (非線形)\ 状態方程式 \\ y(t) = \boldsymbol{c}\boldsymbol{x}(t) & \cdots\cdots\ 出力方程式 \end{cases} \tag{2.35}$$

$$\boldsymbol{f}(\boldsymbol{x}(t)) = \begin{bmatrix} x_2(t) \\ -\dfrac{Mgl}{J}\sin x_1(t) - \dfrac{\mu}{J}x_2(t) \end{bmatrix},\quad \boldsymbol{g} = \begin{bmatrix} 0 \\ \dfrac{1}{J} \end{bmatrix},\quad \boldsymbol{c} = \begin{bmatrix} 1 & 0 \end{bmatrix}$$

ここでは，アームが $x_1(t) = \pi/3$ で静止している状態の近傍で近似線形化を行う．

まず，アームが $x_1(t) = x_{1\mathrm{e}} = \pi/3$ で静止しているときの角速度 $x_2(t) = x_{2\mathrm{e}}$，入力トルク $u(t) = u_{\mathrm{e}}$ を求める．アームが静止しているため，$\dot{\boldsymbol{x}}(t) = \boldsymbol{0}$ が成立し，(2.35) 式より

$$\begin{bmatrix} 0 \\ 0 \end{bmatrix} = \begin{bmatrix} x_{2\mathrm{e}} \\ -\dfrac{Mgl}{J}\sin\dfrac{\pi}{3} - \dfrac{\mu}{J}x_{2\mathrm{e}} \end{bmatrix} + \begin{bmatrix} 0 \\ \dfrac{1}{J} \end{bmatrix} u_{\mathrm{e}}$$

$$\Longrightarrow \quad \boldsymbol{x}_{\mathrm{e}} = \begin{bmatrix} x_{1\mathrm{e}} \\ x_{2\mathrm{e}} \end{bmatrix} = \begin{bmatrix} \dfrac{\pi}{3} \\ 0 \end{bmatrix},\quad u_{\mathrm{e}} = \frac{\sqrt{3}}{2}Mgl$$

が得られる．$\boldsymbol{x}_{\mathrm{e}}$, u_{e} を**平衡点**(equilibrium point)とよぶ．また，平衡点 $\boldsymbol{x}_{\mathrm{e}}$, u_{e} からの変位を $\widetilde{\boldsymbol{x}}(t) := \boldsymbol{x}(t) - \boldsymbol{x}_{\mathrm{e}}$, $\widetilde{u}(t) := u(t) - u_{\mathrm{e}}$ と定義すると，これらは次式のようになる．

$$\widetilde{\boldsymbol{x}}(t) = \begin{bmatrix} \widetilde{x}_1(t) \\ \widetilde{x}_2(t) \end{bmatrix} := \begin{bmatrix} x_1(t) - \dfrac{\pi}{3} \\ x_2(t) \end{bmatrix},\quad \widetilde{u}(t) := u(t) - \frac{\sqrt{3}}{2}Mgl$$

以上の準備の下で，$\boldsymbol{x}(t) = \boldsymbol{x}_{\mathrm{e}}$, $u(t) = u_{\mathrm{e}}$ (アームが $x_1(t) = \pi/3$ で静止している状態) の近傍で近似線形化を行う．状態空間表現 (2.35) 式に含まれる非線形項は $\sin x_1(t)$ である．

(2.34) 式より，$x_1(t)=\pi/3$ の近傍で非線形項 $\sin x_1(t)$ は，

$$\sin x_1(t) \fallingdotseq \sin\frac{\pi}{3}+\cos\frac{\pi}{3}\left(x_1(t)-\frac{\pi}{3}\right)=\frac{\sqrt{3}}{2}+\frac{1}{2}\left(x_1(t)-\frac{\pi}{3}\right) \tag{2.36}$$

のように近似できる．したがって，非線形な状態空間表現 (2.35) 式は，

$$\begin{aligned}\dot{\widetilde{\boldsymbol{x}}}(t) &= \dot{\boldsymbol{x}}(t)=\boldsymbol{f}(\boldsymbol{x}(t))+\boldsymbol{g}u(t)\\ &\fallingdotseq \begin{bmatrix} x_2(t) \\ -\dfrac{Mgl}{J}\left\{\dfrac{\sqrt{3}}{2}+\dfrac{1}{2}\left(x_1(t)-\dfrac{\pi}{3}\right)\right\}-\dfrac{\mu}{J}x_2(t)\end{bmatrix}+\begin{bmatrix}0\\ \dfrac{1}{J}\end{bmatrix}\left(\widetilde{u}(t)+\frac{\sqrt{3}}{2}Mgl\right)\\ &= \begin{bmatrix}0 & 1\\ -\dfrac{1}{2}\dfrac{Mgl}{J} & -\dfrac{\mu}{J}\end{bmatrix}\begin{bmatrix}\widetilde{x}_1(t)\\ \widetilde{x}_2(t)\end{bmatrix}+\begin{bmatrix}0\\ \dfrac{1}{J}\end{bmatrix}\widetilde{u}(t) \end{aligned}\tag{2.37a}$$

$$\widetilde{y}(t)=\widetilde{x}_1(t)=\begin{bmatrix}1 & 0\end{bmatrix}\begin{bmatrix}\widetilde{x}_1(t)\\ \widetilde{x}_2(t)\end{bmatrix} \tag{2.37b}$$

のように近似線形化でき，これらをまとめると次式が得られる．

$$\mathcal{P}:\begin{cases}\dot{\widetilde{\boldsymbol{x}}}(t)\fallingdotseq \boldsymbol{A}\widetilde{\boldsymbol{x}}(t)+\boldsymbol{b}\widetilde{u}(t) & \cdots\cdots\cdots \text{状態方程式}\\ \widetilde{y}(t)=\boldsymbol{c}\widetilde{\boldsymbol{x}}(t)+d\widetilde{u}(t) & \cdots\cdots\cdots \text{出力方程式}\end{cases} \tag{2.38}$$

$$\boldsymbol{A}=\begin{bmatrix}0 & 1\\ -\dfrac{1}{2}\dfrac{Mgl}{J} & -\dfrac{\mu}{J}\end{bmatrix},\quad \boldsymbol{b}=\boldsymbol{g}=\begin{bmatrix}0\\ \dfrac{1}{J}\end{bmatrix},\quad \boldsymbol{c}=\begin{bmatrix}1 & 0\end{bmatrix},\quad d=0$$

問題 2.3　例 2.6 において，アームが $x_1(t)=5\pi/6$ で静止している状態の近傍で近似線形化を行うことを考える．以下の設問に答えよ．

(1)　アームが $x_1(t)=5\pi/6$ で静止するような平衡点 $\boldsymbol{x}_{\mathrm{e}}$, u_{e} を求めよ．

(2)　$\boldsymbol{x}(t)=\boldsymbol{x}_{\mathrm{e}}$, $u(t)=u_{\mathrm{e}}$ (アームが $x_1(t)=5\pi/6$ で静止している状態) の近傍で非線形な状態空間表現 (2.35) 式を近似線形化せよ．

2.3　状態空間表現から伝達関数表現への変換

2.2 節で説明したように，システムの状態変数の選び方は唯一ではなく，無数に存在する (図 2.9 参照)．それに対し，以下に説明するように，状態空間表現の表し方によらず，状態空間表現は唯一の伝達関数表現に変換することができる．

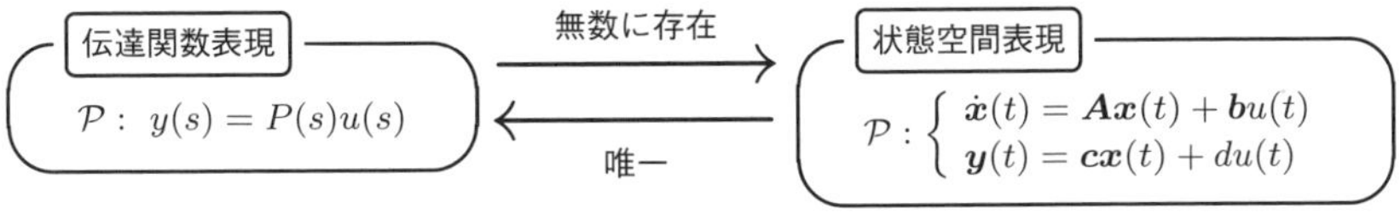

図 2.9　1 入出力システムの数学モデルの変換

まず，状態空間表現 (2.6) 式を伝達関数表現に変換してみよう．初期状態を $\boldsymbol{x}(0) = \boldsymbol{0}$ とし，(2.6) 式をラプラス変換し，状態方程式を出力方程式に代入すると，

$$\begin{aligned} &s\boldsymbol{x}(s) = \boldsymbol{A}\boldsymbol{x}(s) + \boldsymbol{B}\boldsymbol{u}(s) \implies (s\boldsymbol{I} - \boldsymbol{A})\boldsymbol{x}(s) = \boldsymbol{B}\boldsymbol{u}(s) \\ &\implies \boldsymbol{x}(s) = (s\boldsymbol{I} - \boldsymbol{A})^{-1}\boldsymbol{B}\boldsymbol{u}(s) \\ &\implies \boldsymbol{y}(s) = \boldsymbol{C}\boldsymbol{x}(s) + \boldsymbol{D}\boldsymbol{u}(s) = \left\{\boldsymbol{C}(s\boldsymbol{I} - \boldsymbol{A})^{-1}\boldsymbol{B} + \boldsymbol{D}\right\}\boldsymbol{u}(s) \end{aligned} \tag{2.39}$$

が得られる．したがって，状態空間表現 (2.6) 式 (あるいは (2.7) 式) から伝達関数表現への変換は，

状態空間表現から伝達関数表現への変換

▶ **1 入出力システム**

$$\mathcal{P}:\ y(s) = P(s)u(s),\ P(s) = \boldsymbol{c}(s\boldsymbol{I} - \boldsymbol{A})^{-1}\boldsymbol{b} + d \tag{2.40}$$

▶ **多入力多出力システム**

$$\mathcal{P}:\ \boldsymbol{y}(s) = \boldsymbol{P}(s)\boldsymbol{u}(s),\ \boldsymbol{P}(s) = \boldsymbol{C}(s\boldsymbol{I} - \boldsymbol{A})^{-1}\boldsymbol{B} + \boldsymbol{D} \tag{2.41}$$

のようになる．なお，多入力多出力システムの場合，$\boldsymbol{P}(s)$ は $q \times p$ の行列

$$\boldsymbol{P}(s) = \begin{bmatrix} P_{11}(s) & \cdots & P_{1p}(s) \\ \vdots & \ddots & \vdots \\ P_{q1}(s) & \cdots & P_{qp}(s) \end{bmatrix} \tag{2.42}$$

であり，**伝達関数行列**(transfer function matrix)とよばれる．また，$s\boldsymbol{I} - \boldsymbol{A}$ の余因子 $\delta_{ij}(s)$ を用いると，

$$(s\boldsymbol{I} - \boldsymbol{A})^{-1} = \frac{1}{|s\boldsymbol{I} - \boldsymbol{A}|} \begin{bmatrix} \delta_{11}(s) & \cdots & \delta_{n1}(s) \\ \vdots & \ddots & \vdots \\ \delta_{1n}(s) & \cdots & \delta_{nn}(s) \end{bmatrix} \tag{2.43}$$

であるから(注 2.5)，伝達関数 $P(s) = N_P(s)/D_P(s)$ (あるいは伝達関数行列 $\boldsymbol{P}(s)$ の要素 $P_{ij}(s) = N_{P_{ij}}(s)/D_P(s)$) の分母多項式は $D_P(s) = |s\boldsymbol{I} - \boldsymbol{A}|$ であり，$N_P(s)$ (あるいは $N_{P_{ij}}(s)$) と $D_P(s)$ が共通因子をもたない場合，以下のことがいえる．

Point !　伝達関数の極と行列 $\boldsymbol{A}$ の固有値の関係

- 行列 $\boldsymbol{A}$ の固有値 ($|s\boldsymbol{I} - \boldsymbol{A}| = 0$ の根) は，伝達関数 $P(s)$ (あるいは伝達関数行列 $\boldsymbol{P}(s)$ の要素 $P_{ij}(s)$) の極(pole)に等しい．

そのため，行列 $\boldsymbol{A}$ の固有値を**システムの極**とよぶ(注 2.6)．

(注 2.5) 余因子については**付録 C.1 (g)** (p.231)，逆行列については**付録 C.1 (h)** (p.232) を参照すること．
(注 2.6) 固有値に関しては**付録 C.2** (p.236) を参照すること．

つぎに，伝達関数表現への変換が一意に定まることを示そう．(2.16) 式により同値変換された状態空間表現 (2.19) 式において，$s\boldsymbol{I}-\overline{\boldsymbol{A}}$ を書き換えると，

$$s\boldsymbol{I}-\overline{\boldsymbol{A}} = s\boldsymbol{I}-\boldsymbol{T}\boldsymbol{A}\boldsymbol{T}^{-1} = \boldsymbol{T}\big(s\boldsymbol{I}-\boldsymbol{A}\big)\boldsymbol{T}^{-1} \tag{2.44}$$

である．ここで，$\big(\boldsymbol{L}\boldsymbol{M}\boldsymbol{N}\big)^{-1} = \boldsymbol{N}^{-1}\boldsymbol{M}^{-1}\boldsymbol{L}^{-1}$ ($\boldsymbol{L}, \boldsymbol{M}, \boldsymbol{N}$：正則) より

$$\big(s\boldsymbol{I}-\overline{\boldsymbol{A}}\big)^{-1} = \{\underbrace{\boldsymbol{T}}_{\boldsymbol{L}}\underbrace{\big(s\boldsymbol{I}-\boldsymbol{A}\big)}_{\boldsymbol{M}}\underbrace{\boldsymbol{T}^{-1}}_{\boldsymbol{N}}\}^{-1} = \underbrace{\boldsymbol{T}}_{\boldsymbol{N}^{-1}}\underbrace{\big(s\boldsymbol{I}-\boldsymbol{A}\big)^{-1}}_{\boldsymbol{M}^{-1}}\underbrace{\boldsymbol{T}^{-1}}_{\boldsymbol{L}^{-1}} \tag{2.45}$$

であるから，

$$\begin{aligned}\overline{\boldsymbol{C}}\big(s\boldsymbol{I}-\overline{\boldsymbol{A}}\big)^{-1}\overline{\boldsymbol{B}}+\overline{\boldsymbol{D}} &= \boldsymbol{C}\boldsymbol{T}^{-1}\cdot\boldsymbol{T}\big(s\boldsymbol{I}-\boldsymbol{A}\big)^{-1}\boldsymbol{T}^{-1}\cdot\boldsymbol{T}\boldsymbol{B}+\boldsymbol{D} \\ &= \boldsymbol{C}\big(s\boldsymbol{I}-\boldsymbol{A}\big)^{-1}\boldsymbol{B}+\boldsymbol{D} = \boldsymbol{P}(s)\end{aligned} \tag{2.46}$$

となり，状態空間表現の表し方によらず伝達関数表現は一意に定まる．

例 2.7 .... **RCL 回路の状態空間表現から伝達関数表現への変換とシステムの極**

まず，例 2.5 (p.17) で示した RCL 回路に対し，伝達関数表現を (2.20) 式から直接，導出する．$u(t)=v_{\rm in}(t)$, $y(t)=v_C(t)$ とすると，(2.20) 式は

$$\begin{cases} u(t) = Ri(t) + L\dfrac{d}{dt}i(t) + \dfrac{1}{C}\displaystyle\int_0^t i(t)dt \\ y(t) = \dfrac{1}{C}\displaystyle\int_0^t i(t)dt \end{cases} \tag{2.47}$$

のように書き換えられる．初期値を零として，(2.47) 式の両辺をラプラス変換すると，

$$\begin{cases} u(s) = Ri(s) + Lsi(s) + \dfrac{1}{Cs}i(s) \\ y(s) = \dfrac{1}{Cs}i(s) \end{cases} \Longrightarrow \quad P(s) := \frac{y(s)}{u(s)} = \frac{1}{CLs^2+RCs+1} \tag{2.48}$$

のように伝達関数 $P(s)$ が得られる．したがって，$P(s)$ の極は，以下のようになる．

$$CLs^2+RCs+1=0 \quad \Longrightarrow \quad s = \frac{-RC\pm\sqrt{(RC)^2-4CL}}{2CL} \tag{2.49}$$

つぎに，状態空間表現 (2.24) 式あるいは (2.28) 式を伝達関数表現に変換する．$u(s)$ から $y(s)$ への伝達関数 $P(s):=y(s)/u(s)$ を，(2.40) 式により求めると，$d=0$ より，

$$P(s) = \underbrace{\begin{bmatrix} 1 & 0 \end{bmatrix}}_{\boldsymbol{c}}\underbrace{\begin{bmatrix} s & -1 \\ \dfrac{1}{CL} & s+\dfrac{R}{L} \end{bmatrix}^{-1}}_{(s\boldsymbol{I}-\boldsymbol{A})^{-1}}\underbrace{\begin{bmatrix} 0 \\ \dfrac{1}{CL} \end{bmatrix}}_{\boldsymbol{b}} = \frac{1}{CLs^2+RCs+1} \tag{2.50}$$

$$P(s) = \underbrace{\begin{bmatrix} \dfrac{1}{C} & 0 \end{bmatrix}}_{\overline{\boldsymbol{c}}}\underbrace{\begin{bmatrix} s & -1 \\ \dfrac{1}{CL} & s+\dfrac{R}{L} \end{bmatrix}^{-1}}_{(s\boldsymbol{I}-\overline{\boldsymbol{A}})^{-1}}\underbrace{\begin{bmatrix} 0 \\ \dfrac{1}{L} \end{bmatrix}}_{\overline{\boldsymbol{b}}} = \frac{1}{CLs^2+RCs+1} \tag{2.51}$$

となり，(2.50), (2.51) 式は共に (2.48) 式と一致する．また，$\boldsymbol{A}$ あるいは $\overline{\boldsymbol{A}}$ の固有値 λ は，

$$\left|\lambda \boldsymbol{I} - \boldsymbol{A}\right| = \left|\lambda \boldsymbol{I} - \overline{\boldsymbol{A}}\right| = \lambda^2 + \frac{R}{L}\lambda + \frac{1}{CL} = 0 \implies \lambda = \frac{-RC \pm \sqrt{(RC)^2 - 4CL}}{2CL} \tag{2.52}$$

となり，伝達関数 $P(s)$ の極 (2.49) 式と一致する．

問題 2.4　1 入出力システムの状態空間表現 (2.7) 式における係数行列が以下のように与えられたとき，伝達関数 $P(s) := y(s)/u(s)$ を求めよ．

(1)　$\boldsymbol{A} = \begin{bmatrix} 0 & 1 \\ -3 & -2 \end{bmatrix}$, $\boldsymbol{b} = \begin{bmatrix} 0 \\ 1 \end{bmatrix}$, $\boldsymbol{c} = \begin{bmatrix} 1 & 0 \end{bmatrix}$, $d = 0$

(2)　$\boldsymbol{A} = \begin{bmatrix} 0 & 1 & 0 \\ 0 & 0 & 1 \\ -2 & -4 & -3 \end{bmatrix}$, $\boldsymbol{b} = \begin{bmatrix} 0 \\ 0 \\ 1 \end{bmatrix}$, $\boldsymbol{c} = \begin{bmatrix} 8 & 4 & 0 \end{bmatrix}$, $d = 0$

問題 2.5　**問題 2.1** (p.16) で示した 1 慣性システムについて，以下の設問に答えよ．

(1)　1 慣性システムの運動方程式

$$M\ddot{y}(t) + \mu\dot{y}(t) + ky(t) = u(t) \tag{2.53}$$

をラプラス変換することによって，伝達関数 $P(s) := y(s)/u(s)$ を求めよ．

(2)　(2.40) 式を利用し，**問題 2.1** で求めた状態空間表現から伝達関数 $P(s)$ を求めよ．

2.4　伝達関数表現から状態空間表現への変換

2.4.1　実現問題

伝達関数表現から状態空間表現への変換は無数に存在するが，伝達関数表現から状態空間表現の一つを求めることを，**実現問題**(realization problem)という．たとえば，以下の例に示す手順により，1 入出力システムの伝達関数表現を状態空間表現に変換することができる．

例 2.8　……………………RCL 回路の伝達関数表現から状態空間表現 (可制御標準形) への変換

(a)　$u(t) = v_{\rm in}(t)$, $y(t) = v_C(t)$ とした場合

例 2.7 (p.23) で示したように，**図 2.7** の RCL 回路の伝達関数表現は，$u(t) = v_{\rm in}(t)$, $y(t) = v_C(t)$ とすると，(2.48) 式より $\alpha_0 = 1/CL$, $\alpha_1 = R/L$, $\beta_0 = 1/CL$ とおくと，

$$\mathcal{P}:\ y(s) = P(s)u(s),\ \ P(s) = \frac{\beta_0}{s^2 + \alpha_1 s + \alpha_0} \tag{2.54}$$

である．(2.54) 式は，線形微分方程式

$$\ddot{y}(t) + \alpha_1\dot{y}(t) + \alpha_0 y(t) = \beta_0 u(t) \implies \begin{cases} y(t) = \beta_0 v(t) \\ \ddot{v}(t) + \alpha_1\dot{v}(t) + \alpha_0 v(t) = u(t) \end{cases} \tag{2.55}$$

と等価であるから，状態変数を $\boldsymbol{x}_{\mathrm{c}}(t) = \begin{bmatrix} x_{\mathrm{c}1}(t) & x_{\mathrm{c}2}(t) \end{bmatrix}^{\mathrm{T}} = \begin{bmatrix} v(t) & \dot{v}(t) \end{bmatrix}^{\mathrm{T}}$ と選ぶと，(2.55) 式より，以下の状態空間表現が得られる．

$$\mathcal{P}: \begin{cases} \dot{\boldsymbol{x}}_{\mathrm{c}}(t) = \boldsymbol{A}_{\mathrm{c}}\boldsymbol{x}_{\mathrm{c}}(t) + \boldsymbol{b}_{\mathrm{c}}u(t) \\ y(t) = \boldsymbol{c}_{\mathrm{c}}\boldsymbol{x}(t) \end{cases}, \quad \boldsymbol{A}_{\mathrm{c}} = \begin{bmatrix} 0 & 1 \\ -\alpha_0 & -\alpha_1 \end{bmatrix}, \quad \boldsymbol{b}_{\mathrm{c}} = \begin{bmatrix} 0 \\ 1 \end{bmatrix}, \quad \boldsymbol{c}_{\mathrm{c}} = \begin{bmatrix} \beta_0 & 0 \end{bmatrix} \tag{2.56}$$

このようにして得られた状態空間表現を**可制御標準形** (controllable canonical form) **(可制御正準形)** とよぶ．

(b) $\boldsymbol{u(t) = v_{\mathrm{in}}(t)}$, $\boldsymbol{y(t) = v_R(t) + v_C(t)}$ とした場合

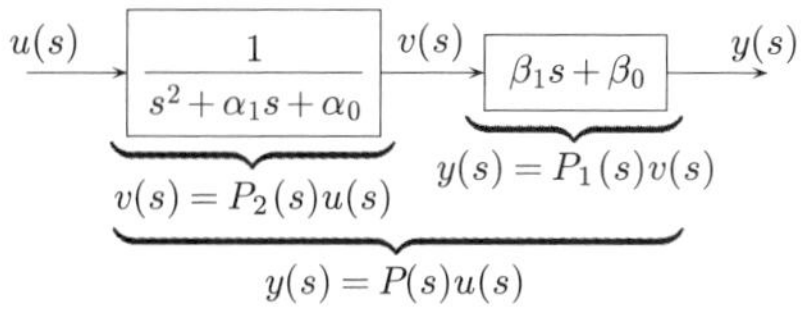

図 2.10　中間変数 $v(s)$

伝達関数 $P(s)$ の分子が定数でないときでも，真にプロパーで既約である (すなわち，$P(s) = N_P(s)/D_P(s)$ としたとき，$N_P(s)$ よりも $D_P(s)$ の方が次数が高く，また，$N_P(s)$ と $D_P(s)$ とで約分が生じない) 場合には，同様に，可制御標準形の伝達関数表現に変換することができる．

図 2.7 の RCL 回路は，$u(t) = v_{\mathrm{in}}(t)$, $y(t) = v_R(t) + v_C(t)$ とすると，

$$\begin{cases} u(t) = Ri(t) + L\dfrac{d}{dt}i(t) + \dfrac{1}{C}\displaystyle\int_0^t i(t)dt \\ y(t) = Ri(t) + \dfrac{1}{C}\displaystyle\int_0^t i(t)dt \end{cases} \Longrightarrow \begin{cases} u(s) = Ri(s) + Lsi(s) + \dfrac{1}{Cs}i(s) \\ y(s) = Ri(s) + \dfrac{1}{Cs}i(s) \end{cases}$$

$$\Longrightarrow \quad P(s) := \frac{y(s)}{u(s)} = \frac{RCs + 1}{CLs^2 + RCs + 1} \tag{2.57}$$

であるから，$\alpha_0 = 1/CL$, $\alpha_1 = R/L$, $\beta_0 = 1/CL$, $\beta_1 = R/L$ とおくと，

$$\mathcal{P}: \; y(s) = P(s)u(s), \quad P(s) = \frac{\beta_1 s + \beta_0}{s^2 + \alpha_1 s + \alpha_0} \tag{2.58}$$

となる．この場合，図 2.10 に示す中間変数 $v(s)$ を用いると，2 個の伝達関数表現

$$\mathcal{P}: \begin{cases} y(s) = P_1(s)v(s), \quad P_1(s) = \beta_1 s + \beta_0 \\ v(s) = P_2(s)u(s), \quad P_2(s) = \dfrac{1}{s^2 + \alpha_1 s + \alpha_0} \end{cases} \tag{2.59}$$

の直列結合 ($P(s) = P_1(s)P_2(s)$) となるから，伝達関数表現 (2.58) 式は

$$\begin{aligned} &\ddot{y}(t) + \alpha_1\dot{y}(t) + \alpha_0 y(t) = \beta_1\dot{u}(t) + \beta_0 u(t) \\ &\Longrightarrow \begin{cases} y(t) = \beta_1\dot{v}(t) + \beta_0 v(t) \\ \ddot{v}(t) + \alpha_1\dot{v}(t) + \alpha_0 v(t) = u(t) \end{cases} \end{aligned} \tag{2.60}$$

という 2 個の線形微分方程式と等価である．したがって，(a) と同様に，状態変数を $\boldsymbol{x}_{\mathrm{c}}(t) =$

$\begin{bmatrix} x_{c1}(t) & x_{c2}(t) \end{bmatrix}^T = \begin{bmatrix} v(t) & \dot{v}(t) \end{bmatrix}^T$ と選ぶと，(2.60) 式より，可制御標準形の状態空間表現が，次式のように得られる．

$$\mathcal{P}:\begin{cases} \dot{\boldsymbol{x}}_c(t) = \boldsymbol{A}_c\boldsymbol{x}_c(t) + \boldsymbol{b}_c u(t) \\ y(t) = \boldsymbol{c}_c\boldsymbol{x}_c(t) \end{cases},\quad \boldsymbol{A}_c = \begin{bmatrix} 0 & 1 \\ -\alpha_0 & -\alpha_1 \end{bmatrix},\quad \boldsymbol{b}_c = \begin{bmatrix} 0 \\ 1 \end{bmatrix},\quad \boldsymbol{c}_c = \begin{bmatrix} \beta_0 & \beta_1 \end{bmatrix} \tag{2.61}$$

例 2.8 の結果を n 次の 1 入出力システムの場合に拡張すると，以下の結果が得られる．

Point!　伝達関数表現から状態空間表現 (可制御標準形) への変換

真にプロパーで既約な n 次の伝達関数表現

$$\mathcal{P}:\ y(s) = \frac{\beta_{n-1}s^{n-1} + \cdots + \beta_1 s + \beta_0}{s^n + \alpha_{n-1}s^{n-1} + \cdots + \alpha_1 s + \alpha_0}u(s) \tag{2.62}$$

は，可制御標準形とよばれる以下の n 次の状態空間表現に変換できる．

$$\mathcal{P}:\begin{cases} \dot{\boldsymbol{x}}_c(t) = \boldsymbol{A}_c\boldsymbol{x}_c(t) + \boldsymbol{b}_c u(t) \\ y(t) = \boldsymbol{c}_c\boldsymbol{x}_c(t) \end{cases} \tag{2.63}$$

$$\boldsymbol{x}_c(t) = \begin{bmatrix} x_{c1}(t) \\ x_{c2}(t) \\ x_{c3}(t) \\ \vdots \\ x_{cn}(t) \end{bmatrix},\quad \boldsymbol{A}_c = \begin{bmatrix} 0 & 1 & 0 & \cdots & 0 \\ 0 & 0 & 1 & \ddots & \vdots \\ \vdots & & \ddots & \ddots & 0 \\ 0 & 0 & \cdots & 0 & 1 \\ -\alpha_0 & -\alpha_1 & -\alpha_2 & \cdots & -\alpha_{n-1} \end{bmatrix},\quad \boldsymbol{b}_c = \begin{bmatrix} 0 \\ 0 \\ \vdots \\ 0 \\ 1 \end{bmatrix},$$

$$\boldsymbol{c}_c = \begin{bmatrix} \beta_0 & \beta_1 & \beta_2 & \cdots & \beta_{n-1} \end{bmatrix}$$

可制御標準形と双対な関係の状態空間表現として，**可観測標準形** (observable canonical form) **(可観測正準形)** が知られている．つまり，(2.63) 式は，以下の可観測標準形と等価である．

$$\mathcal{P}:\begin{cases} \dot{\boldsymbol{x}}_o(t) = \boldsymbol{A}_o\boldsymbol{x}_o(t) + \boldsymbol{b}_o u(t) \\ y(t) = \boldsymbol{c}_o\boldsymbol{x}_o(t) \end{cases},\quad \begin{cases} \boldsymbol{A}_o = \boldsymbol{A}_c^T,\ \ \boldsymbol{b}_o = \boldsymbol{c}_c^T \\ \boldsymbol{c}_o = \boldsymbol{b}_c^T \end{cases} \tag{2.64}$$

実際，(2.64) 式より，$u(s)$ から $y(s)$ の伝達関数 $P(s)$ は，

$$\begin{aligned} P(s) &= \boldsymbol{c}_o(s\boldsymbol{I} - \boldsymbol{A}_o)^{-1}\boldsymbol{b}_o = \boldsymbol{b}_c^T(s\boldsymbol{I} - \boldsymbol{A}_c^T)^{-1}\boldsymbol{c}_c^T = \{\boldsymbol{c}_c(s\boldsymbol{I} - \boldsymbol{A}_c^T)^{-T}\boldsymbol{b}_c\}^T \\ &= \{\boldsymbol{c}_c(s\boldsymbol{I} - \boldsymbol{A}_c)^{-1}\boldsymbol{b}_c\}^T = \boldsymbol{c}_c(s\boldsymbol{I} - \boldsymbol{A}_c)^{-1}\boldsymbol{b}_c \end{aligned} \tag{2.65}$$

となり[注2.7]，(2.63) 式により求まる $u(s)$ から $y(s)$ の伝達関数 $P(s)$ と一致する．

(注2.7) 付録 C.1 (f) に示す転置行列の性質 2 (p.231) や付録 C.1 (h) に示す逆行列の性質 3 (p.233) を利用する．

問題 2.6 伝達関数 $P(s)$ が以下のように与えられたシステムを，可制御標準形 (2.63) 式，可観測標準形 (2.64) 式の状態空間表現で表したときの $\boldsymbol{A}_{\rm c}$, $\boldsymbol{b}_{\rm c}$, $\boldsymbol{c}_{\rm c}$ および $\boldsymbol{A}_{\rm o}$, $\boldsymbol{b}_{\rm o}$, $\boldsymbol{c}_{\rm o}$ を求めよ．

(1) $P(s) = \dfrac{1}{s^2+2s+3}$ (2) $P(s) = \dfrac{4(s+2)}{s^3+3s^2+4s+2}$

2.4.2 最小実現

2.4.1 項で説明したように，プロパーで既約な伝達関数表現 (2.62) 式は，伝達関数 $P(s)$ の次数 (分母の次数) n と同じ次元の状態空間表現で表すことができ，これが最も小さな次元の状態空間表現となる．このように，線形システムの状態空間表現の中で最も小さな次元の状態空間表現で表すことを，**最小実現**(minimal realization)とよぶ．最小実現でない状態空間表現は，以下の例で示すように，伝達関数が既約でない場合に相当する．

例 2.9 ………………………… **角速度を制御量とした水平面を回転するアームシステムの最小実現**

例 2.3 (p.15) において，制御量を $y(t) = \dot{z}(t)$ (角速度) としたとき，状態空間表現は

$$\mathcal{P}: \begin{cases} \dot{\boldsymbol{x}}(t) = \boldsymbol{A}\boldsymbol{x}(t) + \boldsymbol{b}u(t) \\ y(t) = \boldsymbol{c}\boldsymbol{x}(t) \end{cases} \tag{2.66}$$

$$\boldsymbol{x}(t) = \begin{bmatrix} x_1(t) \\ x_2(t) \end{bmatrix}, \quad \boldsymbol{A} = \left[\begin{array}{c:c} 0 & 1 \\ \hdashline 0 & -\dfrac{\mu}{J} \end{array}\right], \quad \boldsymbol{b} = \left[\begin{array}{c} 0 \\ \hdashline \dfrac{1}{J} \end{array}\right], \quad \boldsymbol{c} = \left[\begin{array}{c:c} 0 & 1 \end{array}\right]$$

となるから，状態空間表現 (2.66) 式を伝達関数表現に変換すると，

$$P(s) = \boldsymbol{c}\big(s\boldsymbol{I} - \boldsymbol{A}\big)^{-1}\boldsymbol{b} = \frac{\dfrac{1}{J}s}{s\left(s + \dfrac{\mu}{J}\right)} = \frac{\dfrac{1}{J}}{s + \dfrac{\mu}{J}} \tag{2.67}$$

が得られる．このように，伝達関数 $P(s)$ は分母と分子の共通因子 s が約分されるため(注 2.8)，(2.66) 式の状態空間表現における $\boldsymbol{x}(t)$ のサイズが 2 次であるのに対し，(2.67) 式の伝達関数 $P(s)$ の分母は 1 次式である．したがって，状態空間表現 (2.66) 式は最小実現ではない．

これは，(2.66) 式に余分な状態変数が含まれていることを意味する．実際，

$$\mathcal{P}: \begin{cases} \dot{x}_2(t) = ax_2(t) + bu(t) \\ y(t) = cx_2(t) \end{cases}, \quad a = -\frac{\mu}{J}, \quad b = \frac{1}{J}, \quad c = 1 \tag{2.68}$$

のように，状態変数 $x_2(t) = \dot{z}(t)$ のみを考慮した状態空間表現を伝達関数表現に変換すると，次式となり，(2.67) 式と一致するため，(2.68) 式が最小実現であることがわかる．

$$P(s) = \frac{cb}{s-a} = \frac{\dfrac{1}{J}}{s + \dfrac{\mu}{J}} \tag{2.69}$$

(注 2.8) 伝達関数 $P(s)$ の分母と分子に共通因子 $s-a$ をもち，これらを約分することを**極零相殺**(きょくぜろそうさい)という．

問題 2.7 1入出力システムの状態空間表現

$$\mathcal{P}: \begin{cases} \dot{\boldsymbol{x}}(t) = \boldsymbol{A}\boldsymbol{x}(t) + \boldsymbol{b}u(t) \\ y(t) = \boldsymbol{c}\boldsymbol{x}(t) \end{cases}, \quad \boldsymbol{x}(t) = \begin{bmatrix} x_1(t) \\ x_2(t) \end{bmatrix}, \quad \boldsymbol{A} = \begin{bmatrix} 0 & 2 \\ -3 & -5 \end{bmatrix}, \quad \boldsymbol{b} = \begin{bmatrix} 0 \\ 2 \end{bmatrix}$$

における $\boldsymbol{c}$ が以下のように与えられたとき，$u(s) = \mathcal{L}[u(t)]$ から $y(s) = \mathcal{L}[y(t)]$ への伝達関数 $P(s)$ を求めることによって，最小実現であるかどうかを判別せよ．

(1) $\boldsymbol{c} = \begin{bmatrix} 1 & 2 \end{bmatrix}$ (2) $\boldsymbol{c} = \begin{bmatrix} 1 & 1 \end{bmatrix}$

2.5 MATLAB を利用した演習

2.5.1 状態空間表現の定義

MATLAB では，関数 "ss" により状態空間表現を定義する．たとえば，係数行列を問題 2.4 (2) (p.24) とした状態空間表現 (2.7) 式を MATLAB により定義するには，以下の M ファイルを作成すればよい．

M ファイル "state_space.m"：状態空間表現の定義 (関数 "ss")

```
1   clear                         …… メモリ上の変数をすべて消去
2   format compact                …… 余分な改行を省略
3
4   A = [ 0   1   0               …… A の定義
5         0   0   1
6        -2  -4  -3 ];
7   B = [ 0                       …… b の定義
8         0
9         1 ];
10  C = [ 8   4   0 ];            …… c の定義
11  D = 0;                        …… d の定義
12
13  ss_P = ss(A,B,C,D)            …… 状態空間表現 $\begin{cases} \dot{\boldsymbol{x}}(t) = \boldsymbol{A}\boldsymbol{x}(t) + \boldsymbol{b}u(t) \\ y(t) = \boldsymbol{c}\boldsymbol{x}(t) + du(t) \end{cases}$ の定義
```

M ファイル "state_space.m" の実行結果を，以下に示す．

```
"state_space.m" の実行結果
>> state_space ↵       …… M ファイルの実行
a =                    …… $\boldsymbol{A} = \begin{bmatrix} 0 & 1 & 0 \\ 0 & 0 & 1 \\ -2 & -4 & -3 \end{bmatrix}$
        x1  x2  x3
   x1    0   1   0
   x2    0   0   1
   x3   -2  -4  -3
b =                    …… $\boldsymbol{b} = \begin{bmatrix} 0 \\ 0 \\ 1 \end{bmatrix}$
        u1
   x1    0
   x2    0
   x3    1

c =                    …… $\boldsymbol{c} = \begin{bmatrix} 8 & 4 & 0 \end{bmatrix}$
        x1  x2  x3
   y1    8   4   0

d =                    …… $d = 0$
        u1
   y1    0

連続時間モデル
```

また，関数 “`ssdata`” を用いれば，

状態空間表現の係数の抽出 (関数 “ssdata”)

```
>> [A,B,C,D] = ssdata(ss_P) ↵
A =                              ……… A
     0     1     0
     0     0     1
    -2    -4    -3
B =                              ……… b
     0
     0
     1
C =                              ……… c
     8     4     0
D =                              ……… d
     0
```

のように，状態空間表現の係数行列 $\boldsymbol{A}$, $\boldsymbol{b}$, $\boldsymbol{c}$, d を抽出できる．

2.5.2 状態空間表現から伝達関数表現への変換

関数 “`ss`” により定義された状態空間表現は，関数 “`tf`”，“`zpk`” を利用することにより伝達関数表現に変換できる．たとえば，M ファイル “`state_space.m`” を実行して状態空間表現を定義した後，

状態空間表現から伝達関数表現への変換 (関数 “tf”，“zpk”)

```
>> tf_P = tf(ss_P) ↵                 ……… 状態空間表現から伝達関数表現への変換

伝達関数:
       4 s + 8
---------------------                ……… 伝達関数 P(s) = (4s + 8)/(s^3 + 3s^2 + 4s + 2)
s^3 + 3 s^2 + 4 s + 2

>> zpk_P = zpk(ss_P) ↵               ……… 状態空間表現から伝達関数表現 (零点／極／ゲイン型) への変換

零点/極/ゲイン:
      4 (s+2)
--------------------                 ……… 伝達関数 P(s) = 4(s + 2)/((s + 1)(s^2 + 2s + 2))
(s+1) (s^2 + 2s + 2)
```

$$P(s) = \frac{4s+8}{s^3+3s^2+4s+2}, \qquad P(s) = \frac{4(s+2)}{(s+1)(s^2+2s+2)}$$

と入力することで，$u(s)$ から $y(s)$ への伝達関数 $P(s)$ を得ることができる．また，関数 “`tfdata`”，“`zpkdata`” を用いれば，定義された数学モデルの以下のように，1 入出力システムの伝達関数 $P(s)$ の分子多項式 $N_P(s)$，分母多項式 $D_P(s)$ や零点 ($N_P(s) = 0$ の根) z_i，極 ($D_P(s) = 0$ の根) p_i，ゲイン k を抽出できる．

伝達関数の係数の抽出 (関数 “tfdata”)

```
>> [numP,denP] = tfdata(tf_P,'v') ↵
numP =          ……… N_P(s) = 4s + 8
     0     0     4     8
denP =          ……… D_P(s) = s^3 + 3s^2 + 4s + 2
    1.0000    3.0000    4.0000    2.0000
```

零点，極，ゲインの抽出 (関数 “zpkdata”)

```
>> [z,p,k] = zpkdata(zpk_P,'v') ↵
z =                          ……… 零点：−2
    -2
p =                          ……… 極：−1, −1±j
  -1.0000
  -1.0000 + 1.0000i
  -1.0000 - 1.0000i
k =                          ……… ゲイン：4
     4
```

Symbolic Math Toolbox が使用可能ならば，(2.40), (2.41) 式を利用した M ファイル

M ファイル "symb_ss2tf.m"：状態空間表現から伝達関数表現への変換 ········ Symbolic Math Toolbox

```
   :     "state_space.m" (p.28) の 1～12 行目と同様
13  syms s                          ········ 変数 s (ラプラス演算子) の定義
14  P = C*inv(s*eye(3) - A)*B + D   ········ 伝達関数 P(s) = c(sI - A)^{-1}b + d への変換
15  P = simplify(P)                 ········ 伝達関数 P(s) の標記の簡単化
16  P = collect(P,s)                ········ 伝達関数 P(s) を s に関するべき乗の形式で表示
```

により，状態空間表現から伝達関数表現に変換できる．M ファイル "symb_ss2tf.m" の実行結果を，以下に示す．

"symb_ss2tf.m" の実行結果

```
>> symb_ss2tf  ↵                ········ M ファイルの実行
P =                             ········ $P(s) = \dfrac{4s}{s^3 + 3s^2 + 4s + 2} + \dfrac{8}{s^3 + 3s^2 + 4s + 2}$
(4*s)/(s^3 + 3*s^2 + 4*s + 2) + 8/(s^3 + 3*s^2 + 4*s + 2)
P =                             ········ $P(s) = \dfrac{4(s+2)}{(s+1)(s^2 + 2s + 2)}$ (簡略化)
(4*(s + 2))/((s + 1)*(s^2 + 2*s + 2))
P =                             ········ $P(s) = \dfrac{4s + 8}{(s^3 + 3s^2 + 4s + 2)}$
(4*s + 8)/(s^3 + 3*s^2 + 4*s + 2)
```

問題 2.8 係数行列を**問題 2.4** (1) (p.24) とした状態空間表現を，関数 "ss" により定義せよ．また，関数 "tf" を用いて伝達関数表現に変換せよ．

2.5.3 伝達関数表現から状態空間表現への変換と同値変換

伝達関数 $P(s)$ は，関数 "tf"，"zpk" により定義でき，さらに，関数 "ss" を利用して状態空間表現に変換することもできる．たとえば，**問題 2.6** (2) (p.27) の伝達関数 $P(s)$ が与えられたとき，以下のようにして状態空間表現の一つを得ることができる．

伝達関数表現から状態空間表現への変換 (関数 "ss")

```
>> tf_P = tf(4*[1 2],[1 3 4 2])  ↵    ········ 伝達関数 $P(s) = \dfrac{4(s+2)}{s^3 + 3s^2 + 4s + 2}$ の定義

伝達関数:
      4 s + 8
  ---------------------
  s^3 + 3 s^2 + 4 s + 2

>> ss_P = ss(tf_P);  ↵                ········ 伝達関数表現から状態空間表現への変換
>> [A,B,C,D] = ssdata(ss_P)  ↵        ········ 状態空間表現の係数行列の抽出
A =                                   ········ $A$ の抽出
    -3    -2    -1
     2     0     0
     0     1     0
B =                                   ········ $b$ の抽出
     2
     0
     0
C =                                   ········ $c$ の抽出
     0     1     2
```

```
D =                                  ……… d の抽出
     0
```

ただし，上記のように，関数“ss”により得られる状態空間表現は，可制御標準形とは異なる形式である．

MATLAB で可制御標準形の状態空間表現を得るには，関数“tf2ss”を用いればよいが，そこで得られる可制御標準形は，(2.63) 式で示した可制御標準形と状態変数の要素の順序が逆になっている．(2.63) 式の形式とするには，以下のように，関数“ss2ss”を利用して 2.2.2 項で説明した同値変換を行う必要がある．

M ファイル“state_space_ss2ss.m”：伝達関数表現から状態空間表現 (可制御標準形) への変換 (関数“tf2ss”) と同値変換 (関数“ss2ss”)

```
clear                                  ……… メモリ上の変数をすべて消去
format compact                         ……… 余分な改行を省略

numP = [ 4  8 ];                       ……… 伝達関数 P(s) の分子多項式 N_P(s) = 4s + 8
denP = [ 1  3  4  2 ];                 ……… 伝達関数 P(s) の分母多項式 D_P(s) = s^3 + 3s^2 + 4s + 2
[A,B,C,D] = tf2ss(numP,denP)           ……… 伝達関数表現から状態空間表現への変換
ss_P = ss(A,B,C,D);                    ……… 状態空間表現の定義 { ẋ(t) = Ax(t) + bu(t)
                                                                 { y(t) = cx(t)
T = [ 0  0  1                          ……… 可制御標準形への変換行列 T
      0  1  0
      1  0  0 ]
ss_Pb = ss2ss(ss_P,T);                 ……… 可制御標準形の状態空間表現への同値変換 x_c(t) = Tx(t)
[Ac,Bc,Cc,Dc] = ssdata(ss_Pb)          ……… 可制御標準形の係数行列の抽出 { ẋ_c(t) = A_c x(t) + b_c u(t)
                                                                              { y(t) = c_c x(t)
```

“state_space_ss2ss.m”の実行結果

```
>> state_space_ss2ss ↵   …… M ファイルの実行
A =              ……… 変換前の状態空間表現：A
    -3    -4    -2
     1     0     0
     0     1     0
B =              ……… b
     1
     0
     0
C =              ……… c
     0     4     8
D =              ……… d = 0
     0
Ac =             ……… 可制御標準形：A_c = TAT^{-1}
     0     1     0
     0     0     1
    -2    -4    -3
Bc =             ……… b_c = Tb
     0
     0
     1
Cc =             ……… c_c = cT^{-1}
     8     4     0
Dc =             ……… d_c = d = 0
     0
```

問題 2.9 問題 2.6 (1) (p.27) の伝達関数 $P(s)$ が与えられたとき，以下の設問に答えよ．

(1) 伝達関数 $P(s)$ を，関数“tf”により定義せよ．

(2) 関数“ss”を用いて，状態空間表現の一つを求めよ．

(3) 関数“tf2ss”，“ss2ss”を用いて，可制御標準形の状態空間表現を求めよ．

2.5.4　最小実現

例 2.9 (p.27) で示したように，2 次システムの状態空間表現 (2.66) 式から得られる伝達関数 $P(s)$ は，(2.67) 式のように 1 次である．したがって，状態空間表現 (2.66) 式は最小実現ではなく，その最小実現は (2.68) 式となる．このことは，以下のように M ファイルにより確認することができる．

M ファイル "state_space_min.m"：最小実現 (関数 "ss" (オプション "min" を利用))

コード	説明
`clear`	……… メモリ上の変数をすべて消去
`format compact`	……… 余分な改行を省略
`J  = 0.1;`	……… 慣性モーメント J
`mu = 0.2;`	……… 粘性摩擦係数 μ
`A = [ 0   1` `       0 -mu/J ]`	……… (2.66) 式における $\boldsymbol{A} = \begin{bmatrix} 0 & 1 \\ 0 & -\mu/J \end{bmatrix}$ の表示
`B = [  0` `       1/J ]`	……… $\boldsymbol{b} = \begin{bmatrix} 0 \\ 1/J \end{bmatrix}$ の表示
`C = [ 0  1 ]`	……… $\boldsymbol{c} = \begin{bmatrix} 0 & 1 \end{bmatrix}$ の表示
`D = 0`	……… $d = 0$ の表示
`ss_P = ss(A,B,C,D);`	……… 状態空間表現の定義
`tf_P = tf(ss_P)`	……… 伝達関数表現 (2.67) 式を表示
`ss_P_min = ss(ss_P,'min');`	……… 最小実現の状態空間表現 (2.68) 式を導出
`[a,b,c,d] = ssdata(ss_P_min)`	……… (2.68) 式の係数行列を抽出して表示
`tf_P_min = tf(ss_P_min)`	……… 伝達関数表現 (2.69) 式を表示

"state_space_min.m" の実行結果

`>> state_space_min ↵`	………… M ファイルの実行

`A =`
`    0     1`
`    0    -2`
	………… (2.66) 式：$\boldsymbol{A}$

`B =`
`    0`
`   10`
	………… $\boldsymbol{b}$

`C =` `    0     1`	………… $\boldsymbol{c}$
`D =` `    0`	………… $d = 0$

`伝達関数:`
` 10`
`-----`
`s + 2`
	………… (2.67) 式：$P(s) = \boldsymbol{c}(s\boldsymbol{I} - \boldsymbol{A})^{-1}\boldsymbol{b} = \dfrac{10}{s+2}$

`a =` `   -2`	………… 最小実現 (2.68) 式：$a = -\dfrac{\mu}{J}$
`b =` `   10`	………… $b = \dfrac{1}{J}$
`c =` `    1`	………… $c = 1$
`d =` `    0`	………… $d = 0$

`伝達関数:`
` 10`
`-----`
`s + 2`
	………… (2.69) 式：$P(s) = \dfrac{cb}{s-a} = \dfrac{10}{s+2}$

問題 2.10　問題 2.7 (2) (p.28) の状態空間表現が与えられたとき，以下の設問に答えよ．

(1)　関数 "`ss`" を用いて状態空間表現を定義せよ．

(2)　関数 "`ss`" のオプション "`'min'`" を設定することで最小実現を求めよ．また，関数 "`tf`" を用い，最小実現の状態空間表現から伝達関数 $P(s) := y(s)/u(s)$ を求めよ．

第 3 章 線形システムの時間応答

システムに適当な初期状態を与えたり，ステップ信号や正弦波信号などの基本信号を入力 $\boldsymbol{u}(t)$ として加えることにより，システムの内部信号 $\boldsymbol{x}(t)$ や出力信号 $\boldsymbol{y}(t)$ の振る舞い (時間応答) を調べることができる．状態空間表現により記述された線形システムの時間応答を計算するためには，遷移行列とよばれる行列の指数関数が重要な役割を果たす．本章では，遷移行列の求め方や時間応答の計算方法を説明する．また，線形システムの安定性，過渡特性とシステムの極との関係についても説明する．

3.1 1 次システムの時間応答

3.1.1 零入力応答

システムの入力を零としたとき，与えられた初期状態に対する出力を**零入力応答** (zero input response) という．ここでは，諸量がすべてスカラーであるとした 1 次システム

$$\mathcal{P}:\begin{cases}\dot{x}(t)=ax(t)+bu(t), & x(0)=x_0\\ y(t)=cx(t)+du(t)\end{cases}\tag{3.1}$$

の零入力応答を求める方法について説明する．なお，とくに係数が $a=-1/T, b=K/T, c=1, d=0\ (T>0)$ であるとき，1 次システム (3.1) 式は **1 次遅れシステム** (first order lag system)

$$\mathcal{P}:\ y(s)=P(s)u(s),\quad P(s)=\frac{K}{1+Ts}\tag{3.2}$$

と等価である．ここで，$T>0$ は**時定数** (time constant)，K はゲイン (gain) とよばれ，それぞれ速応性，定常特性に関するパラメータである．

零入力応答では，入力が $u(t)=0$ であるので，状態空間表現 (3.1) 式は，

1 次の零入力システム (自由システム)

$$\mathcal{P}:\begin{cases}\dot{x}(t)=ax(t), & x(0)=x_0\\ y(t)=cx(t)\end{cases}\tag{3.3}$$

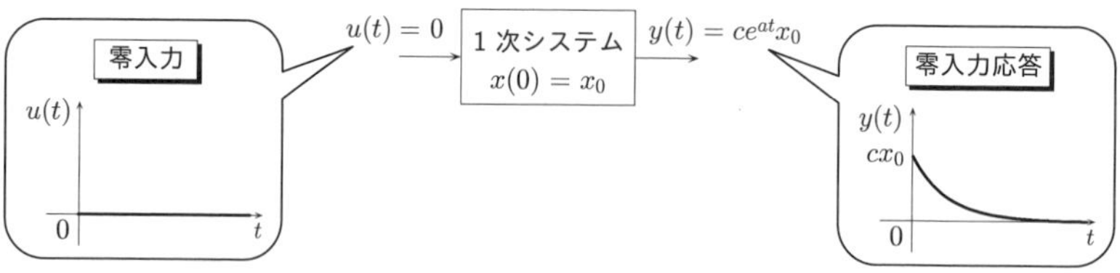

図 3.1　1 次システムの零入力応答 ($a < 0$)

となり，その状態方程式の解 $x(t)$ は，次式となる．

$$\dot{x}(t) = ax(t),\ \ x(0) = x_0 \implies x(t) = e^{at}x_0 \tag{3.4}$$

実際，(3.4) 式を時間微分すると，

$$\dot{x}(t) = \frac{de^{at}}{dt} = a\,\overbrace{e^{at}x_0}^{x(t)} = ax(t) \tag{3.5}$$

であり，また，(3.4) 式において $t = 0$ とすると，

$$x(0) = e^{a\times 0}x_0 = x_0 \tag{3.6}$$

となるから，(3.4) 式は (3.3) 式の上式 (状態方程式) の解である．したがって，1 次システム (3.1) 式の零入力応答は次式となり，$a < 0$ のとき図 3.1 のようになる．

1 次システムの零入力応答

$$y(t) = cx(t) = ce^{at}x_0 \tag{3.7}$$

例 3.1 ……………………………… RC 回路の放電 (零入力応答)

図 3.2 に示す RC 回路の回路方程式は，

$$v_{\rm in}(t) = R\dot{q}(t) + \frac{1}{C}q(t),\ \ q(t) = \int_0^t i(t)dt \tag{3.8}$$

であり，$u(t) = v_{\rm in}(t)$, $y(t) = x(t) = q(t)$ とすると，その状態空間表現は，次式となる．

$$\mathcal{P}: \begin{cases} \dot{x}(t) = ax(t) + bu(t) \\ y(t) = cx(t) \end{cases},\ \ a = -\frac{1}{T},\ \ b = \frac{K}{T},\ \ c = 1,\ \ \begin{cases} T = RC \\ K = C \end{cases} \tag{3.9}$$

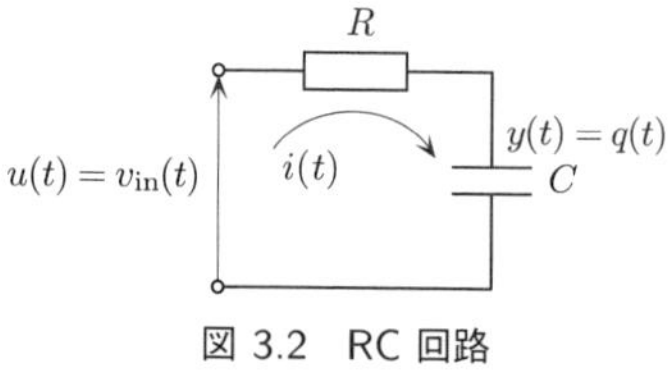

図 3.2　RC 回路

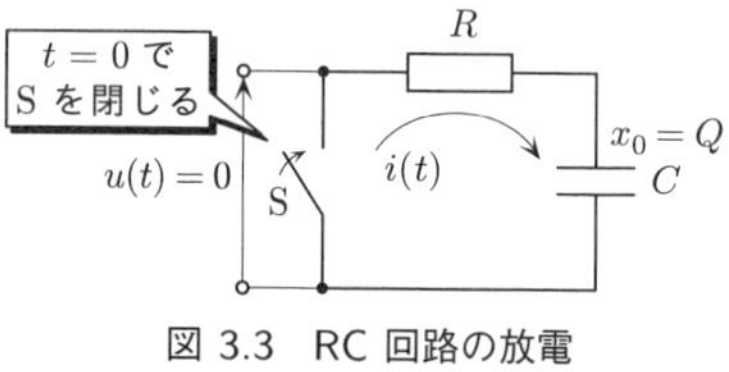

図 3.3　RC 回路の放電

つぎに，図 3.3 に示すように，あらかじめコンデンサに電荷 Q が充電されているとき，スイッチ S を閉じた後の電荷 $y(t) = q(t)$ を求める．そのためには，$t = 0$ でスイッチを閉じたと考え，$x(0) = x_0 = Q$, $u(t) = 0$ とした零入力応答 $y(t)$ を求めればよい．したがって，(3.9), (3.7) 式より零入力応答は，

$$y(t) = ce^{at}x_0 = e^{-\frac{1}{T}t}x_0 = e^{-\frac{1}{RC}t}Q \tag{3.10}$$

となり，図 3.4 に示すように，初期状態 $x_0 = Q$ から振動せずに定常値 $y_\infty = \lim_{t\to\infty} y(t) = 0$ に収束する．ここで，

$$y(T) = e^{-\frac{1}{T}\times T}x_0 = \frac{1}{e}x_0 \fallingdotseq 0.368x_0 \tag{3.11}$$

$$\dot{y}(t) = -\frac{x_0}{T}e^{-\frac{1}{T}t} \quad\Longrightarrow\quad \dot{y}(0) = -\frac{1}{T}x_0 \tag{3.12}$$

であるから，時定数 $T = RC$ は，零入力応答において，

- 初期値 x_0 の約 36.8 % に至るまでの時間
- $t = 0$ での接線が時間軸と交わる時間

を意味する．したがって，時定数 T は速応性に関するパラメータであり，抵抗 R やコンデンサ C が大きくなるにつれ，放電が遅くなる．

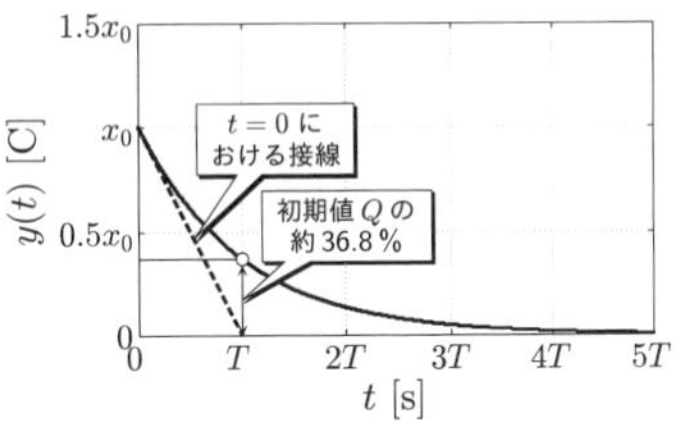

図 3.4　RC 回路の放電 (零入力応答)

3.1.2　零状態応答

初期状態を零としたときの出力を，**零状態応答**（zero state response）とよぶ．一例として，図 3.5 に，1 入出力システムの代表的な零状態応答を示す．ここでは，1 次システム (3.1) 式の零状態応答の求め方について説明する．

まず，状態空間表現 (3.1) 式における状態方程式

$$\dot{x}(t) = ax(t) + bu(t), \quad x(0) = 0 \tag{3.13}$$

の解を $x(t) = e^{at}z(t)$ と仮定する．このとき，(3.13) 式の左辺，右辺は，それぞれ

$$\dot{x}(t) = \frac{d}{dt}\big(e^{at}z(t)\big) = \frac{de^{at}}{dt}z(t) + e^{at}\dot{z}(t) = ae^{at}z(t) + e^{at}\dot{z}(t) \tag{3.14a}$$

$$ax(t) + bu(t) = ae^{at}z(t) + bu(t) \tag{3.14b}$$

となるから，両者を比べることで，

$$\begin{aligned} e^{at}\dot{z}(t) = bu(t) \quad&\Longrightarrow\quad \dot{z}(t) = e^{-at}bu(t) \\ &\Longrightarrow\quad z(t) = \int_0^t e^{-a\tau}bu(\tau)d\tau + \alpha \quad (\alpha：積分定数) \end{aligned} \tag{3.15}$$

のように $z(t)$ が求まる．ここで，初期状態が $x(0) = 0$ であることを考慮すると，

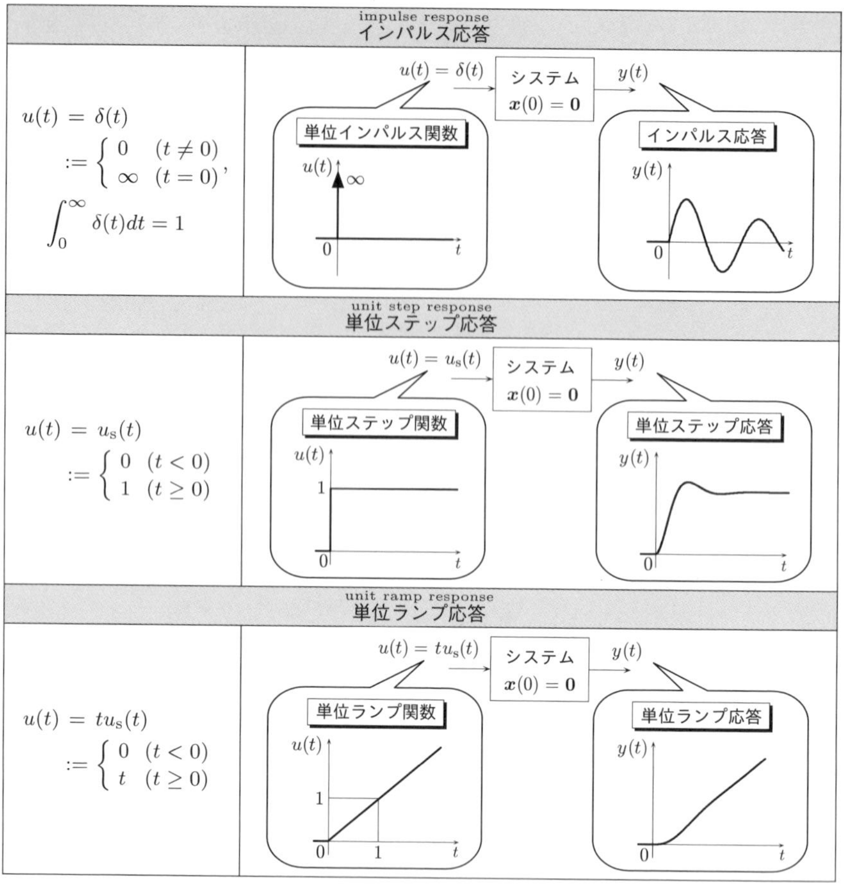

図 3.5　様々な零状態応答 (n 次の 1 入出力システム)

$z(t) = e^{-at}x(t)$ の初期値は $z(0) = e^{-a\times 0}x(0) = 0$ であるから，積分定数 α が

$$\alpha = z(0) - \int_0^0 e^{-a\tau}bu(\tau)d\tau = z(0) = 0 \tag{3.16}$$

と定まる．したがって，$x(0) = 0$ とした状態方程式 (3.13) 式の解は，

$$x(t) = e^{at}z(t) = e^{at}\int_0^t e^{-a\tau}bu(\tau)d\tau = \int_0^t e^{a(t-\tau)}bu(\tau)d\tau \tag{3.17}$$

であるから，1 次システム (3.1) 式の零状態応答は次式となる．

1 次システムの零状態応答

$$y(t) = c\int_0^t e^{a(t-\tau)}bu(\tau)d\tau + du(t) \tag{3.18}$$

例 3.2 ………………………………………… **RC 回路の充電 (ステップ応答)**

図 3.6 に示す RC 回路 ($y(0) = x(0) = 0$) は，スイッチ S を閉じることで直流電圧 E が加わり，コンデンサが充電される．**例 3.1** (p.34) で説明したように，RC 回路の状態空間表現は，(3.9) 式で与えられる．したがって，$t = 0$ で S を閉じた後に充電される電荷 $y(t) = q(t)$ は，零状態応答 (3.18) 式における $u(t)$ を次式としたステップ応答を求めればよい．

$$u(t) = \begin{cases} 0 \quad (t < 0) & \cdots\cdots\cdots \text{スイッチ OFF} \\ E \quad (t \geq 0) & \cdots\cdots\cdots \text{スイッチ ON} \end{cases} \tag{3.19}$$

(3.9), (3.18), (3.19) 式より，RC 回路のステップ応答は，

$$\begin{aligned} y(t) &= \int_0^t \left\{ e^{-\frac{1}{T}(t-\tau)} \times \frac{K}{T} \times E \right\} d\tau = \frac{KE}{T} \int_0^t e^{-\frac{1}{T}(t-\tau)} d\tau \quad \longleftarrow \quad \begin{array}{c}\text{変数変換}\\ \widetilde{\tau} = t - \tau\end{array} \\ &= \frac{KE}{T} \int_0^t e^{-\frac{1}{T}\widetilde{\tau}} d\widetilde{\tau} = \frac{KE}{T} \left[-Te^{-\frac{1}{T}\widetilde{\tau}} \right]_0^t = KE\left(1 - e^{-\frac{1}{T}t}\right) \end{aligned} \tag{3.20}$$

のように求まり，**図 3.7** に示すように，振動せずに定常値 $y_\infty = \lim_{t \to \infty} y(t) = KE = CE$ に収束する．つまり，C や E の大きさに比例して y_∞ は大きくなる．また，

$$y(T) = \overbrace{KE}^{y_\infty} \overbrace{\left(1 - \frac{1}{e}\right)}^{\text{約 } 0.632} \fallingdotseq 0.632 y_\infty \tag{3.21}$$

$$\dot{y}(t) = \frac{KE}{T} e^{-\frac{1}{T}t} \implies \dot{y}(0) = \frac{KE}{T} = \frac{y_\infty}{T} \tag{3.22}$$

であり，時定数 $T = RC$ は，ステップ応答において，

- 定常値 y_∞ の約 63.2 % に至るまでの時間
- $t = 0$ での接線が定常値 y_∞ と交わる時間

を意味する．したがって，R や C が大きくなるにつれ，充電が遅くなることがわかる．

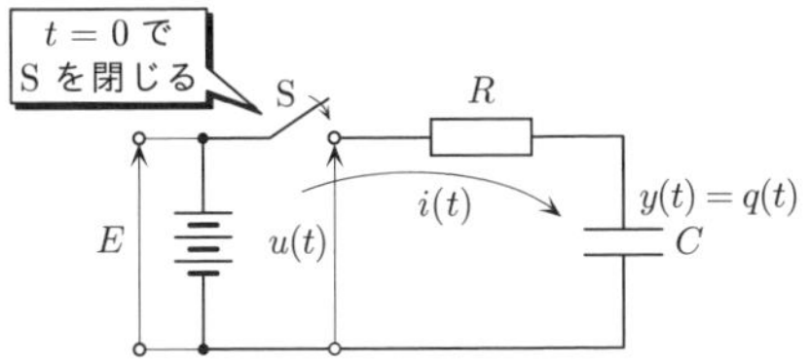

図 3.6　RC 回路の充電

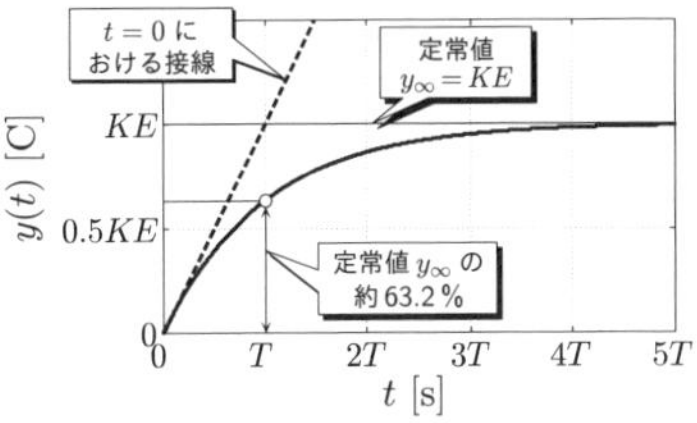

図 3.7　RC 回路の充電 (ステップ応答)

問題 3.1　**図 3.8** に示す RL 回路に関する以下の設問に答えよ．

(1) $u(t) = v_{\rm in}(t)$, $y(t) = i(t)$, $x(t) = i(t)$ として，RL 回路の状態空間表現を求めよ．

(2) $u(t) = 1$ $(t \geq 0)$ を加えたときの $y(t)$，すなわち，単位ステップ応答を求めよ．

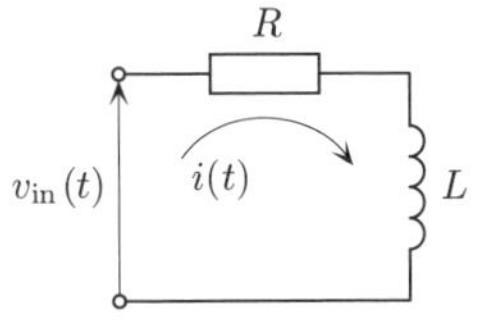

図 3.8　RL 回路

3.1.3　任意の時間応答

最後に，任意の入力 $u(t)$，初期状態 $x(0) = x_0$ に対する 1 次システム (3.1) 式の時間応答 $y(t)$ を求める．零状態応答の場合と同様，状態方程式 (3.13) 式の解を $x(t) = e^{at}z(t)$ と仮定すると，$z(t)$ は (3.15) 式となる．ここで，$x(0) = x_0$ であることを考慮すると，$z(t) = e^{-at}x(t)$ の初期値は $z(0) = e^{-a\times 0}x_0 = x_0$ であるから，積分定数 α が，

$$\alpha = z(0) - \int_0^0 e^{-a\tau}bu(\tau)d\tau = z(0) = x_0 \tag{3.23}$$

と定まり，状態方程式 (3.13) 式の解は，(3.15), (3.23) 式より，

$$x(t) = e^{at}z(t) = \underbrace{e^{at}x_0}_{\substack{\text{初期状態 } x_0\\ \text{のみで決まる項}}} + \underbrace{\int_0^t e^{a(t-\tau)}bu(\tau)d\tau}_{\text{入力 } u(t) \text{ のみで決まる項}} \tag{3.24}$$

となることがわかる．したがって，任意の入力 $u(t)$，任意の初期状態 $x(0) = x_0$ に対する 1 次システム (3.1) 式の時間応答 $y(t) = cx(t) + du(t)$ は，次式のように，零入力応答 (3.7) 式と零状態応答 (3.18) 式の和となる (図 3.9 参照).

1 次システムの時間応答 (任意の $\boldsymbol{u(t)}$, $\boldsymbol{x(0) = x_0}$)

$$y(t) = \underbrace{ce^{at}x_0}_{\text{零入力応答}} + \underbrace{c\int_0^t e^{a(t-\tau)}bu(\tau)d\tau + du(t)}_{\text{零状態応答}} \tag{3.25}$$

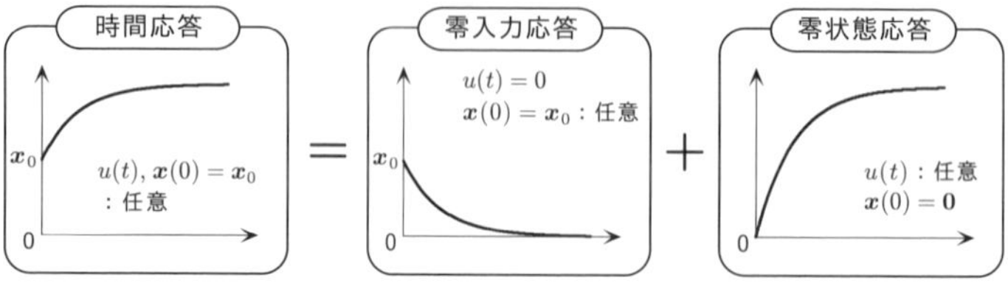

図 3.9　時間応答

例 3.3　……………………RC 回路の充電 (コンデンサにあらかじめ電荷が充電されている場合)

図 3.6 に示した RC 回路において，コンデンサ C にあらかじめ電荷 Q が充電されている場合，$t = 0$ で直流電圧 E を加えたときの電荷 $y(t) = q(t)$ を求めてみよう．

この場合，初期状態を $x(0) = Q$, 入力 $u(t)$ を (3.19) 式とした時間応答 $y(t)$ となるから，(3.25) 式より例 3.1 で求めた零入力応答 (3.10) 式と例 3.2 で求めた零状態応答 (3.20) 式の和

$$y(t) = \underbrace{e^{-\frac{1}{T}t}x_0}_{\text{零入力応答}} + \underbrace{KE\left(1 - e^{-\frac{1}{T}t}\right)}_{\text{零状態応答 (ステップ応答)}} = e^{-\frac{1}{RC}t}Q + CE\left(1 - e^{-\frac{1}{RC}t}\right) \tag{3.26}$$

となる．図 3.10 に，$Q = 0.5CE$ としたときの時間応答 $y(t)$ を示す．

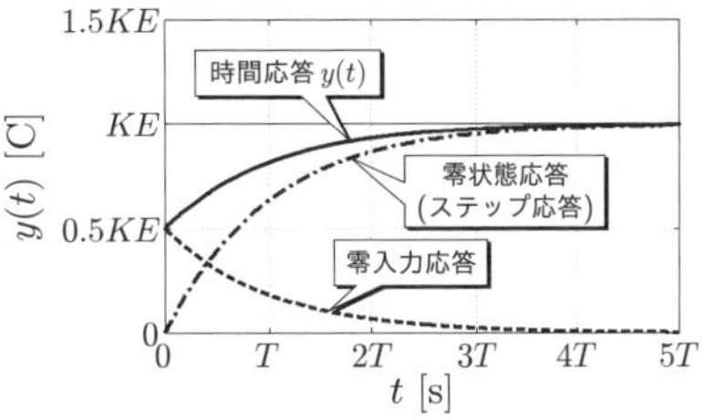

図 3.10　RC 回路の時間応答

3.2　n 次システムの時間応答

3.1 節では，1 次システム (3.1) 式に対する時間応答 $y(t)$ を求める方法について説明したが，一般に，線形システムは n 次であり，また，p 入力 q 出力である．ここでは，$\boldsymbol{x}(t) \in \mathbb{R}^n$, $\boldsymbol{u}(t) \in \mathbb{R}^p$, $\boldsymbol{y}(t) \in \mathbb{R}^q$ とした n 次の p 入力 q 出力システムの状態空間表現

$$\mathcal{P}: \begin{cases} \dot{\boldsymbol{x}}(t) = \boldsymbol{A}\boldsymbol{x}(t) + \boldsymbol{B}\boldsymbol{u}(t), \ \ \boldsymbol{x}(0) = \boldsymbol{x}_0 \\ \boldsymbol{y}(t) = \boldsymbol{C}\boldsymbol{x}(t) + \boldsymbol{D}\boldsymbol{u}(t) \end{cases} \tag{3.27}$$

が与えられたとき，任意の $\boldsymbol{u}(t)$, $\boldsymbol{x}(0) = \boldsymbol{x}_0$ に対する時間応答 $\boldsymbol{y}(t)$ を求める．ただし，$\boldsymbol{A} \in \mathbb{R}^{n\times n}$, $\boldsymbol{B} \in \mathbb{R}^{n\times p}$, $\boldsymbol{C} \in \mathbb{R}^{q\times n}$, $\boldsymbol{D} \in \mathbb{R}^{q\times p}$ とする．

3.2.1　遷移行列 (行列指数関数)

1 次システム (3.1) 式に対する結果から予想されるように，スカラー a に対する指数関数 e^{at} に相当する，正方行列(注 3.1) $\boldsymbol{A} \in \mathbb{R}^{n\times n}$ に対する指数関数を定義すれば，(3.27) 式の時間応答 $\boldsymbol{y}(t)$ を求めることができると考えられる．ここでは，まず，正方行列 $\boldsymbol{A}$ に対する指数関数を定義する．

スカラー a に対する指数関数 $f(t) = e^{at}$ を，$t = 0$ 近傍でテイラー展開すると，

$$e^{at} = f(0) + \sum_{k=1}^{\infty} \frac{t^k}{k!} f^{(k)}(t)\Big|_{t=0} = 1 + ta + \frac{t^2}{2!}a^2 + \cdots + \frac{t^k}{k!}a^k + \cdots \tag{3.28}$$

となる．このことを考慮し，$\boldsymbol{A} \in \mathbb{R}^{n\times n}$ に対する指数関数 $e^{\boldsymbol{A}t} \in \mathbb{R}^{n\times n}$ を，無限級数

遷移行列 $e^{\boldsymbol{A}t}$ の定義

$$e^{\boldsymbol{A}t} := \boldsymbol{I} + t\boldsymbol{A} + \frac{t^2}{2!}\boldsymbol{A}^2 + \cdots + \frac{t^k}{k!}\boldsymbol{A}^k + \cdots \tag{3.29}$$

により定義する．ここで，$e^{\boldsymbol{A}t}$ を，**(状態) 遷移行列**（(state) transition matrix）または**行列指数関数**（matrix exponential function）とよぶ．

(注 3.1) 正方行列の意味については，付録 C.1 (c) (p.229) を参照すること．

遷移行列 $e^{\boldsymbol{A}t}$ を (3.29) 式のように定義すると，指数関数 e^{at} に関する性質と同様の性質をもつ．たとえば，$e^{a\times 0}=1$ であるのと同様，

$$e^{\boldsymbol{A}\times 0}=\boldsymbol{I}+0\times\boldsymbol{A}+\frac{0^2}{2!}\boldsymbol{A}^2+\cdots+\frac{0^k}{k!}\boldsymbol{A}^k+\cdots=\boldsymbol{I} \tag{3.30}$$

であり，$de^{at}/dt=ae^{at}$ であるのと同様，遷移行列 $e^{\boldsymbol{A}t}$ の時間微分は，

$$\begin{aligned}\frac{d}{dt}e^{\boldsymbol{A}t}&=\boldsymbol{A}+t\boldsymbol{A}^2+\cdots+\frac{t^{k-1}}{(k-1)!}\boldsymbol{A}^k+\cdots\\&=\boldsymbol{A}\left\{\boldsymbol{I}+t\boldsymbol{A}+\cdots+\frac{t^{k-1}}{(k-1)!}\boldsymbol{A}^{k-1}+\cdots\right\}=\boldsymbol{A}e^{\boldsymbol{A}t}\end{aligned} \tag{3.31}$$

となる．以下に，遷移行列の性質をまとめる．

Point!　**遷移行列 $e^{\boldsymbol{A}t}$ の性質**

性質 1　$e^{\boldsymbol{A}\times 0}=\boldsymbol{I}$

性質 2　$\dfrac{d}{dt}e^{\boldsymbol{A}t}=\boldsymbol{A}e^{\boldsymbol{A}t}=e^{\boldsymbol{A}t}\boldsymbol{A}$

性質 3　$\boldsymbol{A}\displaystyle\int_0^t e^{\boldsymbol{A}\tau}d\tau=e^{\boldsymbol{A}t}-\boldsymbol{I}$

性質 4　$\boldsymbol{A}_1\boldsymbol{A}_2=\boldsymbol{A}_2\boldsymbol{A}_1$ ならば，$e^{\boldsymbol{A}_1t}e^{\boldsymbol{A}_2t}=e^{(\boldsymbol{A}_1+\boldsymbol{A}_2)t}$

性質 5　$e^{\boldsymbol{A}t_1}e^{\boldsymbol{A}t_2}=e^{\boldsymbol{A}(t_1+t_2)}$

性質 6　$\left(e^{\boldsymbol{A}t}\right)^{-1}=e^{-\boldsymbol{A}t}$

3.2.2　零入力応答とラプラス変換による遷移行列の求め方

遷移行列 $e^{\boldsymbol{A}t}$ は無限級数で定義されているため，定義式 (3.29) 式により直接，求めるのは困難である．ここでは，ラプラス変換(注3.2)を利用した求め方について説明する．

まず，n 次システム (3.27) 式において，$\boldsymbol{u}(t)=\boldsymbol{0}$ とした零入力システム

$$\mathcal{P}:\begin{cases}\dot{\boldsymbol{x}}(t)=\boldsymbol{A}\boldsymbol{x}(t),\quad \boldsymbol{x}(0)=\boldsymbol{x}_0\\ \boldsymbol{y}(t)=\boldsymbol{C}\boldsymbol{x}(t)\end{cases} \tag{3.32}$$

を考える．初期状態が $\boldsymbol{x}(0)=\boldsymbol{x}_0$ であるとき，零入力システム (3.32) 式における状態方程式の解 $\boldsymbol{x}(t)$ は，(3.4) 式と同様，次式で与えられる．

$$\boldsymbol{x}(t)=e^{\boldsymbol{A}t}\boldsymbol{x}_0 \tag{3.33}$$

つまり，(3.33) 式の時間微分を求めると，遷移行列の**性質 2** より

(注3.2) ラプラス変換や逆ラプラス変換については，**付録 A.1** (p.197) を参照すること．

$$\dot{\boldsymbol{x}}(t) = \underbrace{\frac{d}{dt}e^{\boldsymbol{A}t}}_{\boldsymbol{A}e^{\boldsymbol{A}t}}\boldsymbol{x}_0 = \boldsymbol{A}\underbrace{e^{\boldsymbol{A}t}\boldsymbol{x}_0}_{\boldsymbol{x}(t)} = \boldsymbol{A}\boldsymbol{x}(t) \tag{3.34}$$

となり，(3.32) 式における状態方程式と一致する．また，(3.33) 式で $t=0$ とすると，

$$\boldsymbol{x}(0) = e^{\boldsymbol{A}\times 0}\boldsymbol{x}_0 = \boldsymbol{I}\boldsymbol{x}_0 = \boldsymbol{x}_0 \tag{3.35}$$

であるから，(3.33) 式は (3.32) 式の解である．したがって，零入力応答は，

零入力応答

$$\boldsymbol{y}(t) = \boldsymbol{C}e^{\boldsymbol{A}t}\boldsymbol{x}_0 \tag{3.36}$$

により与えられる．

一方，初期値 $\boldsymbol{x}(0)=\boldsymbol{x}_0$ を考慮し，零入力システム (3.32) 式における状態方程式の両辺をラプラス変換すると，

$$s\boldsymbol{x}(s) - \boldsymbol{x}_0 = \boldsymbol{A}\boldsymbol{x}(s) \quad\Longrightarrow\quad \boldsymbol{x}(s) = (s\boldsymbol{I}-\boldsymbol{A})^{-1}\boldsymbol{x}_0 \tag{3.37}$$

が得られる．ここで，(3.37) 式を逆ラプラス変換することにより，$\boldsymbol{x}(t)$ が

$$\boldsymbol{x}(t) = \mathcal{L}^{-1}\big[\boldsymbol{x}(s)\big] = \mathcal{L}^{-1}\big[(s\boldsymbol{I}-\boldsymbol{A})^{-1}\big]\boldsymbol{x}_0 \tag{3.38}$$

のように求まる．したがって，(3.33), (3.38) 式より，遷移行列 $e^{\boldsymbol{A}t}$ が

ラプラス変換による遷移行列の求め方

$$e^{\boldsymbol{A}t} = \mathcal{L}^{-1}\big[(s\boldsymbol{I}-\boldsymbol{A})^{-1}\big] \tag{3.39}$$

により計算できる(注3.3)．この方法では，**ヘビサイドの公式** (Heaviside's method) (付録 A.1 (p.197) を参照) などを利用することで，$(s\boldsymbol{I}-\boldsymbol{A})^{-1}$ を部分分数分解し，逆ラプラス変換を求める．

例 3.4 ……………………… **1 慣性システムの零入力応答とラプラス変換による遷移行列の求め方**

問題 2.1 (p.16) で求めたように，**図 2.6** の 1 慣性システムの状態空間表現は，$u(t)=f(t)$, $y(t)=z(t)$, $\boldsymbol{x}(t) = \begin{bmatrix} x_1(t) & x_2(t) \end{bmatrix}^{\mathrm{T}} = \begin{bmatrix} z(t) & \dot{z}(t) \end{bmatrix}^{\mathrm{T}}$ としたとき，

$$\mathcal{P}: \begin{cases} \dot{\boldsymbol{x}}(t) = \boldsymbol{A}\boldsymbol{x}(t) + \boldsymbol{b}u(t), \quad \boldsymbol{x}(0) = \boldsymbol{x}_0 \\ y(t) = \boldsymbol{c}\boldsymbol{x}(t) \end{cases}$$

$$\boldsymbol{A} = \begin{bmatrix} 0 & 1 \\ -\dfrac{k}{M} & -\dfrac{\mu}{M} \end{bmatrix}, \quad \boldsymbol{b} = \begin{bmatrix} 0 \\ \dfrac{1}{M} \end{bmatrix}, \quad \boldsymbol{c} = \begin{bmatrix} 1 & 0 \end{bmatrix}$$

(注3.3) 逆行列の計算方法については**付録 C.1 (h)** (p.232) を参照すること．

であった．$M=1, k=10$ および $\boldsymbol{x}_0=\begin{bmatrix}1 & 0\end{bmatrix}^{\mathrm{T}}$ であり，ダンパ係数 μ を以下のように与えた場合，零入力応答 $y(t)=x_1(t)$ を求めてみよう．

(1) **【制動力が強い場合 ($\boldsymbol{\mu}=\mathbf{11}$)】**　この場合，

$$\boldsymbol{A}=\begin{bmatrix}0 & 1\\ -10 & -11\end{bmatrix},\quad \boldsymbol{b}=\begin{bmatrix}0\\ 1\end{bmatrix},\quad \boldsymbol{c}=\begin{bmatrix}1 & 0\end{bmatrix} \tag{3.40}$$

であるから，$|s\boldsymbol{I}-\boldsymbol{A}|=0$ の解 ($\boldsymbol{A}$ の固有値) は互いに異なる実数 $s=-10,\ -1$ であり，$(s\boldsymbol{I}-\boldsymbol{A})^{-1}$ は以下の形式に部分分数分解できる．

$$\begin{aligned}(s\boldsymbol{I}-\boldsymbol{A})^{-1}&=\begin{bmatrix}s & -1\\ 10 & s+11\end{bmatrix}^{-1}=\frac{1}{(s+10)(s+1)}\begin{bmatrix}s+11 & 1\\ -10 & s\end{bmatrix}\\ &=\frac{1}{s+10}\boldsymbol{K}_1+\frac{1}{s+1}\boldsymbol{K}_2\end{aligned} \tag{3.41}$$

ここで，ヘビサイドの公式 (付録 A.1 の (A.6) 式 (p.198)) より，係数行列 $\boldsymbol{K}_1, \boldsymbol{K}_2$ は，

$$\begin{aligned}\boldsymbol{K}_1&=(s+10)(s\boldsymbol{I}-\boldsymbol{A})^{-1}\big|_{s=-10}=\frac{1}{s+1}\begin{bmatrix}s+11 & 1\\ -10 & s\end{bmatrix}\Bigg|_{s=-10}=\frac{1}{9}\begin{bmatrix}-1 & -1\\ 10 & 10\end{bmatrix}\\ \boldsymbol{K}_2&=(s+1)(s\boldsymbol{I}-\boldsymbol{A})^{-1}\big|_{s=-1}=\frac{1}{s+10}\begin{bmatrix}s+11 & 1\\ -10 & s\end{bmatrix}\Bigg|_{s=-1}=\frac{1}{9}\begin{bmatrix}10 & 1\\ -10 & -1\end{bmatrix}\end{aligned} \tag{3.42}$$

であり，遷移行列 $e^{\boldsymbol{A}t}=\mathcal{L}^{-1}\big[(s\boldsymbol{I}-\boldsymbol{A})^{-1}\big]$ は，

$$e^{\boldsymbol{A}t}=\frac{1}{9}\left(\begin{bmatrix}-1 & -1\\ 10 & 10\end{bmatrix}e^{-10t}+\begin{bmatrix}10 & 1\\ -10 & -1\end{bmatrix}e^{-t}\right) \tag{3.43}$$

となる．したがって，零入力応答は，

$$y(t)=x_1(t)=\boldsymbol{c}e^{\boldsymbol{A}t}\boldsymbol{x}_0=\frac{1}{9}\left(10e^{-t}-e^{-10t}\right) \tag{3.44}$$

となり，図 3.11 に示すように，台車は振動せずに零に収束する．

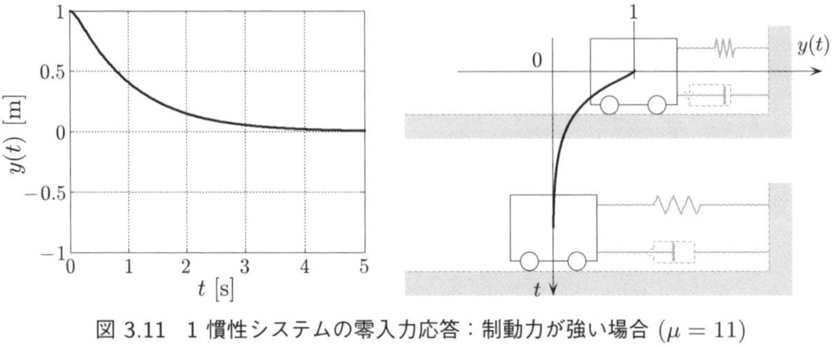

図 3.11　1 慣性システムの零入力応答：制動力が強い場合 ($\mu=11$)

(2) **【制動力が弱い場合 ($\boldsymbol{\mu = 2}$)】**　この場合，

$$\boldsymbol{A} = \begin{bmatrix} 0 & 1 \\ -10 & -2 \end{bmatrix}, \quad \boldsymbol{b} = \begin{bmatrix} 0 \\ 1 \end{bmatrix}, \quad \boldsymbol{c} = \begin{bmatrix} 1 & 0 \end{bmatrix} \tag{3.45}$$

であるから，$|s\boldsymbol{I} - \boldsymbol{A}| = 0$ の解 ($\boldsymbol{A}$ の固有値) は共役複素数 $s = -1 \pm 3j$ である．ここでは，$|s\boldsymbol{I} - \boldsymbol{A}| = s^2 + 2s + 10 = (s+1)^2 + 3^2$ であることを利用し，$(s\boldsymbol{I} - \boldsymbol{A})^{-1}$ を

$$\begin{aligned}(s\boldsymbol{I} - \boldsymbol{A})^{-1} &= \begin{bmatrix} s & -1 \\ 10 & s+2 \end{bmatrix}^{-1} = \frac{1}{(s+1)^2 + 3^2} \begin{bmatrix} s+2 & 1 \\ -10 & s \end{bmatrix} \\ &= \frac{s+1}{(s+1)^2 + 3^2} \begin{bmatrix} 1 & 0 \\ 0 & 1 \end{bmatrix} + \frac{3}{(s+1)^2 + 3^2} \frac{1}{3} \begin{bmatrix} 1 & 1 \\ -10 & -1 \end{bmatrix}\end{aligned} \tag{3.46}$$

のように部分分数分解する．このとき，**表 A.1** (p.198) のラプラス変換表を利用すると，遷移行列 $e^{\boldsymbol{A}t} = \mathcal{L}^{-1}\left[(s\boldsymbol{I} - \boldsymbol{A})^{-1}\right]$ が，

$$e^{\boldsymbol{A}t} = e^{-t}\left(\begin{bmatrix} 1 & 0 \\ 0 & 1 \end{bmatrix} \cos 3t + \frac{1}{3}\begin{bmatrix} 1 & 1 \\ -10 & -1 \end{bmatrix} \sin 3t\right) \tag{3.47}$$

のように求まる．したがって，零入力応答は，

$$y(t) = x_1(t) = \boldsymbol{c}e^{\boldsymbol{A}t}\boldsymbol{x}_0 = e^{-t}\left(\cos 3t + \frac{1}{3}\sin 3t\right) \tag{3.48}$$

となり，**図 3.12** に示すように，台車は振動しながら指数関数的に零に収束する．

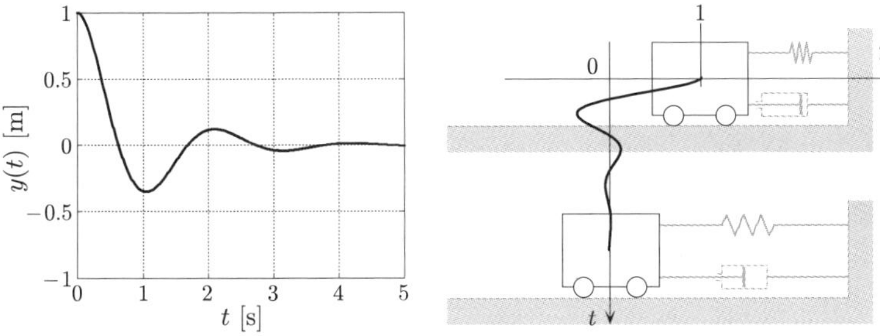

図 3.12　1 慣性システムの零入力応答：制動力が弱い場合 ($\mu = 2$)

(3) **【制動力が零の場合 ($\boldsymbol{\mu = 0}$)】**　ダンパを取り除いたばねシステムを考える．この場合，

$$\boldsymbol{A} = \begin{bmatrix} 0 & 1 \\ -10 & 0 \end{bmatrix}, \quad \boldsymbol{b} = \begin{bmatrix} 0 \\ 1 \end{bmatrix}, \quad \boldsymbol{c} = \begin{bmatrix} 1 & 0 \end{bmatrix} \tag{3.49}$$

であるから，$|s\boldsymbol{I} - \boldsymbol{A}| = 0$ の解 ($\boldsymbol{A}$ の固有値) は互いに異なる虚数 $s = \pm\sqrt{10}j$ であり，$(s\boldsymbol{I} - \boldsymbol{A})^{-1}$ は，次式のように部分分数分解できる．

$$(s\boldsymbol{I} - \boldsymbol{A})^{-1} = \begin{bmatrix} s & -1 \\ 10 & s \end{bmatrix}^{-1} = \frac{1}{s^2 + 10}\begin{bmatrix} s & 1 \\ -10 & s \end{bmatrix}$$

$$= \frac{s}{s^2+\sqrt{10}^2}\begin{bmatrix}1 & 0\\ 0 & 1\end{bmatrix} + \frac{\sqrt{10}}{s^2+\sqrt{10}^2}\frac{1}{\sqrt{10}}\begin{bmatrix}0 & 1\\ -10 & 0\end{bmatrix} \tag{3.50}$$

したがって，表 A.1 のラプラス変換表を利用することで，遷移行列 $e^{\boldsymbol{A}t} = \mathcal{L}^{-1}\big[(s\boldsymbol{I}-\boldsymbol{A})^{-1}\big]$ が次式のように求まる．

$$e^{\boldsymbol{A}t} = \begin{bmatrix}1 & 0\\ 0 & 1\end{bmatrix}\cos\sqrt{10}\,t + \frac{1}{\sqrt{10}}\begin{bmatrix}0 & 1\\ -10 & 0\end{bmatrix}\sin\sqrt{10}\,t \tag{3.51}$$

このとき，零入力応答は，

$$y(t) = x_1(t) = \boldsymbol{c}e^{\boldsymbol{A}t}\boldsymbol{x}_0 = \cos\sqrt{10}\,t \tag{3.52}$$

であり，図 3.13 に示すように，台車は収束も発散もせずに振動を持続する．

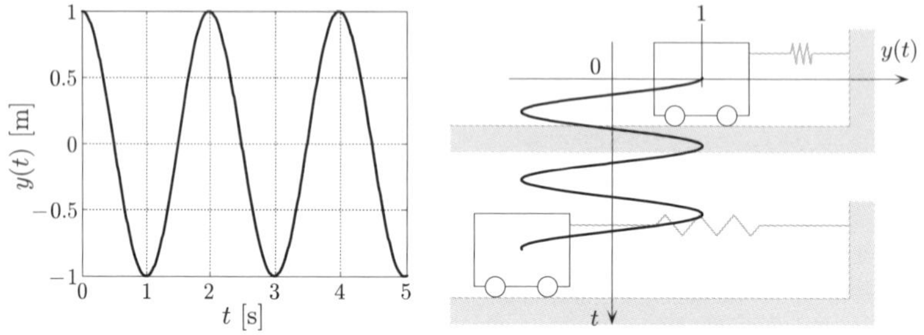

図 3.13　1 慣性システムの零入力応答：制動力が零の場合 ($\mu = 0$)

問題 3.2　線形システム

$$\mathcal{P}: \begin{cases} \dot{\boldsymbol{x}}(t) = \boldsymbol{A}\boldsymbol{x}(t) + \boldsymbol{b}u(t), \;\; \boldsymbol{x}(0) = \boldsymbol{x}_0 \\ y(t) = \boldsymbol{c}\boldsymbol{x}(t) \end{cases}, \;\; \boldsymbol{b} = \begin{bmatrix}0\\1\end{bmatrix}, \;\; \boldsymbol{c} = \begin{bmatrix}1 & 0\end{bmatrix}, \;\; \boldsymbol{x}_0 = \begin{bmatrix}1\\0\end{bmatrix}$$

における $\boldsymbol{A}$ が次式のように与えられたとき，ラプラス変換を利用して遷移行列 $e^{\boldsymbol{A}t}$ を求めよ．また，零入力応答 $y(t)$ を求めよ．

(1) $\boldsymbol{A} = \begin{bmatrix}0 & 1\\ -3 & -4\end{bmatrix}$　(2) $\boldsymbol{A} = \begin{bmatrix}0 & 1\\ -2 & -2\end{bmatrix}$　(3) $\boldsymbol{A} = \begin{bmatrix}0 & -4\\ 1 & -4\end{bmatrix}$

(4) $\boldsymbol{A} = \begin{bmatrix}0 & 1\\ 4 & -3\end{bmatrix}$

3.2.3 対角化による遷移行列の求め方

付録 C.2 (c) (p.237) に示すように，$\boldsymbol{A} \in \mathbb{R}^{n\times n}$ の固有値 λ_i が互いに異なるとき，

$$\boldsymbol{S} := \begin{bmatrix}\boldsymbol{v}_1 & \cdots & \boldsymbol{v}_n\end{bmatrix}, \;\; \boldsymbol{\varLambda} := \mathrm{diag}\{\lambda_1, \cdots, \lambda_n\}$$

と定義すると，$\boldsymbol{S}^{-1}\boldsymbol{A}\boldsymbol{S} = \boldsymbol{\Lambda}$ のように対角化できる．ただし，$\boldsymbol{v}_i$ は固有値 λ_i に対する固有ベクトルである．このとき，$\boldsymbol{A} = \boldsymbol{S}\boldsymbol{\Lambda}\boldsymbol{S}^{-1}$ であるから，

$$\boldsymbol{A}^k = \left(\boldsymbol{S}\boldsymbol{\Lambda}\boldsymbol{S}^{-1}\right)\left(\boldsymbol{S}\boldsymbol{\Lambda}\boldsymbol{S}^{-1}\right)\cdots\left(\boldsymbol{S}\boldsymbol{\Lambda}\boldsymbol{S}^{-1}\right) = \boldsymbol{S}\boldsymbol{\Lambda}^k\boldsymbol{S}^{-1} \tag{3.53}$$

であり，遷移行列 $e^{\boldsymbol{A}t}$ は

$$\begin{aligned} e^{\boldsymbol{A}t} &= \boldsymbol{I} + t\boldsymbol{S}\boldsymbol{\Lambda}\boldsymbol{S}^{-1} + \frac{t^2}{2!}\boldsymbol{S}\boldsymbol{\Lambda}^2\boldsymbol{S}^{-1} + \cdots + \frac{t^k}{k!}\boldsymbol{S}\boldsymbol{\Lambda}^k\boldsymbol{S}^{-1} + \cdots \\ &= \boldsymbol{S}\left(\boldsymbol{I} + t\boldsymbol{\Lambda} + \frac{t^2}{2!}\boldsymbol{\Lambda}^2 + \cdots + \frac{t^k}{k!}\boldsymbol{\Lambda}^k + \cdots\right)\boldsymbol{S}^{-1} = \boldsymbol{S}e^{\boldsymbol{\Lambda}t}\boldsymbol{S}^{-1} \end{aligned} \tag{3.54}$$

となる．ここで，$\boldsymbol{\Lambda}$ が対角行列であることから $\boldsymbol{\Lambda}^k = \mathrm{diag}\left\{\lambda_1^k, \cdots, \lambda_n^k\right\}$ であり，また，指数関数 $e^{\lambda_i t}$ の $t = 0$ 近傍でのテイラー展開が，

$$e^{\lambda_i t} = 1 + t\lambda_i + \frac{t^2}{2!}\lambda_i^2 + \cdots + \frac{t^k}{k!}\lambda_i^k + \cdots$$

であることを考慮すると，遷移行列 $e^{\boldsymbol{A}t}$ は，次式により求めることができる．

対角化による遷移行列の求め方 ($\boldsymbol{A}$ の固有値 $\boldsymbol{\lambda_i}$ が互いに異なるとき)

$$e^{\boldsymbol{A}t} = \boldsymbol{S}e^{\boldsymbol{\Lambda}t}\boldsymbol{S}^{-1}, \quad \begin{cases} e^{\boldsymbol{\Lambda}t} = \mathrm{diag}\left\{e^{\lambda_1 t}, \cdots, e^{\lambda_n t}\right\} \\ \boldsymbol{S} := \begin{bmatrix} \boldsymbol{v}_1 & \cdots & \boldsymbol{v}_n \end{bmatrix} \end{cases} \tag{3.55}$$

例 3.5 ……………………………… **対角化による遷移行列の求め方**

例 3.4 (1) (p.42) で与えられた行列 $\boldsymbol{A}$ の遷移行列 $e^{\boldsymbol{A}t}$ を，対角化により求めてみよう．$\boldsymbol{A}$ の固有値 λ は，$\lambda_1 = -10$, $\lambda_2 = -1$ であり，これらに対する固有ベクトル $\boldsymbol{v}_1$, $\boldsymbol{v}_2$ は，付録 C.2 の (C.33) 式 (p.236) より次式を満足する．

$$\left(\lambda_1\boldsymbol{I} - \boldsymbol{A}\right)\boldsymbol{v}_1 = \boldsymbol{0} \implies \begin{bmatrix} -10 & -1 \\ 10 & 1 \end{bmatrix}\begin{bmatrix} v_{11} \\ v_{12} \end{bmatrix} = \begin{bmatrix} 0 \\ 0 \end{bmatrix} \implies \begin{cases} -10v_{11} - v_{12} = 0 \\ 10v_{11} + v_{12} = 0 \end{cases} \tag{3.56}$$

$$\left(\lambda_2\boldsymbol{I} - \boldsymbol{A}\right)\boldsymbol{v}_2 = \boldsymbol{0} \implies \begin{bmatrix} -1 & -1 \\ 10 & 10 \end{bmatrix}\begin{bmatrix} v_{21} \\ v_{22} \end{bmatrix} = \begin{bmatrix} 0 \\ 0 \end{bmatrix} \implies \begin{cases} -v_{21} - v_{22} = 0 \\ 10v_{21} + 10v_{22} = 0 \end{cases} \tag{3.57}$$

したがって，$\boldsymbol{v}_1 = \begin{bmatrix} \alpha & -10\alpha \end{bmatrix}^{\mathrm{T}}$, $\boldsymbol{v}_2 = \begin{bmatrix} \beta & -\beta \end{bmatrix}^{\mathrm{T}}$ ($\alpha \neq 0$, $\beta \neq 0$：任意の実数) であり，

$$\boldsymbol{S} = \begin{bmatrix} \boldsymbol{v}_1 & \boldsymbol{v}_2 \end{bmatrix} = \begin{bmatrix} \alpha & \beta \\ -10\alpha & -\beta \end{bmatrix}, \quad e^{\boldsymbol{\Lambda}t} = \begin{bmatrix} e^{\lambda_1 t} & 0 \\ 0 & e^{\lambda_2 t} \end{bmatrix} = \begin{bmatrix} e^{-10t} & 0 \\ 0 & e^{-t} \end{bmatrix} \tag{3.58}$$

となるから，遷移行列 $e^{\boldsymbol{A}t}$ は，

$$e^{\boldsymbol{A}t} = \boldsymbol{S}e^{\boldsymbol{\Lambda}t}\boldsymbol{S}^{-1} = \begin{bmatrix} \alpha & \beta \\ -10\alpha & -\beta \end{bmatrix}\begin{bmatrix} e^{-10t} & 0 \\ 0 & e^{-t} \end{bmatrix}\left(\frac{1}{9\alpha\beta}\begin{bmatrix} -\beta & -\beta \\ 10\alpha & \alpha \end{bmatrix}\right)$$

$$= \frac{1}{9}\begin{bmatrix} -e^{-10t}+10e^{-t} & -e^{-10t}+e^{-t} \\ 10e^{-10t}-10e^{-t} & 10e^{-10t}-e^{-t} \end{bmatrix} \tag{3.59}$$

のように計算される．これは，**例 3.4** で得られた (3.43) 式と一致していることがわかる．

問題 3.3　問題 3.2 (1), (2) (p.44) で与えられた $\boldsymbol{A}$ の遷移行列 $e^{\boldsymbol{A}t}$ を，対角化の操作により求めよ．

3.2.4 任意の時間応答

ここでは，**3.1.3 項**と同様の手順により，任意の $\boldsymbol{u}(t)$, $\boldsymbol{x}(0)=\boldsymbol{x}_0$ に対する n 次システム (3.27) 式の時間応答 $\boldsymbol{y}(t)$ を求めることができることを示す．

まず，遷移行列の性質 (p.40) を利用し，状態空間表現 (3.27) 式における状態方程式

$$\dot{\boldsymbol{x}}(t) = \boldsymbol{A}\boldsymbol{x}(t) + \boldsymbol{B}\boldsymbol{u}(t), \quad \boldsymbol{x}(0) = \boldsymbol{x}_0 \tag{3.60}$$

の解 $\boldsymbol{x}(t)$ を求めてみよう．n 次システムの状態方程式 (3.60) 式の解 $\boldsymbol{x}(t)$ を，

$$\boldsymbol{x}(t) = e^{\boldsymbol{A}t}\boldsymbol{z}(t), \quad \boldsymbol{z}(t) \in \mathbb{R}^n \tag{3.61}$$

と仮定すると，遷移行列の**性質 2** より，

$$\text{(3.60) 式の左辺} = \dot{\boldsymbol{x}}(t) = \frac{d}{dt}\big(e^{\boldsymbol{A}t}\boldsymbol{z}(t)\big) = \underbrace{\boldsymbol{A}e^{\boldsymbol{A}t}}_{de^{\boldsymbol{A}t}/dt}\boldsymbol{z}(t) + e^{\boldsymbol{A}t}\dot{\boldsymbol{z}}(t) \tag{3.62}$$

$$\text{(3.60) 式の右辺} = \boldsymbol{A}\overbrace{e^{\boldsymbol{A}t}\boldsymbol{z}(t)}^{\boldsymbol{x}(t)} + \boldsymbol{B}\boldsymbol{u}(t) \tag{3.63}$$

であるから，遷移行列の**性質 6** より，$\boldsymbol{z}(t)$ は，

$$\begin{aligned} e^{\boldsymbol{A}t}\dot{\boldsymbol{z}}(t) = \boldsymbol{B}\boldsymbol{u}(t) \quad &\Longrightarrow \quad \dot{\boldsymbol{z}}(t) = \big(e^{\boldsymbol{A}t}\big)^{-1}\boldsymbol{B}\boldsymbol{u}(t) = e^{-\boldsymbol{A}t}\boldsymbol{B}\boldsymbol{u}(t) \\ &\Longrightarrow \quad \boldsymbol{z}(t) = \int_0^t e^{-\boldsymbol{A}\tau}\boldsymbol{B}\boldsymbol{u}(\tau)d\tau + \boldsymbol{\alpha} \quad (\boldsymbol{\alpha} \in \mathbb{R}^n：\text{積分定数}) \end{aligned} \tag{3.64}$$

となる．ここで，$\boldsymbol{x}(0)=\boldsymbol{x}_0$ であるから，遷移行列の**性質 1** を利用すると，(3.61) 式より $\boldsymbol{z}(t)$ の初期値 $\boldsymbol{z}(0)$ は，

$$\boldsymbol{x}_0 = e^{\boldsymbol{A}\times 0}\boldsymbol{z}(0) = \boldsymbol{I}\boldsymbol{z}(0) \quad \Longrightarrow \quad \boldsymbol{z}(0) = \boldsymbol{x}_0 \tag{3.65}$$

であり，(3.64) 式より積分定数 $\boldsymbol{\alpha}$ が，

$$\boldsymbol{\alpha} = \boldsymbol{z}(0) - \int_0^0 e^{-\boldsymbol{A}\tau}\boldsymbol{B}\boldsymbol{u}(\tau)d\tau = \boldsymbol{z}(0) = \boldsymbol{x}_0 \tag{3.66}$$

と定まる．したがって，遷移行列の**性質 5** より，任意の $\boldsymbol{u}(t)$, $\boldsymbol{x}(0)=\boldsymbol{x}_0$ に対する状態方程式 (3.60) 式の解 $\boldsymbol{x}(t)$ は，

$$\boldsymbol{x}(t) = e^{\boldsymbol{A}t}\boldsymbol{z}(t) = e^{\boldsymbol{A}t}\boldsymbol{\alpha} + e^{\boldsymbol{A}t}\int_0^t e^{-\boldsymbol{A}\tau}\boldsymbol{B}\boldsymbol{u}(\tau)d\tau$$
$$= \underbrace{e^{\boldsymbol{A}t}\boldsymbol{x}_0}_{\text{初期状態 } \boldsymbol{x}_0 \text{ のみで決まる項}} + \underbrace{\int_0^t e^{\boldsymbol{A}(t-\tau)}\boldsymbol{B}\boldsymbol{u}(\tau)d\tau}_{\text{入力 } \boldsymbol{u}(t) \text{ のみで決まる項}} \tag{3.67}$$

であり，n 次の線形システム (3.27) 式の時間応答 $\boldsymbol{y}(t)$ は，次式となる．

n 次システムの時間応答 (任意の $\boldsymbol{u(t)}$, $\boldsymbol{x(0)=x_0}$)

$$\boldsymbol{y}(t) = \underbrace{\boldsymbol{C}e^{\boldsymbol{A}t}\boldsymbol{x}_0}_{\text{零入力応答}} + \underbrace{\boldsymbol{C}\int_0^t e^{\boldsymbol{A}(t-\tau)}\boldsymbol{B}\boldsymbol{u}(\tau)d\tau + \boldsymbol{D}\boldsymbol{u}(t)}_{\text{零状態応答}} \tag{3.68}$$

例 3.6 ………………………… **1 慣性システムの単位ステップ応答**

図 2.6 (p.16) の 1 慣性システムにおいて，M, k, μ の値が**例 3.4** (p.41) の (1), (2) のように与えられたとき，単位ステップ応答 $y(t)$ を求めてみよう．なお，単位ステップ応答は，(3.68) 式において，$\boldsymbol{x}_0=\boldsymbol{0}$, $u(t)=1$ $(t\geq 0)$ としたものである．したがって，**例 3.2** (p.37) と同様の変数変換 $\widetilde{\tau}=t-\tau$ を考えると，単位ステップ応答 $y(t)$ は，次式により計算できる．

$$y(t) = \boldsymbol{c}\int_0^t e^{\boldsymbol{A}(t-\tau)}\boldsymbol{b}d\tau = \boldsymbol{c}\left(\int_0^t e^{\boldsymbol{A}\widetilde{\tau}}d\widetilde{\tau}\right)\boldsymbol{b},\quad \boldsymbol{b}=\begin{bmatrix}0\\1\end{bmatrix},\quad \boldsymbol{c}=\begin{bmatrix}1 & 0\end{bmatrix} \tag{3.69}$$

(1) **【制動力が強い場合 ($\boldsymbol{\mu=11}$)】**　遷移行列 $e^{\boldsymbol{A}t}$ は (3.43) 式 (p.42) であるから，

$$\int_0^t e^{\boldsymbol{A}\widetilde{\tau}}d\widetilde{\tau} = \frac{1}{9}\left(\int_0^t e^{-10\widetilde{\tau}}d\widetilde{\tau}\begin{bmatrix}-1 & -1\\10 & 10\end{bmatrix} + \int_0^t e^{-\widetilde{\tau}}d\widetilde{\tau}\begin{bmatrix}10 & 1\\-10 & -1\end{bmatrix}\right)$$
$$= \frac{1}{9}\left(\begin{bmatrix}\frac{99}{10} & \frac{9}{10}\\-9 & 0\end{bmatrix} - \frac{1}{10}\begin{bmatrix}-1 & -1\\10 & 10\end{bmatrix}e^{-10t} - \begin{bmatrix}10 & 1\\-10 & -1\end{bmatrix}e^{-t}\right) \tag{3.70}$$

となる．したがって，単位ステップ応答は (3.69) 式より

$$y(t) = \frac{1}{10}\left(1+\frac{1}{9}e^{-10t}-\frac{10}{9}e^{-t}\right) \tag{3.71}$$

となり，**図 3.14** に示すように，台車は振動せずに 1/10 に収束する．

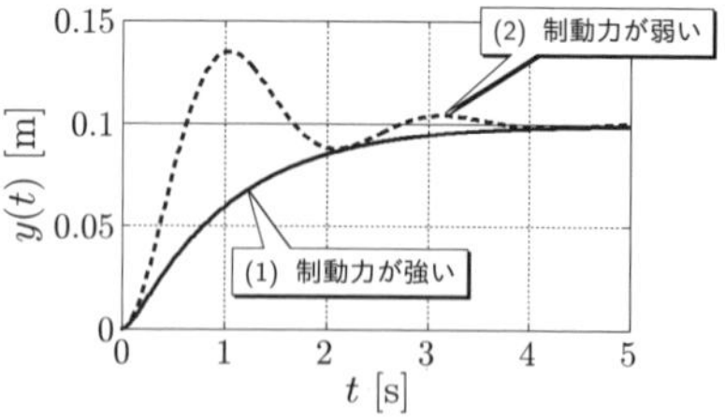

図 3.14　1 慣性システムの単位ステップ応答

(2) **【制動力が弱い場合 ($\mu = 2$)】**　$\alpha(t) = \int_0^t e^{-\widetilde{\tau}} \cos 3\widetilde{\tau} d\widetilde{\tau}$, $\beta(t) = \int_0^t e^{-\widetilde{\tau}} \sin 3\widetilde{\tau} d\widetilde{\tau}$ は，部分積分により，

$$\begin{aligned}
\alpha(t) &= \int_0^t e^{-\widetilde{\tau}} \left\{ \frac{d}{d\widetilde{\tau}} \left(\frac{1}{3} \sin 3\widetilde{\tau} \right) \right\} d\widetilde{\tau} \\
&= \left[e^{-\widetilde{\tau}} \frac{1}{3} \sin 3\widetilde{\tau} \right]_0^t - \int_0^t \frac{de^{-\widetilde{\tau}}}{d\widetilde{\tau}} \left(\frac{1}{3} \sin 3\widetilde{\tau} \right) d\widetilde{\tau} = \frac{1}{3} e^{-t} \sin 3t + \frac{1}{3} \beta(t) \\
\beta(t) &= \int_0^t e^{-\widetilde{\tau}} \left\{ \frac{d}{d\widetilde{\tau}} \left(-\frac{1}{3} \cos 3\widetilde{\tau} \right) \right\} d\widetilde{\tau} \\
&= \left[e^{-\widetilde{\tau}} \left(-\frac{1}{3} \cos 3\widetilde{\tau} \right) \right]_0^t - \int_0^t \frac{de^{-\widetilde{\tau}}}{d\widetilde{\tau}} \left(-\frac{1}{3} \cos 3\widetilde{\tau} \right) d\widetilde{\tau} \\
&= -\frac{1}{3} e^{-t} \cos 3t + \frac{1}{3} - \frac{1}{3} \alpha(t)
\end{aligned}$$

のように書き換えることができる．これらを連立させ，$\alpha(t)$, $\beta(t)$ を求めると，

$$\alpha(t) = \frac{1}{10} \left\{ 1 - e^{-t} (\cos 3t - 3 \sin 3t) \right\}, \quad \beta(t) = \frac{1}{10} \left\{ 3 - e^{-t} (3 \cos 3t + \sin 3t) \right\}$$

となる．ここで，遷移行列 $e^{\boldsymbol{A}t}$ は (3.47) 式 (p.43) であるから，

$$\begin{aligned}
\int_0^t e^{\boldsymbol{A}\widetilde{\tau}} d\widetilde{\tau} &= \begin{bmatrix} 1 & 0 \\ 0 & 1 \end{bmatrix} \alpha(t) + \frac{1}{3} \begin{bmatrix} 1 & 1 \\ -10 & -1 \end{bmatrix} \beta(t) \\
&= \begin{bmatrix} \frac{1}{5} & \frac{1}{10} \\ -1 & 0 \end{bmatrix} - e^{-t} \left(\begin{bmatrix} \frac{1}{5} & \frac{1}{10} \\ -1 & 0 \end{bmatrix} \cos 3t + \frac{1}{3} \begin{bmatrix} -\frac{4}{5} & \frac{1}{10} \\ -1 & -1 \end{bmatrix} \sin 3t \right) \quad (3.72)
\end{aligned}$$

となる．したがって，単位ステップ応答は，(3.69) 式より，

$$y(t) = \frac{1}{10} \left\{ 1 - e^{-t} \left(\cos 3t + \frac{1}{3} \sin 3t \right) \right\} \quad (3.73)$$

となり，図 3.14 に示すように，台車は振動しながら 1/10 に収束する．

問題 3.4　問題 3.2 (1), (2) (p.44) のように $\boldsymbol{A}$, $\boldsymbol{b}$, $\boldsymbol{c}$ が与えられたとき，$\boldsymbol{x}_0 = \boldsymbol{0}$, $u(t) = 1$ $(t \geq 0)$ とした $y(t)$ (単位ステップ応答) を求めよ．

3.3 線形システムの極と安定性・過渡特性

3.3.1 極と漸近安定性

ここでは，以下で定義される線形システムの漸近安定性（asymptotical stability）について説明する．

Point！ 漸近安定性の定義

図 3.15 に示すように，零入力システム (3.32) 式における状態方程式の解 $\boldsymbol{x}(t) = e^{\boldsymbol{A}t}\boldsymbol{x}_0$ が，“任意の初期状態 $\boldsymbol{x}(0) = \boldsymbol{x}_0$ に対して $t \to \infty$ で $\boldsymbol{x}(t) \to \boldsymbol{0}$” となるとき，線形システム (3.27) 式は漸近安定であるという．

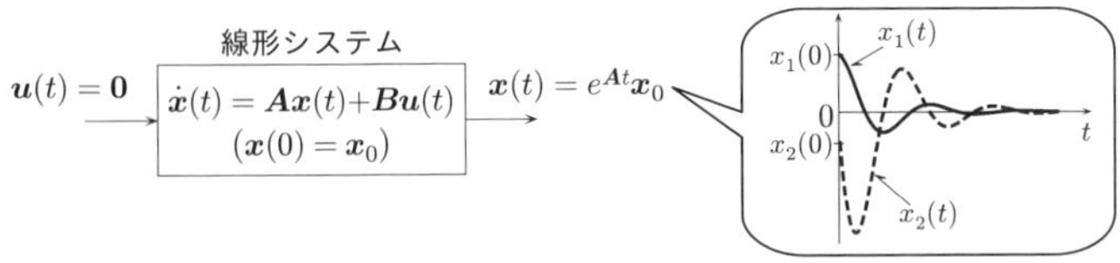

図 3.15 漸近安定性

線形システムの漸近安定性は，入力信号 $\boldsymbol{u}(t)$ とは無関係であるため，システム自体の安定性を意味する．システムが漸近安定であるための条件を考えてみよう．

例 3.7 ……… $\boldsymbol{A}$ の固有値 (線形システムの極) と漸近安定性

線形システムの状態方程式

$$\dot{\boldsymbol{x}}(t) = \boldsymbol{A}\boldsymbol{x}(t) + \boldsymbol{B}\boldsymbol{u}(t), \quad \boldsymbol{x}(0) = \boldsymbol{x}_0$$

の係数行列 $\boldsymbol{A}$ が以下のように与えられたとき，その漸近安定性を調べる．

$$(1)\quad \boldsymbol{A} = \begin{bmatrix} 0 & 1 \\ -10 & -11 \end{bmatrix} \qquad (2)\quad \boldsymbol{A} = \begin{bmatrix} 0 & 1 \\ -10 & -2 \end{bmatrix} \qquad (3)\quad \boldsymbol{A} = \begin{bmatrix} 0 & 1 \\ 2 & -1 \end{bmatrix}$$

(1) $\boldsymbol{A}$ の固有値は異なる負の実数 $-10, -1$ であり，例 3.4 (1) の (3.43) 式 (p.42) で示したように，遷移行列 $e^{\boldsymbol{A}t}$ は，

$$e^{\boldsymbol{A}t} = \boldsymbol{K}_1 e^{\boldsymbol{-10}\times t} + \boldsymbol{K}_2 e^{\boldsymbol{-1}\times t}$$

という形式である．したがって，$\boldsymbol{u}(t) = \boldsymbol{0}$ および任意の初期値 $\boldsymbol{x}_0$ に対し，$t \to \infty$ で

$$e^{\boldsymbol{-10}\times t} \to 0, \quad e^{\boldsymbol{-1}\times t} \to 0 \quad \Longrightarrow \quad e^{\boldsymbol{A}t} \to \boldsymbol{O} \quad \Longrightarrow \quad \boldsymbol{x}(t) = e^{\boldsymbol{A}t}\boldsymbol{x}_0 \to \boldsymbol{0}$$

となる．そのため，このシステムは漸近安定である．

(2) $\boldsymbol{A}$ の固有値は実部が負の共役複素数 $-1 \pm 3j$ であり，例 3.4 (2) の (3.47) 式 (p.43) で示したように，遷移行列 $e^{\boldsymbol{A}t}$ は，

$$e^{\boldsymbol{A}t} = \boldsymbol{K}_1 e^{\boldsymbol{-1}\times t}\cos(\boldsymbol{3}\times t) + \boldsymbol{K}_2 e^{\boldsymbol{-1}\times t}\sin(\boldsymbol{3}\times t)$$

という形式である．したがって，$\boldsymbol{u}(t) = \boldsymbol{0}$ および任意の初期値 $\boldsymbol{x}_0$ に対し，$t \to \infty$ で

$$e^{-\mathbf{1} \times t} \to 0 \implies e^{\boldsymbol{A}t} \to \boldsymbol{O} \implies \boldsymbol{x}(t) = e^{\boldsymbol{A}t}\boldsymbol{x}_0 \to \boldsymbol{0}$$

となる．そのため，このシステムは漸近安定である．

(3)　$\boldsymbol{A}$ の固有値は負の実数 -2 と正の実数 1 であり，その遷移行列 $e^{\boldsymbol{A}t}$ は，

$$e^{\boldsymbol{A}t} = \boldsymbol{K}_1 e^{-\mathbf{2} \times t} + \boldsymbol{K}_2 e^{+\mathbf{1} \times t}$$

という形式である．したがって，$t \to \infty$ で

$$e^{-\mathbf{2} \times t} \to 0, \quad e^{+\mathbf{1} \times t} \to \infty$$

となり，ある初期値 $\boldsymbol{x}_0$ に対し，$\boldsymbol{u}(t) = \boldsymbol{0}$ であるときの状態 $\boldsymbol{x}(t) = e^{\boldsymbol{A}t}\boldsymbol{x}_0$ は，発散する．そのため，このシステムは不安定である．

このように，$\boldsymbol{A} \in \mathbb{R}^{n \times n}$ の固有値の実部 α_i $(i = 1, \cdots, n)$ がすべて負であるとき，$t \to \infty$ で $e^{\alpha_i t} \to 0$ より，任意の初期値 $\boldsymbol{x}_0$ に対し，$\boldsymbol{x}(t) = e^{\boldsymbol{A}t}\boldsymbol{x}_0 \to \boldsymbol{0}$ となる (システムは漸近安定)．一方，実部 α_i が一つでも正 $\alpha_k > 0$ であれば，$t \to \infty$ で $e^{\alpha_k t} \to \infty$ より，ある初期値 $\boldsymbol{x}_0$ に対し，$\boldsymbol{x}(t) = e^{\boldsymbol{A}t}\boldsymbol{x}_0$ は発散する (システムは不安定)．

以上より，線形システムに対する漸近安定性の判別条件は，つぎのようになる．

Point !　線形システムの漸近安定性の判別

線形システムの極 (行列 $\boldsymbol{A} \in \mathbb{R}^{n \times n}$ の固有値) を $\lambda = \lambda_1, \cdots, \lambda_n$ $(\lambda_i = \alpha_i + j\beta_i)$ とする．このとき，極の実部 $\mathrm{Re}[\lambda]$ がすべて負 (すべての $i = 1, \cdots, n$ に対して $\alpha_i < 0$) であれば，そのときに限り，線形システムは漸近安定である (図 3.16 (a) 参照)．それに対し，線形システムの極の実部が一つでも正であれば，線形システムは不安定である (図 3.16 (b) 参照)．

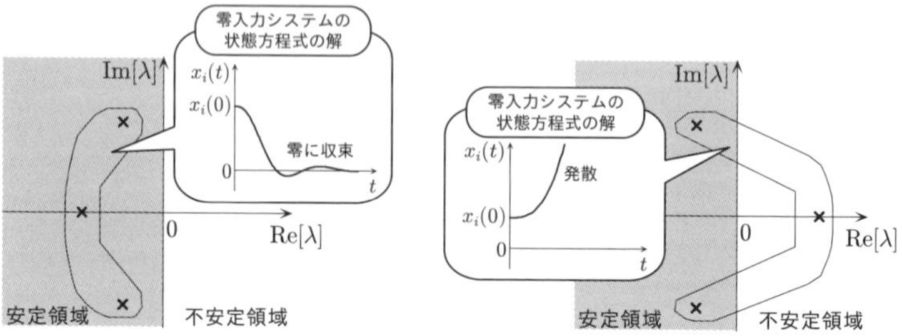

(a)　漸近安定なシステムの極の例　　(b)　不安定なシステムの極の例

図 3.16　システムの極と漸近安定性

なお，固有値の実部がすべて負であるような行列 $\boldsymbol{A}$ を**安定行列** (stable matrix)，実部が負であるよ

うな固有値を**安定極**(stable pole)，実部が正であるような固有値を**不安定極**(unstable pole)とよぶ．

問題 3.5　$\boldsymbol{A}$ の固有値を求め，**問題** 3.2 (p.44) で与えた線形システムの漸近安定性を調べよ．

問題 3.6　$\boldsymbol{A}$ の固有値を求めることによって，**2 次遅れシステム**(second order lag system)

$$
\begin{aligned}
&\mathcal{P}:\ y(s) = P(s)u(s),\ \ P(s) = \frac{K\omega_{\rm n}^2}{s^2 + 2\zeta\omega_{\rm n}s + \omega_{\rm n}^2} \\
&\iff \ \mathcal{P}: \begin{cases} \dot{\boldsymbol{x}}(t) = \boldsymbol{A}\boldsymbol{x}(t) + \boldsymbol{b}u(t) \\ y(t) = \boldsymbol{c}\boldsymbol{x}(t) \end{cases} \\
&\boldsymbol{A} = \begin{bmatrix} 0 & 1 \\ -\omega_{\rm n}^2 & -2\zeta\omega_{\rm n} \end{bmatrix},\ \boldsymbol{b} = \begin{bmatrix} 0 \\ K\omega_{\rm n}^2 \end{bmatrix},\ \boldsymbol{c} = \begin{bmatrix} 1 & 0 \end{bmatrix}
\end{aligned}
\tag{3.74}
$$

が漸近安定性となる ζ の範囲を示せ．ただし，$\omega_{\rm n} > 0,\ K \neq 0$ とする．

3.3.2　有界入力有界出力安定性

古典制御理論でよく用いられる安定性の概念に**有界入力有界出力安定性**(bounded-input bounded-output (BIBO) stability) (**BIBO 安定性**，**(有界) 入出力安定性**) がある．これは，信号の入出力関係で安定性を判断しようというものであり，以下のように定義される．

Point！　有界入力有界出力安定性の定義

図 3.17 に示すように，初期状態を $\boldsymbol{x}(0) = \boldsymbol{0}$ とした線形システム (3.27) 式において，$\boldsymbol{u}(t) \in \mathbb{R}^p$ が有界 ($\|\boldsymbol{u}(t)\| \le M_u$) であるとする(注 3.4)．このとき，ある正の定数 M_u, M_y に対し，"任意の有界な $\boldsymbol{u}(t)$ に対して $\boldsymbol{y}(t) \in \mathbb{R}^q$ が有界 ($\|\boldsymbol{y}(t)\| \le M_y$)" であるとき，線形システム (3.27) 式は有界入力有界出力安定であるという．

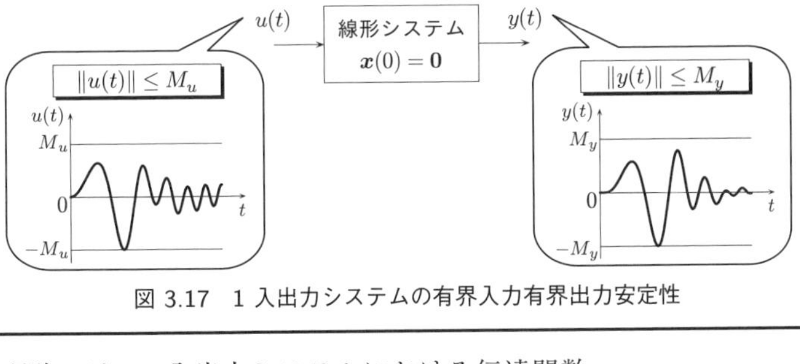

図 3.17　1 入出力システムの有界入力有界出力安定性

古典制御理論では，1 入出力システムにおける伝達関数

$$
P(s) = \frac{y(s)}{u(s)} = \frac{k(s - b_1)\cdots(s - b_m)}{(s - a_1)\cdots(s - a_n)}
$$

が与えられたとき，その極 a_i $(i = 1, \cdots, n)$ の実部 $\mathrm{Re}[a_i]$ がすべて負であることと，

(注 3.4) $\|\boldsymbol{f}\| = \sqrt{f_1^2 + \cdots + f_k^2}$ を，ベクトル $\boldsymbol{f} = [\ f_1\ \cdots\ f_k\ ]^{\rm T} \in \mathbb{R}^k$ のユークリッドノルム(Euclidean norm)とよぶ．$k = 1$ のとき f はスカラーであり，そのユークリッドノルムは，単に大きさ $\|f\| = |f|$ を意味する．

有界入力有界出力安定であることは等価である．2.3 節で説明したように，状態空間表現を変換して得られる伝達関数 $P(s)$ が，分母と分子に共通の因子をもたない場合，$P(s)$ の極は状態空間表現における $\boldsymbol{A}$ の固有値と一致する．したがって，このような場合，漸近安定性の条件と有界入力有界出力安定性の条件は完全に等価である．しかし，得られる伝達関数 $P(s)$ の分母と分子に共通因子 $s - a_k$ $(\mathrm{Re}[a_k] > 0)$ をもつ場合，以下の例で示すように，有界入力有界出力安定であったとしても漸近安定ではない．

例 3.8 ………………………… **漸近安定性と有界入力有界出力安定性**

線形システムの状態空間表現が，

$$\mathcal{P}: \begin{cases} \dot{\boldsymbol{x}}(t) = \boldsymbol{A}\boldsymbol{x}(t) + \boldsymbol{b}u(t) \\ y(t) = \boldsymbol{c}\boldsymbol{x}(t) \end{cases}, \quad \boldsymbol{A} = \begin{bmatrix} -2 & 0 \\ 0 & 1 \end{bmatrix}, \quad \boldsymbol{b} = \begin{bmatrix} 1 \\ 0 \end{bmatrix}, \quad \boldsymbol{c} = \begin{bmatrix} 1 & 0 \end{bmatrix} \tag{3.75}$$

である場合，漸近安定性と有界入力有界出力安定性を調べてみよう．$\boldsymbol{A}$ の固有値は $-2, 1$ であるから，システム (3.75) 式は漸近安定ではない．実際，$u(t) = 0$ として $\boldsymbol{x}(t) = \begin{bmatrix} x_1(t) & x_2(t) \end{bmatrix}^{\mathrm{T}}$ を求めると，

$$\begin{cases} \dot{x}_1(t) = -2x_1(t) + u(t) \\ \dot{x}_2(t) = x_2(t) \end{cases} \overset{u(t)=0}{\Longrightarrow} \begin{cases} x_1(t) = e^{-2t}x_1(0) \\ x_2(t) = e^{t}x_2(0) \end{cases} \tag{3.76}$$

であるから，$x_2(0) = 0$ でない限り，$x_2(t)$ は発散する．

一方，(2.40) 式 (p.22) を利用し，(3.75) 式から伝達関数 $P(s) = y(s)/u(s)$ を求めると，

$$P(s) = \boldsymbol{c}(s\boldsymbol{I} - \boldsymbol{A})^{-1}\boldsymbol{b} = \frac{s-1}{(s+2)(s-1)} = \frac{1}{s+2} \tag{3.77}$$

となり，$P(s)$ の極は -2 であるから，システム (3.75) 式は有界入力有界出力安定である．これは，$x_2(t)$ が不安定な振る舞いをしても，$y(t) = x_1(t)$ には何の影響も及ぼさず，$y(t) = x_1(t)$ が発散しないことを意味している．

このように，漸近安定性は，システムの内部の振る舞いも考慮した安定性の定義である．

3.3.3　極と時間応答の過渡特性

安定なシステムの極 $\lambda = \lambda_1, \cdots, \lambda_n$ $(\lambda_i = \alpha_i + j\beta_i)$ の実部 α_i や虚部 β_i は，それらに対応する遷移行列 $e^{\boldsymbol{A}t}$ の要素 (λ_i が実数の場合は $e^{\alpha_i t}$，複素数の場合は $e^{\alpha_i t}\cos\beta_i t$ や $e^{\alpha_i t}\sin\beta_i t$) との関係を考えると，以下のような役割を担っている．

- システムの極の実部 α_i は，対応する要素の収束の速さに関係しており，**極の実部 $\boldsymbol{\alpha_i < 0}$ が負側に大きいほど速やかに零に収束**する．
- システムの極の虚部 $\beta_i > 0$ は，対応する要素の振動周波数を表しており，**極の虚部 $\boldsymbol{\beta_i > 0}$ が大きいほど振動周期は短い**．

したがって，遷移行列 $e^{\boldsymbol{A}t}$ により計算される線形システムの時間応答 (3.68) 式の過渡特性は，システムの極の実部や虚部に大きく依存することがわかる．

例 3.9 ……………………………… **2 次システムの極 (共役複素数) と零入力応答の過渡特性**

$\boldsymbol{A}$ の固有値が共役複素数 $\lambda = \alpha \pm j\beta \ (\alpha < 0,\ \beta > 0)$ であるような 2 次システム

$$\mathcal{P}: \begin{cases} \dot{\boldsymbol{x}}(t) = \boldsymbol{A}\boldsymbol{x} + \boldsymbol{b}u(t), \quad \boldsymbol{x}(0) = \boldsymbol{x}_0 \\ y(t) = \boldsymbol{c}\boldsymbol{x}(t) \end{cases} \tag{3.78}$$

$$\boldsymbol{A} = \begin{bmatrix} 0 & 1 \\ -(\alpha^2+\beta^2) & 2\alpha \end{bmatrix},\quad \boldsymbol{b} = \begin{bmatrix} 0 \\ 1 \end{bmatrix},\quad \boldsymbol{c} = \begin{bmatrix} 1 & 0 \end{bmatrix},\quad \boldsymbol{x}_0 = \begin{bmatrix} 1 \\ 0 \end{bmatrix}$$

の零入力応答 $y(t) = \boldsymbol{c}e^{\boldsymbol{A}t}\boldsymbol{x}_0$ を，例 3.4 (2) (p.43) と同様の手順で求め，極の実部 α と虚部 β の役割を調べてみよう．

$s\boldsymbol{I} - \boldsymbol{A}$ の逆行列は，

$$(s\boldsymbol{I} - \boldsymbol{A})^{-1} = \frac{s-\alpha}{(s-\alpha)^2+\beta^2}\begin{bmatrix} 1 & 0 \\ 0 & 1 \end{bmatrix} + \frac{\beta}{(s-\alpha)^2+\beta^2}\frac{1}{\beta}\begin{bmatrix} -\alpha & 1 \\ -(\alpha^2+\beta^2) & \alpha \end{bmatrix} \tag{3.79}$$

のように部分分数分解できるから，遷移行列 $e^{\boldsymbol{A}t} = \mathcal{L}^{-1}\left[(s\boldsymbol{I} - \boldsymbol{A})^{-1}\right]$ は，

$$e^{\boldsymbol{A}t} = e^{\alpha t}\left(\begin{bmatrix} 1 & 0 \\ 0 & 1 \end{bmatrix}\cos\beta t + \frac{1}{\beta}\begin{bmatrix} -\alpha & 1 \\ -(\alpha^2+\beta^2) & \alpha \end{bmatrix}\sin\beta t\right) \tag{3.80}$$

であり，零入力応答 $y(t) = \boldsymbol{c}e^{\boldsymbol{A}t}\boldsymbol{x}_0$ とその時間微分 $\dot{y}(t)$ は，それぞれ

$$y(t) = e^{\alpha t}\left(\cos\beta t - \frac{\alpha}{\beta}\sin\beta t\right) = \frac{\sqrt{\alpha^2+\beta^2}}{\beta}e^{\alpha t}\sin(\beta t + \phi),\quad \phi = -\tan^{-1}\frac{\beta}{\alpha} \tag{3.81}$$

$$\dot{y}(t) = -\frac{\alpha^2+\beta^2}{\beta}e^{\alpha t}\sin\beta t \tag{3.82}$$

となる．$\dot{y}(t) = 0$ となる時刻は，

$$\beta t = \begin{cases} 0,\ 2\pi,\ 4\pi,\ \cdots \\ \pi,\ 3\pi,\ 5\pi,\ \cdots \end{cases} \implies t = \begin{cases} \bar{t}_1,\ \bar{t}_2,\ \bar{t}_3,\ \cdots = 0,\ \dfrac{2\pi}{\beta},\ \dfrac{4\pi}{\beta},\ \cdots & (\text{極大}) \\ \underline{t}_1,\ \underline{t}_2,\ \underline{t}_3,\ \cdots = \dfrac{\pi}{\beta},\ \dfrac{3\pi}{\beta},\ \dfrac{5\pi}{\beta},\ \cdots & (\text{極小}) \end{cases}$$

であり，π/β ごとに極大，極小を繰り返すことがわかる．ここで，$t = \bar{t}_k$ のときに極大値 $y(\bar{t}_k) = e^{\alpha\bar{t}_k}$ をもち，これらの点は，曲線 $y(t) = e^{\alpha t}$ 上に位置する．一方，$t = \underline{t}_k$ のときに極小値 $y(\underline{t}_k) = -e^{\alpha\underline{t}_k}$ をもち，これらの点は，曲線 $y(t) = -e^{\alpha t}$ 上に位置する．

また，$|\sin(\beta t + \phi)| \leq 1$ であるから，零入力応答 (3.81) 式は，

$$\text{上限曲線}：y(t) = \overline{y}(t) = \frac{\sqrt{\alpha^2+\beta^2}}{\beta}e^{\alpha t},\quad \text{下限曲線}：y(t) = \underline{y}(t) = -\frac{\sqrt{\alpha^2+\beta^2}}{\beta}e^{\alpha t}$$

により囲まれた領域を，一定の周期 $T = 2\pi/\beta$ で振動しながら，指数関数的に零に収束する．なお，$y(\bar{t}_k)$ が減衰する割合 (**減衰率** (damping ratio)) δ は，次式となる．

$$\delta = \frac{y(\bar{t}_{k+1})}{y(\bar{t}_k)} = \frac{e^{\alpha \bar{t}_{k+1}}}{e^{\alpha \bar{t}_k}} = e^{\alpha(\bar{t}_{k+1}-\bar{t}_k)} = e^{\alpha \frac{2\pi}{\beta}} = e^{\alpha T} \tag{3.83}$$

$\boldsymbol{A}$ の固有値 λ が ① $-1 \pm 3j$, ② $-1 \pm 6j$, ③ $-2 \pm 3j$, ④ $-2 \pm 6j$ であるときの零入力応答 (3.81) 式および上限，下限曲線を，図 3.18 に示す．②, ④ の虚部は ①, ③ の虚部の 2 倍であるから，②, ④ の振動周期 T は ①, ③ の 1/2 倍になっている．一方，③, ④ の実部は ①, ② の実部の 2 倍であるから，③, ④ は ①, ② の 2 倍の速さで零に収束している．

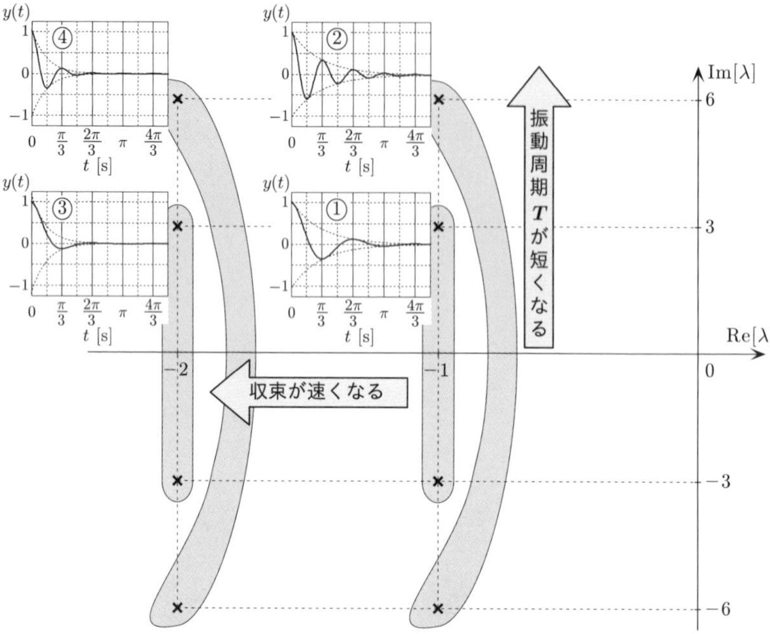

図 3.18　2 次システムの極と零入力応答 (グラフ中の実線：零入力応答 $y(t)$，破線：上限曲線 $\overline{y}(t)$ と下限曲線 $\underline{y}(t)$)

また，たとえば，$\boldsymbol{A}$ の固有値の実部が -10, -1 であるときを考えると，$e^{-\mathbf{1}\times t}$ よりも $e^{-\mathbf{10}\times t}$ の方が速く零に収束する．したがって，ある程度の時間が経過した後，$\boldsymbol{A}$ の固有値 -1 に対応する要素 $e^{-\mathbf{1}\times t}$ がシステムの時間応答の振る舞いに大きく影響を与える．このように，$\boldsymbol{A}$ の固有値がすべて安定極であるとき，虚軸に近い極が時間応答の振る舞いを支配するため，このような極は**代表極** (**支配極**) (dominant pole) とよばれる．

例 3.10 ……………………………… **2 次システムの代表極**

$\boldsymbol{A}$ の固有値が -10, -1 であるような 2 次システム

$$\mathcal{P}: \begin{cases} \dot{\boldsymbol{x}}(t) = \boldsymbol{A}\boldsymbol{x}(t) + \boldsymbol{b}u(t), \quad \boldsymbol{x}(0) = \boldsymbol{x}_0 \\ \boldsymbol{y}(t) = \boldsymbol{C}\boldsymbol{x}(t) \end{cases} \tag{3.84}$$

$$\boldsymbol{A} = \begin{bmatrix} 0 & 1 \\ -10 & -11 \end{bmatrix}, \quad \boldsymbol{b} = \begin{bmatrix} 0 \\ 1 \end{bmatrix}, \quad \boldsymbol{C} = \begin{bmatrix} 1 & 0 \\ 0 & 1 \end{bmatrix}, \quad \boldsymbol{x}_0 = \begin{bmatrix} 1 \\ 1 \end{bmatrix}$$

の遷移行列 $e^{\boldsymbol{A}t}$ は，例 3.4 (1) (p.42) で示したように，

$$e^{\boldsymbol{A}t} = \frac{1}{9}\left(e^{-10t}\begin{bmatrix} -1 & -1 \\ 10 & 10 \end{bmatrix} + e^{-t}\begin{bmatrix} 10 & 1 \\ -10 & -1 \end{bmatrix}\right)$$

となる．したがって，零入力応答 $\boldsymbol{y}(t) = \boldsymbol{C}e^{\boldsymbol{A}t}\boldsymbol{x}_0$ は，

$$\boldsymbol{y}(t) = \begin{bmatrix} y_1(t) \\ y_2(t) \end{bmatrix} = \begin{bmatrix} \overbrace{\overbrace{-\frac{2}{9}e^{-10t}}^{①} + \overbrace{\frac{11}{9}e^{-t}}^{②}}^{③} \\ \underbrace{\underbrace{\frac{20}{9}e^{-10t}}_{④} - \underbrace{\frac{11}{9}e^{-t}}_{⑤}}_{⑥} \end{bmatrix} \tag{3.85}$$

となり，図 3.19 のようになる．③ = ① + ②, ⑥ = ④ + ⑤ であるが，t が大きくなるに従って，①, ④ (負側に大きい極 −10 に対応する要素) は ②, ⑤ (虚軸に近い極 −1 に対応する要素) と比べて十分速く零に収束していく．そのため，ある程度時間が経過すると，③ ≒ ②, ⑥ ≒ ⑤ となる．このことから，−10 と比べて十分虚軸に近い極である −1 は，代表極であることがわかる．

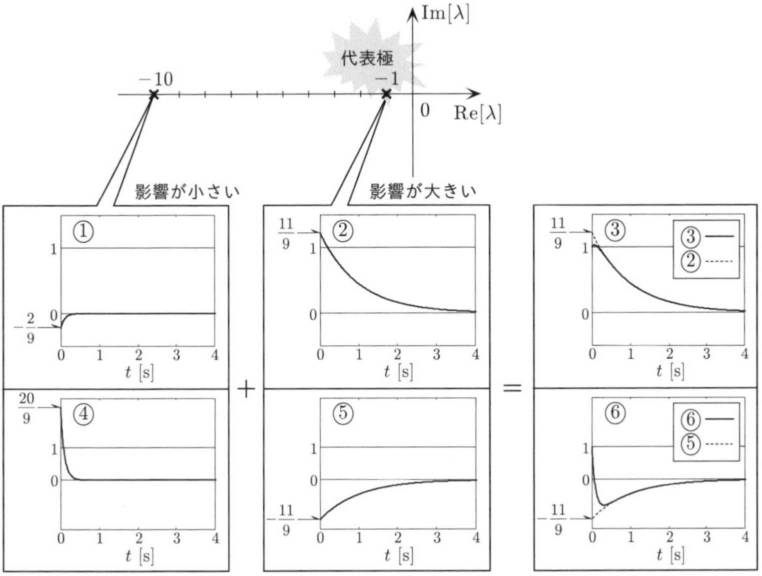

図 3.19 代表極と零入力応答

問題 3.7 2 次システム (3.74) 式 (p.51) において，$\boldsymbol{x}_0 = \begin{bmatrix} 1 & 0 \end{bmatrix}^{\mathrm{T}}$, $\omega_{\mathrm{n}} > 0$, $0 < \zeta < 1$, $K = 1$ とする．以下の設問に答えよ．

(1) 零入力応答 $y(t)$ が次式となることを示せ．

$$y(t) = e^{-\zeta\omega_{\mathrm{n}}t}\left(\cos\omega_{\mathrm{d}}t + \frac{\zeta}{\sqrt{1-\zeta^2}}\sin\omega_{\mathrm{d}}t\right),\ \omega_{\mathrm{d}} = \omega_{\mathrm{n}}\sqrt{1-\zeta^2} \tag{3.86}$$

(2)　零入力応答 $y(t)$ の振動周期 T，減衰率 δ が次式となることを示せ．

$$T = \frac{2\pi}{\omega_{\mathrm{n}}\sqrt{1-\zeta^2}},\ \delta = \exp\left(-\frac{2\pi}{\sqrt{1-\zeta^2}}\right) \tag{3.87}$$

3.4　MATLAB/Simulink を利用した演習

3.4.1　部分分数分解

MATLAB では関数 “residue” を利用することによって，部分分数分解を行うことができる．たとえば，例 3.4 (1) (p.42) で与えた (3.40) 式の行列 $\boldsymbol{A}$ を考える．このとき，$\boldsymbol{Q}(s) := \left(s\boldsymbol{I} - \boldsymbol{A}\right)^{-1}$ を (3.41) 式のように部分分数分解したときの係数行列 $\boldsymbol{K}_1$，$\boldsymbol{K}_2$ を求める M ファイルは，以下のようになる．

M ファイル “ex_residue.m”：部分分数分解 (関数 “residue”)

コード	説明
`clear`	……… メモリ上の変数をすべて消去
`format compact`	……… 余分な改行を省略
`numQ11 = [1 11];  numQ12 = 1;` `numQ21 = -10;      numQ22 = [1 0];`	……… $\boldsymbol{Q}(s) = \dfrac{1}{D_Q(s)}\begin{bmatrix} s+11 & 1 \\ -10 & s \end{bmatrix}$
`denQ   = conv([1 10],[1 1]);`	……… $D_Q(s) = (s+10)(s+1)$
`[k11, p] = residue(numQ11, denQ);`	……… $(s+11)/D_Q(s) = k_{11,1}/(s+10) + k_{11,2}/(s+1)$
`[k12, p] = residue(numQ12, denQ);`	……… $1/D_Q(s) = k_{12,1}/(s+10) + k_{12,2}/(s+1)$
`[k21, p] = residue(numQ21, denQ);`	……… $-10/D_Q(s) = k_{21,1}/(s+10) + k_{21,2}/(s+1)$
`[k22, p] = residue(numQ22, denQ);`	……… $s/D_Q(s) = k_{22,1}/(s+10) + k_{22,2}/(s+1)$
`p`	……… $D_Q(s) = 0$ の解
`K1 = [ k11(1)  k12(1)` `       k21(1)  k22(1) ]`	……… $\boldsymbol{K}_1 = \begin{bmatrix} k_{11,1} & k_{12,1} \\ k_{21,1} & k_{22,1} \end{bmatrix}$
`K2 = [ k11(2)  k12(2)` `       k21(2)  k22(2) ]`	……… $\boldsymbol{K}_2 = \begin{bmatrix} k_{11,2} & k_{12,2} \\ k_{21,2} & k_{22,2} \end{bmatrix}$

M ファイル “ex_residue.m” を実行すると，

“ex_residue.m” の実行結果

出力	説明
`>> ex_residue ↵`	……… M ファイルの実行
`p =`	……… $D_Q(s) = 0$ の解 p_1, p_2
`   -10`	……… $p_1 = -10$
`    -1`	……… $p_2 = -1$
`K1 =`	……… $\boldsymbol{K}_1$: (3.42) 式
`   -0.1111   -0.1111`	
`    1.1111    1.1111`	
`K2 =`	……… $\boldsymbol{K}_2$: (3.42) 式
`    1.1111    0.1111`	
`   -1.1111   -0.1111`	

となり，(3.42) 式の結果と一致することが確認できる．

また，Symbolic Math Toolbox が利用できる環境下であれば，M ファイル

M ファイル “symb_frac.m”：ヘビサイドの公式 ……… Symbolic Math Toolbox

`clear`	……… メモリ上の変数をすべて消去
`format compact`	……… 余分な改行を省略
`A = [ 0 1`	……… (3.40) 式の $\boldsymbol{A}$ の定義
`-10 -11 ];`	
`syms s`	……… 変数 s の定義
`p = eig(A); p1 = p(2), p2 = p(1)`	……… $\boldsymbol{A}$ の固有値 p_1, p_2
`I = eye(2);`	……… 2×2 の単位行列 $\boldsymbol{I}$ の定義
`Q = inv(s*I - A)`	……… $\boldsymbol{Q}(s) = (s\boldsymbol{I} - \boldsymbol{A})^{-1}$
`eq1 = simplify((s - p1)*Q);`	……… $(s-p_1)\boldsymbol{Q}(s)$ を簡略化 (分母と分子の共通因子を約分)
`eq2 = simplify((s - p2)*Q);`	……… $(s-p_2)\boldsymbol{Q}(s)$ を簡略化 (分母と分子の共通因子を約分)
`K1 = subs(eq1, s, p1)`	……… $\boldsymbol{K}_1 = (s-p_1)\boldsymbol{Q}(s)\big\|_{s=p_1}$
`K2 = subs(eq2, s, p2)`	……… $\boldsymbol{K}_2 = (s-p_2)\boldsymbol{Q}(s)\big\|_{s=p_2}$

により，ヘビサイドの公式を利用して直接的に (3.41) 式の係数行列 $\boldsymbol{K}_1$, $\boldsymbol{K}_2$ を求めることができる．M ファイル “`symb_frac.m`” を実行した結果を，以下に示す．

“symb_frac.m” の実行結果

`>> symb_frac ↵`	……… M ファイルの実行
`p1 =`	……… $\boldsymbol{A}$ の固有値 $p_1=-10$, $p_2=-1$
`   -10`	
`p2 =`	
`   -1`	
`Q =`	……… $\boldsymbol{Q}(s) = (s\boldsymbol{I} - \boldsymbol{A})^{-1} = \dfrac{1}{s^2+11s+10}\begin{bmatrix} s+11 & 1 \\ -10 & s \end{bmatrix}$
`[ (s + 11)/(s^2 + 11*s + 10), 1/(s^2 + 11*s + 10)]`	
`[       -10/(s^2 + 11*s + 10), s/(s^2 + 11*s + 10)]`	
`K1 =`	
`   -0.1111   -0.1111`	……… $\boldsymbol{K}_1 = \begin{bmatrix} -1/9 & -1/9 \\ 10/9 & 10/9 \end{bmatrix}$: (3.42) 式
`    1.1111    1.1111`	
`K2 =`	
`    1.1111    0.1111`	……… $\boldsymbol{K}_2 = \begin{bmatrix} 10/9 & 1/9 \\ -10/9 & -1/9 \end{bmatrix}$: (3.42) 式
`   -1.1111   -0.1111`	
`>> sym(K1) ↵`	……… $\boldsymbol{K}_1$ を有理数で表示
`ans =`	
`[ -1/9, -1/9]`	
`[ 10/9, 10/9]`	
`>> sym(K2) ↵`	……… $\boldsymbol{K}_2$ を有理数で表示
`ans =`	
`[  10/9,  1/9]`	
`[ -10/9, -1/9]`	

問題 3.8　問題 3.2 (1) (p.44) のように $\boldsymbol{A}$ が与えられたとき，以下の設問に答えよ．

(1) 関数 “`residue`” を用いて $\boldsymbol{Q}(s) := \big(s\boldsymbol{I} - \boldsymbol{A}\big)^{-1}$ を部分分数分解せよ．

(2) Symbolic Math Toolbox が利用できる環境下であれば，M ファイル ‘`symb_frac.m`” と同様の手順で $\boldsymbol{Q}(s)$ を部分分数分解せよ．

3.4.2　遷移行列

MATLAB では関数 “expm” を利用することによって，ある時刻 t における遷移行列を $e^{\boldsymbol{A}t}$ を計算することができる．たとえば，**例 3.4** (2) で与えた (3.45) 式 (p.43) の行列 $\boldsymbol{A}$ の $t=5$ における遷移行列 $e^{\boldsymbol{A}t}$ は，以下のように計算できる．

$t=5$ における遷移行列 $e^{\boldsymbol{A}t}$ (関数 “expm”)

```
>> A = [0 1; -10 -2]; ↵          ……… (3.45) 式の A の定義
>> t = 5; ↵                      ……… t = 5
>> expm(A*t) ↵                   ……… t = 5 における遷移行列 e^(At)
ans =
   -0.0037    0.0015
   -0.0146   -0.0066
```

また，Symbolic Math Toolbox を利用すると，逆ラプラス変換を行う関数 “ilaplace” (注3.5) を用いた M ファイル

M ファイル “symb_eAt.m”：遷移行列 $e^{\boldsymbol{A}t}$ (関数 “ilaplace”) ……… Symbolic Math Toolbox

```
 1  clear                                    ……… メモリ上の変数をすべて消去
 2  format compact                           ……… 余分な改行を省略
 3
 4  A = [  0  1                              ……… (3.45) 式の A の定義
         -10 -2 ];
 6  syms s                                   ……… 変数 s (ラプラス演算子) の定義
 7
 8  exp_At = ilaplace(inv(s*eye(2) - A))     ……… 遷移行列 e^(At) = L^(-1)[(sI - A)^(-1)]
 9  subs(exp_At,5)                           ……… 遷移行列 e^(At) に t = 5 を代入
10  % syms t;  subs(exp_At,t,5)              ……… 9 行目の代わりにこのように入力してもよい
```

あるいは関数 “expm” を用いた

M ファイル “symb_eAt2.m”：遷移行列 $e^{\boldsymbol{A}t}$ (関数 “expm”) ……… Symbolic Math Toolbox

```
        ⋮  “symb_eAt.m” の 1～5 行目と同様
 6  syms t                                   ……… 変数 t (時間) の定義
 7
 8  exp_At = expm(A*t);                      ……… 遷移行列 e^(At) = L^(-1)[(sI - A)^(-1)]
 9  exp_At = simplify(exp_At)                ……… 遷移行列 e^(At) に t = 5 を代入
10  subs(exp_At,5)
```

により，遷移行列 $e^{\boldsymbol{A}t}$ を解析的に求めることができる(注3.6)．M ファイル “symb_eAt.m” の実行結果を，以下に示す．

(注3.5) 同様に，関数 “laplace” によりラプラス変換を行うことができる．たとえば，

```
>> syms t; laplace(exp(-2*t)*cos(3*t)) ↵
(s + 2)/((s + 2)^2 + 9)
```

のように入力することで，$\mathcal{L}\left[e^{-2t}\cos 3t\right]=(s+2)/\{(s+2)^2+3^2\}$ を確かめることができる．

(注3.6) $n\geq 5$ の n 次方程式は，特別な場合を除き，解析解を求めることができない．そのため，$\boldsymbol{A}$ のサイズが 5 次以上の場合，一般に，遷移行列 $e^{\boldsymbol{A}t}$ を解析的に求めることはできない．

"symb_eAt.m" の実行結果

```
>> symb_eAt ↵                                ……… "ex_eAt.m" の実行
exp_At =                                     ……… (3.47) 式
[ (cos(3*t) + sin(3*t)/3)/exp(t),              sin(3*t)/(3*exp(t))]
[      -(10*sin(3*t))/(3*exp(t)), (cos(3*t) - sin(3*t)/3)/exp(t)]
ans =                                        ……… (3.47) 式に t = 5 を代入
   -0.0037    0.0015
   -0.0146   -0.0066
```

問題 3.9　問題 3.2 (1) (p.44) のように $\boldsymbol{A}$ が与えられたとき，以下の設問に答えよ．

(1) 関数 "`expm`" を用いて $t=1$ における遷移行列 $e^{\boldsymbol{A}t}$ を求めよ．

(2) Symbolic Math Toolbox が利用できる環境下であれば，関数 "`ilaplace`" を用いて遷移行列 $e^{\boldsymbol{A}t}$ を求めよ．また，$t=1$ における $e^{\boldsymbol{A}t}$ を求めよ．

3.4.3 時間応答 — MATLAB

ここでは，係数を (3.45) 式 (p.43) および $d=0$ とした線形システム

$$\mathcal{P}: \begin{cases} \dot{\boldsymbol{x}}(t) = \boldsymbol{A}\boldsymbol{x}(t) + \boldsymbol{b}u(t), \quad \boldsymbol{x}(0) = \boldsymbol{x}_0 \\ y(t) = \boldsymbol{c}\boldsymbol{x}(t) + du(t) \end{cases} \tag{3.88}$$

の時間応答 $y(t)$ を描画することを考える．このシステムは，MATLAB では以下の M ファイル "`plant.m`" により定義される．

M ファイル "plant.m"：(3.45) 式の定義

```
clear                 ……… メモリ上の変数をすべて消去
format compact        ……… 余分な改行を省略

A = [  0  1           ……… A = [0 1; -10 -2]
     -10 -2 ];
B = [ 0               ……… b = [0; 1]
      1 ];
C = [ 1  0 ];         ……… c = [1 0]
D = 0;                ……… d = 0
sysP = ss(A,B,C,D);
                      ……… 状態空間表現の定義
```

また，グラフを描画するための M ファイル "`plot_data.m`" を用意しておく．

M ファイル "plot_data.m"：シミュレーション結果の表示 (関数 "plot")

```
plot(t,y);              ……… 横軸を t，縦軸を y(t) としたグラフの描画
grid;                   ……… 補助線を加える
xlabel('t [s]');        ……… 横軸のラベル
ylabel('y(t)');         ……… 縦軸のラベル
```

(a) 零入力応答

MATLAB では零入力応答を計算する関数 "`initial`" が用意されている．以下に，(3.88) 式において $\boldsymbol{x}_0 = \begin{bmatrix} 1 & 0 \end{bmatrix}^{\mathrm{T}}$, $u(t) = 0$ $(t \geq 0)$ とした零入力応答を描画する M ファイルの例を示す．

M ファイル "zero_input.m"：零入力応答 (関数 "initial")

1	`plant`	……… M ファイル "plant.m" の実行
2	`x0 = [ 1`	……… 初期状態 $\boldsymbol{x}(0)=\boldsymbol{x}_0=\begin{bmatrix} 1 & 0 \end{bmatrix}^{\mathrm{T}}$ の定義
3	`       0 ];`	
4		
5	`t = 0:0.01:5;`	……… 時間 t の定義 (0 [s] から 5 [s] まで 0.01 [s] 刻みのデータ)
6	`% t = linspace(0,5,501);`	……… 5 行目の代わりにこのように定義してもよい
7		
8	`y = initial(sysP,x0,t);`	……… 与えられた $\boldsymbol{x}_0$, t に対する零入力応答 $y(t)$ の算出
9	`plot_data`	……… M ファイル "plot_data.m" の実行

M ファイル "zero_input.m" を実行すると，図 3.20 (a) の結果が得られる(注3.7)．さらに，関数 "initial" の出力引数を省略し，

M ファイル "zero_input2.m"：零入力応答 (関数 "initial")

	⋮	"zero_input.m" の 1～7 行目と同様
8	`initial(sysP,x0,t);`	……… 与えられた t, $\boldsymbol{x}_0$ に対する零入力応答 $y(t)$ の描画

のように変更すれば，直接，零入力応答の描画を行うこともできる．図 3.20 (b) に M ファイル "zero_input_initial2.m" の実行結果を示す．

Symbolic Math Toolbox が利用できる環境下であれば，関数 "ilaplace", "subs" を利用した以下の M ファイル

M ファイル "symb_zero_input.m"：零入力応答 (関数 "ilaplace", "subs") ……… Symbolic Math Toolbox

	⋮	"zero_input.m" の 1～7 行目と同様
8	`syms s`	……… ラプラス演算子 s の定義
9	`exp_At = ilaplace(inv(s*eye(2) - A));`	……… 遷移行列 $e^{\boldsymbol{A}t}=\mathcal{L}^{-1}\left[(s\boldsymbol{I}-\boldsymbol{A})^{-1}\right]$
10	`yt = C*exp_At*x0`	……… 与えられた $\boldsymbol{x}_0$ に対する零入力応答 $y(t)=\boldsymbol{c}e^{\boldsymbol{A}t}\boldsymbol{x}_0$ の表示
11		
12	`y  = subs(yt,t);`	……… 与えられた t に対する $y(t)$ を計算
13	`plot_data`	……… M ファイル "plot_data.m" の実行

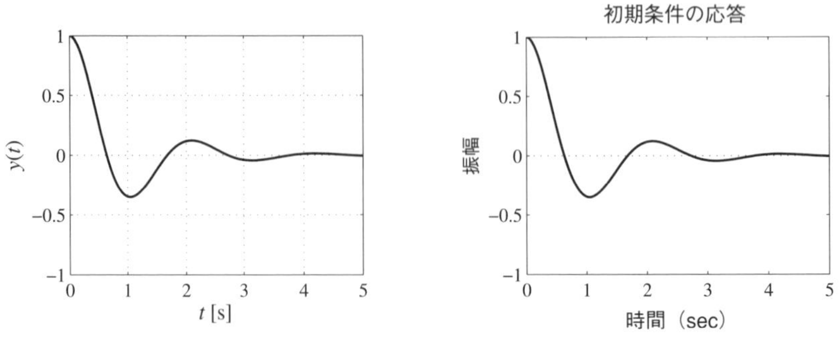

(a) "zero_input.m" の実行結果　　(b) "zero_input2.m" の実行結果

図 3.20　零入力応答の描画

(注3.7) 図 3.20 (a) は付録 B.3 (p.216) に示す方法で，軸の範囲，フォントのサイズ・種類などをカスタマイズした結果である．これ以降の実行結果 (グラフを描画した結果) も同様にカスタマイズしている．

を実行することで,

"symb_zero_input.m" の実行結果

```
>> symb_zero_input ↵          ……… "symb_zero_input.m" の実行
yt =                          ……… 零入力応答 y(t) = (cos 3t + sin 3t/3)/e^t = e^{-t}(cos 3t + (1/3) sin 3t)
(cos(3*t) + sin(3*t)/3)/exp(t)
```

（零入力応答 $y(t) = (\cos 3t + \sin 3t/3)/e^t = e^{-t}\left(\cos 3t + \dfrac{1}{3}\sin 3t\right)$）

のように零入力応答の数式を導出したうえで，そのグラフ (図 3.20 (a)) を描画できる.

(b) 零状態応答と単位ステップ応答

MATLAB には，代表的な零状態応答である単位ステップ応答やインパルス応答を計算するための関数 "**step**", "**impulse**" が用意されている. これらの関数を利用すると,

M ファイル "zero_state_step_impulse.m"：ステップ応答，インパルス応答 (関数 "step", "impulse")

```
1  plant                      ……… M ファイル "plant.m" の実行
2
3  t = 0:0.01:5;              ……… 時間 t の定義 (0 [s] から 5 [s] まで 0.01 [s] 刻みのデータ)
4
5  y = step(sysP,t);          ……… 与えられた t に対する単位ステップ応答 y(t) の算出
6  figure(1); plot_data       ……… Figure No.1 を指定した後，M ファイル "plot_data.m" の実行
7
8  y = impulse(sysP,t);       ……… 与えられた t に対するインパルス応答 y(t) の算出
9  figure(2); plot_data       ……… Figure No.2 を指定した後，M ファイル "plot_data.m" の実行
```

M ファイル "zero_state_step_impulse2.m"：ステップ応答，インパルス応答 (関数 "step", "impulse")

```
   :  "zero_state_step_impulse.m" の 1～4 行目と同様
   :
5  figure(1); step(sysP,t);       …… 与えられた t に対する単位ステップ応答 y(t) を Figure No.1 に描画
6  figure(2); impulse(sysP,t);    …… 与えられた t に対するインパルス応答 y(t) を Figure No.2 に描画
```

のいずれかを実行することで，(3.88) 式の単位ステップ応答とインパルス応答を描画できる. M ファイル "**zero_state_step_impulse.m**" の実行結果は図 3.21 となり，単位ステップ応答は，例 3.6 (2) (p.48) で得られた図 3.14 と同様の結果となっている.

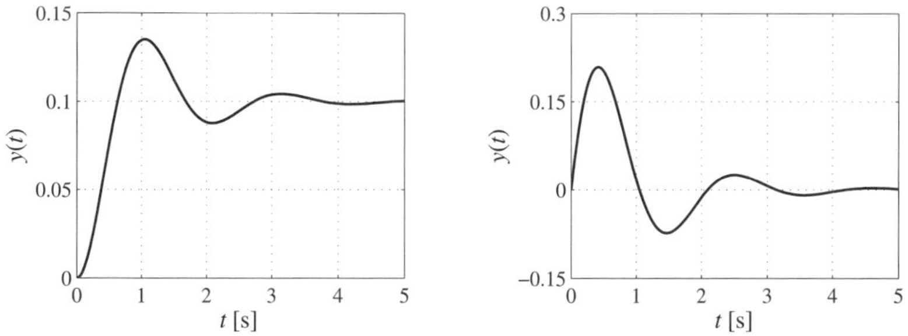

(a) 単位ステップ応答　　(b) インパルス応答

図 3.21 "zero_state_step_impulse.m" の実行結果

(c) 任意の時間応答

MATLAB には，任意の時間応答を計算するための関数 “`lsim`” が用意されている．関数 “`lsim`” を利用すると，たとえば，(3.88) 式において，入力 $u(t)$，初期状態 $\boldsymbol{x}(0) = \boldsymbol{x}_0$ をそれぞれ

$$u(t) = \begin{cases} t/2 & (0 \le t < 2) \\ 1 & (t \ge 2) \end{cases}, \quad \boldsymbol{x}_0 = \begin{bmatrix} 0.1 \\ 0 \end{bmatrix} \tag{3.89}$$

とした零状態応答 $y(t)$ は，以下の M ファイルにより描画することができる．

M ファイル “response_lsim.m”：任意の時間応答 (関数 “lsim”)

```
plant                              ……… M ファイル “plant.m” の実行

t = 0:0.01:5;                      ……… 時間 t の定義 (0 [s] から 5 [s] まで 0.01 [s] 刻みのデータ)
u(1:200)   = t(1:200)/2;           ……… u(t) = t/2 (0 ≤ t < 2) ← u(0), u(0.01), ··· u(1.99)
u(201:501) = ones(1,301);          ……… u(t) = 1 (t ≥ 2) ← u(2), u(2.01), ··· u(5)
x0 = [ 0.1  0 ]';                  ……… 初期状態 x(0) = x0 = [ 0.1 0 ]^T の定義

y = lsim(sysP,u,t,x0);             ……… 与えられた t, u(t), x0 に対する零状態応答 y(t) の算出
plot_data                          ……… M ファイル “plot_data.m” の実行
```

M ファイル “`response_lsim.m`” の実行結果を，図 3.22 に示す．また，出力引数を `lsim(sysP,u,t,x0)` のように省略すると，直接，時間応答を描画することができる．

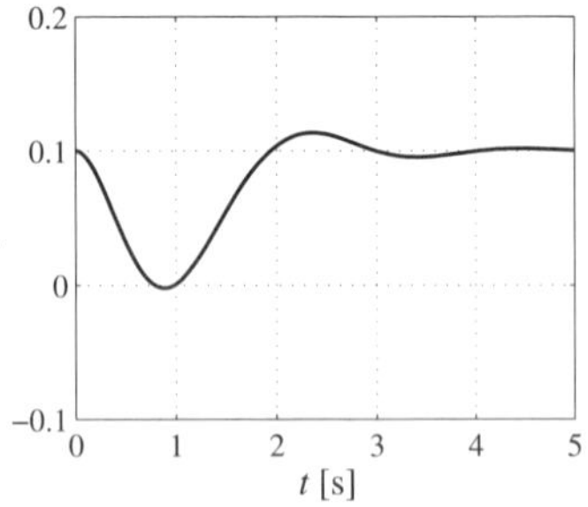

図 3.22 “`response_lsim.m`” の実行結果

(d) 多入力多出力システムの場合

(a)～(c) の例では，1 入出力システム (3.88) 式の時間応答を計算していたが，多入力多出力システムの場合も同様に様々な時間応答を計算することができる．たとえば，次式の 2 入力 2 出力システム

$$\mathcal{P}: \begin{cases} \dot{\boldsymbol{x}}(t) = \boldsymbol{A}\boldsymbol{x}(t) + \boldsymbol{B}\boldsymbol{u}(t), \quad \boldsymbol{x}(0) = \boldsymbol{x}_0 \\ \boldsymbol{y}(t) = \boldsymbol{C}\boldsymbol{x}(t) + \boldsymbol{D}\boldsymbol{u}(t) \end{cases} \tag{3.90}$$

$$\boldsymbol{A} = \begin{bmatrix} 0 & 1 & 0 & 0 \\ -2 & -2 & 1 & 2 \\ 0 & 0 & 0 & 1 \\ 2 & 2 & -2 & -8 \end{bmatrix}, \quad \boldsymbol{B} = \begin{bmatrix} 0 & 0 \\ 2 & -2 \\ 0 & 0 \\ -2 & 4 \end{bmatrix}, \quad \boldsymbol{C} = \begin{bmatrix} 1 & 0 & 0 & 0 \\ 0 & 0 & 1 & 0 \end{bmatrix}, \quad \boldsymbol{D} = \begin{bmatrix} 0 & 0 \\ 0 & 0 \end{bmatrix}$$

の時間応答 $\boldsymbol{y}(t)$ を描くことを考える．まず，以下の M ファイルを用意する．

M ファイル "plant2.m"：(3.90) 式の定義

```
clear                ...... メモリ上の変数をすべて消去
format compact       ...... 余分な改行を省略

A = [ 0  1  0  0     ...... A の定義
     -2 -2  1  2
      0  0  0  1
      2  2 -2 -8 ];
B = [ 0  0           ...... B の定義
      2 -2
      0  0
     -2  4 ];
C = [ 1  0  0  0     ...... C の定義
      0  0  1  0 ];
D = [ 0  0           ...... D の定義
      0  0 ];
sysP = ss(A,B,C,D);  ...... 状態空間表現の定義
```

M ファイル "plot_data2.m"

```
1  plot(t,y1,'b');           ...... グラフの描画
2  hold on;                  ...... グラフの保持
3  plot(t,y2,'r--');         ...... グラフの描画 (追加)
4  hold off;                 ...... グラフの開放
5  grid;
6  xlabel('t [s]');
7  ylabel('y1(t), y2(t)');
8  legend('y1(t)','y2(t)');
```

なお，"plot_data2.m" の 1～4 行目は，"plot(t,y1,'b',t,y2,'r--');" のように記述してもよい．つぎに，各種の時間応答 $\boldsymbol{y}(t) = \begin{bmatrix} y_1(t) & y_2(t) \end{bmatrix}^{\mathrm{T}}$ を描画するため，

M ファイル "response_MIMO.m"：多入力多出力システムの時間応答

```
plant2                             ......... 状態空間表現の定義 (M ファイル "plant2.m" の実行)

t = 0:0.01:20;                     ......... t の定義
% t = linspace(0,20,2001);

% 零入力応答
x0 = [ 1  0  -1  0 ]';             ......... 初期状態 x0 の定義

y = initial(sysP,x0,t);            ......... 零入力応答 y(t) = [y1(t); y2(t)] = ce^{At}x0 の算出
y1 = y(:,1);                       ......... y1(t)
y2 = y(:,2);                       ......... y2(t)

figure(1); plot_data2              ......... Figure No.1 にグラフの描画
                                             (M ファイル "plot_data2.m" の実行)
% 単位ステップ応答
y = step(sysP,t);                  ......... 単位ステップ応答 y(t) = [y1(t); y2(t)] の算出

y11 = y(:,1,1);  y12 = y(:,1,2);   ......... y11(t), y12(t)
y21 = y(:,2,1);  y22 = y(:,2,2);   ......... y21(t), y22(t)
                                             (yij(t)：uj(t) のみが加わったときの yi(t))
y1 = y11 + y12;                    ......... y1(t)
y2 = y21 + y22;                    ......... y2(t)

figure(2); plot_data2              ......... Figure No.2 にグラフの描画
                                             (M ファイル "plot_data2.m" の実行)
```

を実行すると，図 3.23 の結果が得られる．なお，多入力多出力システムの場合であっても，関数 "initial"，"step"，"impulse"，"lsim" の出力引数を省略することによって，直接，各時間応答のグラフを描画することができる．

問題 3.10 問題 3.2 (p.44) のように状態空間表現が与えられたとき，以下の設問に答えよ．

(1) 関数 "initial" を用いて $\boldsymbol{x}(0) = \boldsymbol{x}_0 = \begin{bmatrix} 1 & 0 \end{bmatrix}^{\mathrm{T}}$ に対する零入力応答 $y(t)$ を描画せよ．

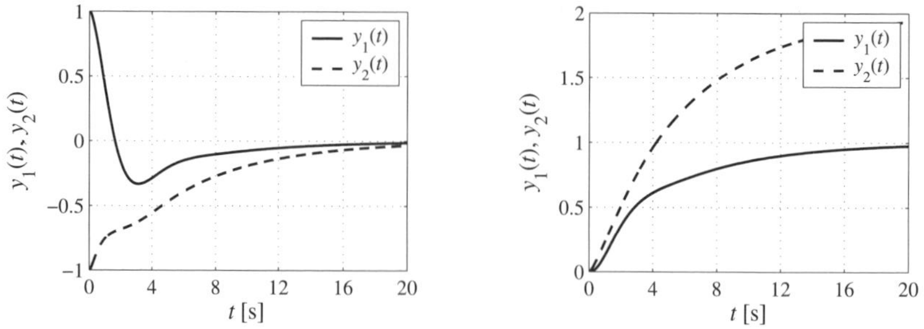

(a) 零入力応答 ($\boldsymbol{x}_0 = \begin{bmatrix} 1 & 0 & -1 & 0 \end{bmatrix}^{\mathrm{T}}$, $\boldsymbol{u}(t) = \mathbf{0}$)　(b) 単位ステップ応答 ($\boldsymbol{x}_0 = \mathbf{0}$, $u_1(t) = u_2(t) = 1$ $(t \geq 0)$)

図 3.23　“`response_MIMO.m`” の実行結果

(2)　関数 “`step`” を用いて単位ステップ応答 ($\boldsymbol{x}(0) = \boldsymbol{x}_0 = \mathbf{0}$, $u(t) = 1$ $(t \geq 0)$ としたときの時間応答) $y(t)$ を描画せよ.

(3)　関数 “`lsim`” を用いて $\boldsymbol{x}(0) = \boldsymbol{x}_0 = \begin{bmatrix} 1 & 0 \end{bmatrix}^{\mathrm{T}}$, $u(t) = 0.5$ $(t \geq 0)$ としたときの時間応答 $y(t)$ を描画せよ.

3.4.4　時間応答 — Simulink

ここでは，システム (3.88) 式 (p.59) が与えられたとき，Simulink を利用してシミュレーションを行うことにより，その時間応答を描画する方法について説明する(注3.8).

図 2.5 (p.14) に示した状態空間表現のブロック線図を Simulink で表現し，入力 $u(t)$ にステップ信号を発生するブロック，出力 $y(t)$ に観測用のブロックを接続することにより，図 3.24 の Simulink モデル “`simulink_step.mdl`” を作成する．なお，

のパラメータ設定は，表 3.1 が参考になる．つぎに，コマンドウィンドウで

```
>> plant ↵                ………… “plant.m” (p.59) の実行
>> x0 = [ 0  0 ]'; ↵      ………… 初期状態 x(0) = 0 の設定
```

表 3.1　Simulink ブロック “Sum” のパラメータ設定

符号のリスト	“|+-”	“+|-”	“+-+-”
結果	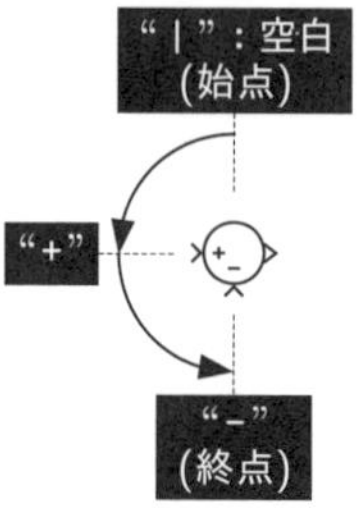	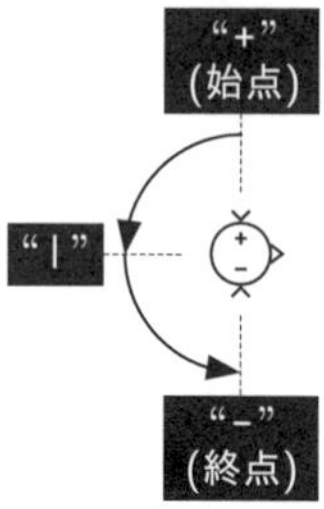	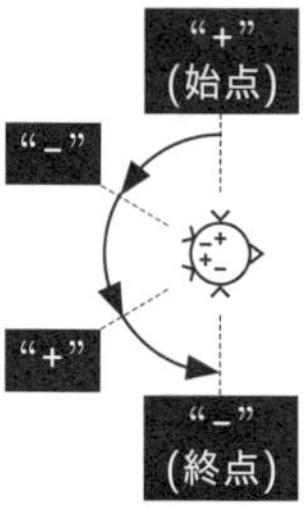

(注3.8) Simulink の基本操作は，付録 B.5 (p.221) を参照すること.

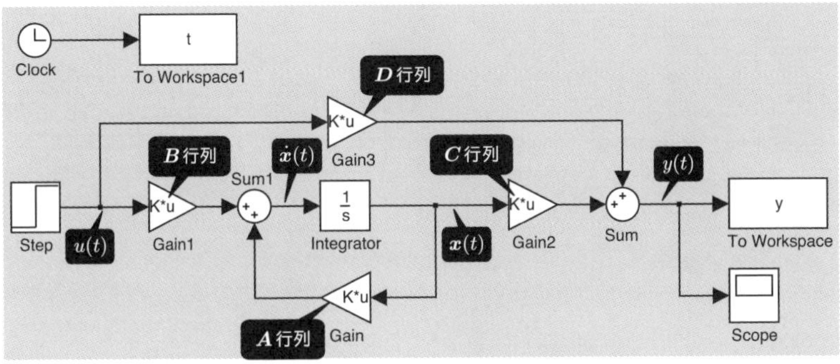

- **Gain**（ライブラリ：Math Operations）
  ゲイン：“1” を “A” に変更
  乗算：“単位要素（K.*u）” を “行列（K*u）” に変更
- **Gain1**（ライブラリ：Math Operations）
  ゲイン：“1” を “B” に変更
  乗算：“単位要素（K.*u）” を “行列（K*u）” に変更
- **Gain2**（ライブラリ：Math Operations）
  ゲイン：“1” を “C” に変更
  乗算：“単位要素（K.*u）” を “行列（K*u）” に変更
- **Gain3**（ライブラリ：Math Operations）
  ゲイン：“1” を “D” に変更
  乗算：“単位要素（K.*u）” を “行列（K*u）” に変更
  （“D” はスカラーなので変更なしでも可）
- **Sum**（ライブラリ：Math Operations）
  符号のリスト：“|++” を “++|” に変更
- **Sum1**（ライブラリ：Math Operations）
  変更なし
- **Integrator**（ライブラリ：Continuous）
  初期条件：“0” を “x0” に変更
- **To Workspace**（ライブラリ：Sinks）
  変数名：“simout” を “y” に変更
  保存フォーマット：“構造体” を “配列” に変更
- **To Workspace1**（ライブラリ：Sinks）
  変数名：“simout” を “t” に変更
  保存フォーマット：“構造体” を “配列” に変更
- **Scope**（ライブラリ：Sinks）
  変更なし
- **Step**（ライブラリ：Sources）
  ステップ時間：“1” を “0” に変更
- **Clock**（ライブラリ：Sources）
  変更なし

シミュレーション時間
開始時間：0 … 変更なし
終了時間：5

ソルバオプション
タイプ：固定ステップ
ソルバ：ode4 (Runge-Kutta)
固定ステップ（基本サンプル時間）：0.01

データのインポート/エクスポート
“単一のシミュレーション出力”（“単一のオブジェクトとしてシミュレーション出力を保存”）のチェックを外す

図 3.24 Simulink モデル “simulink_step.mdl”

と入力した後，Simulink モデル “simulink_step.mdl” を実行し，Scope をダブルクリックすると，シミュレーション結果が表示される．また，

```
>> plot_data ↵          ……… “plot_data.m” (p.59) の実行
```

とすると，図 3.21 (a) のシミュレーション結果が描画される．

図 3.24 の Simulink モデル “simulink_step.mdl” は，状態空間表現の記述が面倒であるが，ブロック “State-Space” や “LTI System” を用いると，それぞれ図 3.25 (a), (b) のように簡略化できる．また，ステップ応答以外にも，ライブラリ Sources に含まれる様々なブロックを利用することで，様々な時間応答を描画できる．

問題 3.11 問題 3.2 (p.44) のように状態空間表現が与えられたとき，以下の設問に答えよ．

(1) Simulink を利用して $\boldsymbol{x}(0)=\boldsymbol{x}_0=\begin{bmatrix} 1 & 0 \end{bmatrix}^T$ に対する零入力応答 $y(t)$ を描画せよ．
ヒント …… 零入力応答なので，図 3.24 や図 3.25 の Simulink モデルにおいて，$u(t)=0$ $(t \geq 0)$ となるように Simulink ブロック “Step” のパラメータを設定する．

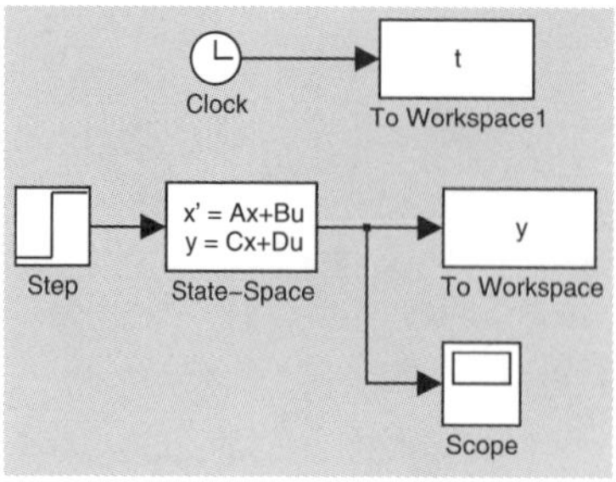

- State-Space (ライブラリ：Continuous)
  A："1" を "A" に変更，B："1" を "B" に変更
  C："1" を "C" に変更，D："1" を "D" に変更
  初期条件："0" を "x0" に変更

(a) "simulink_step2.mdl"

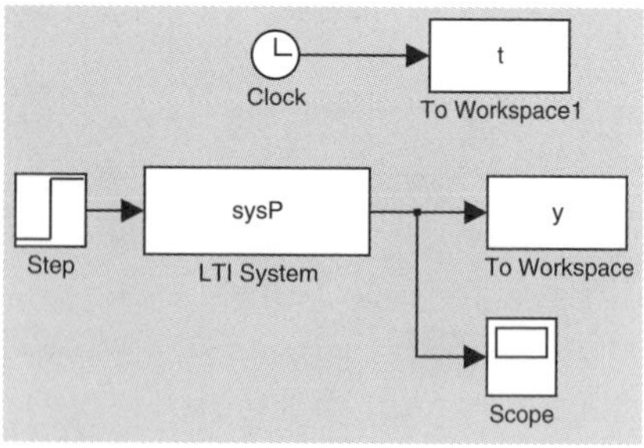

- LTI System
  (ライブラリ：Control System Toolbox)
  LTI システム変数："tf(1,[1 1])" を "sysP"
  　　　　　または "ss(A,B,C,D)" に変更
  Initial states (state-space only)：
  　　　　　"[]" を "x0" に変更

(b) "simulink_step3.mdl"

図 3.25　Simulink モデル

(2)　Simulink を利用して単位ステップ応答 ($\boldsymbol{x}(0) = \boldsymbol{x}_0 = \boldsymbol{0}$, $u(t) = 1$ ($t \geq 0$) としたときの時間応答) $y(t)$ を描画せよ．

(3)　Simulink を利用して $\boldsymbol{x}(0) = \boldsymbol{x}_0 = \begin{bmatrix} 1 & 0 \end{bmatrix}^{\mathrm{T}}$, $u(t) = 0.5$ ($t \geq 0$) としたときの時間応答 $y(t)$ を描画せよ．

3.4.5　システムの極と漸近安定性

3.3.1 項で説明したように，線形システム (3.27) 式 (p.39) の漸近安定性は，行列 $\boldsymbol{A}$ の固有値 λ の実部がすべて負であるかどうかにより判別できる．たとえば，MATLAB により例 3.7 (p.49) で与えられた線形システムの漸近安定性を判別するためには，固有値を求める関数 "eig" を用い，以下のように入力すればよい．

漸近安定性の判別 (関数 "eig")

例 3.7 (1)

```
>> A = [0 1; -10 -11]; ↵  ………… A の定義
>> eig(A) ↵  ………… A の固有値 λ の算出
ans =        ………… λ = −1, −10 であるから漸近安定
    -1
   -10
```

例 3.7 (2)

```
>> A = [0 1; -10 -2]; ↵  ………… A の定義
>> eig(A) ↵  ………… A の固有値 λ の算出
ans =        ………… λ = −1 ± 3j であるから漸近安定
  -1.0000 + 3.0000i
  -1.0000 - 3.0000i
```

例 3.7 (3)

```
>> A = [0 1; 2 -1]; ↵  ………… A の定義
>> eig(A) ↵  ………… A の固有値 λ の算出
ans =        ………… λ = 1, −2 であるから不安定
     1
    -2
```

問題 3.12　　問題 3.2 (p.44) のように状態空間表現が与えられたとき，関数 "eig" を利用して $\boldsymbol{A}$ の固有値を求めることにより，漸近安定性を判別せよ．

第 4 章 状態フィードバックによる制御

状態空間表現に基づいて制御システムの解析や設計を議論する現代制御理論では，コントローラとして状態フィードバックの形式が用いられることが多い．ここでは，まず，状態フィードバックにより任意の初期状態に対して状態変数を零に制御する，いわゆるレギュレータ制御を考え，応答の収束の速さを任意に設定可能である (可制御である) ための条件について説明する．ついで，現代制御理論の代表的なコントローラ設計法の一つである極配置法について説明する．

4.1 状態フィードバックによるレギュレータ制御

制御対象の状態空間表現が，次式で与えられているとする．

$$\mathcal{P}:\begin{cases}\dot{\boldsymbol{x}}(t)=\boldsymbol{A}\boldsymbol{x}(t)+\boldsymbol{B}\boldsymbol{u}(t),\ \ \boldsymbol{x}(0)=\boldsymbol{x}_0\\ \boldsymbol{\eta}(t)=\overline{\boldsymbol{C}}\boldsymbol{x}(t)\end{cases}\tag{4.1}$$

ただし，$\boldsymbol{x}(t)\in\mathbb{R}^n$：状態変数，$\boldsymbol{u}(t)\in\mathbb{R}^p$：操作量，$\boldsymbol{\eta}(t)\in\mathbb{R}^r$：観測量 (センサにより検出するなどして，直接的に利用できる信号) である．ここでは，状態変数 $\boldsymbol{x}(t)$ がすべて利用可能である(注 4.1)，すなわち，

$$\mathcal{P}:\begin{cases}\dot{\boldsymbol{x}}(t)=\boldsymbol{A}\boldsymbol{x}(t)+\boldsymbol{B}\boldsymbol{u}(t),\ \ \boldsymbol{x}(0)=\boldsymbol{x}_0\\ \boldsymbol{\eta}(t)=\boldsymbol{x}(t)\end{cases}\tag{4.2}$$

であるとし，以下で定義する**レギュレータ制御** (regulator control) を実現することを考える．

> **Point !** レギュレータ制御
>
> 制御対象 (4.2) 式が与えられたとき，任意の初期状態 $\boldsymbol{x}(0)=\boldsymbol{x}_0$ に対し，状態変数 $\boldsymbol{x}(t)$ を $\boldsymbol{x}(t)\to\boldsymbol{0}$ に制御する．

レギュレータ制御を実現するためのコントローラとしては，**図 4.1** に示すように，次式の状態フィードバック形式を利用する．

(注 4.1) 状態変数 $\boldsymbol{x}(t)$ の一部しか利用できない場合，**第 6 章** (p.115) で説明するオブザーバを利用するなどして，状態変数 $\boldsymbol{x}(t)$ を推定する必要がある．

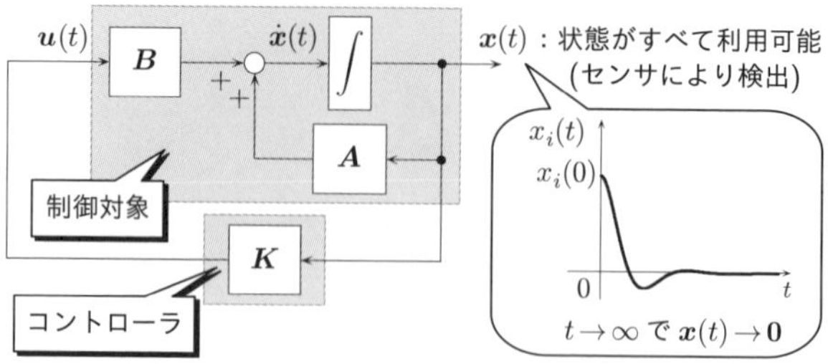

図 4.1　状態フィードバック形式のコントローラとレギュレータ制御

状態フィードバック形式のコントローラ

$$\mathcal{K}:\ \boldsymbol{u}(t) = \boldsymbol{K}\boldsymbol{x}(t),\quad \boldsymbol{K} = \begin{bmatrix} k_{11} & \cdots & k_{1n} \\ \vdots & \ddots & \vdots \\ k_{p1} & \cdots & k_{pn} \end{bmatrix} \tag{4.3}$$

ここで，$\boldsymbol{K}$ を**状態フィードバックゲイン**（state feedback gain）とよぶ．

(4.2) 式と (4.3) 式により構成される併合システムの状態方程式は，

$$\dot{\boldsymbol{x}}(t) = \boldsymbol{A}_{\rm cl}\boldsymbol{x}(t),\quad \boldsymbol{A}_{\rm cl} = \boldsymbol{A} + \boldsymbol{B}\boldsymbol{K} \tag{4.4}$$

となり，**3.2.2 項**で説明したように，(4.4) 式の解は $\boldsymbol{x}(t) = e^{\boldsymbol{A}_{\rm cl}t}\boldsymbol{x}_0$ である．したがって，$\boldsymbol{A}_{\rm cl}$ の固有値の実部がすべて負となるように $\boldsymbol{K}$ を選ぶことができれば，$t \to \infty$ で

$$\boldsymbol{x}(t) = e^{\boldsymbol{A}_{\rm cl}t}\boldsymbol{x}_0 \to \boldsymbol{0} \tag{4.5}$$

となり，レギュレータ制御を実現できる．このとき，“システムが**可安定**（stabilizable）である” という．

4.2　可制御性

4.2.1　可制御とは

制御の目的は，対象とするシステムの操作量 $\boldsymbol{u}(t)$ を適当に操作することで，システムの状態 $\boldsymbol{x}(t)$ を，設計者の指定した時間に目標とする状態へ移すことである．このことが可能であることを，“システムが**可制御**（controllable）である” という．**可制御性**（controllability）の具体的な定義を示す前に，その概念を理解するため，**例 4.1** に示す 3 種類の RC 回路を考えてみよう．

例 4.1 ………… RC 回路の可制御性

(1) 【図 4.2 の RC 回路：可制御】　図 4.2 に示す RC 回路は，RC 回路 1 への入力電圧 $u(t)$ により，RC 回路 1 の出力電圧 $x_1(t)$ を，任意の速さで任意の値に制御することができる．また，RC 回路 1 を介して間接的に，RC 回路 2 の出力電圧 $x_2(t)$ を，任意の速さで任意の値に制御することができる．したがって，図 4.2 の RC 回路は可制御である．

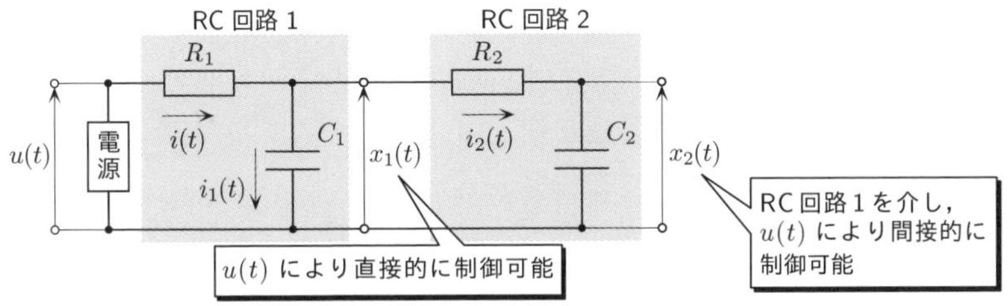

図 4.2　可制御な RC 回路

(2) 【図 4.3 の RC 回路：不可制御】　図 4.3 に示す RC 回路では，RC 回路 1 への入力電圧 $u(t)$ により，RC 回路 1 の出力電圧 $x_1(t)$ を，任意の速さで任意の値に制御することが可能である．しかし，RC 回路 2 は RC 回路 1 に接続されていないので，RC 回路 2 の出力電圧 $x_2(t)$ は RC 回路 1 の影響をまったく受けず，$x_2(0)$ にのみ依存する．つまり，$x_2(t)$ の振る舞いは安定であるが，定常値への収束の速さを変えることができない．したがって，図 4.3 の RC 回路 は可制御ではない．

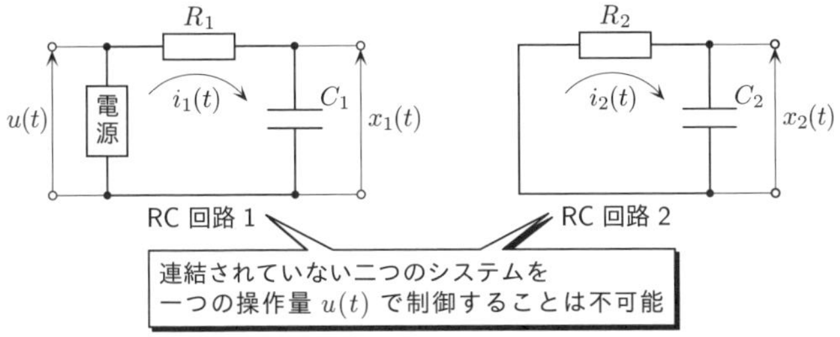

図 4.3　不可制御な RC 回路

(3) 【図 4.4 の RC 回路：不可制御】　図 4.4 に示す RC 回路は，RC 回路 1, 2 の時定数 $T_1 = R_1C_1, T_2 = R_2C_2$ が等しいとき，入力電圧 $u(t)$ により，RC 回路 1, 2 の出力電圧 $x_1(t), x_2(t)$ を，同時に任意の速さで任意の値に制御することはできない．したがって，図 4.4 の RC 回路 は可制御ではない．

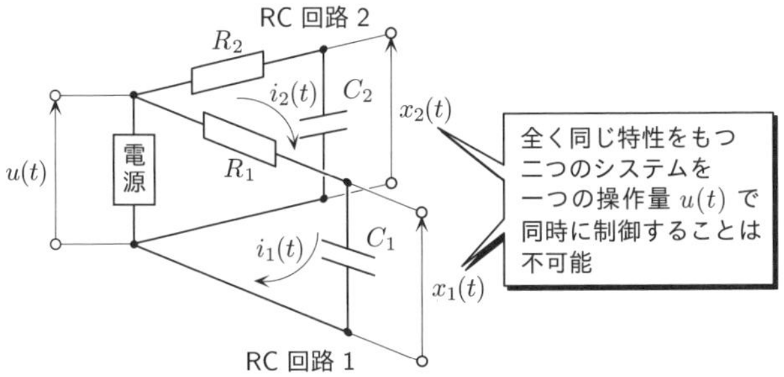

図 4.4　$R_1C_1 = R_2C_2$ のときに不可制御な RC 回路

この可制御性という概念は，以下のように定義される．

Point!　可制御性の定義

図 4.5 に示すように，線形システム (4.2) 式に対し，ある有限の時間 $t = t_{\rm f}$ で任意の初期状態 $\boldsymbol{x}(0) = \boldsymbol{x}_0$ を任意の目標とする状態 $\boldsymbol{x}_{\rm f}$ に移す操作量 $\boldsymbol{u}(t)$ が存在することを，“システムが可制御である” という．また，システムが可制御でないとき，“システムが不可制御 (uncontrollable) である” という．

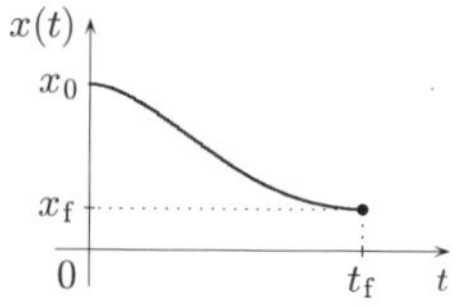

図 4.5　可制御

状態 $\boldsymbol{x}_{\rm f}$ への収束の速さを考慮しているという点で，可制御性は可安定性よりも厳しい条件であり，可制御であれば必ず可安定である (図 4.6 参照) (注 4.2)．

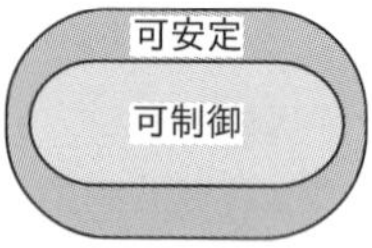

図 4.6　可制御と可安定

4.2.2　可制御性の判別

線形システムの状態空間表現 (4.2) 式が与えられたとき，システムが可制御かどうかを可制御性の定義から判断するのは容易ではない．そこで，可制御性の判別を行うために，以下の結果を利用する (注 4.3)．

Point!　可制御性の判別

線形システム (4.2) 式に対して，

可制御行列 (controllability matrix) $\boldsymbol{V}_{\rm c}$，可制御性グラミアン (controllability gramian) $\boldsymbol{W}_{\rm c}(t_{\rm f})$

$$\boldsymbol{V}_{\rm c} := \begin{bmatrix} \boldsymbol{B} & \boldsymbol{AB} & \cdots & \boldsymbol{A}^{n-1}\boldsymbol{B} \end{bmatrix} \in \mathbb{R}^{n \times np} \tag{4.6}$$

$$\boldsymbol{W}_{\rm c}(t_{\rm f}) := \int_0^{t_{\rm f}} e^{-\boldsymbol{A}\tau}\boldsymbol{B}\underbrace{\boldsymbol{B}^{\rm T}e^{-\boldsymbol{A}^{\rm T}\tau}}_{(e^{-\boldsymbol{A}\tau}\boldsymbol{B})^{\rm T}} d\tau \in \mathbb{R}^{n \times n} \tag{4.7}$$

を定義する．このとき，“線形システム (4.2) 式が可制御である” ことと，以下の条件 (a) や条件 (b) は等価である．

(a)　可制御行列 $\boldsymbol{V}_{\rm c}$ がランク条件

$$\mathrm{rank}\boldsymbol{V}_{\rm c} = n \quad (\text{行フルランク}) \tag{4.8}$$

を満足する (注 4.4)．とくに，1 入力システム

(注 4.2) 4.3 節で説明するように，可制御であることは $\boldsymbol{A}_{\rm cl} = \boldsymbol{A} + \boldsymbol{BK}$ の固有値を状態フィードバックゲイン $\boldsymbol{K}$ により任意に設定可能であることと等価である．

(注 4.3) 証明は付録 A.2 (p.200) に示す．

(注 4.4) 行列のランクについては付録 C.1 (i) (p.233) を参照すること．

$$\dot{\boldsymbol{x}}(t) = \boldsymbol{A}\boldsymbol{x}(t) + \boldsymbol{b}u(t)$$

を考えた場合，可制御行列

$$\boldsymbol{V}_{\rm c} := \begin{bmatrix} \boldsymbol{b} & \boldsymbol{A}\boldsymbol{b} & \cdots & \boldsymbol{A}^{n-1}\boldsymbol{b} \end{bmatrix} \in \mathbb{R}^{n\times n} \tag{4.9}$$

は正方行列であり，(4.8) 式の条件は，

$$|\boldsymbol{V}_{\rm c}| \neq 0 \quad (\boldsymbol{V}_{\rm c} \text{ が正則}) \tag{4.10}$$

であることと等価である．

(b) 可制御性グラミアン $\boldsymbol{W}_{\rm c}(t_{\rm f})$ が正則である．

とくに，可制御行列 $\boldsymbol{V}_{\rm c}$ を求め，条件 (a) により線形システムの可制御性を判別することが多い．また，可制御性は $\boldsymbol{A}$, $\boldsymbol{B}$ にのみ関係するから，線形システム (4.2) 式が可制御であることを，“$(\boldsymbol{A}, \boldsymbol{B})$ が可制御である” ということもある．なお，**付録 A.2** の p.202 に示すように，可制御であれば，$\boldsymbol{u}(t)$ を少なくとも

$$\boldsymbol{u}(t) = \left(e^{-\boldsymbol{A}t}\boldsymbol{B}\right)^{\rm T}\boldsymbol{W}_{\rm c}(t_{\rm f})^{-1}\left(e^{-\boldsymbol{A}t_{\rm f}}\boldsymbol{x}_{\rm f} - \boldsymbol{x}_0\right), \ \ \boldsymbol{x}(0) = \boldsymbol{x}_0 \tag{4.11}$$

と選ぶことによって，$t = t_{\rm f}$ で状態変数を $\boldsymbol{x}(t_{\rm f}) = \boldsymbol{x}_{\rm f}$ とすることができる．

例 4.2 ………………………… **RC 回路の可制御性の判別**

例 4.1 (p.68) に示した 3 種類の RC 回路の数学モデルを求め，(4.10) 式により可制御性を判別する．

(1) **【図 4.2 の RC 回路 (p.69)：可制御】** 図 4.2 の回路方程式は，

$$\begin{cases} i(t) = i_1(t) + i_2(t) \\ u(t) = R_1 i(t) + x_1(t), \ \ x_1(t) = \dfrac{1}{C_1}\displaystyle\int_0^t i_1(t)dt & \cdots\cdots\cdots \text{RC 回路 1} \\ x_1(t) = R_2 i_2(t) + x_2(t), \ \ x_2(t) = \dfrac{1}{C_2}\displaystyle\int_0^t i_2(t)dt & \cdots\cdots\cdots \text{RC 回路 2} \end{cases} \tag{4.12}$$

であり，$\boldsymbol{x}(t) = \begin{bmatrix} x_1(t) & x_2(t) \end{bmatrix}^{\rm T}$ として $i(t), i_1(t), i_2(t)$ を消去すると，状態方程式

$$\dot{\boldsymbol{x}}(t) = \boldsymbol{A}\boldsymbol{x}(t) + \boldsymbol{b}u(t), \ \ \boldsymbol{A} = \begin{bmatrix} -\dfrac{R_1+R_2}{R_1R_2C_1} & \dfrac{1}{R_2C_1} \\ \dfrac{1}{R_2C_2} & -\dfrac{1}{R_2C_2} \end{bmatrix}, \ \ \boldsymbol{b} = \begin{bmatrix} \dfrac{1}{R_1C_1} \\ 0 \end{bmatrix} \tag{4.13}$$

が得られる．したがって，

$$\boldsymbol{V}_{\rm c} := \begin{bmatrix} \boldsymbol{b} & \boldsymbol{A}\boldsymbol{b} \end{bmatrix} = \left[\begin{array}{c:c} \dfrac{1}{R_1C_1} & -\dfrac{R_1+R_2}{R_1^2R_2C_1^2} \\ 0 & \dfrac{1}{R_1R_2C_1C_2} \end{array}\right]$$

$$\Longrightarrow \quad |\boldsymbol{V}_{\mathrm{c}}| = \frac{1}{R_1^2 R_2 C_1^2 C_2} \neq 0 \tag{4.14}$$

より，**図 4.2** の RC 回路は可制御である．

また，**図 4.2** の RC 回路は可制御であるから，少なくとも，(4.11) 式に示した操作量 $u(t)$ を用いれば，$t = t_{\mathrm{f}}$ で状態変数を $\boldsymbol{x}(t_{\mathrm{f}}) = \boldsymbol{x}_{\mathrm{f}}$ とすることができる．たとえば，

$$\begin{cases} R_1 = 10\ [\mathrm{k\Omega}] \\ C_1 = 50\ [\mu\mathrm{F}] \end{cases}, \quad \begin{cases} R_2 = 20\ [\mathrm{k\Omega}] \\ C_2 = 25\ [\mu\mathrm{F}] \end{cases} \tag{4.15}$$

のとき，

$$\boldsymbol{A} = \begin{bmatrix} -3 & 1 \\ 2 & -2 \end{bmatrix}, \quad \boldsymbol{b} = \begin{bmatrix} 2 \\ 0 \end{bmatrix} \quad \Longrightarrow \quad e^{-\boldsymbol{A}t} = \frac{1}{3}\begin{bmatrix} e^t + 2e^{4t} & e^t - e^{4t} \\ 2e^t - 2e^{4t} & 2e^t + e^{4t} \end{bmatrix}$$

より，可制御性グラミアン (4.7) 式は，

$$\begin{aligned} \boldsymbol{W}_{\mathrm{c}}(t_{\mathrm{f}}) &= \int_0^{t_{\mathrm{f}}} e^{-\boldsymbol{A}\tau}\boldsymbol{b}\big(e^{-\boldsymbol{A}\tau}\boldsymbol{b}\big)^{\mathrm{T}} d\tau \\ &= \frac{4}{9}\left\{ \frac{e^{2t_{\mathrm{f}}} - 1}{2}\begin{bmatrix} 1 & 2 \\ 2 & 4 \end{bmatrix} + \frac{e^{5t_{\mathrm{f}}} - 1}{5}\begin{bmatrix} 4 & 2 \\ 2 & -8 \end{bmatrix} + \frac{e^{8t_{\mathrm{f}}} - 1}{8}\begin{bmatrix} 4 & -4 \\ -4 & 4 \end{bmatrix} \right\} \end{aligned} \tag{4.16}$$

となる．(4.16) 式において，任意の t_{f} に対して $\boldsymbol{W}_{\mathrm{c}}(t_{\mathrm{f}})$ の 1 行目を k 倍しても 2 行目と等しくなり得ないから，$\boldsymbol{W}_{\mathrm{c}}(t_{\mathrm{f}})$ は正則であり，(4.11) 式の操作量 $u(t)$ を定義できる．(4.11) 式の操作量 $u(t)$ を用い，初期状態 $\boldsymbol{x}(0) = \boldsymbol{x}_0 = \begin{bmatrix} 1 & 2 \end{bmatrix}^{\mathrm{T}}$ から $t = t_{\mathrm{f}} = 2$ で目標状態 $\boldsymbol{x}(t_{\mathrm{f}}) = \boldsymbol{x}_{\mathrm{f}} = \begin{bmatrix} 1 & 0 \end{bmatrix}^{\mathrm{T}}$ に移した場合のシミュレーション結果を，**図 4.7** に示す．

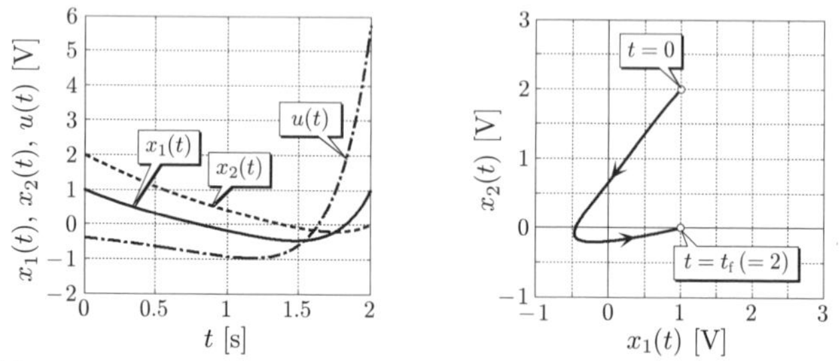

(a)　$x_1(t)$, $x_2(t)$, $u(t)$ の振る舞い　　(b)　$0 \leq t \leq t_{\mathrm{f}}$ における状態の軌道

図 4.7　(4.11) 式の操作量 $u(t)$ を用いたときの時間応答

(2)　**【図 4.3 の RC 回路 (p.69)：不可制御】**　**図 4.3** の回路方程式は，

$$\begin{cases} u(t) = R_1 i_1(t) + x_1(t), \quad x_1(t) = \dfrac{1}{C_1}\displaystyle\int_0^t i_1(t)dt & \cdots\cdots\cdots\ \text{RC 回路 1} \\ 0 = R_2 i_2(t) + x_2(t), \quad x_2(t) = \dfrac{1}{C_2}\displaystyle\int_0^t i_2(t)dt & \cdots\cdots\cdots\ \text{RC 回路 2} \end{cases} \tag{4.17}$$

であり，$\boldsymbol{x}(t) = \begin{bmatrix} x_1(t) & x_2(t) \end{bmatrix}^{\mathrm{T}}$ とすると，状態方程式

$$\dot{\boldsymbol{x}}(t) = \boldsymbol{A}\boldsymbol{x}(t) + \boldsymbol{b}u(t), \quad \boldsymbol{A} = \begin{bmatrix} -\dfrac{1}{R_1C_1} & 0 \\ 0 & -\dfrac{1}{R_2C_2} \end{bmatrix}, \quad \boldsymbol{b} = \begin{bmatrix} \dfrac{1}{R_1C_1} \\ 0 \end{bmatrix} \tag{4.18}$$

が得られる．したがって，

$$\boldsymbol{V}_{\mathrm{c}} := \begin{bmatrix} \boldsymbol{b} & \boldsymbol{A}\boldsymbol{b} \end{bmatrix} = \left[\begin{array}{c:c} \dfrac{1}{R_1C_1} & -\dfrac{1}{R_1^2C_1^2} \\ 0 & 0 \end{array}\right] \implies |\boldsymbol{V}_{\mathrm{c}}| = 0 \tag{4.19}$$

より，図 4.3 の RC 回路は不可制御である．つまり，状態変数 $\boldsymbol{x}(t) = \begin{bmatrix} x_1(t) & x_2(t) \end{bmatrix}^{\mathrm{T}}$ のうち，$x_2(t)$ は入力 $u(t)$ の影響をまったく受けず，次式のように振る舞う．

$$\dot{x}_2(t) = -\frac{1}{R_2C_2}x_2(t) \implies x_2(t) = \exp\left(-\frac{1}{R_2C_2}t\right)x_2(0) \tag{4.20}$$

(3) **【図 4.4 の RC 回路 (p.69)：不可制御】** 図 4.4 の回路方程式は，

$$\begin{cases} u(t) = R_1i_1(t) + x_1(t), \quad x_1(t) = \dfrac{1}{C_1}\displaystyle\int_0^t i_1(t)dt & \cdots\cdots\cdots \text{RC 回路 1} \\ u(t) = R_2i_2(t) + x_2(t), \quad x_2(t) = \dfrac{1}{C_2}\displaystyle\int_0^t i_2(t)dt & \cdots\cdots\cdots \text{RC 回路 2} \end{cases} \tag{4.21}$$

であり，状態変数を $\boldsymbol{x}(t) = \begin{bmatrix} x_1(t) & x_2(t) \end{bmatrix}^{\mathrm{T}}$ とすると，状態方程式

$$\dot{\boldsymbol{x}}(t) = \boldsymbol{A}\boldsymbol{x}(t) + \boldsymbol{b}u(t), \quad \boldsymbol{A} = \begin{bmatrix} -\dfrac{1}{R_1C_1} & 0 \\ 0 & -\dfrac{1}{R_2C_2} \end{bmatrix}, \quad \boldsymbol{b} = \begin{bmatrix} \dfrac{1}{R_1C_1} \\ \dfrac{1}{R_2C_2} \end{bmatrix} \tag{4.22}$$

が得られる．したがって，

$$\begin{aligned} \boldsymbol{V}_{\mathrm{c}} &:= \begin{bmatrix} \boldsymbol{b} & \boldsymbol{A}\boldsymbol{b} \end{bmatrix} = \left[\begin{array}{c:c} \dfrac{1}{R_1C_1} & -\dfrac{1}{R_1^2C_1^2} \\ \dfrac{1}{R_2C_2} & -\dfrac{1}{R_2^2C_2^2} \end{array}\right] \\ &\implies |\boldsymbol{V}_{\mathrm{c}}| = \frac{1}{R_1R_2C_1C_2}\left(\frac{1}{R_1C_1} - \frac{1}{R_2C_2}\right) \end{aligned} \tag{4.23}$$

より，図 4.4 の RC 回路は，$R_1C_1 = R_2C_2$ のとき $|\boldsymbol{V}_{\mathrm{c}}| = 0$ より不可制御，$R_1C_1 \neq R_2C_2$ のとき $|\boldsymbol{V}_{\mathrm{c}}| \neq 0$ より可制御である．

問題 4.1 1 入力の状態方程式における $\boldsymbol{A}, \boldsymbol{b}$ が以下のように与えられたとき，(4.10) 式により可制御性を判別せよ．

(1) $\boldsymbol{A} = \begin{bmatrix} 0 & 1 \\ -2 & -3 \end{bmatrix}, \quad \boldsymbol{b} = \begin{bmatrix} 1 \\ 0 \end{bmatrix}$　　(2) $\boldsymbol{A} = \begin{bmatrix} 1 & 0 \\ -2 & -3 \end{bmatrix}, \quad \boldsymbol{b} = \begin{bmatrix} 0 \\ 1 \end{bmatrix}$

問題 4.2　$\boldsymbol{A}, \boldsymbol{B}$ が以下のように与えられたとき，可制御性を (4.8) 式により判別せよ．

$$(1)\ \boldsymbol{A} = \begin{bmatrix} 0 & 1 & 1 \\ -2 & -3 & 1 \\ 0 & 0 & 1 \end{bmatrix},\ \boldsymbol{B} = \begin{bmatrix} 0 & 1 \\ 1 & 0 \\ 0 & 0 \end{bmatrix} \qquad (2)\ \boldsymbol{A} = \begin{bmatrix} 0 & 1 & 1 \\ -2 & -3 & 1 \\ 1 & 0 & 0 \end{bmatrix},\ \boldsymbol{B} = \begin{bmatrix} 0 & 1 \\ 1 & 0 \\ 0 & 0 \end{bmatrix}$$

4.3　極配置によるコントローラ設計

4.3.1　可制御性と極配置との関係

併合システム (4.4) 式の極 ($\boldsymbol{A}_{\rm cl} = \boldsymbol{A} + \boldsymbol{BK} \in \mathbb{R}^{n\times n}$ の固有値) $\lambda = \lambda_1, \cdots, \lambda_n$ の実部がすべて負となるようにコントローラ (4.3) 式のゲイン $\boldsymbol{K}$ が設計されているとき，$t \to \infty$ で $\boldsymbol{x}(t) \to \boldsymbol{0}$ となる．しかし，極の実部や虚部の大きさによっては，振動的な応答となったり，収束の遅い応答となる．そこで，ここでは，3.3.3 項で説明した極と過渡特性の関係を考慮し，(4.4) 式の極 $\lambda = \lambda_1, \cdots, \lambda_n$ が指定した値 $p_1, \cdots, p_n$ (注 4.5) となるように，$\boldsymbol{K}$ を設計する．このような設計法を**極配置法** (pole placement (pole assignment) method) とよぶ．

また，可制御性が“システムの状態を思いどおりに目標とする状態に制御できるかどうか”という概念であることから類推されるように，線形システム (4.2) 式に対する可制御性と極配置の実現可能性には，つぎのような関係が成り立つ．

Point!　可制御性と極配置の実現可能性との関係

以下の条件 (i) と条件 (ii) は等価である (注 4.6)．

(i)　線形システム (4.2) 式が可制御である．

(ii)　$\boldsymbol{K}$ を適当に選ぶことにより，$\boldsymbol{A} + \boldsymbol{BK}$ の固有値を，任意の値に設定可能 (コントローラ (4.3) 式により極配置を実現可能) である．

実際，以下の例からわかるように，可制御なシステムは極配置を実現でき，不可制御なシステムは極配置を実現できない．

例 4.3 ……………………… RC 回路の可制御性と直接的な方法による極配置

簡単のため，R_1, R_2, C_1, C_2 を (4.15) 式 (p.72) としたとき，例 4.1 (p.68) で示した 3 種類の RC 回路が，以下の状態フィードバック形式のコントローラ

$$\mathcal{K}:\ u(t) = \boldsymbol{kx}(t),\ \ \boldsymbol{k} = \begin{bmatrix} k_1 & k_2 \end{bmatrix} \tag{4.24}$$

により極配置が可能であるかどうかを調べてみよう．

(注 4.5) 複素数 $\alpha + j\beta$ を指定する極として選ぶときには，同時に，必ずその共役複素数 $\alpha - j\beta$ も指定する極として選ぶ必要がある．

(注 4.6) “(i) → (ii)” となる理由については 4.3.2 項で説明する．

(1) **【図 4.2 の RC 回路 (p.69)：可制御】** 例 4.2 (1) (p.71) で示したように，**図 4.2** の RC 回路は可制御であった．この可制御な RC 回路 (4.13) 式が，コントローラ (4.24) 式により極配置可能であることを確認してみよう．

R_1, R_2, C_1, C_2 が (4.15) 式で与えられたとき，(4.13) 式は，

$$\dot{\boldsymbol{x}}(t) = \boldsymbol{A}\boldsymbol{x}(t) + \boldsymbol{b}u(t), \quad \boldsymbol{A} = \begin{bmatrix} -3 & 1 \\ 2 & -2 \end{bmatrix}, \quad \boldsymbol{b} = \begin{bmatrix} 2 \\ 0 \end{bmatrix} \tag{4.25}$$

となるから，$\boldsymbol{A}_{\mathrm{cl}} := \boldsymbol{A} + \boldsymbol{b}\boldsymbol{k}$ の特性方程式は，

$$\begin{aligned} \left|\lambda \boldsymbol{I} - \boldsymbol{A}_{\mathrm{cl}}\right| &= \begin{vmatrix} \lambda + 3 - 2k_1 & -(1 + 2k_2) \\ -2 & \lambda + 2 \end{vmatrix} \\ &= \lambda^2 + (5 - 2k_1)\lambda + 4(1 - k_1 - k_2) = 0 \end{aligned} \tag{4.26}$$

である．したがって，$\boldsymbol{A}_{\mathrm{cl}}$ の固有値 $\lambda = \lambda_1, \lambda_2$ を指定した値 p_1, p_2 とするには，(4.26) 式の左辺 ($\boldsymbol{A}_{\mathrm{cl}}$ の特性多項式 $\left|\lambda \boldsymbol{I} - \boldsymbol{A}_{\mathrm{cl}}\right|$) が，

$$\Delta(\lambda) = (\lambda - p_1)(\lambda - p_2) = \lambda^2 - (p_1 + p_2)\lambda + p_1 p_2 \tag{4.27}$$

と一致するように，コントローラ (4.24) 式のゲイン k_1, k_2 を，

$$\left\{\begin{array}{l} 5 - 2k_1 = -(p_1 + p_2) \\ 4(1 - k_1 - k_2) = p_1 p_2 \end{array}\right. \implies \left\{\begin{array}{l} k_1 = \dfrac{5 + p_1 + p_2}{2} \\ k_2 = -\dfrac{6 + 2p_1 + 2p_2 + p_1 p_2}{4} \end{array}\right. \tag{4.28}$$

と選べばよい．以上のことから，可制御な RC 回路 (4.13) 式は，コントローラ (4.24) 式により極配置が可能である．

コントローラ (4.24) 式のゲイン k_1, k_2 を，(4.28) 式により，

① $p_1 = -4 + 4j, \ p_2 = -4 - 4j \implies k_1 = -\dfrac{3}{2}, \ k_2 = -\dfrac{11}{2}$

② $p_1 = -8 + 4j, \ p_2 = -8 - 4j \implies k_1 = -\dfrac{11}{2}, \ k_2 = -\dfrac{27}{2}$

③ $p_1 = -12 + 4j, \ p_2 = -12 - 4j \implies k_1 = -\dfrac{19}{2}, \ k_2 = -\dfrac{59}{2}$

のように決定した場合のシミュレーション結果を，**図 4.8** に示す．ただし，初期状態は $x_1(0) = 0$, $x_2(0) = 1$ とした．**図 4.8** より，指定した極 p_1, p_2 の実部が負側に大きくなるに従い，$x_1(t), x_2(t)$ が零に速く収束している．また，p_1, p_2 の実部が負側に大きくなるにつれ，状態フィードバックゲイン k_1, k_2 も負側に大きくなるため，大きな操作量 $u(t)$ を必要とすることがわかる．

(2) **【図 4.3 の RC 回路 (p.69)：不可制御】** 例 4.2 (2) (p.72) で示したように，**図 4.3** の RC 回路は不可制御であった．この不可制御な RC 回路 (4.18) 式が，コントローラ (4.24) 式による極配置が不可能であることを確認してみよう．

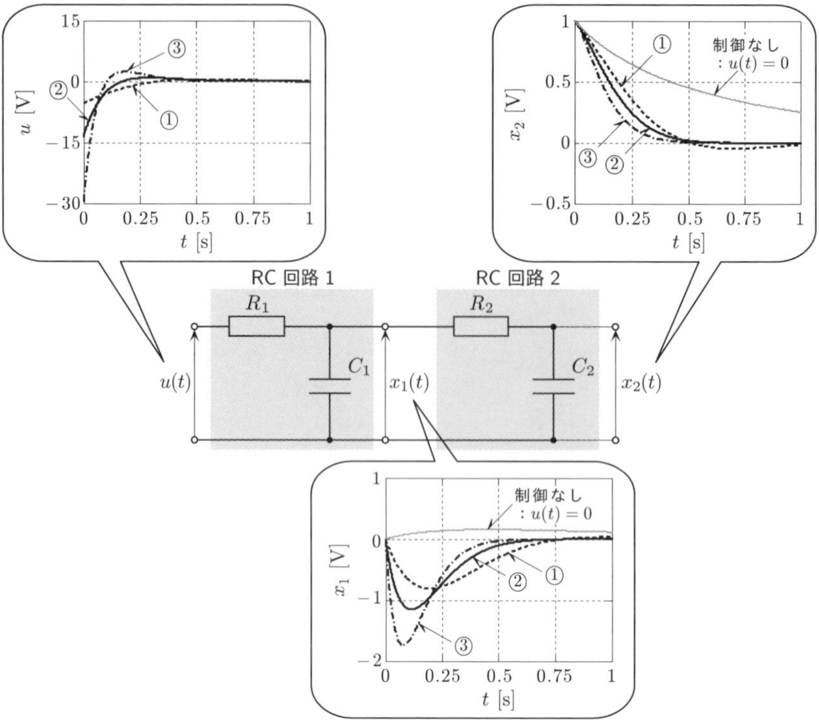

図 4.8　コントローラ (4.24) 式のゲインを (4.28) 式としたシミュレーション結果

R_1, R_2, C_1, C_2 が (4.15) 式で与えられたとき，(4.18) 式は，

$$\dot{\boldsymbol{x}}(t) = \boldsymbol{A}\boldsymbol{x}(t) + \boldsymbol{b}u(t), \quad \boldsymbol{A} = \begin{bmatrix} -2 & 0 \\ 0 & -2 \end{bmatrix}, \quad \boldsymbol{b} = \begin{bmatrix} 2 \\ 0 \end{bmatrix}$$

となる．コントローラ (4.24) 式を用いたとき，$\boldsymbol{A}_{\rm cl} := \boldsymbol{A} + \boldsymbol{b}\boldsymbol{k}$ の特性方程式は，

$$\bigl|\lambda\boldsymbol{I} - \boldsymbol{A}_{\rm cl}\bigr| = \begin{vmatrix} \lambda + 2 - 2k_1 & -2k_2 \\ 0 & \lambda + 2 \end{vmatrix} = \bigl(\lambda + 2 - 2k_1\bigr)\bigl(\lambda + 2\bigr) = 0 \qquad (4.29)$$

であり，その根は k_1 に依存した $\lambda_1 = -2 + 2k_1$ および k_1, k_2 に依存しない $\lambda_2 = -2$ である．つまり，RC 回路 1 に対応する極 λ_1 は，$k_1 = \bigl(2 + p_1\bigr)/2$ と選ぶことにより任意の値 p_1 に設定可能であるが，RC 回路 2 に対応する極 $\lambda_2 = -2$ は，コントローラ (4.24) 式により任意に指定することができない．以上のことから，不可制御な図 4.3 の RC 回路は，コントローラ (4.24) 式により極配置を行うことが不可能である．

(3) **【図 4.4 の RC 回路 (p.69)：不可制御】**　$R_1C_1 = R_2C_2$ であるとき，例 4.2 (3) (p.73) で示したように，図 4.4 の RC 回路は不可制御であった．このように，RC 回路 (4.22) 式が不可制御であるとき，コントローラ (4.24) 式による極配置が不可能であることを確認してみよう．

R_1, R_2, C_1, C_2 が (4.15) 式であるとき，$R_1C_1 = R_2C_2 = 2$ であり，(4.22) 式は，

$$\dot{\boldsymbol{x}}(t) = \boldsymbol{A}\boldsymbol{x}(t) + \boldsymbol{b}u(t), \quad \boldsymbol{A} = \begin{bmatrix} -2 & 0 \\ 0 & -2 \end{bmatrix}, \quad \boldsymbol{b} = \begin{bmatrix} 2 \\ 2 \end{bmatrix}$$

である．コントローラ (4.24) 式を用いたとき，$\boldsymbol{A}_{\rm cl} := \boldsymbol{A} + \boldsymbol{b}\boldsymbol{k}$ の特性方程式は，

$$\begin{aligned} \big|\lambda \boldsymbol{I} - \boldsymbol{A}_{\rm cl}\big| &= \begin{vmatrix} \lambda + 2 - 2k_1 & -2k_2 \\ -2k_1 & \lambda + 2 - 2k_2 \end{vmatrix} \\ &= \lambda^2 + 2\big(2 - k_1 - k_2\big)\lambda + 4\big(1 - k_1 - k_2\big) = 0 \end{aligned} \tag{4.30}$$

である．したがって，$\boldsymbol{A}_{\rm cl}$ の固有値 $\lambda = \lambda_1, \lambda_2$ を p_1, p_2 とするには，(4.30) 式の左辺 $\big|\lambda \boldsymbol{I} - \boldsymbol{A}_{\rm cl}\big|$ を (4.27) 式と一致させる必要がある．しかし，任意の p_1, p_2 に対して，

$$\begin{cases} 2\big(2 - k_1 - k_2\big) = -\big(p_1 + p_2\big) \\ 4\big(1 - k_1 - k_2\big) = p_1 p_2 \end{cases} \Longrightarrow \begin{cases} k_1 + k_2 = \dfrac{4 + p_1 + p_2}{2} \\ k_1 + k_2 = \dfrac{4 - p_1 p_2}{4} \end{cases} \tag{4.31}$$

を同時に満足する k_1, k_2 が存在するとは限らない．以上のことから，不可制御な**図 4.4** の RC 回路は，コントローラ (4.24) 式により極配置を行うことが不可能である．

問題 4.3 **問題 4.1** (1) (p.73) の 1 入力システムは可制御である．$\boldsymbol{A}_{\rm cl} := \boldsymbol{A} + \boldsymbol{b}\boldsymbol{k}$ の固有値 $\lambda = \lambda_1, \lambda_2$ を，$p_1 = -5 + 10j, p_2 = -5 - 10j$ とする次式の状態フィードバック形式のコントローラを設計せよ．

$$\mathcal{K}: \ u(t) = \boldsymbol{k}\boldsymbol{x}(t), \quad \boldsymbol{k} = \begin{bmatrix} k_1 & k_2 \end{bmatrix} \tag{4.32}$$

問題 4.4 **問題 4.1** (2) (p.73) の 1 入力システムは不可制御である．このとき，上述の**例 4.3** (2) と同様の手順で (4.32) 式により極配置が不可能であることを示せ．

4.3.2 可制御標準形に基づく 1 入力システムの極配置

2.4.1 項では，1 入出力システムを**可制御標準形**（controllable canonical form）とよばれる状態空間表現 (2.63) 式 (p.26) で記述する方法を説明した．一般に，n 次の 1 入出力システムの状態空間表現

$$\mathcal{P}: \begin{cases} \dot{\boldsymbol{x}}(t) = \boldsymbol{A}\boldsymbol{x}(t) + \boldsymbol{b}u(t) \\ y(t) = \boldsymbol{c}\boldsymbol{x}(t) \end{cases} \tag{4.33}$$

$$\boldsymbol{x}(t) = \begin{bmatrix} x_1(t) \\ \vdots \\ x_n(t) \end{bmatrix}, \quad \boldsymbol{A} = \begin{bmatrix} a_{11} & \cdots & a_{1n} \\ \vdots & \ddots & \vdots \\ a_{n1} & \cdots & a_{nn} \end{bmatrix}, \quad \boldsymbol{b} = \begin{bmatrix} b_1 \\ \vdots \\ b_n \end{bmatrix}, \quad \boldsymbol{c} = \begin{bmatrix} c_1 & \cdots & c_n \end{bmatrix}$$

は，それが可制御 (すなわち，可制御行列 $\boldsymbol{V}_{\rm c} := \begin{bmatrix} \boldsymbol{b} & \boldsymbol{A}\boldsymbol{b} & \cdots & \boldsymbol{A}^{n-1}\boldsymbol{b} \end{bmatrix} \in \mathbb{R}^{n \times n}$ が正則) であれば，以下の手順により可制御標準形に変換可能である[注 4.7]．

[注 4.7] 証明は**付録 A.2** (p.202) に示す．

Point! 可制御標準形への変換手順

ステップ 1　次式で定義される $\boldsymbol{A}$ の特性多項式の係数 $\alpha_0, \cdots, \alpha_{n-1}$ を求める．

$$\left|\lambda \boldsymbol{I} - \boldsymbol{A}\right| = \lambda^n + \alpha_{n-1}\lambda^{n-1} + \cdots + \alpha_1\lambda + \alpha_0 \tag{4.34}$$

ステップ 2　可制御行列 $\boldsymbol{V}_\mathrm{c}$ および次式で定義される正則行列を求める．

$$\boldsymbol{M}_\mathrm{c} := \begin{bmatrix} \alpha_1 & \alpha_2 & \cdots & \alpha_{n-1} & 1 \\ \alpha_2 & \alpha_3 & \iddots & 1 & 0 \\ \vdots & \iddots & \iddots & \iddots & \vdots \\ \alpha_{n-1} & 1 & \iddots & 0 & 0 \\ 1 & 0 & \cdots & 0 & 0 \end{bmatrix} \in \mathbb{R}^{n\times n} \tag{4.35}$$

ステップ 3　可制御標準形への変換行列 $\boldsymbol{T}_\mathrm{c}$ を次式により求める．

$$\boldsymbol{T}_\mathrm{c} := \left(\boldsymbol{V}_\mathrm{c}\boldsymbol{M}_\mathrm{c}\right)^{-1} = \boldsymbol{M}_\mathrm{c}^{-1}\boldsymbol{V}_\mathrm{c}^{-1} \tag{4.36}$$

ステップ 4　p.17 で説明した同値変換

$$\boldsymbol{x}_\mathrm{c}(t) = \boldsymbol{T}_\mathrm{c}\boldsymbol{x}(t),\ \ \boldsymbol{A}_\mathrm{c} = \boldsymbol{T}_\mathrm{c}\boldsymbol{A}\boldsymbol{T}_\mathrm{c}^{-1},\ \ \boldsymbol{b}_\mathrm{c} = \boldsymbol{T}_\mathrm{c}\boldsymbol{b},\ \ \boldsymbol{c}_\mathrm{c} = \boldsymbol{c}\boldsymbol{T}_\mathrm{c}^{-1} \tag{4.37}$$

を考えると，状態空間表現 (4.33) 式は，次式の可制御標準形に変換される．

$$\mathcal{P} : \begin{cases} \dot{\boldsymbol{x}}_\mathrm{c}(t) = \boldsymbol{A}_\mathrm{c}\boldsymbol{x}_\mathrm{c}(t) + \boldsymbol{b}_\mathrm{c}u(t) \\ y(t) = \boldsymbol{c}_\mathrm{c}\boldsymbol{x}_\mathrm{c}(t) \end{cases} \tag{4.38}$$

$$\boldsymbol{x}_\mathrm{c}(t) = \begin{bmatrix} x_{\mathrm{c}1}(t) \\ x_{\mathrm{c}2}(t) \\ x_{\mathrm{c}3}(t) \\ \vdots \\ x_{\mathrm{c}n}(t) \end{bmatrix},\ \ \boldsymbol{A}_\mathrm{c} = \begin{bmatrix} 0 & 1 & 0 & \cdots & 0 \\ 0 & 0 & 1 & \ddots & \vdots \\ \vdots & & \ddots & \ddots & 0 \\ 0 & 0 & \cdots & 0 & 1 \\ -\alpha_0 & -\alpha_1 & -\alpha_2 & \cdots & -\alpha_{n-1} \end{bmatrix},\ \ \boldsymbol{b}_\mathrm{c} = \begin{bmatrix} 0 \\ 0 \\ \vdots \\ 0 \\ 1 \end{bmatrix},$$

$$\boldsymbol{c}_\mathrm{c} = \begin{bmatrix} \beta_0 & \beta_1 & \beta_2 & \cdots & \beta_{n-1} \end{bmatrix}$$

例 4.4 ……………………………… 図 4.2 の RC 回路 (p.69) の状態空間表現 (可制御標準形)

例 4.2 (1) (p.71) より，図 4.2 の RC 回路は可制御である．ここでは，R_1, R_2, C_1, C_2 を (4.15) 式とした状態方程式 (4.25) 式と出力方程式 $y(t) = x_2(t)$ からなる状態空間表現

$$\mathcal{P} : \begin{cases} \dot{\boldsymbol{x}}(t) = \boldsymbol{A}\boldsymbol{x}(t) + \boldsymbol{b}u(t) \\ y(t) = \boldsymbol{c}\boldsymbol{x}(t) \end{cases} \tag{4.39}$$

$$\boldsymbol{x}(t) = \begin{bmatrix} x_1(t) \\ x_2(t) \end{bmatrix},\ \ \boldsymbol{A} = \begin{bmatrix} -3 & 1 \\ 2 & -2 \end{bmatrix},\ \ \boldsymbol{b} = \begin{bmatrix} 2 \\ 0 \end{bmatrix},\ \ \boldsymbol{c} = \begin{bmatrix} 0 & 1 \end{bmatrix}$$

を，上記の手順により可制御標準形に変換する．

ステップ 1　$\boldsymbol{A}$ の特性多項式およびその係数は，それぞれ次式となる．

$$|\lambda \boldsymbol{I} - \boldsymbol{A}| = \begin{vmatrix} \lambda+3 & -1 \\ -2 & \lambda+2 \end{vmatrix} = \lambda^2 + 5\lambda + 4 \implies \begin{cases} \alpha_0 = 4 \\ \alpha_1 = 5 \end{cases} \tag{4.40}$$

ステップ 2　可制御行列 $\boldsymbol{V}_{\mathrm{c}}$ および (4.35) 式の行列 $\boldsymbol{M}_{\mathrm{c}}$ は，それぞれ次式となる．

$$\boldsymbol{V}_{\mathrm{c}} = \begin{bmatrix} \boldsymbol{b} & \boldsymbol{Ab} \end{bmatrix} = \begin{bmatrix} 2 & -6 \\ 0 & 4 \end{bmatrix}, \quad \boldsymbol{M}_{\mathrm{c}} = \begin{bmatrix} \alpha_1 & 1 \\ 1 & 0 \end{bmatrix} = \begin{bmatrix} 5 & 1 \\ 1 & 0 \end{bmatrix} \tag{4.41}$$

ステップ 3　(4.41) 式より可制御標準形への変換行列 $\boldsymbol{T}_{\mathrm{c}}$ は，次式となる．

$$\boldsymbol{T}_{\mathrm{c}} = \left(\boldsymbol{V}_{\mathrm{c}}\boldsymbol{M}_{\mathrm{c}}\right)^{-1} = \begin{bmatrix} 4 & 2 \\ 4 & 0 \end{bmatrix}^{-1} = \frac{1}{4}\begin{bmatrix} 0 & 1 \\ 2 & -2 \end{bmatrix} \tag{4.42}$$

ステップ 4　同値変換 (4.37) 式を考えると，(4.39) 式を次式の可制御標準形に変換できる．

$$\mathcal{P} : \begin{cases} \dot{\boldsymbol{x}}_{\mathrm{c}}(t) = \boldsymbol{A}_{\mathrm{c}}\boldsymbol{x}_{\mathrm{c}}(t) + \boldsymbol{b}_{\mathrm{c}}u(t) \\ y(t) = \boldsymbol{c}_{\mathrm{c}}\boldsymbol{x}_{\mathrm{c}}(t) \end{cases} \tag{4.43}$$

$$\boldsymbol{x}_{\mathrm{c}}(t) = \begin{bmatrix} x_{\mathrm{c}1}(t) \\ x_{\mathrm{c}2}(t) \end{bmatrix} = \underbrace{\frac{1}{4}\begin{bmatrix} 0 & 1 \\ 2 & -2 \end{bmatrix}}_{\boldsymbol{T}_{\mathrm{c}}} \underbrace{\begin{bmatrix} x_1(t) \\ x_2(t) \end{bmatrix}}_{\boldsymbol{x}(t)} = \begin{bmatrix} \frac{1}{4}x_2(t) \\ \frac{1}{2}x_1(t) - \frac{1}{2}x_2(t) \end{bmatrix}$$

$$\boldsymbol{A}_{\mathrm{c}} = \underbrace{\frac{1}{4}\begin{bmatrix} 0 & 1 \\ 2 & -2 \end{bmatrix}}_{\boldsymbol{T}_{\mathrm{c}}} \underbrace{\begin{bmatrix} -3 & 1 \\ 2 & -2 \end{bmatrix}}_{\boldsymbol{A}} \underbrace{\begin{bmatrix} 4 & 2 \\ 4 & 0 \end{bmatrix}}_{\boldsymbol{T}_{\mathrm{c}}^{-1}} = \begin{bmatrix} 0 & 1 \\ -4 & -5 \end{bmatrix}$$

$$\boldsymbol{b}_{\mathrm{c}} = \underbrace{\frac{1}{4}\begin{bmatrix} 0 & 1 \\ 2 & -2 \end{bmatrix}}_{\boldsymbol{T}_{\mathrm{c}}} \underbrace{\begin{bmatrix} 2 \\ 0 \end{bmatrix}}_{\boldsymbol{b}} = \begin{bmatrix} 0 \\ 1 \end{bmatrix}, \quad \boldsymbol{c}_{\mathrm{c}} = \underbrace{\begin{bmatrix} 0 & 1 \end{bmatrix}}_{\boldsymbol{c}} \underbrace{\begin{bmatrix} 4 & 2 \\ 4 & 0 \end{bmatrix}}_{\boldsymbol{T}_{\mathrm{c}}^{-1}} = \begin{bmatrix} 4 & 0 \end{bmatrix}$$

このように，n 次の 1 入出力システムは，それが可制御であれば必ず可制御標準形の状態空間表現で記述可能である．また，可制御標準形で記述することにより，以下の例で示すように，極配置を実現する状態フィードバックの設計が容易になる．

例 4.5 ……………… **図 4.2 の RC 回路 (p.69) に対する極配置 (可制御標準形に基づく方法)**

例 4.2 (1) (p.71) で示したように，R_1, R_2, C_1, C_2 を (4.15) 式としたとき，図 4.2 の RC 回路の状態方程式は (4.25) 式であった．このとき，可制御標準形に基づく方法により，$\boldsymbol{A}_{\mathrm{cl}} := \boldsymbol{A} + \boldsymbol{bk}$ の固有値 $\lambda = \lambda_1, \lambda_2$ を指定した値 $p_1 = -8 + 4j$, $p_2 = -8 - 4j$ とする状態フィードバック形式のコントローラ (4.24) 式を設計してみよう．

例 4.4 で示したように，状態空間表現 (4.39) 式を可制御標準形 (4.43) 式に変換することができる．そこで，まずはじめに，$\boldsymbol{A}_{\mathrm{c}} + \boldsymbol{b}_{\mathrm{c}}\boldsymbol{k}_{\mathrm{c}}$ の固有値 $\lambda = \lambda_1, \lambda_2$ を指定した値 $p_1 = -8+4j$,

$p_2 = -8 - 4j$ とする状態フィードバック形式のコントローラ

$$\mathcal{K}:\ u(t) = \boldsymbol{k}_{\mathrm{c}}\boldsymbol{x}_{\mathrm{c}}(t),\ \ \boldsymbol{k}_{\mathrm{c}} = \begin{bmatrix} k_{\mathrm{c}1} & k_{\mathrm{c}2} \end{bmatrix} \tag{4.44}$$

を設計する．$\boldsymbol{A}_{\mathrm{c}} + \boldsymbol{b}_{\mathrm{c}}\boldsymbol{k}_{\mathrm{c}}$ の特性方程式は，

$$\big|\lambda\boldsymbol{I} - \big(\boldsymbol{A}_{\mathrm{c}} + \boldsymbol{b}_{\mathrm{c}}\boldsymbol{k}_{\mathrm{c}}\big)\big| = \lambda^2 + \big(5 - k_{\mathrm{c}2}\big)\lambda + 4 - k_{\mathrm{c}1} = 0 \tag{4.45}$$

となる．したがって，(4.45) 式の係数を

$$\begin{aligned}\Delta(\lambda) &:= \big(\lambda - p_1\big)\big(\lambda - p_2\big) = \big(\lambda + 8 - 4j\big)\big(\lambda + 8 + 4j\big) \\ &= \lambda^2 + 16\lambda + 80\ (= \lambda^2 + \delta_1\lambda + \delta_0)\end{aligned} \tag{4.46}$$

の係数と一致させれば，$\boldsymbol{A}_{\mathrm{c}} + \boldsymbol{b}_{\mathrm{c}}\boldsymbol{k}_{\mathrm{c}}$ の固有値 $\lambda = \lambda_1, \lambda_2$ を指定した値 $p_1 = -8 + 4j$, $p_2 = -8 - 4j$ とすることができ，このような $\boldsymbol{k}_{\mathrm{c}}$ は簡単な計算により，次式のように求まる．

$$\begin{cases} 4 - k_{\mathrm{c}1} = 80 & (\alpha_0 - k_{\mathrm{c}1} = \delta_0) \\ 5 - k_{\mathrm{c}2} = 16 & (\alpha_1 - k_{\mathrm{c}2} = \delta_1) \end{cases} \implies \begin{cases} k_{\mathrm{c}1} = -76 & (k_{\mathrm{c}1} = \alpha_0 - \delta_0) \\ k_{\mathrm{c}2} = -11 & (k_{\mathrm{c}2} = \alpha_1 - \delta_1) \end{cases} \tag{4.47}$$

一方，可制御標準形 (4.43) 式の状態方程式に対するコントローラ (4.44) 式を，

$$\mathcal{K}:\ u(t) = \boldsymbol{k}_{\mathrm{c}}\boldsymbol{x}_{\mathrm{c}}(t) = \boldsymbol{k}_{\mathrm{c}}\cdot\boldsymbol{T}_{\mathrm{c}}\boldsymbol{x}(t) \implies \mathcal{K}:\ u(t) = \boldsymbol{k}\boldsymbol{x}(t),\ \ \boldsymbol{k} = \boldsymbol{k}_{\mathrm{c}}\boldsymbol{T}_{\mathrm{c}} \tag{4.48}$$

のように元の座標系で表すと，

$$\boldsymbol{A}_{\mathrm{c}} + \boldsymbol{b}_{\mathrm{c}}\boldsymbol{k}_{\mathrm{c}} = \overbrace{\boldsymbol{T}_{\mathrm{c}}\boldsymbol{A}\boldsymbol{T}_{\mathrm{c}}^{-1}}^{\boldsymbol{A}_{\mathrm{c}}} + \overbrace{\boldsymbol{T}_{\mathrm{c}}\boldsymbol{b}}^{\boldsymbol{b}_{\mathrm{c}}}\overbrace{\boldsymbol{k}\boldsymbol{T}_{\mathrm{c}}^{-1}}^{\boldsymbol{k}_{\mathrm{c}}} = \boldsymbol{T}_{\mathrm{c}}\big(\boldsymbol{A} + \boldsymbol{b}\boldsymbol{k}\big)\boldsymbol{T}_{\mathrm{c}}^{-1} \tag{4.49}$$

という関係式が得られる．(4.49) 式より，

$$\begin{aligned}\big|\lambda\boldsymbol{I} - \big(\boldsymbol{A}_{\mathrm{c}} + \boldsymbol{b}_{\mathrm{c}}\boldsymbol{k}_{\mathrm{c}}\big)\big| &= \big|\lambda\boldsymbol{I} - \boldsymbol{T}_{\mathrm{c}}\big(\boldsymbol{A} + \boldsymbol{b}\boldsymbol{k}\big)\boldsymbol{T}_{\mathrm{c}}^{-1}\big| = \big|\boldsymbol{T}_{\mathrm{c}}\big\{\lambda\boldsymbol{I} - \big(\boldsymbol{A} + \boldsymbol{b}\boldsymbol{k}\big)\big\}\boldsymbol{T}_{\mathrm{c}}^{-1}\big| \\ &= \big|\boldsymbol{T}_{\mathrm{c}}\big|\big|\lambda\boldsymbol{I} - \big(\boldsymbol{A} + \boldsymbol{b}\boldsymbol{k}\big)\big|\big|\boldsymbol{T}_{\mathrm{c}}^{-1}\big|\end{aligned} \tag{4.50}$$

であるから(注 4.8)，$\boldsymbol{A}_{\mathrm{c}} + \boldsymbol{b}_{\mathrm{c}}\boldsymbol{k}_{\mathrm{c}}$ の固有値と $\boldsymbol{A}_{\mathrm{cl}} := \boldsymbol{A} + \boldsymbol{b}\boldsymbol{k}$ の固有値は一致する．したがって，$\boldsymbol{A}_{\mathrm{cl}}$ の固有値 $\lambda = \lambda_1, \lambda_2$ を $p_1 = -8 + 4j$, $p_2 = -8 - 4j$ とする $\boldsymbol{k}$ は，(4.42), (4.47) 式より，

$$\boldsymbol{k} = \begin{bmatrix} k_1 & k_2 \end{bmatrix} = \overbrace{\begin{bmatrix} -76 & -11 \end{bmatrix}}^{\boldsymbol{k}_{\mathrm{c}}}\overbrace{\frac{1}{4}\begin{bmatrix} 0 & 1 \\ 2 & -2 \end{bmatrix}}^{\boldsymbol{T}_{\mathrm{c}}} = \begin{bmatrix} -\dfrac{11}{2} & -\dfrac{27}{2} \end{bmatrix} \tag{4.51}$$

となり，**例 4.3** (1) (p.75) で直接的に求めた (4.28) 式 (p.75) において，$p_1 = -8 + 4j$, $p_2 = -8 - 4j$ としたものに一致する．

以上のことをまとめると，可制御な 1 入力システムに対する極配置アルゴリズムは，以下のようになる (図 4.9 参照)．

(注 4.8) **付録 C.1** (g) における行列式の**性質 4** (p.231) で示した関係式を利用する．

Point! **可制御標準形に基づく 1 入力システムの極配置アルゴリズム**

可制御な 1 入力の制御対象の状態方程式 (4.33) 式および $p_1, \cdots, p_n$ が与えられたとき，以下の手順により極配置を実現する ($\boldsymbol{A}+\boldsymbol{bk}$ の固有値 $\lambda=\lambda_1, \cdots, \lambda_n$ を指定した値 $p_1, \cdots, p_n$ に配置する) 状態フィードバック形式のコントローラ

$$\mathcal{K}:\ u(t)=\boldsymbol{kx}(t),\ \ \boldsymbol{k}=\begin{bmatrix} k_1 & \cdots & k_n \end{bmatrix} \tag{4.52}$$

を設計できる．

ステップ 1〜3 p.78 で説明した“可制御標準形への変換手順”のステップ 1〜3 と同様．

ステップ 4 与えられた $p_1, \cdots, p_n$ に対し，

$$\begin{aligned} \varDelta(\lambda) &:= (\lambda-p_1)(\lambda-p_2)\cdots(\lambda-p_n) \\ &= \lambda^n+\delta_{n-1}\lambda^{n-1}+\cdots+\delta_1\lambda+\delta_0 \end{aligned} \tag{4.53}$$

を計算し，その係数 $\delta_0, \cdots, \delta_{n-1}$ を求める．

ステップ 5 状態フィードバック形式のコントローラ (4.52) 式のゲイン $\boldsymbol{k}$ を

$$\boldsymbol{k}=\boldsymbol{k}_{\mathrm{c}}\boldsymbol{T}_{\mathrm{c}},\ \ \boldsymbol{k}_{\mathrm{c}}=\begin{bmatrix} \alpha_0-\delta_0 & \alpha_1-\delta_1 & \cdots & \alpha_{n-1}-\delta_{n-1} \end{bmatrix} \tag{4.54}$$

により与える．

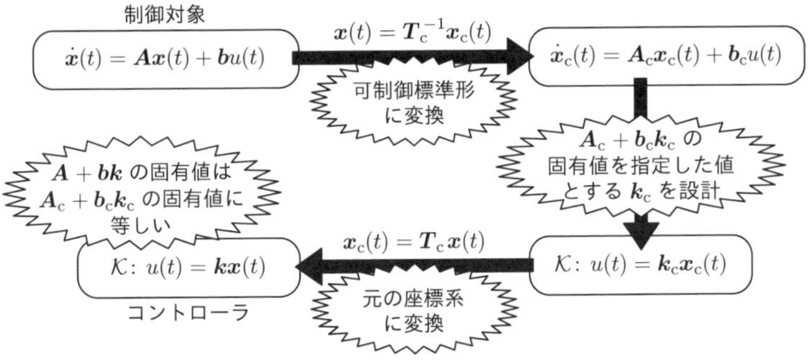

図 4.9 可制御標準形に基づく極配置アルゴリズムの流れ

問題 4.5 1 入出力の制御対象の状態空間表現の係数が

$$\boldsymbol{A}=\begin{bmatrix} 0 & 1 \\ -2 & -3 \end{bmatrix},\ \ \boldsymbol{b}=\begin{bmatrix} 1 \\ 0 \end{bmatrix},\ \ \boldsymbol{c}=\begin{bmatrix} 1 & 0 \end{bmatrix} \tag{4.55}$$

のように与えられているとき，以下の設問に答えよ．

(1) (4.36) 式 (p.78) の変換行列 $\boldsymbol{T}_{\mathrm{c}}$ を利用することにより，状態空間表現 (4.55) 式を可制

御標準形に変換せよ．

(2)　可制御標準形に基づく極配置アルゴリズムを利用して，$\boldsymbol{A}_{\mathrm{cl}} := \boldsymbol{A} + \boldsymbol{b}\boldsymbol{k}$ の固有値 $\lambda = \lambda_1$, λ_2 を $p_1 = -5+10j$, $p_2 = -5-10j$ とする状態フィードバック形式のコントローラ (4.32) 式を設計し，**問題 4.3** (p.77) の結果と一致すること確認せよ．

4.3.3　1入力システムに対するアッカーマンの極配置アルゴリズム

4.3.2 項で示した可制御標準形に基づく極配置アルゴリズムと本質的に等価であるが，わざわざ可制御標準形に変換する必要のない方法として，以下に示す**アッカーマン**(Ackermann)**の極配置アルゴリズム**が知られている(注4.9)．

Point!　1入力システムに対するアッカーマンの極配置アルゴリズム

可制御な1入力の制御対象の状態方程式 (4.33) 式および $p_1, \cdots, p_n$ が与えられたとき，以下の手順により，極配置を実現する状態フィードバック形式のコントローラ (4.52) 式を設計できる．

ステップ1　与えられた $p_1, \cdots, p_n$ に対し，(4.53) 式で定義される多項式 $\Delta(\lambda)$ の係数 $\delta_0, \cdots, \delta_{n-1}$ を求め，次式を計算する．

$$\boldsymbol{\Delta}_{\boldsymbol{A}} := \boldsymbol{A}^n + \delta_{n-1}\boldsymbol{A}^{n-1} + \cdots + \delta_1\boldsymbol{A} + \delta_0\boldsymbol{I} \tag{4.56}$$

ステップ2　$\boldsymbol{A} + \boldsymbol{b}\boldsymbol{k}$ の固有値を指定した値 $p_1, \cdots, p_n$ に配置するコントローラ (4.52) 式のゲイン $\boldsymbol{k}$ を，次式により与える．

$$\boldsymbol{k} = -\boldsymbol{e}\boldsymbol{V}_{\mathrm{c}}^{-1}\boldsymbol{\Delta}_{\boldsymbol{A}} \tag{4.57}$$
$$\boldsymbol{e} = \begin{bmatrix} 0 & \cdots & 0 & 1 \end{bmatrix},\quad \boldsymbol{V}_{\mathrm{c}} = \begin{bmatrix} \boldsymbol{b} & \boldsymbol{A}\boldsymbol{b} & \cdots & \boldsymbol{A}^{n-1}\boldsymbol{b} \end{bmatrix}\ (\text{可制御行列})$$

アッカーマンの極配置アルゴリズムは，MATLAB 関数 “`acker`” で利用されており，プログラムで実現するのに適したものとなっている．

例 4.6　………………… 図 4.2 の RC 回路 (p.69) に対するアッカーマンの極配置アルゴリズム

例 4.5 (p.79) において，上記のアッカーマンの極配置アルゴリズムにより，極配置を実現 ($\boldsymbol{A}_{\mathrm{cl}} := \boldsymbol{A} + \boldsymbol{b}\boldsymbol{k}$ の固有値 $\lambda = \lambda_1, \lambda_2$ を指定した値 $p_1 = -8+4j$, $p_2 = -8-4j$ に配置) する状態フィードバック形式のコントローラ (4.24) 式を設計しよう．

ステップ1　与えられた $p_1 = -8+4j$, $p_2 = -8-4j$ に対し，(4.53) 式で定義される多項式 $\Delta(\lambda)$ およびその係数 δ_0, δ_1 は，(4.46) 式 (p.80) で求めたように，

$$\Delta(\lambda) := (\lambda - p_1)(\lambda - p_2) = \lambda^2 + 16\lambda + 80 \implies \delta_1 = 16,\ \delta_0 = 80$$

である．したがって，(4.56) 式で定義される行列 $\boldsymbol{\Delta}_{\boldsymbol{A}}$ は，次式となる．

(注4.9) 両者の等価性については，**付録 A.2** の p.203 で説明する．

$$\boldsymbol{\Delta_A} = \underbrace{\begin{bmatrix} -3 & 1 \\ 2 & -2 \end{bmatrix}^2}_{\boldsymbol{A}^2} + \underbrace{16\begin{bmatrix} -3 & 1 \\ 2 & -2 \end{bmatrix}}_{\delta_1 \boldsymbol{A}} + \underbrace{80\begin{bmatrix} 1 & 0 \\ 0 & 1 \end{bmatrix}}_{\delta_0 \boldsymbol{I}} = \begin{bmatrix} 43 & 11 \\ 22 & 54 \end{bmatrix} \tag{4.58}$$

ステップ 2 可制御行列 $\boldsymbol{V}_{\mathrm{c}}$ は，(4.41) 式 (p.79) で求めたように，

$$\boldsymbol{V}_{\mathrm{c}} = \begin{bmatrix} \boldsymbol{b} & \boldsymbol{Ab} \end{bmatrix} = \left[\begin{array}{c:c} 2 & -6 \\ 0 & 4 \end{array}\right]$$

であるから，$\boldsymbol{k}$ は次式となり，**例 4.3** (1)，**例 4.5** の結果と一致する．

$$\boldsymbol{k} = -\underbrace{\begin{bmatrix} 0 & 1 \end{bmatrix}}_{\boldsymbol{e}} \underbrace{\begin{bmatrix} 2 & -6 \\ 0 & 4 \end{bmatrix}^{-1}}_{\boldsymbol{V}_{\mathrm{c}}^{-1}} \underbrace{\begin{bmatrix} 43 & 11 \\ 22 & 54 \end{bmatrix}}_{\boldsymbol{\Delta_A}} = \begin{bmatrix} -\frac{11}{2} & -\frac{27}{2} \end{bmatrix} \tag{4.59}$$

問題 4.6 制御対象の状態方程式の係数が**問題 4.1** (p.73) の (1) であるときを考える．このとき，$\boldsymbol{A}+\boldsymbol{bk}$ の固有値 $\lambda = \lambda_1, \lambda_2$ を $p_1 = -5+10j$, $p_2 = -5-10j$ とする $\boldsymbol{k}$ を，アッカーマンの極配置アルゴリズムにより設計し，**問題 4.3** (p.77) の結果と一致することを確認せよ．

4.3.4 多入力システムの極配置

可制御な 1 入力システムの場合，極配置を実現する状態フィードバックゲインは唯一に定まった．それに対し，可制御な多入力システム ($\boldsymbol{u}(t) \in \mathbb{R}^p$) の場合，$\boldsymbol{A}_{\mathrm{cl}} := \boldsymbol{A}+\boldsymbol{BK} \in \mathbb{R}^{n\times n}$ の特性多項式が n 次であるのに対し，状態フィードバックゲイン $\boldsymbol{K}$ のサイズが $p \times n$ であることから明らかなように，極配置を実現する $\boldsymbol{K}$ は無数に存在する．

例 4.7 ………………………………………… **図 1.8 (p.7) の 2 慣性システムに対する極配置**

図 1.8 (p.7) の 2 入力の 2 慣性システムの状態方程式は，$M_1 = 2, M_2 = 1, k = 2, \mu = 2$ のとき，

$$\dot{\boldsymbol{x}}(t) = \boldsymbol{Ax}(t) + \boldsymbol{Bu}(t) \tag{4.60}$$

$$\boldsymbol{x}(t) = \begin{bmatrix} \boldsymbol{x}_1(t) \\ \boldsymbol{x}_2(t) \end{bmatrix},\ \boldsymbol{x}_1(t) = \begin{bmatrix} z_1(t) \\ \dot{z}_1(t) \end{bmatrix},\ \boldsymbol{x}_2(t) = \begin{bmatrix} z_2(t) \\ \dot{z}_2(t) \end{bmatrix},\ \boldsymbol{u}(t) = \begin{bmatrix} f_1(t) \\ f_2(t) \end{bmatrix},$$

$$\boldsymbol{A} = \begin{bmatrix} 0 & 1 & 0 & 0 \\ -1 & -1 & 1 & 1 \\ 0 & 0 & 0 & 1 \\ 2 & 2 & -2 & -2 \end{bmatrix},\ \boldsymbol{B} = \begin{bmatrix} 0 & 0 \\ 1/2 & 0 \\ 0 & 0 \\ 0 & 1 \end{bmatrix}$$

となる．(4.60) 式に対し，状態フィードバック形式のコントローラ

$$\mathcal{K}:\ \boldsymbol{u}(t) = \boldsymbol{Kx}(t),\ \ \boldsymbol{K} = \begin{bmatrix} k_{11} & k_{12} & k_{13} & k_{14} \\ k_{21} & k_{22} & k_{23} & k_{24} \end{bmatrix} \tag{4.61}$$

により極配置を実現することを考える．

極配置を実現するには，

$$\boldsymbol{A}_{\mathrm{cl}} := \boldsymbol{A} + \boldsymbol{B}\boldsymbol{K} = \begin{bmatrix} 0 & 1 & 0 & 0 \\ -1+\frac{1}{2}k_{11} & -1+\frac{1}{2}k_{12} & 1+\frac{1}{2}k_{13} & 1+\frac{1}{2}k_{14} \\ 0 & 0 & 0 & 1 \\ 2+k_{21} & 2+k_{22} & -2+k_{23} & -2+k_{24} \end{bmatrix} \tag{4.62}$$

の 4 個の固有値 λ が指定した値 p_1, p_2, p_3, p_4 とするように $\boldsymbol{K}$ を定めればよい．そのために，

$$\boldsymbol{A}_{\mathrm{cl}} = \begin{bmatrix} \boldsymbol{A}_{\mathrm{cl11}} & \boldsymbol{O} \\ \boldsymbol{O} & \boldsymbol{A}_{\mathrm{cl22}} \end{bmatrix} = \left[\begin{array}{cc:cc} 0 & 1 & 0 & 0 \\ -\delta_{10} & -\delta_{11} & 0 & 0 \\ \hdashline 0 & 0 & 0 & 1 \\ 0 & 0 & -\delta_{20} & -\delta_{21} \end{array}\right] \tag{4.63}$$

となるような状態フィードバックゲイン

$$\boldsymbol{K} = \left[\begin{array}{cc:cc} k_{11} & k_{12} & k_{13} & k_{14} \\ \hdashline k_{21} & k_{22} & k_{23} & k_{24} \end{array}\right] = \left[\begin{array}{cc:cc} 2(1-\delta_{10}) & 2(1-\delta_{11}) & -2 & -2 \\ \hdashline -2 & -2 & 2-\delta_{20} & 2-\delta_{21} \end{array}\right] \tag{4.64}$$

を用いることを考えてみよう．このとき，$\boldsymbol{A}_{\mathrm{cl}}$ の特性多項式は，

$$\left|\lambda \boldsymbol{I} - \boldsymbol{A}_{\mathrm{cl}}\right| = (\lambda^2 + \delta_{11}\lambda + \delta_{10})(\lambda^2 + \delta_{21}\lambda + \delta_{20}) \tag{4.65}$$

となる．したがって，(4.65) 式が

$$\Delta(\lambda) := (\lambda - p_1)(\lambda - p_2)(\lambda - p_3)(\lambda - p_4) \tag{4.66}$$

と一致するように $\delta_{10}, \delta_{11}, \delta_{20}, \delta_{21}$ を選べば，$\boldsymbol{A}_{\mathrm{cl}}$ の 4 個の固有値 λ は，指定した値 p_1, p_2, p_3, p_4 となる．たとえば，$p_1 = p_2 = -2,\ p_3 = p_4 = -4$ としたとき，(4.66) 式は，

$$\begin{aligned} \Delta(\lambda) &= \overbrace{(\lambda^2 + 4\lambda + 4)}^{(\lambda+2)^2}\overbrace{(\lambda^2 + 8\lambda + 16)}^{(\lambda+4)^2} \cdots\cdots\cdots ①: \begin{cases} \delta_{11} = 4 \\ \delta_{10} = 4 \end{cases}, \begin{cases} \delta_{21} = 8 \\ \delta_{20} = 16 \end{cases} \\ &= \overbrace{(\lambda^2 + 8\lambda + 16)}^{(\lambda+4)^2}\overbrace{(\lambda^2 + 4\lambda + 4)}^{(\lambda+2)^2} \cdots\cdots\cdots ②: \begin{cases} \delta_{11} = 8 \\ \delta_{10} = 16 \end{cases}, \begin{cases} \delta_{21} = 4 \\ \delta_{20} = 4 \end{cases} \\ &= \overbrace{(\lambda^2 + 6\lambda + 8)}^{(\lambda+2)(\lambda+4)}\overbrace{(\lambda^2 + 6\lambda + 8)}^{(\lambda+2)(\lambda+4)} \cdots\cdots\cdots ③: \begin{cases} \delta_{11} = 6 \\ \delta_{10} = 8 \end{cases}, \begin{cases} \delta_{21} = 6 \\ \delta_{20} = 8 \end{cases} \end{aligned}$$

のように，(4.65) 式の形式で記述できるから，(4.64) 式より，

$$①:\ \boldsymbol{K} = \left[\begin{array}{cc:cc} -6 & -6 & -2 & -2 \\ \hdashline -2 & -2 & -14 & -6 \end{array}\right],\quad ②:\ \boldsymbol{K} = \left[\begin{array}{cc:cc} -30 & -14 & -2 & -2 \\ \hdashline -2 & -2 & -2 & -2 \end{array}\right]$$

$$③:\ \boldsymbol{K} = \left[\begin{array}{cc:cc} -14 & -10 & -2 & -2 \\ \hdashline -2 & -2 & -6 & -4 \end{array}\right]$$

が得られ，いずれの $\boldsymbol{K}$ を用いても $\boldsymbol{A}_{\mathrm{cl}}$ の固有値は $-2, -2, -4, -4$ となる．①〜③ の $\boldsymbol{K}$ を用いた場合のシミュレーション結果を，図 4.10 に示す (④ は**問題 4.7** を参照)．これから

わかるように，$\boldsymbol{A}_{\rm cl}$ の固有値が同じであるにもかかわらず，台車 1, 2 の時間応答 $z_1(t)$, $z_2(t)$ や操作量 $f_1(t)$, $f_2(t)$ の大きさは異なっている．それらを比較すると，つぎのことがいえる．

- ①：②, ③ と比べて $z_1(t)$ の収束が遅く，また，過大な操作量 $f_2(t)$ を必要とする．
- ②：①, ③ と比べて $z_2(t)$ の収束が遅く，また，過大な操作量 $f_1(t)$ を必要とする．

よって，①～③ の中では，③ が最も適切な状態フィードバックゲインであるといえる．

なお，この例の場合，$\boldsymbol{A}_{\rm cl}$ を (4.63) 式のようにブロック対角化している．したがって，

$$\begin{cases} \dot{\boldsymbol{x}}_1(t) = \boldsymbol{A}_{\rm cl11}\boldsymbol{x}_1(t) \\ \dot{\boldsymbol{x}}_2(t) = \boldsymbol{A}_{\rm cl22}\boldsymbol{x}_2(t) \end{cases} \Longrightarrow \begin{cases} \boldsymbol{x}_1(t) = e^{\boldsymbol{A}_{\rm cl11}t}\boldsymbol{x}_1(0) \\ \boldsymbol{x}_2(t) = e^{\boldsymbol{A}_{\rm cl22}t}\boldsymbol{x}_2(0) \end{cases} \tag{4.67}$$

のように，台車 1 ($\boldsymbol{x}_1(t)$) の振る舞いと，台車 2 ($\boldsymbol{x}_2(t)$) の振る舞いは互いに独立したものとなり，両者は**非干渉化**（decoupling）されている．

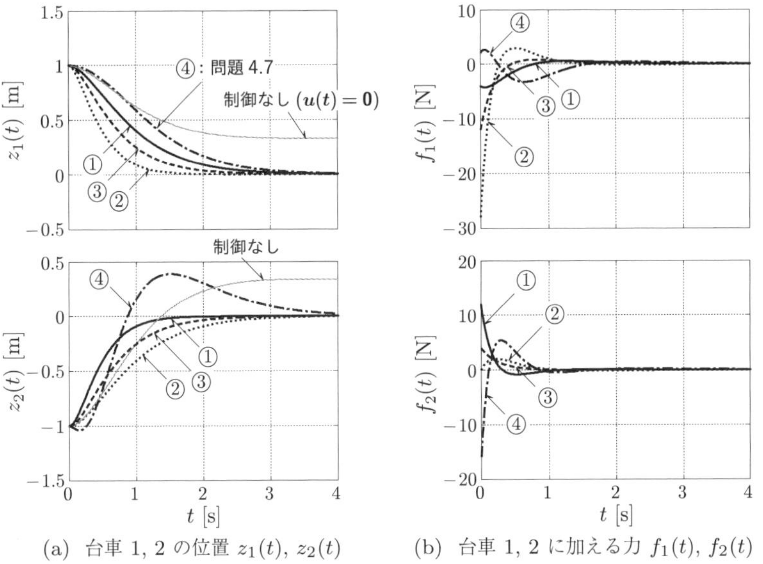

(a) 台車 1, 2 の位置 $z_1(t)$, $z_2(t)$　(b) 台車 1, 2 に加える力 $f_1(t)$, $f_2(t)$

図 4.10 $z_1(0) = 1$, $\dot{z}_1(0) = 0$, $z_2(0) = -1$, $\dot{z}_2(0) = 0$ としたシミュレーション結果

この例のように，多入力システムの場合，極配置を実現する $\boldsymbol{K}$ は唯一ではなく，無数に存在する．そのため，多入力システムの極配置アルゴリズムとして，

- 多入力多出力システムの可制御標準形に基づく方法(注 4.10)
- 疋田らの方法(注 4.11)
- ロバスト極配置法(注 4.12)

(注 4.10) 文献 1), 2) で詳しく説明されている．

(注 4.11) 原著“疋田，小山，三浦：極配置問題におけるフィードバックゲインの自由度と低ゲインの導出，計測自動制御学会論文集，Vol.11，No.5，pp.556–561 (1975)”や，文献 2) を参照のこと．

(注 4.12) 原著“J. Kautsky, N. K. Nichols & P. Van Dooren: Robust Pole Assignment in Linear State Feedback, *International Journal of Control*, Vol.41, No.5, pp.1129–1155 (1985)”や，文献 17) を参照のこと．

など様々なものが提案されているが，本書では割愛する．

問題 4.7　例 4.7 において，

$$\boldsymbol{A}_{\rm cl} := \boldsymbol{A}+\boldsymbol{BK} = \begin{bmatrix} 0 & 1 & 0 & 0 \\ 0 & 0 & 1 & 0 \\ 0 & 0 & 0 & 1 \\ -\delta_0 & -\delta_1 & -\delta_2 & -\delta_3 \end{bmatrix} \tag{4.68}$$

となる $\boldsymbol{K}$ を求めよ．また，このときの $\boldsymbol{A}_{\rm cl}$ の特性多項式は，次式となる．

$$\left|\lambda\boldsymbol{I}-\boldsymbol{A}_{\rm cl}\right| = \lambda^4+\delta_3\lambda^3+\delta_2\lambda^2+\delta_1\lambda+\delta_0 \tag{4.69}$$

これより，$p_1=p_2=-2, p_3=p_4=-4$ とした極配置を実現する次式の $\boldsymbol{K}$ を導出せよ．

$$④：\ \boldsymbol{K} = \begin{bmatrix} 2 & 2 & 0 & -2 \\ -66 & -98 & -50 & -10 \end{bmatrix}$$

4.4　MATLAB/Simulink を利用した演習

4.4.1　可制御性

MATLAB では，可制御行列 $\boldsymbol{V}_{\rm c}$ を関数 “`ctrb`” により計算できるため，そのランク $\mathrm{rank}\boldsymbol{V}_{\rm c}$ を関数 “`rank`” (あるいは行列式 $\left|\boldsymbol{V}_{\rm c}\right|$ を関数 “`det`”) で計算することで，可制御性を判別できる．以下に，**問題 4.1** (1) (p.73)，**問題 4.2** (2) (p.74) で与えられた線形システムの可制御性を，MATLAB により調べた例を示す．

可制御性の判別 (関数 “ctrb”，“rank”，“det”)

問題 4.1 (1)：1 入力 2 次システム

```
>> A = [0 1; -2 -3]; ↵          ……… A の定義
>> B = [1; 0]; ↵                ……… b の定義
>> Vc = ctrb(A,B) ↵
Vc =            ……… 可制御行列 Vc = [b Ab] の算出
     1     0
     0    -2
>> rank(Vc) ↵               ……… rankVc の算出
ans =           ……… rankVc = 2 (= n) より可制御
     2
>> det(Vc) ↵                ……… |Vc| の算出
ans =           ……… |Vc| = −2 ≠ 0 より可制御
    -2
```

問題 4.2 (2)：2 入力 3 次システム

```
>> A = [0 1 1; -2 -3 1; 1 0 0]; ↵ … A の定義
>> B = [0 1; 1 0; 0 0]; ↵          ……… B の定義
>> Vc = ctrb(A,B) ↵
Vc = …… 可制御行列 Vc = [B AB A^2B] の算出
     0     1     1     0    -3    -1
     1     0    -3    -2     7     7
     0     0     0     1     1     0
>> rank(Vc) ↵      ……… rankVc の算出
ans =          ……… rankVc = 3 (= n) より可制御
     3
```

問題 4.8　以下の設問に答えよ．

(1)　**問題 4.1** (2) (p.73) のように $\boldsymbol{A}, \boldsymbol{b}$ が与えられたとき，関数 “`ctrb`” を用いて可制御行列 $\boldsymbol{V}_{\rm c}$ を求めよ．また，関数 “`rank`” または “`det`” を用いて可制御性を判別せよ．

(2)　**問題 4.2** (2) (p.74) のように $\boldsymbol{A}, \boldsymbol{B}$ が与えられたとき，関数 “`ctrb`” を用いて可制御行列 $\boldsymbol{V}_{\rm c}$ を求めよ．また，関数 “`rank`” を用いて可制御性を判別せよ．

4.4.2 極配置

(a) 直接的な方法 (1 入力システム)

Symbolic Math Toolbox を利用できる環境下であれば，**4.3.1 項**のように，直接的に極配置を実現するコントローラを設計することができる．たとえば，M ファイル

M ファイル "symb_poleplace.m"：直接的な方法による極配置 (関数 "solve") ···· Symbolic Math Toolbox

`clear`	……… メモリ上の変数をすべて消去
`format compact`	……… 余分な改行を省略
`A = [ -3  1`	……… $\boldsymbol{A} = \begin{bmatrix} -3 & 1 \\ 2 & -2 \end{bmatrix}$
`       2 -2 ];`	
`B = [ 2`	……… $\boldsymbol{b} = \begin{bmatrix} 2 \\ 0 \end{bmatrix}$
`      0 ];`	
`syms lambda k1 k2 p1 p2`	……… 変数 λ, k_1, k_2, p_1, p_2 の定義
`K = [k1 k2];`	……… 状態フィードバックゲイン $\boldsymbol{k} = \begin{bmatrix} k_1 & k_2 \end{bmatrix}$ の定義
`Acl = A + B*K;`	……… $\boldsymbol{A}_{\rm cl} = \boldsymbol{A} + \boldsymbol{bk}$
`eq1 = det(lambda*eye(2) - Acl);`	……… 特性多項式 $\lvert \lambda \boldsymbol{I} - \boldsymbol{A}_{\rm cl} \rvert$
`eq1 = collect(eq1,lambda)`	……… 特性多項式 $\lvert \lambda \boldsymbol{I} - \boldsymbol{A}_{\rm cl} \rvert$ を λ に関する降べき順で表現
`coe1 = coeffs(eq1,lambda)`	……… 特性多項式 $\lvert \lambda \boldsymbol{I} - \boldsymbol{A}_{\rm cl} \rvert$ の係数を昇べきの順で表示
`eq2 = (lambda - p1)*(lambda - p2);`	……… 多項式 $\Delta(\lambda) = (\lambda - p_1)(\lambda - p_2)$
`eq2 = collect(eq2,lambda)`	……… 多項式 $\Delta(\lambda)$ を λ に関する降べき順で表現
`coe2 = coeffs(eq2,lambda)`	……… 多項式 $\Delta(\lambda)$ の係数を昇べきの順で表示
`[k1 k2] = solve(coe1(1)-coe2(1), coe1(2)-coe2(2), {k1,k2})`	
	……… $\lvert \lambda \boldsymbol{I} - \boldsymbol{A}_{\rm cl} \rvert - \Delta(\lambda)$ の λ に関する 0 次項，1 次項の係数が 0 となる k_1, k_2 の算出
`K = subs([k1 k2],{p1,p2},{-8+4j,-8-4j})`	……… $p_1 = -8 + 4j$, $p_2 = -8 - 4j$ としたときの $\boldsymbol{k}$
`eig(A + B*K)`	……… $\boldsymbol{A}_{\rm cl} = \boldsymbol{A} + \boldsymbol{bk}$ の固有値の計算

を実行すれば，以下に示すように，**例 4.3 (1) (p.75)** の結果を得ることができる．

"symb_poleplace.m" の実行結果

`>> symb_poleplace ↵`	……… "symb_poleplace.m" の実行
`eq1 =`	……… (4.26) 式：特性多項式 $\lvert \lambda \boldsymbol{I} - \boldsymbol{A}_{\rm cl} \rvert = \lambda^2 + (5 - 2k_1)\lambda - 4k_1 - 4k_2 + 4$
`lambda^2 + (5 - 2*k1)*lambda - 4*k1 - 4*k2 + 4`	
`coe1 =`	……… $\lvert \lambda \boldsymbol{I} - \boldsymbol{A}_{\rm cl} \rvert$ の 0 次項の係数：$4 - 4k_2 - 4k_1$，1 次項の係数：$5 - 2k_1$，2 次項の係数：1
`[ 4 - 4*k2 - 4*k1, 5 - 2*k1, 1]`	
`eq2 =`	……… (4.27) 式：多項式 $\Delta(\lambda) = \lambda^2 + (-p_1 - p_2)\lambda + p_1 p_2$
`lambda^2 + (- p1 - p2)*lambda + p1*p2`	
`coe2 =`	……… 多項式 $\Delta(\lambda)$ の 0 次項の係数：$p_1 p_2$，1 次項の係数：$-p_1 - p_2$，2 次項の係数：1
`[ p1*p2, - p1 - p2, 1]`	
`k1 =`	……… (4.28) 式：$k_1 = \dfrac{p_1}{2} + \dfrac{p_2}{2} + \dfrac{5}{2} = \dfrac{5 + p_1 + p_2}{2}$
`p1/2 + p2/2 + 5/2`	
`k2 =`	……… (4.28) 式：$k_2 = -\dfrac{p_1}{2} - \dfrac{p_2}{2} - \dfrac{p_1 p_2}{4} - \dfrac{3}{2} = -\dfrac{6 + 2p_1 + 2p_2 + p_1 p_2}{4}$
`- p1/2 - p2/2 - (p1*p2)/4 - 3/2`	
`K =`	……… 極を $-8 \pm 4j$ に配置する $\boldsymbol{k} = \begin{bmatrix} -5.5 & -13.5 \end{bmatrix} = \left(\begin{bmatrix} -\dfrac{11}{2} & -\dfrac{27}{2} \end{bmatrix} \right)$
`   -5.5000  -13.5000`	
`ans =`	……… $\boldsymbol{A}_{\rm cl} = \boldsymbol{A} + \boldsymbol{bk}$ の固有値 $\lambda = -8 \pm 4j$
`  -8.0000 + 4.0000i`	
`  -8.0000 - 4.0000i`	

(b) 可制御標準形に基づく方法 (1 入力システム)

4.3.2 項で説明した可制御標準形に基づく極配置アルゴリズム (p.81) を利用して，MATLAB により例 4.5 (p.79) の結果を得るには，M ファイル

```
M ファイル "poleplace_ctrb.m"：可制御標準形に基づく方法による極配置
         :    "symb_poleplace.m" の 1〜8 行目と同様
9   % ------- ステップ1 -------
10  coe = poly(A)               ……… A の特性多項式 |λI - A| = λ² + α₁λ + α₀ の係数の算出
11  a1 = coe(2); a0 = coe(3);     ：(4.40) 式 ((4.34) 式)
12
13  % ------- ステップ2 -------
14  Mc = [ a1 1                 ……… M_c = [α₁ 1; 1 0]：(4.41) 式 ((4.35) 式)
15         1  0 ]
16  Vc = ctrb(A,B)              ……… 可制御行列 V_c = [ b  Ab ]：(4.41) 式 ((4.7) 式)
17
18  % ------- ステップ3 -------
19  Tc = inv(Vc*Mc)             ……… 可制御標準形への変換行列 T_c = (V_c M_c)⁻¹
20                                 ：(4.42) 式 ((4.36) 式)
21  % ------- ステップ4 -------
22  p1 = -8+4j; p2 = -8-4j;     ……… p₁ = -8+4j, p₂ = -8-4j を設定
23  Delta = conv([1 -p1],[1 -p2])    多項式 Δ(λ) = (λ-p₁)(λ-p₂) = λ² + δ₁λ + δ₀
24  d1 = Delta(2); d0 = Delta(3);    の係数の算出：(4.46) 式 ((4.53) 式)
25
26  % ------- ステップ5 -------
27  Kc = [a0-d0 a1-d1]          ……… k_c = [ α₀-δ₀  α₁-δ₁ ]：(4.47) 式 ((4.54) 式)
28  K = Kc*Tc                   ……… k = k_c T_c：(4.51) 式 ((4.54) 式)
29  eig(A + B*K)                ……… A_cl = A + bk の固有値の計算
```

を実行すればよい．M ファイル "poleplace_ctrb.m" を実行すると，

```
"poleplace_ctrb.m" の実行結果
>> poleplace_ctrb ↵
coe =    …… |λI - A| = λ² + 5λ + 4, {α₁ = 5, α₀ = 4}
    1   5   4
Mc =           ……… M_c = [5 1; 1 0]
    5   1
    1   0
Vc =           ……… V_c = [2 -6; 0 4]
    2  -6
    0   4
Tc =   …… T_c = [0 0.25; 0.5 -0.5] = (1/4)[0 1; 2 -2]
```

```
         0    0.2500
    0.5000   -0.5000
Delta =  ……… Δ(λ) = λ² + 16λ + 80, {δ₁ = 16, δ₀ = 80}
    1   16   80
Kc =           ……… k_c = [ -76  -11 ]
   -76  -11
K =   k = [ -5.5  -13.5 ] = ([ -11/2  -27/2 ])
   -5.5000  -13.5000
ans =    ……… A_cl = A + bk の固有値 λ = -8 ± 4j
   -8.0000 + 4.0000i
   -8.0000 - 4.0000i
```

となり，例 4.5 の結果と一致している．

(c) アッカーマンの極配置アルゴリズム (1 入力システム)

MATLAB では，4.3.3 項で説明したアッカーマンの極配置アルゴリズム (p.82) を実現するための関数 "acker" が用意されている．たとえば，以下の M ファイル "poleplace_acker.m" を実行すれば，例 4.6 (p.82) の結果を得ることができる．

M ファイル“poleplace_acker.m”：1 入力システムの極配置 (関数“acker”)

```
:
:   “symb_poleplace.m”の 1～8 行目と同様
p = [ -8+4j            …… p1 = −8 + 4j
      -8-4j ];         …… p2 = −8 − 4j
K = - acker(A,B,p)     …… アッカーマンの極配置
                           アルゴリズムによる設計
eig(A + B*K)           …… A + bk の固有値
```

“poleplace_acker.m”の実行結果

```
>> poleplace_acker ↵     ………… M ファイルの実行
K =                      ………… (4.59) 式
  -5.5000  -13.5000
ans =                    ………… A + bk の固有値
  -8.0000 + 4.0000i
  -8.0000 - 4.0000i
```

問題 4.9 問題 4.3 (p.77)，問題 4.5 (p.81)，問題 4.6 (p.83) の結果を MATLAB により確かめることを考える．状態方程式の係数が問題 4.1 (p.73) の (1) であるとき，$\boldsymbol{A}+\boldsymbol{bk}$ の固有値を $-5\pm 10j$ とするような $\boldsymbol{k}$ を，以下の方法により設計せよ．

(1) 直接的な方法：“`symb_poleplace.m`”(p.87) を参照

(2) 可制御標準形に基づく方法：“`poleplace_ctrb.m`”(p.88) を参照

(3) アッカーマンの極配置アルゴリズム：“`poleplace_acker.m`”を参照 (関数“`acker`”)

…………………………(1), (2) は Symbolic Math Toolbox が使用できる環境下の場合のみ

(d) 多入力システムの極配置

関数“`acker`”は 1 入力システムにしか利用できないが，これとは別に，多入力システムに対しても利用可能な関数“`place`”が用意されている．関数“`place`”はロバスト極配置法 (p.85) に基づいているため，指定する固有値の値 p_i は，入力数を超えた重複をさせてはならないことに注意する必要がある(注 4.13)．

以下の M ファイル“`poleplace_place.m`”を実行すれば，例 4.7 (p.83) で示した 2 入力の 2 慣性システム (4.60) 式に対して，ロバスト極配置法により，$\boldsymbol{A}+\boldsymbol{BK}$ の固有値を $p_1=p_2=-2,\ p_3=p_4=-4$ に配置する $\boldsymbol{K}$ を設計することができる．

M ファイル“poleplace_place.m”：多入力システムの極配置 (関数“place”)

```
clear                  ……… メモリ上の変数をすべて消去
format compact              …… 余分な改行を省略

A = [ 0  1  0  0            …… (4.60) 式の A
     -1 -1  1  1
      0  0  0  1
      2  2 -2 -2 ];
B = [ 0  0                  …… (4.60) 式の B
     1/2 0
      0  0
      0  1 ];

p(1) = -2; p(2) = -2;  …… p1 = p2 = −2
p(3) = -4; p(4) = -4;  …… p3 = p4 = −4
K = - place(A,B,p)     …… ロバスト極配置法に
                           よる設計
eig(A + B*K)           …… A + BK の固有値
```

“poleplace_place.m”の実行結果

```
>> poleplace_place ↵   …… M ファイルの実行
K =                    ………… 例 4.7 の ③
  -14.0000  -10.0000   -2.0000   -2.0000
   -2.0000   -2.0000   -6.0000   -4.0000
ans =                  ………… A + BK の固有値
   -2.0000
   -4.0000
   -2.0000
   -4.0000
```

(注 4.13) たとえば，例 4.7 (p.83) のように，対象とするシステムが 2 入力 4 次システム (4.60) 式の場合，指定する 4 個の固有値の値を，$p_1=p_2=p_3=-2$ (重複度 3), $p_4=-4$ のように，入力数 2 を超えた重複度 3 をもたせることはできない．

なお，ロバスト極配置法により得られる $\boldsymbol{K}$ は結果的に，例 4.7 の ③ のようになる．

4.4.3　状態フィードバック制御のシミュレーション

4.4.2 項 (a)～(c) の方法で設計された状態フィードバック形式のコントローラを用いて，初期値を $\boldsymbol{x}(0) = \boldsymbol{x}_0$ としたシミュレーションを行うための Simulink モデル "`simulink_sfbk.mdl`" を，図 4.11 に示す．なお，状態フィードバック制御では，$\boldsymbol{x}(t)$ がすべて観測できるとしているため，状態空間表現

$$\mathcal{P}: \begin{cases} \dot{\boldsymbol{x}}(t) = \boldsymbol{A}\boldsymbol{x}(t) + \boldsymbol{b}u(t), \quad \boldsymbol{x}(0) = \boldsymbol{x}_0 \\ \boldsymbol{\eta}(t) = \boldsymbol{x}(t) \\ \qquad\;\; = \boldsymbol{I} \cdot \boldsymbol{x}(t) + \boldsymbol{0} \cdot u(t) \end{cases} \tag{4.70}$$

を，Simulink モデル "`simulink_sfbk.mdl`" に記述している．たとえば，$\boldsymbol{x}(0) = \boldsymbol{x}_0 = \begin{bmatrix} 0 & 1 \end{bmatrix}^{\mathrm{T}}$ としたシミュレーションを行うには，コマンドウィンドウで

```
>> poleplace_acker ↵                  ……… "poleplace_acker.m" (p.89) の実行
K =
   -5.5000  -13.5000
ans =
  -8.0000 + 4.0000i
  -8.0000 - 4.0000i
>> x0 = [ 0  1 ]'; ↵                  ……… 初期状態 x(0) = [0 1]^T の設定
```

と入力した後，Simulink モデル "`simulink_sfbk.mdl`" を実行する．このとき，Scope をダブルクリックすると，シミュレーション結果が表示される．また，M ファイル

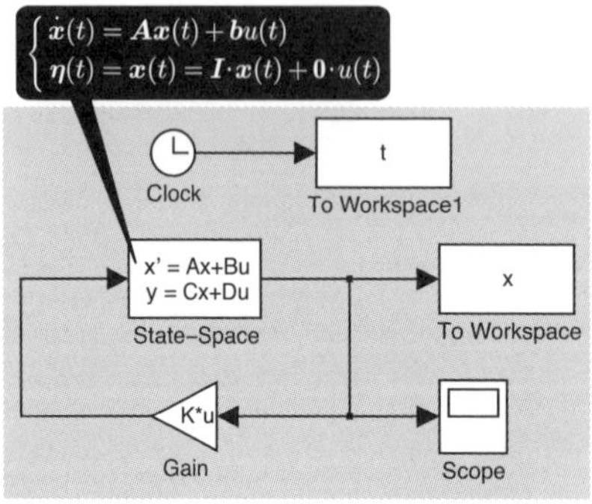

- **State-Space** (ライブラリ：Continuous)
  A："1" を "A" に変更，B："1" を "B" に変更
  C："1" を "eye(2)" に変更
  D："1" を "zeros(2,1)" に変更
- **Gain** (ライブラリ：Math Operations)
  ゲイン："1" を "K" に変更
  乗算："単位要素 (K.*u)" を "行列 (K*u)" に変更
- **To Workspace** (ライブラリ：Sinks)
  変数名："simout" を "x" に変更
  保存フォーマット："構造体" を "配列" に変更
- **To Workspace1** (ライブラリ：Sinks)
  変数名："simout" を "t" に変更
  保存フォーマット："構造体" を "配列" に変更
- **Scope** (ライブラリ：Sinks)
  変更なし
- **Clock** (ライブラリ：Sources)
  変更なし

シミュレーション時間
開始時間：0 ･･･ 変更なし
終了時間：1

ソルバオプション
タイプ：固定ステップ
ソルバ：ode4 (Runge-Kutta)
固定ステップ (基本サンプル時間)：0.01

データのインポート/エクスポート
"単一のシミュレーション出力" ("単一のオブジェクトとしてシミュレーション出力を保存") のチェックを外す

図 4.11　Simulink モデル "`simulink_sfbk.mdl`"

M ファイル "plot_data_sfbk.m"

```
figure(1);
plot(t,x(:,1)); grid;
xlabel('t [s]');
ylabel('x1(t) [V]');

figure(2);
plot(t,x(:,2)); grid;
xlabel('t [s]');
ylabel('x2(t) [V]');
```

を実行すると，図 4.12 のシミュレーション結果が描画され，図 4.8 (p.76) の結果と一致していることが確認できる．

なお，制御対象 $\mathcal{P}$ とコントローラ $\mathcal{K}$ との併合システムの状態空間表現が

$$
\mathcal{P}: \begin{cases} \dot{\boldsymbol{x}}(t) = \boldsymbol{A}\boldsymbol{x}(t) + \boldsymbol{b}u(t), & \boldsymbol{x}(0) = \boldsymbol{x}_0 \\ \boldsymbol{\eta}(t) = \boldsymbol{x}(t) \end{cases}, \quad \mathcal{K}: \ u(t) = \boldsymbol{k}\boldsymbol{x}(t)
$$

$$
\Longrightarrow \begin{cases} \dot{\boldsymbol{x}}(t) = \big(\boldsymbol{A} + \boldsymbol{b}\boldsymbol{k}\big)\boldsymbol{x}(t) + \boldsymbol{0}\cdot u(t), \quad \boldsymbol{x}(0) = \boldsymbol{x}_0 \\ \boldsymbol{\eta}(t) = \boldsymbol{x}(t) \\ \qquad\ \ = \boldsymbol{I}\cdot\boldsymbol{x}(t) + \boldsymbol{0}\cdot u(t) \end{cases} \tag{4.71}
$$

であることを考慮すると，零入力応答を描画するための関数 "`initial`" を利用することで Simulink を利用せずにシミュレーション結果を得ることができる．つまり，以下の M ファイルを実行すれば，図 4.12 のシミュレーション結果が描画される．

M ファイル "sim_sfbk.m"

```
poleplace_acker                  ……… M ファイル "poleplace_acker.m" (p.89) の実行
x0 = [ 0  1 ]';                  ……… 初期状態 x(0) = x0 = [0 1]^T の設定

sys = ss(A+B*K,zeros(2,1),eye(2),zeros(2,1));     ……… 状態空間表現 (4.71) 式の定義

t = linspace(0,1,1001);          ……… 時間 t の定義 (t = 0:0.001:1; と入力してもよい)
x = initial(sys,x0,t);           ……… 与えられた x0, t に対する零入力応答 η(t) = x(t) の算出
plot_data_sfbk                   ……… M ファイル "plot_data_sfbk.m" (p.91) の実行
```

問題 4.10 M ファイル "`poleplace_place.m`" (p.89) により設計されたコントローラを用いて Simulink によるシミュレーションを行い，例 4.7 で示した結果 (図 4.10 (p.85) の ③) と一致することを確かめよ．

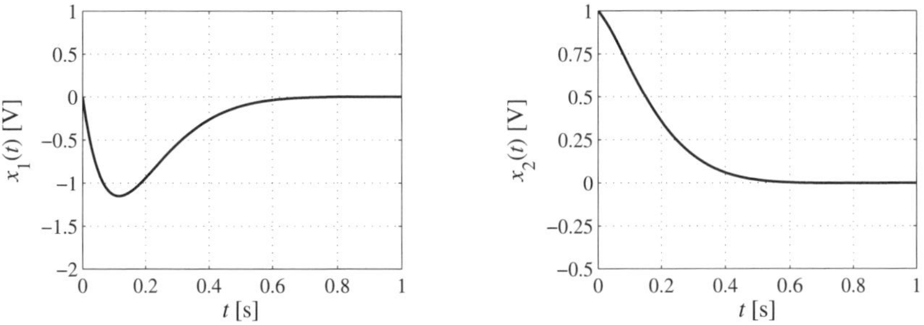

(a) $x_1(t)$ の描画　(b) $x_2(t)$ の描画

図 4.12 シミュレーション結果

第 5 章

サーボシステムの設計

第 4 章では，状態フィードバック形式のコントローラを用い，任意の初期状態から状態変数を零に制御するレギュレータ制御について説明した．しかし，実際には，レギュレータ制御ではなく，制御量を目標値に追従させる制御を行いたい場合が多い．本章の前半では，外乱などが存在しない理想的な状況では，状態フィードバックに“目標値からのフィードフォワード”の項を付加することで，定値の目標値に追従させることができることを示す．しかし，この方法では，たとえばステップ状の外乱が加わったとき，定常偏差が残ってしまうという問題がある．そこで，本章の後半では，状態フィードバック形式のコントローラに“積分器”を付加し，ステップ状の目標値に追従させたり，ステップ状の外乱の影響を除去するサーボシステムを構成する方法を説明する．

5.1 フィードフォワードを利用した目標値追従制御

5.1.1 定値の目標値への追従制御

ここでは，外乱などの未知動特性が存在しない理想的な状況を考え，次式の可制御な p 入力 p 出力の線形システムを制御対象とする．

$$\mathcal{P}: \begin{cases} \dot{\boldsymbol{x}}(t) = \boldsymbol{A}\boldsymbol{x}(t) + \boldsymbol{B}\boldsymbol{u}(t), \quad \boldsymbol{x}(0) = \boldsymbol{x}_0 \\ \boldsymbol{y}(t) = \boldsymbol{C}\boldsymbol{x}(t) \\ \boldsymbol{\eta}(t) = \boldsymbol{x}(t) \end{cases} \tag{5.1}$$

ただし，$\boldsymbol{x}(t) \in \mathbb{R}^n$：状態変数，$\boldsymbol{u}(t) \in \mathbb{R}^p$：操作量，$\boldsymbol{y}(t) \in \mathbb{R}^p$：制御量，$\boldsymbol{\eta}(t) \in \mathbb{R}^n$：観測量である．このような理想的な状況では，**図 5.1** に示すコントローラ

目標値からのフィードフォワードを付加したコントローラ

$$\mathcal{K}: \ \boldsymbol{u}(t) = \overbrace{\boldsymbol{K}\boldsymbol{x}(t)}^{\text{状態フィードバック}} + \underbrace{\boldsymbol{H}\boldsymbol{y}^{\text{ref}}(t)}_{\text{目標値からのフィードフォワード}} \tag{5.2}$$

により，定値の目標値 $\boldsymbol{y}^{\text{ref}}(t) = \boldsymbol{y}_{\text{c}}^{\text{ref}}$ に対する**追従制御**（following control）を実現することができる．(5.2) 式のコントローラは，**1.2 節**や **1.4 節**で説明したように，古典制御でよく用いられる P–D

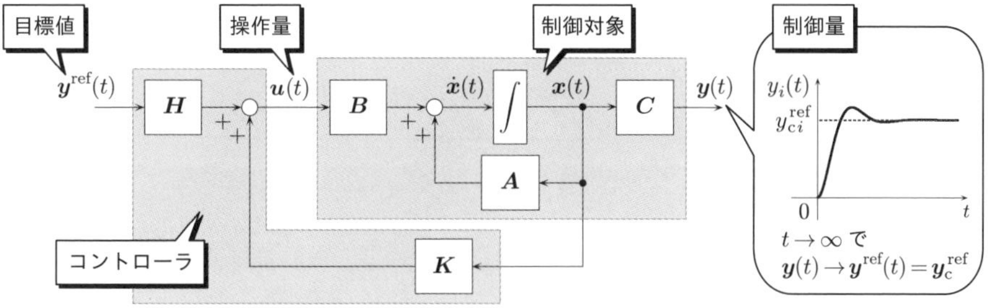

図 5.1　フィードフォワードを利用した追従制御

コントローラを，制御対象が高次システムや多入力多出力システムである場合に拡張したものと考えることができる．

例 5.1 ……………… 2 慣性システムの追従制御

例 2.4 (p.15) で導出したように，図 1.1 (p.2) に示す 2 慣性システムの状態空間表現は，$M_1 = 0.5$, $M_2 = 1$, $k = 2$, $\mu = 1$ であるとき，次式で与えられる．

$$\mathcal{P}: \begin{cases} \dot{\boldsymbol{x}}(t) = \boldsymbol{A}\boldsymbol{x}(t) + \boldsymbol{b}u(t) \\ y(t) = \boldsymbol{c}\boldsymbol{x}(t) \end{cases} \tag{5.3}$$

$$\boldsymbol{x}(t) = \begin{bmatrix} x_1(t) \\ x_2(t) \\ x_3(t) \\ x_4(t) \end{bmatrix} = \begin{bmatrix} z_1(t) \\ \dot{z}_1(t) \\ z_2(t) \\ \dot{z}_2(t) \end{bmatrix}, \quad u(t) = f_1(t),$$

$$\boldsymbol{A} = \begin{bmatrix} 0 & 1 & 0 & 0 \\ -4 & -2 & 4 & 2 \\ 0 & 0 & 0 & 1 \\ 2 & 1 & -2 & -1 \end{bmatrix}, \quad \boldsymbol{b} = \begin{bmatrix} 0 \\ 2 \\ 0 \\ 0 \end{bmatrix}, \quad \boldsymbol{c} = \begin{bmatrix} 0 & 0 & 1 & 0 \end{bmatrix}$$

ここでは，(5.3) 式を制御対象としたとき，制御量 $y(t) = z_2(t)$ をステップ状の目標値

$$y^{\rm ref}(t) = \begin{cases} 0 & (t < 0) \\ y_{\rm c}^{\rm ref} & (t \geq 0) \quad \cdots\cdots\cdots\cdots \text{定値の目標値} \end{cases} \tag{5.4}$$

に追従させるため，次式のコントローラを用いることを考える．

$$\mathcal{K}: \ u(t) = \boldsymbol{k}\boldsymbol{x}(t) + hy^{\rm ref}(t) \tag{5.5}$$

まず，制御量が $y(t) = y_{\rm c}^{\rm ref}$ となる (台車 2 が $y_{\rm c}^{\rm ref}$ で静止する) ような，$\boldsymbol{x}(t)$, $u(t)$ の定常値 $\boldsymbol{x}_\infty = \begin{bmatrix} x_{1\infty} & x_{2\infty} & x_{3\infty} & x_{4\infty} \end{bmatrix}^{\rm T}$, u_∞ が存在するかどうかを調べる．そのためには，(5.3) 式において $y^{\rm ref}(t) = y_{\rm c}^{\rm ref}$, $\boldsymbol{x}(t) = \boldsymbol{x}_\infty$, $u(t) = u_\infty$ とし，さらに，定常値の条件 $\dot{\boldsymbol{x}}_\infty = \boldsymbol{0}$ を考慮した

$$\begin{cases} \boldsymbol{0} = \boldsymbol{A}\boldsymbol{x}_\infty + \boldsymbol{b}u_\infty \\ y_{\rm c}^{\rm ref} = \boldsymbol{c}\boldsymbol{x}_\infty \end{cases} \Longrightarrow \begin{bmatrix} \boldsymbol{A} & \boldsymbol{b} \\ \boldsymbol{c} & 0 \end{bmatrix} \begin{bmatrix} \boldsymbol{x}_\infty \\ u_\infty \end{bmatrix} = \begin{bmatrix} \boldsymbol{0} \\ 1 \end{bmatrix} y_{\rm c}^{\rm ref} \tag{5.6}$$

を満足する $\boldsymbol{x}_\infty$, u_∞ が存在するかどうかを調べればよい．ここで，

$$\left|\boldsymbol{M}_0\right| = \begin{vmatrix} \boldsymbol{A} & \boldsymbol{b} \\ \boldsymbol{c} & 0 \end{vmatrix} = 4 \neq 0 \quad \Longrightarrow \quad \boldsymbol{M}_0 := \begin{bmatrix} \boldsymbol{A} & \boldsymbol{b} \\ \boldsymbol{c} & 0 \end{bmatrix} \text{：正則}$$

であるから，(5.6) 式を満足する定常値 $\boldsymbol{x}_\infty$, u_∞ が，次式のように定まる．

$$\begin{aligned} &\begin{bmatrix} \boldsymbol{x}_\infty \\ u_\infty \end{bmatrix} = \begin{bmatrix} \boldsymbol{A} & \boldsymbol{b} \\ \boldsymbol{c} & 0 \end{bmatrix}^{-1} \begin{bmatrix} \boldsymbol{0} \\ 1 \end{bmatrix} y_{\mathrm{c}}^{\mathrm{ref}} \\ \Longrightarrow \ &\begin{bmatrix} x_{1\infty} \\ x_{2\infty} \\ x_{3\infty} \\ x_{4\infty} \\ \hdashline u_\infty \end{bmatrix} = \frac{1}{4} \begin{bmatrix} -2 & 0 & 2 & 2 & 4 \\ 4 & 0 & 0 & 0 & 0 \\ 0 & 0 & 0 & 0 & 4 \\ 0 & 0 & 4 & 0 & 0 \\ 0 & 2 & 0 & 4 & 0 \end{bmatrix} \begin{bmatrix} 0 \\ 0 \\ 0 \\ 0 \\ \hdashline 1 \end{bmatrix} y_{\mathrm{c}}^{\mathrm{ref}} = \begin{bmatrix} y_{\mathrm{c}}^{\mathrm{ref}} \\ 0 \\ y_{\mathrm{c}}^{\mathrm{ref}} \\ 0 \\ \hdashline 0 \end{bmatrix} \end{aligned} \tag{5.7}$$

(5.7) 式は，台車 2 が $y_{\mathrm{c}}^{\mathrm{ref}}$ で静止しているとき $(x_{3\infty} = y_{\mathrm{c}}^{\mathrm{ref}})$，台車 1 には力が加わっておらず $(u_\infty = 0)$，さらに，台車 1 が $y_{\mathrm{c}}^{\mathrm{ref}}$ で静止していること $(x_{1\infty} = y_{\mathrm{c}}^{\mathrm{ref}})$ を意味している．

つぎに，コントローラ (5.5) 式により制御量 $y(t)$ を，定値の目標値 $y^{\mathrm{ref}}(t) = y_{\mathrm{c}}^{\mathrm{ref}}$ に追従させることが可能であることを示す．定常値 $\boldsymbol{x}_\infty$, u_∞ からの変動を，それぞれ $\widetilde{\boldsymbol{x}}(t) := \boldsymbol{x}(t) - \boldsymbol{x}_\infty$，$\widetilde{u}(t) := u(t) - u_\infty$ のように定義する．このとき，(5.3), (5.6) 式より，

$$\begin{aligned} \dot{\widetilde{\boldsymbol{x}}}(t) &= \dot{\boldsymbol{x}}(t) = \boldsymbol{A}\boldsymbol{x}(t) + \boldsymbol{b}u(t) = \boldsymbol{A}\big(\widetilde{\boldsymbol{x}}(t) + \boldsymbol{x}_\infty\big) + \boldsymbol{b}\big(\widetilde{u}(t) + u_\infty\big) \\ &= \boldsymbol{A}\widetilde{\boldsymbol{x}}(t) + \boldsymbol{b}\widetilde{u}(t) + \underbrace{\boldsymbol{A}\boldsymbol{x}_\infty + \boldsymbol{b}u_\infty}_{\boldsymbol{0}} = \boldsymbol{A}\widetilde{\boldsymbol{x}}(t) + \boldsymbol{b}\widetilde{u}(t) \\ e(t) &= y_{\mathrm{c}}^{\mathrm{ref}} - \boldsymbol{c}\boldsymbol{x}(t) = y_{\mathrm{c}}^{\mathrm{ref}} - \boldsymbol{c}\big(\widetilde{\boldsymbol{x}}(t) + \boldsymbol{x}_\infty\big) \\ &= -\boldsymbol{c}\widetilde{\boldsymbol{x}}(t) + \underbrace{y_{\mathrm{c}}^{\mathrm{ref}} - \boldsymbol{c}\boldsymbol{x}_\infty}_{0} = -\boldsymbol{c}\widetilde{\boldsymbol{x}}(t) \\ \Longrightarrow \ &\left\{ \begin{aligned} \dot{\widetilde{\boldsymbol{x}}}(t) &= \boldsymbol{A}\widetilde{\boldsymbol{x}}(t) + \boldsymbol{b}\widetilde{u}(t) \\ e(t) &= -\boldsymbol{c}\widetilde{\boldsymbol{x}}(t) \end{aligned} \right. \end{aligned} \tag{5.8}$$

が得られる．したがって，状態変数，操作量をそれぞれ定常値 $\boldsymbol{x}_\infty$, u_∞ からの変動分 $\widetilde{\boldsymbol{x}}(t)$, $\widetilde{u}(t)$ とした状態方程式 (5.8) 式の上式に対し，$\boldsymbol{A}_{\mathrm{cl}} := \boldsymbol{A} + \boldsymbol{b}\boldsymbol{k}$ の固有値 $\lambda = \alpha + j\beta$ の実部 α がすべて負となるように状態フィードバック形式のコントローラ

$$\mathcal{K}:\ \widetilde{u}(t) = \boldsymbol{k}\widetilde{\boldsymbol{x}}(t) \tag{5.9}$$

を設計すれば，$t \to \infty$ で $\widetilde{\boldsymbol{x}}(t) = e^{\boldsymbol{A}_{\mathrm{cl}}t}\widetilde{\boldsymbol{x}}(0) \to \boldsymbol{0}$，すなわち，

$$e(t) = y_{\mathrm{c}}^{\mathrm{ref}} - y(t) = -\boldsymbol{c}\widetilde{\boldsymbol{x}}(t) \to \boldsymbol{0} \ \ \big(y(t) \to y^{\mathrm{ref}}(t) = y_{\mathrm{c}}^{\mathrm{ref}}\big)$$

とすることができ，定値の目標値 $y^{\mathrm{ref}}(t) = y_{\mathrm{c}}^{\mathrm{ref}}$ への追従制御が実現できる．また，(5.9) 式を書き換えると，(5.7) 式より，

$$\mathcal{K}:\ u(t) = \boldsymbol{k}\big(\boldsymbol{x}(t) - \boldsymbol{x}_\infty\big) + u_\infty = \boldsymbol{k}\boldsymbol{x}(t) + \begin{bmatrix} -\boldsymbol{k} & 1 \end{bmatrix} \begin{bmatrix} \boldsymbol{x}_\infty \\ u_\infty \end{bmatrix}$$

$$= \boldsymbol{k}\boldsymbol{x}(t) + hy_{\rm c}^{\rm ref}, \quad h = \begin{bmatrix} -\boldsymbol{k} & 1 \end{bmatrix} \begin{bmatrix} \boldsymbol{A} & \boldsymbol{b} \\ \boldsymbol{c} & 0 \end{bmatrix}^{-1} \begin{bmatrix} \boldsymbol{0} \\ 1 \end{bmatrix} \tag{5.10}$$

が得られ，(5.5) 式において $y^{\rm ref}(t) = y_{\rm c}^{\rm ref}$ としたものになることがわかる．

最後に，設計例を示す．アッカーマンの極配置アルゴリズム (**4.3.3 項**) により，$\boldsymbol{A}_{\rm cl} := \boldsymbol{A}+\boldsymbol{b}\boldsymbol{k}$ の固有値 λ を $-2 \pm 2j$, $-2 \pm j$ に配置する $\boldsymbol{k}$ を定めた後，(5.10) 式により h を定める．

ステップ 1　与えられた $-2 \pm 2j$, $-2 \pm j$ に対し，(4.53) 式 (p.81) で定義される多項式 $\Delta(\lambda)$ およびその係数 δ_0, δ_1, δ_2, δ_3 は，

$$\begin{aligned} \Delta(\lambda) &:= (\lambda+2-2j)(\lambda+2+2j)(\lambda+2-j)(\lambda+2+j) \\ &= \lambda^4 + 8\lambda^3 + 29\lambda^2 + 52\lambda + 40 \\ &\Longrightarrow \quad \delta_3 = 8, \ \ \delta_2 = 29, \ \ \delta_1 = 52, \ \ \delta_0 = 40 \end{aligned} \tag{5.11}$$

であり，(4.56) 式 (p.82) で定義される行列 $\boldsymbol{\Delta_A}$ は，次式となる．

$$\boldsymbol{\Delta_A} = \boldsymbol{A}^4 + \delta_3\boldsymbol{A}^3 + \delta_2\boldsymbol{A}^2 + \delta_1\boldsymbol{A} + \delta_0\boldsymbol{I} = \begin{bmatrix} 8 & 16 & 32 & 36 \\ 8 & 12 & -8 & 28 \\ 16 & 18 & 24 & 34 \\ -4 & 14 & 4 & 26 \end{bmatrix} \tag{5.12}$$

ステップ 2　(4.9) 式 (p.71) で定義される可制御行列 $\boldsymbol{V}_{\rm c}$ は，

$$\boldsymbol{V}_{\rm c} = \begin{bmatrix} \boldsymbol{b} & \boldsymbol{A}\boldsymbol{b} & \boldsymbol{A}^2\boldsymbol{b} & \boldsymbol{A}^3\boldsymbol{b} \end{bmatrix} = \left[\begin{array}{c:c:c:c} 0 & 2 & -4 & 4 \\ 2 & -4 & 4 & 12 \\ 0 & 0 & 2 & -2 \\ 0 & 2 & -2 & -6 \end{array}\right] \tag{5.13}$$

であるから，(4.57) 式 (p.82) より，コントローラ (5.5) 式のゲイン $\boldsymbol{k}$, h は，

$$\begin{aligned} \boldsymbol{k} &= -\overbrace{\begin{bmatrix} 0 & 0 & 0 & 1 \end{bmatrix}}^{\boldsymbol{e}} \overbrace{\frac{1}{64}\begin{bmatrix} 0 & 32 & 0 & 64 \\ 32 & 0 & 64 & 0 \\ 8 & 0 & 40 & -8 \\ 8 & 0 & 8 & -8 \end{bmatrix}}^{\boldsymbol{V}_{\rm c}^{-1}} \overbrace{\begin{bmatrix} 8 & 16 & 32 & 36 \\ 8 & 12 & -8 & 28 \\ 16 & 18 & 24 & 34 \\ -4 & 14 & 4 & 26 \end{bmatrix}}^{\boldsymbol{\Delta_A}} \\ &= \begin{bmatrix} -\frac{7}{2} & -\frac{5}{2} & -\frac{13}{2} & -\frac{11}{2} \end{bmatrix} \end{aligned} \tag{5.14}$$

$$h = \underbrace{\left[\begin{array}{cccc:c} \frac{7}{2} & \frac{5}{2} & \frac{13}{2} & \frac{11}{2} & 1 \end{array}\right]}_{\begin{bmatrix} -\boldsymbol{k} & 1 \end{bmatrix}} \underbrace{\frac{1}{4}\begin{bmatrix} -2 & 0 & 2 & 2 & 4 \\ 4 & 0 & 0 & 0 & 0 \\ 0 & 0 & 0 & 0 & 4 \\ 0 & 0 & 4 & 0 & 0 \\ 0 & 2 & 0 & 4 & 0 \end{bmatrix}}_{\begin{bmatrix} \boldsymbol{A} & \boldsymbol{b} \\ \boldsymbol{c} & 0 \end{bmatrix}^{-1}} \underbrace{\left[\begin{array}{c} 0 \\ 0 \\ 0 \\ 0 \\ \hdashline 1 \end{array}\right]}_{\begin{bmatrix} \boldsymbol{0} \\ 1 \end{bmatrix}} = 10 \tag{5.15}$$

となる．ゲイン $\boldsymbol{k}$, h をそれぞれ (5.14), (5.15) 式とした (5.5) 式のコントローラを用い，目標値を $y_{\mathrm{c}}^{\mathrm{ref}} = 1$ としてシミュレーションを行った結果を，図 5.2 に示す．これより，台車 2 の位置変位 $y(t)$ は，目標値 $y^{\mathrm{ref}}(t) = y_{\mathrm{c}}^{\mathrm{ref}}$ に追従していることが確認できる．

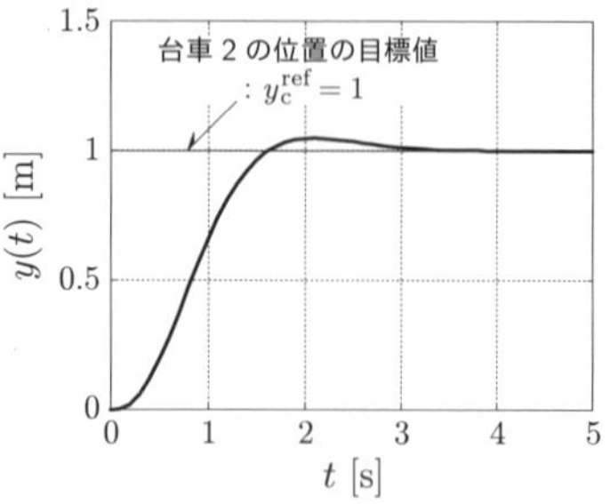

図 5.2　フィードフォワードを利用した追従制御のシミュレーション結果

例 5.1 の結果を，$\boldsymbol{u}(t)$ と $\boldsymbol{y}(t)$ の次元が等しい p 入力 p 出力システムの制御対象 (5.1) 式の場合に拡張すると，以下の結果が得られる．

Point!　フィードフォワードを利用した追従制御 (定値の目標値)

可制御な p 入力 p 出力システム (5.1) 式の制御対象が与えられ，

$$|\boldsymbol{M}_0| = \begin{vmatrix} \boldsymbol{A} & \boldsymbol{B} \\ \boldsymbol{C} & \boldsymbol{O} \end{vmatrix} \neq 0 \implies \boldsymbol{M}_0 := \begin{bmatrix} \boldsymbol{A} & \boldsymbol{B} \\ \boldsymbol{C} & \boldsymbol{O} \end{bmatrix} \text{：正則} \tag{5.16}$$

であるとする(注 5.1)．このとき，$\boldsymbol{A}_{\mathrm{cl}} := \boldsymbol{A} + \boldsymbol{BK}$ の固有値の実部がすべて負となるように $\boldsymbol{K}$ を選べば，目標値からのフィードフォワードを付加した状態フィードバック形式のコントローラ

$$\mathcal{K}:\ \boldsymbol{u}(t) = \boldsymbol{Kx}(t) + \boldsymbol{Hy}^{\mathrm{ref}}(t),\quad \boldsymbol{H} = \begin{bmatrix} -\boldsymbol{K} & \boldsymbol{I} \end{bmatrix} \begin{bmatrix} \boldsymbol{A} & \boldsymbol{B} \\ \boldsymbol{C} & \boldsymbol{O} \end{bmatrix}^{-1} \begin{bmatrix} \boldsymbol{O} \\ \boldsymbol{I} \end{bmatrix} \tag{5.17}$$

により定値の目標値 $\boldsymbol{y}^{\mathrm{ref}}(t) = \boldsymbol{y}_{\mathrm{c}}^{\mathrm{ref}}$ に対する**定常偏差**(steady-state error) (偏差 $\boldsymbol{e}(t) := \boldsymbol{y}^{\mathrm{ref}}(t) - \boldsymbol{y}(t)$ の定常値) を $\boldsymbol{e}_\infty := \lim_{t\to\infty} \boldsymbol{e}(t) = \boldsymbol{0}$ とすることができる．

問題 5.1　制御対象の状態空間表現が

$$\mathcal{P}: \begin{cases} \dot{\boldsymbol{x}}(t) = \boldsymbol{Ax}(t) + \boldsymbol{b}u(t) \\ y(t) = \boldsymbol{cx}(t) \end{cases},\quad \boldsymbol{A} = \begin{bmatrix} 0 & 1 \\ -2 & 3 \end{bmatrix},\quad \boldsymbol{b} = \begin{bmatrix} 0 \\ 1 \end{bmatrix},\quad \boldsymbol{c} = \begin{bmatrix} 1 & 0 \end{bmatrix} \tag{5.18}$$

であるとき，$y(t)$ を定値の目標値 $y^{\mathrm{ref}}(t) = y_{\mathrm{c}}^{\mathrm{ref}}$ に追従させるコントローラ

(注 5.1) (5.16) 式の条件は，**5.1.2 項**で説明するように，(5.1) 式が原点に不変零点をもたないことを意味する．

$$\mathcal{K}:\ u(t) = \boldsymbol{k}\boldsymbol{x}(t) + hy^{\mathrm{ref}}(t) \tag{5.19}$$

を設計することを考える．以下の設問に答えよ．

(1) 行列 $\boldsymbol{M}_0 := \begin{bmatrix} \boldsymbol{A} & \boldsymbol{b} \\ \boldsymbol{c} & 0 \end{bmatrix}$ が正則であることを示せ．また，$y(t) = y_{\mathrm{c}}^{\mathrm{ref}}$ となるような定常値 $\boldsymbol{x}_\infty$, u_∞ を求め，これらが一意に定まることを示せ．

(2) $\boldsymbol{A} + \boldsymbol{b}\boldsymbol{k}$ の固有値が $-2 \pm 2j$ となるように $\boldsymbol{k}$ を定めよ．また，次式により h を定めよ．

$$h = \begin{bmatrix} -\boldsymbol{k} & 1 \end{bmatrix} \begin{bmatrix} \boldsymbol{A} & \boldsymbol{b} \\ \boldsymbol{c} & 0 \end{bmatrix}^{-1} \begin{bmatrix} \boldsymbol{0} \\ 1 \end{bmatrix} \tag{5.20}$$

5.1.2 不変零点との関係

前項で述べたように，定値の目標値への追従制御を実現できるかどうかは，制御対象が (5.16) 式の条件を満足しているかどうかに依存する．(5.16) 式の条件は，以下で定義される制御対象の**不変零点**（invariant zero）と密接な関係がある．

Point ! $\boldsymbol{p}$ **入力** $\boldsymbol{p}$ **出力システムの不変零点**

p 入力 p 出力システム (5.1) 式の不変零点とは，次式の根 s である．

$$\left|\boldsymbol{M}(s)\right| = 0, \quad \boldsymbol{M}(s) := \begin{bmatrix} -\left(s\boldsymbol{I} - \boldsymbol{A}\right) & \boldsymbol{B} \\ \boldsymbol{C} & \boldsymbol{O} \end{bmatrix} \tag{5.21}$$

このように定義される不変零点は，それが原点 $(s = 0)$ であるとき，

$$\left|\boldsymbol{M}(0)\right| = \begin{vmatrix} \boldsymbol{A} & \boldsymbol{B} \\ \boldsymbol{C} & \boldsymbol{O} \end{vmatrix} = 0 \tag{5.22}$$

となり，(5.16) 式の条件を満足しない．したがって，(5.16) 式の条件 $\left|\boldsymbol{M}(0)\right| \neq 0$ は，p 入力 p 出力システム (5.1) 式が原点に不変零点をもたないことを意味している．

なお，多入力多出力システムの場合，一般に，システムの不変零点は伝達関数行列の各要素の零点と異なる．それに対して，1 入出力システムの場合，以下の例で示すように，システムの不変零点は伝達関数の零点に等しくなる．

例 5.2 ………… 1 入出力システムの不変零点と伝達関数の零点

1 入出力の制御対象

$$\mathcal{P}: \begin{cases} \dot{\boldsymbol{x}}(t) = \boldsymbol{A}\boldsymbol{x}(t) + \boldsymbol{b}u(t) \\ y(t) = \boldsymbol{c}\boldsymbol{x}(t) \end{cases}, \quad \boldsymbol{A} = \begin{bmatrix} -2 & 1 \\ 0 & -3 \end{bmatrix}, \quad \boldsymbol{b} = \begin{bmatrix} 0 \\ 2 \end{bmatrix}, \quad \boldsymbol{c} = \begin{bmatrix} -2 & 2 \end{bmatrix} \tag{5.23}$$

の不変零点を求めてみよう．(5.21) 式より不変零点は

$$|\boldsymbol{M}(s)| = \left|\begin{array}{cc} -(s\boldsymbol{I}-\boldsymbol{A}) & \boldsymbol{b} \\ \boldsymbol{c} & 0 \end{array}\right| = \left|\begin{array}{cc:c} -(s+2) & 1 & 0 \\ 0 & -(s+3) & 2 \\ \hdashline -2 & 2 & 0 \end{array}\right| = 4(s+1) = 0 \qquad (5.24)$$

の根であるから，不変零点は $s=-1$ である．

一方，(2.40) 式 (p.22) により状態空間表現 (5.23) 式を伝達関数表現に変換すると，

$$\mathcal{P}:\ y(s) = P(s)u(s),\ \ P(s) = \boldsymbol{c}(s\boldsymbol{I}-\boldsymbol{A})^{-1}\boldsymbol{b} = \frac{4(s+1)}{(s+2)(s+3)} \qquad (5.25)$$

である．したがって，伝達関数 $P(s)$ の零点 (“伝達関数 $P(s)$ の分子 $=0$” となる s) は $s=-1$ であり，不変零点に等しい．

問題 5.2　制御対象の状態空間表現が

$$\mathcal{P}:\begin{cases} \dot{\boldsymbol{x}}(t) = \boldsymbol{A}\boldsymbol{x}(t) + \boldsymbol{b}u(t) \\ y(t) = \boldsymbol{c}\boldsymbol{x}(t) \end{cases},\ \ \boldsymbol{A} = \begin{bmatrix} -1 & 1 \\ -2 & -1 \end{bmatrix},\ \ \boldsymbol{b} = \begin{bmatrix} 2 \\ 0 \end{bmatrix},\ \ \boldsymbol{c} = \begin{bmatrix} 2 & 0 \end{bmatrix}$$

のように与えられたとき，その不変零点を求めよ．また，伝達関数 $P(s) = \boldsymbol{c}(s\boldsymbol{I}-\boldsymbol{A})^{-1}\boldsymbol{b}$ の零点を求めよ．

5.1.3　外乱の影響

コントローラ (5.17) 式を用いると，状態フィードバック $\boldsymbol{K}\boldsymbol{x}(t)$ により制御システム全体の安定性を保証し，同時に，目標値からのフィードフォワード $\boldsymbol{H}\boldsymbol{y}^{\mathrm{ref}}(t)$ により定値の目標値 $\boldsymbol{y}^{\mathrm{ref}}(t) = \boldsymbol{y}_{\mathrm{c}}^{\mathrm{ref}}$ に対する定常偏差 $\boldsymbol{e}_\infty$ を零にすることができた．しかし，このコントローラには，測定することができない未知の外乱 $\boldsymbol{d}(t)$ を除去する機構が含まれていないため，以下に示す例のように，たとえば，ステップ状の外乱 $\boldsymbol{d}(t)$ が加わったときには定常偏差が残ってしまう ($\boldsymbol{e}_\infty \neq \boldsymbol{0}$)．

例 5.3　……………………… 2 慣性システムの追従制御と外乱の影響

例 5.1 (p.93) で対象とした 2 慣性システム (5.3) 式において，図 5.3 に示すように，台車 1 の入力側にステップ状の外乱 $d(t)$ が加わる場合を考える．このとき，ゲイン $\boldsymbol{k}$, h をそれぞれ (5.14), (5.15) 式とした (5.5) 式のコントローラを用いた場合，定常偏差 e_∞ が生じることを示す．

入力外乱 $d(t)$ が加わったときの 2 慣性システムの状態空間表現は，(5.3) 式より

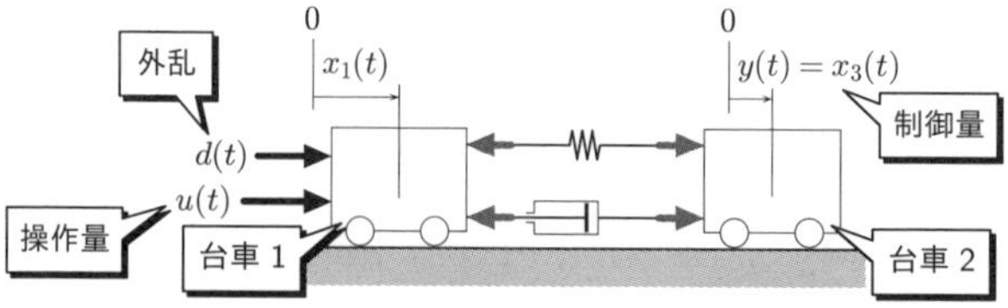

図 5.3　外乱 $d(t)$ が加わっている 2 慣性システム

$$\mathcal{P}:\begin{cases}\dot{\boldsymbol{x}}(t)=\boldsymbol{A}\boldsymbol{x}(t)+\boldsymbol{b}\bigl(u(t)+d(t)\bigr), & \boldsymbol{x}(0)=\boldsymbol{x}_0\\ y(t)=\boldsymbol{c}\boldsymbol{x}(t)\end{cases}\tag{5.26}$$

となる．したがって，$\boldsymbol{A}_{\rm cl}:=\boldsymbol{A}+\boldsymbol{b}\boldsymbol{k}$ とすると，(5.26) 式と (5.5) 式とで構成される併合システムにおける $\boldsymbol{x}(t)$ のラプラス変換 $\boldsymbol{x}(s)=\mathcal{L}\bigl[\boldsymbol{x}(t)\bigr]$ は次式となる．

$$\begin{aligned}&\dot{\boldsymbol{x}}(t)=\boldsymbol{A}_{\rm cl}\boldsymbol{x}(t)+\boldsymbol{b}\bigl(hy^{\rm ref}(t)+d(t)\bigr)\\ &\Longrightarrow\quad \boldsymbol{x}(s)=\bigl(s\boldsymbol{I}-\boldsymbol{A}_{\rm cl}\bigr)^{-1}\bigl\{\boldsymbol{x}_0+\boldsymbol{b}\bigl(hy^{\rm ref}(s)+d(s)\bigr)\bigr\}\end{aligned}\tag{5.27}$$

ここで，目標値 $y^{\rm ref}(t)$ および外乱 $d(t)$ が

$$\begin{aligned}&y^{\rm ref}(t)=\begin{cases}0 & (t<0)\\ y_{\rm c}^{\rm ref} & (t\geq 0)\end{cases},\quad d(t)=\begin{cases}0 & (t<t_{\rm d})\\ d_{\rm c} & (t\geq t_{\rm d})\end{cases}\\ &\Longrightarrow\quad y^{\rm ref}(s)=\mathcal{L}\bigl[y^{\rm ref}(t)\bigr]=\frac{y_{\rm c}^{\rm ref}}{s},\quad d(s)=\mathcal{L}\bigl[d(t)\bigr]=e^{-t_{\rm d}s}\frac{d_{\rm c}}{s}\end{aligned}\tag{5.28}$$

であるとき(注 5.2)，$\boldsymbol{x}(t)$ の定常値 $\boldsymbol{x}_\infty$ は**最終値の定理**（final value theorem）(注 5.3) より

$$\begin{aligned}\boldsymbol{x}_\infty &:=\lim_{t\to\infty}\boldsymbol{x}(t)=\lim_{s\to 0}s\boldsymbol{x}(s)\\ &=\lim_{s\to 0}s\bigl(s\boldsymbol{I}-\boldsymbol{A}_{\rm cl}\bigr)^{-1}\left\{\boldsymbol{x}_0+\boldsymbol{b}\left(h\overbrace{\frac{y_{\rm c}^{\rm ref}}{s}}^{y^{\rm ref}(s)}+\overbrace{e^{-t_{\rm d}s}\frac{d_{\rm c}}{s}}^{d(s)}\right)\right\}\\ &=-\boldsymbol{A}_{\rm cl}^{-1}\boldsymbol{b}\bigl(hy_{\rm c}^{\rm ref}+d_{\rm c}\bigr)=\begin{bmatrix}y_{\rm c}^{\rm ref}\\0\\y_{\rm c}^{\rm ref}\\0\end{bmatrix}+\frac{1}{10}\begin{bmatrix}d_{\rm c}\\0\\d_{\rm c}\\0\end{bmatrix}\end{aligned}\tag{5.29}$$

となる．ただし，ゲイン $\boldsymbol{k}$, h をそれぞれ (5.14), (5.15) 式としたとき，

$$\boldsymbol{A}_{\rm cl}=\begin{bmatrix}0&1&0&0\\-11&-7&-9&-9\\0&0&0&1\\2&1&-2&-1\end{bmatrix}\Longrightarrow\boldsymbol{A}_{\rm cl}^{-1}=-\frac{1}{40}\begin{bmatrix}-23&-2&-9&9\\40&0&0&0\\-3&-2&-29&-11\\0&0&40&0\end{bmatrix}$$

であることを利用した．したがって，$y(t)$ の定常値 y_∞ は

$$y_\infty=\boldsymbol{c}\boldsymbol{x}_\infty=y_{\rm c}^{\rm ref}+\frac{1}{10}d_{\rm c}\tag{5.30}$$

となり，次式の定常偏差 e_∞ を生じることがわかる．

$$e_\infty=y_{\rm c}^{\rm ref}-y_\infty=-\frac{1}{10}d_{\rm c}\tag{5.31}$$

(注 5.2) 時間推移（むだ時間（dead time）$t_{\rm d}$）を伴う信号のラプラス変換については，**付録 A.1** の (A.15) 式 (p.199) を参照すること．

(注 5.3) ラプラス変換の最終値の定理については**付録 A.1** の p.199 を参照すること．

$y_c^{\rm ref} = 1$, $d_c = 1$, $t_d = 5$, $\boldsymbol{x}_0 = \boldsymbol{0}$ としたときのシミュレーション結果を図 5.4 に示す．定常偏差は $e_\infty = -0.1$ であり，外乱の影響が定常的に残っていることが確認できる．

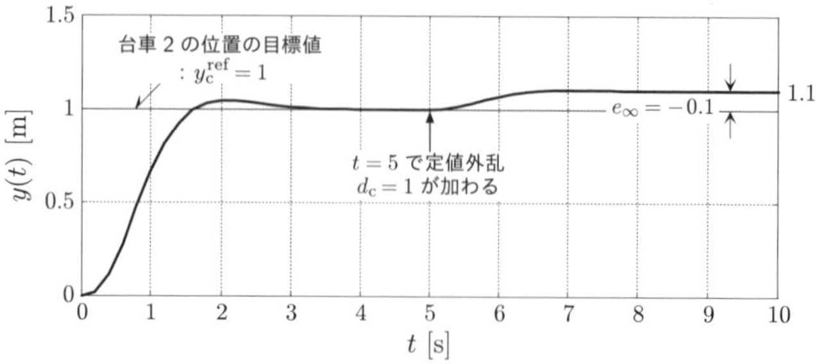

図 5.4　フィードフォワードを利用した追従制御のシミュレーション結果
(外乱 $d(t) = 1$ $(t \geq 5)$ が加わったとき)

次節で述べるように，ステップ状の目標値 $\boldsymbol{y}^{\rm ref}(t)$ に追従させるだけでなく，ステップ状の外乱 $\boldsymbol{d}(t)$ を除去するためには，コントローラに積分器を含ませる必要がある．

問題 5.3　**問題 5.1** (p.96) において，制御対象に外乱 $d(t)$ が加わり，その状態空間表現が

$$\mathcal{P}: \begin{cases} \dot{\boldsymbol{x}}(t) = \boldsymbol{A}\boldsymbol{x}(t) + \boldsymbol{b}\big(u(t) + d(t)\big) \\ y(t) = \boldsymbol{c}\boldsymbol{x}(t) \end{cases}, \quad \boldsymbol{A} = \begin{bmatrix} 0 & 1 \\ -2 & 3 \end{bmatrix}, \quad \boldsymbol{b} = \begin{bmatrix} 0 \\ 1 \end{bmatrix}, \quad \boldsymbol{c} = \begin{bmatrix} 1 & 0 \end{bmatrix} \tag{5.32}$$

により与えられているとする．**問題 5.1** で設計したコントローラ (5.19) 式を用いたとき，ラプラス変換の最終値の定理により，次式の $y^{\rm ref}(t)$, $d(t)$ に対する定常偏差 e_∞ を求めよ．

$$y^{\rm ref}(t) = \begin{cases} 0 & (t < 0) \\ 1 & (t \geq 0) \end{cases}, \quad d(t) = \begin{cases} 0 & (t < 5) \\ 1 & (t \geq 5) \end{cases} \tag{5.33}$$

5.2　サーボシステムと積分型コントローラ

5.2.1　サーボシステムと内部モデル原理

5.1 節では，外乱が存在しない ($\boldsymbol{d}(t) = \boldsymbol{0}$) という理想的な状況下で，定値の目標値 $\boldsymbol{y}^{\rm ref}(t) = \boldsymbol{y}_c^{\rm ref}$ に対する追従制御を実現するために，コントローラ (5.17) 式を用いた．このコントローラ (5.17) 式には外乱を除去する機構が含まれていないため，たとえば，ステップ状の外乱 $\boldsymbol{d}(t)$ が加わったとき，**例 5.3** (p.98) で示したように，定常偏差が残ってしまうという問題があった．しかし，実用上，単なる目標値追従だけでなく，外乱 $\boldsymbol{d}(t)$ が加わったときにはその影響を取り除くことも要求される．このように，外乱 $\boldsymbol{d}(t)$ を除去しつつ制御量 $\boldsymbol{y}(t)$ を定常偏差なく目標値 $\boldsymbol{y}^{\rm ref}(t)$ に追従させることを**サーボ制御** (servo control) といい，これが可能な制御システムを**サーボシステム** (servo system) とよぶ．ステップ状の目標値 $\boldsymbol{y}^{\rm ref}(t)$ や外乱 $\boldsymbol{d}(t)$ に対するサーボシステムの振る舞いを，**図 5.5** に示す．サーボシステムを構成するうえで重要な概念が，以下で説明する**内部モデル原理** (internal model principle) である．

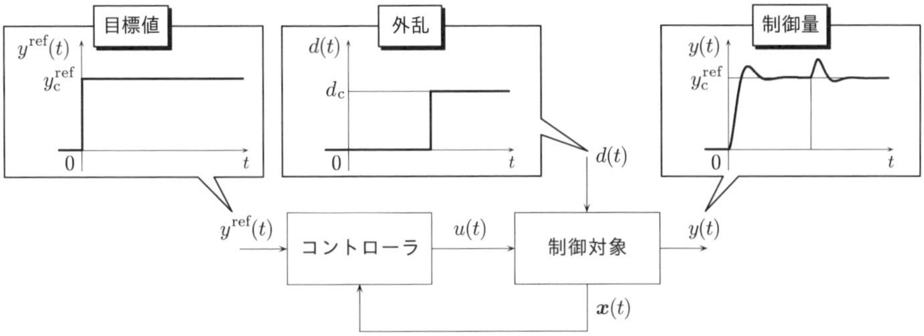

図 5.5 ステップ信号の目標値 $y^{\rm ref}(t)$，外乱 $d(t)$ に対するサーボシステムの振る舞い

いま，1 入出力の制御対象

$$\mathcal{P}: \begin{cases} \dot{\boldsymbol{x}}(t) = \boldsymbol{A}\boldsymbol{x}(t) + \boldsymbol{b}\big(u(t) + d(t)\big) \\ y(t) = \boldsymbol{c}\boldsymbol{x}(t) \end{cases} \tag{5.34}$$

に対して，状態フィードバックに $v(t)$ を付加した

$$\mathcal{K}:\ u(t) = \boldsymbol{k}\boldsymbol{x}(t) + v(t) \tag{5.35}$$

を施すことを考える．このとき，(5.34) 式と (5.35) 式とで構成されるシステムは，

$$\mathcal{P}_{\rm cl}: \begin{cases} \dot{\boldsymbol{x}}(t) = \boldsymbol{A}_{\rm cl}\boldsymbol{x}(t) + \boldsymbol{b}\big(v(t) + d(t)\big), \quad \boldsymbol{A}_{\rm cl} = \boldsymbol{A} + \boldsymbol{b}\boldsymbol{k} \\ y(t) = \boldsymbol{c}\boldsymbol{x}(t) \end{cases} \tag{5.36}$$

であり，これを伝達関数表現で表すと，次式のようになる (図 5.6)．

$$\mathcal{P}_{\rm cl}:\ y(s) = P_{\rm cl}(s)\big(v(s) + d(s)\big), \quad P_{\rm cl}(s) = \boldsymbol{c}\big(s\boldsymbol{I} - \boldsymbol{A}_{\rm cl}\big)^{-1}\boldsymbol{b} \tag{5.37}$$

つぎに，状態フィードバックに偏差 $e(t) = y^{\rm ref}(t) - y(t)$ からの動的フィードバック

$$\mathcal{K}_{\rm cl}:\ v(s) = C_{\rm cl}(s)e(s) \tag{5.38}$$

を付加したコントローラ

$$\mathcal{K}:\ u(s) = \boldsymbol{k}\boldsymbol{x}(s) + C_{\rm cl}(s)e(s) \tag{5.39}$$

を用いて，図 5.7 に示すフィードバック制御システムを構成したとき，入力外乱 $d(t)$ を除去しつつ，目標値 $y^{\rm ref}(t)$ に定常偏差なく追従するような，伝達関数 $C_{\rm cl}(s)$ の構造について考える．簡単のため，$y^{\rm ref}(t)$, $d(t)$ を単位ステップ信号

$$f(t) = \begin{cases} 0 & (t < 0) \\ 1 & (t \ge 0) \end{cases} \iff f(s) = \mathcal{L}\big[f(t)\big] = \frac{1}{\boldsymbol{s}}$$

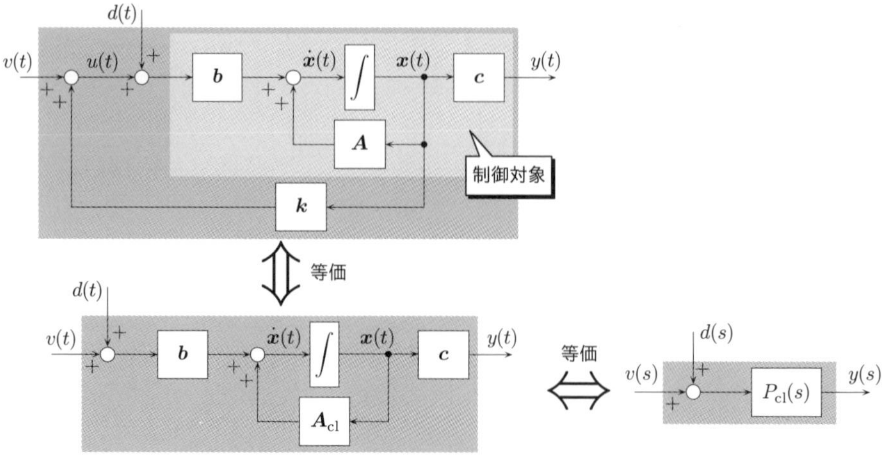

図 5.6　(5.34) 式と (5.35) 式とで構成されるシステム

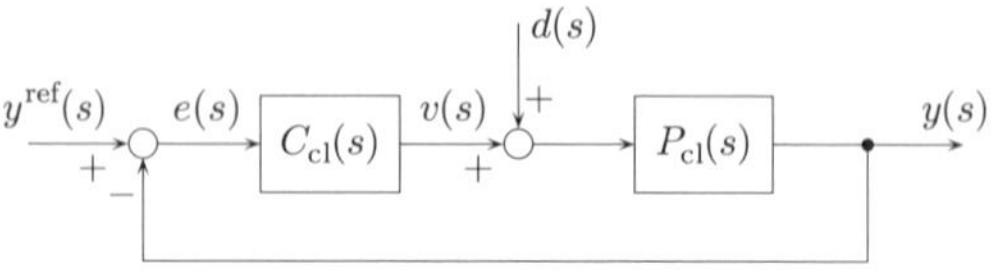

図 5.7　フィードバック制御システム

の定数倍 $y^{\rm ref}(t) = \alpha_1 f(t),\ d(t) = \alpha_2 f(t)$ とすると，**図 5.7** より $e(s)$ は

$$
\begin{aligned}
e(s) &= \frac{1}{1 + P_{\rm cl}(s)C_{\rm cl}(s)} y^{\rm ref}(s) - \frac{P_{\rm cl}(s)}{1 + P_{\rm cl}(s)C_{\rm cl}(s)} d(s) \\
&= \frac{D_C(s)\bigl(\alpha_1 D_P(s) - \alpha_2 N_P(s)\bigr)}{s\Delta_{\rm cl}(s)}
\end{aligned}
\tag{5.40}
$$

となる．ただし，$N_P(s), D_P(s), N_C(s), D_C(s)$ は s に関する多項式であり，

$$
P_{\rm cl}(s) = \frac{N_P(s)}{D_P(s)},\quad C_{\rm cl}(s) = \frac{N_C(s)}{D_C(s)},\quad \Delta_{\rm cl}(s) = N_P(s)N_C(s) + D_P(s)D_C(s)
$$

である．また，$\Delta_{\rm cl}(s) = 0$ の根 $s = p_1, \cdots, p_N$ の実部がすべて負，すなわち，**図 5.7** のフィードバック制御システムが**内部安定**(internal stability)であるとする．簡単のため，p_i に重複がないときを考えると，(5.40) 式の分母と分子との間で約分がないならば，$e(s) = \mathcal{L}\bigl[e(t)\bigr]$ は

$$
e(s) = \frac{h}{\boldsymbol{s}} + \frac{k_1}{s - p_1} + \cdots + \frac{k_N}{s - p_N} \tag{5.41}
$$

という形式に部分分数分解される．したがって，$h/\boldsymbol{s}$ の影響で

$$
e(t) = \mathcal{L}^{-1}\bigl[e(s)\bigr] = h + k_1 e^{p_1 t} + \cdots + k_N e^{p_N t} \quad \Longrightarrow \quad e_\infty = h \neq 0 \tag{5.42}
$$

となり，定常偏差が残る．それに対し，伝達関数 $C_{\rm cl}(s) = N_C(s)/D_C(s)$ の構造が

$$D_C(s) = \boldsymbol{s}\widetilde{D}_C(s) \implies C_{\rm cl}(s) = \frac{N_C(s)}{D_C(s)} = \frac{N_C(s)}{\boldsymbol{s}\widetilde{D}_C(s)} = \frac{1}{\boldsymbol{s}} \times \frac{N_C(s)}{\widetilde{D}_C(s)} \tag{5.43}$$

であるとき，伝達関数 $P_{\rm cl}(s)$ が $s = 0$ という零点をもたない ($P_{\rm cl}(s)$ と $C_{\rm cl}(s)$ との間で s が約分されない) のであれば，(5.40) 式の分母と分子との間で $\boldsymbol{s}$ が約分され，

$$\begin{aligned} e(s) &= \frac{\widetilde{D}_C(s)\bigl(\alpha_1 D_P(s) - \alpha_2 N_P(s)\bigr)}{\Delta_{\rm cl}(s)} = \frac{\widetilde{k}_1}{s - p_1} + \cdots + \frac{\widetilde{k}_N}{s - p_N} \\ &\implies e(t) = \mathcal{L}^{-1}\bigl[e(s)\bigr] = \widetilde{k}_1 e^{p_1 t} + \cdots + \widetilde{k}_N e^{p_N t} \implies e_\infty = 0 \end{aligned} \tag{5.44}$$

となる．したがって，ステップ状の入力外乱 $d(t)$ を除去しつつ，ステップ状の目標値 $y^{\rm ref}(t)$ に定常偏差なく追従させることができる．以上のことをまとめると，以下のようになる(注 5.4)．

Point!　内部モデル原理：目標値，入力外乱がステップ信号の場合

ステップ状の目標値 $y^{\rm ref}(t)$，入力外乱 $d(t)$ に対する定常偏差が零 ($e_\infty = 0$) となるための必要十分条件は，以下の条件をすべて満足することである．

- 図 5.7 のフィードバック制御システムが内部安定である．
- 伝達関数 $P_{\rm cl}(s)$ が原点 $s = 0$ に零点をもたない．
- 伝達関数 $C_{\rm cl}(s)$ が積分器 $1/s$ を少なくとも一つ含む(注 5.5)．

$C_{\rm cl}(s)$ に積分器 $1/s$ を含ませたコントローラの一つの形式は，

$$\mathcal{K}_{\rm cl}:\ v(s) = C_{\rm cl}(s)e(s),\ \ C_{\rm cl}(s) = g\frac{1}{s} \implies \mathcal{K}_{\rm cl}:\ v(t) = g\int_0^t e(t)dt \tag{5.45}$$

とすることで得られる

状態フィードバック形式の積分型コントローラ

$$\mathcal{K}:\ u(t) = \boldsymbol{k}\boldsymbol{x}(t) + gw(t),\ \ w(t) := \int_0^t e(t)dt \tag{5.46}$$

である．以下の例に示すように，状態フィードバック形式の積分型コントローラ (5.46) 式は，高次システムや多入力多出力システムで使用することを考慮して，古典制御理論で

(注 5.4) $y^{\rm ref}(t)$, $d(t)$ が正弦波信号やランプ信号などの場合にも拡張可能であるが，本書では省略する．

(注 5.5) 付録 A.1 (p.197) で説明するように，“信号 $f(s) = \mathcal{L}\bigl[f(t)\bigr]$ に $1/s$ を 1 回乗じる” ことは “$f(t)$ を 1 回の時間積分する” ことを意味するため，$1/s$ を積分器とよぶ．

よく用いられる

I–PD コントローラ (比例・微分先行型 PID コントローラ)

$$\mathcal{K}:\ u(t) = -\overbrace{k_{\rm P}y(t)}^{\text{比例動作}} + \overbrace{k_{\rm I}\int_0^t e(t)\,dt}^{\text{積分動作}} - \overbrace{k_{\rm D}\dot{y}(t)}^{\text{微分動作}} \tag{5.47}$$

を拡張したものと考えることができる．

例 5.4 ……………………………… **2 慣性システムの状態フィードバック形式の積分型コントローラ**

図 1.1 (p.2) の 2 慣性システムの位置制御を行うため，台車 2 の I–PD コントローラ (5.47) 式に台車 1 の状態フィードバックを付加した積分型コントローラ

$$\begin{aligned}\mathcal{K}:\ u(t) &= \overbrace{-k_{\rm P1}z_1(t) - k_{\rm D1}\dot{z}_1(t)}^{\text{台車 1 の状態フィードバック制御}}\ \overbrace{-\,k_{\rm P2}y(t) + k_{\rm I2}\int_0^t e(t)\,dt - k_{\rm D2}\dot{y}(t)}^{\text{台車 2 の I–PD 制御}} \\ &= -k_{\rm P1}z_1(t) - k_{\rm D1}\dot{z}_1(t) - k_{\rm P2}z_2(t) + k_{\rm I2}\int_0^t e(t)\,dt - k_{\rm D2}\dot{z}_2(t)\end{aligned} \tag{5.48}$$

を考える．(5.48) 式の積分型コントローラを書き換えると，次式のように，状態 $\boldsymbol{x}(t)$ および偏差の積分値 $w(t)$ をフィードバックした (5.51) 式の形式で書き表すことができる．

$$\mathcal{K}:\ u(t) = \overbrace{\underbrace{\begin{bmatrix} -k_{\rm P1} & -k_{\rm D1} & -k_{\rm P2} & -k_{\rm D2}\end{bmatrix}}_{\boldsymbol{k}}\underbrace{\begin{bmatrix} z_1(t) \\ \dot{z}_1(t) \\ z_2(t) \\ \dot{z}_2(t)\end{bmatrix}}_{\boldsymbol{x}(t)}}^{\text{状態フィードバック}} + \overbrace{\underbrace{k_{\rm I2}}_{g}\underbrace{\int_0^t e(t)\,dt}_{w(t)}}^{\text{台車 2 の積分動作}} \tag{5.49}$$

5.2.2　状態フィードバック形式の積分型コントローラの設計

ここでは，未知の定値外乱 $\boldsymbol{d}(t) = \boldsymbol{d}_{\rm c}$ が加わっているような p 入力 p 出力の制御対象

$$\mathcal{P}:\ \begin{cases}\dot{\boldsymbol{x}}(t) = \boldsymbol{A}\boldsymbol{x}(t) + \boldsymbol{B}\big(\boldsymbol{u}(t) + \boldsymbol{d}(t)\big), & \boldsymbol{x}(0) = \boldsymbol{x}_0 \\ \boldsymbol{y}(t) = \boldsymbol{C}\boldsymbol{x}(t) \\ \boldsymbol{\eta}(t) = \boldsymbol{x}(t)\end{cases} \tag{5.50}$$

を考え，図 5.8 に示す次式の積分型コントローラを設計することを考える．

状態フィードバック形式の積分型コントローラ

$$\boldsymbol{u}(t) = \boldsymbol{K}\boldsymbol{x}(t) + \boldsymbol{G}\boldsymbol{w}(t),\quad \boldsymbol{w}(t) := \int_0^t \boldsymbol{e}(t)dt \tag{5.51}$$

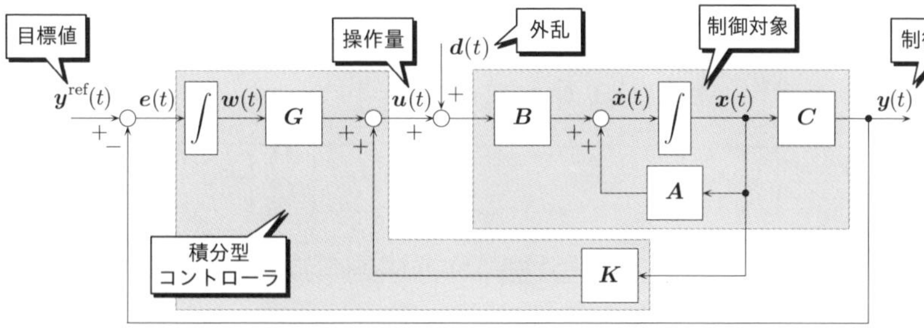

図 5.8　積分型コントローラによるサーボ制御

目標値 $\boldsymbol{y}^{\rm ref}(t)$，外乱 $\boldsymbol{d}(t)$ がそれぞれ定値 $\boldsymbol{y}_{\rm c}^{\rm ref}$, $\boldsymbol{d}_{\rm c}$ であるときを考えると，状態変数を $\boldsymbol{x}_{\rm e}(t) = \left[\ \boldsymbol{x}(t)^{\rm T}\ \ \boldsymbol{w}(t)^{\rm T}\ \right]^{\rm T}$ とした拡大システムは，

$$\begin{bmatrix} \dot{\boldsymbol{x}}(t) \\ \dot{\boldsymbol{w}}(t) \end{bmatrix} = \begin{bmatrix} \boldsymbol{A} & \boldsymbol{O} \\ -\boldsymbol{C} & \boldsymbol{O} \end{bmatrix} \begin{bmatrix} \boldsymbol{x}(t) \\ \boldsymbol{w}(t) \end{bmatrix} + \begin{bmatrix} \boldsymbol{B} \\ \boldsymbol{O} \end{bmatrix} \big(\boldsymbol{u}(t) + \boldsymbol{d}_{\rm c}\big) + \begin{bmatrix} \boldsymbol{O} \\ \boldsymbol{I} \end{bmatrix} \boldsymbol{y}_{\rm c}^{\rm ref} \tag{5.52}$$

となる．ここで，$\boldsymbol{y}(t) = \boldsymbol{y}_{\rm c}^{\rm ref}$ となる $\boldsymbol{x}(t)$, $\boldsymbol{u}(t)$, $\boldsymbol{w}(t)$ の定常値 $\boldsymbol{x}_\infty$, $\boldsymbol{u}_\infty$, $\boldsymbol{w}_\infty$ は，

$$\begin{aligned} \begin{bmatrix} \boldsymbol{0} \\ \boldsymbol{0} \end{bmatrix} &= \begin{bmatrix} \boldsymbol{A} & \boldsymbol{O} \\ -\boldsymbol{C} & \boldsymbol{O} \end{bmatrix} \begin{bmatrix} \boldsymbol{x}_\infty \\ \boldsymbol{w}_\infty \end{bmatrix} + \begin{bmatrix} \boldsymbol{B} \\ \boldsymbol{O} \end{bmatrix} \big(\boldsymbol{u}_\infty + \boldsymbol{d}_{\rm c}\big) + \begin{bmatrix} \boldsymbol{O} \\ \boldsymbol{I} \end{bmatrix} \boldsymbol{y}_{\rm c}^{\rm ref} \\ &= \begin{bmatrix} \boldsymbol{A}\boldsymbol{x}_\infty + \boldsymbol{B}\big(\boldsymbol{u}_\infty + \boldsymbol{d}_{\rm c}\big) \\ -\boldsymbol{C}\boldsymbol{x}_\infty + \boldsymbol{y}_{\rm c}^{\rm ref} \end{bmatrix} \end{aligned} \tag{5.53}$$

を満足する．したがって，(5.16) 式を満足する (すなわち，制御対象 (5.50) 式が原点に不変零点をもたない) とき，(5.53) 式より，$\boldsymbol{x}_\infty$, $\boldsymbol{u}_\infty$ が

$$\left\{ \begin{aligned} \boldsymbol{A}\boldsymbol{x}_\infty + \boldsymbol{B}\big(\boldsymbol{u}_\infty + \boldsymbol{d}_{\rm c}\big) &= \boldsymbol{0} \\ -\boldsymbol{C}\boldsymbol{x}_\infty + \boldsymbol{y}_{\rm c}^{\rm ref} &= \boldsymbol{0} \end{aligned} \right. \quad \Longrightarrow \quad \begin{bmatrix} \boldsymbol{x}_\infty \\ \boldsymbol{u}_\infty \end{bmatrix} = \begin{bmatrix} \boldsymbol{A} & \boldsymbol{B} \\ \boldsymbol{C} & \boldsymbol{O} \end{bmatrix}^{-1} \begin{bmatrix} -\boldsymbol{B}\boldsymbol{d}_{\rm c} \\ \boldsymbol{y}_{\rm c}^{\rm ref} \end{bmatrix} \tag{5.54}$$

のように定まる．一方，定常値 $\boldsymbol{w}_\infty$ は，(5.53) 式から直接定まるのではなく，設計するコントローラの構造により決まる．ここではコントローラの構造を (5.51) 式としているので，$\boldsymbol{G} \in \mathbb{R}^{n\times n}$ が正則であるとき，$\boldsymbol{w}_\infty$ は次式により定まる．

$$\boldsymbol{u}_\infty = \boldsymbol{K}\boldsymbol{x}_\infty + \boldsymbol{G}\boldsymbol{w}_\infty \quad \Longrightarrow \quad \boldsymbol{w}_\infty = \boldsymbol{G}^{-1}\big(\boldsymbol{u}_\infty - \boldsymbol{K}\boldsymbol{x}_\infty\big) \tag{5.55}$$

つぎに，定常値 $\boldsymbol{x}_\infty$, $\boldsymbol{u}_\infty$, $\boldsymbol{w}_\infty$ からの変動を

$$\widetilde{\boldsymbol{x}}_{\rm e} = \begin{bmatrix} \widetilde{\boldsymbol{x}}(t) \\ \widetilde{\boldsymbol{w}}(t) \end{bmatrix} := \begin{bmatrix} \boldsymbol{x}(t) \\ \boldsymbol{w}(t) \end{bmatrix} - \begin{bmatrix} \boldsymbol{x}_\infty \\ \boldsymbol{w}_\infty \end{bmatrix}, \quad \widetilde{\boldsymbol{u}}(t) := \boldsymbol{u}(t) - \boldsymbol{u}_\infty \tag{5.56}$$

と定義し，(5.52) 式と (5.53) 式の差をとると，拡大偏差システム

$$\mathcal{P}_{\mathrm{e}}:\ \dot{\widetilde{\boldsymbol{x}}}_{\mathrm{e}}(t) = \boldsymbol{A}_{\mathrm{e}}\widetilde{\boldsymbol{x}}_{\mathrm{e}}(t) + \boldsymbol{B}_{\mathrm{e}}\widetilde{\boldsymbol{u}}(t) \tag{5.57}$$

$$\boldsymbol{A}_{\mathrm{e}} = \begin{bmatrix} \boldsymbol{A} & \boldsymbol{O} \\ -\boldsymbol{C} & \boldsymbol{O} \end{bmatrix} \in \mathbb{R}^{(n+p)\times(n+p)},\ \ \boldsymbol{B}_{\mathrm{e}} = \begin{bmatrix} \boldsymbol{B} \\ \boldsymbol{O} \end{bmatrix} \in \mathbb{R}^{(n+p)\times p}$$

が得られる．また，積分型コントローラ (5.51) 式は，(5.55) 式の条件より，

$$\begin{aligned} \mathcal{K}:\ \boldsymbol{u}(t) &= \boldsymbol{K}\boldsymbol{x}(t) + \boldsymbol{G}\boldsymbol{w}(t) \\ &= \boldsymbol{K}\boldsymbol{x}(t) + \boldsymbol{G}\boldsymbol{w}(t) + \boldsymbol{u}_\infty - \big(\boldsymbol{K}\boldsymbol{x}_\infty + \boldsymbol{G}\boldsymbol{w}_\infty\big) \\ \Longrightarrow\ \ & \overbrace{\boldsymbol{u}(t) - \boldsymbol{u}_\infty}^{\widetilde{\boldsymbol{u}}(t)} = \boldsymbol{K}\overbrace{\big(\boldsymbol{x}(t) - \boldsymbol{x}_\infty\big)}^{\widetilde{\boldsymbol{x}}(t)} + \boldsymbol{G}\overbrace{\big(\boldsymbol{w}(t) - \boldsymbol{w}_\infty\big)}^{\widetilde{\boldsymbol{w}}(t)} \\ \Longrightarrow\ \ & \widetilde{\boldsymbol{u}}(t) = \boldsymbol{K}_{\mathrm{e}}\widetilde{\boldsymbol{x}}_{\mathrm{e}}(t),\ \ \boldsymbol{K}_{\mathrm{e}} = \big[\ \boldsymbol{K}\ \ \boldsymbol{G}\ \big] \end{aligned} \tag{5.58}$$

のように書き換えることができる．したがって，拡大偏差システム (5.57) 式が可制御[注 5.6]であれば，すなわち，(5.57) 式に対する可制御行列 $\boldsymbol{V}_{\mathrm{ce}}$ が

$$\mathrm{rank}\boldsymbol{V}_{\mathrm{ce}} = n + p \quad (\text{行フルランク}) \tag{5.59}$$

$$\boldsymbol{V}_{\mathrm{ce}} := \big[\ \boldsymbol{B}_{\mathrm{e}}\ \ \boldsymbol{A}_{\mathrm{e}}\boldsymbol{B}_{\mathrm{e}}\ \ \cdots\ \ \boldsymbol{A}_{\mathrm{e}}^{(n+p)-1}\boldsymbol{B}_{\mathrm{e}}\ \big] \in \mathbb{R}^{(n+p)\times(n+p)p}$$

を満足すれば[注 5.7]，$\boldsymbol{A}_{\mathrm{e}} + \boldsymbol{B}_{\mathrm{e}}\boldsymbol{K}_{\mathrm{e}}$ が安定行列となるような $\boldsymbol{K}_{\mathrm{e}}$ を，たとえば 4.3 節で説明した極配置法などにより設計でき，$t \to \infty$ で $\widetilde{\boldsymbol{x}}_{\mathrm{e}}(t) \to \boldsymbol{0}$ となる．このとき，

$$\begin{aligned} \boldsymbol{e}(t) &= \boldsymbol{y}_{\mathrm{c}}^{\mathrm{ref}} - \boldsymbol{y}(t) = \boldsymbol{y}_{\mathrm{c}}^{\mathrm{ref}} - \boldsymbol{C}\boldsymbol{x}(t) \\ &= \boldsymbol{y}_{\mathrm{c}}^{\mathrm{ref}} - \boldsymbol{C}\big(\widetilde{\boldsymbol{x}}(t) + \boldsymbol{x}_\infty\big) \quad \longleftarrow \quad \text{(5.53) 式より } \boldsymbol{y}_{\mathrm{c}}^{\mathrm{ref}} - \boldsymbol{C}\boldsymbol{x}_\infty = \boldsymbol{0} \\ &= -\boldsymbol{C}\widetilde{\boldsymbol{x}}(t) = \big[\ -\boldsymbol{C}\ \ \boldsymbol{O}\ \big]\widetilde{\boldsymbol{x}}_{\mathrm{e}}(t) \end{aligned} \tag{5.60}$$

より $t \to \infty$ で $\boldsymbol{e}(t) \to \boldsymbol{0}$ となるため，定値の外乱 $\boldsymbol{d}(t) = \boldsymbol{d}_{\mathrm{c}}$ が加わったとしても，定常偏差なく制御量 $\boldsymbol{y}(t)$ を定値の目標値 $\boldsymbol{y}^{\mathrm{ref}}(t) = \boldsymbol{y}_{\mathrm{c}}^{\mathrm{ref}}$ に追従可能であることがわかる．

例 5.5 ……………………………… 積分型コントローラを用いた 2 慣性システムのサーボ制御

例 5.1 (p.93) で示した 2 慣性システム (5.3) 式に対し，積分型コントローラ (5.46) 式を設計する．ここでは，

$$\boldsymbol{A}_{\mathrm{e}} = \begin{bmatrix} \boldsymbol{A} & \boldsymbol{0} \\ -\boldsymbol{c} & 0 \end{bmatrix} = \left[\begin{array}{cccc:c} 0 & 1 & 0 & 0 & 0 \\ -4 & -2 & 4 & 2 & 0 \\ 0 & 0 & 0 & 1 & 0 \\ 2 & 1 & -2 & -1 & 0 \\ \hdashline 0 & 0 & -1 & 0 & 0 \end{array}\right],\ \ \boldsymbol{b}_{\mathrm{e}} = \begin{bmatrix} \boldsymbol{b} \\ 0 \end{bmatrix} = \left[\begin{array}{c} 0 \\ 2 \\ 0 \\ 0 \\ \hdashline 0 \end{array}\right] \tag{5.61}$$

[注 5.6] 可制御性を判別する条件については 4.2.2 項を参照すること．
[注 5.7] 拡大偏差システムの可制御性については，5.2.3 項で説明する．

に対し，$\boldsymbol{A}_{\mathrm{e}}+\boldsymbol{b}_{\mathrm{e}}\boldsymbol{k}_{\mathrm{e}}$ の固有値が $-1\pm 3j,\ -2\pm j,\ -2$ となるように，(5.46) 式のゲイン $\boldsymbol{k}_{\mathrm{e}}=\begin{bmatrix}\boldsymbol{k} & g\end{bmatrix}$ をアッカーマンの極配置アルゴリズム (4.3.3 項参照) により定める．

ステップ 1 与えられた $-1\pm 3j,\ -2\pm j,\ -2$ に対し，(4.53) 式 (p.81) で定義される多項式 $\Delta(\lambda)$ およびその係数 $\delta_0,\ \delta_1,\ \delta_2,\ \delta_3,\ \delta_4$ は，

$$\begin{aligned}\Delta(\lambda) &:= (\lambda+1-3j)(\lambda+1+3j)(\lambda+2-2j)(\lambda+2+2j)(\lambda+2)\\ &= \lambda^5+8\lambda^4+35\lambda^3+96\lambda^2+150\lambda+100\\ &\Longrightarrow\ \delta_4=8,\ \ \delta_3=35,\ \ \delta_2=96,\ \ \delta_1=150,\ \ \delta_0=100\end{aligned} \tag{5.62}$$

であり，(4.56) 式 (p.82) に相当する行列 $\boldsymbol{\Delta}_{\boldsymbol{A}_{\mathrm{e}}}$ は次式となる．

$$\begin{aligned}\boldsymbol{\Delta}_{\boldsymbol{A}_{\mathrm{e}}} &= \boldsymbol{A}_{\mathrm{e}}^5+\delta_4\boldsymbol{A}_{\mathrm{e}}^4+\delta_3\boldsymbol{A}_{\mathrm{e}}^3+\delta_2\boldsymbol{A}_{\mathrm{e}}^2+\delta_1\boldsymbol{A}_{\mathrm{e}}+\delta_0\boldsymbol{I}\\ &= \begin{bmatrix} 4 & 46 & 96 & 104 & 0\\ 24 & 16 & -24 & 84 & 0\\ 48 & 52 & 52 & 98 & 0\\ -12 & 42 & 12 & 58 & 0\\ -28 & -24 & -122 & -72 & 100 \end{bmatrix}\end{aligned} \tag{5.63}$$

ステップ 2 (4.9) 式 (p.71) に相当する可制御行列 $\boldsymbol{V}_{\mathrm{ce}}$ は，

$$\boldsymbol{V}_{\mathrm{ce}}=\begin{bmatrix}\boldsymbol{b}_{\mathrm{e}} & \boldsymbol{A}_{\mathrm{e}}\boldsymbol{b}_{\mathrm{e}} & \boldsymbol{A}_{\mathrm{e}}^2\boldsymbol{b}_{\mathrm{e}} & \boldsymbol{A}_{\mathrm{e}}^3\boldsymbol{b}_{\mathrm{e}} & \boldsymbol{A}_{\mathrm{e}}^4\boldsymbol{b}_{\mathrm{e}}\end{bmatrix}=\left[\begin{array}{c:c:c:c:c} 0 & 2 & -4 & 4 & 12\\ 2 & -4 & 4 & 12 & -60\\ 0 & 0 & 2 & -2 & -6\\ 0 & 2 & -2 & -6 & 30\\ 0 & 0 & 0 & -2 & 2 \end{array}\right] \tag{5.64}$$

であるから，(4.57) 式 (p.82) よりゲイン $\boldsymbol{k}_{\mathrm{e}}=\begin{bmatrix}\boldsymbol{k} & g\end{bmatrix}$ は次式となる．

$$\begin{aligned}\boldsymbol{k}_{\mathrm{e}} &= -\overbrace{\begin{bmatrix}0 & 0 & 0 & 0 & 1\end{bmatrix}}^{\boldsymbol{e}}\\ &\quad\times\underbrace{\left(-\frac{1}{256}\right)\begin{bmatrix} 0 & -128 & 0 & -256 & 0\\ -128 & 0 & -256 & 0 & 0\\ 64 & 0 & -64 & -64 & 384\\ 16 & 0 & 16 & -16 & 192\\ 16 & 0 & 16 & -16 & 64 \end{bmatrix}}_{\boldsymbol{V}_{\mathrm{ce}}^{-1}}\underbrace{\begin{bmatrix} 0 & 2 & -4 & 4 & 12\\ 2 & -4 & 4 & 12 & -60\\ 0 & 0 & 2 & -2 & -6\\ 0 & 2 & -2 & -6 & 30\\ 0 & 0 & 0 & -2 & 2 \end{bmatrix}}_{\boldsymbol{\Delta}_{\boldsymbol{A}_{\mathrm{e}}}}\\ &= \begin{bmatrix}\underbrace{-3\ \ -\frac{5}{2}\ \ -22\ \ -9}_{\boldsymbol{k}} & \underbrace{25}_{g}\end{bmatrix}\end{aligned} \tag{5.65}$$

積分型コントローラ (5.46), (5.65) 式を用いたシミュレーション結果を，図 5.9 に示す．これより，$t=5$ で外乱 $d(t)=d_{\mathrm{c}}=1$ が加わったにもかかわらず，その影響を速やかに除去し，目標値 $y^{\mathrm{ref}}(t)=y_{\mathrm{c}}^{\mathrm{ref}}=1$ に定常偏差なく追従していることが確認できる．

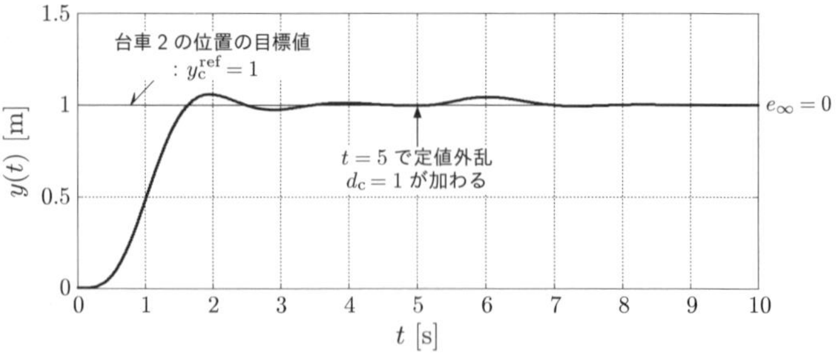

図 5.9　定値外乱 $d(t) = d_c = 1$ が加わったときのシミュレーション結果

問題 5.4　問題 5.3 (p.100) のように制御対象 (5.32) 式が与えられたとき，$\boldsymbol{A}_e + \boldsymbol{b}_e\boldsymbol{k}_e$ の固有値が $-2 \pm 2j$, -2 となるような積分型コントローラ (5.46) 式を設計せよ．ただし，

$$\boldsymbol{A}_e = \begin{bmatrix} \boldsymbol{A} & \boldsymbol{0} \\ -\boldsymbol{c} & 0 \end{bmatrix}, \quad \boldsymbol{b}_e = \begin{bmatrix} \boldsymbol{b} \\ 0 \end{bmatrix}, \quad \boldsymbol{k}_e = \begin{bmatrix} \boldsymbol{k} & g \end{bmatrix} \tag{5.66}$$

である．

5.2.3　拡大偏差システムの可制御性

1 入出力の制御対象 (5.34) 式に対する拡大偏差システム

$$\begin{aligned} \mathcal{P}_e:\ & \dot{\widetilde{\boldsymbol{x}}}_e(t) = \boldsymbol{A}_e\widetilde{\boldsymbol{x}}_e(t) + \boldsymbol{b}_e\widetilde{u}(t) \\ & \boldsymbol{A}_e = \begin{bmatrix} \boldsymbol{A} & \boldsymbol{0} \\ -\boldsymbol{c} & 0 \end{bmatrix} \in \mathbb{R}^{(n+1)\times(n+1)}, \quad \boldsymbol{b}_e = \begin{bmatrix} \boldsymbol{b} \\ 0 \end{bmatrix} \in \mathbb{R}^{n+1} \end{aligned} \tag{5.67}$$

は，それが可制御であれば，すなわち，拡大偏差システムに対する可制御行列 $\boldsymbol{V}_{ce}$ が

$$\begin{aligned} & \mathrm{rank}\boldsymbol{V}_{ce} = n+1 \iff \left|\boldsymbol{V}_{ce}\right| \neq 0 \quad (\boldsymbol{V}_{ce}\ \text{が正則}) \\ & \boldsymbol{V}_{ce} := \begin{bmatrix} \boldsymbol{b}_e & \boldsymbol{A}_e\boldsymbol{b}_e & \cdots & \boldsymbol{A}_e^{(n+1)-1}\boldsymbol{b}_e \end{bmatrix} \\ & \quad = \begin{bmatrix} \boldsymbol{b}_e & \boldsymbol{A}_e\boldsymbol{b}_e & \cdots & \boldsymbol{A}_e^{n}\boldsymbol{b}_e \end{bmatrix} \in \mathbb{R}^{(n+1)\times(n+1)} \end{aligned} \tag{5.68}$$

を満足すれば，$\boldsymbol{A}_e + \boldsymbol{b}_e\boldsymbol{k}_e$ の固有値を任意の値に設定する $\boldsymbol{k}_e = \begin{bmatrix} \boldsymbol{k} & g \end{bmatrix}$ を求めることができる．ここで，

$$\begin{aligned} \boldsymbol{A}_e\boldsymbol{b}_e &= \begin{bmatrix} \boldsymbol{A} & \boldsymbol{0} \\ -\boldsymbol{c} & 0 \end{bmatrix}\begin{bmatrix} \boldsymbol{b} \\ 0 \end{bmatrix} = \begin{bmatrix} \boldsymbol{A}\boldsymbol{b} \\ -\boldsymbol{c}\boldsymbol{b} \end{bmatrix} \\ \boldsymbol{A}_e^2\boldsymbol{b}_e &= \boldsymbol{A}_e \cdot \boldsymbol{A}_e\boldsymbol{b}_e = \begin{bmatrix} \boldsymbol{A} & \boldsymbol{0} \\ -\boldsymbol{c} & 0 \end{bmatrix}\begin{bmatrix} \boldsymbol{A}\boldsymbol{b} \\ -\boldsymbol{c}\boldsymbol{b} \end{bmatrix} = \begin{bmatrix} \boldsymbol{A}^2\boldsymbol{b} \\ -\boldsymbol{c}\boldsymbol{A}\boldsymbol{b} \end{bmatrix} \\ &\ \vdots \end{aligned}$$

$$\boldsymbol{A}_{\mathrm{e}}^{n}\boldsymbol{b}_{\mathrm{e}} = \boldsymbol{A}_{\mathrm{e}} \cdot \boldsymbol{A}_{\mathrm{e}}^{n-1}\boldsymbol{b}_{\mathrm{e}} = \begin{bmatrix} \boldsymbol{A} & \boldsymbol{0} \\ -\boldsymbol{c} & 0 \end{bmatrix} \begin{bmatrix} \boldsymbol{A}^{n-1}\boldsymbol{b} \\ -\boldsymbol{c}\boldsymbol{A}\boldsymbol{b} \end{bmatrix} = \begin{bmatrix} \boldsymbol{A}^{n}\boldsymbol{b} \\ -\boldsymbol{c}\boldsymbol{A}^{n-1}\boldsymbol{b} \end{bmatrix}$$

であるから，

$$\begin{aligned}\boldsymbol{V}_{\mathrm{ce}} &= \begin{bmatrix} \boldsymbol{b}_{\mathrm{e}} & \boldsymbol{A}_{\mathrm{e}}\boldsymbol{b}_{\mathrm{e}} & \cdots & \boldsymbol{A}_{\mathrm{e}}^{n}\boldsymbol{b}_{\mathrm{e}} \end{bmatrix} = \begin{bmatrix} \boldsymbol{b} & \boldsymbol{A}\boldsymbol{b} & \boldsymbol{A}^2\boldsymbol{b} & \boldsymbol{A}^3\boldsymbol{b} & \cdots & \boldsymbol{A}^{n}\boldsymbol{b} \\ 0 & -\boldsymbol{c}\boldsymbol{b} & -\boldsymbol{c}\boldsymbol{A}\boldsymbol{b} & -\boldsymbol{c}\boldsymbol{A}^2\boldsymbol{b} & \cdots & -\boldsymbol{c}\boldsymbol{A}^{n-1}\boldsymbol{b} \end{bmatrix} \\ &= \begin{bmatrix} \boldsymbol{A} & \boldsymbol{b} \\ -\boldsymbol{c} & 0 \end{bmatrix} \begin{bmatrix} \boldsymbol{0} & \boldsymbol{b} & \boldsymbol{A}\boldsymbol{b} & \boldsymbol{A}^2\boldsymbol{b} & \cdots & \boldsymbol{A}^{n-1}\boldsymbol{b} \\ 1 & 0 & 0 & 0 & \cdots & 0 \end{bmatrix} \\ &= \begin{bmatrix} \boldsymbol{I} & \boldsymbol{0} \\ \boldsymbol{0} & -1 \end{bmatrix} \begin{bmatrix} \boldsymbol{A} & \boldsymbol{b} \\ \boldsymbol{c} & 0 \end{bmatrix} \begin{bmatrix} \boldsymbol{0} & \boldsymbol{V}_{\mathrm{c}} \\ 1 & \boldsymbol{0} \end{bmatrix}, \quad \boldsymbol{V}_{\mathrm{c}} := \begin{bmatrix} \boldsymbol{b} & \boldsymbol{A}\boldsymbol{b} & \boldsymbol{A}^2\boldsymbol{b} & \cdots & \boldsymbol{A}^{n-1}\boldsymbol{b} \end{bmatrix} \end{aligned} \tag{5.69}$$

のように書き換えることができる．したがって，1 入出力システムに対する拡大偏差システムに対する可制御性に関して，以下の結果が得られる．

Point !　1 入出力システムに対する拡大偏差システムが可制御となる条件

1 入出力の制御対象 (5.34) 式が与えられたとき，

① $\boldsymbol{V}_{\mathrm{c}} := \begin{bmatrix} \boldsymbol{b} & \boldsymbol{A}\boldsymbol{b} & \boldsymbol{A}^2\boldsymbol{b} & \cdots & \boldsymbol{A}^{n-1}\boldsymbol{b} \end{bmatrix} \in \mathbb{R}^{n\times n}$ が正則

$\iff$ 1 入出力の制御対象 (5.34) 式が可制御

② $\boldsymbol{M}_0 = \boldsymbol{M}(0) = \begin{bmatrix} \boldsymbol{A} & \boldsymbol{b} \\ \boldsymbol{c} & 0 \end{bmatrix}$ が正則 $\iff$ 1 入出力の制御対象 (5.34) 式が原点に不変零点をもたない

という条件を共に満足すれば，そのときに限り

$$\boldsymbol{V}_{\mathrm{ce}} = \underbrace{\begin{bmatrix} \boldsymbol{I} & \boldsymbol{0} \\ \boldsymbol{0} & -1 \end{bmatrix}}_{\text{正則}} \underbrace{\begin{bmatrix} \boldsymbol{A} & \boldsymbol{b} \\ \boldsymbol{c} & 0 \end{bmatrix}}_{\text{正則}} \underbrace{\begin{bmatrix} \boldsymbol{0} & \boldsymbol{V}_{\mathrm{c}} \\ 1 & \boldsymbol{0} \end{bmatrix}}_{\text{正則}} : \text{正則}$$

であり，偏差拡大システム (5.67) 式は可制御である．

この結果を p 入力 p 出力の制御対象 (5.50) 式の場合に拡張すると，以下の結果を得る．

Point !　p 入力 p 出力システムに対する拡大偏差システムが可制御となる条件

p 入力 p 出力の制御対象 (5.50) 式が与えられたとき，

① $\boldsymbol{V}_{\mathrm{c}} := \begin{bmatrix} \boldsymbol{B} & \boldsymbol{A}\boldsymbol{B} & \boldsymbol{A}^2\boldsymbol{B} & \cdots & \boldsymbol{A}^{n-1}\boldsymbol{B} \end{bmatrix} \in \mathbb{R}^{n\times np}$ に対して $\mathrm{rank}\boldsymbol{V}_{\mathrm{c}} = n$

$\iff$ p 入力 p 出力の制御対象 (5.50) 式が可制御

② $\boldsymbol{M}_0 = \boldsymbol{M}(0) = \begin{bmatrix} \boldsymbol{A} & \boldsymbol{B} \\ \boldsymbol{C} & \boldsymbol{O} \end{bmatrix}$ が正則 $\Longleftrightarrow$ p 入力 p 出力の制御対象 (5.50) 式が原点に不変零点をもたない

という条件を共に満足すれば，そのときに限り可制御行列

$$\begin{aligned} \boldsymbol{V}_{\rm ce} &:= \left[\ \boldsymbol{B}_{\rm e}\ \ \boldsymbol{A}_{\rm e}\boldsymbol{B}_{\rm e}\ \ \cdots\ \ \boldsymbol{A}_{\rm e}^{(n+p)-1}\boldsymbol{B}_{\rm e}\ \right] \\ &= \begin{bmatrix} \boldsymbol{I} & \boldsymbol{O} \\ \boldsymbol{O} & -\boldsymbol{I} \end{bmatrix} \begin{bmatrix} \boldsymbol{A} & \boldsymbol{B} \\ \boldsymbol{C} & \boldsymbol{O} \end{bmatrix} \\ &\quad \times \begin{bmatrix} \boldsymbol{O} & \boldsymbol{B} & \boldsymbol{AB} & \boldsymbol{A}^2\boldsymbol{B} & \cdots & \boldsymbol{A}^{n-1}\boldsymbol{B} & \cdots & \boldsymbol{A}^{(n+p)-2}\boldsymbol{B} \\ \boldsymbol{I} & \boldsymbol{O} & \boldsymbol{O} & \boldsymbol{O} & \cdots & \boldsymbol{O} & \cdots & \boldsymbol{O} \end{bmatrix} \\ &\in \mathbb{R}^{(n+p)\times(n+p)p} \end{aligned} \tag{5.70}$$

がランク条件 (5.59) 式を満足し，拡大偏差システム (5.57) 式は可制御である(注 5.8)．

例 5.6 ……………… 2 慣性システムにおける偏差拡大システムの可制御性

2 慣性システム (5.3) 式が与えられたとき，偏差拡大システム (5.61) 式が可制御であるための条件を調べると，以下のようになる．

① 可制御行列 $\boldsymbol{V}_{\rm c}$ は (5.13) 式であり，$\left|\boldsymbol{V}_{\rm c}\right| = 64 \neq 0$ より，(5.3) 式は可制御である．
② (5.16) 式で示したように，$\left|\boldsymbol{M}_0\right| = 4 \neq 0$ より，(5.3) 式は原点に不変零点をもたない．

したがって，偏差拡大システム (5.61) 式は可制御である．

問題 5.5 　問題 5.4 (p.108) において，(5.66) 式が可制御であるための条件 ①, ② を調べよ．

5.3 MATLAB/Simulink を利用した演習

5.3.1 追従制御

ここでは，例 5.1 (p.93) および例 5.3 (p.98) で説明した 2 慣性システムの追従制御の結果を，MATLAB/Simulink により確認する．

まず，2 慣性システムの状態空間表現 (5.3) 式を定義し，目標値からのフィードバックを付加した状態フィードバック形式のコントローラ (5.10) 式を設計するために，

M ファイル “following.m”：極配置法による追従制御を実現するコントローラ設計

```
clear                  ……… メモリ上の変数をすべて消去
format compact         ……… 余分な改行を省略
```

(注 5.8) $\mathrm{rank}\boldsymbol{V}_{\rm c} = n$ であるとき，$p \geq 1$ より以下のランク条件が必ず成立する．

$$\mathrm{rank}\left[\ \boldsymbol{B}\ \ \boldsymbol{AB}\ \ \boldsymbol{A}^2\boldsymbol{B}\ \ \cdots\ \ \boldsymbol{A}^{n-1}\boldsymbol{B}\ \ \cdots\ \boldsymbol{A}^{(n+p)-2}\boldsymbol{B}\ \right] = n$$

```
4   A = [ 0  1  0  0                  ……… A の定義
5       -4 -2  4  2
6        0  0  0  1
7        2  1 -2 -1 ];
8   B = [ 0                           ……… b の定義
9         2
10        0
11        0 ];
12  C = [ 0  0  1  0 ];               ……… c の定義
13
14  p = [ -2+2j                       ……… $p_1 = -2 + 2j$,
15        -2-2j                             $p_2 = -2 - 2j$,
16        -2+j                              $p_3 = -2 + j$,
17        -2-j ];                           $p_4 = -2 - j$ に設定
18  K = - acker(A,B,p)                ……… アッカーマンの極配置アルゴリズムによる k の設計
19  M0 = [ A  B                       ……… $M_0 = \begin{bmatrix} A & b \\ c & 0 \end{bmatrix}$
20         C  0 ];
21  H = [ -K  1 ]*inv(M0)*[ zeros(4,1)     ……… $h = \begin{bmatrix} -k & 1 \end{bmatrix} \begin{bmatrix} A & b \\ c & 0 \end{bmatrix}^{-1} \begin{bmatrix} 0 \\ 1 \end{bmatrix}$
22                          1       ]
23  eig(A + B*K)                      ……… $A_{cl} = A + bk$ の固有値
```

を作成する．また，設計されたコントローラを用いてシミュレーションを行うために，図 5.10 の Simulink モデル "`simulink_following.mdl`" を作成し，さらに，得られたシミュレーション結果を描画するために，以下の M ファイルを作成する．

```
M ファイル "plot_data_cart.m"
1  plot(t,y);
2  grid;
3  xlabel('t [s]');
4  ylabel('position (cart2) [m]');
```

つぎに，

```
"following.m" の実行結果
>> following  ⏎      ……… "following.m" の実行
K =                  ……… k : (5.14) 式
   -3.5000  -2.5000  -6.5000  -5.5000
H =                  ……… h : (5.15) 式
   10

ans =                ……… $A_{cl} = A + bk$ の固有値
  -2.0000 + 2.0000i
  -2.0000 - 2.0000i
  -2.0000 + 1.0000i
  -2.0000 - 1.0000i
>> x0 = zeros(4,1);  ⏎   ……… $x(0) = x_0 = 0$
```

のように，M ファイル "`following.m`" を実行した後，初期状態 $x(0) = x_0 = 0$ を定義し，Simulink モデル "`simulink_following.mdl`" を実行する．シミュレーションが終了した後，M ファイル "`plot_data_cart.m`" を実行すると，図 5.4 (p.100) に相当するシミュレーション結果が，図 5.11 のように描画される．

問題 5.6　問題 5.1 (p.96) のように制御対象の状態空間表現が (5.18) 式で与えられたとき，以下の設問に答えよ．

(1) M ファイル "`following.m`" (p.110) を参考にし，MATLAB により $A + bk$ の固有値が $-2 \pm 2j$ となるようにコントローラ (5.19) 式 (p.97) の k を定めよ．また，(5.20) 式 (p.97) に従って，h を定めよ．

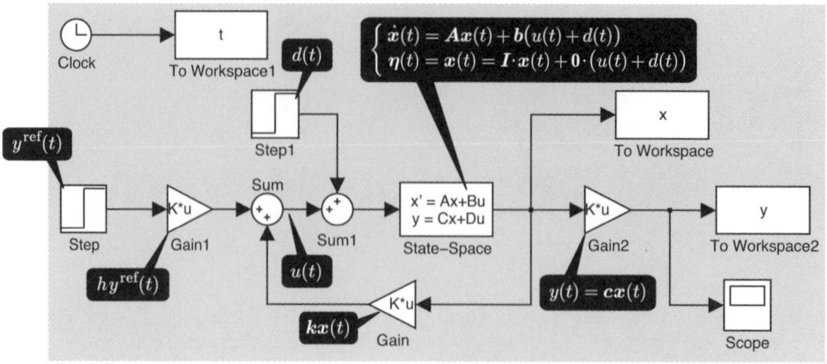

- **State-Space**（ライブラリ：Continuous）
  A："1" を "A" に変更
  B："1" を "B" に変更
  C："1" を "eye(4)" に変更
  D："1" を "zeros(4,1)" に変更
  初期条件："0" を "x0" に変更
- **Gain**（ライブラリ：Math Operations）
  ゲイン："1" を "K" に変更
  乗算："単位要素 (K.*u)" を "行列 (K*u)" に変更
- **Gain1**（ライブラリ：Math Operations）
  ゲイン："1" を "H" に変更
  乗算："単位要素 (K.*u)" を "行列 (K*u)" に変更
  ("H" はスカラーなので変更なしでも可)
- **Gain2**（ライブラリ：Math Operations）
  ゲイン："1" を "C" に変更
  乗算："単位要素 (K.*u)" を "行列 (K*u)" に変更
- **Sum**（ライブラリ：Math Operations）
  変更なし
- **Sum1**（ライブラリ：Math Operations）
  符号のリスト："|++" を "++|" に変更
- **To Workspace**（ライブラリ：Sinks）
  変数名："simout" を "x" に変更
  保存フォーマット："構造体" を "配列" に変更
- **To Workspace1**（ライブラリ：Sinks）
  変数名："simout" を "t" に変更
  保存フォーマット："構造体" を "配列" に変更
- **To Workspace2**（ライブラリ：Sinks）
  変数名："simout" を "y" に変更
  保存フォーマット："構造体" を "配列" に変更
- **Scope**（ライブラリ：Sinks）
  変更なし
- **Step**（ライブラリ：Sources）
  ステップ時間："1" を "0" に変更
- **Step1**（ライブラリ：Sources）
  ステップ時間："1" を "5" に変更
- **Clock**（ライブラリ：Sources）
  変更なし

（**シミュレーション時間**
開始時間：0 ・・・ 変更なし
終了時間：10

ソルバオプション
タイプ：固定ステップ
ソルバ：ode4 (Runge-Kutta)
固定ステップ（基本サンプル時間）：0.01

データのインポート/エクスポート
"単一のシミュレーション出力"（"単一のオブジェクトとしてシミュレーション出力を保存"）のチェックを外す）

図 5.10 Simulink モデル "simulink_following.mdl"

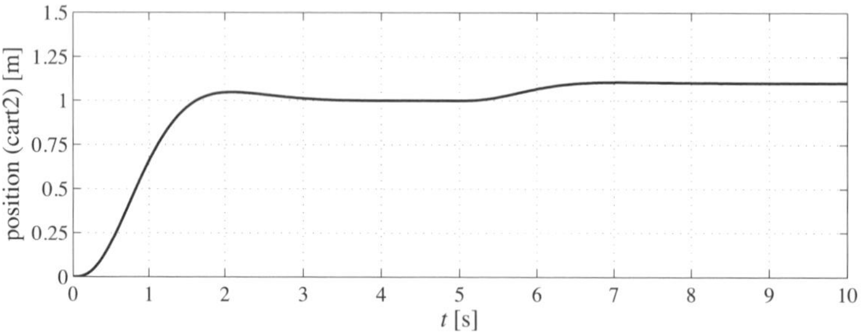

図 5.11 追従制御のシミュレーション結果

(2) 図 5.10 の Simulink モデル "simulink_following.mdl" を参考にして，目標値 $y^{\mathrm{ref}}(t)$，外乱 $d(t)$ を (5.33) 式 (p.100) としたシミュレーションを行い，その結果を表示せよ．

5.3.2 サーボ制御

ここでは，**例 5.5** (p.106) および **例 5.6** (p.110) で説明した 2 慣性システムのサーボ制御で得られた結果を，MATLAB/Simulink により確認する．

偏差拡大システム (5.61) 式の可制御性を確認したうえで，積分型コントローラ (5.46), (5.65) 式を設計するために，以下の M ファイルを作成する．

M ファイル "servo.m"：極配置法による積分型コントローラの設計

⋮	"following.m" の 1〜13 行目と同様	
14	`Vc = ctrb(A,B)`	……… 可制御行列 $V_c = \begin{bmatrix} b & Ab & A^2b & A^3b \end{bmatrix}$
15	`rank(Vc)`	……… ① 可制御性の判別 (rank$V_c = n\ (= 4)$ を確認)
16		
17	`M0 = [ A  B`	……… $M_0 = M(0) = \begin{bmatrix} A & b \\ c & 0 \end{bmatrix}$
18	`       C  0 ]`	
19	`det(M0)`	……… ② 原点に不変零点をもつかどうかの判別 ($\lvert M_0 \rvert \neq 0$ を確認)
20		
21	`Ae = [ A  zeros(4,1)`	……… $A_e = \begin{bmatrix} A & 0 \\ -c & 0 \end{bmatrix}$
22	`      -C  0          ];`	
23	`Be = [ B`	……… $b_e = \begin{bmatrix} b \\ 0 \end{bmatrix}$
24	`       0 ];`	
25		
26	`p = [ -1+3j`	……… $p_1 = -1 + 3j$,
27	`      -1-3j`	$p_2 = -1 - 3j$,
28	`      -2+j`	$p_3 = -2 + j$,
29	`      -2-j`	$p_4 = -2 - j$,
30	`      -2 ];`	$p_5 = -2$ に設定
31	`Ke = - acker(Ae,Be,p);`	……… アッカーマンの極配置アルゴリズムによる $k_e = \begin{bmatrix} k & g \end{bmatrix}$ の設計
32	`K = Ke(1:4)`	……… k の表示
33	`G = Ke(5)`	……… g の表示
34		
35	`eig(Ae + Be*Ke)`	……… $A_e + b_e k_e$ の固有値

また，設計された積分型コントローラを用いてシミュレーションを行うために，**図 5.12** の Simulink モデル "simulink_servo.mdl" を作成する．つぎに，

"servo.m" の実行結果

`>> servo ↵`	……… "servo.m" の実行
`Vc =`	……… $V_c = \begin{bmatrix} b & bA & bA^2 & bA^3 \end{bmatrix}$

`     0     2    -4     4`
`     2    -4     4    12`
`     0     0     2    -2`
`     0     2    -2    -6`	

`ans =`	……… rank$V_c = 4$ より (5.3) 式は可制御
`     4`	
`M0 =`	……… $M_0 = M(0) = \begin{bmatrix} A & b \\ c & 0 \end{bmatrix}$

`     0     1     0     0     0`
`    -4    -2     4     2     2`
`     0     0     0     1     0`
`     2     1    -2    -1     0`
`     0     0     1     0     0`	

`ans =`	……… $\lvert M_0 \rvert = 4 \neq 0$ より M_0 は正則
`     4`	
`K =`	……… k：(5.65) 式
`   -3.0000   -2.5000  -22.0000   -9.0000`	
`G =`	……… g：(5.65) 式
`    25`	
`ans =`	……… $A_e + b_e k_e$ の固有値

`  -1.0000 + 3.0000i`
`  -1.0000 - 3.0000i`
`  -2.0000 + 1.0000i`
`  -2.0000 - 1.0000i`
`  -2.0000`	

`>> x0 = zeros(4,1); ↵`	……… $x(0) = x_0 = 0$

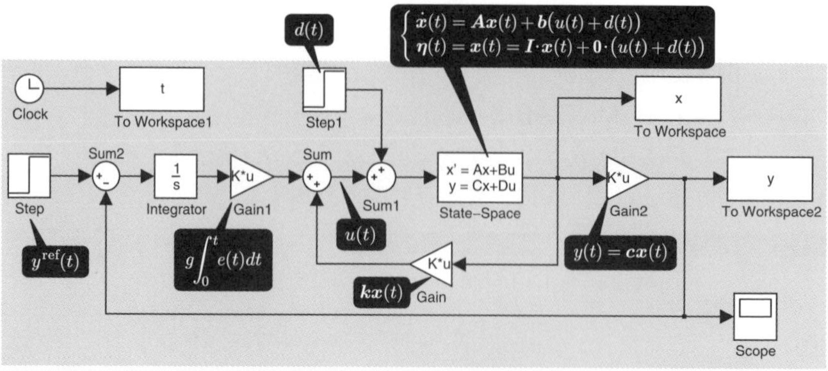

- Gain1 (ライブラリ：Math Operations)
  ゲイン："1" を "G" に変更
  乗算："単位要素 (K.*u)" を "行列 (K*u)" に変更
  ("G" はスカラーなので変更なしでも可)
- Sum2 (ライブラリ：Math Operations)
  符号のリスト："|++" を "|+-" に変更
- Integrator (ライブラリ：Continuous)
  変更なし
- これ以外の Simulink ブロックやシミュレーション時間，ソルバオプションの設定は図 5.10 の Simulink モデル "simulink_following.mdl" (p.112) と同様

図 5.12　Simulink モデル "simulink_servo.mdl"

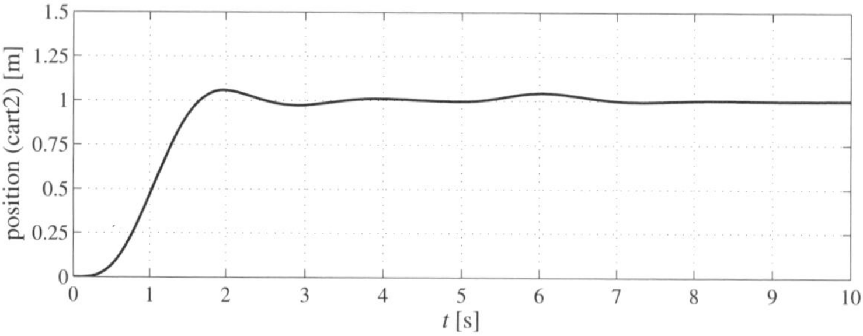

図 5.13　サーボ制御のシミュレーション結果

のように入力し，M ファイル "servo.m" を実行した後，初期状態 $\boldsymbol{x}(0)=\boldsymbol{x}_0=\boldsymbol{0}$ を設定する．Simulink モデル "simulink_servo.mdl" を実行し，シミュレーションが終了した後，M ファイル "plot_data_cart.m" (p.111) を実行すると，シミュレーション結果が図 5.13 のように描画され，図 5.9 (p.108) と一致していることが確認できる．

問題 5.7　問題 5.4 (p.108) のように制御対象の状態空間表現 (5.32) 式 (p.100) が与えられたとき，以下の設問に答えよ．

(1) M ファイル "servo.m" (p.113) を参考にし，MATLAB により $\boldsymbol{A}_{\rm e}+\boldsymbol{b}_{\rm e}\boldsymbol{k}_{\rm e}$ の固有値が $-2\pm 2j$, -2 となるような積分型コントローラ (5.46) 式 (p.103) のゲイン $\boldsymbol{k}$, g を求めよ．
(2) 図 5.12 の Simulink モデル "simulink_servo.mdl" を参考にして，目標値 $y^{\rm ref}(t)$，外乱 $d(t)$ を (5.33) 式 (p.100) としたシミュレーションを行い，その結果を表示せよ．

第 6 章 オブザーバと出力フィードバック

状態フィードバック形式のコントローラは，すべての状態がセンサなどにより検出可能であるとしているが，実際には，検出可能であるとは限らない．このような場合，何らかの方法で状態変数を推定する必要がある．本章の前半では，観測量の時間微分を利用した状態の推定の方法について説明する．しかし，この方法はノイズの影響が大きいという問題があるため，本章の後半では，制御対象の入力信号 (操作量) と出力信号 (観測量) から状態変数を推定する機構である，オブザーバ (観測器) について説明する．

6.1 問題設定

これまでの議論では，センサなどによって状態変数 $\boldsymbol{x}(t) = \begin{bmatrix} x_1(t) & \cdots & x_n(t) \end{bmatrix}^{\mathrm{T}} \in \mathbb{R}^n$ の要素 $x_i(t)$ がすべて利用可能な制御対象

$$\mathcal{P} : \begin{cases} \dot{\boldsymbol{x}}(t) = \boldsymbol{A}\boldsymbol{x}(t) + \boldsymbol{B}\boldsymbol{u}(t), \quad \boldsymbol{x}(0) = \boldsymbol{x}_0 \\ \boldsymbol{\eta}(t) = \boldsymbol{x}(t) \end{cases} \tag{6.1}$$

を考え，次式の状態フィードバック形式のコントローラの設計について議論した．

$$\mathcal{K} : \ \boldsymbol{u}(t) = \boldsymbol{K}\boldsymbol{x}(t) \tag{6.2}$$

ただし，$\boldsymbol{u}(t) \in \mathbb{R}^p$：操作量，$\boldsymbol{\eta}(t) \in \mathbb{R}^r$：観測量である．しかし，コストを軽減するためにセンサの数を少なくしたい，実験装置の構造的制約でセンサを取り付けることができない，などといった理由から，センサによって $x_i(t)$ の一部しか直接的に検出することができないことが多い．そのため，観測量 $\boldsymbol{\eta}(t)$ は状態変数の一部であり，制御対象は，

$$\mathcal{P} : \begin{cases} \dot{\boldsymbol{x}}(t) = \boldsymbol{A}\boldsymbol{x}(t) + \boldsymbol{B}\boldsymbol{u}(t), \quad \boldsymbol{x}(0) = \boldsymbol{x}_0 \\ \boldsymbol{\eta}(t) = \overline{\boldsymbol{C}}\boldsymbol{x}(t) \end{cases} \tag{6.3}$$

のように記述される．本章では，制御対象の利用可能な信号である観測量 $\boldsymbol{\eta}(t)$ と操作量 $\boldsymbol{u}(t)$ を利用することによって，状態変数を推定し，この推定値を用いて状態フィードバック形式のコントローラ (6.2) 式を実現することを考える．

例 6.1 ………………………………………………………… **平面 2 リンクマニピュレータの観測量**

図 6.1 に示す平面 2 リンクマニピュレータ(2-link manipulator)(注 6.1) は，リンク 1, 2 の相対角度 $\theta_1(t), \theta_2(t)$ を制御することによって，手先位置を目標位置とすることを目的とした実験装置である．通常，その状態変数は $\boldsymbol{x}(t) = \begin{bmatrix} \theta_1(t) & \theta_2(t) & \dot\theta_1(t) & \dot\theta_2(t) \end{bmatrix}^{\mathrm T}$ のように選ばれる．ここで，リンク 1, 2 の関節には $\theta_1(t), \theta_2(t)$ を検出する角度センサが取り付けられているが，角速度 $\dot\theta_1(t)$, $\dot\theta_2(t)$ を検出するセンサは取り付けられていないとすると，観測量 $\boldsymbol{\eta}(t)$ は次式となる．

$$\boldsymbol{\eta}(t) = \begin{bmatrix} \theta_1(t) \\ \theta_2(t) \end{bmatrix} = \underbrace{\begin{bmatrix} 1 & 0 & 0 & 0 \\ 0 & 1 & 0 & 0 \end{bmatrix}}_{\boldsymbol{C}} \underbrace{\begin{bmatrix} \theta_1(t) \\ \theta_2(t) \\ \dot\theta_1(t) \\ \dot\theta_2(t) \end{bmatrix}}_{\boldsymbol{x}(t)}$$

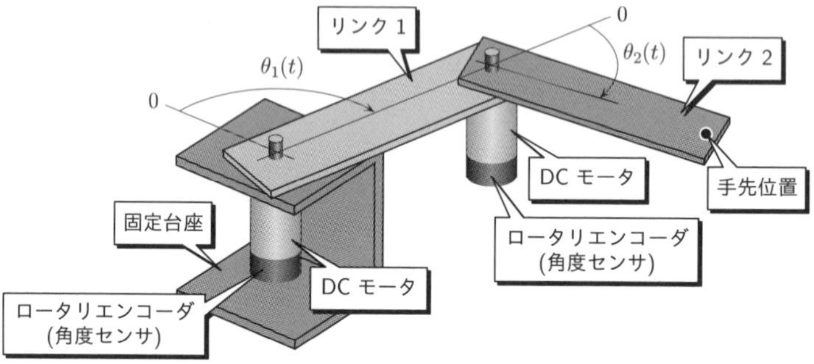

図 6.1　平面 2 リンクマニピュレータ

6.2　微分信号を利用した状態の復元

6.2.1　差分近似による速度の復元

例 6.1 で示したように，ロボットマニピュレータなどの機械システムでは，状態変数 $\boldsymbol{x}(t)$ の要素として，N 個の質点の相対位置 (角度) $\theta_i(t)$ $(i = 1, 2, \cdots, N)$ と相対速度 (角速度) $\omega_i(t) = \dot\theta_i(t)$ が選ばれることが多い．しかし，通常，$\theta_i(t)$ を検出するセンサしか取り付けられておらず，$\omega_i(t)$ を**差分近似**(difference approximation)により求めることが多い．

微分の定義より，$\omega_i(t)$ は，

$$\omega_i(t) = \dot\theta_i(t) = \lim_{\Delta t \to 0} \frac{\theta_i(t) - \theta_i(t - \Delta t)}{t - \bigl(t - \Delta t\bigr)} = \lim_{\Delta t \to 0} \frac{\theta_i(t) - \theta_i(t - \Delta t)}{\Delta t} \tag{6.4}$$

であるから，図 6.2 に示すように，Δt が微小であるとき，

(注 6.1) 様々な作業を人間の腕や手に代わって行う機械の腕を，マニピュレータとよぶ．

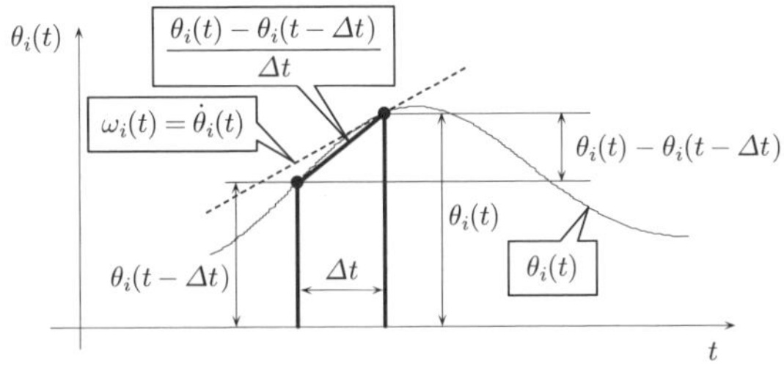

図 6.2　速度あるいは角速度 $\omega_i(t)=\dot{\theta}_i(t)$ の差分近似

$$\omega_i(t) \fallingdotseq \frac{\theta_i(t)-\theta_i(t-\Delta t)}{\Delta t} \tag{6.5}$$

のように近似できる．また，コントローラをパソコンやマイコンといったディジタルコンピュータ上に実装しているとき，一定の間隔ごとに $\theta_i(t)$ の値が取り込まれる．そこで，Δt をサンプリング間隔とし，$\theta_i[k]=\theta_i(k\Delta t)$ と記述すると，

- $\theta_i[k]$：現在の時刻 $t=k\Delta t$ における相対位置 (角度)
- $\theta_i[k-1]$：1 サンプリング前の時刻 $t=(k-1)\Delta t$ における相対位置 (角度)

から，現在の時刻 $t=k\Delta t$ の相対速度 (角速度) $\omega_i[k]=\omega_i(k\Delta t)$ を，

差分近似による速度 (角速度) の復元

$$\omega_i[k] \fallingdotseq \frac{\theta_i[k]-\theta_i[k-1]}{\Delta t} \quad (k=1,\,2,\,\cdots) \tag{6.6}$$

のように，近似的に求めることができる．

この方法は，相対速度 (角速度) の時間微分に基づいているため，図 6.3 に示すよう

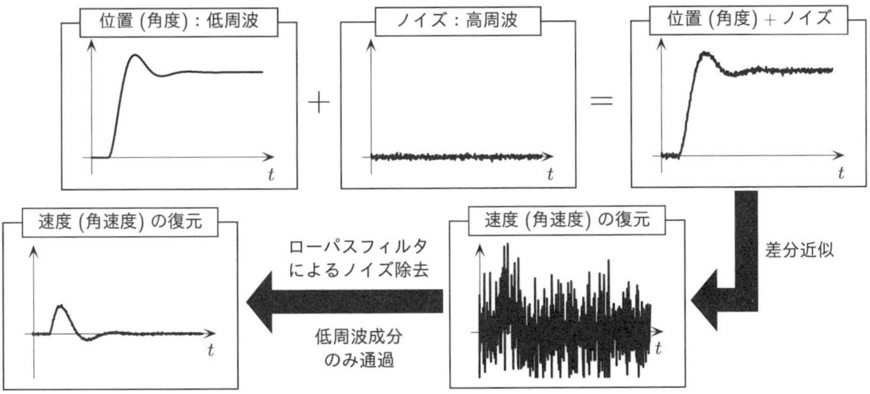

図 6.3　ローパスフィルタによるノイズ除去

に，高周波のノイズの影響を大きく受ける．そこで，実際にはローパスフィルタによるノイズ除去を行うが，ローパスフィルタの遮断周波数を低く設定しすぎると，本来，復元したい相対速度 (角速度) 信号の位相の遅れを引き起こすため，注意が必要である．

6.2.2　入出力信号の時間微分を利用した状態変数の復元

ここでは，$\boldsymbol{A}$, $\boldsymbol{B}$, $\overline{\boldsymbol{C}}$ の値が正確であり，しかも，観測量 $\boldsymbol{\eta}(t)$ にノイズが加わっていない理想的な状況において，状態変数 $\boldsymbol{x}(t)$ が完全に復元可能となる条件について考える．

観測量 $\boldsymbol{\eta}(t) = \overline{\boldsymbol{C}}\boldsymbol{x}(t)$ が $n-1$ 回，時間微分可能であるとすると，

$$\left\{\begin{aligned} \boldsymbol{\eta}(t) &= \overline{\boldsymbol{C}}\boldsymbol{x}(t) \\ \dot{\boldsymbol{\eta}}(t) &= \overline{\boldsymbol{C}}\dot{\boldsymbol{x}}(t) = \overline{\boldsymbol{C}}\big(\boldsymbol{A}\boldsymbol{x}(t) + \boldsymbol{B}\boldsymbol{u}(t)\big) \\ &= \overline{\boldsymbol{C}}\boldsymbol{A}\boldsymbol{x}(t) + \overline{\boldsymbol{C}}\boldsymbol{B}\boldsymbol{u}(t) \\ \ddot{\boldsymbol{\eta}}(t) &= \overline{\boldsymbol{C}}\boldsymbol{A}\dot{\boldsymbol{x}}(t) + \overline{\boldsymbol{C}}\boldsymbol{B}\dot{\boldsymbol{u}}(t) = \overline{\boldsymbol{C}}\boldsymbol{A}\big(\boldsymbol{A}\boldsymbol{x}(t) + \boldsymbol{B}\boldsymbol{u}(t)\big) + \overline{\boldsymbol{C}}\boldsymbol{B}\dot{\boldsymbol{u}}(t) \\ &= \overline{\boldsymbol{C}}\boldsymbol{A}^2\boldsymbol{x}(t) + \overline{\boldsymbol{C}}\boldsymbol{A}\boldsymbol{B}\boldsymbol{u}(t) + \overline{\boldsymbol{C}}\boldsymbol{B}\dot{\boldsymbol{u}}(t) \\ &\ \ \vdots \\ \boldsymbol{\eta}^{(n-1)}(t) &= \overline{\boldsymbol{C}}\boldsymbol{A}^{n-1}\boldsymbol{x}(t) \\ &\quad + \overline{\boldsymbol{C}}\boldsymbol{A}^{n-2}\boldsymbol{B}\boldsymbol{u}(t) + \cdots + \overline{\boldsymbol{C}}\boldsymbol{A}\boldsymbol{B}\boldsymbol{u}^{(n-3)}(t) + \overline{\boldsymbol{C}}\boldsymbol{B}\boldsymbol{u}^{(n-2)}(t) \end{aligned}\right. \tag{6.7}$$

より，以下の関係式が得られる．

$$\overbrace{\begin{bmatrix} \boldsymbol{\eta}(t) \\ \dot{\boldsymbol{\eta}}(t) \\ \ddot{\boldsymbol{\eta}}(t) \\ \vdots \\ \boldsymbol{\eta}^{(n-1)}(t) \end{bmatrix}}^{\boldsymbol{\alpha}(t) \in \mathbb{R}^{rn}} = \overbrace{\begin{bmatrix} \overline{\boldsymbol{C}} \\ \overline{\boldsymbol{C}}\boldsymbol{A} \\ \overline{\boldsymbol{C}}\boldsymbol{A}^2 \\ \vdots \\ \overline{\boldsymbol{C}}\boldsymbol{A}^{n-1} \end{bmatrix}}^{\boldsymbol{V}_{\mathrm{o}} \in \mathbb{R}^{rn \times n}} \boldsymbol{x}(t) + \overbrace{\begin{bmatrix} \boldsymbol{O} & \boldsymbol{O} & \cdots & \boldsymbol{O} \\ \overline{\boldsymbol{C}}\boldsymbol{B} & \boldsymbol{O} & \cdots & \boldsymbol{O} \\ \overline{\boldsymbol{C}}\boldsymbol{A}\boldsymbol{B} & \overline{\boldsymbol{C}}\boldsymbol{B} & \cdots & \boldsymbol{O} \\ \vdots & \vdots & \vdots & \vdots \\ \overline{\boldsymbol{C}}\boldsymbol{A}^{n-2}\boldsymbol{B} & \overline{\boldsymbol{C}}\boldsymbol{A}^{n-3}\boldsymbol{B} & \cdots & \overline{\boldsymbol{C}}\boldsymbol{B} \end{bmatrix}}^{\boldsymbol{E} \in \mathbb{R}^{rn \times p(n-1)}} \overbrace{\begin{bmatrix} \boldsymbol{u}(t) \\ \dot{\boldsymbol{u}}(t) \\ \vdots \\ \boldsymbol{u}^{(n-2)}(t) \end{bmatrix}}^{\boldsymbol{\beta}(t) \in \mathbb{R}^{p(n-1)}}$$

$$\Longrightarrow \quad \boldsymbol{V}_{\mathrm{o}}\boldsymbol{x}(t) = \boldsymbol{\alpha}(t) - \boldsymbol{E}\boldsymbol{\beta}(t) \quad \Longrightarrow \quad \boldsymbol{V}_{\mathrm{o}}^{\mathrm{T}}\boldsymbol{V}_{\mathrm{o}}\boldsymbol{x}(t) = \boldsymbol{V}_{\mathrm{o}}^{\mathrm{T}}\big(\boldsymbol{\alpha}(t) - \boldsymbol{E}\boldsymbol{\beta}(t)\big) \tag{6.8}$$

したがって，**可観測行列** (observability matrix) とよばれる行列 $\boldsymbol{V}_{\mathrm{o}} \in \mathbb{R}^{rn \times n}$ が，ランク条件

$$\mathrm{rank}\boldsymbol{V}_{\mathrm{o}} = n \quad (\text{列フルランク}) \tag{6.9}$$

を満足するのであれば，付録 C.1 (i) に示すランクの性質 (p.233) より，$\boldsymbol{V}_{\mathrm{o}}^{\mathrm{T}}\boldsymbol{V}_{\mathrm{o}} \in \mathbb{R}^{n \times n}$ は正則となるから，

入出力信号の時間微分を利用した状態の復元

$$\boldsymbol{x}(t) = \big(\boldsymbol{V}_{\mathrm{o}}^{\mathrm{T}}\boldsymbol{V}_{\mathrm{o}}\big)^{-1}\boldsymbol{V}_{\mathrm{o}}^{\mathrm{T}}\big(\boldsymbol{\alpha}(t) - \boldsymbol{E}\boldsymbol{\beta}(t)\big) \tag{6.10}$$

のように，状態変数 $\boldsymbol{x}(t)$ を復元することができる．なお，$r = 1$ とした 1 出力システム

の場合，(6.9) 式は，$\boldsymbol{V}_{\mathrm{o}} \in \mathbb{R}^{n\times n}$ が正則であることを意味し，(6.10) 式は次式となる．

$$\begin{aligned}\boldsymbol{x}(t) &= \left(\boldsymbol{V}_{\mathrm{o}}^{\mathrm{T}}\boldsymbol{V}_{\mathrm{o}}\right)^{-1}\boldsymbol{V}_{\mathrm{o}}^{\mathrm{T}}\left(\boldsymbol{\alpha}(t) - \boldsymbol{E}\boldsymbol{\beta}(t)\right) = \boldsymbol{V}_{\mathrm{o}}^{-1}\boldsymbol{V}_{\mathrm{o}}^{-\mathrm{T}}\boldsymbol{V}_{\mathrm{o}}^{\mathrm{T}}\left(\boldsymbol{\alpha}(t) - \boldsymbol{E}\boldsymbol{\beta}(t)\right) \\ &= \boldsymbol{V}_{\mathrm{o}}^{-1}\left(\boldsymbol{\alpha}(t) - \boldsymbol{E}\boldsymbol{\beta}(t)\right)\end{aligned} \tag{6.11}$$

この方法は，観測量 $\boldsymbol{\eta}(t)$ の複数回の時間微分 $\dot{\boldsymbol{\eta}}(t), \ddot{\boldsymbol{\eta}}(t), \cdots, \boldsymbol{\eta}^{(n-1)}(t)$ が必要であるため，ノイズの影響が大きく，実際に使用することは困難である．しかし，6.3.2 項で説明するように，(6.9) 式のランク条件は**可観測性**(observability) (入出力信号 $\boldsymbol{u}(t), \boldsymbol{\eta}(t)$ から任意の速さで状態変数 $\boldsymbol{x}(t)$ を推定できるかどうかという性質) を判別するための条件となっており，状態変数 $\boldsymbol{x}(t)$ の推定を議論するうえで重要な意味をもっている．

例 6.2 .... **2 慣性システムの状態の復元**

例 5.1 (p.93) の 2 慣性システムにおいて，観測量 $\eta(t)$ を台車 2 の位置 $z_2(t)$ とした

$$\mathcal{P}: \begin{cases} \dot{\boldsymbol{x}}(t) = \boldsymbol{A}\boldsymbol{x}(t) + \boldsymbol{b}u(t) \\ \eta(t) = \overline{\boldsymbol{c}}\boldsymbol{x}(t) \end{cases}, \quad \overline{\boldsymbol{c}} = \begin{bmatrix} 0 & 0 & 1 & 0 \end{bmatrix} \tag{6.12}$$

を考える．ただし，$\boldsymbol{A}, \boldsymbol{b}, \boldsymbol{x}(t), u(t)$ は (5.3) 式により定義される．このとき，$\eta(t), \dot{\eta}(t), \ddot{\eta}(t), \eta^{(3)}(t), u(t), \dot{u}(t), \ddot{u}(t)$ から状態変数 $\boldsymbol{x}(t)$ を復元可能かどうかを調べてみよう．(6.8) 式における $\boldsymbol{V}_{\mathrm{o}}, \boldsymbol{E}$ を求めると，

$$\boldsymbol{V}_{\mathrm{o}} = \begin{bmatrix} \overline{\boldsymbol{c}} \\ \overline{\boldsymbol{c}}\boldsymbol{A} \\ \overline{\boldsymbol{c}}\boldsymbol{A}^2 \\ \overline{\boldsymbol{c}}\boldsymbol{A}^3 \end{bmatrix} = \begin{bmatrix} 0 & 0 & 1 & 0 \\ 0 & 0 & 0 & 1 \\ 2 & 1 & -2 & -1 \\ -6 & -1 & 6 & 1 \end{bmatrix}, \quad \boldsymbol{E} = \begin{bmatrix} 0 & 0 & 0 \\ \overline{\boldsymbol{c}}\boldsymbol{b} & 0 & 0 \\ \overline{\boldsymbol{c}}\boldsymbol{A}\boldsymbol{b} & \overline{\boldsymbol{c}}\boldsymbol{b} & 0 \\ \overline{\boldsymbol{c}}\boldsymbol{A}^2\boldsymbol{b} & \overline{\boldsymbol{c}}\boldsymbol{A}\boldsymbol{b} & \overline{\boldsymbol{c}}\boldsymbol{b} \end{bmatrix} = \begin{bmatrix} 0 & 0 & 0 \\ 0 & 0 & 0 \\ 0 & 0 & 0 \\ 2 & 0 & 0 \end{bmatrix} \tag{6.13}$$

である．したがって，$\left|\boldsymbol{V}_{\mathrm{o}}\right| = 4 \neq 0$ より $\boldsymbol{V}_{\mathrm{o}}$ は正則であるから，

$$\begin{aligned}\overbrace{\begin{bmatrix} x_1(t) \\ x_2(t) \\ x_3(t) \\ x_4(t) \end{bmatrix}}^{\boldsymbol{x}(t)} &= \overbrace{\frac{1}{4}\begin{bmatrix} 4 & 0 & -1 & -1 \\ 0 & 4 & 6 & 2 \\ 4 & 0 & 0 & 0 \\ 0 & 4 & 0 & 0 \end{bmatrix}}^{\boldsymbol{V}_{\mathrm{o}}^{-1}}\left(\overbrace{\begin{bmatrix} \eta(t) \\ \dot{\eta}(t) \\ \ddot{\eta}(t) \\ \eta^{(3)}(t) \end{bmatrix}}^{\boldsymbol{\alpha}(t)} - \overbrace{\begin{bmatrix} 0 & 0 & 0 \\ 0 & 0 & 0 \\ 0 & 0 & 0 \\ 2 & 0 & 0 \end{bmatrix}}^{\boldsymbol{E}}\overbrace{\begin{bmatrix} u(t) \\ \dot{u}(t) \\ \ddot{u}(t) \end{bmatrix}}^{\boldsymbol{\beta}(t)}\right) \\ &= \begin{bmatrix} \eta(t) - \dfrac{1}{4}\ddot{\eta}(t) - \dfrac{1}{4}\eta^{(3)}(t) + \dfrac{1}{2}u(t) \\ \dot{\eta}(t) + \dfrac{3}{2}\ddot{\eta}(t) + \dfrac{1}{2}\eta^{(3)}(t) - u(t) \\ \eta(t) \\ \dot{\eta}(t) \end{bmatrix}\end{aligned} \tag{6.14}$$

により，状態変数 $\boldsymbol{x}(t)$ を復元できる．

6.3 同一次元オブザーバによる状態推定

6.3.1 同一次元オブザーバの構成

前節の議論では，観測量 $\boldsymbol{\eta}(t)$ の微分を利用して状態変数 $\boldsymbol{x}(t)$ を得ようとしていたため，ノイズの影響が大きいという問題があった．この問題に対処するため，ここでは，図 6.4 に示すように，制御対象 (6.3) 式の利用可能な入出力信号 (操作量 $\boldsymbol{u}(t)$ と観測量 $\boldsymbol{\eta}(t)$) から状態変数 $\boldsymbol{x}(t)$ を推定する**オブザーバ** (observer) **(観測器)** について説明する．

まず，制御対象の状態方程式が (6.3) 式により与えられていることを考慮し，単純に

$$\dot{\widehat{\boldsymbol{x}}}(t) = \boldsymbol{A}\widehat{\boldsymbol{x}}(t) + \boldsymbol{B}\boldsymbol{u}(t) \tag{6.15}$$

により状態変数 $\boldsymbol{x}(t)$ の推定値 $\widehat{\boldsymbol{x}}(t)$ を計算することを考えてみよう．このように制御対象 (6.3) 式の入力信号 (操作量) $\boldsymbol{u}(t)$ のみから推定値 $\widehat{\boldsymbol{x}}(t)$ を計算すると，推定誤差システム (推定誤差 $\boldsymbol{\varepsilon}(t) = \boldsymbol{x}(t) - \widehat{\boldsymbol{x}}(t)$ の微分方程式) は

$$\begin{aligned}\dot{\boldsymbol{\varepsilon}}(t) &= \dot{\boldsymbol{x}}(t) - \dot{\widehat{\boldsymbol{x}}}(t) = \big(\boldsymbol{A}\boldsymbol{x}(t) + \boldsymbol{B}\boldsymbol{u}(t)\big) - \big(\boldsymbol{A}\widehat{\boldsymbol{x}}(t) + \boldsymbol{B}\boldsymbol{u}(t)\big) \\ &= \boldsymbol{A}\boldsymbol{\varepsilon}(t)\end{aligned} \tag{6.16}$$

であり，初期の推定誤差が $\boldsymbol{\varepsilon}(0) = \boldsymbol{\varepsilon}_0$ であるとき，

$$\boldsymbol{\varepsilon}(t) = e^{\boldsymbol{A}t}\boldsymbol{\varepsilon}_0 \tag{6.17}$$

となる．したがって，(6.15) 式を用いると，以下のような問題が生じることがわかる．

- $\boldsymbol{A}$ が安定行列でない ($\boldsymbol{A}$ の固有値に実部が正のものが含まれる) 場合，推定誤差 $\boldsymbol{\varepsilon}(t)$ が発散してしまう．
- $\boldsymbol{A}$ が安定行列である場合，$t \to \infty$ で $\widehat{\boldsymbol{x}}(t) \to \boldsymbol{x}(t)$ ($\boldsymbol{\varepsilon}(t) \to \boldsymbol{0}$) とすることができるが，その収束の速さは $\boldsymbol{A}$ の固有値によって決まってしまう．

そこで，制御対象 (6.3) 式の入力信号 (操作量) $\boldsymbol{u}(t)$ だけでなく出力信号 (観測量) $\boldsymbol{\eta}(t)$ も利用し，出力信号 $\boldsymbol{\eta}(t)$ とその推定値 $\widehat{\boldsymbol{\eta}}(t) = \overline{\boldsymbol{C}}\widehat{\boldsymbol{x}}(t)$ との差を利用して推定誤差 $\boldsymbol{\varepsilon}(t)$

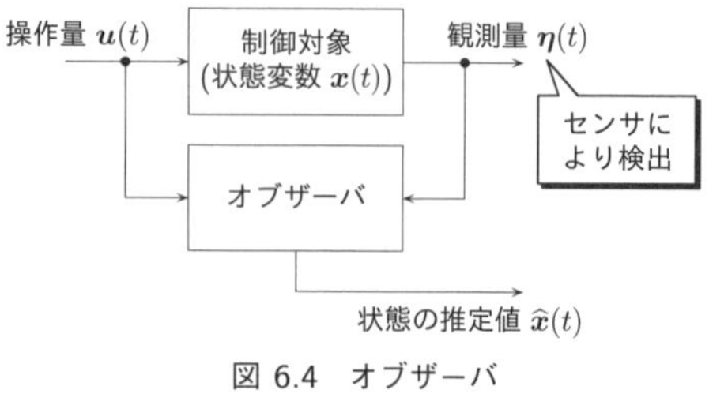

図 6.4　オブザーバ

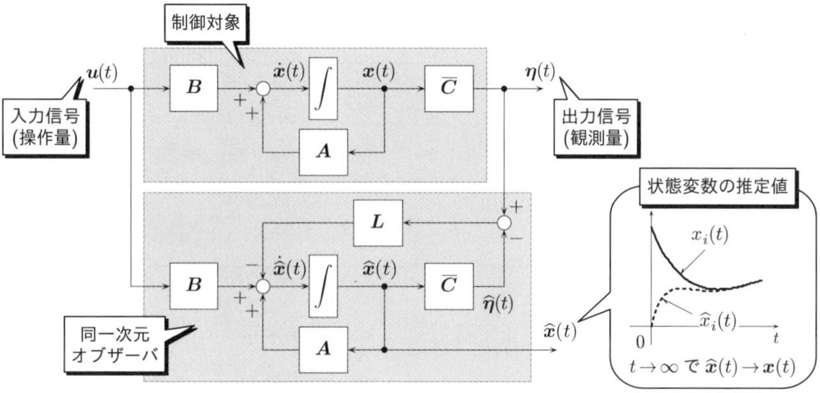

図 6.5 同一次元オブザーバ

を補正したものを，**同一次元オブザーバ**（full order observer）[注6.2] とよぶ．つまり，制御対象 (6.3) 式に対する同一次元オブザーバは，図 6.5 に示すように，

同一次元オブザーバ

$$\begin{aligned}\dot{\widehat{\boldsymbol{x}}}(t) &= \boldsymbol{A}\widehat{\boldsymbol{x}}(t) + \boldsymbol{B}\boldsymbol{u}(t) - \boldsymbol{L}\big(\overbrace{\boldsymbol{\eta}(t) - \widehat{\boldsymbol{\eta}}(t)}^{\boldsymbol{\eta}(t)\text{ の推定誤差}}\big) \\ &= \boldsymbol{A}\widehat{\boldsymbol{x}}(t) + \boldsymbol{B}\boldsymbol{u}(t) - \boldsymbol{L}\big(\boldsymbol{\eta}(t) - \overline{\boldsymbol{C}}\widehat{\boldsymbol{x}}(t)\big) \end{aligned} \tag{6.18}$$

という形式で表現される．ここで，$\boldsymbol{L} \in \mathbb{R}^{n\times r}$ は**オブザーバゲイン**（observer gain）とよばれる．同一次元オブザーバ (6.18) 式を用いたとき，推定誤差システムは

$$\begin{aligned}\dot{\boldsymbol{\varepsilon}}(t) &= \dot{\boldsymbol{x}}(t) - \dot{\widehat{\boldsymbol{x}}}(t) = \big(\boldsymbol{A}\boldsymbol{x}(t) + \boldsymbol{B}\boldsymbol{u}(t)\big) - \big\{\boldsymbol{A}\widehat{\boldsymbol{x}}(t) + \boldsymbol{B}\boldsymbol{u}(t) - \boldsymbol{L}\big(\boldsymbol{\eta}(t) - \overline{\boldsymbol{C}}\widehat{\boldsymbol{x}}(t)\big)\big\} \\ &= \big(\boldsymbol{A} + \boldsymbol{L}\overline{\boldsymbol{C}}\big)\boldsymbol{\varepsilon}(t) \end{aligned} \tag{6.19}$$

である．したがって，制御対象が安定でない場合であっても，$\boldsymbol{A} + \boldsymbol{L}\overline{\boldsymbol{C}}$ が安定行列となるようにオブザーバゲイン $\boldsymbol{L}$ を選べば，任意の $\boldsymbol{\varepsilon}(0) = \boldsymbol{\varepsilon}_0$ に対し，$t \to \infty$ で

$$\boldsymbol{\varepsilon}(t) = e^{(\boldsymbol{A}+\boldsymbol{L}\overline{\boldsymbol{C}})t}\boldsymbol{\varepsilon}_0 \to \boldsymbol{0} \quad\Longrightarrow\quad \widehat{\boldsymbol{x}}(t) \to \boldsymbol{x}(t) \tag{6.20}$$

となる．なお，このような $\boldsymbol{L}$ が存在することを，“システムが**可検出**（detectable）である” という．

6.3.2 可観測性

オブザーバの目的は，制御対象 (6.3) 式の任意の初期値 $\boldsymbol{x}(0) = \boldsymbol{x}_0$ に対して，入力信号 (操作量) $\boldsymbol{u}(t)$ と出力信号 (観測量) $\boldsymbol{\eta}(t)$ からその状態 $\boldsymbol{x}(t)$ を，任意の速さで正確に知ることである．このことが可能であることを，“システムが**可観測**（observable）である” という．線

[注6.2] 同次元オブザーバ，全次元オブザーバ，全状態オブザーバとよばれる場合もある．

形システムの制御対象 (6.3) 式に対する可観測性の具体的な定義は以下のようになる．

Point！ 可観測性の定義

線形システム (6.3) 式に対し，有限の時間 $t = t_{\rm f}$ までの入出力データ $\boldsymbol{u}(t)$, $\boldsymbol{\eta}(t)$ $(0 \leq t \leq t_{\rm f})$ を観測することによって，初期状態 $\boldsymbol{x}_0$ を一意に決定できるとき，"システムが可観測である" という．また，システムが可観測でないとき，"システムが不可観測(unobservable)" であるという．

このように，可観測性は $t_{\rm f}$ を指定することで推定の速さを考慮しているため，可検出性よりも厳しい条件であり，可観測であれば必ず可検出である．

また，線形システム (6.3) 式の可観測性は，以下の条件により判別できる．

Point！ 可観測性の判別

線形システム (6.3) 式に対して，

可観測行列(observability matrix) $\boldsymbol{V}_{\rm o}$，可観測性グラミアン(observability gramian) $\boldsymbol{W}_{\rm o}(t_{\rm f})$

$$\boldsymbol{V}_{\rm o} := \begin{bmatrix} \overline{\boldsymbol{C}} \\ \overline{\boldsymbol{C}}\boldsymbol{A} \\ \vdots \\ \overline{\boldsymbol{C}}\boldsymbol{A}^{n-1} \end{bmatrix} \in \mathbb{R}^{nr \times n} \tag{6.21}$$

$$\boldsymbol{W}_{\rm o}(t_{\rm f}) := \int_0^{t_{\rm f}} e^{\boldsymbol{A}^{\rm T}\tau}\overline{\boldsymbol{C}}^{\rm T}\overline{\boldsymbol{C}}e^{\boldsymbol{A}\tau}d\tau \in \mathbb{R}^{n \times n} \tag{6.22}$$

を定義する．このとき，線形システム (6.3) 式が可観測であることと，以下の条件 (a) や条件 (b) は等価である．

(a)　可観測行列 $\boldsymbol{V}_{\rm o}$ が次式を満足する．

$$\mathrm{rank}\boldsymbol{V}_{\rm o} = n \quad (\text{列フルランク}) \tag{6.23}$$

とくに，$r = 1$ とした 1 出力のシステム

$$\mathcal{P} : \begin{cases} \dot{\boldsymbol{x}}(t) = \boldsymbol{A}\boldsymbol{x}(t) + \boldsymbol{B}\boldsymbol{u}(t) \\ \eta(t) = \bar{\boldsymbol{c}}\boldsymbol{x}(t) \end{cases} \tag{6.24}$$

を考えた場合，可観測行列

$$\boldsymbol{V}_{\rm o} := \begin{bmatrix} \bar{\boldsymbol{c}} \\ \bar{\boldsymbol{c}}\boldsymbol{A} \\ \vdots \\ \bar{\boldsymbol{c}}\boldsymbol{A}^{n-1} \end{bmatrix} \in \mathbb{R}^{n \times n} \tag{6.25}$$

は正方行列であり，(6.23) 式の条件は次式と等価である．

$$|\boldsymbol{V}_{\mathrm{o}}| \neq 0 \quad (\boldsymbol{V}_{\mathrm{o}} \text{ が正則}) \tag{6.26}$$

(b) 可観測性グラミアン $\boldsymbol{W}_{\mathrm{o}}(t_{\mathrm{f}})$ が正則である．

とくに，可観測行列 $\boldsymbol{V}_{\mathrm{o}}$ を求め，条件 (a) により線形システムの可観測性を判別することが多い．また，可観測性は $\overline{\boldsymbol{C}}$ と $\boldsymbol{A}$ との積に依存する ($\boldsymbol{B}$ には依存しない) ことから，線形システム (6.3) 式が可観測であることを “($\overline{\boldsymbol{C}}$, $\boldsymbol{A}$) が可観測である” という．

例 6.3 ……………… **水平面を回転するアームシステムの可観測性**

図 6.6 の水平面を回転するアームシステムの状態方程式は，例 2.3 (p.15) で示したように，状態変数を $\boldsymbol{x}(t) = [\ x_1(t)\ \ x_2(t)\ ]^{\mathrm{T}} = [\ \theta(t)\ \ \dot{\theta}(t)\ ]^{\mathrm{T}}$，操作量を $u(t) = \tau(t)$ と選ぶと，

$$J\ddot{\theta}(t) = \tau(t) - \mu\theta(t) \quad \Longrightarrow \quad \underbrace{\begin{bmatrix} \dot{x}_1(t) \\ \dot{x}_2(t) \end{bmatrix}}_{\dot{\boldsymbol{x}}(t)} = \underbrace{\begin{bmatrix} 0 & 1 \\ 0 & -\dfrac{\mu}{J} \end{bmatrix}}_{\boldsymbol{A}} \underbrace{\begin{bmatrix} x_1(t) \\ x_2(t) \end{bmatrix}}_{\boldsymbol{x}(t)} + \underbrace{\begin{bmatrix} 0 \\ \dfrac{1}{J} \end{bmatrix}}_{\boldsymbol{b}} u(t) \tag{6.27}$$

である．このとき，

(1) 角度センサによりアームの角度 $x_1(t) = \theta(t)$ のみが検出されている

(2) 角速度センサによりアームの角速度 $x_2(t) = \dot{\theta}(t)$ のみが検出されている

という 2 種類の場合について，アームシステムの可観測性を調べる．

(1) 観測量は $\eta(t) = x_1(t) = \theta(t)$ であるから，制御対象の状態空間表現は，

$$\mathcal{P}: \begin{cases} \dot{\boldsymbol{x}}(t) = \boldsymbol{A}\boldsymbol{x} + \boldsymbol{b}u(t) \\ \eta(t) = \overline{\boldsymbol{c}}\boldsymbol{x}(t) \end{cases}, \quad \boldsymbol{A} = \begin{bmatrix} 0 & 1 \\ 0 & -\dfrac{\mu}{J} \end{bmatrix}, \quad \boldsymbol{b} = \begin{bmatrix} 0 \\ \dfrac{1}{J} \end{bmatrix}, \quad \overline{\boldsymbol{c}} = [\ 1\ \ 0\ ] \tag{6.28}$$

である．このとき，可観測行列 $\boldsymbol{V}_{\mathrm{o}}$ は，

$$\boldsymbol{V}_{\mathrm{o}} = \begin{bmatrix} \overline{\boldsymbol{c}} \\ \overline{\boldsymbol{c}}\boldsymbol{A} \end{bmatrix} = \begin{bmatrix} 1 & 0 \\ 0 & 1 \end{bmatrix} \quad \Longrightarrow \quad |\boldsymbol{V}_{\mathrm{o}}| = 1 \neq 0 \tag{6.29}$$

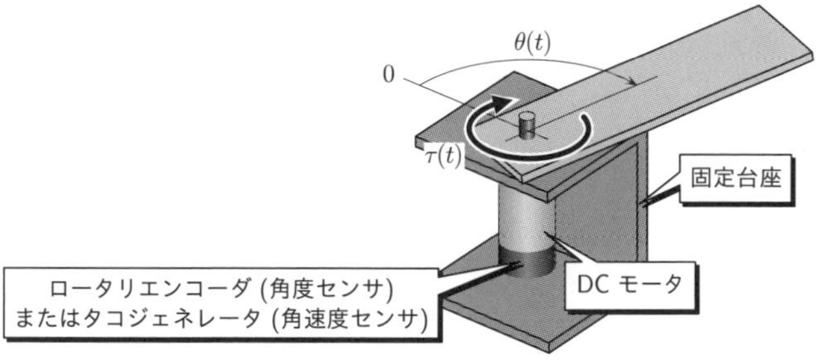

図 6.6 水平面を回転するアームシステム

であるから，可観測である．したがって，ロータリエンコーダにより角度 $x_1(t) = \theta(t)$ を検出すれば，任意の速さで角速度 $x_2(t) = \dot{\theta}(t)$ を推定することができる．

(2)　観測量は $\eta(t) = x_2(t) = \dot{\theta}(t)$ であるから，制御対象の状態空間表現は，

$$\mathcal{P}: \begin{cases} \dot{\boldsymbol{x}}(t) = \boldsymbol{A}\boldsymbol{x} + \boldsymbol{b}u(t) \\ \eta(t) = \bar{\boldsymbol{c}}\boldsymbol{x}(t) \end{cases}, \quad \boldsymbol{A} = \begin{bmatrix} 0 & 1 \\ 0 & -\dfrac{\mu}{J} \end{bmatrix}, \quad \boldsymbol{b} = \begin{bmatrix} 0 \\ \dfrac{1}{J} \end{bmatrix}, \quad \bar{\boldsymbol{c}} = \begin{bmatrix} 0 & 1 \end{bmatrix} \tag{6.30}$$

である．このとき，可観測行列 $\boldsymbol{V}_{\mathrm{o}}$ は，

$$\boldsymbol{V}_{\mathrm{o}} = \begin{bmatrix} \bar{\boldsymbol{c}} \\ \bar{\boldsymbol{c}}\boldsymbol{A} \end{bmatrix} = \begin{bmatrix} 0 & 1 \\ \hdashline 0 & -\dfrac{\mu}{J} \end{bmatrix} \Longrightarrow \left|\boldsymbol{V}_{\mathrm{o}}\right| = 0 \tag{6.31}$$

であるから，不可観測である．したがって，タコジェネレータにより角速度 $x_2(t) = \dot{\theta}(t)$ を検出しても，任意の速さで角度 $x_1(t) = \theta(t)$ を推定することはできない．

問題 6.1　1 出力システム (6.24) 式における $\boldsymbol{A}, \boldsymbol{b}, \bar{\boldsymbol{c}}$ が以下のように与えられたとき，可制御性(注 6.3)，可観測性を調べよ．

(1)　$\boldsymbol{A} = \begin{bmatrix} 0 & -1 \\ -1 & 0 \end{bmatrix}, \ \boldsymbol{b} = \begin{bmatrix} 1 \\ 1 \end{bmatrix}, \ \bar{\boldsymbol{c}} = \begin{bmatrix} 0 & 1 \end{bmatrix}$

(2)　$\boldsymbol{A} = \begin{bmatrix} 0 & 1 & 0 \\ 0 & 0 & 1 \\ -2 & 1 & -1 \end{bmatrix}, \ \boldsymbol{b} = \begin{bmatrix} 0 \\ 0 \\ 1 \end{bmatrix}, \ \bar{\boldsymbol{c}} = \begin{bmatrix} 1 & 0 & 0 \end{bmatrix}$

(3)　$\boldsymbol{A} = \begin{bmatrix} -1 & 0 \\ 1 & -1 \end{bmatrix}, \ \boldsymbol{b} = \begin{bmatrix} 1 \\ 0 \end{bmatrix}, \ \bar{\boldsymbol{c}} = \begin{bmatrix} 2 & 0 \end{bmatrix}$

問題 6.2　以下のシステムの可制御性，可観測性を調べよ．

$$\mathcal{P}: \begin{cases} \dot{\boldsymbol{x}}(t) = \boldsymbol{A}\boldsymbol{x}(t) + \boldsymbol{B}\boldsymbol{u}(t) \\ \boldsymbol{\eta}(t) = \overline{\boldsymbol{C}}\boldsymbol{x}(t) \end{cases}, \quad \boldsymbol{A} = \begin{bmatrix} 0 & 1 & 0 \\ 0 & 0 & 1 \\ 2 & -1 & 0 \end{bmatrix}, \quad \boldsymbol{B} = \begin{bmatrix} 0 & 0 \\ 1 & 0 \\ 0 & 1 \end{bmatrix}, \quad \overline{\boldsymbol{C}} = \begin{bmatrix} 1 & -1 & 0 \\ 1 & 0 & 0 \end{bmatrix}$$

6.3.3 オブザーバゲインの設計

ここでは，制御対象 (6.3) 式が可観測であるとき，$\boldsymbol{A} + \boldsymbol{L}\overline{\boldsymbol{C}}$ の固有値を任意の指定した値に配置できることを示す．

まず，(6.3) 式に対する**双対システム**(dual system)とよばれる仮想的な制御対象

$$\mathcal{P}_{\mathrm{d}}: \begin{cases} \dot{\boldsymbol{x}}_{\mathrm{d}}(t) = \boldsymbol{A}_{\mathrm{d}}\boldsymbol{x}_{\mathrm{d}}(t) + \boldsymbol{B}_{\mathrm{d}}\boldsymbol{u}_{\mathrm{d}}(t) \\ \boldsymbol{y}_{\mathrm{d}}(t) = \boldsymbol{C}_{\mathrm{d}}\boldsymbol{x}_{\mathrm{d}}(t) \end{cases} \tag{6.32}$$

(注 6.3) 可制御性の判別については 4.2.2 項を参照すること．

を考える．ただし，

$$\boldsymbol{A}_{\mathrm{d}} := \boldsymbol{A}^{\mathrm{T}} \in \mathbb{R}^{n\times n},\ \ \boldsymbol{B}_{\mathrm{d}} := \overline{\boldsymbol{C}}^{\mathrm{T}} \in \mathbb{R}^{n\times r},\ \ \boldsymbol{C}_{\mathrm{d}} := \boldsymbol{B}^{\mathrm{T}} \in \mathbb{R}^{p\times n}$$

であり，$\boldsymbol{x}_{\mathrm{d}}(t) \in \mathbb{R}^n$, $\boldsymbol{u}_{\mathrm{d}}(t) \in \mathbb{R}^r$, $\boldsymbol{y}_{\mathrm{d}}(t) \in \mathbb{R}^p$ はそれぞれ，仮想的な状態変数，操作量，制御量である．このとき，双対システム (6.32) 式に対する可制御行列 $\boldsymbol{V}_{\mathrm{cd}}$ は，

$$\begin{aligned}\boldsymbol{V}_{\mathrm{cd}} &:= \begin{bmatrix} \boldsymbol{B}_{\mathrm{d}} & \boldsymbol{A}_{\mathrm{d}}\boldsymbol{B}_{\mathrm{d}} & \cdots & \boldsymbol{A}_{\mathrm{d}}^{n-1}\boldsymbol{B}_{\mathrm{d}} \end{bmatrix} = \begin{bmatrix} \overline{\boldsymbol{C}}^{\mathrm{T}} & \boldsymbol{A}^{\mathrm{T}}\overline{\boldsymbol{C}}^{\mathrm{T}} & \cdots & (\boldsymbol{A}^{n-1})^{T}\overline{\boldsymbol{C}}^{\mathrm{T}} \end{bmatrix} \\ &= \begin{bmatrix} \overline{\boldsymbol{C}}^{\mathrm{T}} & (\overline{\boldsymbol{C}}\boldsymbol{A})^{\mathrm{T}} & \cdots & (\overline{\boldsymbol{C}}\boldsymbol{A}^{n-1})^{\mathrm{T}} \end{bmatrix} = \underbrace{\begin{bmatrix} \overline{\boldsymbol{C}} \\ \overline{\boldsymbol{C}}\boldsymbol{A} \\ \vdots \\ \overline{\boldsymbol{C}}\boldsymbol{A}^{n-1} \end{bmatrix}^{\mathrm{T}}}_{\boldsymbol{V}_{\mathrm{o}}^{\mathrm{T}}}\end{aligned} \tag{6.33}$$

であるから，

$$\mathrm{rank}\boldsymbol{V}_{\mathrm{cd}} = n \tag{6.34}$$

を満足すれば，双対システム (6.32) 式は可制御であり，

$$\mathcal{K}_{\mathrm{d}}:\ \boldsymbol{u}_{\mathrm{d}} = \boldsymbol{K}_{\mathrm{d}}\boldsymbol{x}_{\mathrm{d}}(t),\ \ \boldsymbol{K}_{\mathrm{d}} := \boldsymbol{L}^{\mathrm{T}} \tag{6.35}$$

という状態フィードバック形式のコントローラにより，

$$\boldsymbol{A}_{\mathrm{d}} + \boldsymbol{B}_{\mathrm{d}}\boldsymbol{K}_{\mathrm{d}} = \boldsymbol{A}^{\mathrm{T}} + \overline{\boldsymbol{C}}^{\mathrm{T}}\boldsymbol{L}^{\mathrm{T}} = \left(\boldsymbol{A} + \boldsymbol{L}\overline{\boldsymbol{C}}\right)^{\mathrm{T}}$$

の固有値を，任意の指定した値に配置することが可能である．

一方，双対システム (6.32) 式に対する可制御行列 $\boldsymbol{V}_{\mathrm{cd}}$ は，(6.33) 式より元のシステム (6.3) 式に対する可観測行列 $\boldsymbol{V}_{\mathrm{o}}$ の転置に等しい．したがって，(6.34) 式より

$$\mathrm{rank}\boldsymbol{V}_{\mathrm{cd}}^{\mathrm{T}} = \mathrm{rank}\boldsymbol{V}_{\mathrm{o}} = n \tag{6.36}$$

が成立し，“双対システム (6.32) 式が可制御である” ことと，“元のシステム (6.3) 式が可観測である” ことが等価であることがわかる．さらに，$\left(\boldsymbol{A} + \boldsymbol{L}\overline{\boldsymbol{C}}\right)^{\mathrm{T}}$ の固有値は $\boldsymbol{A} + \boldsymbol{L}\overline{\boldsymbol{C}}$ の固有値に等しいことを考慮すると，以下の結果が得られる．

Point! **可観測性と極配置の実現可能性**

以下の条件 (i) と条件 (ii) は等価である．

(i) 線形システム (6.3) 式が可観測である．

(ii) $\boldsymbol{L}$ を適当に選ぶことにより，$\boldsymbol{A} + \boldsymbol{L}\overline{\boldsymbol{C}}$ の固有値を，任意の値に設定可能 (極配置が可能) である．

したがって，(6.3) 式が可観測であれば，4.3 節で説明した極配置アルゴリズムを利用することによって，$\boldsymbol{A}+\boldsymbol{L}\overline{\boldsymbol{C}}$ の固有値を任意の値に設定できる．

例 6.4 ………………………………… **水平面を回転するアームシステムの可観測性と極配置**

例 6.3 (p.123) において，$J=0.1$, $\mu=1$ とすると，(6.28), (6.30) 式の係数行列は，

$$\boldsymbol{A}=\begin{bmatrix}0 & 1\\ 0 & -10\end{bmatrix},\quad \boldsymbol{b}=\begin{bmatrix}0\\ 10\end{bmatrix}$$

である．このとき，例 6.3 (1), (2) それぞれの場合において，同一次元オブザーバ

$$\dot{\widehat{\boldsymbol{x}}}(t)=\boldsymbol{A}\widehat{\boldsymbol{x}}(t)+\boldsymbol{b}u(t)-\boldsymbol{l}\big(\eta(t)-\overline{\boldsymbol{c}}\widehat{\boldsymbol{x}}(t)\big) \tag{6.37}$$

を用いたときの推定誤差システム

$$\dot{\boldsymbol{\varepsilon}}(t)=\big(\boldsymbol{A}+\boldsymbol{l}\overline{\boldsymbol{c}}\big)\boldsymbol{\varepsilon}(t),\quad \boldsymbol{\varepsilon}(t)=\boldsymbol{x}(t)-\widehat{\boldsymbol{x}}(t) \tag{6.38}$$

の極 ($\boldsymbol{A}+\boldsymbol{l}\overline{\boldsymbol{c}}$ の固有値) を，任意に設定できるかどうかを調べる．

(1)　(6.28) 式より $\overline{\boldsymbol{c}}=\begin{bmatrix}1 & 0\end{bmatrix}$ であるから，

$$\boldsymbol{A}+\boldsymbol{l}\overline{\boldsymbol{c}}=\begin{bmatrix}0 & 1\\ 0 & -10\end{bmatrix}+\begin{bmatrix}l_1\\ l_2\end{bmatrix}\begin{bmatrix}1 & 0\end{bmatrix}=\begin{bmatrix}l_1 & 1\\ l_2 & -10\end{bmatrix} \tag{6.39}$$

となり，その特性方程式は，

$$\big|\lambda\boldsymbol{I}-(\boldsymbol{A}+\boldsymbol{l}\overline{\boldsymbol{c}})\big|=\lambda^2+(10-l_1)\lambda-10l_1-l_2=0 \tag{6.40}$$

である．したがって，$\boldsymbol{A}+\boldsymbol{l}\overline{\boldsymbol{c}}$ の固有値 $\lambda=\lambda_1,\lambda_2$ を，指定した値 p_1, p_2 とするためには，(6.40) 式の左辺の係数が

$$\Delta(\lambda)=\big(\lambda-p_1\big)\big(\lambda-p_2\big)=\lambda^2-\big(p_1+p_2\big)\lambda+p_1p_2 \tag{6.41}$$

と一致すればよく，このような同一次元オブザーバ (6.37) 式のゲイン $\boldsymbol{l}$ は，

$$\begin{cases}10-l_1=-\big(p_1+p_2\big)\\ -10l_1-l_2=p_1p_2\end{cases}$$
$$\Longrightarrow\quad \boldsymbol{l}=\begin{bmatrix}l_1\\ l_2\end{bmatrix}=\begin{bmatrix}10+p_1+p_2\\ -10\big(10+p_1+p_2\big)-p_1p_2\end{bmatrix} \tag{6.42}$$

のようになる．以上のことから，可観測な制御対象 (6.28) 式は，同一次元オブザーバ (6.37) 式により，$\boldsymbol{A}+\boldsymbol{l}\overline{\boldsymbol{c}}$ の固有値 λ を任意の値に設定可能である．

(6.42) 式により，オブザーバゲイン $\boldsymbol{l}$ を，

$$① \ p_1=-8+2j,\ \ p_2=-8-2j\quad\Longrightarrow\quad \boldsymbol{l}=\begin{bmatrix}l_1\\ l_2\end{bmatrix}=\begin{bmatrix}-6\\ -8\end{bmatrix}$$

$$② \ p_1 = -16 + 2j, \ \ p_2 = -16 - 2j \ \ \Longrightarrow \ \ \boldsymbol{l} = \begin{bmatrix} l_1 \\ l_2 \end{bmatrix} = \begin{bmatrix} -22 \\ -40 \end{bmatrix}$$

のように決定したときのシミュレーション結果を，**図 6.7** に示す．ただし，初期条件を $x_1(0) = 1$, $x_2(0) = -1$, $\widehat{x}_1(0) = 0$, $\widehat{x}_2(0) = 0$，入力信号 (操作量) を $u(t) = \sin 10t$ とした．これより，時間が経過するにつれて $\widehat{x}_1(t) \to x_1(t)$, $\widehat{x}_2(t) \to x_2(t)$ となることが確認できる．また，$\boldsymbol{l}$ を ① としたときよりも ② としたときの方が，推定の収束が速い．これは，① よりも ② の方が，固有値 λ の実部を負側に大きく設定したためである(注 6.4)．

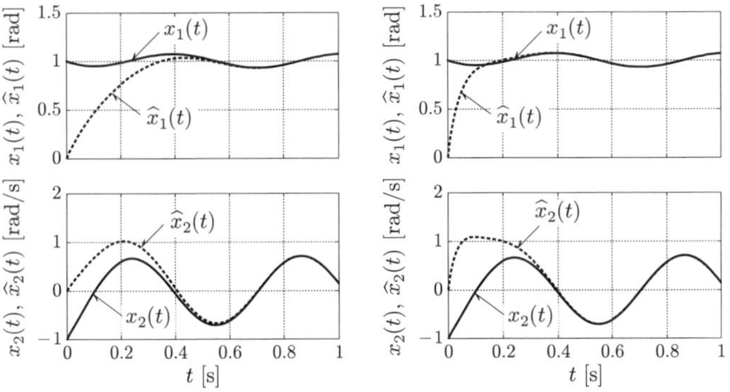

(a) ①：$-8 \pm 2j$ に固有値を設定　(b) ②：$-16 \pm 2j$ に固有値を設定

図 6.7 同一次元オブザーバにより状態が推定される様子

(2) (6.30) 式より $\overline{\boldsymbol{c}} = \begin{bmatrix} 0 & 1 \end{bmatrix}$ であるから，

$$\boldsymbol{A} + \boldsymbol{l}\overline{\boldsymbol{c}} = \begin{bmatrix} 0 & 1 \\ 0 & -10 \end{bmatrix} + \begin{bmatrix} l_1 \\ l_2 \end{bmatrix} \begin{bmatrix} 0 & 1 \end{bmatrix} = \begin{bmatrix} 0 & l_1 + 1 \\ 0 & l_2 - 10 \end{bmatrix} \tag{6.43}$$

となり，その特性方程式は，

$$\left| \lambda \boldsymbol{I} - (\boldsymbol{A} + \boldsymbol{l}\overline{\boldsymbol{c}}) \right| = \lambda^2 + (10 - l_2)\lambda = 0 \tag{6.44}$$

である．したがって，特性方程式の根は $\lambda = 0$, $l_2 - 10$ であり，根のうちの一つは $\boldsymbol{l}$ の選び方によらず 0 に固定される．以上のことから，不可観測な制御対象 (6.30) 式は，$\boldsymbol{A} + \boldsymbol{l}\overline{\boldsymbol{c}}$ の固有値 λ を任意の値に設定することはできない．

1 出力システム (6.24) 式の場合，$\boldsymbol{A}_{\rm d} = \boldsymbol{A}^{\rm T}$, $\boldsymbol{A}_{\rm d}^k = \left(\boldsymbol{A}^{\rm T}\right)^k = \left(\boldsymbol{A}^k\right)^{\rm T}$ より，

$$\begin{aligned} \boldsymbol{\varDelta}_{\boldsymbol{A}_{\rm d}} &= \boldsymbol{A}_{\rm d}^n + \delta_{n-1}\boldsymbol{A}_{\rm d}^{n-1} + \cdots + \delta_1 \boldsymbol{A}_{\rm d} + \delta_0 \boldsymbol{I} \\ &= \left(\boldsymbol{A}^n + \delta_{n-1}\boldsymbol{A}^{n-1} + \cdots + \delta_1 \boldsymbol{A} + \delta_0 \boldsymbol{I}\right)^{\rm T} = \boldsymbol{\varDelta}_{\boldsymbol{A}}^{\rm T} \end{aligned} \tag{6.45}$$

(注 6.4) 一般に，固有値 λ の実部が負側に大きいほど $\boldsymbol{l}$ は大きくなり，$\boldsymbol{\varepsilon}(t) = \boldsymbol{x}(t) - \widehat{\boldsymbol{x}}(t)$ の収束に要する時間は短くなる．その反面，収束するまでの $\boldsymbol{\varepsilon}(t)$ が大きくなる，ノイズの影響を受けやすくなるといった問題があるため，過度に λ の実部を負側に大きくする ($\boldsymbol{l}$ を大きくする) ことは好ましくない．

であり，また，$\boldsymbol{V}_{\rm cd} = \boldsymbol{V}_{\rm o}^{\rm T}$ である．したがって，以下の結果が得られる．

Point!　1出力システムに対するアッカーマンの極配置アルゴリズム

可観測な1出力システム (6.24) 式および $p_1, \cdots, p_n$ が与えられたとき，以下の手順により，極配置を実現する次式の同一次元オブザーバを設計できる．

$$\dot{\widehat{\boldsymbol{x}}}(t) = \boldsymbol{A}\widehat{\boldsymbol{x}}(t) + \boldsymbol{b}u(t) - \boldsymbol{l}\big(\eta(t) - \overline{\boldsymbol{c}}\widehat{\boldsymbol{x}}(t)\big) \tag{6.46}$$

ステップ1　与えられた $p_1, \cdots, p_n$ に対し，(4.53) 式 (p.81) で定義される多項式 $\varDelta(\lambda)$ の係数 $\delta_0, \cdots, \delta_{n-1}$ を求め，(4.56) 式 (p.82) の $\boldsymbol{\varDelta_A}$ を計算する．

ステップ2　同一次元オブザーバ (6.46) 式のゲイン $\boldsymbol{l}$ を，次式により与える．

$$\boldsymbol{l} = -\big(\boldsymbol{e}\boldsymbol{V}_{\rm cd}^{-1}\boldsymbol{\varDelta}_{\boldsymbol{A}_{\rm d}}\big)^{\rm T} = -\boldsymbol{\varDelta_A}\boldsymbol{V}_{\rm o}^{-1}\boldsymbol{e}^{\rm T},\ \ \boldsymbol{e} = \begin{bmatrix} 0 & \cdots & 0 & 1 \end{bmatrix} \tag{6.47}$$

問題 6.3　**問題 6.1** (p.124) において，可観測である場合には，$\boldsymbol{A}+\boldsymbol{l}\overline{\boldsymbol{c}}$ の固有値がすべて -5 となる同一次元オブザーバ (6.46) 式のゲイン $\boldsymbol{l}$ を，

(a)　直接的な方法 (**例 6.4** (1) と同様の手順)

(b)　アッカーマンの極配置アルゴリズム (p.128)

により定めよ．また，不可観測である場合には，**例 6.4** (2) と同様の手順により，$\boldsymbol{A}+\boldsymbol{l}\overline{\boldsymbol{c}}$ の固有値を任意に設定できないことを確かめよ．

6.4　同一次元オブザーバを利用した出力フィードバック制御

図 6.8 に示すように，同一次元オブザーバ (6.18) 式により推定された $\widehat{\boldsymbol{x}}(t)$ を用いて，状態フィードバック形式のコントローラ (5.2) 式 (p.92) を構成すると，

出力フィードバック形式のコントローラ

$$\mathcal{K}: \begin{cases} \dot{\widehat{\boldsymbol{x}}}(t) = \boldsymbol{A}\widehat{\boldsymbol{x}}(t) + \boldsymbol{B}\boldsymbol{u}(t) - \boldsymbol{L}\big(\boldsymbol{\eta}(t) - \overline{\boldsymbol{C}}\widehat{\boldsymbol{x}}(t)\big) \\ \boldsymbol{u}(t) = \boldsymbol{K}\widehat{\boldsymbol{x}}(t) + \boldsymbol{H}\boldsymbol{y}^{\rm ref}(t) \end{cases} \tag{6.48}$$

となる．(6.48) 式のコントローラは，状態変数 $\boldsymbol{x}(t)$ ではなく出力信号 (観測量) $\boldsymbol{\eta}(t)$ をフィードバックしているので，**出力フィードバック**(output feedback)形式のコントローラとよばれ，これを用いた制御を**出力フィードバック制御**(output feedback control)という．また，(6.48) 式の下式を考慮し，同一次元オブザーバ (6.18) 式を書き換えると，

$$\begin{aligned} \dot{\widehat{\boldsymbol{x}}}(t) &= \boldsymbol{A}\widehat{\boldsymbol{x}}(t) + \boldsymbol{B}\big(\boldsymbol{K}\widehat{\boldsymbol{x}}(t) + \boldsymbol{H}\boldsymbol{y}^{\rm ref}(t)\big) - \boldsymbol{L}\big(\boldsymbol{\eta}(t) - \overline{\boldsymbol{C}}\widehat{\boldsymbol{x}}(t)\big) \\ &= \big(\boldsymbol{A} + \boldsymbol{B}\boldsymbol{K} + \boldsymbol{L}\overline{\boldsymbol{C}}\big)\widehat{\boldsymbol{x}}(t) - \boldsymbol{L}\boldsymbol{\eta}(t) + \boldsymbol{B}\boldsymbol{H}\boldsymbol{y}^{\rm ref}(t) \end{aligned} \tag{6.49}$$

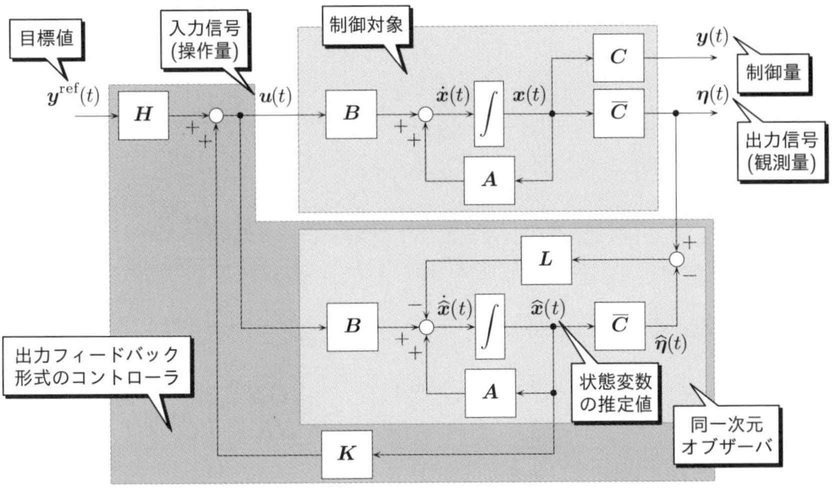

図 6.8 同一次元オブザーバを利用した出力フィードバック形式のコントローラ

となる．したがって，(6.48) 式を次式のように表すこともできる．

出力フィードバック形式のコントローラ

$$\mathcal{K}:\begin{cases}\dot{\widehat{\boldsymbol{x}}}(t)=\boldsymbol{A}_{\mathrm{k}}\widehat{\boldsymbol{x}}(t)+\boldsymbol{B}_{\mathrm{k}}\boldsymbol{\eta}(t)+\boldsymbol{B}\boldsymbol{H}\boldsymbol{y}^{\mathrm{ref}}(t)\\ \boldsymbol{u}(t)=\boldsymbol{C}_{\mathrm{k}}\widehat{\boldsymbol{x}}(t)+\boldsymbol{H}\boldsymbol{y}^{\mathrm{ref}}(t)\end{cases}\tag{6.50}$$

$$\boldsymbol{A}_{\mathrm{k}}=\boldsymbol{A}+\boldsymbol{B}\boldsymbol{K}+\boldsymbol{L}\overline{\boldsymbol{C}},\quad \boldsymbol{B}_{\mathrm{k}}=-\boldsymbol{L},\quad \boldsymbol{C}_{\mathrm{k}}=\boldsymbol{K}$$

つぎに，制御対象 (6.3) 式と出力フィードバック形式のコントローラ (6.50) 式により構成される併合システムの極について，考察してみよう．(6.3), (6.50) 式より，併合システムの状態方程式は，

$$\begin{aligned}\begin{bmatrix}\dot{\boldsymbol{x}}(t)\\ \dot{\widehat{\boldsymbol{x}}}(t)\end{bmatrix}&=\begin{bmatrix}\boldsymbol{A}\boldsymbol{x}(t)+\boldsymbol{B}\overbrace{\left(\boldsymbol{C}_{\mathrm{k}}\widehat{\boldsymbol{x}}(t)+\boldsymbol{H}\boldsymbol{y}^{\mathrm{ref}}(t)\right)}^{\boldsymbol{u}(t)}\\ \boldsymbol{A}_{\mathrm{k}}\widehat{\boldsymbol{x}}(t)+\boldsymbol{B}_{\mathrm{k}}\underbrace{\overline{\boldsymbol{C}}\boldsymbol{x}(t)}_{\boldsymbol{\eta}(t)}+\boldsymbol{B}\boldsymbol{H}\boldsymbol{y}^{\mathrm{ref}}(t)\end{bmatrix}\\ &=\begin{bmatrix}\boldsymbol{A}&\boldsymbol{B}\boldsymbol{C}_{\mathrm{k}}\\ \boldsymbol{B}_{\mathrm{k}}\overline{\boldsymbol{C}}&\boldsymbol{A}_{\mathrm{k}}\end{bmatrix}\begin{bmatrix}\boldsymbol{x}(t)\\ \widehat{\boldsymbol{x}}(t)\end{bmatrix}+\begin{bmatrix}\boldsymbol{B}\boldsymbol{H}\\ \boldsymbol{B}\boldsymbol{H}\end{bmatrix}\boldsymbol{y}^{\mathrm{ref}}(t)\end{aligned}\tag{6.51}$$

であり，$\boldsymbol{x}_{\mathrm{cl}}(t)=\begin{bmatrix}\boldsymbol{x}(t)^{\mathrm{T}} & \widehat{\boldsymbol{x}}(t)^{\mathrm{T}}\end{bmatrix}^{\mathrm{T}}$ とおくと，

$$\dot{\boldsymbol{x}}_{\mathrm{cl}}(t)=\boldsymbol{A}_{\mathrm{cl}}\boldsymbol{x}_{\mathrm{cl}}(t)+\boldsymbol{B}_{\mathrm{cl}}\boldsymbol{y}^{\mathrm{ref}}(t)\tag{6.52}$$

$$\boldsymbol{A}_{\mathrm{cl}}=\begin{bmatrix}\boldsymbol{A}&\boldsymbol{B}\boldsymbol{C}_{\mathrm{k}}\\ \boldsymbol{B}_{\mathrm{k}}\overline{\boldsymbol{C}}&\boldsymbol{A}_{\mathrm{k}}\end{bmatrix}=\begin{bmatrix}\boldsymbol{A}&\boldsymbol{B}\boldsymbol{K}\\ -\boldsymbol{L}\overline{\boldsymbol{C}}&\boldsymbol{A}+\boldsymbol{B}\boldsymbol{K}+\boldsymbol{L}\overline{\boldsymbol{C}}\end{bmatrix},\quad \boldsymbol{B}_{\mathrm{cl}}=\begin{bmatrix}\boldsymbol{B}\boldsymbol{H}\\ \boldsymbol{B}\boldsymbol{H}\end{bmatrix}$$

となる．ここで，

$$\boldsymbol{\xi}_{\rm cl}(t) = \begin{bmatrix} \boldsymbol{x}(t) \\ \boldsymbol{\varepsilon}(t) \end{bmatrix} = \begin{bmatrix} \boldsymbol{x}(t) \\ \boldsymbol{x}(t) - \widehat{\boldsymbol{x}}(t) \end{bmatrix} = \overbrace{\begin{bmatrix} \boldsymbol{I} & \boldsymbol{O} \\ \boldsymbol{I} & -\boldsymbol{I} \end{bmatrix}}^{\boldsymbol{T}_{\rm cl}} \overbrace{\begin{bmatrix} \boldsymbol{x}(t) \\ \widehat{\boldsymbol{x}}(t) \end{bmatrix}}^{\boldsymbol{x}_{\rm cl}(t)} \tag{6.53}$$

という同値変換を定義すると，併合システム (6.52) 式は，

$$\begin{aligned} \dot{\boldsymbol{\xi}}_{\rm cl}(t) &= \boldsymbol{T}_{\rm cl}\dot{\boldsymbol{x}}_{\rm cl}(t) = \boldsymbol{T}_{\rm cl}\boldsymbol{A}_{\rm cl}\boldsymbol{x}_{\rm cl}(t) + \boldsymbol{T}_{\rm cl}\boldsymbol{B}_{\rm cl}\boldsymbol{y}^{\rm ref}(t) \\ &= \overline{\boldsymbol{A}}_{\rm cl}\boldsymbol{\xi}_{\rm cl}(t) + \overline{\boldsymbol{B}}_{\rm cl}\boldsymbol{y}^{\rm ref}(t) \end{aligned} \tag{6.54a}$$

と書き換えることができる．ただし，

$$\begin{aligned} \overline{\boldsymbol{A}}_{\rm cl} &= \boldsymbol{T}_{\rm cl}\boldsymbol{A}_{\rm cl}\boldsymbol{T}_{\rm cl}^{-1} = \begin{bmatrix} \boldsymbol{I} & \boldsymbol{O} \\ \boldsymbol{I} & -\boldsymbol{I} \end{bmatrix} \begin{bmatrix} \boldsymbol{A} & \boldsymbol{B}\boldsymbol{K} \\ -\boldsymbol{L}\overline{\boldsymbol{C}} & \boldsymbol{A} + \boldsymbol{B}\boldsymbol{K} + \boldsymbol{L}\overline{\boldsymbol{C}} \end{bmatrix} \begin{bmatrix} \boldsymbol{I} & \boldsymbol{O} \\ \boldsymbol{I} & -\boldsymbol{I} \end{bmatrix} \\ &= \begin{bmatrix} \boldsymbol{A} + \boldsymbol{B}\boldsymbol{K} & -\boldsymbol{B}\boldsymbol{K} \\ \boldsymbol{O} & \boldsymbol{A} + \boldsymbol{L}\overline{\boldsymbol{C}} \end{bmatrix} \end{aligned} \tag{6.54b}$$

$$\overline{\boldsymbol{B}}_{\rm cl} = \boldsymbol{T}_{\rm cl}\boldsymbol{B}_{\rm cl} = \begin{bmatrix} \boldsymbol{B}\boldsymbol{H} \\ \boldsymbol{O} \end{bmatrix} \tag{6.54c}$$

である．したがって，$\boldsymbol{A}_{\rm cl}$ の固有値が $\overline{\boldsymbol{A}}_{\rm cl}$ の固有値と等しいことを考慮すると，併合システム (6.52) 式の極 ($\boldsymbol{A}_{\rm cl}$ の固有値) λ は，特性方程式

$$\begin{aligned} \left|\lambda\boldsymbol{I} - \overline{\boldsymbol{A}}_{\rm cl}\right| &= \begin{vmatrix} \lambda\boldsymbol{I} - (\boldsymbol{A} + \boldsymbol{B}\boldsymbol{K}) & \boldsymbol{B}\boldsymbol{K} \\ \boldsymbol{O} & \lambda\boldsymbol{I} - (\boldsymbol{A} + \boldsymbol{L}\overline{\boldsymbol{C}}) \end{vmatrix} \\ &= \left|\lambda\boldsymbol{I} - (\boldsymbol{A} + \boldsymbol{B}\boldsymbol{K})\right|\left|\lambda\boldsymbol{I} - (\boldsymbol{A} + \boldsymbol{L}\overline{\boldsymbol{C}})\right| = 0 \end{aligned} \tag{6.55}$$

の根 λ であり，これらは

- 状態フィードバック形式のコントローラ (5.2) 式を用いたときの併合システム

$$\begin{aligned} \dot{\boldsymbol{x}}(t) &= \boldsymbol{A}\boldsymbol{x}(t) + \boldsymbol{B}\boldsymbol{u}(t) \quad \longleftarrow \quad \boldsymbol{u}(t) = \boldsymbol{K}\boldsymbol{x}(t) + \boldsymbol{H}\boldsymbol{y}^{\rm ref}(t) \text{ を代入} \\ &= (\boldsymbol{A} + \boldsymbol{B}\boldsymbol{K})\boldsymbol{x}(t) + \boldsymbol{B}\boldsymbol{H}\boldsymbol{y}^{\rm ref}(t) \end{aligned} \tag{6.56}$$

- 同一次元オブザーバを用いたときの推定誤差システム ………………………… (6.19) 式

$$\dot{\boldsymbol{\varepsilon}}(t) = (\boldsymbol{A} + \boldsymbol{L}\overline{\boldsymbol{C}})\boldsymbol{\varepsilon}(t)$$

の極に分離されることがわかる．したがって，状態フィードバックゲイン $\boldsymbol{K}$ とオブザーバゲイン $\boldsymbol{L}$ を独立に設計することができ，これを，**分離定理** (separation theorem) とよぶ．なお，推定値 $\widehat{\boldsymbol{x}}(t)$ を用いた場合の時間応答 $\boldsymbol{x}(t)$ を，推定値 $\widehat{\boldsymbol{x}}(t)$ を用いない場合の時間応答 $\boldsymbol{x}(t)$ に近づけるためには，図 6.9 に示すように，$\boldsymbol{A} + \boldsymbol{B}\boldsymbol{K}$ 固有値の実部よりも $\boldsymbol{A} + \boldsymbol{L}\overline{\boldsymbol{C}}$ の固有

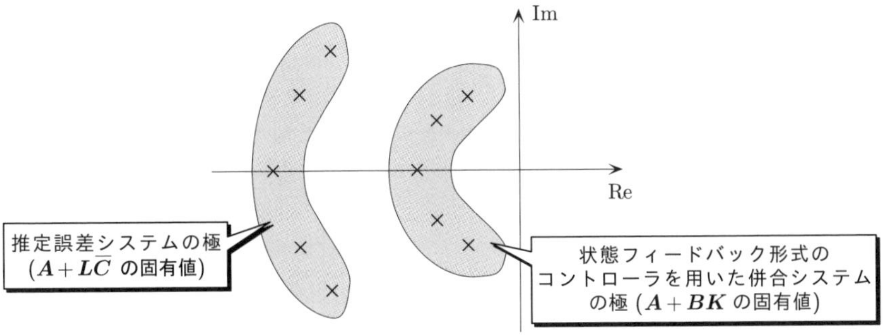

図 6.9 望ましい極配置

値の実部を負側に大きく設定するのが望ましい．ただし，あまり大きく設定し過ぎると，$\boldsymbol{L}$ の要素が過大になり，ノイズの影響を大きく受けてしまうので，注意が必要である．

例 6.5 ………………………… **出力フィードバックによる 2 慣性システムの追従制御**

例 5.1 (p.93) の 2 慣性システムにおいて，

$$\mathcal{P}:\begin{cases}\dot{\boldsymbol{x}}(t)=\boldsymbol{A}\boldsymbol{x}(t)+\boldsymbol{b}u(t)\\ y(t)=\boldsymbol{c}\boldsymbol{x}(t)\\ \eta(t)=\overline{\boldsymbol{c}}\boldsymbol{x}(t)\end{cases},\quad \boldsymbol{c}=\overline{\boldsymbol{c}}=\begin{bmatrix}0 & 0 & 1 & 0\end{bmatrix} \tag{6.57}$$

のように，制御量 $y(t)$ と観測量 $\eta(t)$ とが等しい $(y(t)=\eta(t)=x_3(t)=z_2(t))$ ときを考える．ただし，$\boldsymbol{A}$, $\boldsymbol{b}$, $\boldsymbol{x}(t)$, $u(t)$ は (5.3) 式により定義される．このとき，

① $\boldsymbol{A}+\boldsymbol{b}\boldsymbol{k}$ の固有値が $-2\pm 2j$, $-2\pm j$ となるように状態フィードバックゲイン $\boldsymbol{k}$ を設計

② $\boldsymbol{A}+\boldsymbol{l}\overline{\boldsymbol{c}}$ の固有値が $-4\pm 4j$, $-4\pm 2j$ となるようにオブザーバゲイン $\boldsymbol{l}$ を設計

とした出力フィードバック形式のコントローラ

$$\mathcal{K}:\begin{cases}\dot{\widehat{\boldsymbol{x}}}(t)=\boldsymbol{A}\widehat{\boldsymbol{x}}(t)+\boldsymbol{b}u(t)-\boldsymbol{l}\big(\eta(t)-\overline{\boldsymbol{c}}\,\widehat{\boldsymbol{x}}(t)\big)\\ \boldsymbol{u}(t)=\boldsymbol{k}\widehat{\boldsymbol{x}}(t)+hy^{\mathrm{ref}}(t)\end{cases},\quad h=\begin{bmatrix}-\boldsymbol{k} & 1\end{bmatrix}\begin{bmatrix}\boldsymbol{A} & \boldsymbol{b}\\ \boldsymbol{c} & 0\end{bmatrix}^{-1}\begin{bmatrix}\boldsymbol{0}\\ 1\end{bmatrix} \tag{6.58}$$

を用いることにより，ステップ状に変化する定値の目標値 $y^{\mathrm{ref}}(t)$ に対する追従制御を実現する．なお，① に関しては，**例 5.1** で説明したように，

$$\boldsymbol{k}=\begin{bmatrix}-\dfrac{7}{2} & -\dfrac{5}{2} & -\dfrac{13}{2} & -\dfrac{11}{2}\end{bmatrix},\quad h=10 \tag{6.59}$$

のように設計されるので，② についてのみ説明する．

6.3.3 項で説明したように，$\boldsymbol{A}_{\mathrm{d}}:=\boldsymbol{A}^{\mathrm{T}}$, $\boldsymbol{b}_{\mathrm{d}}:=\overline{\boldsymbol{c}}^{\mathrm{T}}$, $\boldsymbol{k}_{\mathrm{d}}:=\boldsymbol{l}^{\mathrm{T}}$ とした双対システムを考えることで，② を実現できる．ここでは，アッカーマンの極配置アルゴリズムにより，$\boldsymbol{A}_{\mathrm{d}}+\boldsymbol{b}_{\mathrm{d}}\boldsymbol{k}_{\mathrm{d}}=\big(\boldsymbol{A}+\boldsymbol{l}\overline{\boldsymbol{c}}\big)^{\mathrm{T}}$ の固有値を $-4\pm 4j$, $-4\pm 2j$ に配置するような $\boldsymbol{l}$ を設計する．

ステップ 1 与えられた $-4\pm 4j$, $-4\pm 2j$ に対し，(4.53) 式 (p.81) で定義される多項式 $\Delta(\lambda)$ およびその係数 δ_0, δ_1, δ_2, δ_3 は，

$$
\begin{aligned}
\Delta(\lambda) &:= (\lambda+4-4j)(\lambda+4+4j)(\lambda+4-2j)(\lambda+4+2j)\\
&= \lambda^4+16\lambda^3+116\lambda^2+416\lambda+640 \\
&\Longrightarrow\ \delta_3=16,\ \ \delta_2=116,\ \ \delta_1=416,\ \ \delta_0=640
\end{aligned}
\tag{6.60}
$$

である．したがって，$\boldsymbol{\Delta_A}$ は次式となる．

$$
\boldsymbol{\Delta_A} = \boldsymbol{A}^4+\delta_3\boldsymbol{A}^3+\delta_2\boldsymbol{A}^2+\delta_1\boldsymbol{A}+\delta_0\boldsymbol{I} = \begin{bmatrix} 356 & 222 & 284 & 194 \\ -500 & 106 & 500 & 534 \\ 142 & 97 & 498 & 319 \\ 250 & 267 & -250 & 373 \end{bmatrix}
\tag{6.61}
$$

ステップ 2　例 6.2 (p.119) で求めたように，可観測行列 $\boldsymbol{V}_{\rm o}$ は (6.13) 式であるから，(6.47) 式より，オブザーバゲイン $\boldsymbol{l}$ は次式となる．

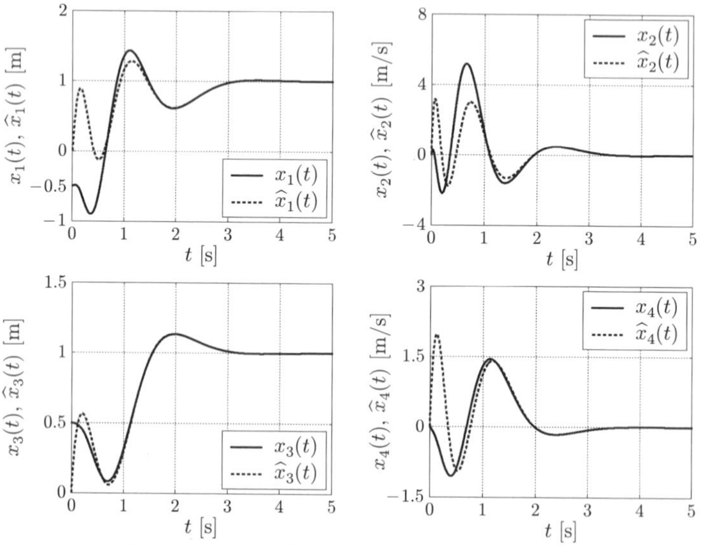

図 6.10　$\boldsymbol{x}(0) = \begin{bmatrix} -0.5 & 0 & 0.5 & 0 \end{bmatrix}^{\rm T}$, $\widehat{\boldsymbol{x}}(0) = \begin{bmatrix} 0 & 0 & 0 & 0 \end{bmatrix}^{\rm T}$ としたときの状態変数 $x_i(t)$ と推定値 $\widehat{x}_i(t)$

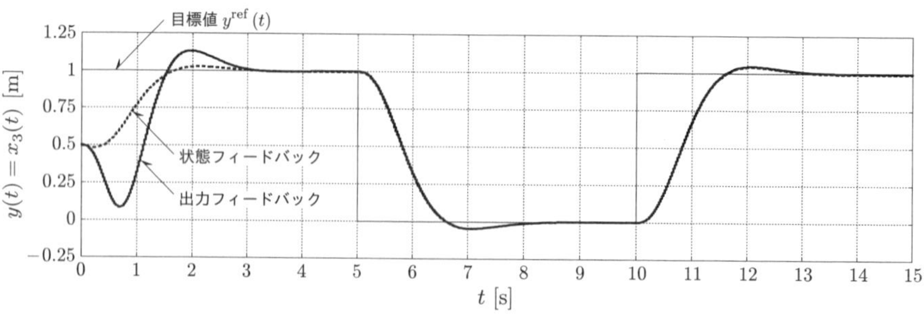

図 6.11　出力フィードバックと状態フィードバックの追従制御の比較

$$
\boldsymbol{l} = -\overbrace{\begin{bmatrix} 356 & 222 & 284 & 194 \\ -500 & 106 & 500 & 534 \\ 142 & 97 & 498 & 319 \\ 250 & 267 & -250 & 373 \end{bmatrix}}^{\boldsymbol{\Delta}_{\boldsymbol{A}}} \overbrace{\frac{1}{4}\begin{bmatrix} 4 & 0 & -1 & -1 \\ 0 & 4 & 6 & 2 \\ 4 & 0 & 0 & 0 \\ 0 & 4 & 0 & 0 \end{bmatrix}}^{\boldsymbol{V}_{\mathrm{o}}^{-1}} \overbrace{\begin{bmatrix} 0 \\ 0 \\ 0 \\ 1 \end{bmatrix}}^{\boldsymbol{e}^{\mathrm{T}}} = \begin{bmatrix} -22 \\ -178 \\ -13 \\ -71 \end{bmatrix} \tag{6.62}
$$

目標値 $y^{\mathrm{ref}}(t)$ を 1 と 0 との間を 5 秒間隔でステップ状に変化させ，また，初期値を $\boldsymbol{x}(0) = \begin{bmatrix} -0.5 & 0 & 0.5 & 0 \end{bmatrix}^{\mathrm{T}}$, $\widehat{\boldsymbol{x}}(0) = \begin{bmatrix} 0 & 0 & 0 & 0 \end{bmatrix}^{\mathrm{T}}$ としてシミュレーションを行った．最初の 5 秒間における状態推定の様子を，**図 6.10** に示す．これより，状態推定が速やかに行われ，2 秒以内に推定誤差はほぼ零となっている．そのため，**図 6.11** に示すように，3 秒程度までは状態推定の初期誤差の影響で，状態フィードバック形式のコントローラ

$$
\boldsymbol{u}(t) = \boldsymbol{k}\boldsymbol{x}(t) + hy^{\mathrm{ref}}(t) \tag{6.63}
$$

を用いた場合と比べて追従性は悪くなっているが，3 秒以降は，同等の追従制御が実現されている．

なお，オブザーバを用いた状態推定は，制御対象の数学モデル (状態空間表現) が正確にわかっていることを前提に議論されている．そのため，たとえば，パラメータの変動により実際の質量 M_1', M_2' が公称値 (設計で用いた値) $M_1 = 0.5$, $M_2 = 1$ よりも 25% 大きい

$$
M_1' = 1.25 \times M_1 = 0.625, \quad M_2' = 1.25 \times M_2 = 1.25
$$

であるとき，**図 6.12** に示すように，状態フィードバック形式のコントローラ (6.63) 式を用いた場合と比べて，制御性能の劣化が著しいという問題がある．

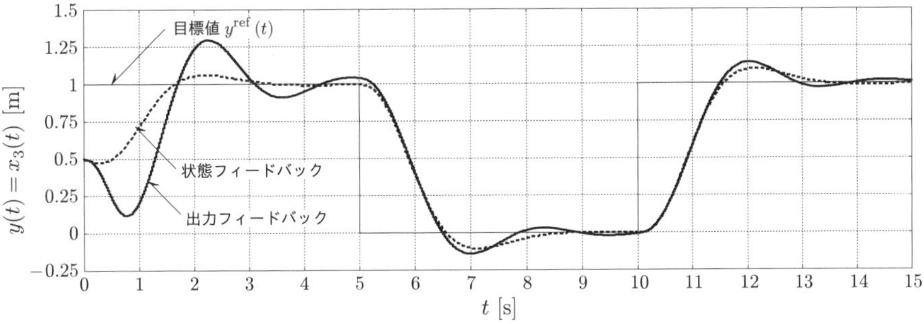

図 6.12 出力フィードバックと状態フィードバックの追従制御の比較 (設計で用いた M_1, M_2 の値よりも実際の値が 25% 大きい場合)

問題 6.4 制御対象

$$
\mathcal{P}: \begin{cases} \dot{\boldsymbol{x}}(t) = \boldsymbol{A}\boldsymbol{x}(t) + \boldsymbol{b}u(t) \\ \eta(t) = \overline{\boldsymbol{c}}\boldsymbol{x}(t) \end{cases}, \quad \boldsymbol{A} = \begin{bmatrix} 0 & 1 \\ 0 & 2 \end{bmatrix}, \quad \boldsymbol{b} = \begin{bmatrix} 0 \\ 1 \end{bmatrix}, \quad \overline{\boldsymbol{c}} = \begin{bmatrix} 1 & 0 \end{bmatrix} \tag{6.64}
$$

が与えられたとき，以下の設問に答えよ．

(1)　$\boldsymbol{A}$ の固有値を求めよ．

(2)　$\boldsymbol{A}+\boldsymbol{bk}$ の固有値が $-1\pm j$ となるような $\boldsymbol{k}$ を設計せよ．

(3)　$\boldsymbol{A}+\boldsymbol{l}\overline{\boldsymbol{c}}$ の固有値が $-2\pm 2j$ となるような $\boldsymbol{l}$ を設計せよ．

(4)　(2), (3) で設計した $\boldsymbol{k}, \boldsymbol{l}$ を用いて，出力フィードバック形式のコントローラ

$$\mathcal{K}:\ \begin{cases} \dot{\widehat{\boldsymbol{x}}}(t) = \boldsymbol{A}\widehat{\boldsymbol{x}}(t) + \boldsymbol{b}u(t) - \boldsymbol{l}\big(\eta(t) - \overline{\boldsymbol{c}}\widehat{\boldsymbol{x}}(t)\big) \\ u(t) = \boldsymbol{k}\widehat{\boldsymbol{x}}(t) \end{cases} \tag{6.65}$$

を構成したとき，併合システム

$$\dot{\boldsymbol{x}}_{\mathrm{cl}}(t) = \boldsymbol{A}_{\mathrm{cl}}\boldsymbol{x}_{\mathrm{cl}}(t),\ \ \boldsymbol{x}_{\mathrm{cl}} = \begin{bmatrix} \boldsymbol{x}(t) \\ \widehat{\boldsymbol{x}}(t) \end{bmatrix},\ \ \boldsymbol{A}_{\mathrm{cl}} = \begin{bmatrix} \boldsymbol{A} & \boldsymbol{bk} \\ -\boldsymbol{l}\overline{\boldsymbol{c}} & \boldsymbol{A}+\boldsymbol{bk}+\boldsymbol{l}\overline{\boldsymbol{c}} \end{bmatrix} \tag{6.66}$$

における $\boldsymbol{A}_{\mathrm{cl}}$ の固有値が $-1\pm j,\ -2\pm 2j$ となることを確かめよ．

6.5　MATLAB/Simulink を利用した演習

6.5.1　可観測性

MATLAB では，関数 “obsv” により可観測行列 $\boldsymbol{V}_{\mathrm{o}}$ が得られるので，関数 “rank” や “det” を用いることによって，可観測性を判別できる．たとえば，**問題 6.1** (1) (p.124) や**問題 6.2** (p.124) で与えられたシステムの可観測性は，以下のようにして判別できる．

可観測性の判別 (関数 “obsv”, “rank”, “det”)

問題 6.1 (1)：1 出力 2 次システム

```
>> A = [0 -1; -1 0]; ↲          ………A の定義
>> C = [0 1]; ↲                 ………c̄ の定義
>> Vo = obsv(A,C) ↲
Vo =                 ……… 可観測行列 Vo = [c̄; c̄A] の算出
     0     1
    -1     0
>> rank(Vo) ↲                  ………rankVo の算出
ans =                ………rankVo = 2 (= n) より可観測
     2
>> det(Vo) ↲                   ………|Vo| の算出
ans =                ………|Vo| = 1 ≠ 0 より可観測
     1
```

問題 6.2：2 出力 3 次システム

```
>> A = [0 1 0; 0 0 1; 2 -1 0]; ↲     …A の定義
>> C = [1 -1 0; 1 0 0]; ↲            ………C̄ の定義
>> Vo = obsv(A,C) ↲
Vo = …… 可観測行列 Vo = [C̄; C̄A; C̄A^2] の算出
     1    -1     0
     1     0     0
     0     1    -1
     0     1     0
    -2     1     1
     0     0     1
>> rank(Vo) ↲        ………rankVo の算出
ans =                ………rankVo = 3 (= n) より可観測
     3
```

問題 6.5　問題 6.1 (2), (3) (p.124) のように $\boldsymbol{A}, \overline{\boldsymbol{c}}$ が与えられたとき，関数 “obsv” を用いて可観測行列 $\boldsymbol{V}_{\mathrm{o}}$ を求めよ．また，関数 “rank” や “det” を用いて可観測性を判別せよ．

6.5.2　同一次元オブザーバを利用した出力フィードバック制御

ここでは，**例 6.5** (p.131) の結果を，MATLAB/Simulink を利用して確認する．

まず，出力フィードバック形式のコントローラ (6.58) 式を設計するために，以下の M ファイルを作成する．

M ファイル "following_observer.m"：同一次元オブザーバを利用した出力フィードバックコントローラの設計

```
1   clear                                        ……… メモリ上の変数をすべて消去
2   format compact                               ……… 余分な改行を省略
3   % ----
4   M1 = 0.5;   M2 = 1;                          ……… $M_1 = 0.5, M_2 = 1$
5   k  = 2;     mu = 1;                          ……… $k = 2, \mu = 1$
6
7   A = [  0       1       0       0
8         -k/M1  -mu/M1   k/M1    mu/M1          ……… $A = \begin{bmatrix} 0 & 1 & 0 & 0 \\ -k/M_1 & -\mu/M_1 & k/M_1 & \mu/M_1 \\ 0 & 0 & 0 & 1 \\ k/M_2 & \mu/M_2 & -k/M_2 & -\mu/M_2 \end{bmatrix}$
9          0       0       0       1
10         k/M2   mu/M2   -k/M2   -mu/M2 ];
11  B = [  0
12         1/M1                                  ……… $b = \begin{bmatrix} 0 \\ 1/M_1 \\ 0 \\ 0 \end{bmatrix}$
13         0
14         0 ];
15  C = [ 0  0  1  0 ];                          ……… $c = \bar{c} = \begin{bmatrix} 0 & 0 & 1 & 0 \end{bmatrix}$
16  % ----------------------------------
17  p(1) = -2+2j;  p(2) = -2-2j;                 ……… $p_1 = -2+2j, p_2 = -2-2j,$
18  p(3) = -2+j;   p(4) = -2-j;                  ……… $p_3 = -2+j, p_4 = -2-j$
19
20  K = - acker(A,B,p)                           ……… $A + bk$ の固有値が $p_1, \cdots, p_4$ となる $k$ の算出
21  M0 = [ A  B                                  ……… $M_0 = M(0) = \begin{bmatrix} A & b \\ c & 0 \end{bmatrix}$
22         C  0 ];
23  H = [ -K  1 ]*inv(M0)*[ zeros(4,1)           ……… $h = \begin{bmatrix} -k & 1 \end{bmatrix} \begin{bmatrix} A & b \\ c & 0 \end{bmatrix}^{-1} \begin{bmatrix} 0 \\ 1 \end{bmatrix}$
24                           1      ]
25  disp('--- A + B*K の固有値 ---');             ……… コマンドウィンドウにメッセージを表示
26  eig(A + B*K)                                 ……… $A + bk$ の固有値
27  % ----------------------------------
28  q(1) = -4+4j;  q(2) = -4-4j;                 ……… $q_1 = -4+4j, q_2 = -4-4j,$
29  q(3) = -4+2j;  q(4) = -4-2j;                 ……… $q_3 = -4+2j, q_4 = -4-2j$
30
31  L = - acker(A',C',q)'                        ……… $A^T + \bar{c}^T l^T$ の固有値が $q_1, \cdots, q_4$ となる $l$ の算出
32  disp('--- A + L*C の固有値 ---');             ……… コマンドウィンドウにメッセージを表示
33  eig(A + L*C)                                 ……… $A + l\bar{c}$ の固有値
34  % ----------------------------------
35  Acl = [  A         B*K                       ……… $A_{cl} = \begin{bmatrix} A & bk \\ -l\bar{c} & A+bk+l\bar{c} \end{bmatrix}$
36          -L*C    A+B*K+L*C ];
37  disp('--- Acl の固有値 ---');                 ……… コマンドウィンドウにメッセージを表示
38  eig(Acl)                                     ……… $A_{cl}$ の固有値
```

つぎに，質量のパラメータ変動 (実際の質量 M_1', M_2' が公称値 M_1, M_2 の N 倍) と初期状態 $\boldsymbol{x}(0) = \boldsymbol{x}_0$ を設定するための M ファイル

M ファイル "parameter_variation.m"：パラメータ変動の設定

```
1   disp('--- M1, M2 が公称値の N 倍 ---');       ……… コマンドウィンドウにメッセージを表示
2   N = input('N = ');                           ……… "N = " を表示させた後，$N$ の値を入力
3   M1v = N*M1;   M2v = N*M2;                    ……… 実際の質量 $M_1' = NM_1, M_2' = NM_2$
4
5   Av = [  0        1        0        0
6          -k/M1v  -mu/M1v   k/M1v    mu/M1v     ……… $A' = \begin{bmatrix} 0 & 1 & 0 & 0 \\ -k/M_1' & -\mu/M_1' & k/M_1' & \mu/M_1' \\ 0 & 0 & 0 & 1 \\ k/M_2' & \mu/M_2' & -k/M_2' & -\mu/M_2' \end{bmatrix}$
7           0        0        0        1
8           k/M2v   mu/M2v  -k/M2v   -mu/M2v ];
```

```
Bv = [ 0
       1/M1v
         0
         0 ];
% -----------------------------------
x0 = [ -0.5  0  0.5  0 ]';
```

……… $\boldsymbol{b}' = \begin{bmatrix} 0 \\ 1/M_1' \\ 0 \\ 0 \end{bmatrix}$

……… 初期状態 $\boldsymbol{x}(0) = \boldsymbol{x}_0 = \begin{bmatrix} -0.5 & 0 & 0.5 & 0 \end{bmatrix}^{\mathrm{T}}$

を作成する．また，シミュレーション結果を表示させるために，つぎの M ファイル “plot_data_output.m” を作成する(注 6.5)．

M ファイル “plot_data_output.m”

```
figure(1); subplot(2,2,1);
plot(t,x(:,1),t,x_hat(:,1),'--');
grid;
xlabel('t [s]');
ylabel('position (cart1) [m]')
legend({'x1','x1hat'},...
       'Location','southeast')
xlim([0 5]);

figure(1); subplot(2,2,2);
plot(t,x(:,2),t,x_hat(:,2),'--');
grid;
xlabel('t [s]');
ylabel('velocity (cart1) [m/s]')
legend({'x2','x2hat'},...
       'Location','southeast')
xlim([0 5]);

figure(1); subplot(2,2,3);
plot(t,x(:,3),t,x_hat(:,3),'--');
grid;
xlabel('t [s]');
ylabel('position (cart2) [m]')
legend({'x3','x3hat'},...
       'Location','southeast')
xlim([0 5]);

figure(1); subplot(2,2,4);
plot(t,x(:,4),t,x_hat(:,4),'--');
grid;
xlabel('t [s]');
ylabel('velocity (cart2) [m/s]')
legend({'x4','x4hat'},...
       'Location','southeast')
xlim([0 5]);
% -----------------------------------
figure(2); subplot(2,1,1);
plot(t,x(:,3));
grid;
xlabel('t [s]');
ylabel('position (cart2) [m]')
xlim([0 15]);
```

ここで，関数 “subplot” は，フィギュアウィンドウの領域を分割してグラフをプロットするときに用いられる．たとえば，“subplot(2,4,3)” のように入力すると，縦を 2 分割，横を 4 分割した領域のうち，3 番目の領域にグラフをプロットすることができる．

最後に，出力フィードバック制御のシミュレーションを行うため，図 6.13 に示す Simulink モデル “simulink_following_observer.mdl” を作成する．ただし，図 6.13 に含まれる Simulink ブロック “Subsystem” は，同一次元オブザーバ

$$\dot{\widehat{\boldsymbol{x}}}(t) = \boldsymbol{A}\widehat{\boldsymbol{x}}(t) + \boldsymbol{b}u(t) - \boldsymbol{l}\big(\eta(t) - \overline{\boldsymbol{c}}\,\widehat{\boldsymbol{x}}(t)\big)$$

を表しており，その中身は図 6.14 に示すとおりである．

以上の準備の下，出力フィードバック制御のシミュレーションを行う手順を示す．まず，M ファイル “following_observer.m” (p.135) を実行すると，

(注 6.5) “legend({'x1','x1hat'},'Location','southeast')” は凡例を “右下隅” に表示することを意味している．このように，凡例の位置は方角で指定する．

"following_observer.m" の実行結果

```
>> following_observer ↵
K =        ……… 状態フィードバックゲイン k：(6.59) 式
   -3.5000   -2.5000   -6.5000   -5.5000
H =        ……… フィードフォワードゲイン h：(6.59) 式
    10
--- A + B*K の固有値 ---
ans =                          ………A + bk の固有値
  -2.0000 + 2.0000i
  -2.0000 - 2.0000i
  -2.0000 + 1.0000i
  -2.0000 - 1.0000i
```

```
L =             ……… オブザーバゲイン l：(6.62) 式
   -22
  -178
   -13
   -71
--- A + L*C の固有値 ---
ans =                          ………A + lc̄ の固有値
  -4.0000 + 4.0000i
  -4.0000 - 4.0000i
  -4.0000 + 2.0000i
  -4.0000 - 2.0000i
--- Acl の固有値 ---
```

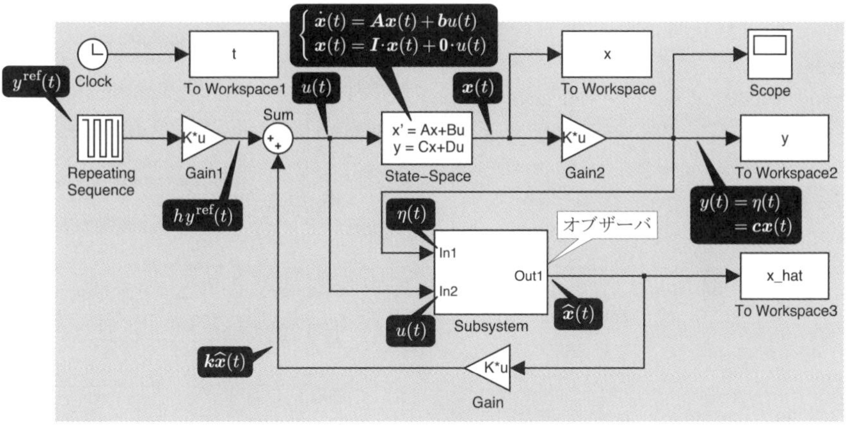

- **Subsystem**（ライブラリ：Ports & Subsystems）
  図 6.14 参照
- **State-Space**（ライブラリ：Continuous）
  A："1" を "Av" に変更
  B："1" を "Bv" に変更
  C："1" を "eye(4)" に変更
  D："1" を "zeros(4,1)" に変更
  初期条件："0" を "x0" に変更
- **Gain**（ライブラリ：Math Operations）
  ゲイン："1" を "K" に変更
  乗算："単位要素 (K.*u)" を "行列 (K*u)" に変更
- **Gain1**（ライブラリ：Math Operations）
  ゲイン："1" を "H" に変更
  乗算："単位要素 (K.*u)" を "行列 (K*u)" に変更
  ("H" はスカラーなので変更なしでも可)
- **Gain2**（ライブラリ：Math Operations）
  ゲイン："1" を "C" に変更
  乗算："単位要素 (K.*u)" を "行列 (K*u)" に変更
- **Sum**（ライブラリ：Math Operations）
  変更なし
- **To Workspace**（ライブラリ：Sinks）
  変数名："simout" を "x" に変更
  保存フォーマット："構造体" を "配列" に変更
- **To Workspace1**（ライブラリ：Sinks）
  変数名："simout" を "t" に変更
  保存フォーマット："構造体" を "配列" に変更
- **To Workspace2**（ライブラリ：Sinks）
  変数名："simout" を "y" に変更
  保存フォーマット："構造体" を "配列" に変更
- **To Workspace3**（ライブラリ：Sinks）
  変数名："simout" を "x_hat" に変更
  保存フォーマット："構造体" を "配列" に変更
- **Scope**（ライブラリ：Sinks）
  変更なし
- **Repeating Sequence**（ライブラリ：Sources）
  時間値："[0 2]" を "[0 4.99 5 9.99 10]" に変更
  出力値："[0 2]" を "[1 1 0 0 1]" に変更
- **Clock**（ライブラリ：Sources）
  変更なし

シミュレーション時間
開始時間：0 … 変更なし
終了時間：15

ソルバオプション
タイプ：固定ステップ
ソルバ：ode4 (Runge-Kutta)
固定ステップ (基本サンプル時間)：0.01

データのインポート/エクスポート
"単一のシミュレーション出力" ("単一のオブジェクトとしてシミュレーション出力を保存") のチェックを外す

図 6.13 Simulink モデル "simulink_following_observer.mdl"

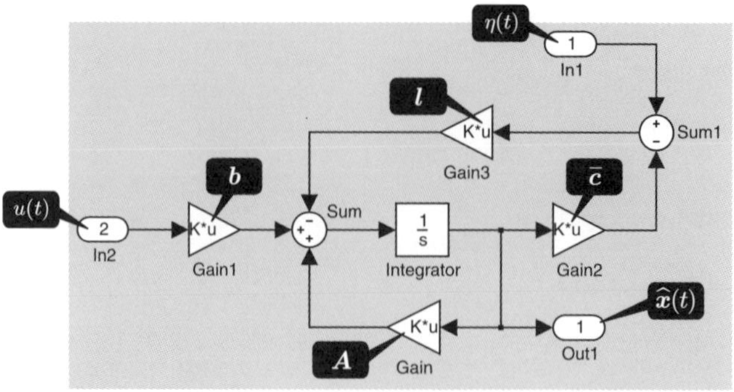

- Gain (ライブラリ：Math Operations)
  ゲイン："1" を "A" に変更
  乗算："単位要素 (K.*u)" を "行列 (K*u)" に変更
- Gain1 (ライブラリ：Math Operations)
  ゲイン："1" を "B" に変更
  乗算："単位要素 (K.*u)" を "行列 (K*u)" に変更
- Gain2 (ライブラリ：Math Operations)
  ゲイン："1" を "C" に変更
  乗算："単位要素 (K.*u)" を "行列 (K*u)" に変更
- Gain3 (ライブラリ：Math Operations)
  ゲイン："1" を "L" に変更
  乗算："単位要素 (K.*u)" を "行列 (K*u)" に変更
- Sum (ライブラリ：Math Operations)
  符号のリスト："|++" を "-++" に変更
- Sum1 (ライブラリ：Math Operations)
  符号のリスト："|++" を "+|-" に変更
- Integrator (ライブラリ：Continuous)
  変更なし
- In1 (ライブラリ：Sources, Ports & Subsystems)
  変更なし
- In2 (ライブラリ：Sources, Ports & Subsystems)
  ポート数："1" を "2" に変更
- Out1 (ライブラリ：Sinks, Ports & Subsystems)
  変更なし

図 6.14　Simulink モデル "simulink_following_observer.mdl" に含まれる Simulink ブロック "Subsystem" (同一次元オブザーバ)

```
ans =                        ………… A_cl の固有値
  -4.0000 + 4.0000i
  -4.0000 - 4.0000i
  -4.0000 + 2.0000i
  -4.0000 - 2.0000i
  -2.0000 + 2.0000i
  -2.0000 - 2.0000i
  -2.0000 + 1.0000i
  -2.0000 - 1.0000i
```

となり，設計された $\boldsymbol{k}$, h, $\boldsymbol{l}$ は，例 6.5 (p.131) で示した (6.59), (6.62) 式と一致している．また，併合システムの極 ($\boldsymbol{A}_{\rm cl}$ の固有値) が，$\boldsymbol{A}+\boldsymbol{b}\boldsymbol{k}$，$\boldsymbol{A}+\boldsymbol{l}\bar{\boldsymbol{c}}$ の固有値に等しいことも確認できる．つぎに，M ファイル "parameter_variation.m" (p.135) を実行し，パラメータ変動がない場合 ($M_1'=M_1$, $M_2'=M_2$) に設定する．

"parameter_variation.m" の実行結果

```
>> parameter_variation ↵
--- M1, M2 が公称値の N 倍 ---
N = 1 ↵
```

図 6.13 に示す Simulink モデル "simulink_following_observer.mdl" を実行してシミュレーションを行った後，M ファイル "plot_data_output.m" (p.136) を実行すると，図 6.10, 6.11 (p.132) に相当する，図 6.15 のシミュレーション結果が得られる．

最後に，以下のように入力し，実際の質量 M_1', M_2' が公称値 M_1, M_2 よりも 25% 大きいようなパラメータ変動 ($M_1'=1.25M_1$, $M_2'=1.25M_2$) を考える．

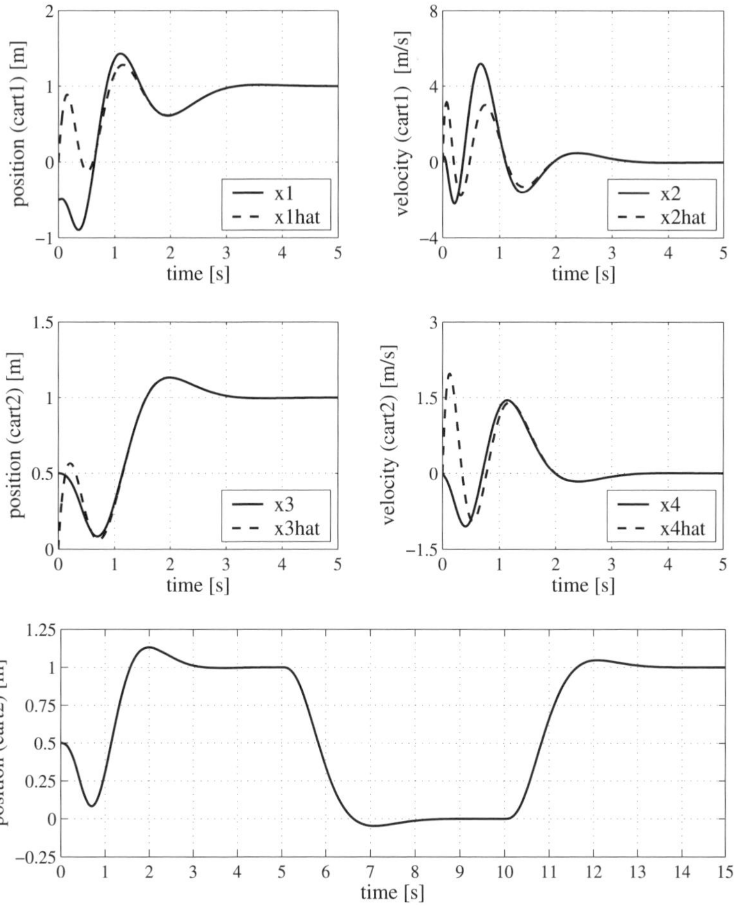

図 6.15 同一次元オブザーバを利用した出力フィードバック制御のシミュレーション結果

"parameter_variation.m" の実行結果

```
>> parameter_variation ↵
```

```
--- M1, M2 が公称値の N 倍 ---
N = 1.25 ↵
```

このとき，Simulink モデル "`simulink_following_observer.mdl`" を実行した後，M ファイル "`plot_data_output.m`" を実行し，シミュレーション結果を描画すると，図 6.12 (p.133) に相当する結果が得られる．

問題 6.6 問題 6.4 (p.133) の結果を MATLAB により確認する，以下の設問に答えよ．

(1) 制御対象 (6.64) 式が与えられたとき，出力フィードバック形式のコントローラ (6.65) 式を設計する．$\boldsymbol{A}+\boldsymbol{b}\boldsymbol{k}$ の固有値が $-1\pm j$ となるような $\boldsymbol{k}$ および $\boldsymbol{A}+\boldsymbol{l}\bar{\boldsymbol{c}}$ の固有値が $-2\pm 2j$ となるような $\boldsymbol{l}$ を，関数 "`acker`" により設計せよ．

(2) (1) で設計した $\boldsymbol{k}$, $\boldsymbol{l}$ を用いたとき，併合システム (6.66) 式における $\boldsymbol{A}_{\mathrm{cl}}$ の固有値が $-1\pm j$, $-2\pm 2j$ となることを，関数 "`eig`" により確かめよ．

第 7 章 リアプノフの安定性理論

3.3.1 項で述べたように，線形システムの安定性はシステムの極により決まる．一方，システムの安定性をシステムがもつエネルギーと関連付け，エネルギーが時間的に減少するか否かにより安定性を判別することを考えると，線形システムだけでなく，非線形システムを含めた安定性の議論が可能になる．本章では，この考え方を拡張したリアプノフの安定定理について説明する．リアプノフの安定定理は，次章で説明する最適レギュレータ理論などの最適制御理論と関係が深い，きわめて重要な考え方である．

7.1 リアプノフの意味での安定性と安定定理

7.1.1 リアプノフの意味での安定性

図 7.1 に示すように，振子システムにおいて振子が静止する可能性があるのは，(a) 振子が真下で静止した状態，(b) 振子が真上で静止した状態，のいずれかである．このような状態を**平衡点**（equilibrium point）というが，平衡点から振子を少しだけずらしても，振子はこれら平衡点の近傍に留まるであろうか．容易にわかるように，振子は以下のように振る舞う．

(i) 図 7.2 (a) に示すように，粘性摩擦が零の場合，“振子が真下で静止した状態” から振子を少しずらすと，振子はこの平衡点の近傍で振動を持続する．このとき，平衡点が **(リアプノフの意味で) 安定**（stable (in the sense of Lyapunov)）であるという．

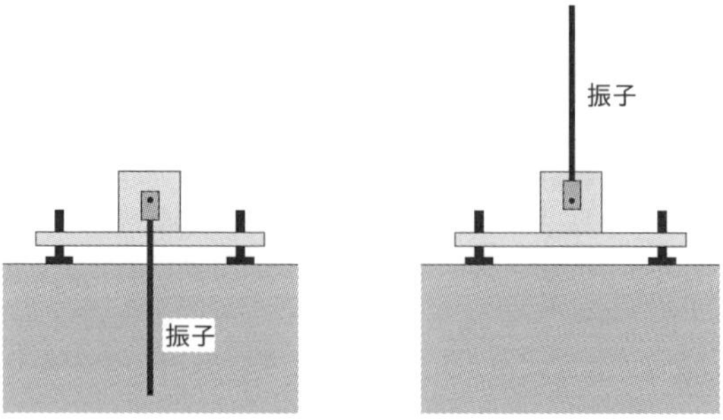

(a) 振子が真下で静止した状態　(b) 振子が真上で静止した状態

図 7.1 振子システムの平衡点

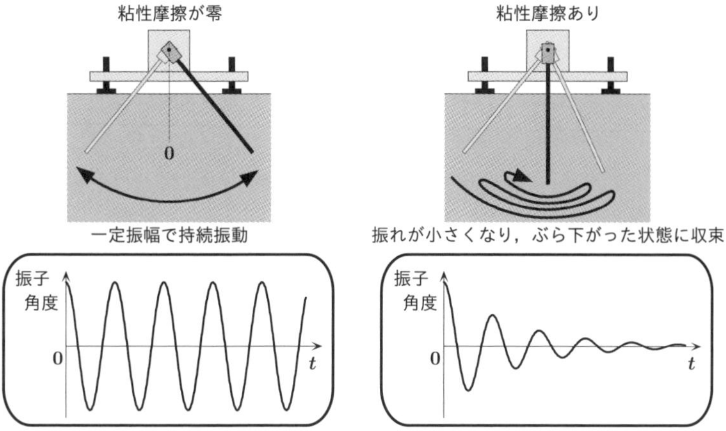

(a) (リアプノフの意味で) 安定　　(b) 漸近安定

図 7.2 平衡点 (振子が真下で静止した状態) 近傍での振る舞い

(ii) 図 7.2 (b) に示すように，粘性摩擦がある場合，“振子が真下で静止した状態” から振子を少しずらすと，時間の経過と共に振子の振れが減衰していき，やがて “振子が真下で静止した状態” で静止する．このとき，平衡点が**漸近安定** (asymptotically stable) であるという．

(iii) “振子が真上で静止した状態” は，いったん，この状態から少しでも離れると，もはや “振子が真上で静止した状態” 付近には留まることができない．このとき，平衡点が**不安定** (unstable) であるという．

リアプノフの意味での安定性を，一般的な非線形な零入力システム

$$\dot{\boldsymbol{x}}(t) = \boldsymbol{f}(\boldsymbol{x}(t)), \quad \boldsymbol{x}(0) = \boldsymbol{x}_0 \tag{7.1}$$

に対して記述すると，以下のようになる．

Point! **リアプノフの意味での安定性**

一般性を失うことなく，非線形な零入力システム (7.1) 式の平衡点を $\boldsymbol{x}_{\rm e} = \boldsymbol{0}$ とする(注 7.1)．このとき，リアプノフの意味での安定性は，以下のように定義される．

(i) 図 7.3 (a) に示すように，任意に与えられた $\varepsilon > 0$ に対して $\delta(\varepsilon) > 0$ ($\delta(\varepsilon)$ は零でない正数であればどんなに小さくても構わない) が存在し，$\|\boldsymbol{x}_0\| < \delta(\varepsilon)$ のとき，任意の時刻 t で $\|\boldsymbol{x}(t)\| < \varepsilon$ であれば，平衡点 $\boldsymbol{x}_{\rm e} = \boldsymbol{0}$ は安定であるという．つまり，このことは，$\boldsymbol{x}_{\rm e} = \boldsymbol{0}$ 近傍の任意の $\boldsymbol{x}(0) = \boldsymbol{x}_0$ に対して，任意の時刻 t で，$\boldsymbol{x}(t)$ が $\boldsymbol{x}_{\rm e} = \boldsymbol{0}$ 近傍に留まり続けることを意味する．

(ii) 図 7.3 (b) に示すように，平衡点 $\boldsymbol{x}_{\rm e} = \boldsymbol{0}$ が安定であり，しかも

(注 7.1) $\boldsymbol{f}(\boldsymbol{x}_{\rm e}) = \boldsymbol{0}$ を満足する $\boldsymbol{x}_{\rm e}$ を平衡点という．また，平衡点が $\boldsymbol{x}_{\rm e} \neq \boldsymbol{0}$ であるときには，$\widetilde{\boldsymbol{x}}(t) = \boldsymbol{x}(t) - \boldsymbol{x}_{\rm e}$ とした零入力システム $\dot{\widetilde{\boldsymbol{x}}}(t) = \widetilde{\boldsymbol{f}}(\widetilde{\boldsymbol{x}}(t)) = \boldsymbol{f}(\widetilde{\boldsymbol{x}}(t) + \boldsymbol{x}_{\rm e})$ を考えると，平衡点は $\widetilde{\boldsymbol{x}}_{\rm e} = \boldsymbol{0}$ となる．

$$\lim_{t\to\infty} \|\boldsymbol{x}(t)\| = \boldsymbol{0} \tag{7.2}$$

であるとき，平衡点 $\boldsymbol{x}_e = \boldsymbol{0}$ は漸近安定であるという．つまり，このことは，$\boldsymbol{x}_e = \boldsymbol{0}$ 近傍の任意の $\boldsymbol{x}(0) = \boldsymbol{x}_0$ に対して，$t \to \infty$ で $\boldsymbol{x}(t) \to \boldsymbol{0}$ となることを意味する．

(iii)　平衡点 $\boldsymbol{x}_e = \boldsymbol{0}$ が安定でないとき，平衡点 $\boldsymbol{x}_e = \boldsymbol{0}$ は不安定であるという．

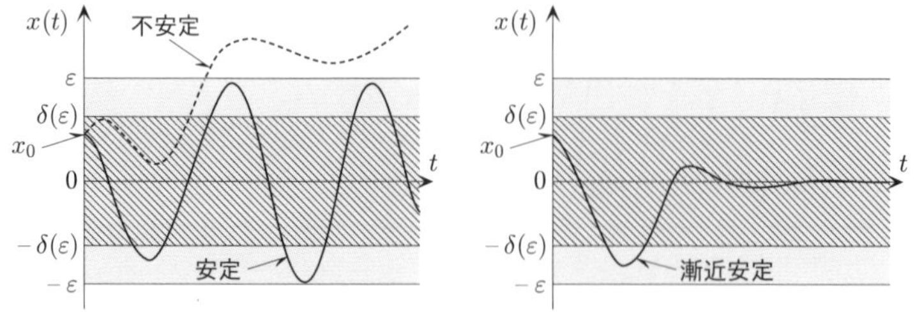

(a)（リアプノフの意味で）安定　　(b) 漸近安定

図 7.3　リアプノフの意味での安定性

この定義は，初期値 $\boldsymbol{x}_0$ の範囲を $\boldsymbol{x}_e = \boldsymbol{0}$ 近傍の $\|\boldsymbol{x}_0\| < \delta(\varepsilon)$ に限定しているため，平衡点 $\boldsymbol{x}_e = \boldsymbol{0}$ 近傍における局所的な安定性を述べたものである．とくに，任意の初期値 $\boldsymbol{x}_0$ に対して，$t \to \infty$ で $\boldsymbol{x}(t) \to \boldsymbol{0}$ となるのであれば，システムは**大域的漸近安定**（asymptotically stable in the large）という．たとえば，(7.1) 式において $\boldsymbol{f}(\boldsymbol{x}(t)) = \boldsymbol{A}\boldsymbol{x}(t)$ であるような線形な零入力システム

$$\dot{\boldsymbol{x}}(t) = \boldsymbol{A}\boldsymbol{x}(t), \quad \boldsymbol{x}(0) = \boldsymbol{x}_0 \tag{7.3}$$

の漸近安定性は，大域的漸近安定性を意味する．

7.1.2　リアプノフの安定定理による安定性の判別

線形な零入力システム (7.3) 式の場合，その解析解が $\boldsymbol{x}(t) = e^{\boldsymbol{A}t}\boldsymbol{x}_0$ で与えられるため，$\boldsymbol{A}$ の固有値の実部がすべて負であるかどうかを調べることで，容易に漸近安定性を判別できる．それに対し，非線形な零入力システム (7.1) 式の解析解を求めることは，一般に困難，あるいは，不可能である．そこで，解析解を求めることなく安定性を判別する方法として，リアプノフの安定定理が知られている．この定理を説明する前に，まず，振子システムの安定性を，エネルギーの観点から考えてみよう．

例 7.1 ……………………………… **振子システムのエネルギーと安定性**

粘性摩擦がある振子システムに，初期状態 $\theta(0) = \theta_0$ $(-\pi < \theta_0 < \pi)$, $\dot{\theta}(0) = 0$ を与えると，図 7.2 (b) のように，時間が経過すると共に振子の振れが小さくなり，やがて振子は真下で静止する．このような振子の振る舞いを，エネルギーの観点から考える．

図 7.4 に示す振子システムの状態方程式は，

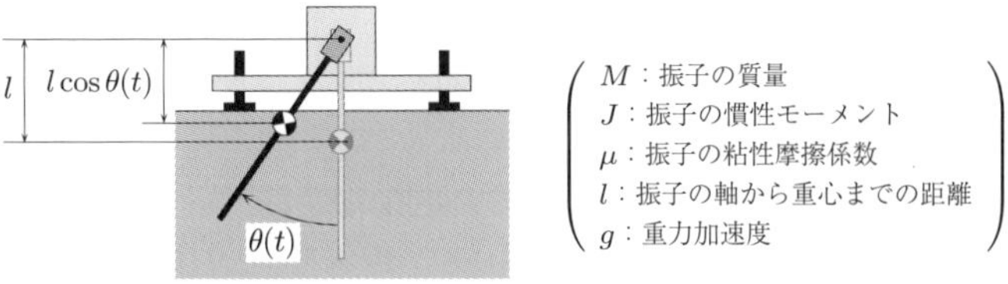

図 7.4 振子システム

$$J\ddot{\theta}(t) = -\mu\dot{\theta}(t) - Mgl\sin\theta(t) \quad\Longrightarrow\quad \overbrace{\begin{bmatrix} \dot{x}_1(t) \\ \dot{x}_2(t) \end{bmatrix}}^{\dot{\boldsymbol{x}}(t)} = \overbrace{\begin{bmatrix} x_2(t) \\ -\dfrac{Mgl}{J}\sin x_1(t) - \dfrac{\mu}{J}x_2(t) \end{bmatrix}}^{\boldsymbol{f}(\boldsymbol{x}(t))} \tag{7.4}$$

である．ただし，$\boldsymbol{x}(t) = \begin{bmatrix} x_1(t) & x_2(t) \end{bmatrix}^{\mathrm{T}} = \begin{bmatrix} \theta(t) & \dot{\theta}(t) \end{bmatrix}^{\mathrm{T}}$：状態変数である．また，(7.4) 式の平衡点 $\boldsymbol{x}_{\mathrm{e}} = \begin{bmatrix} x_{1\mathrm{e}} & x_{2\mathrm{e}} \end{bmatrix}^{\mathrm{T}}$ は，

$$\begin{cases} 0 = x_{2\mathrm{e}} \\ 0 = -\dfrac{Mgl}{J}\sin x_{1\mathrm{e}} - \dfrac{\mu}{J}x_{2\mathrm{e}} \end{cases} \quad\Longrightarrow\quad \begin{cases} x_{2\mathrm{e}} = 0 \\ \sin x_{1\mathrm{e}} = 0 \end{cases} \tag{7.5}$$

を満足するため，$\boldsymbol{x}_{\mathrm{e}} = \boldsymbol{0}$ は平衡点の一つである．一方，振子システムの力学的エネルギーは，

$$\phi(\boldsymbol{x}(t)) = \underbrace{\frac{1}{2}Jx_2(t)^2}_{\text{運動エネルギー}} + \underbrace{Mgl\big(1 - \cos x_1(t)\big)}_{\text{位置エネルギー}} \tag{7.6}$$

であり(注 7.2)，$|x_1(t)| < \pi$ であるような領域を考えると，$\phi(\boldsymbol{x}(t))$ は $\boldsymbol{x}(t) = \boldsymbol{0}$ (振子が真下で静止) のときに限り $\phi(\boldsymbol{x}(t)) = 0$ となり，それ以外の任意の $\boldsymbol{x}(t)$ に対して $\phi(\boldsymbol{x}(t)) > 0$ となる．このような関数を，**正定関数**(positive definite function)とよぶ(注 7.3)．振子の角度 $x_1(t) = \theta(t)$ が時間の経過と共に零に収束していくのは，この正の力学的エネルギー $\phi(\boldsymbol{x}(t))$ が時間的に単調減少し，最終的に $\phi(\boldsymbol{x}(t)) \to 0$ (すなわち，$\boldsymbol{x}(t) \to \boldsymbol{0}$) となるからだと考えられる．そこで，(7.4) 式を考慮し，力学的エネルギー $\phi(\boldsymbol{x}(t))$ の時間微分を求めると，次式が得られる．

$$\begin{aligned} \dot{\phi}(\boldsymbol{x}(t)) &= Jx_2(t)\dot{x}_2(t) + Mgl\dot{x}_1(t)\sin x_1(t) \\ &= \big(J\dot{x}_2(t) + Mgl\sin x_1(t)\big)x_2(t) = -\mu x_2(t)^2 \end{aligned} \tag{7.7}$$

(7.7) 式より，$\boldsymbol{x}(t) = \boldsymbol{0}$ では $\dot{\phi}(\boldsymbol{x}(t)) = 0$，それ以外の任意の $\boldsymbol{x}(t)$ に対して $\dot{\phi}(\boldsymbol{x}(t)) \le 0$ となり，正定関数 $\phi(\boldsymbol{x}(t))$ が単調非増加であることがいえる．つまり，$x_1(t) = \theta(t) \neq 0$ であっても，その減少が $x_2(t) = \dot{\theta}(t) = 0$ のときに止まってしまう可能性があり，(7.6), (7.7) 式より $\boldsymbol{x}(t)$ が発散しない (安定である) ことはいえるが，$\boldsymbol{x}(t)$ が零に収束する (漸近安定である) ことまではいえない．しかし，粘性摩擦がある振子システムは，$t \to \infty$ で $\boldsymbol{x}(t) \to \boldsymbol{0}$ となるはずであり，実際，以下のようにして漸近安定性を示すことができる．

いま，振子が $|x_1(t)| < \pi$ であるような領域にあるとき，ある時刻 $t = T$ で $\dot{\phi}(\boldsymbol{x}(t)) = 0$，すなわち，$x_2(T) = 0$ であるとする．このとき，(7.4) 式は，

(注 7.2) 振子の位置エネルギーは振子がぶら下がった状態における重心位置を基準としており，**図 7.4** に示すように，振子が θ 傾いたときの振子の重心の高さは $l - l\cos\theta = l\big(1 - \cos\theta\big)$ である．

(注 7.3) **正定**，**半正定**や**負定**，**半不定**の詳細は**付録 C.3** (p.238) を参照すること．

$$\begin{cases} \dot{x}_1(T) = 0 \\ \dot{x}_2(T) = -\dfrac{Mgl}{J}\sin x_1(T) \end{cases} \tag{7.8}$$

となるが，$x_1(T) \neq 0$ の場合，$\sin x_1(T) \neq 0$ より $\dot{x}_2(T) \neq 0$ となり，$x_2(t)$ は $t = T$ で変化している．そのため，$t = T$ 以降，$\dot{\phi}(\boldsymbol{x}(t)) = -\mu x_2(t)^2 = 0$ であり続けることはない．それに対し，$x_1(T) = 0$ の場合のみ $\dot{x}_2(T) = 0$ となり，$t = T$ 以降，$\dot{\phi}(\boldsymbol{x}(t)) = 0$ となる．したがって，粘性摩擦がある振子システムの平衡点 $\boldsymbol{x}_{\rm e} = \boldsymbol{0}$ の漸近安定性がいえる．

図 7.5 に $x_1(0) = \theta(0) = \pi/3$ [rad] $= 60$ [deg], $x_2(0) = \dot{\theta}(0) = 0$ [rad/s] としたときの振子システムの振る舞いを示す．つねに正であるエネルギー $\phi(\boldsymbol{x}(t))$ は単調減少しており，それに伴い，$x_1(t) = \theta(t)$, $x_2(t) = \dot{\theta}(t)$ が共に平衡点である 0 に収束することが確認できる．

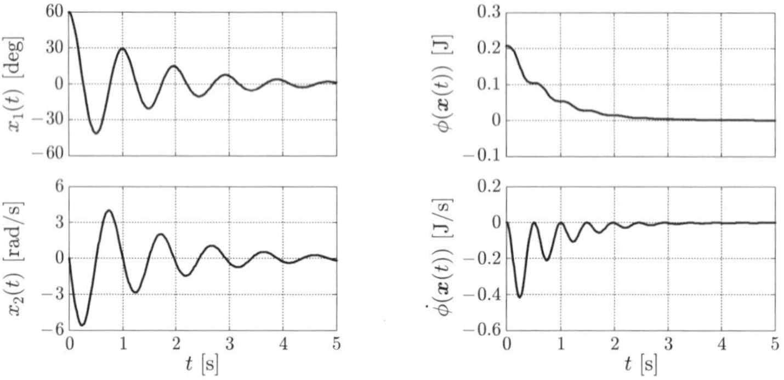

(a)　$x_1(t) = \theta(t)$, $x_2(t) = \dot{\theta}(t)$　　(b)　$\phi(\boldsymbol{x}(t)) > 0$, $\dot{\phi}(\boldsymbol{x}(t)) \leq 0$ $(\forall \boldsymbol{x}(t) \neq \boldsymbol{0})$

図 7.5　振子システムにおける $x_1(t)$, $x_2(t)$, $\phi(\boldsymbol{x}(t))$, $\dot{\phi}(\boldsymbol{x}(t))$ の振る舞い

(7.6) 式のエネルギー関数 $\phi(\boldsymbol{x}(t))$ のように，ある領域内の任意の $\boldsymbol{x}(t)$ に対して，時間微分が負となる正定関数 $\phi(\boldsymbol{x}(t))$ が存在すれば，その領域内でシステムは安定であると考えられる．この考え方に基づいてシステムの安定性を判別するのが，ここで説明する**リアプノフの安定定理**（Lyapunov's stability theorem）である．非線形な零入力システム (7.1) 式において，その平衡点を $\boldsymbol{x}_{\rm e} = \boldsymbol{0}$ とする．このとき，以下に示すリアプノフの安定定理が知られている．

Point!　リアプノフの安定定理

非線形な零入力システム (7.1) 式に対して，原点 $\boldsymbol{x}(t) = \boldsymbol{0}$ を含む領域 $\mathcal{U}$ および

$$\phi(\boldsymbol{x}(t)) > 0 \quad (\forall \boldsymbol{x}(t) \in \mathcal{U},\ \ \boldsymbol{x}(t) \neq \boldsymbol{0}) \tag{7.9}$$

という正定関数を考える．このとき，以下のことがいえる．

(a)　$\dot{\phi}(\boldsymbol{x}(t))$ が半負定 (準負定) 関数

$$\dot{\phi}(\boldsymbol{x}(t)) \leq 0 \quad (\forall \boldsymbol{x}(t) \in \mathcal{U},\ \ \boldsymbol{x}(t) \neq \boldsymbol{0}) \tag{7.10}$$

であれば，平衡点 $\boldsymbol{x}_{\mathrm{e}} = \boldsymbol{0}$ は安定である．

(b) $\dot{\phi}(\boldsymbol{x}(t))$ が負定関数

$$\dot{\phi}(\boldsymbol{x}(t)) < 0 \quad (\forall \boldsymbol{x}(t) \in \mathcal{U},\ \ \boldsymbol{x}(t) \neq \boldsymbol{0}) \tag{7.11}$$

であれば，平衡点 $\boldsymbol{x}_{\mathrm{e}} = \boldsymbol{0}$ は漸近安定である．

また，条件 (b) は，以下の条件で置き換えることもできる．

(b′) $\dot{\phi}(\boldsymbol{x}(t))$ が (7.10) 式を満足する半負定 (準負定) 関数であり，しかも，$\dot{\phi}(\boldsymbol{x}(t))$ は原点 $\boldsymbol{x}(t) = \boldsymbol{0}$ を除く (7.1) 式の解 $\boldsymbol{x}(t)$ に対して恒等的に零とならない(注7.4)のであれば，平衡点 $\boldsymbol{x}_{\mathrm{e}} = \boldsymbol{0}$ は漸近安定である．

ここで，(7.9) 式と (7.10) 式 (あるいは (7.11) 式) を満足するスカラー関数 $\phi(\boldsymbol{x}(t))$ を，**リアプノフ関数** (Lyapunov function) とよぶ．なお，一般に，システムが非線形である場合，それが安定であっても，リアプノフ関数を求める系統的な方法がないことに注意する．

問題 7.1　問題 2.1 (p.16) で求めたように，図 2.6 の 1 慣性システムの状態方程式は，$u(t) = f(t) = 0$, $\boldsymbol{x}(t) = \begin{bmatrix} x_1(t) & x_2(t) \end{bmatrix}^{\mathrm{T}} = \begin{bmatrix} z(t) & \dot{z}(t) \end{bmatrix}^{\mathrm{T}}$ としたとき，

$$M\ddot{z}(t) = -\mu\dot{z}(t) - kz(t) \quad \Longrightarrow \quad \underbrace{\begin{bmatrix} \dot{x}_1(t) \\ \dot{x}_2(t) \end{bmatrix}}_{\dot{\boldsymbol{x}}(t)} = \underbrace{\begin{bmatrix} 0 & 1 \\ -\dfrac{k}{M} & -\dfrac{\mu}{M} \end{bmatrix}}_{\boldsymbol{A}} \underbrace{\begin{bmatrix} x_1(t) \\ x_2(t) \end{bmatrix}}_{\boldsymbol{x}(t)}$$

であり，その平衡点は唯一，$\boldsymbol{x}_{\mathrm{e}} = \boldsymbol{0}$ である．力学的エネルギー

$$\phi(\boldsymbol{x}(t)) = \underbrace{\frac{1}{2}M\dot{z}(t)^2}_{\text{運動エネルギー}} + \underbrace{\frac{1}{2}kz(t)^2}_{\text{位置エネルギー}} = \frac{1}{2}Mx_2(t)^2 + \frac{1}{2}kx_1(t)^2$$

がリアプノフ関数である (任意の $\boldsymbol{x}(t) \neq \boldsymbol{0}$ に対して $\phi(\boldsymbol{x}(t)) > 0$ かつ $\dot{\phi}(\boldsymbol{x}(t)) \leq 0$ である) ことを示せ．また，例 7.1 (p.142) と同様の手順，すなわち，リアプノフの安定定理の条件 (b′) により，平衡点 $\boldsymbol{x}_{\mathrm{e}} = \boldsymbol{0}$ の漸近安定性を示せ．

問題 7.2　極が $-1 \pm 2j$ であるような線形な零入力システム

$$\dot{\boldsymbol{x}}(t) = \boldsymbol{A}\boldsymbol{x}(t), \quad \boldsymbol{x}(t) = \begin{bmatrix} x_1(t) \\ x_2(t) \end{bmatrix}, \quad \boldsymbol{A} = \begin{bmatrix} 0 & -5 \\ 1 & -2 \end{bmatrix}$$

に対して定義される 2 次形式のスカラー関数

$$\phi(\boldsymbol{x}(t)) = \underbrace{\begin{bmatrix} x_1(t) & x_2(t) \end{bmatrix}}_{\boldsymbol{x}(t)^{\mathrm{T}}} \underbrace{\frac{1}{2}\begin{bmatrix} 1 & -1 \\ -1 & 3 \end{bmatrix}}_{\boldsymbol{P}} \underbrace{\begin{bmatrix} x_1(t) \\ x_2(t) \end{bmatrix}}_{\boldsymbol{x}(t)} = \frac{1}{2}\left(x_1(t)^2 - 2x_1(t)x_2(t) + 3x_2(t)^2\right)$$

(注7.4) 条件 (b′) の “$\dot{\phi}(\boldsymbol{x}(t))$ が $\boldsymbol{x}(t) = \boldsymbol{0}$ を除く解 $\boldsymbol{x}(t)$ に対して恒等的に零とならない” とは，“ある時刻 $t = T$ で $\dot{\phi}(\boldsymbol{x}(T)) = 0$ となったとき，$t = T$ 以降でも $\dot{\phi}(\boldsymbol{x}(t)) = 0$ であり続けるのは，$\boldsymbol{x}(T) = \boldsymbol{0}$ のみである” ことを意味する．

がリアプノフ関数であることを示せ (例 C.9 (p.239) を参考にし，任意の $\boldsymbol{x}(t) \neq \boldsymbol{0}$ に対して，$\phi(\boldsymbol{x}(t)) > 0$ かつ $\dot{\phi}(\boldsymbol{x}(t)) < 0$ であることを示せ).

7.2　線形システムに対するリアプノフの安定定理と漸近安定性

7.2.1　リアプノフ方程式と漸近安定性 (その 1)

非線形な零入力システム (7.1) 式の場合，それが漸近安定であっても，リアプノフ関数を定めるのは容易ではない．それに対し，線形な零入力システム (7.3) 式の場合，それが漸近安定であれば，容易にリアプノフ関数を構成できるための条件が得られる．

(7.3) 式に対し，正定対称行列 $\boldsymbol{P} = \boldsymbol{P}^{\mathrm{T}} > 0$ を用いて，2 次形式の正定関数

$$\phi(\boldsymbol{x}(t)) = \boldsymbol{x}(t)^{\mathrm{T}}\boldsymbol{P}\boldsymbol{x}(t) > 0 \ \ (\forall \boldsymbol{x}(t) \neq \boldsymbol{0}), \ \ \boldsymbol{P} = \boldsymbol{P}^{\mathrm{T}} > 0 \tag{7.12}$$

を構成することを考える(注 7.5)．このとき，$\phi(\boldsymbol{x}(t))$ の時間微分 $\dot{\phi}(\boldsymbol{x}(t))$ は，

$$\begin{aligned}\dot{\phi}(\boldsymbol{x}(t)) &= \boldsymbol{x}(t)^{\mathrm{T}}\boldsymbol{P}\dot{\boldsymbol{x}}(t) + \dot{\boldsymbol{x}}(t)^{\mathrm{T}}\boldsymbol{P}\boldsymbol{x}(t) = \boldsymbol{x}(t)^{\mathrm{T}}\boldsymbol{P}\boldsymbol{A}\boldsymbol{x}(t) + \big(\boldsymbol{A}\boldsymbol{x}(t)\big)^{\mathrm{T}}\boldsymbol{P}\boldsymbol{x}(t) \\ &= \boldsymbol{x}(t)^{\mathrm{T}}\big(\boldsymbol{P}\boldsymbol{A} + \boldsymbol{A}^{\mathrm{T}}\boldsymbol{P}\big)\boldsymbol{x}(t)\end{aligned} \tag{7.13}$$

である．したがって，

リアプノフ不等式 (Lyapunov inequality)

$$\boldsymbol{P}\boldsymbol{A} + \boldsymbol{A}^{\mathrm{T}}\boldsymbol{P} < 0 \tag{7.14}$$

を満足する解 $\boldsymbol{P} = \boldsymbol{P}^{\mathrm{T}} > 0$ が存在すれば，任意の $\boldsymbol{x}(t) \neq \boldsymbol{0}$ に対して $\dot{\phi}(\boldsymbol{x}(t)) < 0$ であり，(7.12) 式の $\phi(\boldsymbol{x}(t))$ はリアプノフ関数となり，線形な零入力システム (7.3) 式の平衡点 $\boldsymbol{x}_{\mathrm{e}} = \boldsymbol{0}$ は，漸近安定である．実際，$\boldsymbol{A} \in \mathbb{R}^{n \times n}$ の固有値を $\lambda = \alpha + j\beta$，それに対する固有ベクトルを $\boldsymbol{\psi} \in \mathbb{C}^n$ とすると，付録 C.2 (p.236) に示す固有値，固有ベクトルの定義式より，

$$\lambda\boldsymbol{\psi} = \boldsymbol{A}\boldsymbol{\psi} \iff \lambda^*\boldsymbol{\psi}^* = \boldsymbol{\psi}^*\boldsymbol{A}^{\mathrm{T}} \tag{7.15}$$

が成立する．ただし，$\lambda^* = \alpha - j\beta$ は $\lambda = \alpha + j\beta$ の共役複素数，$\boldsymbol{\psi}^*$ は $\boldsymbol{\psi}$ の共役転置ベクトルである(注 7.6)．(7.14) 式の左右から $\boldsymbol{\psi}^*$, $\boldsymbol{\psi}$ をかけると，(7.15) 式より，

$$\begin{aligned}\boldsymbol{\psi}^*\big(\boldsymbol{P}\boldsymbol{A} + \boldsymbol{A}^{\mathrm{T}}\boldsymbol{P}\big)\boldsymbol{\psi} &= \boldsymbol{\psi}^*\boldsymbol{P}\boldsymbol{A}\boldsymbol{\psi} + \boldsymbol{\psi}^*\boldsymbol{A}^{\mathrm{T}}\boldsymbol{P}\boldsymbol{\psi} = \boldsymbol{\psi}^*\boldsymbol{P}\cdot\lambda\boldsymbol{\psi} + \lambda^*\boldsymbol{\psi}^*\cdot\boldsymbol{P}\boldsymbol{\psi} \\ &= \big(\lambda + \lambda^*\big)\boldsymbol{\psi}^*\boldsymbol{P}\boldsymbol{\psi} = 2\alpha\boldsymbol{\psi}^*\boldsymbol{P}\boldsymbol{\psi} < 0\end{aligned} \tag{7.16}$$

(注 7.5) 2 次形式や正定行列，負定行列については付録 C.3 (p.238) を参照すること．
(注 7.6) 共役転置ベクトルについては付録 C.1 (f) (p.230) を参照すること．

が得られる．また，$\boldsymbol{P} = \boldsymbol{P}^{\mathrm{T}} > 0$ より任意の複素ベクトル $\boldsymbol{\psi} \neq \boldsymbol{0}$ に対して $\boldsymbol{\psi}^* \boldsymbol{P} \boldsymbol{\psi} > 0$ であり (問題 C.7 (p.240) 参照)，(7.16) 式より $\alpha < 0$ ($\boldsymbol{A}$ が安定行列) であることがいえる．なお，(7.14) 式の解 $\boldsymbol{P} = \boldsymbol{P}^{\mathrm{T}} > 0$ を，**リアプノフ行列** (Lyapunov matrix) とよぶ．

以上のことをまとめると，(7.3) 式に対する安定条件は，以下のようになる(注7.7)．

Point! **線形システムに対するリアプノフの安定定理 (その 1)**

線形な零入力システム (7.3) 式を考える．任意の与えられた $\boldsymbol{Q} = \boldsymbol{Q}^{\mathrm{T}} > 0$ に対し，

リアプノフ方程式 (Lyapunov equation)

$$\boldsymbol{P}\boldsymbol{A} + \boldsymbol{A}^{\mathrm{T}}\boldsymbol{P} = -\boldsymbol{Q} \ \ (< 0) \tag{7.17}$$

を満足する解 $\boldsymbol{P} = \boldsymbol{P}^{\mathrm{T}} > 0$ が唯一存在することと，線形な零入力システム (7.3) 式が漸近安定 ($\boldsymbol{A}$ が安定行列) であることは，等価である．

つまり，線形システムの場合，$\boldsymbol{Q} = \boldsymbol{Q}^{\mathrm{T}} > 0$ を一つ与え (たとえば，$\boldsymbol{Q} = \boldsymbol{Q}^{\mathrm{T}} = \boldsymbol{I} > 0$)，このときのリアプノフ方程式 (7.17) 式の解 $\boldsymbol{P} = \boldsymbol{P}^{\mathrm{T}}$ が正定行列であるか否かにより，その漸近安定性を判別することができる．

例 7.2 ………… **リアプノフ方程式と線形システムの安定性 (その 1)**

線形な零入力システム

$$\dot{\boldsymbol{x}}(t) = \boldsymbol{A}\boldsymbol{x}(t), \quad \boldsymbol{A} = \begin{bmatrix} 0 & -5 \\ 1 & -2 \end{bmatrix} \tag{7.18}$$

は，$\boldsymbol{A}$ の固有値が $-1 \pm 2j$ であるから漸近安定である．ここでは，リアプノフ方程式により (7.18) 式の漸近安定性を調べてみよう．

リアプノフ方程式 (7.17) 式における $\boldsymbol{P} = \boldsymbol{P}^{\mathrm{T}}, \boldsymbol{Q} = \boldsymbol{Q}^{\mathrm{T}} > 0$ を，それぞれ

$$\boldsymbol{P} = \boldsymbol{P}^{\mathrm{T}} = \begin{bmatrix} p_{11} & p_{12} \\ p_{12} & p_{22} \end{bmatrix}, \quad \boldsymbol{Q} = \boldsymbol{Q}^{\mathrm{T}} = \begin{bmatrix} 1 & 0 \\ 0 & 1 \end{bmatrix} > 0 \tag{7.19}$$

とすると，リアプノフ方程式 (7.17) 式は，

$$\begin{aligned} &\boldsymbol{P}\boldsymbol{A} + \boldsymbol{A}^{\mathrm{T}}\boldsymbol{P} = -\boldsymbol{Q} \\ &\Longrightarrow \begin{bmatrix} 2p_{12} & -5p_{11} - 2p_{12} + p_{22} \\ -5p_{11} - 2p_{12} + p_{22} & -10p_{12} - 4p_{22} \end{bmatrix} = -\begin{bmatrix} 1 & 0 \\ 0 & 1 \end{bmatrix} \end{aligned} \tag{7.20}$$

であり，これを満足する解が，次式のように求まる(注7.8)．

$$\boldsymbol{P} = \boldsymbol{P}^{\mathrm{T}} = \begin{bmatrix} p_{11} & p_{12} \\ p_{12} & p_{22} \end{bmatrix} = \frac{1}{2}\begin{bmatrix} 1 & -1 \\ -1 & 3 \end{bmatrix} \tag{7.21}$$

(注7.7) 証明は付録 A.3 (p.205) に示す．

(注7.8) 問題 7.2 (p.145) の $\phi(\boldsymbol{x}(t))$ は，(7.21) 式の $\boldsymbol{P} = \boldsymbol{P}^{\mathrm{T}} > 0$ により構成されている．

つぎに，$\boldsymbol{P} = \boldsymbol{P}^{\mathrm{T}}$ が正定であるかどうかを，付録 C.3 (b) (p.240) で説明する，以下のいずれかの方法で判別する．

(a) 固有値による判別方法　$\boldsymbol{P} = \boldsymbol{P}^{\mathrm{T}}$ の固有値 λ は，

$$\left|\lambda \boldsymbol{I} - \boldsymbol{P}\right| = \lambda^2 - 2\lambda + \frac{1}{2} = 0 \implies \lambda = 1 \pm \frac{1}{\sqrt{2}} \tag{7.22}$$

のように実数であり，これらは正数であるから，$\boldsymbol{P} = \boldsymbol{P}^{\mathrm{T}} > 0$ である．

(b) シルベスターの判別条件　$\boldsymbol{P} = \boldsymbol{P}^{\mathrm{T}}$ の主座行列式は，

$$p_{11} = \frac{1}{2} > 0, \quad |\boldsymbol{P}| = \begin{vmatrix} p_{11} & p_{12} \\ p_{12} & p_{22} \end{vmatrix} = p_{11}p_{22} - p_{12}^2 = \frac{1}{2} > 0 \tag{7.23}$$

のようにすべて正であるから，$\boldsymbol{P} = \boldsymbol{P}^{\mathrm{T}} > 0$ である．

したがって，$\boldsymbol{Q} = \boldsymbol{I}$ としたリアプノフ方程式 (7.17) 式の解 (7.21) 式は，正定 ($\boldsymbol{P} = \boldsymbol{P}^{\mathrm{T}} > 0$) であり，線形な零入力システム (7.18) 式は漸近安定である．

図 7.6 に，$\boldsymbol{x}_0 = \begin{bmatrix} 1 & 0 \end{bmatrix}^{\mathrm{T}}$ としたときのシミュレーション結果を示す．図 7.6 (a) より，$t \to \infty$ で $x_1(t) \to 0$, $x_2(t) \to 0$ となり，漸近安定である．また，図 7.6 (b) より，$\boldsymbol{P} = \boldsymbol{P}^{\mathrm{T}} > 0$ を (7.21) 式としたとき，$\phi(\boldsymbol{x}(t)) = \boldsymbol{x}(t)^{\mathrm{T}}\boldsymbol{P}\boldsymbol{x}(t) > 0$ ($\forall \boldsymbol{x} \neq \boldsymbol{0}$) の時間微分は $\dot{\phi}(\boldsymbol{x}(t)) = -\boldsymbol{x}(t)^{\mathrm{T}}\boldsymbol{Q}\boldsymbol{x}(t) < 0$ ($\forall \boldsymbol{x} \neq \boldsymbol{0}$) であり，$\phi(\boldsymbol{x}(t))$ が単調減少しており，$\phi(\boldsymbol{x}(t))$ がリアプノフ関数であることを確認できる．

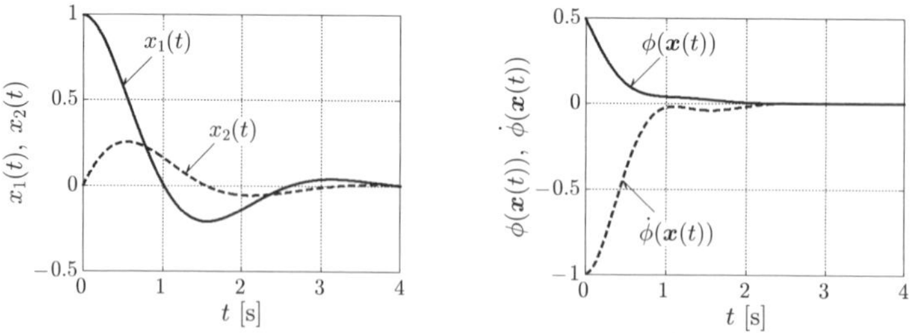

(a)　$x_1(t)$, $x_2(t)$　　(b)　$\phi(\boldsymbol{x}(t)) > 0$, $\dot{\phi}(\boldsymbol{x}(t)) < 0$ ($\forall \boldsymbol{x}(t) \neq \boldsymbol{0}$)

図 7.6　状態変数 $\boldsymbol{x}(t)$ と正定なリアプノフ関数 $\phi(\boldsymbol{x}(t))$ の振る舞い

問題 7.3　零入力の線形システム (7.3) 式における $\boldsymbol{A}$ が，

(1) $\boldsymbol{A} = \begin{bmatrix} 0 & -2 \\ 1 & -2 \end{bmatrix}$　(2) $\boldsymbol{A} = \begin{bmatrix} 0 & 1 & 0 \\ 0 & 0 & 1 \\ -1 & -3 & -3 \end{bmatrix}$　(3) $\boldsymbol{A} = \begin{bmatrix} 0 & 1 \\ 4 & 3 \end{bmatrix}$

のように与えられたとき，以下の 2 種類の方法により，その漸近安定性を判別せよ．

(a)　$\boldsymbol{A}$ の固有値を求め，その実部の符号を調べる．

(b)　$\boldsymbol{Q} = \boldsymbol{I}$ としたリアプノフ方程式 (7.17) 式の解 $\boldsymbol{P} = \boldsymbol{P}^{\mathrm{T}}$ が正定であるかどうかを調べる．

7.2.2 リアプノフ方程式と漸近安定性 (その 2)

7.2.1 項で示した結果は，$\boldsymbol{Q} = \boldsymbol{Q}^{\mathrm{T}}$ が正定である場合であり，リアプノフの安定定理 (p.144) の条件 (b) に相当するものである．それに対し，条件 (b′) を考えることにより，$\boldsymbol{Q}$ の構造によっては $\boldsymbol{Q} = \boldsymbol{Q}^{\mathrm{T}}$ が半正定のときでも，以下に示すように，漸近安定性を判別することができる．

Point ! 線形システムに対するリアプノフの安定定理 (その 2)

線形な零入力システム (7.3) 式を考える．与えられた半正定対称行列 $\boldsymbol{Q} = \boldsymbol{Q}_{\mathrm{o}}^{\mathrm{T}}\boldsymbol{Q}_{\mathrm{o}} \geq 0$ が次式を満足し，$(\boldsymbol{Q}_{\mathrm{o}}, \boldsymbol{A})$ が可観測(注 7.9) であるとする．

$$\mathrm{rank}\boldsymbol{V}_{\mathrm{o}} = n, \quad \boldsymbol{V}_{\mathrm{o}} = \begin{bmatrix} \boldsymbol{Q}_{\mathrm{o}} \\ \boldsymbol{Q}_{\mathrm{o}}\boldsymbol{A} \\ \vdots \\ \boldsymbol{Q}_{\mathrm{o}}\boldsymbol{A}^{n-1} \end{bmatrix} \in \mathbb{R}^{nk \times n} \quad (\text{列フルランク}) \tag{7.24}$$

ただし，$\boldsymbol{Q}_{\mathrm{o}} \in \mathbb{R}^{k \times n}$, $k \leq n$ である．このとき，

リアプノフ方程式

$$\boldsymbol{P}\boldsymbol{A} + \boldsymbol{A}^{\mathrm{T}}\boldsymbol{P} = -\underbrace{\boldsymbol{Q}_{\mathrm{o}}^{\mathrm{T}}\boldsymbol{Q}_{\mathrm{o}}}_{\boldsymbol{Q}} \ (\leq 0) \tag{7.25}$$

を満足する解 $\boldsymbol{P} = \boldsymbol{P}^{\mathrm{T}} > 0$ が唯一存在することと，線形な零入力システム (7.3) 式が漸近安定 ($\boldsymbol{A}$ が安定行列) であることは，等価である．

簡単のため，$k = 1$ としたとき，リアプノフの安定定理の条件 (b′) (p.145) との関係について説明する．リアプノフ方程式 (7.25) 式を満足する解 $\boldsymbol{P} = \boldsymbol{P}^{\mathrm{T}} > 0$ を用いて構成される正定関数 (7.12) 式の時間微分は，

$$\begin{aligned} \dot{\phi}(\boldsymbol{x}(t)) &= \boldsymbol{x}(t)^{\mathrm{T}}\big(\boldsymbol{P}\boldsymbol{A} + \boldsymbol{A}^{\mathrm{T}}\boldsymbol{P}\big)\boldsymbol{x}(t) \\ &= -\boldsymbol{x}(t)^{\mathrm{T}}\boldsymbol{Q}_{\mathrm{o}}^{\mathrm{T}}\boldsymbol{Q}_{\mathrm{o}}\boldsymbol{x}(t) \leq 0 \ \ (\forall \boldsymbol{x}(t) \neq \boldsymbol{0}) \end{aligned} \tag{7.26}$$

となる．いま，ある時刻 $t = T$ で $\dot{\phi}(\boldsymbol{x}(t)) = 0$，すなわち，

$$\boldsymbol{Q}_{\mathrm{o}}\boldsymbol{x}(t) = \boldsymbol{Q}_{\mathrm{o}}e^{\boldsymbol{A}t}\boldsymbol{x}_0 = 0 \quad \longleftarrow \quad \boldsymbol{x}(t) = e^{\boldsymbol{A}t}\boldsymbol{x}_0 \text{ を代入} \tag{7.27}$$

であるとする．このとき，(7.27) 式を $n-1$ 回まで時間微分し，それらをまとめると，

(注 7.9) 可観測性については 6.3.2 項を参照すること．

$$\left\{\begin{aligned} & \boldsymbol{Q}_{\rm o} e^{\boldsymbol{A}t}\boldsymbol{x}_0 = 0 \\ \frac{d}{dt}\boldsymbol{Q}_{\rm o} e^{\boldsymbol{A}t}\boldsymbol{x}_0 = \ & \boldsymbol{Q}_{\rm o}\boldsymbol{A} e^{\boldsymbol{A}t}\boldsymbol{x}_0 = 0 \\ & \vdots \\ \frac{d^{n-1}}{dt^{n-1}}\boldsymbol{Q}_{\rm o} e^{\boldsymbol{A}t}\boldsymbol{x}_0 = \ & \boldsymbol{Q}_{\rm o}\boldsymbol{A}^{n-1} e^{\boldsymbol{A}t}\boldsymbol{x}_0 = 0 \end{aligned}\right. \quad \longleftarrow \quad \boxed{\frac{d}{dt}e^{\boldsymbol{A}t} = \boldsymbol{A}e^{\boldsymbol{A}t} \text{ を代入}}$$

$$\Longrightarrow \underbrace{\begin{bmatrix} \boldsymbol{Q}_{\rm o} \\ \boldsymbol{Q}_{\rm o}\boldsymbol{A} \\ \vdots \\ \boldsymbol{Q}_{\rm o}\boldsymbol{A}^{n-1} \end{bmatrix}}_{\boldsymbol{V}_{\rm o}} \underbrace{e^{\boldsymbol{A}t}\boldsymbol{x}_0}_{\boldsymbol{x}(t)} = \underbrace{\begin{bmatrix} 0 \\ 0 \\ \vdots \\ 0 \end{bmatrix}}_{\boldsymbol{0}} \tag{7.28}$$

が得られる．ここで，$k=1$ より $\boldsymbol{V}_{\rm o}$ は $n \times n$ の正方行列であり，(7.24) 式を満足する，すなわち，$\mathrm{rank}\boldsymbol{V}_{\rm o} = n$ $(|\boldsymbol{V}_{\rm o}| \neq 0)$ であるとき，$\boldsymbol{V}_{\rm o}$ は正則であるから，

$$\boldsymbol{V}_{\rm o}\boldsymbol{x}(t) = \boldsymbol{0} \implies \boldsymbol{V}_{\rm o}^{-1} \times \boldsymbol{V}_{\rm o}\boldsymbol{x}(t) = \boldsymbol{V}_{\rm o}^{-1} \times \boldsymbol{0} \implies \boldsymbol{x}(t) = \boldsymbol{0} \tag{7.29}$$

となる．つまり，$t = T$ で $\dot{\phi}(\boldsymbol{x}(t)) = 0$ となったとき，$t = T$ 以降の時刻でも $\dot{\phi}(\boldsymbol{x}(t)) = 0$ であり続けるのは，$\boldsymbol{x}(t) = \boldsymbol{0}$ のみであるから，リアプノフの安定定理の条件 (b′) より，線形な零入力システム (7.3) 式の漸近安定性がいえる．

例 7.3 ………………………… **リアプノフ方程式と線形システムの安定性 (その 2)**

リアプノフ方程式 (7.25) 式に基づき，**例 7.2** (p.147) で示した線形な零入力システム (7.18) 式の漸近安定性を調べてみよう．

$\boldsymbol{Q}_{\rm o} = \begin{bmatrix} 0 & 1 \end{bmatrix}$ とすると，

$$\boldsymbol{Q} = \boldsymbol{Q}_{\rm o}^{\rm T}\boldsymbol{Q}_{\rm o} = \begin{bmatrix} 0 & 0 \\ 0 & 1 \end{bmatrix} \geq 0, \quad \boldsymbol{V}_{\rm o} = \begin{bmatrix} \boldsymbol{Q}_{\rm o} \\ \boldsymbol{Q}_{\rm o}\boldsymbol{A} \end{bmatrix} = \begin{bmatrix} 0 & 1 \\ \hdashline 1 & -2 \end{bmatrix} \tag{7.30}$$

であるから，$\mathrm{rank}\boldsymbol{V}_{\rm o} = 2$ $(|\boldsymbol{V}_{\rm o}| = -1 \neq 0)$ となり，$n = 2$ とした (7.24) 式を満足する ($(\boldsymbol{Q}_{\rm o}, \boldsymbol{A})$ は可観測である)．このとき，リアプノフ方程式

$$\boldsymbol{P}\boldsymbol{A} + \boldsymbol{A}^{\rm T}\boldsymbol{P} = -\boldsymbol{Q}_{\rm o}^{\rm T}\boldsymbol{Q}_{\rm o} \tag{7.31}$$

を満足する解は，

$$\boldsymbol{P} = \boldsymbol{P}^{\rm T} = \begin{bmatrix} p_{11} & p_{12} \\ p_{12} & p_{22} \end{bmatrix} = \frac{1}{20}\begin{bmatrix} 1 & 0 \\ 0 & 5 \end{bmatrix} \tag{7.32}$$

である．ここで，$\boldsymbol{P} = \boldsymbol{P}^{\rm T}$ の正定性を調べると，以下のようになる．

(a) 固有値による判別方法　$\boldsymbol{P}=\boldsymbol{P}^{\mathrm{T}}$ の固有値は $\lambda=1/20,\,1/4$ であり，どちらも正数であるから，$\boldsymbol{P}=\boldsymbol{P}^{\mathrm{T}}>0$ である．

(b) シルベスターの判別条件　$\boldsymbol{P}=\boldsymbol{P}^{\mathrm{T}}$ の主座行列式は $p_{11}=1/20>0,\ |\boldsymbol{P}|=1/80>0$ のようにすべて正であるから，$\boldsymbol{P}=\boldsymbol{P}^{\mathrm{T}}>0$ である．

したがって，(7.18) 式は漸近安定である．

図 7.7 に，$\boldsymbol{x}_0=\begin{bmatrix}1 & 0\end{bmatrix}^{\mathrm{T}}$ としたときのシミュレーション結果を示す．(7.32) 式の $\boldsymbol{P}=\boldsymbol{P}^{\mathrm{T}}>0$ を用いたとき，正定関数 $\phi(\boldsymbol{x}(t))=\boldsymbol{x}^{\mathrm{T}}(t)\boldsymbol{P}\boldsymbol{x}(t)>0\ (\forall\boldsymbol{x}\neq\boldsymbol{0})$ の時間部分は $\dot{\phi}(\boldsymbol{x}(t))=-\boldsymbol{x}^{\mathrm{T}}(t)\boldsymbol{Q}_{\mathrm{o}}^{\mathrm{T}}\boldsymbol{Q}_{\mathrm{o}}\boldsymbol{x}(t)\leq 0\ (\forall\boldsymbol{x}\neq\boldsymbol{0})$ であるが，図 7.7 (b) より，$\phi(\boldsymbol{x}(t))$ は単調非増加ではなく単調減少し，$\boldsymbol{x}(t)\to\boldsymbol{0}$ となることがわかる．なお，遷移行列 $e^{\boldsymbol{A}t}$ は，

$$\begin{aligned}&\left(s\boldsymbol{I}-\boldsymbol{A}\right)^{-1}=\frac{s+1}{(s+1)^2+2^2}\begin{bmatrix}1 & 0\\ 0 & 1\end{bmatrix}+\frac{2}{(s+1)^2+2^2}\frac{1}{2}\begin{bmatrix}1 & -5\\ 1 & -1\end{bmatrix}\\ &\quad\Longrightarrow\quad e^{\boldsymbol{A}t}=\mathcal{L}^{-1}\left[\left(s\boldsymbol{I}-\boldsymbol{A}\right)^{-1}\right]=e^{-t}\left(\begin{bmatrix}1 & 0\\ 0 & 1\end{bmatrix}\cos 2t+\frac{1}{2}\begin{bmatrix}1 & -5\\ 1 & -1\end{bmatrix}\sin 2t\right)\end{aligned} \tag{7.33}$$

であるから，$\boldsymbol{x}_0=\begin{bmatrix}1 & 0\end{bmatrix}^{\mathrm{T}}$ のとき，$\dot{\phi}(\boldsymbol{x}(t))=0$ となる時刻は，以下のようになる．

$$\boldsymbol{Q}_{\mathrm{o}}\boldsymbol{x}(t)=\boldsymbol{Q}_{\mathrm{o}}e^{\boldsymbol{A}t}\boldsymbol{x}_0=\frac{1}{2}e^{-t}\sin 2t=0\quad\Longrightarrow\quad t=0,\ \frac{\pi}{2},\ \pi,\ \cdots \tag{7.34}$$

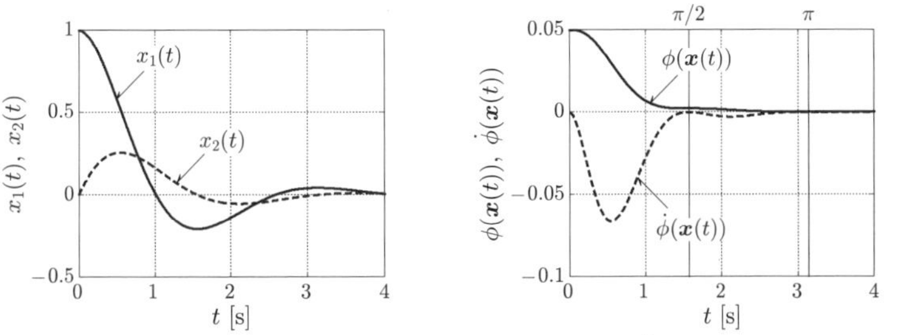

(a) $x_1(t),\ x_2(t)$　　(b) $\phi(\boldsymbol{x}(t))>0,\ \dot{\phi}(\boldsymbol{x}(t))\leq 0\ (\forall\boldsymbol{x}(t)\neq\boldsymbol{0})$

図 7.7　状態変数 $\boldsymbol{x}(t)$ と半正定なリアプノフ関数 $\phi(\boldsymbol{x}(t))$ の振る舞い

問題 7.4　問題 7.3 (1) (p.148) のように，(7.3) 式における $\boldsymbol{A}$ が与えられ，また，$\boldsymbol{Q}_{\mathrm{o}}=\begin{bmatrix}1 & 0\end{bmatrix},\ \boldsymbol{x}_0=\begin{bmatrix}1 & 0\end{bmatrix}^{\mathrm{T}}$ としたとき，以下の設問に答えよ．

(1) $(\boldsymbol{Q}_{\mathrm{o}},\ \boldsymbol{A})$ が可観測であることを示せ．

(2) (7.25) 式の解 $\boldsymbol{P}=\boldsymbol{P}^{\mathrm{T}}$ が正定かどうかを調べ，漸近安定性を判別せよ．

(3) $\dot{\phi}(\boldsymbol{x}(t))=-\boldsymbol{x}^{\mathrm{T}}(t)\boldsymbol{Q}_{\mathrm{o}}^{\mathrm{T}}\boldsymbol{Q}_{\mathrm{o}}\boldsymbol{x}(t)=0$ となる時刻を求めよ．

7.3 MATLAB/Simulink を利用した演習

7.3.1 リアプノフ方程式

MATLAB では，関数 “lyap” を利用することで，リアプノフ方程式

$$PM^{\mathrm{T}} + MP = -Q \tag{7.35}$$

の解 $P = P^{\mathrm{T}}$ を “P = lyap(M,Q)” のようにして求めることができる．(7.35) 式において $M = A^{\mathrm{T}}$ としたものが，線形システム (7.3) 式に対するリアプノフ方程式 (7.17) 式または (7.25) 式であり，その解 $P = P^{\mathrm{T}}$ は “P = lyap(A’,Q)” により求まる．

たとえば，例 7.2 (p.147) で示した線形システム (7.18) 式に対して，$Q = I$ としたリアプノフ方程式 (7.20) 式の解 $P = P^{\mathrm{T}}$ を求め，その正定性を判別するための M ファイルは，以下のようになる．

M ファイル “lyapunov_lyap.m”：リアプノフ方程式の求解と正定性の判別 (関数 “lyap”，“eig”)

```
clear               ……… メモリ上の変数をすべて消去
format compact      ……… 余分な改行を省略

A = [ 0 -5          ……… A = [ 0 -5 ; 1 -2 ] の定義
      1 -2 ];
eig(A)              ……… A の固有値 (漸近安定性の判別)

Q = eye(2);         ……… 単位行列 Q = I の定義
P = lyap(A',Q)      ……… リアプノフ方程式 PA + A^T P = -Q の求解
eig(P)              ……… P の固有値 λ = λ1, λ2 (正定性の判別)
```

M ファイル “lyapunov_lyap.m” を実行すると，

“lyapunov_lyap.m” の実行結果

```
>> lyapunov_lyap ↵   ……… M ファイルの実行
ans =                ……… A の固有値：-1 ± 2j
  -1.0000 + 2.0000i
  -1.0000 - 2.0000i
P =                  ……… (7.21) 式：P = 1/2 [ 1 -1 ; -1 3 ]
    0.5000   -0.5000
   -0.5000    1.5000
ans =                ……… (7.22) 式：P の固有値：λ1, λ2
    0.2929           ……… λ1 = 1 - 1/√2 ≒ 0.2929 > 0
    1.7071           ……… λ2 = 1 + 1/√2 ≒ 1.7071 > 0
```

となり，A の固有値 $-1 \pm 2j$ であるから，その実部はすべて負であり，(7.18) 式が漸近安定であることがいえる．また，P の固有値は共に正数であるから，$P = P^{\mathrm{T}} > 0$ であることがいえ，このことからも (7.18) 式が漸近安定であることを確認できる．

同様に，例 7.3 (p.150) のように，(Q_{o}, A) が可観測であるような半正定行列 $Q = Q_{\mathrm{o}}^{\mathrm{T}} Q_{\mathrm{o}} \geq 0$ が与えられたとき，リアプノフ方程式 (7.31) 式の解 $P = P^{\mathrm{T}}$ を求め，その正定性を判別するための M ファイルは，以下のようになる．

M ファイル “lyapunov_lyap2.m”：リアプノフ方程式の求解と正定性の判別 (関数 “lyap”, “eig”, “obsv”)

⋮ “lyapunov_lyap.m” の 1～7 行目と同様

コード	説明
`Qo = [ 0  1 ];`	……… $\boldsymbol{Q}_\mathrm{o} = \begin{bmatrix} 0 & 1 \end{bmatrix}$ の定義
`Vo = obsv(A,Qo)`	……… $\boldsymbol{Q}_\mathrm{o}$ と $\boldsymbol{A}$ とで構成される可観測行列 $\boldsymbol{V}_\mathrm{o} = \begin{bmatrix} \boldsymbol{Q}_\mathrm{o} \\ \boldsymbol{Q}_\mathrm{o}\boldsymbol{A} \end{bmatrix}$
`rank(Vo)`	……… $\mathrm{rank}\boldsymbol{V}_\mathrm{o}$ の算出 ($(\boldsymbol{Q}_\mathrm{o}, \boldsymbol{A})$ の可観測性判別)
`Q = Qo'*Qo`	……… 半正定行列 $\boldsymbol{Q} = \boldsymbol{Q}_\mathrm{o}^\mathrm{T}\boldsymbol{Q}_\mathrm{o}$ の定義
`P = lyap(A',Q)`	……… リアプノフ方程式 $\boldsymbol{PA} + \boldsymbol{A}^\mathrm{T}\boldsymbol{P} = -\boldsymbol{Q}$ の求解
`eig(P)`	……… $\boldsymbol{P}$ の固有値 $\lambda = \lambda_1, \lambda_2$ (正定性の判別)

M ファイル “lyapunov_lyap2.m” の実行結果を，以下に示す．

“lyapunov_lyap2.m” の実行結果

```
>> lyapunov_lyap2 ↵
ans =
  -1.0000 + 2.0000i
  -1.0000 - 2.0000i
Vo =
     0     1
     1    -2
ans =
     2
Q =
     0     0
     0     1
P =
    0.0500    0.0000
    0.0000    0.2500
ans =
    0.0500
    0.2500
```

- `>> lyapunov_lyap2` ……… M ファイルの実行
- `ans =` ……… $\boldsymbol{A}$ の固有値：$-1 \pm 2j$
- `Vo =` ……… (7.30) 式：可観測行列 $\boldsymbol{V}_\mathrm{o} = \begin{bmatrix} \boldsymbol{Q}_\mathrm{o} \\ \boldsymbol{Q}_\mathrm{o}\boldsymbol{A} \end{bmatrix} = \begin{bmatrix} 0 & 1 \\ 1 & -2 \end{bmatrix}$
- `ans =` ……… $\mathrm{rank}\boldsymbol{V}_\mathrm{o} = 2$ より $(\boldsymbol{Q}_\mathrm{o}, \boldsymbol{A})$ は可観測
- `Q =` ……… (7.30) 式：$\boldsymbol{Q} = \begin{bmatrix} 0 & 0 \\ 0 & 1 \end{bmatrix} \geq 0$
- `P =` ……… (7.32) 式：$\boldsymbol{P} = \dfrac{1}{20}\begin{bmatrix} 1 & 0 \\ 0 & 5 \end{bmatrix}$
- `ans =` ……… $\boldsymbol{P}$ の固有値は $\lambda = 1/20,\ 1/4$ であるから $\boldsymbol{P}$ は正定

問題 7.5　問題 7.3 (p.148) の結果を，以下の方法により MATLAB を利用して確認せよ．

(a) 関数 “eig” により $\boldsymbol{A}$ の固有値を求め，その実部がすべて負であるかどうかを調べる．

(b) 関数 “lyap” を利用して $\boldsymbol{Q} = \boldsymbol{I}$ としたリアプノフ方程式 (7.17) 式の解 $\boldsymbol{P} = \boldsymbol{P}^\mathrm{T}$ を求める．つぎに，関数 “eig” を利用して $\boldsymbol{P} = \boldsymbol{P}^\mathrm{T}$ の固有値を求め，その実部がすべて正数であるかどうかを調べる．

7.3.2 リアプノフ関数の挙動

例 7.2 (p.147) で示したリアプノフ関数 $\phi(\boldsymbol{x}(t))$ の振る舞い (図 7.6) を，Simulink により確認してみよう．まず，M ファイル “lyapunov_lyap.m” を実行した後，

```
>> x0 = [ 1  0 ]'; ↵
```

……… 初期状態 $\boldsymbol{x}(0) = \begin{bmatrix} 1 & 0 \end{bmatrix}^\mathrm{T}$ の設定

と入力し，初期状態 $\boldsymbol{x}(0) = \begin{bmatrix} 1 & 0 \end{bmatrix}^\mathrm{T}$ を設定する．つぎに，図 7.8 の Simulink モデル “simulink_lyapunov.mdl” を作成して実行する．最後に，

M ファイル “plot_data_lyap.m”

```
figure(1);
plot(t,x(:,1),'b',t,x(:,2),'r--'); grid;
xlabel('t [s]');
ylabel('x1(t) and x2(t)');
legend('x1(t)','x2(t)');

figure(2);
plot(t,phi,'b',t,dphi,'r--'); grid;
xlabel('t [s]');
ylabel('¥phi(x(t)) and d¥phi(x(t))/dt');
legend({'¥phi(x(t))',...
        'd¥phi(x(t))/dt'},...
        'Location','southeast');
```

を実行すると，図 7.9 の結果が得られる．

$$\phi(\boldsymbol{x}(t)) = \boldsymbol{x}(t)^{\mathrm{T}} \boldsymbol{P} \boldsymbol{x}(t)$$
$$= \begin{bmatrix} x_1(t) & x_2(t) \end{bmatrix} \begin{bmatrix} p_{11} & p_{12} \\ p_{12} & p_{22} \end{bmatrix} \begin{bmatrix} x_1(t) \\ x_2(t) \end{bmatrix}$$
$$= p_{11} x_1(t)^2 + 2 p_{12} x_1(t) x_2(t) + p_{22} x_2(t)^2$$

式：P(1,1)*u[1]^2+2*P(1,2)*u[1]*u[2]+P(2,2)*u[2]^2

$$\boldsymbol{x}(t) = \begin{bmatrix} x_1(t) \\ x_2(t) \end{bmatrix} : \mathtt{u[1]} \\ : \mathtt{u[2]}$$

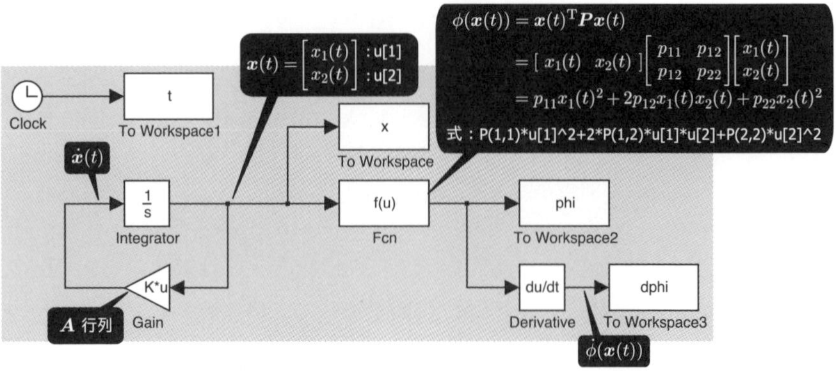

- **Fcn** (ライブラリ：`User-Defined Functions`)
  式：上図のように変更
- **Gain** (ライブラリ：`Math Operations`)
  ゲイン："1"を"A"に変更
  乗算："単位要素 (K.*u)"を"行列 (K*u)"に変更
- **Integrator** (ライブラリ：`Continuous`)
  初期条件："0"を"x0"に変更
- **Derivative** (ライブラリ：`Continuous`)
  変更なし
- **To Workspace** (ライブラリ：`Sinks`)
  変数名："simout"を"x"に変更
  保存フォーマット："構造体"を"配列"に変更
- **To Workspace1** (ライブラリ：`Sinks`)
  変数名："simout"を"t"に変更
  保存フォーマット："構造体"を"配列"に変更
- **To Workspace2** (ライブラリ：`Sinks`)
  変数名："simout"を"phi"に変更
  保存フォーマット："構造体"を"配列"に変更
- **To Workspace3** (ライブラリ：`Sinks`)
  変数名："simout"を"dphi"に変更
  保存フォーマット："構造体"を"配列"に変更
- **Clock** (ライブラリ：`Sources`)
  変更なし

シミュレーション時間
開始時間：0 … 変更なし
終了時間：4

ソルバオプション
タイプ：固定ステップ
ソルバ：ode4 (Runge-Kutta)
固定ステップ (基本サンプル時間)：0.01

データのインポート/エクスポート
"単一のシミュレーション出力"（"単一のオブジェクトとしてシミュレーション出力を保存"）のチェックを外す

図 7.8 Simulink モデル "`simulink_lyapunov.mdl`"

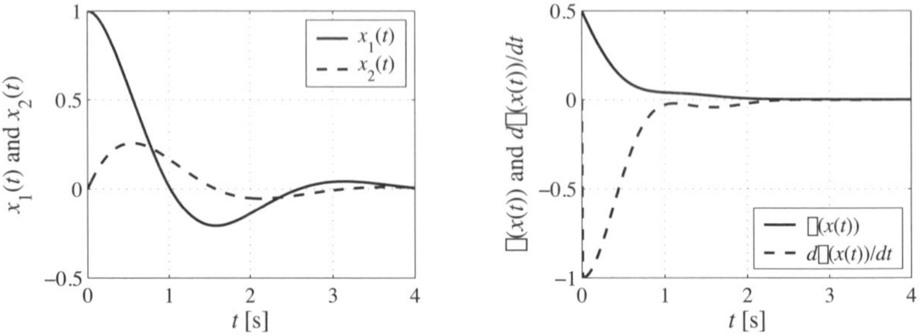

(a) 状態変数 $\boldsymbol{x}(t) = \begin{bmatrix} x_1(t) & x_2(t) \end{bmatrix}^{\mathrm{T}}$

(b) リアプノフ関数 $\phi(\boldsymbol{x}(t)) > 0$ とその時間微分 $\dot{\phi}(\boldsymbol{x}(t)) < 0 \; (\forall \boldsymbol{x} \neq \boldsymbol{0})$

図 7.9 "`plot_data_lyap.m`" の実行結果

第 8 章

最適レギュレータ

第 4 章では，コントローラ設計法の一つとして極配置法を説明した．そこでは，指定する極を複素平面で負側に大きなものに選ぶことで，状態変数の収束性を高めることができることを示した．しかし，その代償として，操作量が大きくなったり，状態変数の一部の振れ幅が大きくなるという問題があった．また，多入力システムにおいては，指定した極となるようなコントローラのゲインが唯一ではなく，どのゲインを用いればよいのかが不明瞭であるという問題もあった．このような問題に対処するため，“状態変数の収束を速くしたい”，“入力の大きさを抑えたい” などといった様々な要求 (設計仕様) の達成度を定量的に表した評価関数を最小化 (または最大化) するように，コントローラを設計することが考えられる．このようなコントローラ設計法を，総じて最適制御理論とよぶ．ここでは，その中で代表的な最適レギュレータ理論について説明する．

8.1 最適レギュレータ (LQ 最適制御) によるコントローラ設計

8.1.1 最適レギュレータとは

制御対象が可制御な p 入力の n 次システム

$$\mathcal{P}: \begin{cases} \dot{\boldsymbol{x}}(t) = \boldsymbol{A}\boldsymbol{x}(t) + \boldsymbol{B}\boldsymbol{u}(t), \ \ \boldsymbol{x}(0) = \boldsymbol{x}_0 \\ \boldsymbol{\eta}(t) = \boldsymbol{x}(t) \end{cases} \tag{8.1}$$

である場合，たとえば，4.3 節で説明した極配置法により，レギュレータ制御を実現する状態フィードバックゲイン形式のコントローラ

$$\mathcal{K}: \ \boldsymbol{u}(t) = \boldsymbol{K}\boldsymbol{x}(t) \tag{8.2}$$

を設計することができる．ただし，$\boldsymbol{x}(t) = \begin{bmatrix} x_1(t) & \cdots & x_n(t) \end{bmatrix}^{\mathrm{T}} \in \mathbb{R}^n$：状態変数，$\boldsymbol{u}(t) = \begin{bmatrix} u_1(t) & \cdots & u_p(t) \end{bmatrix}^{\mathrm{T}} \in \mathbb{R}^p$：操作量，$\boldsymbol{\eta}(t) = \begin{bmatrix} \eta_1(t) & \cdots & \eta_n(t) \end{bmatrix}^{\mathrm{T}} \in \mathbb{R}^n$：観測量である．しかし，極配置法にはつぎのような問題がある．

- 例 4.3 (1) (p.75) で示したように，指定する極の実部を負側に大きくするに従い，応答の収束の速さは向上するが，$\boldsymbol{K}$ も大きくなり，結果として操作量 $\boldsymbol{u}(t)$ も大き

くなる．通常，操作量 $u_i(t)$ は無制限に大きくすることはできないため，過大な操作量 $u_i(t)$ は好ましくない．

- 指定する極の実部を負側に大きくすると，状態変数の中には振れ幅が大きい振る舞いをするものが現れることがある．たとえば，**例 4.3** (1) では，収束性を向上させると，$x_1(t)$ の振れ幅が大きくなっている．
- **4.3.4 項**で述べたように，制御対象が可制御な多入力システムの場合，極配置を実現する $\boldsymbol{K}$ は無数に存在するが，どの $\boldsymbol{K}$ が最もよい制御を実現するのかが不明瞭である (**例 4.7** (p.83) 参照)．

ここでは，上記の問題に対処するため，適当な評価関数を設定し，これを最小化することで，“応答の収束を速くする”と“操作量の大きさを抑える”という相反する二つの設計仕様の妥協点を見い出す，**最適レギュレータ** (optimal regulator) について説明する．

最適レギュレータの概念を理解するために，以下に示す例を考えてみよう．

例 8.1 ……………………………… **1 慣性システムのレギュレータ制御と線形 2 次形式の評価関数**

問題 2.1 (p.16) より，**図 2.6** の 1 慣性システムの状態方程式は，$M = 1$, $k = 10$, $\mu = 1$ としたとき，

$$\dot{\boldsymbol{x}}(t) = \boldsymbol{A}\boldsymbol{x}(t) + \boldsymbol{b}u(t),\ \ \boldsymbol{A} = \begin{bmatrix} 0 & 1 \\ -10 & -1 \end{bmatrix},\ \ \boldsymbol{b} = \begin{bmatrix} 0 \\ 1 \end{bmatrix} \tag{8.3}$$

である．ただし，

$$u(t) = f(t),\ y(t) = z(t),\ \boldsymbol{x}(t) = \begin{bmatrix} x_1(t) & x_2(t) \end{bmatrix}^{\mathrm{T}} = \begin{bmatrix} z(t) & \dot{z}(t) \end{bmatrix}^{\mathrm{T}}$$

である．ここでは，(8.3) 式に対し，コントローラ

$$\mathcal{K}:\ u(t) = \boldsymbol{k}\boldsymbol{x}(t),\ \ \boldsymbol{k} = \begin{bmatrix} 5 & -1 \end{bmatrix} \tag{8.4}$$

により，レギュレータ制御 ($t \to \infty$ で $\boldsymbol{x}(t) \to \boldsymbol{0}$) を実現することを考える．ただし，$\boldsymbol{k}$ は極配置法により，$\boldsymbol{A}_{\mathrm{cl}} := \boldsymbol{A} + \boldsymbol{b}\boldsymbol{k}$ の固有値が $-1 \pm 2j$ となるように設計した．$\boldsymbol{x}_0 = \begin{bmatrix} 1 & 0 \end{bmatrix}^{\mathrm{T}}$ としたときの状態 $x_1(t)$, $x_2(t)$，操作量 $u(t)$ と，それらの 2 乗積分

$$J_{x_1} = \int_0^{\infty} x_1(t)^2 dt > 0,\ \ J_{x_2} = \int_0^{\infty} x_2(t)^2 dt > 0,\ \ J_u = \int_0^{\infty} u(t)^2 dt > 0$$

との関係を**図 8.1** に示す．これより，状態 $x_i(t)$ が速やかに 0 に収束しているかどうかを定量的に表すためには，J_{x_i} の大きさを評価すればよく，J_{x_i} が小さいほど状態 $x_i(t)$ の収束性がよいと考えられる．一方，状態 $x_i(t)$ の収束性を高めるためには，大きな操作量 $u(t)$ を必要とするが，通常，操作量 $u(t)$ の大きさには制限がある．そこで，J_u の大きさも評価に加えることにする．

以上のことから，

- “状態 $x_i(t)$ の 0 への収束の速さ”を J_{x_i} の大きさで評価する (J_{x_i} が小さいほど状態 $x_i(t)$ の収束性がよい)

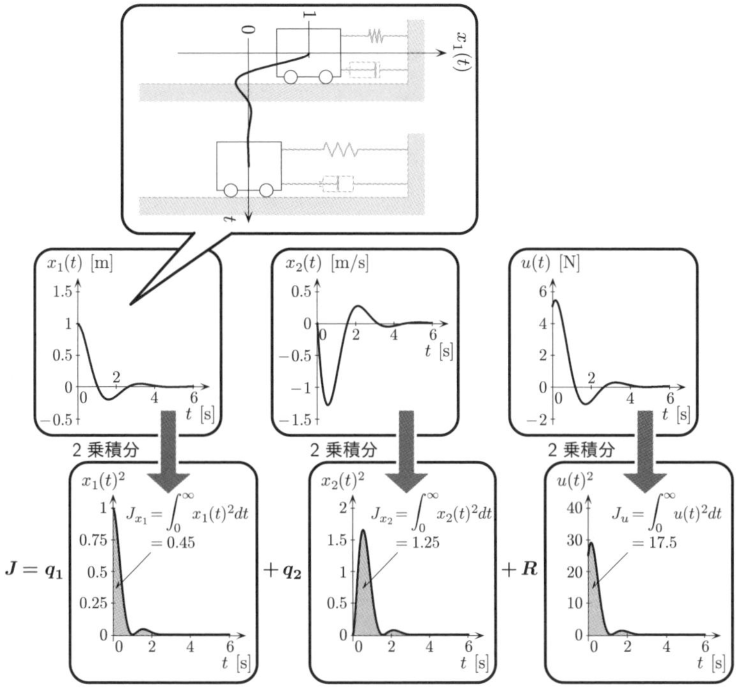

図 8.1　$x_1(t)$, $x_2(t)$, $u(t)$ の 2 乗積分と評価関数 J との関係

- "操作量 $u(t)$ の大きさ" を J_u の大きさで評価する (J_u が小さいほど操作量 $u(t)$ が過大でない)

という設計方針が考えられる．しかし，図 8.1 より，$\boldsymbol{x}(0) = \boldsymbol{x}_0 = \begin{bmatrix} 1 & 0 \end{bmatrix}^{\mathrm{T}}$ としたときの 2 乗積分は，

$$J_{x_1} = 0.45, \quad J_{x_2} = 1.25, \quad J_u = 17.5$$

のように J_{x_1}, J_{x_2}, J_u の大きさには差があり，この例の場合，$J_{x_1} < J_{x_2} \ll J_u$ である．したがって，単にこれらの和を考えると，$J_{x_1} + J_{x_2} + J_u \fallingdotseq J_u$ であり，J_{x_1}, J_{x_2} の大きさはあまり反映されず，ほとんど J_u のみを考慮していることになる．そこで，J_{x_1}, J_{x_2}, J_u の重要度を考慮して，これらを適当に重み付けした

$$\begin{aligned} J &= q_1 J_{x_1} + q_2 J_{x_2} + r J_u \\ &= \int_0^\infty \big(q_1 x_1(t)^2 + q_2 x_2(t)^2 + r u(t)^2\big) dt \end{aligned} \tag{8.5}$$

を評価関数とすることが考えられる．このとき，重み $q_i \geq 0$, $r > 0$ の大きさに応じて，以下のように評価が変わる．

- **$q_1 = 1000$, $q_2 = 0$, $r = 1$ としたとき**：　(8.5) 式の評価関数 J は，

$$J = \underbrace{1000}_{q_1} \times \underbrace{0.45}_{J_{x_1}} + \underbrace{0}_{q_2} \times \underbrace{1.25}_{J_{x_2}} + \underbrace{1}_{r} \times \underbrace{17.5}_{J_u} = \underbrace{450}_{\text{大}} + \underbrace{0}_{\text{零}} + \underbrace{17.5}_{\text{小}} = 467.5$$

であるから，主体的に“$x_1(t)$ の 0 への収束の速さ”を評価する J_{x_1} を考慮し，付随的に“$u(t)$ の大きさ”を評価する J_u も考慮していることになる．

- **$q_1 = 0.1$, $q_2 = 0$, $r = 1$ としたとき**：　(8.5) 式の評価関数 J は，

$$J = \underbrace{0.1}_{q_1} \times \underbrace{0.45}_{J_{x_1}} + \underbrace{0}_{q_2} \times \underbrace{1.25}_{J_{x_2}} + \underbrace{1}_{r} \times \underbrace{17.5}_{J_u} = \underbrace{0.045}_{\text{小}} + \underbrace{0}_{\text{零}} + \underbrace{17.5}_{\text{大}} = 17.545$$

であるから，主体的に“$u(t)$ の大きさ”を評価する J_u を考慮し，付随的に“$x_1(t)$ の 0 への収束の速さ”を評価する J_{x_1} も考慮していることになる．

上記の**例 8.1** で示した評価関数 (8.5) 式を，p 入力 n 次システムの制御対象 (8.1) 式の場合に拡張すると，

$$J = \sum_{i=1}^{n} q_i J_{x_i} + \sum_{j=1}^{p} r_j J_{u_j} = \int_0^\infty \left(\sum_{i=1}^{n} q_i x_i(t)^2 + \sum_{j=1}^{p} r_j u_j(t)^2 \right) dt \tag{8.6}$$

となる．ただし，J_{x_i}, J_{u_j} は $x_i(t)$, $u_j(t)$ の 2 乗積分

$$J_{x_i} = \int_0^\infty x_i(t)^2 dt, \quad J_{u_j} = \int_0^\infty u_j(t)^2 dt$$

であり，重み $q_i \geq 0$, $r_j > 0$ は，以下のような意味をもつ(注 8.1)．

Point!　評価関数 (8.6) 式の重み $q_i \geq 0$, $r_j > 0$ の役割

- $q_i \geq 0$ を大きくすれば，“状態 $x_i(t)$ の 0 への収束の速さ (J_{x_i} を小さくすること)”を重視することになる．
- $r_j > 0$ を大きくすれば，“操作量 $u_j(t)$ が過大でないこと (J_{u_j} を小さくすること)”を重視することになる．

8.1.2 項で説明するように，最適レギュレータ理論によって，評価関数 (8.6) 式を最小化するコントローラ (8.2) 式を設計できる．しかし，評価関数 (8.6) 式をどのように与えるのが最も好ましいのかは不明瞭である．そのため，

- 上記の意味合いを考慮することによって，与える重み q_i, r_j の大きさの比率を調整し，コントローラ設計
- 得られたコントローラを用いたシミュレーションによる時間応答の評価

を交互に繰り返し，試行錯誤で重み q_i, r_j の比率を調整しているのが実情である．

評価関数 (8.6) 式は，

(注 8.1) $r_j = 0$ とすると無限大の操作量 $u_j(t)$ を許容してしまうため，$r_j > 0$ としている．

$$J=\int_0^\infty\left(\overbrace{\begin{bmatrix}x_1(t) & \cdots & x_n(t)\end{bmatrix}}^{\boldsymbol{x}(t)^{\mathrm{T}}}\overbrace{\begin{bmatrix}q_1 & & 0\\ & \ddots & \\ 0 & & q_n\end{bmatrix}}^{\boldsymbol{Q}}\overbrace{\begin{bmatrix}x_1(t)\\ \vdots\\ x_n(t)\end{bmatrix}}^{\boldsymbol{x}(t)} + \underbrace{\begin{bmatrix}u_1(t) & \cdots & u_p(t)\end{bmatrix}}_{\boldsymbol{u}(t)^{\mathrm{T}}}\underbrace{\begin{bmatrix}r_1 & & 0\\ & \ddots & \\ 0 & & r_p\end{bmatrix}}_{\boldsymbol{R}}\underbrace{\begin{bmatrix}u_1(t)\\ \vdots\\ u_p(t)\end{bmatrix}}_{\boldsymbol{u}(t)}\right)dt \tag{8.7}$$

のように，対角行列 $\boldsymbol{Q}=\boldsymbol{Q}^{\mathrm{T}}\geq 0$, $\boldsymbol{R}=\boldsymbol{R}^{\mathrm{T}}>0$ に関する **2 次形式**（quadratic form）で表すことができ，さらに，$\boldsymbol{Q}=\boldsymbol{Q}^{\mathrm{T}}\geq 0$, $\boldsymbol{R}=\boldsymbol{R}^{\mathrm{T}}>0$ を対角行列とは限らないものに一般化したものが，以下で定義する最適レギュレータ問題である．なお，最適レギュレータは線形システムに対して 2 次形式を積分した評価関数 (8.8) 式を最適化 (最小化) とすることを目的としているため，**LQ 最適制御**（linear quadratic (LQ) optimal control）ともよばれる．

Point！ 最適レギュレータ問題 (LQ 最適制御問題)

n 次システムの可制御な制御対象 (8.1) 式を考える．与えられた

(i) $\boldsymbol{Q}=\boldsymbol{Q}^{\mathrm{T}}>0$

(ii) $(\boldsymbol{Q}_{\mathrm{o}}, \boldsymbol{A})$ が可観測(注 8.2) かつ $\boldsymbol{Q}=\boldsymbol{Q}^{\mathrm{T}}=\boldsymbol{Q}_{\mathrm{o}}^{\mathrm{T}}\boldsymbol{Q}_{\mathrm{o}}\geq 0$

のいずれかを満足する重み行列 $\boldsymbol{Q}=\boldsymbol{Q}^{\mathrm{T}}$ および $\boldsymbol{R}=\boldsymbol{R}^{\mathrm{T}}>0$ に対して，評価関数

$$J=\int_0^\infty\bigl(\boldsymbol{x}(t)^{\mathrm{T}}\boldsymbol{Q}\boldsymbol{x}(t)+\boldsymbol{u}(t)^{\mathrm{T}}\boldsymbol{R}\boldsymbol{u}(t)\bigr)dt \tag{8.8}$$

を最小化する状態フィードバック形式のコントローラ (8.2) 式を求める問題を，最適レギュレータ問題とよぶ．

8.1.2 最適レギュレータ問題の可解条件

最適レギュレータ問題の解は，以下の結果を利用することによって得られることが知られている(注 8.3)．

Point！ 最適レギュレータ問題 (LQ 最適制御問題) の可解条件

可制御な制御対象 (8.1) 式および評価関数 (8.8) 式が与えられたとする．このとき，評価関数 (8.8) 式を最小化するコントローラ (8.2) 式のゲイン $\boldsymbol{K}=\boldsymbol{K}_{\mathrm{opt}}$ は唯一に

(注 8.2) “$(\boldsymbol{Q}_{\mathrm{o}}, \boldsymbol{A})$ が可観測” を判別する条件については，(7.24) 式 (p.149) を参照すること．

(注 8.3) 証明は**付録 A.4** (p.206) に示す．

定まり，

$$\boldsymbol{K}_{\rm opt} := -\boldsymbol{R}^{-1}\boldsymbol{B}^{\rm T}\boldsymbol{P}_{\rm opt} \tag{8.9}$$

により与えられる．ただし，$\boldsymbol{P} = \boldsymbol{P}_{\rm opt}$ は，

リカッチ方程式 (Riccati equation)(注 8.4)

$$\boldsymbol{PA} + \boldsymbol{A}^{\rm T}\boldsymbol{P} - \boldsymbol{PBR}^{-1}\boldsymbol{B}^{\rm T}\boldsymbol{P} + \boldsymbol{Q} = \boldsymbol{O} \tag{8.10}$$

を満足する実数の正定対称解 $\boldsymbol{P} = \boldsymbol{P}^{\rm T} > 0$ であり，唯一に定まる．また，評価関数 (8.8) 式の最小値は次式である．

$$J_{\min} = \boldsymbol{x}_0^{\rm T}\boldsymbol{P}_{\rm opt}\boldsymbol{x}_0 \tag{8.11}$$

なお，**付録 A.4** (p.206) で示すように，(8.9) 式で定義される $\boldsymbol{K}_{\rm opt}$ を用いてリカッチ方程式 (8.10) 式を書き換えると，(A.58) 式 (p.208) のリアプノフ方程式

$$\boldsymbol{P}_{\rm opt}\boldsymbol{A}_{\rm cl} + \boldsymbol{A}_{\rm cl}^{\rm T}\boldsymbol{P}_{\rm opt} = -\boldsymbol{Q}_{\rm cl}, \quad \begin{cases} \boldsymbol{A}_{\rm cl} := \boldsymbol{A} + \boldsymbol{BK}_{\rm opt} \\ \boldsymbol{Q}_{\rm cl} := \boldsymbol{K}_{\rm opt}^{\rm T}\boldsymbol{RK}_{\rm opt} + \boldsymbol{Q} \end{cases} \tag{8.12}$$

が得られる．したがって，条件 (i) を考えたときは **7.2.1 項**の結果を，条件 (ii) を考えたときは **7.2.2 項**の結果を利用して，リアプノフの安定定理より，$\boldsymbol{A}_{\rm cl} := \boldsymbol{A} + \boldsymbol{BK}_{\rm opt}$ が安定行列 ($t \to \infty$ で $\boldsymbol{x}(t) \to \boldsymbol{0}$) となることを保証できる．

例 8.2 ………………………… **最適レギュレータによる 1 慣性システムの制御**

例 8.1 (p.156) のように，1 慣性システムの状態方程式 (8.3) 式が与えられたとき，評価関数

$$J = \int_0^\infty \left(\boldsymbol{x}(t)^{\rm T}\boldsymbol{Q}\boldsymbol{x}(t) + ru(t)^2\right)dt \tag{8.13}$$

の重み行列 $\boldsymbol{Q}$, r として，以下のものを考える．

(1) $\boldsymbol{Q} = \begin{bmatrix} 300 & 0 \\ 0 & 60 \end{bmatrix} > 0,\ r = 1 > 0$　　(2) $\boldsymbol{Q} = \begin{bmatrix} q_1 & 0 \\ 0 & 0 \end{bmatrix} \geq 0\ \ (q_1 > 0),\ r = 1 > 0$

このとき，リカッチ方程式

$$\boldsymbol{PA} + \boldsymbol{A}^{\rm T}\boldsymbol{P} - \frac{1}{r}\boldsymbol{Pbb}^{\rm T}\boldsymbol{P} + \boldsymbol{Q} = \boldsymbol{O},\ \ \boldsymbol{P} = \boldsymbol{P}^{\rm T} = \begin{bmatrix} p_{11} & p_{12} \\ p_{12} & p_{22} \end{bmatrix} > 0 \tag{8.14}$$

の正定対称解 $\boldsymbol{P}$ を求め，評価関数 (8.13) 式を最小化する，次式の状態フィードバック形式のコントローラを設計してみよう．

(注 8.4) “Riccati” の発音は “リカッチ” よりも “リッカチ” の方が近いが，“リカッチ” と記している邦書の方が多いため，本書でもこれに従うことにする．

$$\mathcal{K}:\ u(t) = \boldsymbol{k}\boldsymbol{x}(t),\ \ \boldsymbol{k} = -\frac{1}{r}\boldsymbol{b}^{\mathrm{T}}\boldsymbol{P} \tag{8.15}$$

(1) リカッチ方程式 (8.14) 式より，

$$\begin{bmatrix} p_{11} & p_{12} \\ p_{12} & p_{22} \end{bmatrix}\begin{bmatrix} 0 & 1 \\ -10 & -1 \end{bmatrix} + \begin{bmatrix} 0 & -10 \\ 1 & -1 \end{bmatrix}\begin{bmatrix} p_{11} & p_{12} \\ p_{12} & p_{22} \end{bmatrix}$$
$$- \frac{1}{1}\begin{bmatrix} p_{11} & p_{12} \\ p_{12} & p_{22} \end{bmatrix}\begin{bmatrix} 0 \\ 1 \end{bmatrix}\begin{bmatrix} 0 & 1 \end{bmatrix}\begin{bmatrix} p_{11} & p_{12} \\ p_{12} & p_{22} \end{bmatrix} + \begin{bmatrix} 300 & 0 \\ 0 & 60 \end{bmatrix} = \begin{bmatrix} 0 & 0 \\ 0 & 0 \end{bmatrix}$$
$$\Longrightarrow \begin{cases} -p_{12}^2 - 20p_{12} + 300 = 0 & \cdots\cdots\cdots ① \\ -p_{12}p_{22} + p_{11} - p_{12} - 10p_{22} = 0 & \cdots\cdots\cdots ② \\ -p_{22}^2 + 2p_{12} - 2p_{22} + 60 = 0 & \cdots\cdots\cdots ③ \end{cases} \tag{8.16}$$

が得られ，(8.16) 式の ① の解 p_{12} は，$p_{12} = -30,\ 10$ である．

- **(i) $\boldsymbol{p_{12} = -30}$ のとき**： (8.16) 式の ③ より，

$$p_{22}^2 + 2p_{22} = 0 \implies p_{22} = 0,\ -2 \tag{8.17}$$

であるから，(8.16) 式の ② よりリカッチ方程式 (8.14) 式の実数の対称解 $\boldsymbol{P} = \boldsymbol{P}_1$, $\boldsymbol{P}_2$ が，以下のように得られる．

$$\boldsymbol{P}_1 = \begin{bmatrix} -30 & -30 \\ -30 & 0 \end{bmatrix},\ \ \boldsymbol{P}_2 = \begin{bmatrix} 10 & -30 \\ -30 & -2 \end{bmatrix} \tag{8.18}$$

- **(ii) $\boldsymbol{p_{12} = 10}$ のとき**： (8.16) 式の ③ より，

$$p_{22}^2 + 2p_{22} - 80 = 0 \implies p_{22} = 8,\ -10 \tag{8.19}$$

であるから，(8.16) 式の ② よりリカッチ方程式 (8.14) 式の実数の対称解 $\boldsymbol{P} = \boldsymbol{P}_3$, $\boldsymbol{P}_4$ が，以下のように得られる．

$$\boldsymbol{P}_3 = \begin{bmatrix} 170 & 10 \\ 10 & 8 \end{bmatrix},\ \ \boldsymbol{P}_4 = \begin{bmatrix} -190 & 10 \\ 10 & -10 \end{bmatrix} \tag{8.20}$$

以上のことから，リカッチ方程式 (8.14) 式は，(8.18), (8.20) 式の 4 個の実数の対称解 $\boldsymbol{P} = \boldsymbol{P}_1, \boldsymbol{P}_2, \boldsymbol{P}_3, \boldsymbol{P}_4$ をもつが，シルベスターの判別条件 (p.240 参照) より，$\boldsymbol{P}_3$ のみが正定である ($\boldsymbol{P} = \boldsymbol{P}_3$ が唯一の実数の正定対称解である)．したがって，評価関数 (8.13) 式を最小化するコントローラ (8.15) 式のゲイン $\boldsymbol{k}$ は，

$$\boldsymbol{k} = -\frac{1}{r}\boldsymbol{b}^{\mathrm{T}}\boldsymbol{P}_3 = -\frac{1}{1}\begin{bmatrix} 0 & 1 \end{bmatrix}\begin{bmatrix} 170 & 10 \\ 10 & 8 \end{bmatrix} = \begin{bmatrix} -10 & -8 \end{bmatrix} \tag{8.21}$$

であり，$\boldsymbol{A}_{\mathrm{cl}} := \boldsymbol{A} + \boldsymbol{b}\boldsymbol{k}$ の固有値は $-5,\ -4$ となる．

図 8.2 に，コントローラ (8.15) 式のゲイン $\boldsymbol{k}$ を，

ⓐ $\boldsymbol{k} = \begin{bmatrix} -10 & -8 \end{bmatrix}$ ………………………………………………………… (8.21) 式

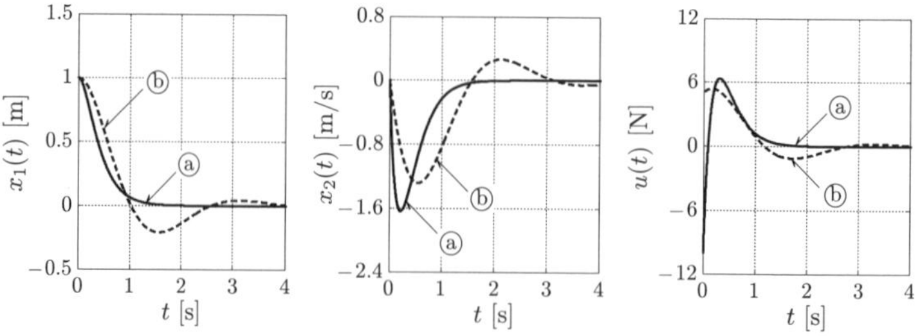

(a) $x_1(t) = z(t)$ [m]　(b) $x_2(t) = \dot{z}(t)$ [m/s]　(c) $u(t) = f(t)$ [N]

図 8.2　シミュレーション結果 ($\boldsymbol{x}_0 = \begin{bmatrix} 1 & 0 \end{bmatrix}^{\mathrm{T}}$, $\boldsymbol{Q} = \mathrm{diag}\{300, 60\}$, $r = 1$)

ⓑ　$\boldsymbol{k} = \begin{bmatrix} 5 & -1 \end{bmatrix}$ ……………………………… 例 8.1 で示した (8.4) 式 (p.156)

としたときのシミュレーション結果を示す．ⓐ では $x_1(t)$ の 0 への収束の速さを最も重視するため，J_{x_1} の重み $q_1 = 300$ を，J_{x_2} の重み $q_2 = 60$ や J_u の重み $r = 1$ よりも大きく設定している．その結果，$x_1(t)$ の収束性を積極的には考慮していない ⓑ と比べて，ⓐ は操作量 $u(t)$ が大きいが $x_1(t)$ を速やかに 0 に収束させている．なお，ⓐ の場合，$\boldsymbol{x}_0 = \begin{bmatrix} 1 & 0 \end{bmatrix}^{\mathrm{T}}$ としたときの $x_1(t)$, $x_2(t)$, $u(t)$ の 2 乗積分は，それぞれ $J_{x_1} = 0.28055\cdots$，$J_{x_2} = 1.1111\cdots$，$J_u = 19.166\cdots$ であり，評価関数 (8.13) 式は，

$$J = \underbrace{\overbrace{300}^{q_1} \times \overbrace{0.28055\cdots}^{J_{x_1}}}_{84.166\cdots} + \underbrace{\overbrace{60}^{q_2} \times \overbrace{1.1111\cdots}^{J_{x_2}}}_{66.666\cdots} + \underbrace{\overbrace{1}^{r} \times \overbrace{19.166\cdots}^{J_u}}_{19.166\cdots} = 170$$

である．これは，(8.11) 式により求まる，以下の J の最小値に等しい．

$$J = \boldsymbol{x}_0^{\mathrm{T}} \boldsymbol{P}_3 \boldsymbol{x}_0 = \begin{bmatrix} 1 & 0 \end{bmatrix} \begin{bmatrix} 170 & 10 \\ 10 & 8 \end{bmatrix} \begin{bmatrix} 1 \\ 0 \end{bmatrix} = 170$$

(2)　半正定行列 $\boldsymbol{Q}$ は，

$$\boldsymbol{Q}_{\mathrm{o}} = \begin{bmatrix} \sqrt{q_1} & 0 \end{bmatrix} \implies \boldsymbol{Q} = \boldsymbol{Q}_{\mathrm{o}}^{\mathrm{T}} \boldsymbol{Q}_{\mathrm{o}} \geq 0 \tag{8.22}$$

のように表すことができる．ここで，$\boldsymbol{Q}_{\mathrm{o}}$ に対する可観測行列 $\boldsymbol{V}_{\mathrm{o}}$ は，

$$\boldsymbol{V}_{\mathrm{o}} = \begin{bmatrix} \boldsymbol{Q}_{\mathrm{o}} \\ \boldsymbol{Q}_{\mathrm{o}} \boldsymbol{A} \end{bmatrix} = \begin{bmatrix} \sqrt{q_1} & 0 \\ 0 & \sqrt{q_1} \end{bmatrix} \implies |\boldsymbol{V}_{\mathrm{o}}| = q_1 \neq 0 \tag{8.23}$$

より正則であるから，$(\boldsymbol{Q}_{\mathrm{o}}, \boldsymbol{A})$ は可観測であり，重み $\boldsymbol{Q} = \boldsymbol{Q}^{\mathrm{T}} \geq 0$ は条件 (ii) を満足することがわかる．

つぎに，リカッチ方程式 (8.14) 式の解を求める．リカッチ方程式 (8.14) 式より，

$$\begin{bmatrix} p_{11} & p_{12} \\ p_{12} & p_{22} \end{bmatrix} \begin{bmatrix} 0 & 1 \\ -10 & -1 \end{bmatrix} + \begin{bmatrix} 0 & -10 \\ 1 & -1 \end{bmatrix} \begin{bmatrix} p_{11} & p_{12} \\ p_{12} & p_{22} \end{bmatrix}$$
$$- \frac{1}{1} \begin{bmatrix} p_{11} & p_{12} \\ p_{12} & p_{22} \end{bmatrix} \begin{bmatrix} 0 \\ 1 \end{bmatrix} \begin{bmatrix} 0 & 1 \end{bmatrix} \begin{bmatrix} p_{11} & p_{12} \\ p_{12} & p_{22} \end{bmatrix} + \begin{bmatrix} q_1 & 0 \\ 0 & 0 \end{bmatrix} = \begin{bmatrix} 0 & 0 \\ 0 & 0 \end{bmatrix}$$

$$\Longrightarrow \begin{cases} -p_{12}^2 - 20p_{12} + q_1 = 0 & \cdots\cdots\cdots ① \\ -p_{12}p_{22} + p_{11} - p_{12} - 10p_{22} = 0 & \cdots\cdots\cdots ② \\ -p_{22}^2 + 2p_{12} - 2p_{22} = 0 & \cdots\cdots\cdots ③ \end{cases} \tag{8.24}$$

が得られる．$\alpha := \sqrt{100+q_1} > 10$ とおくと，(8.24) 式の ① を満足する解は，$p_{12} = -10 \pm \alpha$ である．そこで，以下のように場合分けする．

- **(i) $\boldsymbol{p_{12} = -10 - \alpha}$ のとき**： (8.24) 式の ③ より，

$$p_{22}^2 + 2p_{22} + 2(\alpha+10) = 0 \implies p_{22} = -1 \pm \sqrt{2\alpha+19}\,j \tag{8.25}$$

であり，解 p_{22} は複素数となるから不適である．

- **(ii) $\boldsymbol{p_{12} = -10 + \alpha}$ のとき**： (8.24) 式の ③ より，

$$p_{22}^2 + 2p_{22} - 2(\alpha-10) = 0 \implies p_{22} = -1 \pm \sqrt{\beta} \ \ (\beta := 2\alpha - 19) \tag{8.26}$$

である．ここで，$\alpha > 10$ より $\sqrt{\beta} = \sqrt{2\alpha-19} > 1$ であるから，解 p_{22} は正の実数 $-1+\sqrt{\beta}$ と負の実数 $-1-\sqrt{\beta}$ となる．このとき，(8.24) 式の ② より，

$$p_{11} = p_{12}p_{22} + p_{12} + 10p_{22} = -10 \pm \alpha\sqrt{\beta} \tag{8.27}$$

である．したがって，リカッチ方程式 (8.14) 式の実数の対称解 $\boldsymbol{P} = \boldsymbol{P}_1, \boldsymbol{P}_2$ は，以下のようになる．

$$\boldsymbol{P}_1 = \begin{bmatrix} \alpha\sqrt{\beta}-10 & \alpha-10 \\ \alpha-10 & \sqrt{\beta}-1 \end{bmatrix}, \quad \boldsymbol{P}_2 = \begin{bmatrix} -\alpha\sqrt{\beta}-10 & \alpha-10 \\ \alpha-10 & -\sqrt{\beta}-1 \end{bmatrix} \tag{8.28}$$

以上より，リカッチ方程式 (8.14) 式は，2 個の実数の対称解 $\boldsymbol{P} = \boldsymbol{P}_1, \boldsymbol{P}_2$ をもつが，シルベスターの判別条件 (p.240 参照) より，$\boldsymbol{P}_1$ のみが正定である．したがって，評価関数 (8.13) 式を最小化するコントローラ (8.15) 式のゲイン $\boldsymbol{k}$ は，

$$\begin{aligned} \boldsymbol{k} &= -\frac{1}{r}\boldsymbol{b}^{\mathrm{T}}\boldsymbol{P}_1 = -\frac{1}{1}\begin{bmatrix} 0 & 1 \end{bmatrix}\begin{bmatrix} \alpha\sqrt{\beta}-10 & \alpha-10 \\ \alpha-10 & \sqrt{\beta}-1 \end{bmatrix} \\ &= \begin{bmatrix} 10-\alpha & 1-\sqrt{\beta} \end{bmatrix} \ \ (\alpha := \sqrt{100+q_1},\ \beta := 2\alpha-19) \end{aligned} \tag{8.29}$$

であり，$\boldsymbol{A}_{\mathrm{cl}} := \boldsymbol{A} + \boldsymbol{b}\boldsymbol{k}$ の固有値 λ は，共役複素数

$$\lambda = -\frac{\sqrt{2\alpha-19}}{2} \pm \frac{\sqrt{2\alpha+19}}{2}j$$

となる．$q_1 = 10, 100, 1000$ としたとき，

ⓐ $q_1 = 10$ のとき： $\boldsymbol{k} = \begin{bmatrix} -0.4881 & -0.4058 \end{bmatrix}$, $\lambda = -0.7029 \pm 3.1613j$

ⓑ $q_1 = 100$ のとき： $\boldsymbol{k} = \begin{bmatrix} -4.1421 & -2.0470 \end{bmatrix}$, $\lambda = -1.5235 \pm 3.4382j$

ⓒ $q_1 = 1000$ のとき： $\boldsymbol{k} = \begin{bmatrix} -23.1662 & -5.8799 \end{bmatrix}$, $\lambda = -3.4399 \pm 4.6188j$

となる．図 8.3 に，これらのコントローラを用いて，初期値を $\boldsymbol{x}_0 = \begin{bmatrix} 1 & 0 \end{bmatrix}^{\mathrm{T}}$ としたときのシミュレーション結果を示す．q_1 を大きくするに従って，λ の実部が負側に大きく

なるため，$x_1(t)$ の収束は速くなる．しかし，$\boldsymbol{k}$ の各要素も負側に大きくなるため，操作量 $u(t)$ が過大となる．

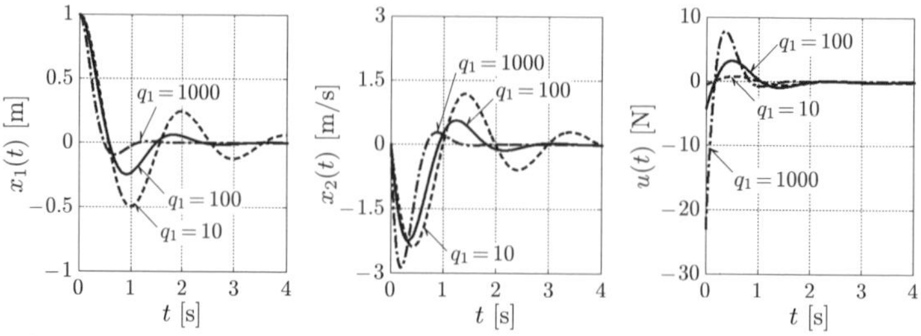

(a) $x_1(t) = z(t)$ [m]　(b) $x_2(t) = \dot{z}(t)$ [m/s]　(c) $u(t) = f(t)$ [N]

図 8.3　シミュレーション結果 ($\boldsymbol{x}_0 = \begin{bmatrix} 1 & 0 \end{bmatrix}^{\mathrm{T}}$, $\boldsymbol{Q} = \mathrm{diag}\{q_1,\, 0\}$, $r = 1$)

問題 8.1　シルベスターの判別条件によって，(8.28) 式の $\boldsymbol{P}_1$, $\boldsymbol{P}_2$ が正定かどうかを調べよ．

問題 8.2　例 8.2 (p.160) において，評価関数 (8.13) 式の重みが次式により与えられたとき，リカッチ方程式 (8.14) 式の正定対称解 $\boldsymbol{P}$ およびコントローラ (8.15) 式のゲイン $\boldsymbol{k}$ を求めよ．

$$\boldsymbol{Q} = \begin{bmatrix} 2400 & 0 \\ 0 & 144 \end{bmatrix}, \quad r = 1 \tag{8.30}$$

8.2　リカッチ方程式の数値解法 (有本 – ポッターの方法)

リカッチ方程式の代表的な数値解法として，**有本 – ポッターの方法**(Arimoto-Potter's Method)が知られている．この方法では，次式で定義される**ハミルトン行列**(Hamilton matrix)を利用する．

ハミルトン行列

$$\boldsymbol{H} := \begin{bmatrix} \boldsymbol{A} & -\boldsymbol{B}\boldsymbol{R}^{-1}\boldsymbol{B}^{\mathrm{T}} \\ -\boldsymbol{Q} & -\boldsymbol{A}^{\mathrm{T}} \end{bmatrix} \in \mathbb{R}^{2n \times 2n} \tag{8.31}$$

ハミルトン行列 $\boldsymbol{H}$ は，

- $(\boldsymbol{A},\, \boldsymbol{B})$ が可制御
- $\boldsymbol{Q} = \boldsymbol{Q}^{\mathrm{T}} > 0$ (または，$(\boldsymbol{Q}_{\mathrm{o}},\, \boldsymbol{A})$ が可観測かつ $\boldsymbol{Q} = \boldsymbol{Q}^{\mathrm{T}} = \boldsymbol{Q}_{\mathrm{o}}^{\mathrm{T}}\boldsymbol{Q}_{\mathrm{o}} \geq 0$)
- $\boldsymbol{R} = \boldsymbol{R}^{\mathrm{T}} > 0$

であるとき，つぎに示す性質をもつ(注 8.5)．ただし，以下の議論では，簡単のため，$\boldsymbol{H}$ の固有値はすべて互いに異なるものとする(注 8.6)．

(注 8.5) 証明は**付録 A.4** (p.209) に示す．

(注 8.6) ハミルトン行列 $\boldsymbol{H}$ の固有値が重複している場合，固有ベクトルの代わりに一般化固有ベクトルを用いると，同様の議論が成立する．

Point ! ハミルトン行列 $\boldsymbol{H}$ の性質

性質 1 $\boldsymbol{H}$ は虚軸に対して対称な $2n$ 個の固有値 $\lambda = \lambda_1, \cdots, \lambda_{2n}$ をもち，その実部は非零である．つまり，図 8.4 に示すように，$\boldsymbol{H}$ の固有値の中で n 個が安定な固有値 (実部が負) $\underline{\lambda}_i = -\alpha_i + j\beta_i$ ($\alpha_i > 0$, $i = 1, \cdots, n$) であり，残りの n 個が不安定な固有値 (実部が正) $\overline{\lambda}_i = +\alpha_i + j\beta_i$ ($i = 1, \cdots, n$) である．

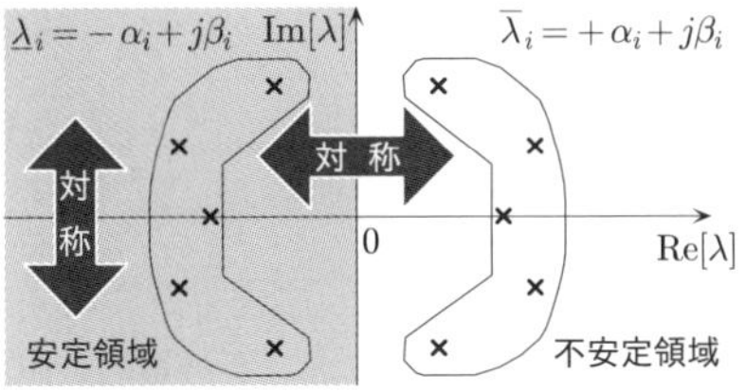

図 8.4 ハミルトン行列 $\boldsymbol{H}$ の固有値 $\lambda = \underline{\lambda}_1, \cdots, \underline{\lambda}_n, \overline{\lambda}_1, \cdots, \overline{\lambda}_n$

性質 2 $\boldsymbol{H}$ の安定な固有値 $\underline{\lambda}_1, \cdots, \underline{\lambda}_n$ は，$\boldsymbol{A}_{\rm cl} := \boldsymbol{A} + \boldsymbol{B}\boldsymbol{K}_{\rm opt}$ の固有値に等しい．ただし，$\boldsymbol{P} = \boldsymbol{P}_{\rm opt}$ をリカッチ方程式 (8.10) 式の正定対称解としたとき，$\boldsymbol{K}_{\rm opt} = -\boldsymbol{R}^{-1}\boldsymbol{B}^{\rm T}\boldsymbol{P}_{\rm opt}$ である．

性質 3 $\boldsymbol{H}$ の安定な固有値 $\underline{\lambda}_i$ に対する固有ベクトル $\underline{\boldsymbol{v}}_i \in \mathbb{C}^{2n}$，すなわち，

$$\overbrace{\begin{bmatrix} \boldsymbol{A} & -\boldsymbol{B}\boldsymbol{R}^{-1}\boldsymbol{B}^{\rm T} \\ -\boldsymbol{Q} & -\boldsymbol{A}^{\rm T} \end{bmatrix}}^{\boldsymbol{H}} \overbrace{\begin{bmatrix} \underline{\boldsymbol{v}}_{i,1} \\ \underline{\boldsymbol{v}}_{i,2} \end{bmatrix}}^{\underline{\boldsymbol{v}}_i} = \underline{\lambda}_i \overbrace{\begin{bmatrix} \underline{\boldsymbol{v}}_{i,1} \\ \underline{\boldsymbol{v}}_{i,2} \end{bmatrix}}^{\underline{\boldsymbol{v}}_i} \quad (i = 1, \cdots, n) \tag{8.32}$$

$$\underline{\boldsymbol{v}}_{i,1} = \begin{bmatrix} \underline{v}_{i,11} \\ \vdots \\ \underline{v}_{i,1n} \end{bmatrix}, \quad \underline{\boldsymbol{v}}_{i,2} = \begin{bmatrix} \underline{v}_{i,21} \\ \vdots \\ \underline{v}_{i,2n} \end{bmatrix} \in \mathbb{C}^n$$

を満足する $\underline{\boldsymbol{v}}_i$ は，

$$\underline{\boldsymbol{v}}_{i,2} = \boldsymbol{P}_{\rm opt}\underline{\boldsymbol{v}}_{i,1} \tag{8.33}$$

という関係式を満足する．

ハミルトン行列 $\boldsymbol{H}$ の性質 3 を利用すると，(8.33) 式より，

$$\begin{cases} \underline{\boldsymbol{v}}_{1,2} = \boldsymbol{P}_{\rm opt}\underline{\boldsymbol{v}}_{1,1} \\ \qquad \vdots \\ \underline{\boldsymbol{v}}_{n,2} = \boldsymbol{P}_{\rm opt}\underline{\boldsymbol{v}}_{n,1} \end{cases} \Longrightarrow \underbrace{\begin{bmatrix} \underline{\boldsymbol{v}}_{1,2} & \cdots & \underline{\boldsymbol{v}}_{n,2} \end{bmatrix}}_{\underline{\boldsymbol{V}}_2} = \boldsymbol{P}_{\rm opt} \underbrace{\begin{bmatrix} \underline{\boldsymbol{v}}_{1,1} & \cdots & \underline{\boldsymbol{v}}_{n,1} \end{bmatrix}}_{\underline{\boldsymbol{V}}_1} \tag{8.34}$$

であり，固有値 $\underline{\lambda}_i$ が互いに異なるとき $\underline{\boldsymbol{V}}_1$ は正則であるから，以下の結果が得られる．

Point!　リカッチ方程式の数値解法 (有本–ポッターの方法)

ステップ 1　ハミルトン行列 $\boldsymbol{H}$ の安定な固有値 $\underline{\lambda}_i$ $(i = 1, \cdots, n)$ と，それに対応する固有ベクトル $\underline{\boldsymbol{v}}_{i,1}$, $\underline{\boldsymbol{v}}_{i,2}$ を求める ((8.32) 式を参照).

ステップ 2　固有値 $\underline{\lambda}_i$ $(i = 1, \cdots, n)$ が互いに異なっていることを確認し，リカッチ方程式 (8.10) 式の正定対称解 $\boldsymbol{P} = \boldsymbol{P}_{\rm opt}$ を，次式により定める．

$$\boldsymbol{P}_{\rm opt} = \underline{\boldsymbol{V}}_2\underline{\boldsymbol{V}}_1^{-1}, \quad \begin{cases} \underline{\boldsymbol{V}}_1 = \begin{bmatrix} \underline{\boldsymbol{v}}_{1,1} & \cdots & \underline{\boldsymbol{v}}_{n,1} \end{bmatrix} \in \mathbb{C}^{n\times n} \\ \underline{\boldsymbol{V}}_2 = \begin{bmatrix} \underline{\boldsymbol{v}}_{1,2} & \cdots & \underline{\boldsymbol{v}}_{n,2} \end{bmatrix} \in \mathbb{C}^{n\times n} \end{cases} \tag{8.35}$$

例 8.3　……… リカッチ方程式の求解 (有本–ポッターの方法)

例 8.2 (1) (p.160) について，有本–ポッターの方法により，リカッチ方程式 (8.14) 式の正定対称解 $\boldsymbol{P} = \boldsymbol{P}_{\rm opt}$ を求めてみよう．

ステップ 1　ハミルトン行列 $\boldsymbol{H}$ は，

$$\boldsymbol{H} := \begin{bmatrix} \boldsymbol{A} & -\dfrac{1}{r}\boldsymbol{b}\boldsymbol{b}^{\rm T} \\ -\boldsymbol{Q} & -\boldsymbol{A}^{\rm T} \end{bmatrix} = \left[\begin{array}{cc:cc} 0 & 1 & 0 & 0 \\ -10 & -1 & 0 & -1 \\ \hdashline -300 & 0 & 0 & 10 \\ 0 & -60 & -1 & 1 \end{array}\right] \tag{8.36}$$

であり，その特性多項式は，

$$\begin{aligned} |\lambda\boldsymbol{I} - \boldsymbol{H}| &= \begin{vmatrix} \lambda & -1 & 0 & 0 \\ 10 & \lambda+1 & 0 & 1 \\ 300 & 0 & \lambda & -10 \\ 0 & 60 & 1 & \lambda-1 \end{vmatrix} = \lambda^4 - 41\lambda^2 + 400 \\ &= (\lambda^2 - 25)(\lambda^2 - 16) = (\lambda+5)(\lambda-5)(\lambda+4)(\lambda-4) \end{aligned} \tag{8.37}$$

であるから，ハミルトン行列 $\boldsymbol{H}$ の固有値 $\lambda = \underline{\lambda}_1, \underline{\lambda}_2, \overline{\lambda}_1, \overline{\lambda}_2$ は，$\underline{\lambda}_1 = -5$, $\underline{\lambda}_2 = -4$, $\overline{\lambda}_1 = 5$, $\overline{\lambda}_2 = 4$ である．

つぎに，ハミルトン行列 $\boldsymbol{H}$ の安定な固有値 $\underline{\lambda}_1 = -5$, $\underline{\lambda}_2 = -4$ に対する固有ベクトル $\underline{\boldsymbol{v}}_{1,1}$, $\underline{\boldsymbol{v}}_{1,2}$, $\underline{\boldsymbol{v}}_{2,1}$, $\underline{\boldsymbol{v}}_{2,2}$ を求める．固有ベクトル

$$\underline{\boldsymbol{v}}_1 = \begin{bmatrix} \underline{\boldsymbol{v}}_{1,1} \\ \underline{\boldsymbol{v}}_{1,2} \end{bmatrix} = \left[\begin{array}{c} \underline{v}_{1,11} \\ \underline{v}_{1,12} \\ \hdashline \underline{v}_{1,21} \\ \underline{v}_{1,22} \end{array}\right], \quad \underline{\boldsymbol{v}}_2 = \begin{bmatrix} \underline{\boldsymbol{v}}_{2,1} \\ \underline{\boldsymbol{v}}_{2,2} \end{bmatrix} = \left[\begin{array}{c} \underline{v}_{2,11} \\ \underline{v}_{2,12} \\ \hdashline \underline{v}_{2,21} \\ \underline{v}_{2,22} \end{array}\right]$$

は，$\boldsymbol{H}\underline{\boldsymbol{v}}_i = \underline{\lambda}_i\underline{\boldsymbol{v}}_i$ $(i = 1, 2)$ より，次式を満足する．

$$(\underline{\lambda}_1 \boldsymbol{I} - \boldsymbol{H})\underline{\boldsymbol{v}}_1 = \boldsymbol{0} \implies \begin{cases} -5\underline{v}_{1,11} - \underline{v}_{1,12} = 0 \\ 10\underline{v}_{1,11} - 4\underline{v}_{1,12} + \underline{v}_{1,22} = 0 \\ 300\underline{v}_{1,11} - 5\underline{v}_{1,21} - 10\underline{v}_{1,22} = 0 \\ 60\underline{v}_{1,12} + \underline{v}_{1,21} - 6\underline{v}_{1,22} = 0 \end{cases} \tag{8.38}$$

$$(\underline{\lambda}_2 \boldsymbol{I} - \boldsymbol{H})\underline{\boldsymbol{v}}_2 = \boldsymbol{0} \implies \begin{cases} -4\underline{v}_{2,11} - \underline{v}_{2,12} = 0 \\ 10\underline{v}_{2,11} - 3\underline{v}_{2,12} + \underline{v}_{2,22} = 0 \\ 300\underline{v}_{2,11} - 4\underline{v}_{2,21} - 10\underline{v}_{2,22} = 0 \\ 60\underline{v}_{2,12} + \underline{v}_{2,21} - 5\underline{v}_{2,22} = 0 \end{cases} \tag{8.39}$$

(8.38), (8.39) 式より，固有ベクトル $\underline{\boldsymbol{v}}_{1,1}, \underline{\boldsymbol{v}}_{1,2}, \underline{\boldsymbol{v}}_{2,1}, \underline{\boldsymbol{v}}_{2,2}$ は一意に定まらないが，$\underline{v}_{1,11} = \alpha$, $\underline{v}_{2,11} = \beta$ ($\alpha \neq 0, \beta \neq 0$ は任意の実数) とすると，以下のようになる．

$$\underline{\boldsymbol{v}}_{1,1} = \begin{bmatrix} \alpha \\ -5\alpha \end{bmatrix}, \quad \underline{\boldsymbol{v}}_{1,2} = \begin{bmatrix} 120\alpha \\ -30\alpha \end{bmatrix}, \quad \underline{\boldsymbol{v}}_{2,1} = \begin{bmatrix} \beta \\ -4\beta \end{bmatrix}, \quad \underline{\boldsymbol{v}}_{2,2} = \begin{bmatrix} 130\beta \\ -22\beta \end{bmatrix} \tag{8.40}$$

ステップ 2　$\underline{\boldsymbol{V}}_1, \underline{\boldsymbol{V}}_2$ は，

$$\underline{\boldsymbol{V}}_1 = \begin{bmatrix} \underline{\boldsymbol{v}}_{1,1} & \underline{\boldsymbol{v}}_{2,1} \end{bmatrix} = \begin{bmatrix} \alpha & \beta \\ -5\alpha & -4\beta \end{bmatrix}, \quad \underline{\boldsymbol{V}}_2 = \begin{bmatrix} \underline{\boldsymbol{v}}_{1,2} & \underline{\boldsymbol{v}}_{2,2} \end{bmatrix} = \begin{bmatrix} 120\alpha & 130\beta \\ -30\alpha & -22\beta \end{bmatrix} \tag{8.41}$$

であるから，リカッチ方程式 (8.14) 式の解 $\boldsymbol{P} = \boldsymbol{P}_{\mathrm{opt}}$ が，

$$\boldsymbol{P}_{\mathrm{opt}} = \underline{\boldsymbol{V}}_2 \underline{\boldsymbol{V}}_1^{-1} = \begin{bmatrix} 120\alpha & 130\beta \\ -30\alpha & -22\beta \end{bmatrix} \cdot \frac{1}{\alpha\beta} \begin{bmatrix} -4\beta & -\beta \\ 5\alpha & \alpha \end{bmatrix} = \begin{bmatrix} 170 & 10 \\ 10 & 8 \end{bmatrix} \tag{8.42}$$

のように求まり，**例 8.2** で得られた (8.18) 式 (p.161) の $\boldsymbol{P}_1$ と一致していることがわかる．

制御対象が可制御な 1 入力システムの場合，極配置を実現する状態フィードバック形式のコントローラのゲインは，唯一に定まる．したがって，ハミルトン行列の**性質 2** を考慮すると，リカッチ方程式を解くことなく，直接，評価関数を最小にするコントローラを設計することができる．

Point!　***H*** **の固有値と極配置による最適レギュレータ設計 (1 入力システム)**

1 入力システムの制御対象および評価関数が，それぞれ

$$\mathcal{P}: \begin{cases} \dot{\boldsymbol{x}}(t) = \boldsymbol{A}\boldsymbol{x}(t) + \boldsymbol{b}u(t), \quad \boldsymbol{x}(0) = \boldsymbol{x}_0 \\ \boldsymbol{\eta}(t) = \boldsymbol{x}(t) \end{cases} \tag{8.43}$$

$$J = \int_0^{\infty} \left(\boldsymbol{x}(t)^{\mathrm{T}} \boldsymbol{Q} \boldsymbol{x}(t) + r u(t)^2\right) dt \tag{8.44}$$

のように与えられたとする．このとき，以下の手順により評価関数 (8.44) 式を最小化する状態フィードバック形式のコントローラ

$$\mathcal{K}:\ u(t) = \boldsymbol{k}\boldsymbol{x}(t) \tag{8.45}$$

のゲイン $\boldsymbol{k}$ を求めることができる．

ステップ 1　ハミルトン行列

$$\boldsymbol{H} := \begin{bmatrix} \boldsymbol{A} & -\frac{1}{r}\boldsymbol{b}\boldsymbol{b}^{\mathrm{T}} \\ -\boldsymbol{Q} & -\boldsymbol{A}^{\mathrm{T}} \end{bmatrix} \in \mathbb{R}^{2n\times 2n} \tag{8.46}$$

の安定な固有値 $\underline{\lambda}_i$ $(i = 1, \cdots, n)$ を求める．

ステップ 2　4.3.3 項で示したアッカーマンの極配置アルゴリズム (p.82) により，$\boldsymbol{A}_{\mathrm{cl}} := \boldsymbol{A} + \boldsymbol{b}\boldsymbol{k}$ の固有値を指定した値 $p_i = \underline{\lambda}_i$ に配置するコントローラ (8.45) 式のゲイン $\boldsymbol{k}$ を求める．

例 8.4 ………………………… **極配置による最適レギュレータ設計**

例 8.2 (1) (p.160) について，ハミルトン行列 $\boldsymbol{H}$ の安定な固有値を利用し，極配置による最適レギュレータ設計により，直接的にコントローラのゲイン $\boldsymbol{k}$ を求めてみよう．

ステップ 1　例 8.3 (p.166) ですでに求めたように，ハミルトン行列 $\boldsymbol{H}$ は (8.36) 式であり，その安定な固有値は，(8.37) 式より $\underline{\lambda}_1 = -5$, $\underline{\lambda}_2 = -4$ である．

ステップ 2-1 ………………… アッカーマンの極配置アルゴリズムのステップ 1

与えられた $p_1 = \underline{\lambda}_1 = -5$, $p_2 = \underline{\lambda}_2 = -4$ に対し，(4.53) 式 (p.81) で定義される多項式 $\Delta(\lambda)$ の係数 δ_0, δ_1 を求めると，

$$\Delta(\lambda) = (\lambda - p_1)(\lambda - p_2) = (\lambda + 5)(\lambda + 4) = \lambda^2 + 9\lambda + 20 \tag{8.47}$$

より，$\delta_1 = 9$, $\delta_0 = 20$ である．つぎに，(4.56) 式 (p.82) で定義される行列 $\boldsymbol{\Delta_A}$ を求めると，次式となる．

$$\boldsymbol{\Delta_A} = \underbrace{\begin{bmatrix} 0 & 1 \\ -10 & -1 \end{bmatrix}^2}_{\boldsymbol{A}^2} + \underbrace{9\begin{bmatrix} 0 & 1 \\ -10 & -1 \end{bmatrix}}_{\delta_1\boldsymbol{A}} + \underbrace{20\begin{bmatrix} 1 & 0 \\ 0 & 1 \end{bmatrix}}_{\delta_0\boldsymbol{I}} = \begin{bmatrix} 10 & 8 \\ -80 & 2 \end{bmatrix} \tag{8.48}$$

ステップ 2-2 ………………… アッカーマンの極配置アルゴリズムのステップ 2

可制御行列 $\boldsymbol{V}_{\mathrm{c}}$ を求めると，

$$\boldsymbol{V}_{\mathrm{c}} = \begin{bmatrix} \boldsymbol{b} & \boldsymbol{A}\boldsymbol{b} \end{bmatrix} = \left[\begin{array}{c:c} 0 & 1 \\ 1 & -1 \end{array}\right] \tag{8.49}$$

であるから，ゲイン $\boldsymbol{k}$ は，

$$\boldsymbol{k} = -\underbrace{\begin{bmatrix} 0 & 1 \end{bmatrix}}_{\boldsymbol{e}} \underbrace{\begin{bmatrix} 0 & 1 \\ 1 & -1 \end{bmatrix}^{-1}}_{\boldsymbol{V}_{\mathrm{c}}^{-1}} \underbrace{\begin{bmatrix} 10 & 8 \\ -80 & 2 \end{bmatrix}}_{\boldsymbol{\Delta_A}} = \begin{bmatrix} -10 & -8 \end{bmatrix} \tag{8.50}$$

となる．(8.50) 式は，**例 8.2** で得られた (8.21) 式 (p.161) の $\boldsymbol{k}$ と一致していることがわかる．

問題 8.3 **問題 8.2** (p.164) において，以下の設問に答えよ．

(1) ハミルトン行列 $\boldsymbol{H}$ の安定な固有値と，それに対応した固有ベクトルを求めよ．

(2) 有本–ポッターの方法により，リカッチ方程式の解 $\boldsymbol{P}$ を求め，**問題 8.2** の結果と一致していることを確かめよ．

(3) 極配置による最適レギュレータ設計により，コントローラのゲイン $\boldsymbol{k}$ を直接的に求め，**問題 8.2** の結果と一致していることを確かめよ．

8.3 最適サーボシステム

ここでは，**5.2.2 項**で説明した定値の目標値に対するサーボシステムを，最適レギュレータ理論により設計することを考える(注8.7)．なお，本節で示した方法で設計されるシステムを，**最適サーボシステム** (optimal servo system) とよぶ．

制御対象を，可制御で原点に不変零点をもたない p 入力 p 出力の線形システム

$$\mathcal{P}: \begin{cases} \dot{\boldsymbol{x}}(t) = \boldsymbol{A}\boldsymbol{x}(t) + \boldsymbol{B}\boldsymbol{u}(t), \quad \boldsymbol{x}(0) = \boldsymbol{x}_0 \\ \boldsymbol{y}(t) = \boldsymbol{C}\boldsymbol{x}(t) \\ \boldsymbol{\eta}(t) = \boldsymbol{x}(t) \end{cases} \tag{8.51}$$

とする．ただし，$\boldsymbol{x}(t) \in \mathbb{R}^n$：状態変数，$\boldsymbol{u}(t) \in \mathbb{R}^p$：操作量，$\boldsymbol{y}(t) \in \mathbb{R}^p$：制御量，$\boldsymbol{\eta}(t) \in \mathbb{R}^n$：観測量である．目標値 $\boldsymbol{y}^{\mathrm{ref}}(t)$ が一定値 $\boldsymbol{y}_{\mathrm{c}}^{\mathrm{ref}}$ であるとき，$\boldsymbol{y}(t) = \boldsymbol{y}_{\mathrm{c}}^{\mathrm{ref}}$ となる $\boldsymbol{x}(t), \boldsymbol{u}(t)$ の定常値 $\boldsymbol{x}_\infty, \boldsymbol{u}_\infty$ は，次式により定まる．

$$\begin{cases} \boldsymbol{0} = \boldsymbol{A}\boldsymbol{x}_\infty + \boldsymbol{B}\boldsymbol{u}_\infty \\ \boldsymbol{y}_{\mathrm{c}}^{\mathrm{ref}} = \boldsymbol{C}\boldsymbol{x}_\infty \end{cases} \Longrightarrow \begin{bmatrix} \boldsymbol{x}_\infty \\ \boldsymbol{u}_\infty \end{bmatrix} = \begin{bmatrix} \boldsymbol{A} & \boldsymbol{B} \\ \boldsymbol{C} & \boldsymbol{O} \end{bmatrix}^{-1} \begin{bmatrix} \boldsymbol{O} \\ \boldsymbol{I} \end{bmatrix} \boldsymbol{y}_{\mathrm{c}}^{\mathrm{ref}} \tag{8.52}$$

また，$\dot{\boldsymbol{w}}(t) = \boldsymbol{e}(t) := \boldsymbol{y}^{\mathrm{ref}}(t) - \boldsymbol{y}(t)$ の両辺を 0 から t まで時間積分すると，

$$\int_0^t \dot{\boldsymbol{w}}(t)dt \; (= \boldsymbol{w}(t) - \boldsymbol{w}_0) = \int_0^t \boldsymbol{e}(t)dt \quad \Longrightarrow \quad \boldsymbol{w}(t) = \boldsymbol{w}_0 + \int_0^t \boldsymbol{e}(t)dt \tag{8.53}$$

(注8.7) ここで説明する設計法は，“池田，須田：積分型最適サーボ系の構成，計測自動制御学会，Vol.24，No.1，pp.40–46 (1988)” で提案されたものである．

である．ただし，$\boldsymbol{w}(0) = \boldsymbol{w}_0$ である．$\boldsymbol{w}(t)$ の定常値を $\boldsymbol{w}_\infty$ とし(注 8.8)，定常値 $\boldsymbol{x}_\infty$, $\boldsymbol{u}_\infty$, $\boldsymbol{w}_\infty$ からの変動を，(5.56) 式と同様，

$$\widetilde{\boldsymbol{x}}_{\mathrm{e}} = \begin{bmatrix} \widetilde{\boldsymbol{x}}(t) \\ \widetilde{\boldsymbol{w}}(t) \end{bmatrix} := \begin{bmatrix} \boldsymbol{x}(t) \\ \boldsymbol{w}(t) \end{bmatrix} - \begin{bmatrix} \boldsymbol{x}_\infty \\ \boldsymbol{w}_\infty \end{bmatrix}, \quad \widetilde{\boldsymbol{u}}(t) := \boldsymbol{u}(t) - \boldsymbol{u}_\infty \tag{8.54}$$

と定義すると，(5.57) 式および (5.60) 式と同様の拡大偏差システム

$$\mathcal{P}_{\mathrm{e}} : \begin{cases} \dot{\widetilde{\boldsymbol{x}}}_{\mathrm{e}}(t) = \boldsymbol{A}_{\mathrm{e}}\widetilde{\boldsymbol{x}}_{\mathrm{e}}(t) + \boldsymbol{B}_{\mathrm{e}}\widetilde{\boldsymbol{u}}(t) \\ \boldsymbol{e}(t) = \boldsymbol{C}_{\mathrm{e}}\widetilde{\boldsymbol{x}}_{\mathrm{e}}(t) \end{cases} \tag{8.55}$$

$$\boldsymbol{A}_{\mathrm{e}} = \begin{bmatrix} \boldsymbol{A} & \boldsymbol{O} \\ -\boldsymbol{C} & \boldsymbol{O} \end{bmatrix} \in \mathbb{R}^{(n+p)\times(n+p)}, \quad \boldsymbol{B}_{\mathrm{e}} = \begin{bmatrix} \boldsymbol{B} \\ \boldsymbol{O} \end{bmatrix} \in \mathbb{R}^{(n+p)\times p},$$
$$\boldsymbol{C}_{\mathrm{e}} = \begin{bmatrix} -\boldsymbol{C} & \boldsymbol{O} \end{bmatrix} \in \mathbb{R}^{p\times(n+p)}$$

が得られる．つぎに，与えられた重み行列 $\boldsymbol{Q}_{11} = \boldsymbol{Q}_{11}^{\mathrm{T}} > 0$, $\boldsymbol{Q}_{22} = \boldsymbol{Q}_{22}^{\mathrm{T}} > 0$, $\boldsymbol{R}_{\mathrm{e}} = \boldsymbol{R}_{\mathrm{e}}^{\mathrm{T}} > 0$ に対して定義される評価関数

$$\begin{aligned} J &= \int_0^\infty \big(\boldsymbol{e}(t)^{\mathrm{T}}\boldsymbol{Q}_{11}\boldsymbol{e}(t) + \widetilde{\boldsymbol{w}}(t)^{\mathrm{T}}\boldsymbol{Q}_{22}\widetilde{\boldsymbol{w}}(t) + \widetilde{\boldsymbol{u}}(t)^{\mathrm{T}}\boldsymbol{R}_{\mathrm{e}}\widetilde{\boldsymbol{u}}(t)\big)dt \\ &= \int_0^\infty \left(\underbrace{\begin{bmatrix} \widetilde{\boldsymbol{x}}(t)^{\mathrm{T}} & \widetilde{\boldsymbol{w}}(t)^{\mathrm{T}} \end{bmatrix}}_{\widetilde{\boldsymbol{x}}_{\mathrm{e}}(t)^{\mathrm{T}}} \underbrace{\begin{bmatrix} \boldsymbol{C}^{\mathrm{T}}\boldsymbol{Q}_{11}\boldsymbol{C} & \boldsymbol{O} \\ \boldsymbol{O} & \boldsymbol{Q}_{22} \end{bmatrix}}_{\boldsymbol{Q}_{\mathrm{e}}} \underbrace{\begin{bmatrix} \widetilde{\boldsymbol{x}}(t) \\ \widetilde{\boldsymbol{w}}(t) \end{bmatrix}}_{\widetilde{\boldsymbol{x}}_{\mathrm{e}}(t)} + \widetilde{\boldsymbol{u}}(t)^{\mathrm{T}}\boldsymbol{R}_{\mathrm{e}}\widetilde{\boldsymbol{u}}(t) \right) dt \end{aligned} \tag{8.56}$$

を最小化するように，コントローラ

$$\mathcal{K} : \ \widetilde{\boldsymbol{u}}(t) = \boldsymbol{K}_{\mathrm{e}}\widetilde{\boldsymbol{x}}_{\mathrm{e}}(t), \quad \boldsymbol{K}_{\mathrm{e}} = \begin{bmatrix} \boldsymbol{K} & \boldsymbol{G} \end{bmatrix} \tag{8.57}$$

を設計することを考える．このようなコントローラのゲイン $\boldsymbol{K}_{\mathrm{e}}$ は，最適レギュレータ理論により，リカッチ方程式

$$\boldsymbol{P}_{\mathrm{e}}\boldsymbol{A}_{\mathrm{e}} + \boldsymbol{A}_{\mathrm{e}}^{\mathrm{T}}\boldsymbol{P}_{\mathrm{e}} - \boldsymbol{P}_{\mathrm{e}}\boldsymbol{B}_{\mathrm{e}}\boldsymbol{R}_{\mathrm{e}}^{-1}\boldsymbol{B}_{\mathrm{e}}^{\mathrm{T}}\boldsymbol{P}_{\mathrm{e}} + \boldsymbol{Q}_{\mathrm{e}} = \boldsymbol{O} \tag{8.58}$$

の正定対称解

$$\boldsymbol{P}_{\mathrm{e}} = \boldsymbol{P}_{\mathrm{e}}^{\mathrm{T}} = \begin{bmatrix} \boldsymbol{P}_{11} & \boldsymbol{P}_{12} \\ \boldsymbol{P}_{12}^{\mathrm{T}} & \boldsymbol{P}_{22} \end{bmatrix} > 0$$

を用いて，

(注 8.8) $\boldsymbol{w}_\infty$ は自由に値を選べるパラメータである．たとえば，5.2.2 項では，コントローラの構造を $\boldsymbol{w}_0 = \boldsymbol{0}$ とした (5.51) 式とするために，(5.55) 式のように $\boldsymbol{w}_\infty$ を定めた．

$$
\begin{aligned}
\boldsymbol{K}_{\mathrm{e}} &= \begin{bmatrix} \boldsymbol{K} & \boldsymbol{G} \end{bmatrix} = -\boldsymbol{R}_{\mathrm{e}}^{-1} \overbrace{\begin{bmatrix} \boldsymbol{B}^{\mathrm{T}} & \boldsymbol{O} \end{bmatrix}}^{\boldsymbol{B}_{\mathrm{e}}^{\mathrm{T}}} \overbrace{\begin{bmatrix} \boldsymbol{P}_{11} & \boldsymbol{P}_{12} \\ \boldsymbol{P}_{12}^{\mathrm{T}} & \boldsymbol{P}_{22} \end{bmatrix}}^{\boldsymbol{P}_{\mathrm{e}}} \\
&= \begin{bmatrix} -\boldsymbol{R}_{\mathrm{e}}^{-1}\boldsymbol{B}^{\mathrm{T}}\boldsymbol{P}_{11} & -\boldsymbol{R}_{\mathrm{e}}^{-1}\boldsymbol{B}^{\mathrm{T}}\boldsymbol{P}_{12} \end{bmatrix} \qquad (8.59)
\end{aligned}
$$

のように唯一に定まる．また，このとき，評価関数 (8.56) 式の最小値は，

$$
\begin{aligned}
J_{\min} &= \widetilde{\boldsymbol{x}}_{\mathrm{e}}(0)^{\mathrm{T}}\boldsymbol{P}_{\mathrm{e}}\widetilde{\boldsymbol{x}}_{\mathrm{e}}(0) = \begin{bmatrix} \widetilde{\boldsymbol{x}}(0)^{\mathrm{T}} & \widetilde{\boldsymbol{w}}(0)^{\mathrm{T}} \end{bmatrix} \begin{bmatrix} \boldsymbol{P}_{11} & \boldsymbol{P}_{12} \\ \boldsymbol{P}_{12}^{\mathrm{T}} & \boldsymbol{P}_{22} \end{bmatrix} \begin{bmatrix} \widetilde{\boldsymbol{x}}(0) \\ \widetilde{\boldsymbol{w}}(0) \end{bmatrix} \\
&= \widetilde{\boldsymbol{x}}(0)^{\mathrm{T}}\boldsymbol{P}_{11}\widetilde{\boldsymbol{x}}(0) + \widetilde{\boldsymbol{w}}(0)^{\mathrm{T}}\boldsymbol{P}_{22}\widetilde{\boldsymbol{w}}(0) + \underbrace{2\widetilde{\boldsymbol{w}}(0)^{\mathrm{T}}\boldsymbol{P}_{12}^{\mathrm{T}}\widetilde{\boldsymbol{x}}(0)}_{\widetilde{\boldsymbol{x}}(0)^{\mathrm{T}}\boldsymbol{P}_{12}\widetilde{\boldsymbol{w}}(0) + \widetilde{\boldsymbol{w}}(0)^{\mathrm{T}}\boldsymbol{P}_{12}^{\mathrm{T}}\widetilde{\boldsymbol{x}}(0)} \\
&= \widetilde{\boldsymbol{x}}(0)^{\mathrm{T}}\boldsymbol{P}_{11}\widetilde{\boldsymbol{x}}(0) + \widetilde{\boldsymbol{w}}(0)^{\mathrm{T}}\bigl(\boldsymbol{P}_{22}\widetilde{\boldsymbol{w}}(0) + 2\boldsymbol{P}_{12}^{\mathrm{T}}\widetilde{\boldsymbol{x}}(0)\bigr) \qquad (8.60)
\end{aligned}
$$

となる．ここで，$\widetilde{\boldsymbol{x}}(0) = \boldsymbol{x}_0 - \boldsymbol{x}_\infty$, $\widetilde{\boldsymbol{w}}(0) = \boldsymbol{w}_0 - \boldsymbol{w}_\infty$ であるから，(8.60) 式は $\boldsymbol{w}(t)$ の定常値 $\boldsymbol{w}_\infty$ に依存していることがわかる．したがって，(8.60) 式の第 2 項が零となるように，定常値 $\boldsymbol{w}_\infty$ を，

$$
\begin{aligned}
\widetilde{\boldsymbol{w}}(0) = -2\boldsymbol{P}_{22}^{-1}\boldsymbol{P}_{12}^{\mathrm{T}}\widetilde{\boldsymbol{x}}(0) \quad &\Longrightarrow \quad \boldsymbol{w}_0 - \boldsymbol{w}_\infty = -2\boldsymbol{P}_{22}^{-1}\boldsymbol{P}_{12}^{\mathrm{T}}\bigl(\boldsymbol{x}_0 - \boldsymbol{x}_\infty\bigr) \\
&\Longrightarrow \quad \boldsymbol{w}_\infty = \boldsymbol{w}_0 + 2\boldsymbol{P}_{22}^{-1}\boldsymbol{P}_{12}^{\mathrm{T}}\bigl(\boldsymbol{x}_0 - \boldsymbol{x}_\infty\bigr) \qquad (8.61)
\end{aligned}
$$

と定めることによって，(8.60) 式の $J_{\min}$ を最小化することができる．

以上のことから，最適サーボシステムを構成する積分型コントローラが，以下のようにして得られる．コントローラ (8.57) 式は，

$$
\mathcal{K}:\ \boldsymbol{u}(t) = \boldsymbol{K}\boldsymbol{x}(t) + \boldsymbol{G}\boldsymbol{w}(t) + \boldsymbol{u}_\infty - \bigl(\boldsymbol{K}\boldsymbol{x}_\infty + \boldsymbol{G}\boldsymbol{w}_\infty\bigr) \qquad (8.62)
$$

のように書き換えることができ，(8.53), (8.61) 式を代入すると，

$$
\begin{aligned}
\mathcal{K}:\ \boldsymbol{u}(t) &= \boldsymbol{K}\boldsymbol{x}(t) + \boldsymbol{G}\left(\boldsymbol{w}_0 + \int_0^t \boldsymbol{e}(t)dt\right) \\
&\quad + \boldsymbol{u}_\infty - \bigl[\boldsymbol{K}\boldsymbol{x}_\infty + \boldsymbol{G}\bigl\{\boldsymbol{w}_0 + 2\boldsymbol{P}_{22}^{-1}\boldsymbol{P}_{12}^{\mathrm{T}}\bigl(\boldsymbol{x}_0 - \boldsymbol{x}_\infty\bigr)\bigr\}\bigr] \\
&= \boldsymbol{K}\boldsymbol{x}(t) + \boldsymbol{G}\int_0^t \boldsymbol{e}(t)dt \\
&\quad + \begin{bmatrix} -\boldsymbol{K} + 2\boldsymbol{G}\boldsymbol{P}_{22}^{-1}\boldsymbol{P}_{12}^{\mathrm{T}} & \boldsymbol{I} \end{bmatrix} \begin{bmatrix} \boldsymbol{x}_\infty \\ \boldsymbol{u}_\infty \end{bmatrix} - 2\boldsymbol{G}\boldsymbol{P}_{22}^{-1}\boldsymbol{P}_{12}^{\mathrm{T}}\boldsymbol{x}_0 \qquad (8.63)
\end{aligned}
$$

となる．さらに，(8.52) 式を代入すると，最適サーボシステムを構成する積分型コントローラが，次式により与えられることがわかる．

最適サーボシステムを構成する積分型コントローラ

$$\mathcal{K}:\ \boldsymbol{u}(t) = \boldsymbol{K}\boldsymbol{x}(t) + \boldsymbol{G}\int_0^t \boldsymbol{e}(t)dt + \boldsymbol{F}_{\mathrm{a}}\boldsymbol{y}^{\mathrm{ref}}(t) + \boldsymbol{F}_{\mathrm{b}}\boldsymbol{x}_0 \tag{8.64}$$

$$\boldsymbol{y}^{\mathrm{ref}}(t) = \boldsymbol{y}_{\mathrm{c}}^{\mathrm{ref}},\ \ \boldsymbol{e}(t) = \boldsymbol{y}^{\mathrm{ref}}(t) - \boldsymbol{y}(t),$$
$$\boldsymbol{K} = -\boldsymbol{R}_{\mathrm{e}}^{-1}\boldsymbol{B}^{\mathrm{T}}\boldsymbol{P}_{11},\ \ \boldsymbol{G} = -\boldsymbol{R}_{\mathrm{e}}^{-1}\boldsymbol{B}^{\mathrm{T}}\boldsymbol{P}_{12},$$
$$\boldsymbol{F}_{\mathrm{a}} = \begin{bmatrix} -\boldsymbol{K} + 2\boldsymbol{G}\boldsymbol{P}_{22}^{-1}\boldsymbol{P}_{12}^{\mathrm{T}} & \boldsymbol{I} \end{bmatrix} \begin{bmatrix} \boldsymbol{A} & \boldsymbol{B} \\ \boldsymbol{C} & \boldsymbol{O} \end{bmatrix}^{-1} \begin{bmatrix} \boldsymbol{O} \\ \boldsymbol{I} \end{bmatrix},\ \ \boldsymbol{F}_{\mathrm{b}} = -2\boldsymbol{G}\boldsymbol{P}_{22}^{-1}\boldsymbol{P}_{12}^{\mathrm{T}}$$

最適サーボシステムを，図 8.5 に示す．また，積分型コントローラ (8.64) 式を用いれば，評価関数 (8.56) 式を最小化することができ，その最小値は，次式のようになる．

$$J_{\min} = \widetilde{\boldsymbol{x}}(0)^{\mathrm{T}}\boldsymbol{P}_{11}\widetilde{\boldsymbol{x}}(0) = \left(\boldsymbol{x}_0^{\mathrm{T}} - \boldsymbol{x}_{\infty}^{\mathrm{T}}\right)\boldsymbol{P}_{11}\left(\boldsymbol{x}_0 - \boldsymbol{x}_{\infty}\right) \tag{8.65}$$

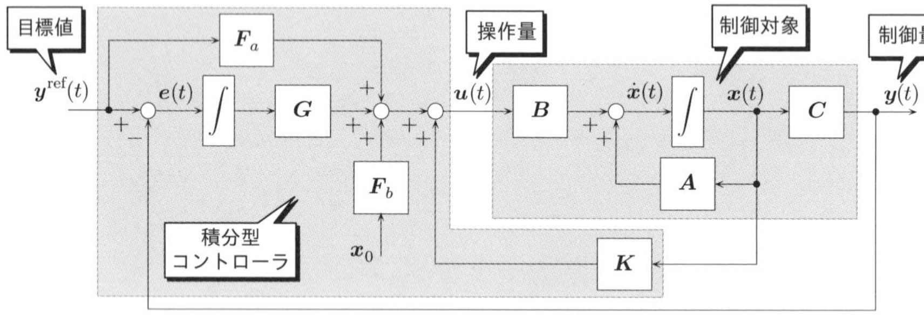

図 8.5　最適サーボシステム

例 8.5 ………………………………… **積分型コントローラによる 2 慣性システムの最適サーボ制御**

例 5.1 (p.93) で示した 2 慣性システム (5.3) 式に対し，評価関数

$$J = \int_0^{\infty} \left(q_{11}e(t)^2 + q_{22}\widetilde{w}(t)^2 + r_{\mathrm{e}}\widetilde{u}(t)^2\right)dt\ \ (q_{11} > 0,\ \ q_{22} > 0,\ \ r_{\mathrm{e}} > 0) \tag{8.66}$$

を最小化するような積分型コントローラを設計し，最適サーボシステムを構成する．

例 5.5 (p.106) で示したように，拡大偏差システムは，次式となる．

$$\mathcal{P}_{\mathrm{e}}: \begin{cases} \dot{\widetilde{\boldsymbol{x}}}_{\mathrm{e}}(t) = \boldsymbol{A}_{\mathrm{e}}\widetilde{\boldsymbol{x}}_{\mathrm{e}}(t) + \boldsymbol{b}_{\mathrm{e}}\widetilde{u}(t) \\ e(t) = \boldsymbol{c}_{\mathrm{e}}\widetilde{\boldsymbol{x}}_{\mathrm{e}}(t) \end{cases} \tag{8.67}$$

$$\boldsymbol{A}_{\mathrm{e}} = \begin{bmatrix} \boldsymbol{A} & \boldsymbol{0} \\ -\boldsymbol{c} & 0 \end{bmatrix} = \left[\begin{array}{cccc:c} 0 & 1 & 0 & 0 & 0 \\ -4 & -2 & 4 & 2 & 0 \\ 0 & 0 & 0 & 1 & 0 \\ 2 & 1 & -2 & -1 & 0 \\ \hdashline 0 & 0 & -1 & 0 & 0 \end{array}\right],\ \ \boldsymbol{b}_{\mathrm{e}} = \begin{bmatrix} \boldsymbol{b} \\ 0 \end{bmatrix} = \left[\begin{array}{c} 0 \\ 2 \\ 0 \\ 0 \\ \hdashline 0 \end{array}\right],$$

$$\boldsymbol{c}_{\mathrm{e}} = \begin{bmatrix} -\boldsymbol{c} & 0 \end{bmatrix} = \left[\begin{array}{cccc:c} 0 & 0 & -1 & 0 & 0 \end{array}\right]$$

p.179 に示すように，MATLAB により，(8.58) 式に相当するリカッチ方程式

$$\overbrace{\begin{bmatrix} \boldsymbol{P}_{11} & \boldsymbol{p}_{12} \\ \boldsymbol{p}_{12}^{\mathrm{T}} & p_{22} \end{bmatrix}}^{\boldsymbol{P}_{\mathrm{e}}}\overbrace{\begin{bmatrix} \boldsymbol{A} & \boldsymbol{0} \\ -\boldsymbol{c} & 0 \end{bmatrix}}^{\boldsymbol{A}_{\mathrm{e}}}+\overbrace{\begin{bmatrix} \boldsymbol{A}^{\mathrm{T}} & -\boldsymbol{c}^{\mathrm{T}} \\ \boldsymbol{0} & 0 \end{bmatrix}}^{\boldsymbol{A}_{\mathrm{e}}^{\mathrm{T}}}\overbrace{\begin{bmatrix} \boldsymbol{P}_{11} & \boldsymbol{p}_{12} \\ \boldsymbol{p}_{12}^{\mathrm{T}} & p_{22} \end{bmatrix}}^{\boldsymbol{P}_{\mathrm{e}}}$$
$$-\underbrace{\begin{bmatrix} \boldsymbol{P}_{11} & \boldsymbol{p}_{12} \\ \boldsymbol{p}_{12}^{\mathrm{T}} & p_{22} \end{bmatrix}}_{\boldsymbol{P}_{\mathrm{e}}}\underbrace{\begin{bmatrix} \boldsymbol{b} \\ 0 \end{bmatrix}}_{\boldsymbol{b}_{\mathrm{e}}} r_{\mathrm{e}}^{-1}\underbrace{\begin{bmatrix} \boldsymbol{b}^{\mathrm{T}} & 0 \end{bmatrix}}_{\boldsymbol{b}_{\mathrm{e}}^{\mathrm{T}}}\underbrace{\begin{bmatrix} \boldsymbol{P}_{11} & \boldsymbol{p}_{12} \\ \boldsymbol{p}_{12}^{\mathrm{T}} & p_{22} \end{bmatrix}}_{\boldsymbol{P}_{\mathrm{e}}}+\underbrace{\begin{bmatrix} \boldsymbol{c}^{\mathrm{T}} q_{11}\boldsymbol{c} & \boldsymbol{0} \\ \boldsymbol{0} & q_{22} \end{bmatrix}}_{\boldsymbol{Q}_{\mathrm{e}}}=\underbrace{\begin{bmatrix} \boldsymbol{O} & \boldsymbol{0} \\ \boldsymbol{0} & 0 \end{bmatrix}}_{\boldsymbol{O}} \tag{8.68}$$

の解 $\boldsymbol{P}_{\mathrm{e}} = \boldsymbol{P}_{\mathrm{e}}^{\mathrm{T}} > 0$ を数値的に求めると，$q_{11} = 100$, $q_{22} = 600$, $r_{\mathrm{e}} = 1$ のとき，

$$\boldsymbol{P}_{\mathrm{e}} = \begin{bmatrix} \boldsymbol{P}_{11} & \boldsymbol{p}_{12} \\ \boldsymbol{p}_{12}^{\mathrm{T}} & p_{22} \end{bmatrix} = \left[\begin{array}{rrrr:r} 3.0880 & 1.9517 & 20.0795 & 7.7123 & -22.1183 \\ 1.9517 & 1.4273 & 11.5348 & 4.9775 & -12.2474 \\ 20.0795 & 11.5348 & 217.7154 & 60.8435 & -291.6503 \\ 7.7123 & 4.9775 & 60.8435 & 21.2483 & -72.3007 \\ \hdashline -22.1183 & -12.2474 & -291.6503 & -72.3007 & 660.6984 \end{array}\right] \tag{8.69}$$

となる．このとき，

$$w_{\infty} = w_0 + 2p_{22}^{-1}\boldsymbol{p}_{12}^{\mathrm{T}}\bigl(\boldsymbol{x}_0 - \boldsymbol{x}_{\infty}\bigr) \tag{8.70}$$

と選ぶことにより，最適サーボシステムを構成するための (8.64) 式に相当する積分型コントローラが，次式のように得られる．

$$\mathcal{K}:\ u(t) = \boldsymbol{k}\boldsymbol{x}(t) + g\int_0^t e(t)dt + f_{\mathrm{a}}y^{\mathrm{ref}}(t) + f_{\mathrm{b}}\boldsymbol{x}_0 \tag{8.71}$$
$$\boldsymbol{k} = -r_{\mathrm{e}}^{-1}\boldsymbol{b}^{\mathrm{T}}\boldsymbol{P}_{11} = \begin{bmatrix} -3.9033 & -2.8546 & -23.0696 & -9.9549 \end{bmatrix}$$
$$g = -r_{\mathrm{e}}^{-1}\boldsymbol{b}^{\mathrm{T}}\boldsymbol{p}_{12} = 24.4949$$
$$f_{\mathrm{a}} = \begin{bmatrix} -\boldsymbol{k} + 2gp_{22}^{-1}\boldsymbol{p}_{12}^{\mathrm{T}} & 1 \end{bmatrix}\begin{bmatrix} \boldsymbol{A} & \boldsymbol{b} \\ \boldsymbol{c} & 0 \end{bmatrix}^{-1}\begin{bmatrix} \boldsymbol{0} \\ 1 \end{bmatrix} = 3.7074$$
$$f_{\mathrm{b}} = -2gp_{22}^{-1}\boldsymbol{p}_{12}^{\mathrm{T}} = \begin{bmatrix} 1.6400 & 0.9081 & 21.6254 & 5.3610 \end{bmatrix}$$

最適サーボシステムの動作を調べるため，

① 積分型コントローラ (8.71) 式 ……………………………………………… 最適サーボシステム

② $w_0 = 0$, $w_{\infty} = g^{-1}\bigl(u_{\infty} - \boldsymbol{k}\boldsymbol{x}_{\infty}\bigr)$ と選んだ積分型コントローラ

$$\mathcal{K}:\ u(t) = \boldsymbol{k}\boldsymbol{x}(t) + g\int_0^t e(t)dt \quad (\boldsymbol{k}\ \text{と}\ g\ \text{の値は (8.71) 式と同じ}) \tag{8.72}$$

…………… (5.51) 式 (p.104) の形式のコントローラの中で評価関数 (8.66) 式が最小

を比較したシミュレーション結果を図 8.6 に示す．状態変数 $\boldsymbol{x}(t)$ の初期値がすべて零のとき，図 8.6 (a) より，① (最適サーボシステム) の方が ② よりも立ち上がりが速く，w_{∞} を (8.70) 式のように選ぶ効果が確認できる．さらに，$\boldsymbol{x}(t)$ の初期値が非零であるとき，図 8.6 (b) より，② は逆ぶれが生じて立ち上がりの遅い応答であるのに対し，① (最適サーボシステム) は過大な $u(t)$ を使うことなく立ち上がりが速く，収束性のよい応答が得られている．

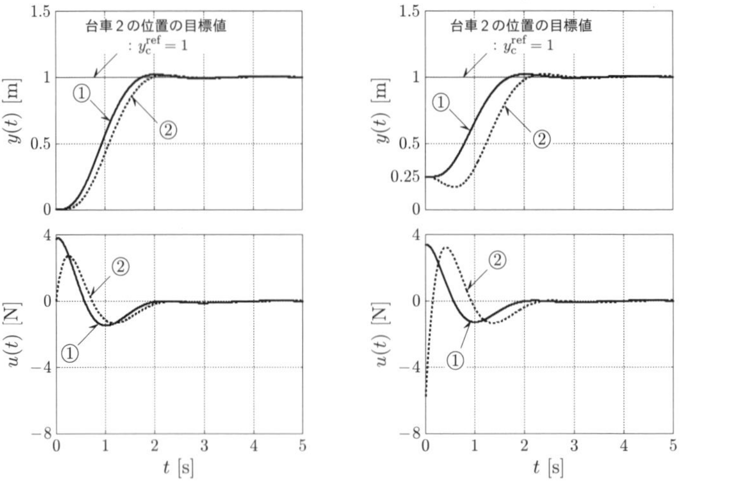

(a) $\boldsymbol{x}_0 = \begin{bmatrix} 0 & 0 & 0 & 0 \end{bmatrix}^T$　　(b) $\boldsymbol{x}_0 = \begin{bmatrix} 0 & 0 & 0.25 & 0 \end{bmatrix}^T$ $(y(0) = 0.25)$

図 8.6　最適サーボシステムのシミュレーション結果

8.4　MATLAB/Simulink を利用した演習

8.4.1　リカッチ方程式と最適レギュレータ

MATLAB では，リカッチ方程式 (8.10) 式の解を求める関数 “care” や，評価関数 (8.8) 式を最小化するゲイン (8.9) 式を直接求める関数 “lqr” が用意されている．ここでは，例 8.2 (1) (p.160) の結果を MATLAB で得るための手順を説明する．

まず，以下の M ファイルを作成する．

M ファイル “optimal_care.m”：リカッチ方程式の解 (関数 “care”) と最適レギュレータ

`clear`	……… メモリ上の変数をすべて消去
`format compact`	……… 余分な改行を省略
`A = [  0  1`	……… $\boldsymbol{A}$ の定義
`      -10 -1 ];`	
`B = [ 0`	……… $\boldsymbol{b}$ の定義
`       1 ];`	
`Q = diag([ 300  60 ]);`	……… $\boldsymbol{Q} = \mathrm{diag}\{300, 60\} > 0$ の定義
`R = 1;`	……… $r = 1 > 0$ の定義
`P = care(A,B,Q,R)`	……… リカッチ方程式 $\boldsymbol{PA} + \boldsymbol{A}^T\boldsymbol{P} - \frac{1}{r}\boldsymbol{Pbb}^T\boldsymbol{P} + \boldsymbol{Q} = \boldsymbol{O}$ の解 $\boldsymbol{P} = \boldsymbol{P}^T > 0$
`K = - inv(R)*B'*P`	……… $\boldsymbol{k} = -\frac{1}{r}\boldsymbol{b}^T\boldsymbol{P}$

この M ファイルでは，以下のことを行っている．

- 状態方程式 (8.3) 式の係数行列 $\boldsymbol{A}$, $\boldsymbol{b}$ および評価関数 (8.13) 式の重み $\boldsymbol{Q} =$

$\mathrm{diag}\{\,300,\,60\,\} > 0,\ r = 1 > 0$ を定義する．
- リカッチ方程式 (8.14) 式の正定対称解 $\boldsymbol{P} = \boldsymbol{P}^{\mathrm{T}} > 0$ を求める．
- (8.15) 式に従って状態フィードバックゲイン $\boldsymbol{k}$ を計算する．

M ファイル “optimal_care.m” を実行すると，以下に示すように，(8.20) 式の正定対称解 $\boldsymbol{P} = \boldsymbol{P}_3$ および (8.21) 式の状態フィードバックゲイン $\boldsymbol{k}$ を得ることができる．

“optimal_care.m” の実行結果

```
>> optimal_care ↵          ……… M ファイルの実行
P =
  170.0000   10.0000
   10.0000    8.0000
```

……… $\boldsymbol{P} = \begin{bmatrix} 170 & 10 \\ 10 & 8 \end{bmatrix}$

```
K =
  -10.0000   -8.0000
```

……… $\boldsymbol{k} = -\dfrac{1}{r}\boldsymbol{b}^{\mathrm{T}}\boldsymbol{P} = \begin{bmatrix} -10 & -8 \end{bmatrix}$

また，関数 “lqr” を用いた以下の M ファイル “optimal_lqr.m” を作成して実行すると，(8.21) 式の状態フィードバックゲイン $\boldsymbol{k}$ を直接的に得ることができる．

M ファイル “optimal_lqr.m”：最適レギュレータ (関数 “lqr”)

```
      ⋮   “optimal_care.m” の 1～11 行目と同様
12   K = - lqr(A,B,Q,R)          ……… 最適レギュレータによる k の導出
```

“optimal_lqr.m” の実行結果

```
>> optimal_lqr ↵          ……… M ファイルの実行
K =
  -10.0000   -8.0000
```

……… $\boldsymbol{k} = -\dfrac{1}{r}\boldsymbol{b}^{\mathrm{T}}\boldsymbol{P} = \begin{bmatrix} -10 & -8 \end{bmatrix}$

さらに，Symbolic Math Toolbox が利用できる環境下であれば，M ファイル

M ファイル “symb_riccati.m”：リカッチ方程式の解 (関数 “solve”) ……… Symbolic Math Toolbox

```
      ⋮   “optimal_care.m” の 1～11 行目と同様
12   syms p11 p12 p22
13
14   P = [ p11  p12
15         p12  p22 ];
16   M = P*A + A'*P - P*B*inv(R)*B'*P + Q;
17
18   [p11 p12 p22] = solve(M(1,1),M(1,2),M(2,2), {p11,p12,p22});
19
20   num = size(p11,1);
21   for i = 1:num
22     P = [ p11(i)  p12(i)
23           p12(i)  p22(i) ]
24     lambda = double(eig(P))
25
26     if lambda > 0
27       disp('   ====> P は正定行列');
28       K = - inv(R)*B'*P;
29       K = double(K)
30     else
31       disp('   ====> P は正定行列ではない');
32     end
33     disp(' ');
34   end
```

- 12: ……… 変数 p_{11}，p_{12}，p_{22} の定義
- 14–15: ……… 対称行列 $\boldsymbol{P} = \boldsymbol{P}^{\mathrm{T}} = \begin{bmatrix} p_{11} & p_{12} \\ p_{12} & p_{22} \end{bmatrix}$ の定義
- 16–17: ……… リカッチ方程式 $\boldsymbol{M} = \boldsymbol{P}\boldsymbol{A} + \boldsymbol{A}^{\mathrm{T}}\boldsymbol{P} - \dfrac{1}{r}\boldsymbol{P}\boldsymbol{b}\boldsymbol{b}^{\mathrm{T}}\boldsymbol{P} + \boldsymbol{Q} = \boldsymbol{O}$ の定義
- 18–19: ……… $\boldsymbol{M} = \begin{bmatrix} M_{11} & M_{12} \\ M_{12} & M_{22} \end{bmatrix} = \begin{bmatrix} 0 & 0 \\ 0 & 0 \end{bmatrix}$ の求解
- 20: ……… リカッチ方程式の解の数 (num = 4)
- 22–23: ……… リカッチ方程式の解 $\boldsymbol{P} = \boldsymbol{P}_1, \cdots \boldsymbol{P}_4$ の表示
- 24: ……… $\boldsymbol{P}$ の固有値 λ を求め，倍精度に変換して表示
- 26–29: ……… $\boldsymbol{P}$ の固有値 λ がすべて正であれば，$\boldsymbol{P}$ が正定行列である旨のメッセージを表示し，$\boldsymbol{k} = -\dfrac{1}{r}\boldsymbol{b}^{\mathrm{T}}\boldsymbol{P}$ を算出
- 30–31: ……… $\boldsymbol{P}$ の固有値 λ が一つでも負であれば，$\boldsymbol{P}$ が正定行列ではない旨のメッセージを表示

により，リカッチ方程式 (8.14) 式の 4 個の実数の対称解 $\boldsymbol{P} = \boldsymbol{P}_1, \boldsymbol{P}_2, \boldsymbol{P}_3, \boldsymbol{P}_4$ ((8.18), (8.20) 式) を求め，それらが正定であるかどうかを調べることができる(注8.9)．M ファイル “symb_riccati.m” の実行結果を，以下に示す．

“symb_riccati.m” の実行結果

```
>> symb_riccati ↵          ……… M ファイルの実行
P =
[ -30, -30]                ……… P = P1 = [ -30 -30 ; -30 0 ]
[ -30,   0]                 : (8.18) 式
lambda =
  -48.5410                 ……… λ1 < 0
   18.5410                 ……… λ2 > 0
   ====> P は正定行列ではない

P =
[ 170, 10]                 ……… P = P3 = [ 170 10 ; 10 8 ]
[  10,  8]                  : (8.20) 式
lambda =
    7.3851                 ……… λ1 > 0
  170.6149                 ……… λ2 > 0
   ====> P は正定行列
K =                        ……… k = [ -10  -8 ]
   -10    -8                : (8.21) 式

P =
[  10, -30]                ……… P = P2 = [ 10 -30 ; -30 -2 ]
[ -30,  -2]                 : (8.18) 式
lambda =
  -26.5941                 ……… λ1 < 0
   34.5941                 ……… λ2 > 0
   ====> P は正定行列ではない

P =
[ -190,  10]               ……… P = P4 = [ -190 10 ; 10 -10 ]
[   10, -10]                : (8.20) 式
lambda =
 -190.5539                 ……… λ1 < 0
   -9.4461                 ……… λ2 < 0
   ====> P は正定行列ではない
```

M ファイル “optimal_care.m”, “optimal_lqr.m”, “symb_riccati.m” のいずれかにより設計されたコントローラを用いて Simulink によるシミュレーションを行うための方法は，4.4.3 項と同様である．つまり，

```
>> optimal_lqr ↵           ……… M ファイルの実行
K =                        ……… k = -(1/r) b^T P = [ -10  -8 ]
  -10.0000   -8.0000
>> x0 = [ 1  0 ]'; ↵       ……… 初期状態 x(0) = [ 1 0 ]^T の設定
```

のように初期状態を設定した後，図 4.11 の Simulink モデル “simulink_sfbk.mdl” (p.90) を実行する．ただし，シミュレーション時間の終了時間は “4” に変更する．最後に，Scope をダブルクリックするか，あるいは，

M ファイル “plot_data_optimal.m”

```
figure(1)
plot(t,x(:,1));
grid;
xlabel('t [s]');
ylabel('x1(t) [m]');

figure(2)
plot(t,x(:,2));
grid;
xlabel('t [s]');
ylabel('x2(t) [m/s]');
```

を実行することで，図 8.2 (p.162) に相当する図 8.7 のシミュレーション結果が得られる．

問題 8.4　問題 8.2 (p.164) の結果を，以下の方法により MATLAB を利用して確かめよ．

(注8.9) 付録 C.3 (b) (p.240) で説明するように，関数 “eig” を用いて $\boldsymbol{P} = \boldsymbol{P}^{\mathrm{T}}$ の固有値 λ_i を求め，それらがすべて正であるかどうかで $\boldsymbol{P}$ が正定であるかどうかを判別することができる．

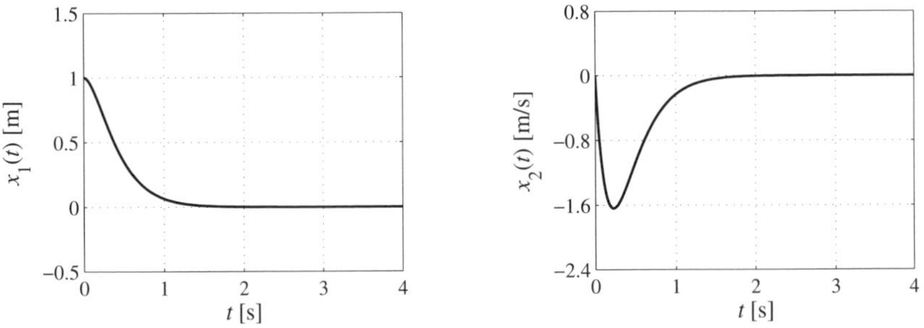

(a) $x_1(t)$ の描画 (b) $x_2(t)$ の描画

図 8.7 シミュレーション結果

(1) 関数“care”を利用してリカッチ方程式 (8.14) 式の正定対称解 $\boldsymbol{P} = \boldsymbol{P}^{\mathrm{T}} > 0$ を求め，また，(8.15) 式に従って $\boldsymbol{k}$ を求めよ．

(2) 関数“lqr”を利用して $\boldsymbol{k}$ を求めよ．

(3) M ファイル“symb_riccati.m”(p.175) を参考にして，リカッチ方程式 (8.14) 式の 4 個の実数の対称解 $\boldsymbol{P} = \boldsymbol{P}_1, \cdots, \boldsymbol{P}_4$ をすべて求めよ．また，それらの固有値を求めることで正定性を判別し，$\boldsymbol{P}_i$ が正定である場合には，(8.15) 式に従って $\boldsymbol{k}$ を求めよ．
……………………………………Symbolic Math Toolbox が使用できる環境下の場合のみ

8.4.2 リカッチ方程式の数値解法 (有本－ポッターの方法)

MATLAB では，関数“eig”を用いて，(8.31) 式 (p.164) で定義されるハミルトン行列 $\boldsymbol{H} \in \mathbb{R}^{2n\times 2n}$ の $2n$ 個の固有値 $\lambda_1, \cdots, \lambda_{2n}$ と，それに対応する固有ベクトル $\boldsymbol{v}_1, \cdots, \boldsymbol{v}_{2n}$ を求めることができる．また，関数“real”と if 文を用いることで，固有値の実部が負であるかどうかを判別できるので，ハミルトン行列 $\boldsymbol{H} \in \mathbb{R}^{2n\times 2n}$ の n 個の安定な固有値 $\underline{\lambda}_1, \cdots, \underline{\lambda}_n$ と，それに対応する固有ベクトル $\underline{\boldsymbol{v}}_1, \cdots, \underline{\boldsymbol{v}}_n$ を求めることができる．したがって，**例 8.3** (p.166) で示した有本－ポッターの方法の結果を MATLAB で確認するための M ファイルは，以下のようになる．

M ファイル“optimal_hamilton.m”(関数“eig”,“real”)：ハミルトン行列と有本－ポッターの方法

```
   :   “optimal_care.m”の 1～11 行目と同様
   :
12  n = 2;                              ……… n = 2 : x(t) の次元
13
14  H = [ A  -B*inv(R)*B'               ……… ハミルトン行列 H = [ A  -(1/r)bb^T
15        -Q        -A'     ]                                     -Q   -A^T     ]
16                                            { H の固有値 λ_i，固有ベクトル v_i (i = 1, 2, 3, 4)
17  [V Lambda] = eig(H)                 ……… { “V”：V = [ v_1  v_2  v_3  v_4 ]
18                                            { “Lambda”：Λ = diag{ λ_1, λ_2, λ_3, λ_4 }
19  num = 0;
20  for i = 1:2*n                       ……… i = 1 から i = 2n まで 1 刻みで増加
21    if real(lambda) < 0               ……… Re[λ_i] < 0 であるなら安定な固有値であると判断し，
22      num = num + 1;                           V_1, V_2 に要素を追加
23      V1(1:n,num) = V(  1:n,  i);     ……… V_1 = [ v_{1,1}  v_{2,1} ]
```

```
      V2(1:n,num) = V(n+1:2*n,i);    ……… V_2 = [ v_{1,2}  v_{2,2} ]
    end
  end

  V1, V2                             ……… V_1, V_2 の表示
  P = V2/V1                          ……… P = V_2 V_1^{-1} (“P = V2*inv(V1)” と入力してもよい)
```

M ファイル “optimal_hamilton.m” を実行すると，

“optimal_hamilton.m” の実行結果

```
>> optimal_hamilton ↵      …… M ファイルの実行
H =                 ……… ハミルトン行列 H
     0     1     0     0
   -10    -1     0    -1
  -300     0     0    10
     0   -60    -1     1
V =                 ……… V = [ v_1 v_2 v_3 v_4 ]
   -0.0069   -0.0065    0.0081    0.0076
   -0.0343   -0.0261   -0.0404   -0.0303
    0.9609    0.9802    0.9693    0.9855
    0.2746    0.1960   -0.2423   -0.1668
Lambda =       ……… Λ = diag{ λ_1, λ_2, λ_3, λ_4 }
    5.0000         0         0         0
         0    4.0000         0         0
         0         0   -5.0000         0
         0         0         0   -4.0000
V1 =                 ……… V_1 : (8.41) 式において
    0.0081    0.0076          α = 1/√15326,
   -0.0404   -0.0303          β = 1/√17401
V2 =                 ……… V_2 : 同上
    0.9693    0.9855
   -0.2423   -0.1668
P =                  ……… P = V_2 V_1^{-1} : (8.42) 式
  170.0000   10.0000
   10.0000    8.0000
```

のように，(8.42) 式 (p.167) の $\boldsymbol{P}$ を得ることができる．ここで，$\overline{\lambda}_1 = \lambda_1 = 5$, $\overline{\lambda}_2 = \lambda_2 = 4$, $\underline{\lambda}_1 = \lambda_3 = -5$, $\underline{\lambda}_2 = \lambda_4 = -4$ であり，また，

$$\underline{\boldsymbol{v}}_1\ (= \boldsymbol{v}_3) = \begin{bmatrix} \underline{\boldsymbol{v}}_{1,1} \\ \underline{\boldsymbol{v}}_{1,2} \end{bmatrix} = \begin{bmatrix} 0.0081 \\ -0.0404 \\ \hdashline 0.9693 \\ -0.2423 \end{bmatrix}, \quad \underline{\boldsymbol{v}}_2\ (= \boldsymbol{v}_4) = \begin{bmatrix} \underline{\boldsymbol{v}}_{2,1} \\ \underline{\boldsymbol{v}}_{2,2} \end{bmatrix} = \begin{bmatrix} 0.0076 \\ -0.0303 \\ \hdashline 0.9855 \\ -0.1668 \end{bmatrix}$$

である．これらは，(8.40) 式において $\alpha = 1/\sqrt{15326} \fallingdotseq 0.0081$, $\beta = 1/\sqrt{17401} \fallingdotseq 0.0076$ としたものとなっている．このように，関数 “eig” を利用すると，$|\boldsymbol{v}_i| = 1$ となるように正規化された固有ベクトル $\boldsymbol{v}_i$ が算出される．

ハミルトン行列の**性質 2** (p.165) を利用すると，リカッチ方程式を解くことなく最適レギュレータによるコントローラを設計できる．**例 8.4** (p.168) で示した結果を MATLAB により確認するには，M ファイル “optimal_hamilton.m” を実行した後，以下のように入力すればよい．

```
>> lambda = [ Lambda(3,3); Lambda(4,4) ] ↵
lambda =        ……… λ_1 = λ_3 = −5, λ_2 = λ_4 = −4   (λ_1, λ_2 は下線付き)
   -5.0000
   -4.0000
```

```
>> K = - acker(A,B,lambda) ↵
K =              ……… A + bk の固有値を λ_1, λ_2 に配置
  -10.0000   -8.0000    する k を設計 : (8.50) 式
```

また，Robust Control Toolbox が使用できる環境下であれば，関数 “aresolv” を用い，上記の M ファイル “optimal_hamilton.m” を簡略化することができる．関数

"aresolv"では，ハミルトン行列

$$H = \begin{bmatrix} A & -N \\ -M & -A^\mathrm{T} \end{bmatrix} \tag{8.73}$$

に対する $\underline{V}_1, \underline{V}_2$ を求めることができる．このことを考慮すると，関数 "aresolv" を用いて簡略化した M ファイルは，以下のようになる．

M ファイル "optimal_hamilton2.m"（関数 "aresolv"）：ハミルトン行列と有本－ポッターの方法
.... Robust Control Toolbox

: "optimal_care.m" の 1～11 行目と同様
12 [V1 V2] = aresolv(A,Q,B*inv(R)*B') ……… $M = Q, N = (1/r)bb^\mathrm{T}$ とした H に対する $\underline{V}_1, \underline{V}_2$
13 P = V2/V1   ……… $P = \underline{V}_2 \underline{V}_1^{-1}$ ("P = V2*inv(V1)" と入力してもよい)

"optimal_hamilton2.m" を実行すると，

"optimal_hamilton2.m" の実行結果
>> optimal_hamilton2 ↵   …… M ファイルの実行
V1 = $\underline{V}_1$：(8.41) 式において
   0.0081   0.0076 $\alpha = 1/\sqrt{15326}$,
  -0.0404   -0.0303 $\beta = 1/\sqrt{17401}$
V2 = $\underline{V}_2$：同上

P =
   0.9693   0.9855
  -0.2423   -0.1668 $P = \underline{V}_2 \underline{V}_1^{-1}$：(8.42) 式
 170.0000   10.0000
  10.0000   8.0000

のように，(8.42) 式 (p.167) の P を得ることができる．

問題 8.5　問題 8.3 (p.169) の結果を，以下の方法により MATLAB で確かめよ．

(1) 関数 "eig" を利用して，ハミルトン行列 H の安定な固有値 $\underline{\lambda}_1, \underline{\lambda}_2$ と，それに対応した固有ベクトル $\underline{v}_1, \underline{v}_2$ を求めよ．

(2) M ファイル "optimal_hamilton.m" (p.177) を参考にして，有本-ポッターの方法により，リカッチ方程式の解 P を求めよ．

(3) 関数 "acker" を利用し，$A + bk$ の固有値が $\underline{\lambda}_1, \underline{\lambda}_2$ となるようなコントローラのゲイン k を求めよ．

8.4.3 最適サーボシステム

例 8.5 (p.172) の結果を，MATLAB/Simulink により確認してみよう．まず，最適サーボシステムのコントローラ (8.71) 式を設計するために，以下の M ファイルを作成する．

M ファイル "optimal_servo.m"：最適サーボシステムの設計

: "following.m" (p.110) の 1～13 行目と同様
14 Ae = [A   zeros(4,1)   ……… $A_\mathrm{e} = \begin{bmatrix} A & 0 \\ -c & 0 \end{bmatrix}$
15   -C   zeros(1,1)];
16 Be = [B   ……… $b_\mathrm{e} = \begin{bmatrix} b \\ 0 \end{bmatrix}$
17   zeros(1,1)];
18
19 Q11 = 100; Q22 = 600;   ……… $q_{11} = 100, q_{22} = 600$
20 Qe = [C'*Q11*C   zeros(4,1)   ……… $Q_\mathrm{e} = \begin{bmatrix} c^\mathrm{T} q_{11} c & 0 \\ 0 & q_{22} \end{bmatrix}$
21   zeros(1,4) Q22   ];

```
Re = 1;                                    ……… $r_e = 1$

Pe = care(Ae,Be,Qe,Re);                    ……… $P_e A_e + A_e^T P_e - P_e b_e r_e^{-1} b_e^T P_e + Q_e = O$ の求解
P11 = Pe(1:4,1:4)
P12 = Pe(1:4,5)                            ……… $P_e = \begin{bmatrix} P_{11} & p_{12} \\ p_{12}^T & p_{22} \end{bmatrix}$
P22 = Pe(5,5)

K = - inv(Re)*B'*P11                       ……… $k = -r_e^{-1} b^T P_{11}$
G = - inv(Re)*B'*P12                       ……… $g = -r_e^{-1} b^T p_{12}$

M0 = [ A  B                                ……… $M_0 = \begin{bmatrix} A & b \\ c & 0 \end{bmatrix}$
       C  0 ];
Fa = [ -K+2*G*inv(P22)*P12'  1 ]*inv(M0)*[ zeros(4,1); 1 ]
                                           ……… $f_a = \begin{bmatrix} -k + 2gp_{22}^{-1} p_{12}^T & 1 \end{bmatrix} \begin{bmatrix} A & b \\ c & 0 \end{bmatrix}^{-1} \begin{bmatrix} 0 \\ 1 \end{bmatrix}$
Fb = - 2*G*inv(P22)*P12'                   ……… $f_b = -2gp_{22}^{-1} p_{12}^T$
```

M ファイル“optimal_servo.m”を実行すると，

“optimal_servo.m” の実行結果

```
>> optimal_servo ↵           ……… M ファイルの実行
P11 =                        ……… P11 : (8.69) 式
    3.0880    1.9517   20.0795    7.7123
    1.9517    1.4273   11.5348    4.9775
   20.0795   11.5348  217.7154   60.8435
    7.7123    4.9775   60.8435   21.2483
P12 =                        ……… p12 : (8.69) 式
  -22.1183
  -12.2474
 -291.6503
  -72.3007
P22 =                        ……… p22 : (8.69) 式
  660.6984
K =                          ……… k : (8.71) 式
   -3.9033   -2.8546  -23.0696   -9.9549
G =                          ……… g : (8.71) 式
   24.4949
Fa =                         ……… fa : (8.71) 式
    3.7074
Fb =                         ……… fb : (8.71) 式
    1.6400    0.9081   21.6254    5.3610
```

となり，リカッチ方程式 (8.68) 式の解 $\boldsymbol{P}_{11}$, $\boldsymbol{p}_{12}$, p_{22} ((8.69) 式) およびコントローラのゲイン $\boldsymbol{k}$, g, f_a, $\boldsymbol{f}_b$ ((8.71) 式) が得られる．

つぎに，最適サーボシステムのシミュレーションを行う Simulink モデルを作成するために，“simulink_servo.mdl” (p.114) を，図 8.8 のように修正する．また，初期値 $\boldsymbol{x}(0) = \boldsymbol{x}_0$ を，つぎのように設定する．

```
>> x0 = [ 0  0  0.25  0 ]'; ↵      ……… 初期状態 $x(0) = [0\ 0\ 0.25\ 0]^T$ の設定
```

最後に，図 8.8 の Simulink モデル“simulink_optimal_servo.mdl”を実行し，シミュレーションが終了した後，M ファイル“plot_data_cart.m” (p.111) を実行すると，図 8.9 (a) のようにシミュレーション結果が描画される．また，比較のため，

```
>> Fa = 0; ↵                    ……… $f_a = 0$
>> Fb = zeros(1,4); ↵           ……… $f_b = [0\ 0\ 0\ 0]$
```

と入力した後，同様の操作を行うと，積分型コントローラ (8.72) 式を用いたときのシミュレーションを行うことができる．その結果，図 8.9 (b) に示すシミュレーション結

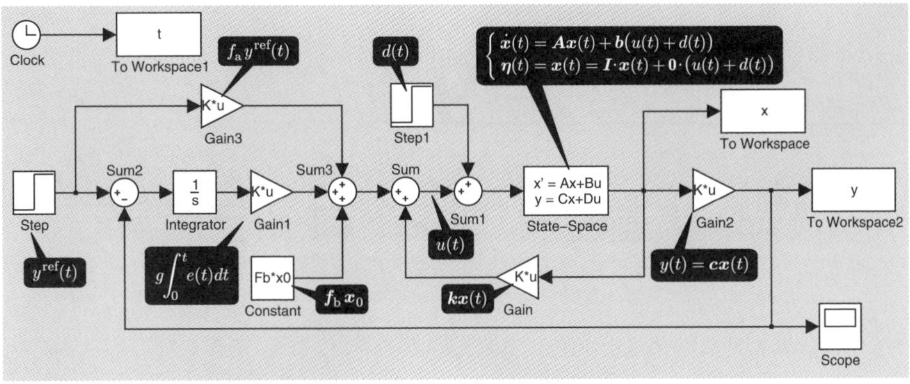

- Gain3 (ライブラリ：Math Operations)
  ゲイン："1" を "Fa" に変更
  乗算："単位要素 (K.*u)" を "行列 (K*u)" に変更
  ("Fa" はスカラーなので変更なしでも可)
- Sum3 (ライブラリ：Math Operations)
  符号のリスト："|++" を "+++" に変更
- Constant (ライブラリ：Sources)
  定数："1" を "Fb*x0" に変更
- これ以外の Simulink ブロックやシミュレーション時間，ソルバオプションの設定は図 5.12 の Simulink モデル "simulink_servo.mdl" (p.114) と同様

図 8.8 Simulink モデル "simulink_optimal_servo.mdl"

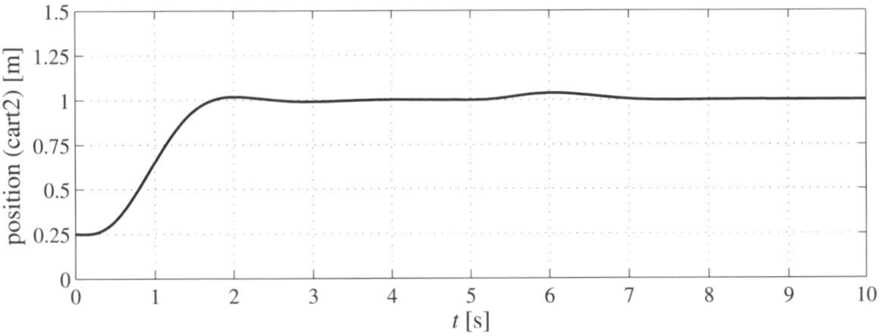

(a) 積分型コントローラ (8.71) 式 (最適サーボシステム)

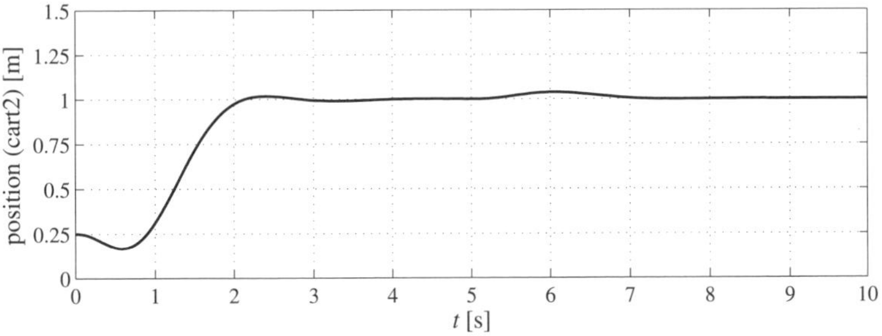

(b) 積分型コントローラ (8.72) 式

図 8.9 $\boldsymbol{x}_0 = \begin{bmatrix} 0 & 0 & 0.25 & 0 \end{bmatrix}^{\mathrm{T}}$, $d(t) = d_{\mathrm{c}} = 1$ $(t \geq 5)$ としたときのシミュレーション結果

果が描画される．外乱 $d(t)$ が加わる前までの時刻 $(0 \leq t < 5)$ を比べると，図 8.9 のシミュレーション結果は，図 8.6 (b) (p.174) の結果と一致していることが確認できる．

第 9 章 LMI に基づくコントローラ設計

近年，リアプノフ方程式やリカッチ方程式といった行列方程式ではなく，リアプノフ不等式やリカッチ不等式のように“行列が正定 (あるいは負定)”であるといった，行列不等式の条件からコントローラを設計することが多くなった．これは，複数の設計仕様を同時に満足させたり，状況に応じてゲインを変化させるなど，実用的なコントローラ設計が容易であるといった利点があるためである．とくに，“線形行列不等式 (LMI)”で設計仕様の可解条件を記述できる場合には，商用の Robust Control Toolbox(注 9.1) や，フリーウェアの LMI ソルバ SeDuMi あるいは SDPT3 と，MATLAB 上での LMI の記述を支援する YALMIP を利用することで(注 9.2)，LMI の数値解を効率的に求めることができる．ここでは，LMI に基づくコントローラ設計の基礎について説明する．

なお，本章では，標記の単純化のため，正方行列 $\boldsymbol{M}$ に対して，$\mathrm{He}[\cdot]$ を，$\mathrm{He}[\boldsymbol{M}] := \boldsymbol{M} + \boldsymbol{M}^{\mathrm{T}}$ のように定義する．また，対称行列を，

$$\begin{bmatrix} \boldsymbol{M}_{11} & \boldsymbol{M}_{12} \\ \boldsymbol{M}_{12}^{\mathrm{T}} & \boldsymbol{M}_{22} \end{bmatrix} = \begin{bmatrix} \boldsymbol{M}_{11} & \boldsymbol{M}_{12} \\ * & \boldsymbol{M}_{22} \end{bmatrix} \text{ あるいは } \begin{bmatrix} \boldsymbol{M}_{11} & \boldsymbol{M}_{12} \\ \boldsymbol{M}_{12}^{\mathrm{T}} & \boldsymbol{M}_{22} \end{bmatrix} = \begin{bmatrix} \boldsymbol{M}_{11} & * \\ \boldsymbol{M}_{12}^{\mathrm{T}} & \boldsymbol{M}_{22} \end{bmatrix}$$

のように記述する．ただし，$\boldsymbol{M}_{11} = \boldsymbol{M}_{11}^{\mathrm{T}}$, $\boldsymbol{M}_{22} = \boldsymbol{M}_{22}^{\mathrm{T}}$ である．

9.1 LMI とは

9.1.1 リアプノフ不等式と LMI

正方行列 $\boldsymbol{M}$ が正定であることを意味する“$\boldsymbol{M} > 0$”や $\boldsymbol{M}$ が負定であることを意味する“$\boldsymbol{M} < 0$”を**行列不等式**(matrix inequality)とよぶ．また，$\boldsymbol{M}$ が“定数項”と“求めたい解 (**決定変数**(decision variable)) θ_i $(i = 1, \cdots, k)$ に関して 1 次の項 (線形項)”との和で表される場合，この行列不等式を**線形行列不等式**(linear matrix inequality) (LMI) とよぶ．つまり，既知の対称行列 $\boldsymbol{M}_i = \boldsymbol{M}_i^{\mathrm{T}}$ $(i = 0, \cdots, k)$ を用いて，LMI は

$$\boldsymbol{M}(\boldsymbol{\theta}) := \boldsymbol{M}_0 + \sum_{i=1}^{k} \theta_i \boldsymbol{M}_i > 0 \;\; (\text{あるいは} < 0) \tag{9.1}$$

(注 9.1) Robust Control Toolbox の LMI ソルバは LMILAB (LMI-Lab) とよばれる．なお，MATLAB Ver.6.5.1 (R13SP1) 以前のバージョンでは，LMI Control Toolbox が必要である．

(注 9.2) 付録 B.7 (p.227) に，SeDuMi, SDPT3, YALMIP のインストール方法を説明している．

という形式で表すことができる．ただし，$\boldsymbol{\theta} = \begin{bmatrix} \theta_1 & \cdots & \theta_k \end{bmatrix}^{\mathrm{T}}$ である．制御システムの解析やコントローラ設計を行うための条件は，LMI で記述できる場合が多い．この場合，MATLAB を利用することによって，以下の問題を効率よく数値的に解くことができる．

Point! LMI で記述できる場合に解ける問題

(i) 凸可解問題 (CFP: convex feasibility problem)

LMI (9.1) 式を満足する解 $\boldsymbol{\theta} = \begin{bmatrix} \theta_1 & \cdots & \theta_k \end{bmatrix}^{\mathrm{T}}$ を求める．

(ii) 凸最適化問題 (COP: convex optimization problem)

$\boldsymbol{c} = \begin{bmatrix} c_1 & \cdots & c_k \end{bmatrix}^{\mathrm{T}}$ が与えられたとき，LMI (9.1) 式を満足し，さらに，

$$\text{線形目的関数：} E = \boldsymbol{c}^{\mathrm{T}}\boldsymbol{\theta} = c_1\theta_1 + \cdots + c_k\theta_k \tag{9.2}$$

を最小化する解 $\boldsymbol{\theta} = \begin{bmatrix} \theta_1 & \cdots & \theta_k \end{bmatrix}^{\mathrm{T}}$ および E の最小値を求める．

LMI 条件で与えられる典型的な凸可解問題は，線形な零入力システム

$$\dot{\boldsymbol{x}}(t) = \boldsymbol{A}\boldsymbol{x}(t), \quad \boldsymbol{x}(0) = \boldsymbol{x}_0 \tag{9.3}$$

が安定かどうかを判別する，安定解析問題である．7.2.1 項で説明したように，(9.3) 式は，

安定解析問題におけるリアプノフ不等式：LMI

$$\mathrm{He}\big[\boldsymbol{P}\boldsymbol{A}\big] < 0 \tag{9.4}$$

の正定対称解 $\boldsymbol{P} = \boldsymbol{P}^{\mathrm{T}} > 0$ が存在するか否かにより，判別できる．以下の例で示すように，安定性解析問題におけるリアプノフ不等式 (9.4) 式は，LMI となる．

例 9.1 ……… **安定性解析問題におけるリアプノフ不等式**

線形な零入力システム

$$\dot{\boldsymbol{x}}(t) = \boldsymbol{A}\boldsymbol{x}(t), \quad \boldsymbol{A} = \begin{bmatrix} 0 & 1 \\ -10 & -1 \end{bmatrix} \tag{9.5}$$

は，$\boldsymbol{A}$ の固有値が負の実数であり，安定である．(9.5) 式に対するリアプノフ不等式 (9.4) 式および $\boldsymbol{P} > 0$ が，LMI (9.1) 式の形式で記述できることを示す．正定対称解を

$$\boldsymbol{P} = \boldsymbol{P}^{\mathrm{T}} = \begin{bmatrix} \theta_1 & \theta_2 \\ \theta_2 & \theta_3 \end{bmatrix} > 0 \tag{9.6}$$

とすると，リアプノフ不等式 (9.4) 式は，

$$\mathrm{He}\big[\boldsymbol{P}\boldsymbol{A}\big] = \boldsymbol{P}\boldsymbol{A} + \boldsymbol{A}^{\mathrm{T}}\boldsymbol{P} = \begin{bmatrix} -20\theta_2 & \theta_1 - \theta_2 - 10\theta_3 \\ \theta_1 - \theta_2 - 10\theta_3 & 2\theta_2 - 2\theta_3 \end{bmatrix}$$

$$= \underbrace{\begin{bmatrix} 0 & 0 \\ 0 & 0 \end{bmatrix}}_{\boldsymbol{M}_0} + \theta_1 \underbrace{\begin{bmatrix} 0 & 1 \\ 1 & 0 \end{bmatrix}}_{\boldsymbol{M}_1} + \theta_2 \underbrace{\begin{bmatrix} -20 & -1 \\ -1 & 2 \end{bmatrix}}_{\boldsymbol{M}_2} + \theta_3 \underbrace{\begin{bmatrix} 0 & -10 \\ -10 & -2 \end{bmatrix}}_{\boldsymbol{M}_3} < 0 \tag{9.7}$$

のように記述することができ，LMI (9.1) 式の形式となる．さらに，$\boldsymbol{P} > 0$ という条件もまた，次式のように LMI (9.1) 式の形式となる．

$$\boldsymbol{P} = \underbrace{\begin{bmatrix} 0 & 0 \\ 0 & 0 \end{bmatrix}}_{\boldsymbol{M}_0} + \theta_1 \underbrace{\begin{bmatrix} 1 & 0 \\ 0 & 0 \end{bmatrix}}_{\boldsymbol{M}_1} + \theta_2 \underbrace{\begin{bmatrix} 0 & 1 \\ 1 & 0 \end{bmatrix}}_{\boldsymbol{M}_2} + \theta_3 \underbrace{\begin{bmatrix} 0 & 0 \\ 0 & 1 \end{bmatrix}}_{\boldsymbol{M}_3} > 0 \tag{9.8}$$

MATLAB の LMI ソルバ“SeDuMi”を利用すると，

$$\boldsymbol{P} = \begin{bmatrix} 2.0401 \times 10^1 & 3.0579 \times 10^{-1} \\ 3.0579 \times 10^{-1} & 2.1244 \times 10^0 \end{bmatrix}$$

のように，LMI (9.4) 式を満足する解 $\boldsymbol{P} = \boldsymbol{P}^{\mathrm{T}} > 0$ が得られる．実際，

$\boldsymbol{P}$ の固有値：　$2.1193,\ 20.4059 \ \longrightarrow\ \boldsymbol{P} > 0$

$-\mathrm{He}[\boldsymbol{PA}]$ の固有値：$3.1864,\ \ 6.5667 \ \longrightarrow\ -\mathrm{He}[\boldsymbol{PA}] > 0 \ \longrightarrow\ \mathrm{He}[\boldsymbol{PA}] < 0$

となることから，得られた解 $\boldsymbol{P}$ は，LMI (9.4) 式および $\boldsymbol{P} > 0$ を満足する．したがって，(9.5) 式が安定であることがわかる．

9.1.2　変数変換法による BMI の LMI 化

制御対象

$$\mathcal{P}: \begin{cases} \dot{\boldsymbol{x}}(t) = \boldsymbol{A}\boldsymbol{x}(t) + \boldsymbol{B}\boldsymbol{u}(t), \quad \boldsymbol{x}(0) = \boldsymbol{x}_0 \\ \boldsymbol{y}(t) = \boldsymbol{C}\boldsymbol{x}(t) \end{cases} \tag{9.9}$$

が与えられたとき，これを安定化する状態フィードバック形式のコントローラ

$$\mathcal{K}: \ \boldsymbol{u}(t) = \boldsymbol{K}\boldsymbol{x}(t) \tag{9.10}$$

を設計する安定化問題を考える．(9.9), (9.10) 式より，併合システムの状態方程式は，

$$\dot{\boldsymbol{x}}(t) = \boldsymbol{A}_{\mathrm{cl}}\boldsymbol{x}(t), \quad \boldsymbol{A}_{\mathrm{cl}} := \boldsymbol{A} + \boldsymbol{B}\boldsymbol{K} \tag{9.11}$$

であるから，これに対するリアプノフ不等式

安定化問題におけるリアプノフ不等式：BMI

$$\mathrm{He}\big[\boldsymbol{P}(\underbrace{\boldsymbol{A} + \boldsymbol{B}\boldsymbol{K}}_{\boldsymbol{A}_{\mathrm{cl}}})\big] = \mathrm{He}\big[\underbrace{\boldsymbol{P}\boldsymbol{A}}_{\text{線形項}} + \underbrace{\boldsymbol{P}\boldsymbol{B}\boldsymbol{K}}_{\text{双線形項}}\big] < 0 \tag{9.12}$$

を満足する解 $\boldsymbol{P} = \boldsymbol{P}^{\mathrm{T}} > 0$, $\boldsymbol{K}$ が存在すれば，このときの $\boldsymbol{K}$ をゲインとするコント

ローラ (9.10) 式により，制御対象 (9.9) 式は安定化される．しかし，(9.12) 式は求めたい解 $\boldsymbol{P}$ と $\boldsymbol{K}$ との積の項を含む**双線形行列不等式**（bilinear matrix inequality）**(BMI)**(注 9.3) であり，このままでは効率よく数値的に解 $\boldsymbol{P}, \boldsymbol{K}$ を求めることができない．そこで，双線形項に含まれる二つの変数の積を一つの変数で置き換える**変数変換法**（change-of-variable method）により，BMI (9.12) 式を LMI 化する．

以下に，変数変換法の手順を示す．

Point!　変数変換法による安定化問題におけるリアプノフ不等式の LMI 化

ステップ 1　(9.12) 式の左右から $\boldsymbol{P}^{-1}$ をかけ，さらに，$\boldsymbol{X} := \boldsymbol{P}^{-1}$ と定義することにより，(9.12) 式を，

$$\begin{aligned} \boldsymbol{P}^{-1}\mathrm{He}\big[\boldsymbol{P}(\overbrace{\boldsymbol{A}+\boldsymbol{B}\boldsymbol{K}}^{\boldsymbol{A}_{\mathrm{cl}}})\big]\boldsymbol{P}^{-1} &= \mathrm{He}\big[(\overbrace{\boldsymbol{A}+\boldsymbol{B}\boldsymbol{K}}^{\boldsymbol{A}_{\mathrm{cl}}})\overbrace{\boldsymbol{X}}^{\boldsymbol{P}^{-1}}\big] \\ &= \mathrm{He}\big[\boldsymbol{A}\boldsymbol{X}+\boldsymbol{B}\boldsymbol{K}\boldsymbol{X}\big] < 0 \end{aligned} \tag{9.13}$$

のように書き換える．なお，$\boldsymbol{P} = \boldsymbol{P}^{\mathrm{T}} > 0$ であれば $\boldsymbol{P}$ は正則であり，また，$\boldsymbol{X} = \boldsymbol{X}^{\mathrm{T}} > 0$ となることに注意する．

ステップ 2　変数変換 $\boldsymbol{F} := \boldsymbol{K}\boldsymbol{X}$ を考え，$\boldsymbol{X}, \boldsymbol{K}$ に関する BMI (9.13) 式を，

安定化問題におけるリアプノフ不等式：LMI

$$\mathrm{He}\big[\boldsymbol{A}\boldsymbol{X}+\boldsymbol{B}\boldsymbol{F}\big] < 0 \tag{9.14}$$

のように，$\boldsymbol{X} = \boldsymbol{X}^{\mathrm{T}} > 0, \boldsymbol{F}$ に関する LMI に変換する．

LMI 化されたリアプノフ不等式 (9.14) 式を考えたとき，(9.14) 式の解 $\boldsymbol{X} = \boldsymbol{X}^{\mathrm{T}} > 0$, $\boldsymbol{F}$ が存在するのであれば，それを MATLAB により求めることができる．したがって，制御対象 (9.9) 式を安定化するコントローラ (9.10) 式のゲイン $\boldsymbol{K}$ は，

$$\boldsymbol{K} = \boldsymbol{F}\boldsymbol{X}^{-1} \tag{9.15}$$

のように，解 $\boldsymbol{X} = \boldsymbol{X}^{\mathrm{T}} > 0, \boldsymbol{F}$ を用いることにより得られる．

例 9.2 ………………………………………… アームシステムの安定化

図 9.1 に示す鉛直面を回転するアームシステムの非線形微分方程式は

$$J\ddot{\phi}(t) = \tau(t) + Mgl\sin\phi(t) - \mu\dot{\phi}(t) \tag{9.16}$$

であるから，状態変数を $\boldsymbol{x}(t) = \begin{bmatrix} x_1(t) & x_2(t) \end{bmatrix}^{\mathrm{T}} = \begin{bmatrix} \phi(t) & \dot{\phi}(t) \end{bmatrix}^{\mathrm{T}}$，操作量を $u(t) = \tau(t)$ とし，平衡点 $\boldsymbol{x}(t) = \boldsymbol{0}$, $u(t) = 0$ 近傍で 1 次近似線形化すると，状態方程式は

(注 9.3) 求めたい解に関して 2 次の項を双線形項とよぶ．また，定数項，線形項，双線形項の和で表される行列不等式を，双線形行列不等式 (BMI) とよぶ．

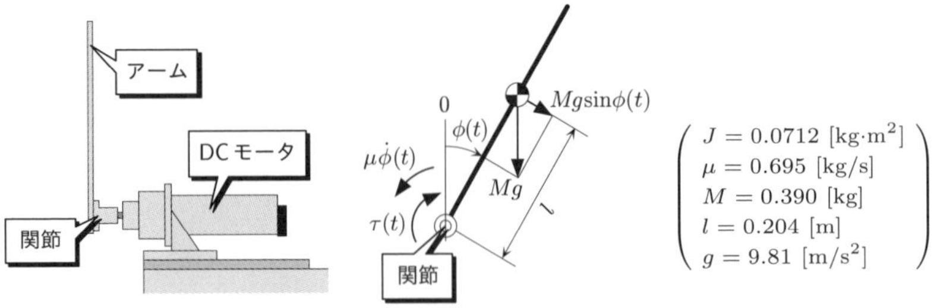

図 9.1　鉛直面を回転するアームシステム

$$\dot{\boldsymbol{x}}(t) = \boldsymbol{A}\boldsymbol{x}(t) + \boldsymbol{b}u(t) \tag{9.17}$$

$$\boldsymbol{A} = \begin{bmatrix} 0 & 1 \\ \dfrac{Mgl}{J} & -\dfrac{\mu}{J} \end{bmatrix} = \begin{bmatrix} 0 & 1 \\ 10.962 & -9.7612 \end{bmatrix}, \quad \boldsymbol{b} = \begin{bmatrix} 0 \\ \dfrac{1}{J} \end{bmatrix} = \begin{bmatrix} 0 \\ 14.045 \end{bmatrix}$$

となる．このとき，$\boldsymbol{A}$ の固有値は 1.0170, −10.7783 であるから，不安定である．この不安定な制御対象 (9.17) 式を安定化するコントローラ

$$\mathcal{K}:\ u(t) = \boldsymbol{k}\boldsymbol{x}(t), \quad \boldsymbol{k} = \begin{bmatrix} k_1 & k_2 \end{bmatrix} \tag{9.18}$$

を設計するために，MATLAB の LMI ソルバ "SeDuMi" を利用して，LMI

$$\begin{cases} \boldsymbol{X} = \boldsymbol{X}^{\mathrm{T}} > 0 \\ \mathrm{He}\big[\boldsymbol{A}\boldsymbol{X} + \boldsymbol{b}\boldsymbol{f}\big] < 0 \end{cases} \tag{9.19}$$

の解 $\boldsymbol{X}$, $\boldsymbol{f}$ を求め，コントローラ (9.18) 式のゲイン $\boldsymbol{k}$ を計算すると，

$$\boldsymbol{X} = \begin{bmatrix} 1.1250\times10^{0} & -3.7500\times10^{-1} \\ -3.7500\times10^{-1} & 1.1250\times10^{0} \end{bmatrix}, \quad \boldsymbol{f} = \begin{bmatrix} -1.2188\times10^{0} & 1.0390\times10^{0} \end{bmatrix}$$

$$\Longrightarrow \quad \boldsymbol{k} = \boldsymbol{f}\boldsymbol{X}^{-1} = \begin{bmatrix} -8.7245\times10^{-1} & 6.3270\times10^{-1} \end{bmatrix} \tag{9.20}$$

となる．このとき，$\boldsymbol{A}_{\mathrm{cl}} := \boldsymbol{A} + \boldsymbol{b}\boldsymbol{k}$ の固有値は $-0.4375 \pm 1.0489j$ であるから，不安定な制御対象 (9.17) 式は，コントローラ (9.18), (9.20) 式により安定化されることがわかる．

9.2　各種制御問題の LMI 条件

9.2.1　指定領域への極配置

時間応答の速応性や減衰性を考慮したい場合や，アクチュエータの仕様などにより操作量を大きくしたくない場合がある．このような場合，制御対象 (9.9) 式とコントローラ (9.10) 式とで構成される併合システム (9.11) 式の極 ($\boldsymbol{A}_{\mathrm{cl}} := \boldsymbol{A} + \boldsymbol{B}\boldsymbol{K}$ の固有値) $\lambda = \alpha \pm j\beta$ の存在領域を指定する，極配置問題を考えることが有効である．

たとえば，時間応答の速応性を高めるために虚軸に近い極を避けたいのであれば，$\boldsymbol{A}_{\mathrm{cl}}$ の固有値 λ の実部 α を，図 9.2 (a) に示す領域 $\mathcal{D}_1 : \alpha < \overline{\alpha}$ に配置するのがよいであろう．そのための不等式条件は，BMI

$$\mathrm{He}\big[\boldsymbol{P}\big(\overbrace{\boldsymbol{A}+\boldsymbol{B}\boldsymbol{K}}^{\boldsymbol{A}_{\mathrm{cl}}}\big)\big] < 2\overline{\alpha}\boldsymbol{P} \tag{9.21}$$

である．実際，$\boldsymbol{A}_{\mathrm{cl}}$ の固有値 λ，固有ベクトル $\boldsymbol{\psi}$ の定義式より，

$$\lambda\boldsymbol{\psi} = \boldsymbol{A}_{\mathrm{cl}}\boldsymbol{\psi} \iff \lambda^*\boldsymbol{\psi}^* = \boldsymbol{\psi}^*\boldsymbol{A}_{\mathrm{cl}}^{\mathrm{T}} \tag{9.22}$$

が成立するため，BMI (9.21) 式の左から $\boldsymbol{\psi}^*$，右から $\boldsymbol{\psi}$ をかけると，(9.22) 式より，

$$\begin{aligned}\boldsymbol{\psi}^*\big(\boldsymbol{P}\boldsymbol{A}_{\mathrm{cl}} + \boldsymbol{A}_{\mathrm{cl}}^{\mathrm{T}}\boldsymbol{P}\big)\boldsymbol{\psi} &= \boldsymbol{\psi}^*\boldsymbol{P}\boldsymbol{A}_{\mathrm{cl}}\boldsymbol{\psi} + \boldsymbol{\psi}^*\boldsymbol{A}_{\mathrm{cl}}^{\mathrm{T}}\boldsymbol{P}\boldsymbol{\psi} = \boldsymbol{\psi}^*\boldsymbol{P}\cdot\lambda\boldsymbol{\psi} + \lambda^*\boldsymbol{\psi}^*\cdot\boldsymbol{P}\boldsymbol{\psi} \\ &= \big(\lambda+\lambda^*\big)\boldsymbol{\psi}^*\boldsymbol{P}\boldsymbol{\psi} = 2\alpha\boldsymbol{\psi}^*\boldsymbol{P}\boldsymbol{\psi} < 2\overline{\alpha}\boldsymbol{\psi}^*\boldsymbol{P}\boldsymbol{\psi}\end{aligned} \tag{9.23}$$

が得られる．ここで，$\boldsymbol{P} = \boldsymbol{P}^{\mathrm{T}} > 0$ より，任意の $\boldsymbol{\psi} \neq \boldsymbol{0}$ に対して $\boldsymbol{\psi}^*\boldsymbol{P}\boldsymbol{\psi} > 0$ であるから，(9.23) 式より $\alpha < \overline{\alpha}$ となることがいえる．$\boldsymbol{X} := \boldsymbol{P}^{-1}$, $\boldsymbol{F} := \boldsymbol{K}\boldsymbol{X}$ とおくと，9.1.2 項と同様の変数変換の操作により，BMI (9.21) 式は，

実部指定領域 $\mathcal{D}_1 : \alpha < \overline{\alpha}$ (図 9.2 (a)) への極配置問題の LMI

$$\mathrm{He}\big[\boldsymbol{A}\boldsymbol{X} + \boldsymbol{B}\boldsymbol{F}\big] < 2\overline{\alpha}\boldsymbol{X} \tag{9.24}$$

のように LMI 化される．したがって，LMI (9.24) 式の解 $\boldsymbol{X} = \boldsymbol{X}^{\mathrm{T}} > 0$, $\boldsymbol{F}$ を求めることで，(9.15) 式により (9.10) 式のゲイン $\boldsymbol{K}$ を定めることができる．

同様の手順により，様々な領域への極配置問題の可解条件は，以下の LMI を満足する解 $\boldsymbol{X} = \boldsymbol{X}^{\mathrm{T}} > 0$, $\boldsymbol{F}$ を求める問題に帰着される．

実部指定領域 $\mathcal{D}_2$ (図 9.2 (b))，円領域 $\mathcal{D}_3$ (図 9.2 (c)) への極配置問題の LMI

- 実部指定領域 $\mathcal{D}_2 : \alpha > \underline{\alpha}$

$$\mathrm{He}\big[\boldsymbol{P}\big(\boldsymbol{A}+\boldsymbol{B}\boldsymbol{K}\big)\big] > 2\underline{\alpha}\boldsymbol{P} \overset{\text{LMI 化}}{\Longrightarrow} \mathrm{He}\big[\boldsymbol{A}\boldsymbol{X}+\boldsymbol{B}\boldsymbol{F}\big] > 2\underline{\alpha}\boldsymbol{X} \tag{9.25}$$

- 円領域 $\mathcal{D}_3 : (\alpha - q_{\mathrm{c}})^2 + \beta^2 < r_{\mathrm{c}}^2 \ \ (r_{\mathrm{c}} > 0)$

$$\begin{bmatrix} q_{\mathrm{c}}\mathrm{He}\big[\boldsymbol{P}\big(\boldsymbol{A}+\boldsymbol{B}\boldsymbol{K}\big)\big] + (r_{\mathrm{c}}^2 - q_{\mathrm{c}}^2)\boldsymbol{P} & \boldsymbol{P}\big(\boldsymbol{A}+\boldsymbol{B}\boldsymbol{K}\big) \\ * & \boldsymbol{P}\end{bmatrix} > 0$$

$$\overset{\text{LMI 化}}{\Longrightarrow} \begin{bmatrix} q_{\mathrm{c}}\mathrm{He}\big[\boldsymbol{A}\boldsymbol{X}+\boldsymbol{B}\boldsymbol{F}\big] + (r_{\mathrm{c}}^2 - q_{\mathrm{c}}^2)\boldsymbol{X} & \boldsymbol{A}\boldsymbol{X}+\boldsymbol{B}\boldsymbol{F} \\ * & \boldsymbol{X}\end{bmatrix} > 0 \tag{9.26}$$

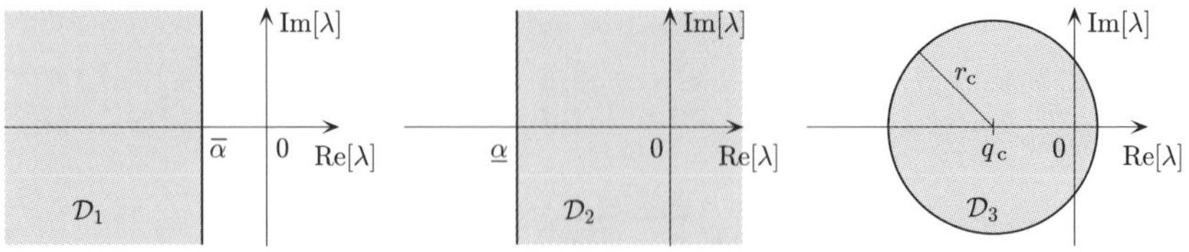

(a) 実部指定領域 $\mathcal{D}_1$　(b) 実部指定領域 $\mathcal{D}_2$　(c) 円領域 $\mathcal{D}_3$

図 9.2　様々な極領域

例 9.3 ………………………… アームシステムのコントローラ設計 (円領域への極配置)

例 9.2 (p.185) で示したアームシステムの状態方程式 (9.17) 式に対し，$\boldsymbol{A}_{\rm cl} := \boldsymbol{A} + \boldsymbol{bk}$ の固有値を中心 $(-5, 0)$，半径 4 の円領域 $\mathcal{D}_3$ に配置する．そのため，MATLAB の LMI ソルバ "SeDuMi" により，LMI (条件 $\boldsymbol{X} > 0$ は (9.27) 式の (2,2) ブロックに含まれている)

$$\begin{bmatrix} q_c{\rm He}\big[\boldsymbol{AX} + \boldsymbol{bf}\big] + (r_c^2 - q_c^2)\boldsymbol{X} & \boldsymbol{AX} + \boldsymbol{bf} \\ * & \boldsymbol{X} \end{bmatrix} > 0, \quad \begin{cases} q_c = -5 \\ r_c = 4 \end{cases} \tag{9.27}$$

の解 $\boldsymbol{X}$, $\boldsymbol{f}$ を求め，コントローラ (9.18) 式のゲイン $\boldsymbol{k}$ を計算すると，

$$\boldsymbol{X} = \begin{bmatrix} 3.2038\times10^{-1} & -3.9160\times10^{-1} \\ -3.9160\times10^{-1} & 5.9828\times10^{-1} \end{bmatrix},$$

$$\boldsymbol{f} = \begin{bmatrix} -5.0256\times10^{-1} & 6.6852\times10^{-1} \end{bmatrix}$$

$$\Longrightarrow \quad \boldsymbol{k} = \boldsymbol{fX}^{-1} = \begin{bmatrix} -1.0144\times10^{0} & 4.5342\times10^{-1} \end{bmatrix} \tag{9.28}$$

となる．このとき，$\boldsymbol{A}_{\rm cl}$ の固有値は $-1.6965 \pm 0.6383j$ であり，図 9.3 に示すように，指定した $\mathcal{D}_3$ に配置されている．

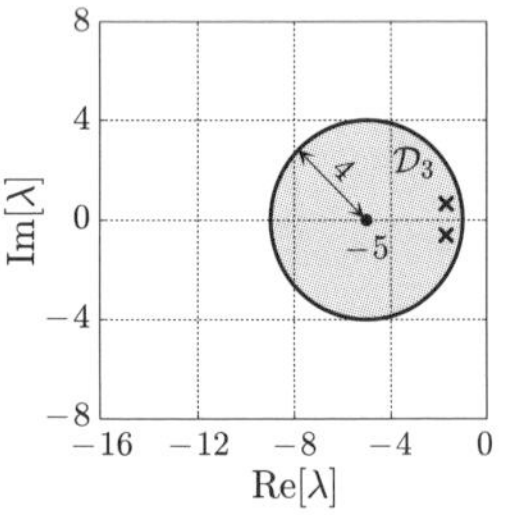

図 9.3　$\boldsymbol{A}_{\rm cl}$ の固有値 λ

9.2.2　最適レギュレータと LMI

ここでは，8.1.2 項で説明した最適レギュレータ問題の可解条件を，LMI 条件で表現することを考える．そのために，(8.8) 式 (p.159) とほぼ同じ評価関数

$$J_\varepsilon = \int_0^\infty \big\{\boldsymbol{x}(t)^{\rm T}\big(\boldsymbol{Q} + \varepsilon\boldsymbol{I}\big)\boldsymbol{x}(t) + \boldsymbol{u}(t)^{\rm T}\boldsymbol{Ru}(t)\big\}dt \tag{9.29}$$

を最小化する問題を扱う．ただし，$\varepsilon > 0$ は十分小さな正数である．このとき，(8.10) 式に相当するリカッチ方程式は，

$${\rm He}\big[\boldsymbol{PA}\big] - \boldsymbol{PBR}^{-1}\boldsymbol{B}^{\rm T}\boldsymbol{P} + \boldsymbol{Q} + \varepsilon\boldsymbol{I} = \boldsymbol{O} \tag{9.30}$$

である．したがって，リカッチ方程式 (9.30) 式の正定対称解 $\boldsymbol{P} = \boldsymbol{P}_{\rm opt}$ を求め，コントローラ (9.10) 式のゲイン $\boldsymbol{K}$ を，

$$\boldsymbol{K} = \boldsymbol{K}_{\mathrm{opt}} := -\boldsymbol{R}^{-1}\boldsymbol{B}^{\mathrm{T}}\boldsymbol{P}_{\mathrm{opt}} \tag{9.31}$$

とすれば，評価関数 (9.29) 式を最小化することができ，その最小値は，

$$J_{\varepsilon,\min} := \boldsymbol{x}_0^{\mathrm{T}}\boldsymbol{P}_{\mathrm{opt}}\boldsymbol{x}_0 \tag{9.32}$$

である．また，(8.12) 式 (p.160) の導出と同様の手順により，リカッチ方程式 (9.30) 式を，

$$\mathrm{He}\big[\boldsymbol{P}_{\mathrm{opt}}\big(\boldsymbol{A} + \boldsymbol{B}\boldsymbol{K}_{\mathrm{opt}}\big)\big] + \boldsymbol{K}_{\mathrm{opt}}^{\mathrm{T}}\boldsymbol{R}\boldsymbol{K}_{\mathrm{opt}} + \boldsymbol{Q} + \varepsilon\boldsymbol{I} = 0 \tag{9.33}$$

のように書き換えることができる．

(9.33) 式における $\boldsymbol{K}_{\mathrm{opt}}$, $\boldsymbol{P}_{\mathrm{opt}}$ を最適とは限らない (評価関数 (9.29) 式を最小化するとは限らない) $\boldsymbol{K}$, $\boldsymbol{P}$ で置き換え，これを不等式条件で表すことにより，**リカッチ不等式** (Riccati inequality)

$$\mathrm{He}\big[\boldsymbol{P}\big(\boldsymbol{A} + \boldsymbol{B}\boldsymbol{K}\big)\big] + \boldsymbol{K}^{\mathrm{T}}\boldsymbol{R}\boldsymbol{K} + \boldsymbol{Q} = -\varepsilon\boldsymbol{I} < 0 \tag{9.34}$$

が得られる．一般に，(9.34) 式の解 $\boldsymbol{P} = \boldsymbol{P}^{\mathrm{T}} > 0$, $\boldsymbol{K}$ は，(9.29) 式を最小化するものではない．そこで，(9.29) 式の最小値が (9.32) 式であることを考慮し，

$$\boldsymbol{x}_0^{\mathrm{T}}\boldsymbol{P}\boldsymbol{x}_0 < \gamma \tag{9.35}$$

を，不等式条件に追加する．つまり，(9.34) 式の解 $\boldsymbol{P} = \boldsymbol{P}^{\mathrm{T}} > 0$, $\boldsymbol{K}$ が存在する範囲で (9.35) 式の上限値 $\gamma > 0$ の最小化を行う(注 9.4)．その結果，連立行列不等式 (9.34), (9.35) 式の解 $\boldsymbol{K}$, $\boldsymbol{P}$ は，最適レギュレータ問題における解 $\boldsymbol{K}_{\mathrm{opt}}$, $\boldsymbol{P}_{\mathrm{opt}}$ に漸近する．

行列不等式 (9.34) 式は，$\boldsymbol{P}$, $\boldsymbol{K}$ と $\boldsymbol{K}^{\mathrm{T}}$ の積が含まれる BMI である．そこで，変数変換法と以下に示す**シュール (シュア) の補題** (Schur complement) を利用して，(9.34) 式を LMI 化する．

Point!　**シュールの補題**

以下の条件 (i)～(iii) は等価である(注 9.5)．

(i)　$$\boldsymbol{M} := \begin{bmatrix} \boldsymbol{M}_{11} & \boldsymbol{M}_{12} \\ \boldsymbol{M}_{12}^{\mathrm{T}} & \boldsymbol{M}_{22} \end{bmatrix} > 0, \quad \begin{cases} \boldsymbol{M}_{11} = \boldsymbol{M}_{11}^{\mathrm{T}} \\ \boldsymbol{M}_{22} = \boldsymbol{M}_{22}^{\mathrm{T}} \end{cases} \tag{9.36}$$

(ii)　$$\boldsymbol{M}_{11} > 0 \text{ かつ } \overline{\boldsymbol{M}}_{22} := \boldsymbol{M}_{22} - \boldsymbol{M}_{12}^{\mathrm{T}}\boldsymbol{M}_{11}^{-1}\boldsymbol{M}_{12} > 0 \tag{9.37}$$

(iii)　$$\boldsymbol{M}_{22} > 0 \text{ かつ } \overline{\boldsymbol{M}}_{11} := \boldsymbol{M}_{11} - \boldsymbol{M}_{12}\boldsymbol{M}_{22}^{-1}\boldsymbol{M}_{12}^{\mathrm{T}} > 0 \tag{9.38}$$

つまり，行列不等式 (9.34) 式の左右から $\boldsymbol{X} := \boldsymbol{P}^{-1}$ をかけ，$\boldsymbol{F} := \boldsymbol{K}\boldsymbol{X}$ と変数変換した後，シュールの補題を利用すると，

(注 9.4) (9.34), (9.35) 式を LMI 化し，線形目的関数を $E = \gamma$ とした凸最適化問題 (p.183) を考える．
(注 9.5) 証明については，付録 A.5 の補足説明 (p.210) を参照すること．

$$
\begin{aligned}
&\boldsymbol{P}^{-1}\big\{\mathrm{He}\big[\boldsymbol{P}(\boldsymbol{A}+\boldsymbol{B}\boldsymbol{K})\big]+\boldsymbol{K}^{\mathrm{T}}\boldsymbol{R}\boldsymbol{K}+\boldsymbol{Q}\big\}\boldsymbol{P}^{-1}\\
&=\mathrm{He}\big[(\boldsymbol{A}+\boldsymbol{B}\boldsymbol{K})\boldsymbol{X}\big]+\boldsymbol{X}\boldsymbol{K}^{\mathrm{T}}\boldsymbol{R}\boldsymbol{K}\boldsymbol{X}+\boldsymbol{X}\boldsymbol{Q}\boldsymbol{X} \quad\longleftarrow\quad \boxed{\boldsymbol{X}:=\boldsymbol{P}^{-1}\ \text{と定義}}\\
&=\mathrm{He}\big[\boldsymbol{A}\boldsymbol{X}+\boldsymbol{B}\boldsymbol{F}\big]+\boldsymbol{F}^{\mathrm{T}}\boldsymbol{R}\boldsymbol{F}+\boldsymbol{X}\boldsymbol{Q}\boldsymbol{X}<0 \quad\longleftarrow\quad \boxed{\boldsymbol{F}:=\boldsymbol{K}\boldsymbol{X}\ \text{と定義}}\\
\Longrightarrow\quad &-\mathrm{He}\big[\boldsymbol{A}\boldsymbol{X}+\boldsymbol{B}\boldsymbol{F}\big]-\boldsymbol{F}^{\mathrm{T}}\boldsymbol{R}\boldsymbol{F}-\boldsymbol{X}\boldsymbol{Q}\boldsymbol{X}\\
&=\underbrace{-\big(\mathrm{He}\big[\boldsymbol{A}\boldsymbol{X}+\boldsymbol{B}\boldsymbol{F}\big]+\boldsymbol{F}^{\mathrm{T}}\boldsymbol{R}\boldsymbol{F}\big)}_{\boldsymbol{M}_{11}}-\underbrace{\boldsymbol{X}(\boldsymbol{Q}_{\mathrm{h}})^{\mathrm{T}}}_{\boldsymbol{M}_{12}}\underbrace{\boldsymbol{I}^{-1}}_{\boldsymbol{M}_{22}^{-1}}\underbrace{\boldsymbol{Q}_{\mathrm{h}}\boldsymbol{X}}_{\boldsymbol{M}_{12}^{\mathrm{T}}}>0\\
\overset{\text{シュールの補題}}{\Longrightarrow}\quad &\begin{bmatrix}-\big(\mathrm{He}\big[\boldsymbol{A}\boldsymbol{X}+\boldsymbol{B}\boldsymbol{F}\big]+\boldsymbol{F}^{\mathrm{T}}\boldsymbol{R}\boldsymbol{F}\big) & *\\ \boldsymbol{Q}_{\mathrm{h}}\boldsymbol{X} & \boldsymbol{I}\end{bmatrix}\\
&=\underbrace{\begin{bmatrix}-\mathrm{He}\big[\boldsymbol{A}\boldsymbol{X}+\boldsymbol{B}\boldsymbol{F}\big] & *\\ \boldsymbol{Q}_{\mathrm{h}}\boldsymbol{X} & \boldsymbol{I}\end{bmatrix}}_{\boldsymbol{M}_{11}}-\underbrace{\begin{bmatrix}\boldsymbol{F}^{\mathrm{T}}\boldsymbol{R}\\ \boldsymbol{O}\end{bmatrix}}_{\boldsymbol{M}_{12}}\underbrace{\boldsymbol{R}^{-1}}_{\boldsymbol{M}_{22}^{-1}}\underbrace{\begin{bmatrix}\boldsymbol{R}\boldsymbol{F} & \boldsymbol{O}\end{bmatrix}}_{\boldsymbol{M}_{12}^{\mathrm{T}}}>0\\
\overset{\text{シュールの補題}}{\Longrightarrow}\quad &\left[\begin{array}{cc:c}-\mathrm{He}\big[\boldsymbol{A}\boldsymbol{X}+\boldsymbol{B}\boldsymbol{F}\big] & * & *\\ \boldsymbol{Q}_{\mathrm{h}}\boldsymbol{X} & \boldsymbol{I} & *\\ \hdashline \boldsymbol{R}\boldsymbol{F} & \boldsymbol{O} & \boldsymbol{R}\end{array}\right]>0
\end{aligned}
\tag{9.39}
$$

のように，$\boldsymbol{X}, \boldsymbol{F}$ に関する LMI に書き換えることが可能である．ただし，$\boldsymbol{Q}_{\mathrm{h}}\in\mathbb{R}^{n\times n}$ は $\boldsymbol{Q}=\boldsymbol{Q}_{\mathrm{h}}^{\mathrm{T}}\boldsymbol{Q}_{\mathrm{h}}$ を満足する正方行列であり，たとえば，$\boldsymbol{Q}=\mathrm{diag}\{q_1,\cdots,q_n\}$ であるとき，$\boldsymbol{Q}_{\mathrm{h}}=\mathrm{diag}\{\sqrt{q_1},\cdots,\sqrt{q_n}\}$ である．同様に，行列不等式 (9.35) 式も，

$$
\boldsymbol{x}_0^{\mathrm{T}}\boldsymbol{X}^{-1}\boldsymbol{x}_0<\gamma \quad\Longrightarrow\quad \underbrace{\gamma}_{M_{11}}-\underbrace{\boldsymbol{x}_0^{\mathrm{T}}}_{\boldsymbol{M}_{12}}\underbrace{\boldsymbol{X}^{-1}}_{\boldsymbol{M}_{22}^{-1}}\underbrace{\boldsymbol{x}_0}_{\boldsymbol{M}_{12}^{\mathrm{T}}}>0 \quad\underset{\text{シュールの補題}}{\Longrightarrow}\quad \begin{bmatrix}\gamma & \boldsymbol{x}_0^{\mathrm{T}}\\ \boldsymbol{x}_0 & \boldsymbol{X}\end{bmatrix}>0 \tag{9.40}
$$

のように，$\boldsymbol{X}, \gamma$ に関する LMI で記述することが可能である．したがって，以下の結果が得られる．

Point ! LMI による最適レギュレータ問題の可解条件 (その 1)

与えられた重み $\boldsymbol{Q}=\boldsymbol{Q}^{\mathrm{T}}\geq 0$, $\boldsymbol{R}=\boldsymbol{R}^{\mathrm{T}}>0$ および初期状態 $\boldsymbol{x}_0$ に対して，LMI (9.39), (9.40) 式を満足する $\boldsymbol{X}=\boldsymbol{X}^{\mathrm{T}}>0$, $\boldsymbol{F}$, $\gamma>0$ が存在すれば，ゲインを $\boldsymbol{K}=\boldsymbol{F}\boldsymbol{X}^{-1}$ としたコントローラ (9.10) 式により，以下の有界条件が満足される．

$$
J=\int_0^{\infty}\big(\boldsymbol{x}(t)^{\mathrm{T}}\boldsymbol{Q}\boldsymbol{x}(t)+\boldsymbol{u}(t)^{\mathrm{T}}\boldsymbol{R}\boldsymbol{u}(t)\big)dt<J_{\varepsilon}<\gamma \tag{9.41}
$$

さらに，$\boldsymbol{X}=\boldsymbol{X}^{\mathrm{T}}>0$, $\boldsymbol{F}$ が求まる範囲で線形目的関数 $E=\gamma$ を最小化すると，$\boldsymbol{K}=\boldsymbol{F}\boldsymbol{X}^{-1}$ は，$\varepsilon=0$ とした最適レギュレータによるゲイン (9.31) 式に漸近する．

LMI (9.40) 式には初期状態 $\boldsymbol{x}_0$ が含まれるが，最適レギュレータにより設計されるゲ

イン $\boldsymbol{K}$ は，$\boldsymbol{x}_0$ に依存せずに一意に決定できる．そこで，(9.40) 式の代わりとして $\boldsymbol{x}_0$ に依存しない条件を導出することを考える．最適レギュレータでは，評価関数 (9.29) 式の最小値は (9.32) 式で与えられた．ここで，トレース(注9.6)の**性質 6** (p.235) より，

$$J_{\varepsilon,\min} = \boldsymbol{x}_0^{\mathrm{T}} \boldsymbol{P}_{\mathrm{opt}} \boldsymbol{x}_0 = \mathrm{trace}\big[\boldsymbol{x}_0 \boldsymbol{x}_0^{\mathrm{T}} \boldsymbol{P}_{\mathrm{opt}}\big] \tag{9.42}$$

であり，また，$\boldsymbol{x}_0$ を期待値 (平均) が零で分散が $\boldsymbol{I}$ ($\mathcal{E}\big[\boldsymbol{x}_0\big] = \boldsymbol{0}, \mathcal{E}\big[\boldsymbol{x}_0\boldsymbol{x}_0^{\mathrm{T}}\big] = \boldsymbol{I}$) であるような確率変数とすると(注9.7)，(9.32) 式で示した最小値 $J_{\varepsilon,\min}$ の期待値は，

$$\begin{aligned} \mathcal{E}\big[J_{\varepsilon,\min}\big] &= \mathcal{E}\big[\mathrm{trace}\big[\boldsymbol{x}_0 \boldsymbol{x}_0^{\mathrm{T}} \boldsymbol{P}_{\mathrm{opt}}\big]\big] = \mathrm{trace}\big[\mathcal{E}\big[\boldsymbol{x}_0 \boldsymbol{x}_0^{\mathrm{T}} \boldsymbol{P}_{\mathrm{opt}}\big]\big] \\ &= \mathrm{trace}\big[\mathcal{E}\big[\boldsymbol{x}_0 \boldsymbol{x}_0^{\mathrm{T}}\big] \boldsymbol{P}_{\mathrm{opt}}\big] = \mathrm{trace}\big[\boldsymbol{P}_{\mathrm{opt}}\big] \end{aligned} \tag{9.43}$$

のように，リカッチ方程式 (9.30) 式の正定対称解 $\boldsymbol{P} = \boldsymbol{P}_{\mathrm{opt}}$ のトレースと等しいことがわかる(注9.8)．このことを考慮すると，LMI (9.39) 式を満足する $\boldsymbol{X} = \boldsymbol{X}^{\mathrm{T}} > 0, \boldsymbol{F}$ が存在する範囲で $\mathrm{trace}\big[\boldsymbol{P}\big] = \mathrm{trace}\big[\boldsymbol{X}^{-1}\big]$ を最小化することが考えられるが，$\mathrm{trace}\big[\boldsymbol{X}^{-1}\big]$ は線形目的関数 (9.2) 式の形式ではないので，この問題を解くことは困難である．そこで，$\boldsymbol{X}^{-1}$ の上限に相当する $\boldsymbol{Z}$ を導入し，LMI (9.39) 式および

$$\boldsymbol{X}^{-1} < \boldsymbol{Z} \quad \Longrightarrow \quad \underbrace{\boldsymbol{Z}}_{\boldsymbol{M}_{11}} - \underbrace{\boldsymbol{I}}_{\boldsymbol{M}_{12}} \underbrace{\boldsymbol{X}^{-1}}_{\boldsymbol{M}_{22}^{-1}} \underbrace{\boldsymbol{I}}_{\boldsymbol{M}_{12}^{\mathrm{T}}} > 0 \quad \underset{\text{シュールの補題}}{\Longrightarrow} \quad \begin{bmatrix} \boldsymbol{Z} & * \\ \boldsymbol{I} & \boldsymbol{X} \end{bmatrix} > 0 \tag{9.44}$$

を満足する $\boldsymbol{X} = \boldsymbol{X}^{\mathrm{T}} > 0, \boldsymbol{F}, \boldsymbol{Z}$ が存在する範囲で $\mathrm{trace}\big[\boldsymbol{Z}\big]$ を最小化する．以上のことをまとめると，以下の結果が得られる．

Point ! **LMI による最適レギュレータ問題の可解条件 (その 2)**

> 与えられた重み $\boldsymbol{Q} = \boldsymbol{Q}^{\mathrm{T}} \geq 0, \boldsymbol{R} = \boldsymbol{R}^{\mathrm{T}} > 0$ に対して，LMI (9.39), (9.44) 式を満足する $\boldsymbol{X} = \boldsymbol{X}^{\mathrm{T}} > 0, \boldsymbol{F}, \boldsymbol{Z}$ が存在する範囲で線形目的関数 $E = \mathrm{trace}\big[\boldsymbol{Z}\big]$ を最小化する．このとき，コントローラ (9.10) 式のゲイン $\boldsymbol{K} = \boldsymbol{F}\boldsymbol{X}^{-1}$ は，$\varepsilon = 0$ とした最適レギュレータによるゲイン (9.31) 式に漸近する．

例 9.4 ………… **アームシステムのコントローラ設計 (LMI による最適レギュレータの実現)**

例 9.2 (p.185) で示したアームシステムの状態方程式 (9.17) 式に対し，評価関数

$$J = \int_0^\infty \big(\boldsymbol{x}(t)^{\mathrm{T}} \boldsymbol{Q} \boldsymbol{x}(t) + r u(t)^2\big) dt, \quad \boldsymbol{Q} = \begin{bmatrix} 10 & 0 \\ 0 & 0 \end{bmatrix} \quad \left(\boldsymbol{Q}_{\mathrm{h}} = \begin{bmatrix} \sqrt{10} & 0 \\ 0 & 0 \end{bmatrix} \right) \tag{9.45}$$

(注9.6) 正方行列 $\boldsymbol{M}$ のトレース $\mathrm{trace}\big[\boldsymbol{M}\big]$ については，付録 C.1 (j) (p.235) や付録 C.2 (e) (p.238) を参照すること．

(注9.7) $\mathcal{E}\big[\boldsymbol{M}\big]$ は $\boldsymbol{M}$ の期待値 (平均) を表す．

(注9.8) 参考文献 1) で説明されているように，$\mathcal{E}\big[\boldsymbol{x}_0\big] = \boldsymbol{0}, \mathcal{E}\big[\boldsymbol{x}_0\boldsymbol{x}_0^{\mathrm{T}}\big] = \boldsymbol{I}$ という条件の下で評価関数 J の期待値 $\mathcal{E}\big[J\big]$ を最小化することと，任意の $\boldsymbol{x}_0$ に対して評価関数 J を最小化することは等価である．

を最小化するコントローラ (9.18) 式のゲイン $\boldsymbol{k}$ を設計する．

まず，(9.39), (9.44) 式に相当する LMI

$$\begin{bmatrix} -\mathrm{He}\big[\boldsymbol{AX}+\boldsymbol{bf}\big] & * & * \\ \boldsymbol{Q}_{\mathrm{h}}\boldsymbol{X} & \boldsymbol{I} & * \\ r\boldsymbol{f} & \boldsymbol{0} & r \end{bmatrix} > 0, \quad \begin{bmatrix} \boldsymbol{Z} & * \\ \boldsymbol{I} & \boldsymbol{X} \end{bmatrix} > 0 \tag{9.46}$$

を考え (条件 $\boldsymbol{X} > 0$ は (9.46) 式の右式の $(2,2)$ ブロックに含まれている)，(9.46) 式の解 $\boldsymbol{X} = \boldsymbol{X}^{\mathrm{T}} > 0$, $\boldsymbol{f}$, $\boldsymbol{Z}$ が存在する範囲で線形目的関数 $E = \mathrm{trace}\big[\boldsymbol{Z}\big]$ を最小化する．MATLAB の LMI ソルバ "SeDuMi" を利用して，この凸最適化問題を解くと，

$$\begin{aligned} &\boldsymbol{X} = \begin{bmatrix} 2.4208\times10^{0} & -2.9301\times10^{1} \\ -2.9301\times10^{1} & 3.9675\times10^{2} \end{bmatrix}, \quad \boldsymbol{f} = \begin{bmatrix} -2.8245\times10^{-4} & -1.4041\times10^{1} \end{bmatrix} \\ &\quad\Longrightarrow \quad \boldsymbol{k} = \boldsymbol{f}\boldsymbol{X}^{-1} = \begin{bmatrix} -4.0377\times10^{0} & -3.3358\times10^{-1} \end{bmatrix} \end{aligned} \tag{9.47}$$

という結果が得られる．一方，MATLAB の関数 "care" を利用してリカッチ方程式

$$\boldsymbol{PA} + \boldsymbol{A}^{\mathrm{T}}\boldsymbol{P} - \frac{1}{r}\boldsymbol{Pbb}^{\mathrm{T}}\boldsymbol{P} + \boldsymbol{Q} = \boldsymbol{O} \tag{9.48}$$

の正定対称解 $\boldsymbol{P} = \boldsymbol{P}^{\mathrm{T}} > 0$ を求め，最適レギュレータ理論により評価関数 (9.45) 式を最小化するコントローラ (9.18) 式を設計すると，以下のようになる．

$$\begin{aligned} &\boldsymbol{P} = \begin{bmatrix} 3.8927\times10^{0} & 2.8748\times10^{-1} \\ 2.8748\times10^{1} & 2.3751\times10^{-2} \end{bmatrix} \left(\boldsymbol{P}^{-1} = \begin{bmatrix} 2.4208\times10^{0} & -2.9301\times10^{1} \\ -2.9301\times10^{1} & 3.9675\times10^{2} \end{bmatrix} \right) \\ &\Longrightarrow \quad \boldsymbol{k} = -\frac{1}{r}\boldsymbol{b}^{\mathrm{T}}\boldsymbol{P} = \begin{bmatrix} -4.0377\times10^{0} - 3.3358\times10^{-1} \end{bmatrix} \end{aligned} \tag{9.49}$$

以上のことから，LMI (9.46) 式に基づく設計法による結果は，リカッチ方程式 (9.48) 式に基づく設計法による結果と，ほぼ一致していることがわかる．

9.3　多目的制御

リカッチ方程式などといった等式条件ではなく，LMI を利用して制御系設計を行う利点としては，以下のことが知られている．

- 複数の制御仕様を同時に満足させる**多目的制御** (multi-objective control) のコントローラ設計が容易である．
- 値が不確かな物理パラメータを含む場合でも安定性を保証する，**2 次安定化制御** (quadratic stability control) のコントローラ設計が容易である．
- 変動する物理パラメータをリアルタイムで検出できる場合，その値に応じてコントローラのゲインを変化させ，制御性能の向上を図る，**ゲインスケジューリング制御** (gain scheduling control) のコントローラ設計が容易である．

ここでは，これらの中で多目的制御の例を示す．

例 9.5 ………………………………… アームシステムのコントローラ設計 (LMI による多目的制御)

例 9.2 (p.185) で示したアームシステムの状態方程式 (9.17) 式に対し，

設計仕様 1 $\boldsymbol{A}_{\rm cl} := \boldsymbol{A} + \boldsymbol{bk}$ の固有値 λ を中心 $(-5, 0)$，半径 4 の円領域 $\mathcal{D}_3$ に配置 ………………………………………………………… 例 9.3 (p.188)

という拘束条件の下，

設計仕様 2 (9.45) 式の評価関数 J を最小化 ………………………………………… 例 9.4 (p.191)

を実現する多目的制御のコントローラ (9.18) 式のゲイン $\boldsymbol{k}$ を設計することを考える．つまり，円領域 $\mathcal{D}_3$ に極を配置することが可能な無限個のコントローラの中で，評価関数 J ができるだけ小さなものを見つけることを目的としている．

この目的を実現するために，LMI (9.27) 式と (9.46) 式を同時に満足する解 $\boldsymbol{X} = \boldsymbol{X}^{\rm T} > 0$, $\boldsymbol{f}$, $\boldsymbol{Z}$ が存在する範囲で，線形目的関数 $E = {\rm trace}\big[\boldsymbol{Z}\big]$ を最小化する．LMI ソルバ "SeDuMi" を利用してこの凸最適化問題を解くと，

$$\boldsymbol{X} = \begin{bmatrix} 4.5315\times10^{-1} & -1.9664\times10^{0} \\ -1.9664\times10^{0} & 1.5586\times10^{1} \end{bmatrix},$$

$$\boldsymbol{f} = \begin{bmatrix} -1.1853\times10^{0} & 5.4031\times10^{0} \end{bmatrix} \tag{9.50}$$

$$\Longrightarrow \quad \boldsymbol{k} = \boldsymbol{f}\boldsymbol{X}^{-1}$$
$$= \begin{bmatrix} -2.4558\times10^{0} & 3.6822\times10^{-2} \end{bmatrix} \tag{9.51}$$

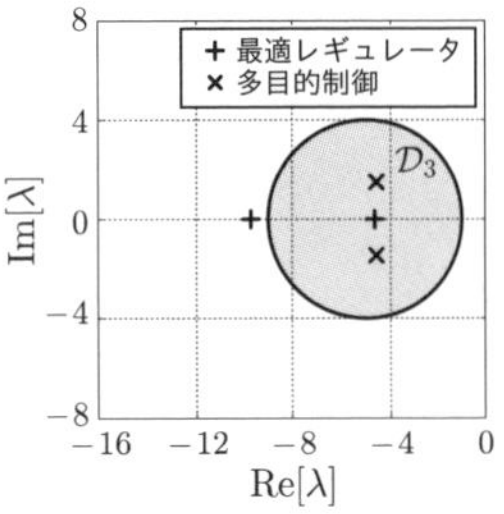

図 9.4 $\boldsymbol{A}_{\rm cl}$ の固有値 λ

という結果が得られる．なお，LMI (9.27) 式から得られる $\boldsymbol{k}$ と LMI (9.46) 式から得られる $\boldsymbol{k}$ は共通でなければならないが，LMI (9.27) 式の解 $\boldsymbol{X}$, $\boldsymbol{f}$ と LMI (9.46) 式の解 $\boldsymbol{X}$, $\boldsymbol{f}$ は，共通である必要がない．それにもかかわらず，$\boldsymbol{X}$, $\boldsymbol{f}$ が共通であるとして解いているため，ここで示した結果は保守的な結果となり，最適な結果ではないことに注意する必要がある．

図 9.4 に $\boldsymbol{A}_{\rm cl}$ の固有値 λ を示す．これより以下のことがいえる．

- 多目的制御では，ゲイン $\boldsymbol{k}$ が過大とならない (操作量 $u(t)$ が大きくならない) ように $\boldsymbol{A}_{\rm cl}$ の固有値 λ の存在領域を円領域 $\mathcal{D}_3$ に拘束したため，$|\lambda|$ の最大値は，最適レギュレータのそれと比べて小さくなっている．

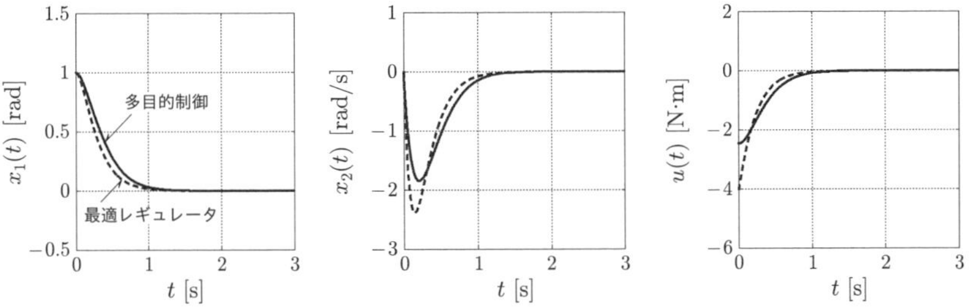

(a) アームの角度 $x_1(t)$ (b) アームの角速度 $x_2(t)$ (c) 入力トルク $u(t)$

図 9.5 $\boldsymbol{x}_0 = \begin{bmatrix} 1 & 0 \end{bmatrix}^{\rm T}$ としたときのシミュレーション結果

- 多目的制御では，最適レギュレータと同様の評価関数 J が小さくなるように設計しているため，多目的制御における $\boldsymbol{A}_{\rm cl}$ の固有値 λ の虚軸からの距離は，最適レギュレータにおける虚軸に近い方の固有値 λ (p.54 で説明した代表極) とほとんど同じである．

その結果，図 9.5 からわかるように，多目的制御は最適レギュレータと比べ，アーム角度 $x_1(t)$ の収束性をさほど損なうことなく，操作量 $u(t)$ の最大値を抑えることができている．

9.4　MATLAB を利用した演習

9.4.1　YALMIP の使用方法

準備として，付録 B.7 (p.227) を参考にして，SeDuMi, SDPT3, YALMIP をインストールする．YALMIP で用意されている表 9.1 の MATLAB 関数を用いると，Robust Control Toolbox 標準の MATLAB 関数と比べて，LMI の記述などが格段に容易になる．

表 9.1　LMI の求解に利用する YALMIP の MATLAB 関数

関数 "sdpvar"：LMI の解 (決定変数) を定義	

`P = sdpvar(n,n,'symmetric');`
`P = sdpvar(n,n,'sy');`
`P = sdpvar(n,n);`
	対称行列 $\boldsymbol{P}=\boldsymbol{P}^{\rm T}\in\mathbb{R}^{n\times n}$ を定義するとき，左記のいずれかを入力

`Q = sdpvar(n,n,'full');` `Q = sdpvar(n,n,'f');`	対称とは限らない行列 $\boldsymbol{Q}\in\mathbb{R}^{n\times n}$ を定義するとき，左記のいずれかを入力

`R = sdpvar(n,m,'full');`
`R = sdpvar(n,m,'f');`
`R = sdpvar(n,m);`
	行列 $\boldsymbol{R}\in\mathbb{R}^{n\times m}$ (ただし，$n\neq m$) を定義するとき，左記のいずれかを入力

`S11 = sdpvar(n,n,'sy');`
`S21 = sdpvar(m,n,'f');`
`S22 = sdpvar(m,m,'f');`
`S = [ S11 zeros(n,m)`
`      S21    S22     ];`
	対称行列 $\boldsymbol{S}_{11}=\boldsymbol{S}_{11}^{\rm T}\in\mathbb{R}^{n\times n}$，対称とは限らない行列 $\boldsymbol{S}_{21}\in\mathbb{R}^{m\times n}$，$\boldsymbol{S}_{22}\in\mathbb{R}^{m\times m}$ により構成される行列 $\boldsymbol{S}=\begin{bmatrix}\boldsymbol{S}_{11} & \boldsymbol{O}\\ \boldsymbol{S}_{21} & \boldsymbol{S}_{22}\end{bmatrix}$ を定義するとき，左記のように入力

"[ ]"：LMI の定義，LMI の追加 …… 最近のバージョンでは関数 "set" の使用は不可	
`LMI = [];`	LMI の初期化 (空の LMI を定義)
`LMI = [P*A + A'*P <= -ep*eye(n)];`	LMI "$\mathrm{He}[\boldsymbol{PA}]=\boldsymbol{PA}+\boldsymbol{A}^{\rm T}\boldsymbol{P}<0$" を定義
`LMI = [P >= ep*eye(n)];` `LMI = [LMI, P*A + A'*P <= -ep*eye(n)];`	LMI "$\boldsymbol{P}>0$" に LMI "$\mathrm{He}[\boldsymbol{PA}]<0$" を追加 (連立 LMI の定義)
関数 "solvesdp"：LMI の求解 (凸可解問題)	
`solvesdp(LMI)`	デフォルトの LMI ソルバを利用
`solvesdp(LMI,[],sdpsettings('solver','lmilab'))`	LMI ソルバ LMILAB を利用[注 9.9]
`solvesdp(LMI,[],sdpsettings('solver','sedumi'))`	LMI ソルバ SeDuMi を利用
`solvesdp(LMI,[],sdpsettings('solver','sdpt3'))`	LMI ソルバ SDPT3 を利用
関数 "solvesdp"：LMI の求解 (線形目的関数 E を最小化する凸最適化問題)	
`solvesdp(LMI,E)`	デフォルトの LMI ソルバを利用
`solvesdp(LMI,E,sdpsettings('solver','lmilab'))`	LMI ソルバ LMILAB を利用
`solvesdp(LMI,E,sdpsettings('solver','sedumi'))`	LMI ソルバ SeDuMi を利用
`solvesdp(LMI,E,sdpsettings('solver','sdpt3'))`	LMI ソルバ SDPT3 を利用

[注 9.9] LMI ソルバ LMILAB を利用するには，商用の Robust Control Toolbox が必要である．

9.4.2 多目的制御

例 9.5 (p.193) で示した結果を，MATLAB により得るためには，以下の M ファイルを作成すればよい．

M ファイル "LMI_multi_objective.m"：アームシステムの多目的制御

`clear`	……… メモリ上の変数をすべて消去
`format compact; format short e`	……… 余分な改行を省略し，また，5 桁の浮動小数点 (指数形式) で表示
`% ----------`	
`J = 0.0712;  M = 0.390;  mu = 0.695;`	……… J, M, μ の定義
`l = 0.204;   g = 9.81;`	……… l, g の定義
`A = [      0       1` `       M*g*l/J  -mu/J ];`	……… $\boldsymbol{A} = \begin{bmatrix} 0 & 1 \\ Mgl/J & -\mu/J \end{bmatrix}$ の定義
`B = [  0` `       1/J ];`	……… $\boldsymbol{b} = \begin{bmatrix} 0 \\ 1/J \end{bmatrix}$ の定義
`% ----------`	
`n = 2;  p = 1;`	……… $n = 2 : \boldsymbol{x}(t)$ の次数，$p = 1 : u(t)$ の次数
`X = sdpvar(n,n,'sy');`	……… 対称行列 $\boldsymbol{X} = \boldsymbol{X}^{\mathrm{T}} \in \mathbb{R}^{2\times 2}$ の定義 (決定変数)
`F = sdpvar(p,n,'f');`	……… ベクトル $\boldsymbol{f} \in \mathbb{R}^{1\times 2}$ の定義 (決定変数)
`Z = sdpvar(n,n,'sy');`	……… 対称行列 $\boldsymbol{Z} = \boldsymbol{Z}^{\mathrm{T}} \in \mathbb{R}^{2\times 2}$ の定義 (決定変数)
`% ----------`	
`M = A*X + B*F;  ep = 1e-5;`	……… $\boldsymbol{M} = \boldsymbol{A}\boldsymbol{X} + \boldsymbol{b}\boldsymbol{f}$, $\varepsilon = 10^{-5}$ を定義
`LMI = [];`	……… LMI の初期化
`% ----------`	
`qc = -5;  rc =  4;`	……… $\mathcal{D}_3$ の中心 $(q_{\mathrm{c}},\, 0) = (-5,\, 0)$，半径 $r_{\mathrm{c}} = 4$

`M_D3 = [qc*(M+M')+(rc^2-qc^2)*X  M`
`                     M'              X ];`
`LMI = [LMI, M_D3 >= ep*eye(length(M_D3))];`
	……… LMI (9.27) 式を追加 $\left(\begin{bmatrix} q_{\mathrm{c}}\mathrm{He}[\boldsymbol{M}] + (r_{\mathrm{c}}^2 - q_{\mathrm{c}}^2)\boldsymbol{X} & \boldsymbol{M} \\ * & \boldsymbol{X} \end{bmatrix} \geq \varepsilon\boldsymbol{I}\ (>0)\right)$

`% ----------`	
`Qh = diag([sqrt(10) 0]);  R  = 1;`	……… $\boldsymbol{Q}_{\mathrm{h}} = \mathrm{diag}\{\sqrt{10},\, 0\}$, $r = 1$

`M_LQ1 = [-(M+M')    X*Qh        F'*R`
`           Qh*X     eye(n)    zeros(n,p)`
`            R*F   zeros(p,n)       R     ];`
`LMI = [LMI, M_LQ1 >= ep*eye(length(M_LQ1))];`
`M_LQ2 = [   Z      eye(n)`
`          eye(n)     X    ];`
`LMI = [LMI, M_LQ2 >= ep*eye(length(M_LQ2))];`
	……… LMI (9.46) 式を追加 $\left(\begin{matrix} \begin{bmatrix} -\mathrm{He}[\boldsymbol{M}] & * & * \\ \boldsymbol{Q}_{\mathrm{h}}\boldsymbol{X} & \boldsymbol{I} & * \\ r\boldsymbol{f} & \boldsymbol{0} & r \end{bmatrix} \geq \varepsilon\boldsymbol{I}\ (>0) \\ \begin{bmatrix} \boldsymbol{Z} & * \\ \boldsymbol{I} & \boldsymbol{X} \end{bmatrix} \geq \varepsilon\boldsymbol{I}\ (>0) \end{matrix}\right)$

`% ----------`	
`options = sdpsettings('solver','sedumi');`	……… LMI ソルバ "SeDuMi" を利用
`solvesdp(LMI,trace(Z),options)`	……… LMI (9.27), (9.46) 式に対する最小化問題を解く (線形目的関数 $E = \mathrm{trace}[\boldsymbol{Z}]$ を最小化)
`Z_opt = double(Z); trace(Z_opt)`	……… 得られた解 $\boldsymbol{Z}$ を倍精度に変換し，$\mathrm{trace}[\boldsymbol{Z}]$ を表示
`X_opt = double(X)`	……… 得られた解 $\boldsymbol{X}$ を倍精度に変換して表示
`F_opt = double(F)`	……… 得られた解 $\boldsymbol{f}$ を倍精度に変換して表示
`K_opt = F_opt*inv(X_opt)`	……… 多目的制御のコントローラのゲイン $\boldsymbol{k} = \boldsymbol{f}\boldsymbol{X}^{-1}$
`% ----------`	
`format short`	……… 小数点以下 4 桁の浮動小数点 (固定小数点形式) で表示 (デフォルト)

M ファイル "LMI_multi_objective.m" を実行すると，

M ファイル "LMI_multi_objective.m" の実行

`>> LMI_multi_objective ↵`	……… M ファイルの実行

```
SeDuMi 1.3 by AdvOL, 2005-2008 and Jos F. Sturm, 1998-2003.
Alg = 2: xz-corrector, theta = 0.250, beta = 0.500
eqs m = 8, order n = 14, dim = 58, blocks = 4
nnz(A) = 38 + 0, nnz(ADA) = 52, nnz(L) = 30
 it :     b*y       gap    delta  rate   t/tP*  t/tD*   feas cg cg  prec
  0 :            1.47E+03 0.000
 ……………………………………………………《省略》……………………………………………………
 20 :  -5.02E+00 1.55E-10 0.000 0.2364 0.9000 0.9000   1.00  3  2  9.8E-10
                                                     ……… 20 回の反復計算
iter seconds digits       c*x               b*y
 20      0.5  10.0 -5.0185569346e+00 -5.0185569341e+00
|Ax-b| =   1.4e-09, [Ay-c]_+ =   0.0E+00, |x|=  2.7e+01, |y|=  1.7e+01

Detailed timing (sec)
   Pre          IPM          Post
1.400E-01    9.400E-01    0.000E+00
Max-norms: ||b||=1, ||c|| = 2,
Cholesky |add|=0, |skip| = 0, ||L.L|| = 186122.
ans =
    yalmiptime: 3.0000e-01
    solvertime: 1.0800e+00
          info: 'Successfully solved (SeDuMi-1.3)'    ……… LMI ソルバ SeDuMi を利用して LMI を
       problem: 0                                         解くことができた旨の表示
ans =
   5.0186e+00                          ……… trace[Z]
X_opt =                                ……… LMI の解 X：(9.50) 式
   4.5315e-01  -1.9664e+00
  -1.9664e+00   1.5586e+01
F_opt =                                ……… LMI の解 f：(9.50) 式
  -1.1853e+00   5.4031e+00
K_opt =                                ……… k = fX^{-1}：(9.51) 式
  -2.4558e+00   3.6822e-02
```

となり，例 9.5 (p.193) で示した結果が得られる．LMI の数値解を得ることができた場合，上記のように “problem: 0” と表示される．また，“problem: 1” の場合，解が得られなかったことを意味する．“problem: 4” の場合，得られた解が数値的に問題を生じている可能性があるので，行列の固有値を調べるなどして，正定性や負定性を吟味する必要がある(注 9.10)．

なお，M ファイル “LMI_multi_objective.m” を以下のように修正することで，例 9.3, 9.4 の結果が得られる．

- 例 9.3 (p.188)：35 行目を “solvesdp(LMI,[],options)” のように変更し，15 行目および 24～32, 37 行目を削除する．
- 例 9.4 (p.191)：19～23 行目を削除する．

(注 9.10) サイズの大きい LMI $\boldsymbol{M} > 0$ を扱ったとき，可解であるはずの問題であっても “problem: 4” となり，$\boldsymbol{M}$ の最小固有値が微小な負の値 (すなわち，$\boldsymbol{M}$ は正定ではない) となることがある．この場合，$\boldsymbol{M} > 0$ の代わりに $\boldsymbol{M} > \varepsilon \boldsymbol{I}$ (ε：微小な正数) を考えるなど，何らかの対処が必要である．詳しくは，文献 14) を参照されたい．

付録 A 補足説明

A.1 ラプラス変換

▶ ラプラス変換と逆ラプラス変換

$t \geq 0$ で区分的に連続な信号 $f(t)$ が与えられたとき，ある複素数 $s = \alpha + j\beta$ に対して，

ラプラス変換の定義

$$F(s) = \mathcal{L}\big[f(t)\big] := \int_0^\infty f(t)e^{-st}dt \tag{A.1}$$

が収束するとき，$F(s) = \mathcal{L}\big[f(t)\big]$ を $f(t)$ の**ラプラス変換**（Laplace transform）とよぶ．また，s は**ラプラス演算子**（Laplace operator）とよばれる．ラプラス変換の考え方を利用すると，

時間微分のラプラス変換 (初期値が零のとき) と時間積分のラプラス変換

$$\mathcal{L}\big[f^{(n)}(t)\big] = s^n F(s) \quad (f(0) = \dot{f}(0) = \cdots = f^{(n-1)}(0) = 0) \tag{A.2}$$

$$\mathcal{L}\left[\int_0^t f(t)dt\right] = \frac{1}{s}F(s) \tag{A.3}$$

となる．すなわち，“**$F(s)$ に s を 1 回乗じる**” ことは “**$f(t)$ を 1 回時間微分する**” ことを，“**$F(s)$ に $1/s$ を 1 回乗じる**” ことは “**$f(t)$ を 1 回時間積分する**” ことを意味する．なお，初期値が零とは限らないとき，$f^{(n)}(t)$ のラプラス変換は，次式で与えられる．

時間微分のラプラス変換 (初期値が零とは限らないとき)

$$\mathcal{L}\big[f^{(n)}(t)\big] = s^n F(s) - \big(s^{n-1}f(0) + \cdots + sf^{(n-2)}(0) + f^{(n-1)}(0)\big) \tag{A.4}$$

また，制御工学の分野でよく用いられる信号 $f(t)$ $(t \geq 0)$ のラプラス変換を，**表 A.1** に示す．なお，$F(s)$ から $f(t)$ を求めることを**逆ラプラス変換**（inverse Laplace transformation）とよび，$f(t) = \mathcal{L}^{-1}\big[F(s)\big]$ と記述する．

▶ ヘビサイドの公式を利用した部分分数分解

信号 $f(t)$ のラプラス変換 $F(s) = \mathcal{L}\big[f(t)\big]$ が，

$$F(s) = \frac{b_m s^m + b_{m-1}s^{m-1} + \cdots + b_1 s + b_0}{(s-p_1)(s-p_2)\cdots(s-p_n)} \quad (n > m) \tag{A.5}$$

表 A.1　ラプラス変換表 ($f(t)$ $(t \geq 0)$)

$f(t) = \mathcal{L}^{-1}[F(s)]$	$F(s) = \mathcal{L}[f(t)]$	$f(t) = \mathcal{L}^{-1}[F(s)]$	$F(s) = \mathcal{L}[f(t)]$
単位インパルス関数 $\delta(t) = \begin{cases} 0 & (t \neq 0) \\ \infty & (t = 0) \end{cases}$	1	単位ステップ関数 $u_s(t) = 1$	$\dfrac{1}{s}$
t	$\dfrac{1}{s^2}$	$\dfrac{t^n}{n!}$	$\dfrac{1}{s^{n+1}}$
e^{-at}	$\dfrac{1}{s+a}$	$\dfrac{t^n}{n!}e^{-at}$	$\dfrac{1}{(s+a)^{n+1}}$
$\cos \omega t$	$\dfrac{s}{s^2+\omega^2}$	$\sin \omega t$	$\dfrac{\omega}{s^2+\omega^2}$
$e^{-at} \cos \omega t$	$\dfrac{s+a}{(s+a)^2+\omega^2}$	$e^{-at} \sin \omega t$	$\dfrac{\omega}{(s+a)^2+\omega^2}$

のように与えられているとき，$F(s)$ を部分分数分解すると，$F(s)$ の逆ラプラス変換 $f(t) = \mathcal{L}^{-1}\big[F(s)\big]$ を求めることが容易になる．ヘビサイドの公式を利用すると，以下のようにして部分分数分解を行うことができる．

(i) p_i がすべて異なるとき

p_i がすべて異なる値であるとき，

$$k_i = (s - p_i)F(s)\big|_{s=p_i} \quad (i = 1, 2, \cdots, n) \tag{A.6}$$

とすると，$F(s)$ は以下の形式に部分分数分解できる．

$$F(s) = \frac{k_1}{s - p_1} + \frac{k_2}{s - p_2} + \cdots + \frac{k_n}{s - p_n} \tag{A.7}$$

したがって，$f(t) = \mathcal{L}^{-1}\big[F(s)\big]$ が次式のように計算できる．

$$f(t) = k_1 e^{p_1 t} + k_2 e^{p_2 t} + \cdots + k_n e^{p_n t} \tag{A.8}$$

(ii) p_i に重複があるとき

簡単のため，p_i の重複は $p_1 = p_2 = \cdots = p_l$ のみであり，

$$F(s) = \frac{b_m s^m + b_{m-1}s^{m-1} + \cdots + b_1 s + b_0}{(s - p_1)^l (s - p_{l+1}) \cdots (s - p_n)} \quad (n > m) \tag{A.9}$$

であるとする．このとき，

$$\begin{cases} k_{1i} = \dfrac{1}{(l-i)!} \dfrac{d^{l-i}\{(s - p_1)^l F(s)\}}{ds^{l-i}}\bigg|_{s=p_1} & (i = 1, 2, \cdots, l) \\ k_j = (s - p_j)F(s)\big|_{s=p_j} & (j = l+1, l+2, \cdots, n) \end{cases} \tag{A.10}$$

とすると，$F(s)$ は以下の形式に部分分数分解できる．

$$F(s) = \left\{ \frac{k_{1l}}{(s - p_1)^l} + \cdots + \frac{k_{12}}{(s - p_1)^2} + \frac{k_{11}}{s - p_1} \right\} + \frac{k_{l+1}}{s - p_{l+1}} + \cdots + \frac{k_n}{s - p_n} \tag{A.11}$$

したがって，$f(t) = \mathcal{L}^{-1}\big[F(s)\big]$ が次式のように計算できる．

$$f(t) = \left(\frac{1}{l!}k_{1l}t^l + \cdots + k_{12}t + k_{11}\right)e^{p_1 t} + k_{l+1}e^{p_{l+1}t} + \cdots + k_n e^{p_n t} \tag{A.12}$$

▶ 時間推移 (むだ時間) を伴う信号のラプラス変換

図 A.1 に示すように，信号 $g(t)$ を L [s] だけずらした信号

$$f(t) = \begin{cases} 0 & (t < L) \\ g(t-L) & (t \geq L) \end{cases} \tag{A.13}$$

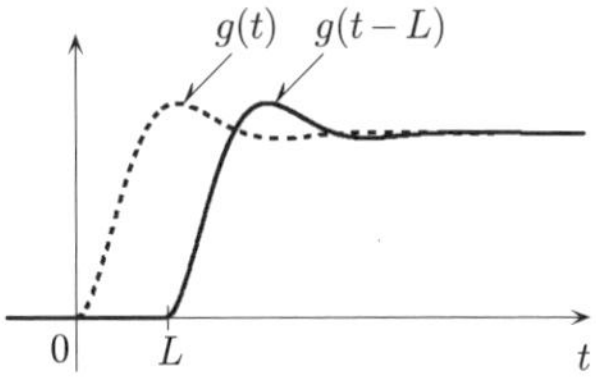

図 A.1　時間推移 (むだ時間) L を伴う信号

のラプラス変換は，$\tau = t - L$ とすると，

$$\begin{aligned}\mathcal{L}\big[f(t)\big] &:= \int_0^\infty f(t)e^{-st}dt = \int_0^L 0 \cdot e^{-st}dt + \int_L^\infty g(t-L)e^{-st}dt = \int_L^\infty g(t-L)e^{-st}dt \\ &= \int_0^\infty g(\tau)e^{-s(\tau+L)}d\tau = e^{-Ls}\int_0^\infty g(\tau)e^{-s\tau}d\tau = e^{-Ls}\mathcal{L}\big[g(t)\big]\end{aligned} \tag{A.14}$$

となる．これをまとめると，次式が得られる．

時間推移 (むだ時間) L を伴う信号のラプラス変換

$$\mathcal{L}\big[f(t)\big] = e^{-Ls}\mathcal{L}\big[g(t)\big],\quad f(t) = \begin{cases} 0 & (t < L) \\ g(t-L) & (t \geq L) \end{cases} \tag{A.15}$$

ここで，L を**むだ時間** (dead time)，e^{-Ls} を**むだ時間要素** (element of dead time) とよぶ．

▶ 最終値の定理

(A.4) 式より，信号 $f(t)$ の時間微分 $\dot{f}(t)$ のラプラス変換は，

$$\mathcal{L}\big[\dot{f}(t)\big] := \int_0^\infty \dot{f}(t)e^{-st}dt = sF(s) - f(0) \tag{A.16}$$

であり，$s = 0$ とすると，

$$\int_0^\infty \dot{f}(t)dt = \lim_{s\to 0} sF(s) - f(0) \tag{A.17}$$

となる．ここで，(A.17) 式の左辺は，

$$\int_0^\infty \dot{f}(t)dt = \big[f(t)\big]_0^\infty = \lim_{t\to\infty} f(t) - f(0) \tag{A.18}$$

であるから，(A.17), (A.18) 式より，以下の結果が得られる．

Point!　最終値の定理

$sF(s)$ が安定 ($sF(s)$ の分母多項式を 0 とする解の実部がすべて負) であるとき，

$$\lim_{t\to\infty} f(t) = \lim_{s\to 0} sF(s) \tag{A.19}$$

が成り立つ．

A.2　可制御性と極配置

▶ 可制御性の判別 (p.70)

ここでは，p.70 で示したように，線形システム (4.2) 式 (p.67) が可制御であることと，条件 (a) が等価であることを示す．

“可制御 → (a)” の証明

線形システム (4.2) 式が可制御であるとき，状態方程式の解 (3.67) 式 (p.47) において $t = t_{\rm f}$ とした

$$\boldsymbol{x}(t_{\rm f}) = \boldsymbol{x}_{\rm f} = e^{\boldsymbol{A}t_{\rm f}}\boldsymbol{x}_0 + \int_0^{t_{\rm f}} e^{\boldsymbol{A}(t_{\rm f}-\tau)}\boldsymbol{B}\boldsymbol{u}(\tau)d\tau \tag{A.20}$$

が成立し，(A.20) 式の両辺の左から $e^{-\boldsymbol{A}t_{\rm f}}$ をかけると，

$$e^{-\boldsymbol{A}t_{\rm f}}\boldsymbol{x}_{\rm f} - \boldsymbol{x}_0 = \int_0^{t_{\rm f}} e^{-\boldsymbol{A}\tau}\boldsymbol{B}\boldsymbol{u}(\tau)d\tau \tag{A.21}$$

が得られる．ここで，$\boldsymbol{A}$ の特性多項式 (C.34) 式 (p.236) を考えると，ケーリー－ハミルトンの定理より (C.49) 式 (p.238)，すなわち，

$$\boldsymbol{A}^n = -\big(\alpha_{n-1}\boldsymbol{A}^{n-1} + \cdots + \alpha_1\boldsymbol{A} + \alpha_0\boldsymbol{I}\big) \tag{A.22}$$

が成立する．また，

$$\begin{aligned}
\boldsymbol{A}^{n+1} &= \boldsymbol{A}\boldsymbol{A}^n = -\boldsymbol{A}\big(\alpha_{n-1}\boldsymbol{A}^{n-1} + \cdots + \alpha_1\boldsymbol{A} + \alpha_0\boldsymbol{I}\big) \\
&= -\big(\alpha_{n-1}\boldsymbol{A}^{n} + \cdots + \alpha_1\boldsymbol{A}^2 + \alpha_0\boldsymbol{A}\big) \\
&= -\big\{-\alpha_{n-1}\big(\alpha_{n-1}\boldsymbol{A}^{n-1} + \cdots + \alpha_1\boldsymbol{A} + \alpha_0\boldsymbol{I}\big) \\
&\qquad\qquad + \alpha_{n-2}\boldsymbol{A}^{n-1} + \cdots + \alpha_1\boldsymbol{A}^2 + \alpha_0\boldsymbol{A}\big\} \\
&= (\alpha_{n-1}^2 - \alpha_{n-2})\boldsymbol{A}^{n-1} + \cdots + (\alpha_{n-1}\alpha_1 - \alpha_0)\boldsymbol{A} + \alpha_{n-1}\alpha_0\boldsymbol{I}
\end{aligned} \tag{A.23}$$

となることからわかるように，$\boldsymbol{A}^k$ $(k = n,\ n+1,\ n+2, \cdots)$ は，$\boldsymbol{A}^{n-1}, \cdots, \boldsymbol{A}^1 = \boldsymbol{A}$, $\boldsymbol{A}^0 = \boldsymbol{I}$ の線形結合

$$\boldsymbol{A}^k = \alpha_{k,n-1}\boldsymbol{A}^{n-1} + \cdots + \alpha_{k,1}\boldsymbol{A} + \alpha_{k,0}\boldsymbol{I} \tag{A.24}$$

により表すことができる．ここで，$\alpha_{k,i}$ は適当なスカラー定数である．したがって，無限級数で定義される遷移行列 (3.29) 式 (p.39) もまた，$\boldsymbol{A}^{n-1}, \cdots, \boldsymbol{A}^1 = \boldsymbol{A}$, $\boldsymbol{A}^0 = \boldsymbol{I}$ の線形結合

$$\begin{aligned}
e^{\boldsymbol{A}t} &:= \boldsymbol{I} + t\boldsymbol{A} + \frac{t^2}{2!}\boldsymbol{A}^2 + \cdots + \frac{t^{n-1}}{(n-1)!}\boldsymbol{A}^{n-1} + \sum_{k=n}^{\infty}\frac{t^k}{k!}\underbrace{\boldsymbol{A}^k}_{\text{(A.24) 式を代入}} \\
&= \beta_{n-1}(t)\boldsymbol{A}^{n-1} + \cdots + \beta_1(t)\boldsymbol{A} + \beta_0(t)\boldsymbol{I}
\end{aligned} \tag{A.25}$$

で表すことができる．ここで，$\beta_i(t)$ は適当なスカラーの時間関数である．このとき，

$$\boldsymbol{h}_i = \int_0^{t_{\rm f}} \beta_i(-\tau)\boldsymbol{u}(\tau)d\tau \quad (i = 0,\ 1,\ \cdots,\ n-1) \tag{A.26}$$

とおくと，(A.21) 式より，

$$\begin{aligned} e^{-\boldsymbol{A}t_{\mathrm{f}}}\boldsymbol{x}_{\mathrm{f}} - \boldsymbol{x}_0 &= \int_0^{t_{\mathrm{f}}} e^{-\boldsymbol{A}\tau}\boldsymbol{B}\boldsymbol{u}(\tau)d\tau \\ &= \int_0^{t_{\mathrm{f}}} \big(\beta_{n-1}(-\tau)\boldsymbol{A}^{n-1} + \cdots + \beta_1(-\tau)\boldsymbol{A} + \beta_0(-\tau)\boldsymbol{I}\big)\boldsymbol{B}\boldsymbol{u}(\tau)d\tau \\ &= \underbrace{\left[\begin{array}{cccc} \boldsymbol{B} & \boldsymbol{A}\boldsymbol{B} & \cdots & \boldsymbol{A}^{n-1}\boldsymbol{B} \end{array}\right]}_{\boldsymbol{V}_{\mathrm{c}}} \begin{bmatrix} \boldsymbol{h}_0 \\ \boldsymbol{h}_1 \\ \vdots \\ \boldsymbol{h}_{n-1} \end{bmatrix} = \boldsymbol{V}_{\mathrm{c}} \begin{bmatrix} \boldsymbol{h}_0 \\ \boldsymbol{h}_1 \\ \vdots \\ \boldsymbol{h}_{n-1} \end{bmatrix} \end{aligned} \tag{A.27}$$

が得られる．線形システム (4.2) 式が可制御であるならば，任意の $\boldsymbol{x}_0, \boldsymbol{x}_{\mathrm{f}}$ に対して (A.27) 式を満足する $\boldsymbol{h}_0, \cdots, \boldsymbol{h}_{n-1}$ (すなわち，$\boldsymbol{u}(t)$) が存在せねばならず，そのためには，**付録 C.1 (i)** に示すランクの性質 (p.233) より，$\mathrm{rank}\boldsymbol{V}_{\mathrm{c}} = n$ であることが必要である．

“(a) → 可制御” の証明

“(a) → (b)” および “(b) → 可制御” であることを示すことにより，“(a) → 可制御” であることを証明する．

“(a) → (b)” の証明

背理法により，“(a) $\mathrm{rank}\boldsymbol{V}_{\mathrm{c}} = n$” であれば，“(b) 任意の $t_{\mathrm{f}} > 0$ に対して (4.7) 式 (p.70) に示す可制御性グラミアン $\boldsymbol{W}_{\mathrm{c}}(t_{\mathrm{f}})$ が正則” であることを示す．

$\boldsymbol{W}_{\mathrm{c}}(t_{\mathrm{f}})$ が正則でないと仮定すると，$\boldsymbol{W}_{\mathrm{c}}(t_{\mathrm{f}})\boldsymbol{\psi} = \boldsymbol{0}$ となる n 次元ベクトル $\boldsymbol{\psi} \neq \boldsymbol{0}$ が存在するから，$\boldsymbol{\psi}^{\mathrm{T}}\boldsymbol{W}_{\mathrm{c}}(t_{\mathrm{f}})\boldsymbol{\psi} = 0$ となるベクトル $\boldsymbol{\psi} \neq \boldsymbol{0}$ が存在する．ここで，$\boldsymbol{\eta}(t) = \boldsymbol{B}^{\mathrm{T}}e^{-\boldsymbol{A}^{\mathrm{T}}t}\boldsymbol{\psi}$ とおくと，

$$\boldsymbol{\psi}^{\mathrm{T}}\boldsymbol{W}_{\mathrm{c}}(t_{\mathrm{f}})\boldsymbol{\psi} = \int_0^{t_{\mathrm{f}}} \boldsymbol{\psi}^{\mathrm{T}}e^{-\boldsymbol{A}\tau}\boldsymbol{B}\boldsymbol{B}^{\mathrm{T}}e^{-\boldsymbol{A}^{\mathrm{T}}\tau}\boldsymbol{\psi}d\tau = \int_0^{t_{\mathrm{f}}} \boldsymbol{\eta}(\tau)^{\mathrm{T}}\boldsymbol{\eta}(\tau)d\tau \tag{A.28}$$

であるが，ベクトルの内積は非負 $(\boldsymbol{\eta}(\tau)^{\mathrm{T}}\boldsymbol{\eta}(\tau) \geq 0)$ であるから，その積分値が零 $(\boldsymbol{\psi}^{\mathrm{T}}\boldsymbol{W}_{\mathrm{c}}(t_{\mathrm{f}})\boldsymbol{\psi} = 0)$ となるのは，

$$\boldsymbol{\eta}(t)^{\mathrm{T}} = \boldsymbol{\psi}^{\mathrm{T}}e^{-\boldsymbol{A}t}\boldsymbol{B} = \boldsymbol{0} \quad (0 \leq t \leq t_{\mathrm{f}}) \tag{A.29}$$

であるときのみである．そこで，(A.29) 式を k 回 $(k = 0, 1, \cdots, n-1)$ 時間微分した $\boldsymbol{\eta}^{(k)}(t)^{\mathrm{T}}$ に $t = 0$ を代入すると，

$$\begin{gathered} \left\{\begin{array}{rrrr} \boldsymbol{\eta}(0)^{\mathrm{T}} = & \boldsymbol{\psi}^{\mathrm{T}}e^{-\boldsymbol{A}t}\boldsymbol{B}\big|_{t=0} = & \boldsymbol{\psi}^{\mathrm{T}}\boldsymbol{B} = \boldsymbol{0} \\ \boldsymbol{\eta}^{(1)}(0)^{\mathrm{T}} = & -\boldsymbol{\psi}^{\mathrm{T}}e^{-\boldsymbol{A}t}\boldsymbol{A}\boldsymbol{B}\big|_{t=0} = & -\boldsymbol{\psi}^{\mathrm{T}}\boldsymbol{A}\boldsymbol{B} = \boldsymbol{0} \\ \vdots & \vdots & \vdots \quad \vdots \\ \boldsymbol{\eta}^{(n-1)}(0)^{\mathrm{T}} = & (-1)^n\,\boldsymbol{\psi}^{\mathrm{T}}e^{-\boldsymbol{A}t}\boldsymbol{A}^{n-1}\boldsymbol{B}\big|_{t=0} = & (-1)^n\boldsymbol{\psi}^{\mathrm{T}}\boldsymbol{A}^{n-1}\boldsymbol{B} = \boldsymbol{0} \end{array}\right. \\ \Longrightarrow \quad \boldsymbol{\psi}^{\mathrm{T}}\left[\begin{array}{cccc} \boldsymbol{B} & \boldsymbol{A}\boldsymbol{B} & \cdots & \boldsymbol{A}^{n-1}\boldsymbol{B} \end{array}\right] = \boldsymbol{\psi}^{\mathrm{T}}\boldsymbol{V}_{\mathrm{c}} = \boldsymbol{0} \quad \Longrightarrow \quad \boldsymbol{V}_{\mathrm{c}}^{\mathrm{T}}\boldsymbol{\psi} = \boldsymbol{0} \end{gathered} \tag{A.30}$$

が得られる．**付録 C.1 (i)** に示すランクの性質 (p.233) より，$\mathrm{rank}\boldsymbol{V}_{\mathrm{c}} = n$ であるとき，$\boldsymbol{\psi} = \big(\boldsymbol{V}_{\mathrm{c}}\boldsymbol{V}_{\mathrm{c}}^{\mathrm{T}}\big)^{-1}\boldsymbol{V}_{\mathrm{c}} \cdot \boldsymbol{0} = \boldsymbol{0}$ となり，(A.30) 式を満足する $\boldsymbol{\psi}$ は，$\boldsymbol{\psi} = \boldsymbol{0}$ のみである．

これは，$\boldsymbol{\psi} \neq \mathbf{0}$ である ($\boldsymbol{W}_{\rm c}(t_{\rm f})$ が正則でない) という仮定に矛盾する．したがって，$\mathrm{rank}\boldsymbol{V}_{\rm c} = n$ であれば，可制御性グラミアン $\boldsymbol{W}_{\rm c}(t_{\rm f})$ は正則である．

"(b) → 可制御" の証明

$\mathrm{rank}\boldsymbol{V}_{\rm c} = n$ であれば，可制御性グラミアン $\boldsymbol{W}_{\rm c}(t_{\rm f})$ は正則であるので，操作量 $\boldsymbol{u}(t)$ を (4.11) 式 (p.71) と選ぶことにする．このとき，状態方程式の解 (3.67) 式 (p.47) は，

$$\begin{aligned}\boldsymbol{x}(t) &= e^{\boldsymbol{A}t}\boldsymbol{x}_0 + \int_0^t e^{\boldsymbol{A}(t-\tau)}\boldsymbol{B}\boldsymbol{u}(\tau)d\tau \\ &= e^{\boldsymbol{A}t}\boldsymbol{x}_0 + \int_0^t e^{\boldsymbol{A}(t-\tau)}\boldsymbol{B}\left\{\left(e^{-\boldsymbol{A}\tau}\boldsymbol{B}\right)^{\rm T}\boldsymbol{W}_{\rm c}(t_{\rm f})^{-1}\left(e^{-\boldsymbol{A}t_{\rm f}}\boldsymbol{x}_{\rm f} - \boldsymbol{x}_0\right)\right\}d\tau \\ &= e^{\boldsymbol{A}t}\boldsymbol{x}_0 - e^{\boldsymbol{A}t}\left\{\int_0^t e^{-\boldsymbol{A}\tau}\boldsymbol{B}\left(e^{-\boldsymbol{A}\tau}\boldsymbol{B}\right)^{\rm T}d\tau\right\}\boldsymbol{W}_{\rm c}(t_{\rm f})^{-1}\left(\boldsymbol{x}_0 - e^{-\boldsymbol{A}t_{\rm f}}\boldsymbol{x}_{\rm f}\right) \\ &= e^{\boldsymbol{A}t}\boldsymbol{x}_0 - e^{\boldsymbol{A}t}\boldsymbol{W}_{\rm c}(t)\boldsymbol{W}_{\rm c}(t_{\rm f})^{-1}\left(\boldsymbol{x}_0 - e^{-\boldsymbol{A}t_{\rm f}}\boldsymbol{x}_{\rm f}\right)\end{aligned} \tag{A.31}$$

となるから，$t = t_{\rm f}$ で状態変数は $\boldsymbol{x}(t_{\rm f}) = \boldsymbol{x}_{\rm f}$ となる (線形システム (4.2) 式は可制御である)．

▶ 可制御標準形への変換 (p.78)

簡単のため，$n = 3$ の場合において，1 入出力システム (4.33) 式が可制御であるとき，変換行列 (4.36) 式を用いた同値変換 (4.37) 式により，(4.33) 式を可制御標準形 (4.38) 式に変換可能であることを示す．

可制御な 3 次の 1 入出力システムの状態空間表現

$$\mathcal{P}: \begin{cases}\dot{\boldsymbol{x}}(t) = \boldsymbol{A}\boldsymbol{x}(t) + \boldsymbol{b}u(t) \\ y(t) = \boldsymbol{c}\boldsymbol{x}(t)\end{cases} \tag{A.32}$$

$$\boldsymbol{x}(t) = \begin{bmatrix} x_1(t) \\ x_2(t) \\ x_3(t)\end{bmatrix},\quad \boldsymbol{A} = \begin{bmatrix} a_{11} & a_{12} & a_{13} \\ a_{21} & a_{22} & a_{23} \\ a_{31} & a_{32} & a_{33}\end{bmatrix},\quad \boldsymbol{b} = \begin{bmatrix} b_1 \\ b_2 \\ b_3 \end{bmatrix},\quad \boldsymbol{c} = \begin{bmatrix} c_1 & c_2 & c_3 \end{bmatrix}$$

を可制御標準形に変換することを考える．$\boldsymbol{A}$ の特性多項式

$$\left|\lambda\boldsymbol{I} - \boldsymbol{A}\right| = \lambda^3 + \alpha_2\lambda^2 + \alpha_1\lambda + \alpha_0 \tag{A.33}$$

の係数を用いて，

$$\boldsymbol{S}_{\rm c} = \begin{bmatrix} \boldsymbol{s}_{\rm c1} & \boldsymbol{s}_{\rm c2} & \boldsymbol{s}_{\rm c3} \end{bmatrix},\quad \begin{cases}\boldsymbol{s}_{\rm c1} = \left(\boldsymbol{A}^2 + \alpha_2\boldsymbol{A} + \alpha_1\boldsymbol{I}\right)\boldsymbol{b} \\ \boldsymbol{s}_{\rm c2} = \left(\boldsymbol{A} + \alpha_2\boldsymbol{I}\right)\boldsymbol{b} \\ \boldsymbol{s}_{\rm c3} = \boldsymbol{b}\end{cases} \tag{A.34}$$

により定義される行列 $\boldsymbol{S}_{\rm c}$ は，

$$\boldsymbol{S}_{\rm c} = \underbrace{\begin{bmatrix} \boldsymbol{b} & \boldsymbol{A}\boldsymbol{b} & \boldsymbol{A}^2\boldsymbol{b}\end{bmatrix}}_{\boldsymbol{V}_{\rm c}}\underbrace{\begin{bmatrix} \alpha_1 & \alpha_2 & 1 \\ \alpha_2 & 1 & 0 \\ 1 & 0 & 0\end{bmatrix}}_{\boldsymbol{M}_{\rm c}} \tag{A.35}$$

のように，可制御行列 $\boldsymbol{V}_{\mathrm{c}}$ および行列 $\boldsymbol{M}_{\mathrm{c}}$ を用いて表すことができる．ここで，(A.32) 式が可制御であることより $\boldsymbol{V}_{\mathrm{c}}$ は正則であり，また，$|\boldsymbol{M}_{\mathrm{c}}| = -1$ より $\boldsymbol{M}_{\mathrm{c}}$ も正則であるから，$\boldsymbol{S}_{\mathrm{c}} = \boldsymbol{V}_{\mathrm{c}}\boldsymbol{M}_{\mathrm{c}}$ は正則である．一方，ケーリー－ハミルトンの定理 (p.238 参照) より，

$$\boldsymbol{A}^3 + \alpha_2\boldsymbol{A}^2 + \alpha_1\boldsymbol{A} + \alpha_0\boldsymbol{I} = \boldsymbol{O} \tag{A.36}$$

であることを考慮すると，

$$\begin{cases} \boldsymbol{A}\boldsymbol{s}_{\mathrm{c}1} = \big(\boldsymbol{A}^3 + \alpha_2\boldsymbol{A}^2 + \alpha_1\boldsymbol{A}\big)\boldsymbol{b} = \big(\boldsymbol{A}^3 + \alpha_2\boldsymbol{A}^2 + \alpha_1\boldsymbol{A} + \alpha_0\boldsymbol{I}\big)\boldsymbol{b} - \alpha_0\boldsymbol{b} = \quad -\alpha_0\boldsymbol{s}_{\mathrm{c}3} \\ \boldsymbol{A}\boldsymbol{s}_{\mathrm{c}2} = \big(\boldsymbol{A}^2 + \alpha_2\boldsymbol{A}\big)\boldsymbol{b} = \big(\boldsymbol{A}^2 + \alpha_2\boldsymbol{A} + \alpha_1\boldsymbol{I}\big)\boldsymbol{b} - \alpha_1\boldsymbol{b} = \boldsymbol{s}_{\mathrm{c}1} - \alpha_1\boldsymbol{s}_{\mathrm{c}3} \\ \boldsymbol{A}\boldsymbol{s}_{\mathrm{c}3} = \boldsymbol{A}\boldsymbol{b} = \big(\boldsymbol{A} + \alpha_2\boldsymbol{I}\big)\boldsymbol{b} - \alpha_2\boldsymbol{b} = \boldsymbol{s}_{\mathrm{c}2} - \alpha_2\boldsymbol{s}_{\mathrm{c}3} \end{cases} \tag{A.37}$$

である．ここで，変換行列 $\boldsymbol{T}_{\mathrm{c}} := \boldsymbol{S}_{\mathrm{c}}^{-1} = \big(\boldsymbol{V}_{\mathrm{c}}\boldsymbol{M}_{\mathrm{c}}\big)^{-1}$ を定義すると，

$$\begin{aligned} \boldsymbol{A}\underbrace{\begin{bmatrix} \boldsymbol{s}_{\mathrm{c}1} & \boldsymbol{s}_{\mathrm{c}2} & \boldsymbol{s}_{\mathrm{c}3} \end{bmatrix}}_{\boldsymbol{S}_{\mathrm{c}} = \boldsymbol{T}_{\mathrm{c}}^{-1}} &= \begin{bmatrix} -\alpha_0\boldsymbol{s}_{\mathrm{c}3} & \boldsymbol{s}_{\mathrm{c}1} - \alpha_1\boldsymbol{s}_{\mathrm{c}3} & \boldsymbol{s}_{\mathrm{c}2} - \alpha_2\boldsymbol{s}_{\mathrm{c}3} \end{bmatrix} \\ &= \underbrace{\begin{bmatrix} \boldsymbol{s}_{\mathrm{c}1} & \boldsymbol{s}_{\mathrm{c}2} & \boldsymbol{s}_{\mathrm{c}3} \end{bmatrix}}_{\boldsymbol{S}_{\mathrm{c}} = \boldsymbol{T}_{\mathrm{c}}^{-1}} \underbrace{\begin{bmatrix} 0 & 1 & 0 \\ 0 & 0 & 1 \\ -\alpha_0 & -\alpha_1 & -\alpha_2 \end{bmatrix}}_{\boldsymbol{A}_{\mathrm{c}}} \end{aligned} \tag{A.38}$$

より $\boldsymbol{A}_{\mathrm{c}} = \boldsymbol{T}_{\mathrm{c}}\boldsymbol{A}\boldsymbol{T}_{\mathrm{c}}^{-1}$ であり，また，

$$\boldsymbol{T}_{\mathrm{c}}^{-1}\boldsymbol{b}_{\mathrm{c}} = \underbrace{\begin{bmatrix} \boldsymbol{s}_{\mathrm{c}1} & \boldsymbol{s}_{\mathrm{c}2} & \boldsymbol{s}_{\mathrm{c}3} \end{bmatrix}}_{\boldsymbol{S}_{\mathrm{c}} = \boldsymbol{T}_{\mathrm{c}}^{-1}} \underbrace{\begin{bmatrix} 0 \\ 0 \\ 1 \end{bmatrix}}_{\boldsymbol{b}_{\mathrm{c}}} = \boldsymbol{s}_{\mathrm{c}3} = \boldsymbol{b} \tag{A.39}$$

より $\boldsymbol{b}_{\mathrm{c}} = \boldsymbol{T}_{\mathrm{c}}\boldsymbol{b}$ である．したがって，

$$\boldsymbol{c}_{\mathrm{c}} = \boldsymbol{c}\boldsymbol{T}_{\mathrm{c}}^{-1} = \begin{bmatrix} \beta_0 & \beta_1 & \beta_2 \end{bmatrix} \tag{A.40}$$

とし，同値変換 (4.37) 式を考えることによって，(A.32) 式を可制御標準形

$$\mathcal{P}: \begin{cases} \dot{\boldsymbol{x}}_{\mathrm{c}}(t) = \boldsymbol{A}_{\mathrm{c}}\boldsymbol{x}_{\mathrm{c}}(t) + \boldsymbol{b}_{\mathrm{c}}u(t) \\ \quad y(t) = \boldsymbol{c}_{\mathrm{c}}\boldsymbol{x}_{\mathrm{c}}(t) \end{cases} \tag{A.41}$$

$$\boldsymbol{x}_{\mathrm{c}}(t) = \boldsymbol{T}_{\mathrm{c}}\boldsymbol{x}(t) = \begin{bmatrix} x_{\mathrm{c}1}(t) \\ x_{\mathrm{c}2}(t) \\ x_{\mathrm{c}3}(t) \end{bmatrix}, \quad \boldsymbol{A}_{\mathrm{c}} = \begin{bmatrix} 0 & 1 & 0 \\ 0 & 0 & 1 \\ -\alpha_0 & -\alpha_1 & -\alpha_2 \end{bmatrix}, \quad \boldsymbol{b}_{\mathrm{c}} = \begin{bmatrix} 0 \\ 0 \\ 1 \end{bmatrix},$$
$$\boldsymbol{c}_{\mathrm{c}} = \begin{bmatrix} \beta_0 & \beta_1 & \beta_2 \end{bmatrix}$$

に変換することができる．

▶ アッカーマンの極配置アルゴリズム (p.82)

簡単のため，$n = 3$ としたとき，

- (4.57) 式 (p.82)：アッカーマンの極配置アルゴリズムにおけるコントローラのゲイン $\boldsymbol{k}$
- (4.54) 式 (p.81)：可制御標準形に基づく極配置アルゴリズムにおけるコントローラのゲイン $\boldsymbol{k}$

が等価であることを示す．

$\boldsymbol{A} = \boldsymbol{T}_{\rm c}^{-1}\boldsymbol{A}_{\rm c}\boldsymbol{T}_{\rm c}$ より，$\boldsymbol{A}^k = \boldsymbol{T}_{\rm c}^{-1}\boldsymbol{A}_{\rm c}^k\boldsymbol{T}_{\rm c}$ であるから，

$$\begin{aligned}\boldsymbol{\Delta}_{\boldsymbol{A}} &:= \boldsymbol{A}^3 + \delta_2\boldsymbol{A}^2 + \delta_1\boldsymbol{A} + \delta_0\boldsymbol{I}\\ &= \boldsymbol{T}_{\rm c}^{-1}\underbrace{\left(\boldsymbol{A}_{\rm c}^3 + \delta_2\boldsymbol{A}_{\rm c}^2 + \delta_1\boldsymbol{A}_{\rm c} + \delta_0\boldsymbol{I}\right)}_{\boldsymbol{\Delta}_{\boldsymbol{A}_{\rm c}}}\boldsymbol{T}_{\rm c} = \boldsymbol{T}_{\rm c}^{-1}\boldsymbol{\Delta}_{\boldsymbol{A}_{\rm c}}\boldsymbol{T}_{\rm c} \end{aligned} \tag{A.42}$$

となる．また，

$$\boldsymbol{e}\boldsymbol{M}_{\rm c} = \begin{bmatrix} 0 & 0 & 1 \end{bmatrix}\begin{bmatrix} \alpha_1 & \alpha_2 & 1 \\ \alpha_2 & 1 & 0 \\ 1 & 0 & 0 \end{bmatrix} = \underbrace{\begin{bmatrix} 1 & 0 & 0 \end{bmatrix}}_{\overline{\boldsymbol{e}}} \tag{A.43}$$

であるから，アッカーマンの極配置アルゴリズムにおけるコントローラのゲイン (4.57) 式は，

$$\begin{aligned}\boldsymbol{k} &= -\boldsymbol{e}\boldsymbol{V}_{\rm c}^{-1}\boldsymbol{\Delta}_{\boldsymbol{A}} = -\boldsymbol{e}\boldsymbol{V}_{\rm c}^{-1}\overbrace{\boldsymbol{T}_{\rm c}^{-1}\boldsymbol{\Delta}_{\boldsymbol{A}_{\rm c}}\boldsymbol{T}_{\rm c}}^{\boldsymbol{\Delta}_{\boldsymbol{A}}} = -\boldsymbol{e}\boldsymbol{V}_{\rm c}^{-1}\overbrace{\boldsymbol{V}_{\rm c}\boldsymbol{M}_{\rm c}}^{\boldsymbol{T}_{\rm c}^{-1}}\boldsymbol{\Delta}_{\boldsymbol{A}_{\rm c}}\boldsymbol{T}_{\rm c}\\ &= -\underbrace{\boldsymbol{e}\boldsymbol{M}_{\rm c}}_{\overline{\boldsymbol{e}}}\boldsymbol{\Delta}_{\boldsymbol{A}_{\rm c}}\boldsymbol{T}_{\rm c} = -\overline{\boldsymbol{e}}\boldsymbol{\Delta}_{\boldsymbol{A}_{\rm c}}\boldsymbol{T}_{\rm c} \end{aligned} \tag{A.44}$$

となる．ここで，

$$\overline{\boldsymbol{e}}\boldsymbol{A}_{\rm c} = \begin{bmatrix} 1 & 0 & 0 \end{bmatrix}\begin{bmatrix} 0 & 1 & 0 \\ 0 & 0 & 1 \\ -\alpha_0 & -\alpha_1 & -\alpha_2 \end{bmatrix}\begin{matrix}①\\②\\③\end{matrix} = \begin{bmatrix} 0 & 1 & 0 \end{bmatrix}①$$

$$\overline{\boldsymbol{e}}\boldsymbol{A}_{\rm c}^2 = \begin{bmatrix} 1 & 0 & 0 \end{bmatrix}\begin{bmatrix} 0 & 0 & 1 \\ -\alpha_0 & -\alpha_1 & -\alpha_2 \\ \alpha_0\alpha_2 & \alpha_1\alpha_2 & \alpha_2^2 - \alpha_1 \end{bmatrix}\begin{matrix}②\\③\\ \\ \end{matrix} = \begin{bmatrix} 0 & 0 & 1 \end{bmatrix}②$$

$$\overline{\boldsymbol{e}}\boldsymbol{A}_{\rm c}^3 = \begin{bmatrix} 1 & 0 & 0 \end{bmatrix}\begin{bmatrix} -\alpha_0 & -\alpha_1 & -\alpha_2 \\ \alpha_0\alpha_2 & \alpha_1\alpha_2 & \alpha_2^2 - \alpha_1 \\ -\alpha_0\alpha_2^2 & -\alpha_1\alpha_2^2 & -\alpha_2^3 + \alpha_1\alpha_2 \end{bmatrix}\begin{matrix}③\\ \\ \\ \end{matrix} = \begin{bmatrix} -\alpha_0 & -\alpha_1 & -\alpha_2 \end{bmatrix}③$$

であるから，

$$\begin{aligned}\boldsymbol{k}\boldsymbol{T}_{\rm c}^{-1} &= -\overline{\boldsymbol{e}}\boldsymbol{\Delta}_{\boldsymbol{A}_{\rm c}} = -\overline{\boldsymbol{e}}\left(\boldsymbol{A}_{\rm c}^3 + \delta_2\boldsymbol{A}_{\rm c}^2 + \delta_1\boldsymbol{A}_{\rm c} + \delta_0\boldsymbol{I}\right)\\ &= -\left(\overline{\boldsymbol{e}}\boldsymbol{A}_{\rm c}^3 + \delta_2\overline{\boldsymbol{e}}\boldsymbol{A}_{\rm c}^2 + \delta_1\overline{\boldsymbol{e}}\boldsymbol{A}_{\rm c} + \delta_0\overline{\boldsymbol{e}}\right)\\ &= \begin{bmatrix} \alpha_0 - \delta_0 & \alpha_0 - \delta_1 & \alpha_0 - \delta_2 \end{bmatrix} = \boldsymbol{k}_{\rm c} \end{aligned} \tag{A.45}$$

が得られ，(4.57) 式が，可制御標準形に基づく極配置アルゴリズムの結果 (4.54) 式と等価であることがわかる．

A.3　リアプノフの安定定理

▶ 線形システムに対するリアプノフの安定定理 (p.147) の証明

線形システムに対するリアプノフの安定定理を証明するため，以下の条件 (a) と条件 (b) が等価であることを示す．

(a)　$\boldsymbol{A}$ の固有値の実部がすべて負である．
(b)　リアプノフ方程式 (7.17) 式を満足する正定対称解 $\boldsymbol{P} = \boldsymbol{P}^{\mathrm{T}} > 0$ が唯一存在する．

“(b) → (a)” の証明

$\boldsymbol{Q} = \boldsymbol{Q}^{\mathrm{T}} > 0$ より，$-\boldsymbol{Q} = -\boldsymbol{Q}^{\mathrm{T}} < 0$ であるから，リアプノフ方程式 (7.17) 式を満足する正定対称解 $\boldsymbol{P} = \boldsymbol{P}^{\mathrm{T}} > 0$ が存在するとき，この解 $\boldsymbol{P} = \boldsymbol{P}^{\mathrm{T}} > 0$ は，リアプノフ不等式 (7.14) 式の解の一つである．したがって，このとき，(7.16) 式より $\boldsymbol{A}$ の固有値の実部はすべて負 ($\alpha < 0$) となり，“(b) → (a)” であることがいえる．

“(a) → (b)” の証明

$\boldsymbol{A}$ の固有値の実部がすべて負のとき，任意の与えられた正定対称行列 $\boldsymbol{Q} = \boldsymbol{Q}^{\mathrm{T}} > 0$ に対し，リアプノフ方程式 (7.17) 式の正定対称解 $\boldsymbol{P} = \boldsymbol{P}^{\mathrm{T}} > 0$ が存在し，それは，

リアプノフ方程式の解

$$\boldsymbol{P} = \boldsymbol{P}^{\mathrm{T}} = \int_0^{\infty} e^{\boldsymbol{A}^{\mathrm{T}} t} \boldsymbol{Q} e^{\boldsymbol{A} t} dt \tag{A.46}$$

のように与えられる．実際，

- $\boldsymbol{A}$ の固有値の実部がすべて負であるとき，$t \to \infty$ で $e^{\boldsymbol{A}t} \to \boldsymbol{O}$
- $e^{\boldsymbol{A}t}$ の性質 1 (p.40)：$e^{\boldsymbol{A}\times 0} = \boldsymbol{I}$
- $e^{\boldsymbol{A}t}$ の性質 2 (p.40)：$\dfrac{d}{dt} e^{\boldsymbol{A}t} = \boldsymbol{A} e^{\boldsymbol{A}t} = e^{\boldsymbol{A}t} \boldsymbol{A}$

であることを利用し，$\boldsymbol{PA} + \boldsymbol{A}^{\mathrm{T}}\boldsymbol{P}$ に (A.46) 式を代入すると，

$$\begin{aligned}
\boldsymbol{PA} + \boldsymbol{A}^{\mathrm{T}}\boldsymbol{P} &= \left(\int_0^{\infty} e^{\boldsymbol{A}^{\mathrm{T}} t} \boldsymbol{Q} e^{\boldsymbol{A} t} dt \right) \boldsymbol{A} + \boldsymbol{A}^{\mathrm{T}} \left(\int_0^{\infty} e^{\boldsymbol{A}^{\mathrm{T}} t} \boldsymbol{Q} e^{\boldsymbol{A} t} dt \right) \\
&= \int_0^{\infty} e^{\boldsymbol{A}^{\mathrm{T}} t} \boldsymbol{Q} \underbrace{\left(\frac{d}{dt} e^{\boldsymbol{A}t} \right)}_{e^{\boldsymbol{A}t}\boldsymbol{A}} dt + \int_0^{\infty} \underbrace{\left(\frac{d}{dt} e^{\boldsymbol{A}^{\mathrm{T}} t} \right)}_{\boldsymbol{A}^{\mathrm{T}} e^{\boldsymbol{A}^{\mathrm{T}} t}} \boldsymbol{Q} e^{\boldsymbol{A} t} dt \\
&= \int_0^{\infty} \frac{d}{dt} \left(e^{\boldsymbol{A}^{\mathrm{T}} t} \boldsymbol{Q} e^{\boldsymbol{A} t} \right) dt = \left[e^{\boldsymbol{A}^{\mathrm{T}} t} \boldsymbol{Q} e^{\boldsymbol{A} t} \right]_0^{\infty} = -\boldsymbol{Q}
\end{aligned} \tag{A.47}$$

となるから，(A.46) 式はリアプノフ方程式 (7.17) 式の解である．さらに，n 次元ベクトル $\boldsymbol{\xi} \neq \boldsymbol{0}$ に対して $\boldsymbol{v}(t) = e^{\boldsymbol{A}t}\boldsymbol{\xi}$ を定義すると，$\boldsymbol{Q} = \boldsymbol{Q}^{\mathrm{T}} > 0$ より，任意の $\boldsymbol{\xi} \neq \boldsymbol{0}$ に対して，

$$\boldsymbol{\xi}^{\mathrm{T}} \boldsymbol{P} \boldsymbol{\xi} = \boldsymbol{\xi}^{\mathrm{T}} \left(\int_0^{\infty} e^{\boldsymbol{A}^{\mathrm{T}} t} \boldsymbol{Q} e^{\boldsymbol{A} t} dt \right) \boldsymbol{\xi} = \int_0^{\infty} \boldsymbol{v}(t)^{\mathrm{T}} \boldsymbol{Q} \boldsymbol{v}(t) dt > 0 \tag{A.48}$$

が成立し，$\boldsymbol{P}$ は正定行列である．したがって，“(a) → (b)” であることがいえる．

A.4　最適レギュレータ理論

▶ 最適レギュレータ問題の可解条件 (p.159) の証明

簡単のため，$\boldsymbol{Q} = \boldsymbol{Q}^{\mathrm{T}} > 0$ のときのみ証明する．

必要性の証明

評価関数 (8.8) 式を最小化するための条件式である，リカッチ方程式 (8.10) 式と状態フィードバックゲイン (8.9) 式を導出する．

状態フィードバック $\boldsymbol{u}(t) = \boldsymbol{K}\boldsymbol{x}(t)$ を用いたとき，併合システムの状態 $\boldsymbol{x}(t)$ は，

$$\dot{\boldsymbol{x}}(t) = \boldsymbol{A}_{\mathrm{cl}}\boldsymbol{x}(t),\ \ \boldsymbol{A}_{\mathrm{cl}} := \boldsymbol{A} + \boldsymbol{B}\boldsymbol{K} \implies \boldsymbol{x}(t) = e^{\boldsymbol{A}_{\mathrm{cl}}t}\boldsymbol{x}_0 \tag{A.49}$$

となるから，評価関数 (8.8) 式は，

$$\begin{aligned} J &= \int_0^{\infty} \big(\boldsymbol{x}(t)^{\mathrm{T}}\boldsymbol{Q}\boldsymbol{x}(t) + \boldsymbol{u}(t)^{\mathrm{T}}\boldsymbol{R}\boldsymbol{u}(t)\big)dt \longleftarrow \boxed{\boldsymbol{u}(t) = \boldsymbol{K}\boldsymbol{x}(t)\ \text{を代入}} \\ &= \int_0^{\infty} \boldsymbol{x}(t)^{\mathrm{T}}\big(\boldsymbol{Q} + \boldsymbol{K}^{\mathrm{T}}\boldsymbol{R}\boldsymbol{K}\big)\boldsymbol{x}(t)dt \\ &= \int_0^{\infty} \big(e^{\boldsymbol{A}_{\mathrm{cl}}t}\boldsymbol{x}_0\big)^{\mathrm{T}}\big(\boldsymbol{Q} + \boldsymbol{K}^{\mathrm{T}}\boldsymbol{R}\boldsymbol{K}\big)e^{\boldsymbol{A}_{\mathrm{cl}}t}\boldsymbol{x}_0 dt = \boldsymbol{x}_0^{\mathrm{T}}\overbrace{\left(\int_0^{\infty} e^{\boldsymbol{A}_{\mathrm{cl}}^{\mathrm{T}}t}\boldsymbol{Q}_{\mathrm{cl}}e^{\boldsymbol{A}_{\mathrm{cl}}t}dt\right)}^{\boldsymbol{P}}\boldsymbol{x}_0 \end{aligned} \tag{A.50}$$

と書き換えることができる．評価関数 (8.8) 式が有限確定値となるためには，$t \to \infty$ で $\boldsymbol{x}(t) = e^{\boldsymbol{A}_{\mathrm{cl}}t}\boldsymbol{x}_0 \to \boldsymbol{0}$ とならなければならない．ここで，$(\boldsymbol{A}, \boldsymbol{B})$ が可制御であることから，$\boldsymbol{A}_{\mathrm{cl}} := \boldsymbol{A} + \boldsymbol{B}\boldsymbol{K}$ が安定行列となる $\boldsymbol{K}$ が必ず存在する．このとき，(A.46) 式より，

$$\boldsymbol{P} = \int_0^{\infty} e^{\boldsymbol{A}_{\mathrm{cl}}^{\mathrm{T}}t}\boldsymbol{Q}_{\mathrm{cl}}e^{\boldsymbol{A}_{\mathrm{cl}}t}dt = \int_0^{\infty} e^{(\boldsymbol{A}^{\mathrm{T}} + \boldsymbol{K}^{\mathrm{T}}\boldsymbol{B}^{\mathrm{T}})t}\big(\boldsymbol{Q} + \boldsymbol{K}^{\mathrm{T}}\boldsymbol{R}\boldsymbol{K}\big)e^{(\boldsymbol{A} + \boldsymbol{B}\boldsymbol{K})t}dt \tag{A.51}$$

はリアプノフ方程式

$$\boldsymbol{P}\boldsymbol{A}_{\mathrm{cl}} + \boldsymbol{A}_{\mathrm{cl}}^{\mathrm{T}}\boldsymbol{P} = -\boldsymbol{Q}_{\mathrm{cl}} \tag{A.52}$$

を満足する正定対称行列 $\boldsymbol{P} = \boldsymbol{P}^{\mathrm{T}} > 0$ である．ただし，与えられた任意の $\boldsymbol{Q} = \boldsymbol{Q}^{\mathrm{T}} > 0$, $\boldsymbol{R} = \boldsymbol{R}^{\mathrm{T}} > 0$ に対して，$\boldsymbol{Q}_{\mathrm{cl}} := \boldsymbol{Q} + \boldsymbol{K}^{\mathrm{T}}\boldsymbol{R}\boldsymbol{K} > 0$ である．(A.51) 式の $\boldsymbol{P}$ は $\boldsymbol{K}$ の関数であるから，評価関数 (8.8) 式を書き換えた (A.50) 式を最小にする

$$\boldsymbol{K} = \begin{bmatrix} k_{11} & \cdots & k_{1n} \\ \vdots & \ddots & \vdots \\ k_{p1} & \cdots & k_{pn} \end{bmatrix}$$

は，任意の $i = 1, \cdots, p$, $j = 1, \cdots, n$ に対して次式を満足する．

$$\frac{\partial J}{\partial k_{ij}} = \frac{\partial \boldsymbol{x}_0^{\mathrm{T}}\boldsymbol{P}\boldsymbol{x}_0}{\partial k_{ij}} = \boldsymbol{x}_0^{\mathrm{T}}\frac{\partial \boldsymbol{P}}{\partial k_{ij}}\boldsymbol{x}_0 = 0 \implies \frac{\partial \boldsymbol{P}}{\partial k_{ij}} = \boldsymbol{O} \tag{A.53}$$

一方，リアプノフ方程式 (A.52) 式の両辺を k_{ij} で偏微分すると，(A.53) 式より，

$$
\begin{aligned}
&\overbrace{\frac{\partial \boldsymbol{P}}{\partial k_{ij}}}^{\boldsymbol{O}} \boldsymbol{A}_{\mathrm{cl}} + \boldsymbol{P}\frac{\partial \boldsymbol{A}_{\mathrm{cl}}}{\partial k_{ij}} + \boldsymbol{A}_{\mathrm{cl}}^{\mathrm{T}} \overbrace{\frac{\partial \boldsymbol{P}}{\partial k_{ij}}}^{\boldsymbol{O}} + \frac{\partial \boldsymbol{A}_{\mathrm{cl}}^{\mathrm{T}}}{\partial k_{ij}}\boldsymbol{P} = -\frac{\partial \boldsymbol{Q}_{\mathrm{cl}}}{\partial k_{ij}} \\
&\Longrightarrow \quad \boldsymbol{P}\frac{\partial \boldsymbol{A}_{\mathrm{cl}}}{\partial k_{ij}} + \frac{\partial \boldsymbol{A}_{\mathrm{cl}}^{\mathrm{T}}}{\partial k_{ij}}\boldsymbol{P} = -\frac{\partial \boldsymbol{Q}_{\mathrm{cl}}}{\partial k_{ij}} \\
&\Longrightarrow \quad \boldsymbol{P}\frac{\partial \overbrace{(\boldsymbol{A}+\boldsymbol{B}\boldsymbol{K})}^{\boldsymbol{A}_{\mathrm{cl}}}}{\partial k_{ij}} + \frac{\partial \overbrace{(\boldsymbol{A}^{\mathrm{T}}+\boldsymbol{K}^{\mathrm{T}}\boldsymbol{B}^{\mathrm{T}})}^{\boldsymbol{A}_{\mathrm{cl}}^{\mathrm{T}}}}{\partial k_{ij}}\boldsymbol{P} = -\frac{\partial \overbrace{(\boldsymbol{Q}+\boldsymbol{K}^{\mathrm{T}}\boldsymbol{R}\boldsymbol{K})}^{\boldsymbol{Q}_{\mathrm{cl}}}}{\partial k_{ij}} \\
&\Longrightarrow \quad \boldsymbol{P}\boldsymbol{B}\frac{\partial \boldsymbol{K}}{\partial k_{ij}} + \frac{\partial \boldsymbol{K}^{\mathrm{T}}}{\partial k_{ij}}\boldsymbol{B}^{\mathrm{T}}\boldsymbol{P} = -\frac{\partial \boldsymbol{K}^{\mathrm{T}}}{\partial k_{ij}}\boldsymbol{R}\boldsymbol{K} - \boldsymbol{K}^{\mathrm{T}}\boldsymbol{R}\frac{\partial \boldsymbol{K}}{\partial k_{ij}} \\
&\Longrightarrow \quad (\boldsymbol{P}\boldsymbol{B}+\boldsymbol{K}^{\mathrm{T}}\boldsymbol{R})\frac{\partial \boldsymbol{K}}{\partial k_{ij}} + \frac{\partial \boldsymbol{K}^{\mathrm{T}}}{\partial k_{ij}}(\boldsymbol{B}^{\mathrm{T}}\boldsymbol{P}+\boldsymbol{R}\boldsymbol{K}) = \boldsymbol{O}
\end{aligned}
\tag{A.54}
$$

が得られる．したがって，任意の $i = 1, \cdots, p$, $j = 1, \cdots, n$ に対して (A.54) 式が成り立つには，

$$
\boldsymbol{B}^{\mathrm{T}}\boldsymbol{P}+\boldsymbol{R}\boldsymbol{K} = \boldsymbol{O} \quad \Longrightarrow \quad \boldsymbol{K} = \boldsymbol{K}_{\mathrm{opt}} := -\boldsymbol{R}^{-1}\boldsymbol{B}^{\mathrm{T}}\boldsymbol{P}
\tag{A.55}
$$

である必要がある (状態フィードバックゲイン $\boldsymbol{K} = \boldsymbol{K}_{\mathrm{opt}}$ が (8.9) 式となる)．このとき，リアプノフ方程式 (A.52) 式を書き換えると，

$$
\begin{aligned}
&\boldsymbol{P}\overbrace{(\boldsymbol{A}+\boldsymbol{B}\boldsymbol{K}_{\mathrm{opt}})}^{\boldsymbol{A}_{\mathrm{cl}}} + \overbrace{(\boldsymbol{A}^{\mathrm{T}}+\boldsymbol{K}_{\mathrm{opt}}^{\mathrm{T}}\boldsymbol{B}^{\mathrm{T}})}^{\boldsymbol{A}_{\mathrm{cl}}^{\mathrm{T}}}\boldsymbol{P} = -\overbrace{(\boldsymbol{Q}+\boldsymbol{K}_{\mathrm{opt}}^{\mathrm{T}}\boldsymbol{R}\boldsymbol{K}_{\mathrm{opt}})}^{\boldsymbol{Q}_{\mathrm{cl}}} \\
&\Longrightarrow \quad \boldsymbol{P}\{\boldsymbol{A}+\boldsymbol{B}\overbrace{(-\boldsymbol{R}^{-1}\boldsymbol{B}^{\mathrm{T}}\boldsymbol{P})}^{\boldsymbol{K}_{\mathrm{opt}}}\} + \{\boldsymbol{A}^{\mathrm{T}}+\overbrace{(-\boldsymbol{P}\boldsymbol{B}\boldsymbol{R}^{-1})}^{\boldsymbol{K}_{\mathrm{opt}}^{\mathrm{T}}}\boldsymbol{B}^{\mathrm{T}}\}\boldsymbol{P} \\
&\qquad\qquad = -\{\boldsymbol{Q}+\underbrace{(-\boldsymbol{P}\boldsymbol{B}\boldsymbol{R}^{-1})}_{\boldsymbol{K}_{\mathrm{opt}}^{\mathrm{T}}}\boldsymbol{R}\underbrace{(-\boldsymbol{R}^{-1}\boldsymbol{B}^{\mathrm{T}}\boldsymbol{P})}_{\boldsymbol{K}_{\mathrm{opt}}}\} \\
&\Longrightarrow \quad \boldsymbol{P}\boldsymbol{A}+\boldsymbol{A}^{\mathrm{T}}\boldsymbol{P}-\boldsymbol{P}\boldsymbol{B}\boldsymbol{R}^{-1}\boldsymbol{B}^{\mathrm{T}}\boldsymbol{P}+\boldsymbol{Q} = \boldsymbol{O}
\end{aligned}
\tag{A.56}
$$

となる．以上より，評価関数 (8.8) 式を最小とするための条件式が，(A.55), (A.56) 式 (ゲイン (8.9) 式およびリカッチ方程式 (8.10) 式) であることがわかる．

十分性の証明

リカッチ方程式 (8.10) 式の正定対称解 $\boldsymbol{P} = \boldsymbol{P}_{\mathrm{opt}}$ が存在するとき，(8.9) 式のゲインを $\boldsymbol{K} = \boldsymbol{K}_{\mathrm{opt}} := -\boldsymbol{R}^{-1}\boldsymbol{B}^{\mathrm{T}}\boldsymbol{P}_{\mathrm{opt}}$ としたコントローラ (8.2) 式が，制御対象 (8.1) 式を安定化し，また，評価関数 (8.8) 式を最小化していることを確かめる．

(8.9) 式で示した $\boldsymbol{K}_{\mathrm{opt}} := -\boldsymbol{R}^{-1}\boldsymbol{B}^{\mathrm{T}}\boldsymbol{P}_{\mathrm{opt}}$ を利用すると，

$$
\begin{aligned}
-\boldsymbol{P}_{\mathrm{opt}}\boldsymbol{B}\boldsymbol{R}^{-1}\boldsymbol{B}^{\mathrm{T}}\boldsymbol{P}_{\mathrm{opt}} &= \boldsymbol{P}_{\mathrm{opt}}\boldsymbol{B}\overbrace{(-\boldsymbol{R}^{-1}\boldsymbol{B}^{\mathrm{T}}\boldsymbol{P}_{\mathrm{opt}})}^{\boldsymbol{K}_{\mathrm{opt}}} + \overbrace{(-\boldsymbol{P}_{\mathrm{opt}}\boldsymbol{B}\boldsymbol{R}^{-1})}^{\boldsymbol{K}_{\mathrm{opt}}^{\mathrm{T}}}\boldsymbol{B}^{\mathrm{T}}\boldsymbol{P}_{\mathrm{opt}} \\
&\quad + \underbrace{(-\boldsymbol{P}_{\mathrm{opt}}\boldsymbol{B}\boldsymbol{R}^{-1})}_{\boldsymbol{K}_{\mathrm{opt}}^{\mathrm{T}}}\boldsymbol{R}\underbrace{(-\boldsymbol{R}^{-1}\boldsymbol{B}^{\mathrm{T}}\boldsymbol{P}_{\mathrm{opt}})}_{\boldsymbol{K}_{\mathrm{opt}}} \\
&= \boldsymbol{P}_{\mathrm{opt}}\boldsymbol{B}\boldsymbol{K}_{\mathrm{opt}} + \boldsymbol{K}_{\mathrm{opt}}^{\mathrm{T}}\boldsymbol{B}^{\mathrm{T}}\boldsymbol{P}_{\mathrm{opt}} + \boldsymbol{K}_{\mathrm{opt}}^{\mathrm{T}}\boldsymbol{R}\boldsymbol{K}_{\mathrm{opt}}
\end{aligned}
\tag{A.57}
$$

であるから，リカッチ方程式 (8.10) 式は，以下のように書き換えることができる．

$$
\begin{aligned}
&\boldsymbol{P}_{\rm opt}\boldsymbol{A} + \boldsymbol{A}^{\rm T}\boldsymbol{P}_{\rm opt} + \overbrace{\boldsymbol{P}_{\rm opt}\boldsymbol{B}\boldsymbol{K}_{\rm opt} + \boldsymbol{K}_{\rm opt}^{\rm T}\boldsymbol{B}^{\rm T}\boldsymbol{P}_{\rm opt} + \boldsymbol{K}_{\rm opt}^{\rm T}\boldsymbol{R}\boldsymbol{K}_{\rm opt}}^{-\boldsymbol{P}_{\rm opt}\boldsymbol{B}\boldsymbol{R}^{-1}\boldsymbol{B}^{\rm T}\boldsymbol{P}_{\rm opt}} + \boldsymbol{Q} = \boldsymbol{O} \\
\Longrightarrow\ \ &\boldsymbol{P}_{\rm opt}\overbrace{\big(\boldsymbol{A} + \boldsymbol{B}\boldsymbol{K}_{\rm opt}\big)}^{\boldsymbol{A}_{\rm cl}} + \overbrace{\big(\boldsymbol{A}^{\rm T} + \boldsymbol{K}_{\rm opt}^{\rm T}\boldsymbol{B}^{\rm T}\big)}^{\boldsymbol{A}_{\rm cl}^{\rm T}}\boldsymbol{P}_{\rm opt} = -\overbrace{\big(\boldsymbol{K}_{\rm opt}^{\rm T}\boldsymbol{R}\boldsymbol{K}_{\rm opt} + \boldsymbol{Q}\big)}^{\boldsymbol{Q}_{\rm cl}} \\
\Longrightarrow\ \ &\boldsymbol{P}_{\rm opt}\boldsymbol{A}_{\rm cl} + \boldsymbol{A}_{\rm cl}^{\rm T}\boldsymbol{P}_{\rm opt} = -\boldsymbol{Q}_{\rm cl}
\end{aligned}
\tag{A.58}
$$

ここで，$\boldsymbol{Q} = \boldsymbol{Q}^{\rm T} > 0$, $\boldsymbol{R} = \boldsymbol{R}^{\rm T} > 0$ より，$\boldsymbol{Q}_{\rm cl} := \boldsymbol{Q} + \boldsymbol{K}_{\rm opt}^{\rm T}\boldsymbol{R}\boldsymbol{K}_{\rm opt} > 0$ であるから，(A.58) 式はリアプノフ方程式の形式となる．したがって，リカッチ方程式 (8.10) 式の正定対称解 $\boldsymbol{P}_{\rm opt} = \boldsymbol{P}_{\rm opt}^{\rm T} > 0$ は，可制御な制御対象 (8.1) 式とコントローラ (8.2), (8.9) 式とで構成されるシステムに対するリアプノフ方程式の正定対称解 $\boldsymbol{P}_{\rm opt} = \boldsymbol{P}_{\rm opt}^{\rm T} > 0$ であるから，コントローラ (8.2), (8.9) 式により制御対象 (8.1) 式が安定化されている ($t \to \infty$ で $\boldsymbol{x}(t) \to \boldsymbol{0}$ である) ことがいえる．

また，リカッチ方程式 (8.10) 式を書き換えると，

$$
\boldsymbol{Q} = \boldsymbol{P}_{\rm opt}\boldsymbol{B}\boldsymbol{R}^{-1}\boldsymbol{B}^{\rm T}\boldsymbol{P}_{\rm opt} - \big(\boldsymbol{P}_{\rm opt}\boldsymbol{A} + \boldsymbol{A}^{\rm T}\boldsymbol{P}_{\rm opt}\big) \tag{A.59}
$$

となることを利用し，$\boldsymbol{\eta}(t) := \boldsymbol{u}(t) + \boldsymbol{R}^{-1}\boldsymbol{B}^{\rm T}\boldsymbol{P}_{\rm opt}\boldsymbol{x}(t)$ として (8.8) 式の評価関数 J を書き換えると，

$$
\begin{aligned}
J &= \int_0^\infty \Big[\boldsymbol{x}(t)^{\rm T}\overbrace{\big\{\boldsymbol{P}_{\rm opt}\boldsymbol{B}\boldsymbol{R}^{-1}\boldsymbol{B}^{\rm T}\boldsymbol{P}_{\rm opt} - \big(\boldsymbol{P}_{\rm opt}\boldsymbol{A} + \boldsymbol{A}^{\rm T}\boldsymbol{P}_{\rm opt}\big)\big\}}^{\boldsymbol{Q}}\boldsymbol{x}(t) + \boldsymbol{u}(t)^{\rm T}\boldsymbol{R}\boldsymbol{u}(t)\Big]dt \\
&= \int_0^\infty \Big[\boldsymbol{\eta}(t)^{\rm T}\boldsymbol{R}\boldsymbol{\eta}(t) - \Big\{\boldsymbol{x}(t)^{\rm T}\boldsymbol{P}_{\rm opt}\overbrace{\big(\boldsymbol{A}\boldsymbol{x}(t) + \boldsymbol{B}\boldsymbol{u}(t)\big)}^{\dot{\boldsymbol{x}}(t)} \\
&\qquad\qquad + \underbrace{\big(\boldsymbol{x}(t)^{\rm T}\boldsymbol{A}^{\rm T} + \boldsymbol{u}(t)^{\rm T}\boldsymbol{B}^{\rm T}\big)}_{\dot{\boldsymbol{x}}(t)^{\rm T}}\boldsymbol{P}_{\rm opt}\boldsymbol{x}(t)\Big\}\Big]dt \\
&= \int_0^\infty \Big\{\boldsymbol{\eta}(t)^{\rm T}\boldsymbol{R}\boldsymbol{\eta}(t) - \big(\boldsymbol{x}(t)^{\rm T}\boldsymbol{P}_{\rm opt}\dot{\boldsymbol{x}}(t) + \dot{\boldsymbol{x}}(t)^{\rm T}\boldsymbol{P}_{\rm opt}\boldsymbol{x}(t)\big)\Big\}dt \\
&= \int_0^\infty \left\{\boldsymbol{\eta}(t)^{\rm T}\boldsymbol{R}\boldsymbol{\eta}(t) - \frac{d}{dt}\big(\boldsymbol{x}(t)^{\rm T}\boldsymbol{P}_{\rm opt}\boldsymbol{x}(t)\big)\right\}dt \\
&= \int_0^\infty \boldsymbol{\eta}(t)^{\rm T}\boldsymbol{R}\boldsymbol{\eta}(t)dt - \big[\boldsymbol{x}(t)^{\rm T}\boldsymbol{P}_{\rm opt}\boldsymbol{x}(t)\big]_0^\infty \ \longleftarrow\ \boxed{\boldsymbol{x}(\infty) = \boldsymbol{0},\ \boldsymbol{x}(0) = \boldsymbol{x}_0 \text{ を代入}} \\
&= \int_0^\infty \boldsymbol{\eta}(t)^{\rm T}\boldsymbol{R}\boldsymbol{\eta}(t)dt + \boldsymbol{x}_0^{\rm T}\boldsymbol{P}_{\rm opt}\boldsymbol{x}_0
\end{aligned}
\tag{A.60}
$$

となる．$\boldsymbol{x}_0^{\rm T}\boldsymbol{P}_{\rm opt}\boldsymbol{x}_0$ は初期状態 $\boldsymbol{x}_0$ により定まる定数であり，また，$\boldsymbol{R} = \boldsymbol{R}^{\rm T} > 0$ より $\boldsymbol{\eta}(t)^{\rm T}\boldsymbol{R}\boldsymbol{\eta}(t) > 0$ $(\forall\boldsymbol{\eta}(t) \neq \boldsymbol{0})$ であるから，評価関数 J が最小となるのは，

$$
\boldsymbol{\eta}(t) = \boldsymbol{0} \ \Longrightarrow\ \boldsymbol{u}(t) = \boldsymbol{K}_{\rm opt}\boldsymbol{x}(t),\ \ \boldsymbol{K}_{\rm opt} := -\boldsymbol{R}^{-1}\boldsymbol{B}^{\rm T}\boldsymbol{P}_{\rm opt} \tag{A.61}
$$

のときであり，このとき，評価関数 J の最小値は $J_{\min} = \boldsymbol{x}_0^{\rm T}\boldsymbol{P}_{\rm opt}\boldsymbol{x}_0$ となる．

▶ ハミルトン行列の性質 (p.165) について

性質 1 の証明

ハミルトン行列 $\boldsymbol{H}$ の固有値を λ_i $(i=1,\cdots,2n)$ とし，

$$\underbrace{\begin{bmatrix} \boldsymbol{A} & -\boldsymbol{B}\boldsymbol{R}^{-1}\boldsymbol{B}^{\mathrm{T}} \\ -\boldsymbol{Q} & -\boldsymbol{A}^{\mathrm{T}} \end{bmatrix}}_{\boldsymbol{H}} \underbrace{\begin{bmatrix} \boldsymbol{v}_{i,1} \\ \boldsymbol{v}_{i,2} \end{bmatrix}}_{\boldsymbol{v}_i} = \lambda_i \underbrace{\begin{bmatrix} \boldsymbol{v}_{i,1} \\ \boldsymbol{v}_{i,2} \end{bmatrix}}_{\boldsymbol{v}_i} \tag{A.62}$$

のように，λ_i に対する固有ベクトル $\boldsymbol{v}_i \in \mathbb{C}^{2n}$ を，n 次元ベクトル $\boldsymbol{v}_{i,1} \in \mathbb{C}^n$ と $\boldsymbol{v}_{i,2} \in \mathbb{C}^n$ に分割する．(A.62) 式を展開し，上式と下式を入れ換えると，

$$\begin{cases} -\boldsymbol{Q}\boldsymbol{v}_{i,1} - \boldsymbol{A}^{\mathrm{T}}\boldsymbol{v}_{i,2} = \lambda_i \boldsymbol{v}_{i,2} \\ \boldsymbol{A}\boldsymbol{v}_{i,1} - \boldsymbol{B}\boldsymbol{R}^{-1}\boldsymbol{B}^{\mathrm{T}}\boldsymbol{v}_{i,2} = \lambda_i \boldsymbol{v}_{i,1} \end{cases} \Longrightarrow \begin{cases} \boldsymbol{A}^{\mathrm{T}}(-\boldsymbol{v}_{i,2}) - \boldsymbol{Q}\boldsymbol{v}_{i,1} = -\lambda_i(-\boldsymbol{v}_{i,2}) \\ -\boldsymbol{B}\boldsymbol{R}^{-1}\boldsymbol{B}^{\mathrm{T}}(-\boldsymbol{v}_{i,2}) - \boldsymbol{A}\boldsymbol{v}_{i,1} = -\lambda_i \boldsymbol{v}_{i,1} \end{cases}$$

$$\Longrightarrow \underbrace{\begin{bmatrix} \boldsymbol{A}^{\mathrm{T}} & -\boldsymbol{Q} \\ -\boldsymbol{B}\boldsymbol{R}^{-1}\boldsymbol{B}^{\mathrm{T}} & -\boldsymbol{A} \end{bmatrix}}_{\boldsymbol{H}^{\mathrm{T}}} \begin{bmatrix} -\boldsymbol{v}_{i,2} \\ \boldsymbol{v}_{i,1} \end{bmatrix} = -\lambda_i \begin{bmatrix} -\boldsymbol{v}_{i,2} \\ \boldsymbol{v}_{i,1} \end{bmatrix} \tag{A.63}$$

が得られる．(A.63) 式の成立は，$\lambda_i = \alpha + j\beta$ が $\boldsymbol{H}$ の固有値であれば，$-\lambda_i = -\alpha - j\beta$ が $\boldsymbol{H}^{\mathrm{T}}$ の固有値であることを意味している．ここで，$\boldsymbol{H}$ の固有値は実数または共役複素数であり，また，$\boldsymbol{H}$ の固有値と $\boldsymbol{H}^{\mathrm{T}}$ の固有値が同一であることを考慮すると，結局，ハミルトン行列 $\boldsymbol{H}$ の固有値 $\lambda = \lambda_1,\cdots,\lambda_{2n}$ は，実軸および虚軸に対して対称に分布していることがいえる．

また，$\boldsymbol{A} + \boldsymbol{B}\boldsymbol{K}_{\mathrm{opt}} = \boldsymbol{A} - \boldsymbol{B}\boldsymbol{R}^{-1}\boldsymbol{B}^{\mathrm{T}}\boldsymbol{P}_{\mathrm{opt}} \in \mathbb{R}^{n\times n}$ は安定行列であるから，その n 個の固有値は安定 (実部が負) である．一方，下記の“**性質 2** の証明”で示すように，安定行列 $\boldsymbol{A} - \boldsymbol{B}\boldsymbol{R}^{-1}\boldsymbol{B}^{\mathrm{T}}\boldsymbol{P}_{\mathrm{opt}}$ の固有値は，ハミルトン行列 $\boldsymbol{H}$ の $2n$ 個の固有値の中の n 個に等しい．したがって，$\boldsymbol{H}$ の固有値は虚軸上に存在せず，n 個が安定な固有値 $\underline{\lambda}_i$ $(\underline{\alpha} > 0,\ i = 1,\cdots,n)$，残りの n 個が不安定な固有値 $\overline{\lambda}_i$ $(i=1,\cdots,n)$ である．

性質 2 の証明

安定行列 $\boldsymbol{A} - \boldsymbol{B}\boldsymbol{R}^{-1}\boldsymbol{B}^{\mathrm{T}}\boldsymbol{P}_{\mathrm{opt}} \in \mathbb{R}^{n\times n}$ の固有値を γ_i，固有ベクトルを $\boldsymbol{w}_i \in \mathbb{C}^n$ とすると，

$$\big(\boldsymbol{A} - \boldsymbol{B}\boldsymbol{R}^{-1}\boldsymbol{B}^{\mathrm{T}}\boldsymbol{P}_{\mathrm{opt}}\big)\boldsymbol{w}_i = \gamma_i \boldsymbol{w}_i \Longrightarrow \big(\gamma_i \boldsymbol{I} - \boldsymbol{A} + \boldsymbol{B}\boldsymbol{R}^{-1}\boldsymbol{B}^{\mathrm{T}}\boldsymbol{P}_{\mathrm{opt}}\big)\boldsymbol{w}_i = \boldsymbol{0} \tag{A.64}$$

が成立する．一方，リカッチ方程式 (8.10) 式を書き換えると，

$$\begin{aligned} &\boldsymbol{P}_{\mathrm{opt}}\boldsymbol{A} + \boldsymbol{A}^{\mathrm{T}}\boldsymbol{P}_{\mathrm{opt}} - \boldsymbol{P}_{\mathrm{opt}}\boldsymbol{B}\boldsymbol{R}^{-1}\boldsymbol{B}^{\mathrm{T}}\boldsymbol{P}_{\mathrm{opt}} + \boldsymbol{Q} \\ &= -\boldsymbol{P}_{\mathrm{opt}}\big(\gamma_i \boldsymbol{I} - \boldsymbol{A} + \boldsymbol{B}\boldsymbol{R}^{-1}\boldsymbol{B}^{\mathrm{T}}\boldsymbol{P}_{\mathrm{opt}}\big) + \big(\gamma_i \boldsymbol{I} + \boldsymbol{A}^{\mathrm{T}}\big)\boldsymbol{P}_{\mathrm{opt}} + \boldsymbol{Q} = \boldsymbol{O} \end{aligned} \tag{A.65}$$

であり，(A.65) 式の右から $\boldsymbol{w}_i$ をかけると，(A.64) 式より，

$$\big(\gamma_i \boldsymbol{I} + \boldsymbol{A}^{\mathrm{T}}\big)\boldsymbol{P}_{\mathrm{opt}}\boldsymbol{w}_i + \boldsymbol{Q}\boldsymbol{w}_i = \boldsymbol{0} \Longrightarrow -\boldsymbol{A}^{\mathrm{T}}\boldsymbol{P}_{\mathrm{opt}}\boldsymbol{w}_i - \boldsymbol{Q}\boldsymbol{w}_i = \gamma_i \boldsymbol{P}_{\mathrm{opt}}\boldsymbol{w}_i \tag{A.66}$$

が得られる．ここで，(A.64) 式と (A.66) 式とをまとめると，

$$\begin{cases} \boldsymbol{A}\boldsymbol{w}_i - \boldsymbol{B}\boldsymbol{R}^{-1}\boldsymbol{B}^{\mathrm{T}} \cdot \boldsymbol{P}_{\mathrm{opt}}\boldsymbol{w}_i = \gamma_i \boldsymbol{w}_i \\ -\boldsymbol{Q}\boldsymbol{w}_i - \boldsymbol{A}^{\mathrm{T}} \cdot \boldsymbol{P}_{\mathrm{opt}}\boldsymbol{w}_i = \gamma_i \cdot \boldsymbol{P}_{\mathrm{opt}}\boldsymbol{w}_i \end{cases}$$

$$\Longrightarrow \underbrace{\begin{bmatrix} \boldsymbol{A} & -\boldsymbol{B}\boldsymbol{R}^{-1}\boldsymbol{B}^{\mathrm{T}} \\ -\boldsymbol{Q} & -\boldsymbol{A}^{\mathrm{T}} \end{bmatrix}}_{\boldsymbol{H}} \begin{bmatrix} \boldsymbol{w}_i \\ \boldsymbol{P}_{\mathrm{opt}}\boldsymbol{w}_i \end{bmatrix} = \gamma_i \begin{bmatrix} \boldsymbol{w}_i \\ \boldsymbol{P}_{\mathrm{opt}}\boldsymbol{w}_i \end{bmatrix} \tag{A.67}$$

が得られ，ハミルトン行列 $\boldsymbol{H}$ を用いた (A.62) 式と同じ形式で表すことができる．$\boldsymbol{A} - \boldsymbol{B}\boldsymbol{R}^{-1}\boldsymbol{B}^{\mathrm{T}}\boldsymbol{P}_{\mathrm{opt}}$ は安定行列であるため，その固有値 γ_i $(i = 1, \cdots, n)$ の実部はすべて負であることから，これらは $\boldsymbol{H}$ の安定な固有値に等しい $(\gamma_i = \underline{\lambda}_i)$ ことがいえる．

性質 3 の証明

上記の“**性質** 2 の証明”で示したように，安定行列 $\boldsymbol{A} - \boldsymbol{B}\boldsymbol{R}^{-1}\boldsymbol{B}^{\mathrm{T}}\boldsymbol{P}_{\mathrm{opt}}$ の固有値 γ_i と，ハミルトン行列 $\boldsymbol{H}$ の安定な固有値 $\underline{\lambda}_i$ は等しい．したがって，(A.67) 式と (8.32) 式の固有ベクトルも等しいから，

$$\begin{bmatrix} \boldsymbol{w}_i \\ \boldsymbol{P}_{\mathrm{opt}}\boldsymbol{w}_i \end{bmatrix} = \begin{bmatrix} \underline{\boldsymbol{v}}_{i,1} \\ \underline{\boldsymbol{v}}_{i,2} \end{bmatrix} \Longrightarrow \underline{\boldsymbol{v}}_{i,2} = \boldsymbol{P}_{\mathrm{opt}}\boldsymbol{w}_i = \boldsymbol{P}_{\mathrm{opt}}\underline{\boldsymbol{v}}_{i,1} \tag{A.68}$$

となり，(8.33) 式の関係式が得られる．

A.5　シュールの補題

▶ シュール (シュア) の補題 (p.189)

ここではシュールの補題 (p.189) の条件 (i) と (ii) が等価であることを示す．付録 C.3 の Point (p.239) に示すように，行列 $\boldsymbol{M}$ が正定であることと，任意の $\boldsymbol{\xi} = \begin{bmatrix} \boldsymbol{\xi}_1 \\ \boldsymbol{\xi}_2 \end{bmatrix} \neq \boldsymbol{0}$ に対して，

$$\begin{aligned} \boldsymbol{\xi}^{\mathrm{T}}\boldsymbol{M}\boldsymbol{\xi} &= \begin{bmatrix} \boldsymbol{\xi}_1^{\mathrm{T}} & \boldsymbol{\xi}_2^{\mathrm{T}} \end{bmatrix} \begin{bmatrix} \boldsymbol{M}_{11} & \boldsymbol{M}_{12} \\ \boldsymbol{M}_{12}^{\mathrm{T}} & \boldsymbol{M}_{22} \end{bmatrix} \begin{bmatrix} \boldsymbol{\xi}_1 \\ \boldsymbol{\xi}_2 \end{bmatrix} \\ &= \boldsymbol{\xi}_1^{\mathrm{T}}\boldsymbol{M}_{11}\boldsymbol{\xi}_1 + \boldsymbol{\xi}_1^{\mathrm{T}}\boldsymbol{M}_{12}\boldsymbol{\xi}_2 + \boldsymbol{\xi}_2^{\mathrm{T}}\boldsymbol{M}_{12}^{\mathrm{T}}\boldsymbol{\xi}_1 + \boldsymbol{\xi}_2^{\mathrm{T}}\boldsymbol{M}_{22}\boldsymbol{\xi}_2 \\ &= (\boldsymbol{\xi}_1^{\mathrm{T}} + \boldsymbol{\xi}_2^{\mathrm{T}}\boldsymbol{M}_{12}^{\mathrm{T}}\boldsymbol{M}_{11}^{-1})\boldsymbol{M}_{11}(\boldsymbol{\xi}_1 + \boldsymbol{M}_{11}^{-1}\boldsymbol{M}_{12}\boldsymbol{\xi}_2) \\ &\quad + \boldsymbol{\xi}_2^{\mathrm{T}}(\boldsymbol{M}_{22} - \boldsymbol{M}_{12}^{\mathrm{T}}\boldsymbol{M}_{11}^{-1}\boldsymbol{M}_{12})\boldsymbol{\xi}_2 > 0 \end{aligned} \tag{A.69}$$

であることは等価である．ここで，$\overline{\boldsymbol{\xi}}_1 := \boldsymbol{\xi}_1 + \boldsymbol{M}_{11}^{-1}\boldsymbol{M}_{12}\boldsymbol{\xi}_2$ と定義すると，$\boldsymbol{\xi} \neq \boldsymbol{0}$ と $\overline{\boldsymbol{\xi}}_1 \neq \boldsymbol{0}$ は等価である．したがって，$\overline{\boldsymbol{M}}_{22} := \boldsymbol{M}_{22} - \boldsymbol{M}_{12}^{\mathrm{T}}\boldsymbol{M}_{11}^{-1}\boldsymbol{M}_{12}$ と定義すると，(A.69) 式は，

$$\boldsymbol{\xi}^{\mathrm{T}}\boldsymbol{M}\boldsymbol{\xi} = \overline{\boldsymbol{\xi}}_1^{\mathrm{T}}\boldsymbol{M}_{11}\overline{\boldsymbol{\xi}}_1 + \boldsymbol{\xi}_2^{\mathrm{T}}\overline{\boldsymbol{M}}_{22}\boldsymbol{\xi}_2 > 0 \tag{A.70}$$

のように書き換えることができ，“$\boldsymbol{M} > 0$”と“$\boldsymbol{M}_{11} > 0$ かつ $\overline{\boldsymbol{M}}_{22} > 0$”とが，等価であることがいえる．

付録 B

MATLAB/Simulink の基本操作

B.1 MATLAB の基本操作

(a) MATLAB の起動

Windows 版の MATLAB を起動するには，デスクトップ上のアイコン をダブルクリックするか，あるいは，Windows のスタートメニューのプログラムの中から MATLAB を選択すればよい．使用者は，MATLAB の“**コマンドウィンドウ**”における“**>>**”の後に命令文 (コマンド) を入力することによって，様々な作業を行うことができる．

(b) ヒストリー機能

MATLAB では，“コマンドウィンドウ”に命令文を入力するが，以前入力した命令文を再度入力したいときがある．このような場合，キーボードの [↑] キーや [↓] キーを押すと，以前入力した命令文が現れるので，適時使用すれば効率がよい．

(c) 検索機能とヘルプ機能

“`lookfor␣`キーワード”と入力すれば，関連した MATLAB 関数の一覧が表示される．

関数“lookfor”の使用方法

```
>> lookfor 固有値 ↵        ……“固有値”というキーワードに関連した MATLAB 関数の表示
rosser                     - 古典的な対称固有値のテスト問題
wilkinson                  - Wilkinson の固有値テスト行列
……………………………………………… 《以下，省略》 ………………………………………………
```

また，“`help␣`関数名”や“`doc␣`関数名”と入力すれば，関数の使用法が表示される．

関数“help”，“doc”の使用方法

```
>> help eig ↵          …… コマンドウィンドウに MATLAB 関数“eig”の説明を表示
 EIG は、固有値と固有ベクトルを計算します。
……………………………………………… 《以下，省略》 ………………………………………………
>> doc eig ↵           …… ヘルプブラウザによる MATLAB 関数“eig”の説明を表示
```

(d) 変数や定数の操作

MATLAB では，“コマンドウィンドウ”で

変数の定義 (値を表示する場合)

```
>> a = 5 ↵             …… 実数 a = 5 の定義 (値を表示する)
```

```
a =
     5
>> b = 2 + 3i ↵              ……… 複素数 b = 2 + 3i の定義 (値を表示する)
b =
   2.0000 + 3.0000i
>> c = 2.1e-3 ↵              ……… 指数形式で実数 c = 2.1×10^-3 を定義 (値を表示する)
c =
    0.0021
```

と入力することによって，変数を定義できる．また，

変数の定義 (値を表示しない場合)

```
>> a = 5; ↵                  ……… 実数 a = 5 の定義 (値を表示しない)
```

のように，セミコロン“;”をつければ，結果は“コマンドウィンドウ”に表示されない．以上のようにして定義された変数は，メモリ上に記憶されており，

変数の表示

```
>> a ↵        ……… a の値の確認
a =
     5
>> b ↵        ……… b の値の確認
b =
   2.0000 + 3.0000i
>> c ↵        ……… c の値の確認
c =
    0.0021
```

のように値を表示できる．関数“**who**”や“**whos**”を利用することで，メモリ上に存在する変数名を確認できる．また，変数をメモリ上から消去するためには，関数“**clear**”を利用する．

メモリ上の変数の確認 (関数“who”)，消去 (関数“clear”)

```
>> who ↵            ……… メモリ上の変数を表示

変数:

a  b  c             ……… a, b, c がメモリ上に存在

>> a ↵              ……… a の値の確認
a =
     5
>> clear a ↵        ……… メモリ上から a を消去
>> a ↵              ……… a の値の確認
??? 関数または変数 'a' が未定義です。
                    ……… a がメモリ上に存在しない旨の警告を表示
>> who ↵            ……… メモリ上の変数を表示

変数:

b  c                ……… b, c がメモリ上に存在

>> clear ↵          ……… メモリ上から変数をすべて消去
>> who ↵            ……… メモリ上の変数を表示
>>                  ……… 変数はメモリ上に存在しない
```

表 B.1 に示すように，MATLAB では，円周率 π や虚数単位 $i = \sqrt{-1}$ などの定数があらかじめ用意されている．

円周率 π の表示

```
>> pi ↵          ……… 円周率 π
ans =
    3.1416
```

また，変数の四則演算を行うには，**表 B.2** に示す操作を行えばよい．以下に，その例を示す．

変数の四則演算

```
>> a = 2, b = 4 ↵      ……… a = 2, b = 4 の定義
a =
     2
b =
     4
>> a + b ↵             ……… a + b の計算
ans =
```

表 B.1　特殊定数

定数	説明	定数	説明
pi	円周率 π	Inf または inf	無限大
NaN または nan	不定値 (Not-a-Number)	i または j	虚数単位 $i = \sqrt{-1}$

表 B.2 変数の演算

演算子	使用例	説明	演算子	使用例	説明
+	`a + b`	加算 $a+b$	-	`a - b`	減算 $a-b$
*	`a*b`	乗算 $ab\ (=a\times b)$	/	`a/b`	除算 $a/b\ (=a\div b)$
^	`a^k`	べき乗 a^k			

```
    6
>> a - b ↵       ········ a − b の計算
ans =
   -2
>> a*b ↵         ········ ab の計算
ans =
    8
```

```
>> a/b ↵         ········ a/b の計算
ans =
    0.5000
>> 4*(a + b)^2 + a/(b + 1) ↵
ans =            ········ 4(a + b)^2 + a/(b + 1) の計算
  144.4000
```

なお，命令文の途中で改行したい場合は，

命令文の途中で改行

```
>> 1 + 2 + 3 ... ↵      ········ 途中で改行したい場合は末尾に "..." を記述
>> + 4 + 5 + 6 ↵        ········ 1 + 2 + 3 + 4 + 5 + 6 の計算
ans =
    21
```

のように，"..."（ピリオドを 3 個並べる）を末尾に記述してから改行する．

(e) データ列の操作

MATLAB でグラフを描くような場合，データ列を生成する必要がある．等間隔のデータ列は，

データ列の定義

```
>> x1 = -2:1:5 ↵                ········ −2 から 1 刻みで 5 までのデータ
x1 =
    -2    -1     0     1     2     3     4     5
>> x2 = -2:5 ↵                  ········ 1 刻みの場合，このように簡略化可能
x2 =
    -2    -1     0     1     2     3     4     5
>> x3 = linspace(-2,5,8) ↵      ········ −2 から 5 まで等間隔な 8 個のデータ
x3 =
    -2    -1     0     1     2     3     4     5
>> format short e ↵             ········ 5 桁の浮動小数点 (指数形式) で表示するように設定
>> x4 = logspace(-1,2,7) ↵      ········ 10^-1 から 10^2 まで対数目盛で等間隔な 7 個のデータ
x4 =                                     (10^-1, 10^-0.5, 10^0, 10^0.5, 10^1, 10^1.5, 10^2)
  1.0000e-001  3.1623e-001  1.0000e+000  3.1623e+000  1.0000e+001  3.1623e+001  1.0000e+002
>> format short ↵     ········ 小数点以下 4 桁の浮動小数点 (固定小数点形式) で表示するように設定 (デフォルト)
>> x4 ↵                         ········ x4 の値を表示
x4 =
    0.1000    0.3162    1.0000    3.1623   10.0000   31.6228  100.0000
```

のように入力して定義する．MATLAB で定義したデータ列 x を利用して，$u=x^2$, $v=e^x$, $w=1/e^x$, $y=x^2e^x$, $z=x^2/e^x$ といった新しいデータを生成する例を，以下に示す．

データ列の操作

```
>> x = -2:2 ↵            ········ −2 から 1 刻みで 2 までのデータ x
x =                      ········ −2, −1, 0, 1, 2
    -2    -1     0     1     2
>> u = x.^2 ↵            ········ u = x^2
u =                      ········ (−2)^2, (−1)^2, 0^2, 1^2, 2^2
     4     1     0     1     4
```

```
>> v = exp(x) ↵                 ........ v = e^x
v =                             ........ e^-2, e^-1, e^0, e^1, e^2
    0.1353    0.3679    1.0000    2.7183    7.3891
>> w = 1./exp(x) ↵              ........ w = 1/e^x
w =                             ........ 1/e^-2, 1/e^-1, 1/e^0, 1/e^1, 1/e^2
    7.3891    2.7183    1.0000    0.3679    0.1353
>> y = (x.^2).*exp(x) ↵         ........ y = x^2 e^x
y =                             ........ (-2)^2 e^-2, (-1)^2 e^-1, 0^2 e^0, 1^2 e^1, 2^2 e^2
    0.5413    0.3679         0    2.7183   29.5562
>> z = (x.^2)./exp(x) ↵         ........ z = x^2/e^x
z =                             ........ (-2)^2/e^-2, (-1)^2/e^-1, 0^2/e^0, 1^2/e^1, 2^2/e^2
   29.5562    2.7183         0    0.3679    0.5413
```

このように，データ列どうしの乗算，除算，べき乗は，演算子の前に "." が必要なので注意する (表 B.3 を参照).

表 B.3　データ列 $\boldsymbol{a} = [\,a_1 \;\cdots\; a_n\,]$, $\boldsymbol{b} = [\,b_1 \;\cdots\; b_n\,]$ の演算

演算子	使用例	説明	演算子	使用例	説明
+	a + b	加算 $\boldsymbol{a}+\boldsymbol{b}$	-	a - b	減算 $\boldsymbol{a}-\boldsymbol{b}$
.*	a.*b	乗算 $[\,a_1b_1 \;\cdots\; a_nb_n\,]$	./	a./b	除算 $[\,a_1/b_1 \;\cdots\; a_n/b_n\,]$
.^	a.^k	べき乗 $[\,a_1^k \;\cdots\; a_n^k\,]$	.'	a.'	転置 $\boldsymbol{a}^{\mathrm{T}}$
'	a'	共役転置 $\boldsymbol{a}^*$			

B.2　M ファイルエディタと M ファイル

MATLAB を利用して，$y = 1 - e^{-2t}\cos 5t\ (0 \leq t \leq 5)$ のグラフを描いてみよう．"コマンドウィンドウ" で以下のように入力すれば，図 B.1 に示すグラフを描くことができる．

グラフの描画

```
>> t = 0:0.01:5; ↵                    .......... 0 から 0.01 刻みで 5 までのデータ t
>> y = 1 - exp(-2*t).*cos(5*t); ↵     .......... y = 1 - e^(-2t) cos 5t の計算
>> plot(t,y); ↵                       .......... 横軸を t，縦軸を y としたグラフの描画
```

このように，数行程度の短い命令文であれば，"コマンドウィンドウ" に直接，命令文を入力することも考えられるが，複数行に渡る命令文を実行する場合には，使い勝手が悪い．そこで，MATLAB では，M ファイルに命令文を記述し，これをまとめて実行することができる．M ファイルの拡張子は "`*.m`" である．

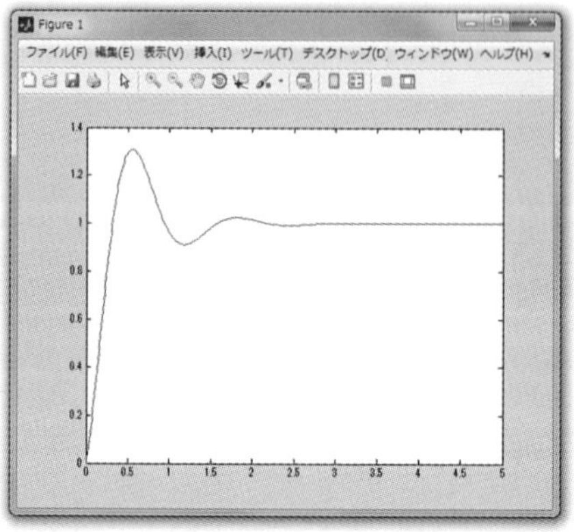

図 B.1　グラフのプロット

M ファイルを作成するには，まず，図 B.2 (a) または (b) に示す操作により，"M ファイルエディタ" を起動する．つぎに，先程の例における命令文を，"M ファイルエディタ" で図 B.3 のように入力する．なお，MATLAB では "%" はコメントを意味する．最後に，保存したいディレクトリ (フォルダ) に名前をつけて保存する．ここでは，C ドライブのディレクトリ "`hoge`" に，"`prog.m`" という名前で保存しているものとして，以下の説明を行う．

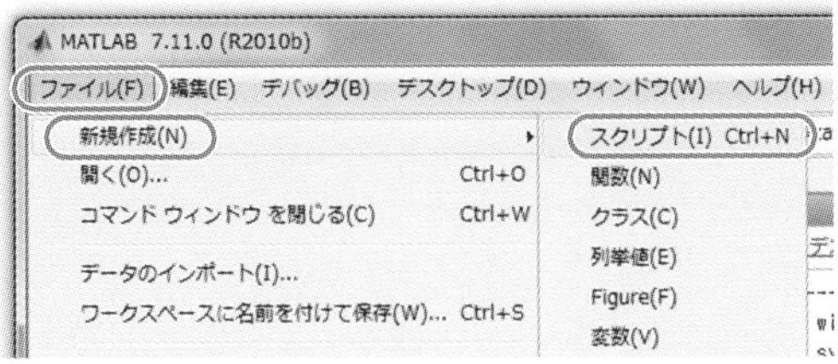

(a) “ファイル／新規作成／スクリプト” を選択

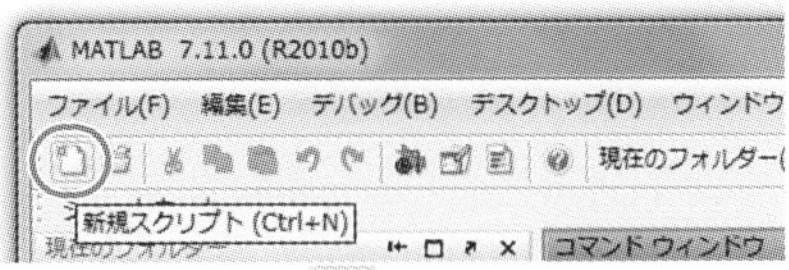

(b)  をクリック

図 B.2 “M ファイルエディタ” の起動

図 B.3 “M ファイルエディタ” による M ファイルの作成

上記の手順で作成された M ファイル “**prog.m**” を実行するには，図 B.4 (a) に示すように，“M ファイルエディタ” のメニューで “デバック／ **prog.m** を実行” を選択すればよい．ただし，実行したい M ファイルを保存したディレクトリが**カレントディレクトリ (フォルダ)** (current directory (folder)) でない場合[注 B.1]，図 B.4 (b) に示すメッセージが出るので，“フォルダの変更” を選択する．このようにして M ファイルを実行した結果，図 B.1 に示すグラフが表示される．また，

カレントディレクトリの変更 (関数 “cd”)，確認 (関数 “pwd”) と M ファイルの実行

```
>> cd c:¥hoge ↵      ……… カレントディレクトリを C ドライブのディレクトリ (フォルダ) hoge に変更
>> pwd ↵             ……… カレントディレクトリの表示 (cd と入力してもよい)
```

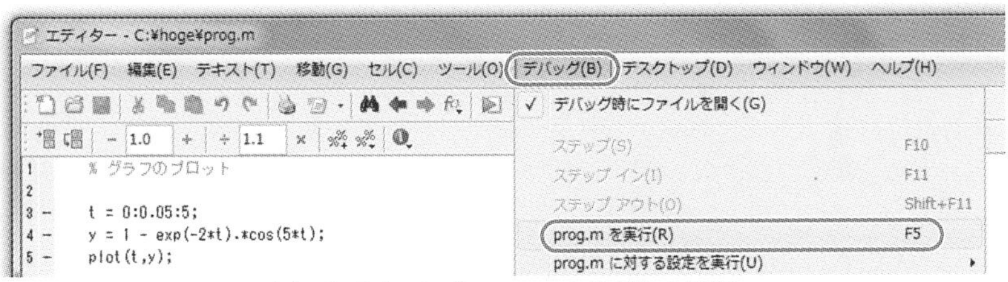

(a) “デバック／ **prog.m** を実行” を選択

(b) “フォルダの変更” を選択

図 B.4 “M ファイルエディタ” からの M ファイルの実行

[注 B.1] カレントディレクトリとは，ユーザが現在，作業を行っているディレクトリのことである．

```
ans =
C:¥hoge
>> dir ↵            ……… カレントディレクトリ内のファイル，フォルダの表示 (ls と入力してもよい)
.          ..            prog.m
>> prog ↵           ……… M ファイル “prog.m” を実行
```

のように，“コマンドウィンドウ” に命令文を入力することで M ファイルを実行することもできる(注 B.2)．なお，カレントディレクトリは，図 B.5 に示す操作により変更することもできる．

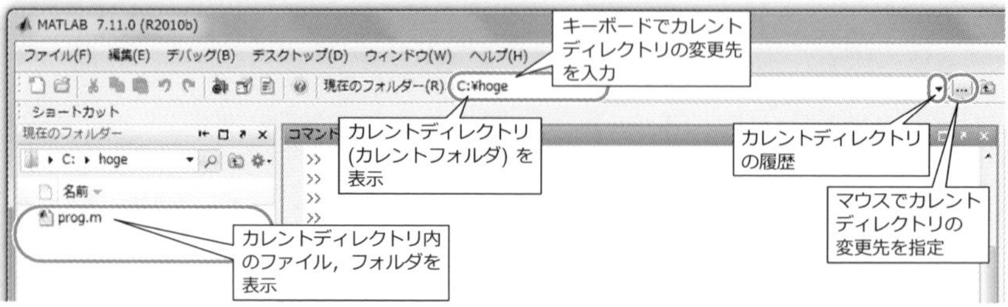

図 B.5　カレントディレクトリの変更

B.3　2 次元グラフの描画

関数 “plot” を用いると，2 次元グラフを描画することができる．たとえば，以下の M ファイルを作成して実行すると，図 B.6 のグラフが描画される．

M ファイル “sample_plot.m”：2 次元グラフの描画

```
1  clear;                             ……… メモリ上の変数をすべて消去
2  t = 0:0.05:5;                      ……… 0 から 0.05 刻みで 5 までのデータ t
3  y = 1 - exp(-2*t).*cos(5*t);       ……… y = 1 − e^{−2t} cos 5t の計算
4  figure(1); clf;                    ……… フィギュアウィンドウを Figure 1 に指定し，白紙にする
5  plot(t,y);                         ……… 横軸を x，縦軸を y としたグラフの描画
6  xlabel('t'); ylabel('y(t)');       ……… 横軸，縦軸のラベルを表示
7  title('response');                 ……… タイトルを表示
8  legend('plot data');               ……… グラフの凡例を表示
```

図 B.6 のグラフは，グラフの線種，目盛り，ラベルのフォントの設定がデフォルトのままであるため，見栄えがよくない．これらの設定をカスタマイズするためには，つぎの M ファイル “sample_plot2.m” のように，各パラメータを設定すればよい(注 B.3)．

M ファイル “sample_plot2.m”：2 次元グラフのカスタマイズ

```
      :
      :   “sample_plot.m” の 1～4 行目と同様
5  plot(t,y,'r--','linewidth',4);               ……… グラフの描画 (線種：赤の破線，線の太さ：4 ポイント)
6  xlabel('{¥it{t}} [s]', ...                    ……… 横軸のラベルを表示 (“t” を斜体,
7     'fontsize',28, 'fontname','times');            フォント：28 ポイントの Times New Roman)
8  ylabel('{¥it{y}}({¥it{t}}) [m]', ...          ……… 縦軸のラベルを表示 (“y” と “t” を斜体,
9     'fontsize',28, 'fontname','times');            フォント：28 ポイントの Times New Roman)
10 title('{¥bf{response}}', ...                  ……… タイトルを表示 (ラベル “response” を太字,
11    'fontsize',28, 'fontname','times');            フォント：28 ポイントの Times New Roman)
```

(注 B.2) 日本語キーボードにおける円マーク “¥” は，英語キーボードのバックスラッシュ “\” に相当する．
(注 B.3) グラフを eps ファイルとして保存する場合，“fontname” で設定できる英語フォントは，“times”，“helvetica (あるいは arial)”，“courier” などに限定される．

```
12   grid;                                            ……… 補助線を加える
13   set(gca, ...                                     ……… 目盛りのフォント：
14       'fontsize',24, 'fontname','times');                24 ポイント の Times New Roman
15
16   xlim([0 3]);                                     ……… 横軸の範囲を設定 (最小値：0，最大値：3)
17   set(gca,'xtick',[0:0.5:3]);                      ……… 横軸の目盛りの間隔：0 から 3 まで 0.5 間隔
18   ylim([0 1.5]);                                   ……… 縦軸の範囲を設定 (最小値：0，最大値：1.5)
19   set(gca,'ytick',[0:0.25:1.5]);                   ……… 縦軸の目盛りの間隔：0 から 1.5 まで 0.25 間隔
20   legend('plot data');                             ……… グラフの凡例を表示
21   set(legend, ...                                  ……… 凡例のフォント：
22       'fontsize',24, 'fontname','times');                24 ポイントの Times New Roman
```

“sample_plot2.m”を実行すれば，図 B.7 に示すように，グラフの線やフォントをカスタマイズしたグラフを描くことができる．MATLAB 関数“plot”で使用可能な線種，印の形状，色をそれぞれ表 B.4～B.6 に示す．たとえば，“sample_plot2.m”の 5 行目を，

〔使用例 1〕

```
5    plot(x,y,'pm','markersize',8,'linewidth',1);
     ……… マーカー：星印 (p)，色：紫 (m)，マーカーのサイズ：8 ポイント，線の太さ：1 ポイント
```

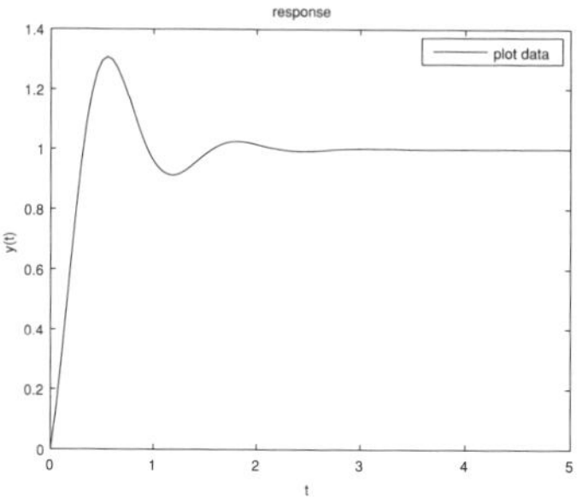

図 B.6 “sample_plot.m”の実行結果

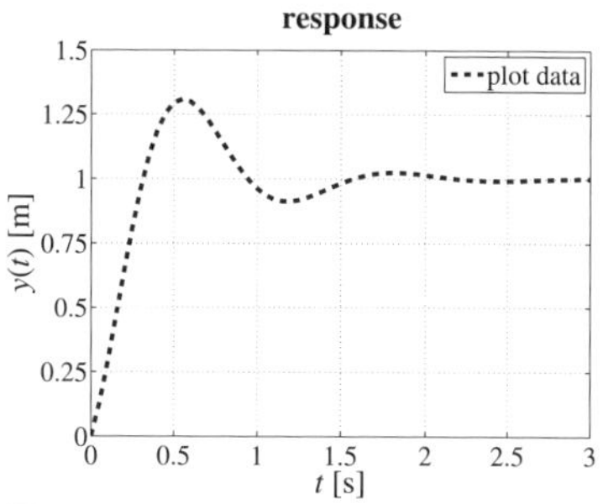

図 B.7 “sample_plot2.m”の実行結果

表 B.4 グラフの描画における線の種類

識別子	線種	出力例	識別子	線種	出力例
-	実線	———	--	破線	----
:	点線	········	-.	1 点鎖線	-·-·-

表 B.5 グラフの描画における印 (マーカー) の形状

識別子	形状	出力例	識別子	形状	出力例	識別子	形状	出力例
+	プラス記号	+	o	円	○	*	アスタリスク	✳
.	点	•	x	×印	×	s	四角	□
d	ひし形	◇	^	三角	△	v	三角	▽
>	三角	▷	<	三角	◁	p	星印 (五画)	☆
h	星印 (六画)	✡						

表 B.6 グラフの描画における線・印の色

識別子	色	識別子	色	識別子	色	識別子	色
r	赤	g	緑	b	青	c	水色 (シアン)
y	黄	k	黒	w	白	m	紫 (マジェンタ)

〔使用例 2〕

```
plot(x,y,'g-o','linewidth',2,'markersize',12);
……… 色：緑 (g)，線種：実線 (-)，マーカー：円 (o)，線の太さ：2 ポイント，マーカーのサイズ：12 ポイント
```

のように変更して実行すると，それぞれ 図 B.8 の結果が得られる．

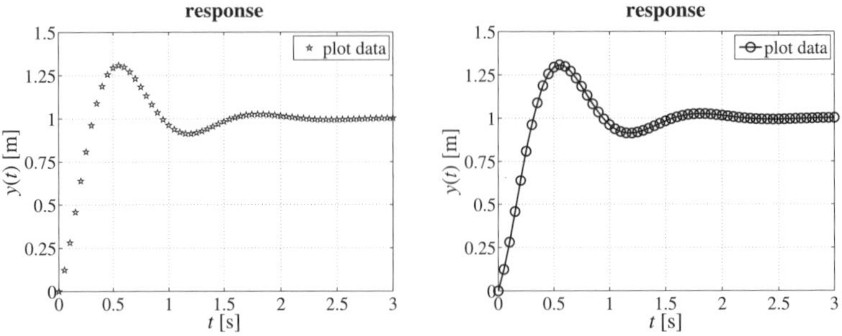

(a)　使用例 1　　(b)　使用例 2

図 B.8　“plot” の使用例

B.4　制御文

(a)　for 文

MATLAB では，繰り返し処理を行う制御文として，for 文が用意されている．

for 文

```
for 変数 = 横ベクトル
  命令文
end
```

for 文 (2 重の繰り返し)

```
for 変数 1 = 横ベクトル 1          ┐
  命令文 1                          │
  for 変数 2 = 横ベクトル 2 ┐       │
    命令文 2                 ├ ②    ├ ①
  end                       ┘       │
end                                 ┘
```

for 文を使用した M ファイルの例と，その実行結果を以下に示す．

M ファイル “sample_for.m”：for 文

```
for i = 1:3          ……… for 文 ①：i = 1 から刻み幅 1 で i = 3 まで増加 (i = 1:1:3 と記述してもよい)
  fprintf('i = %d¥n', i);          ……… コマンドウィンドウに i を整数型 (%d) で表示した後，改行 (¥n)
end                                ……… for 文 ① の終端
fprintf('¥n');                     ……… コマンドウィンドウで改行 (¥n)

for j = -3:4:5                     ……… for 文 ②：j = −3 から刻み幅 4 で j = 5 まで増加
  for k = 2:-1:0                   ……… for 文 ③：k = 2 から刻み幅 1 で k = 0 まで減少
    fprintf('j = %d, k = %d¥n', j, k);  ……… コマンドウィンドウに j, k を整数型で表示した後，改行
  end                              ……… for 文 ③ の終端
end                                ……… for 文 ② の終端
```

“sample_for.m” の実行結果

```
>> sample_for ↵          ……… M ファイルの実行
i = 1
i = 2
i = 3
```

表 B.7 比較演算

演算子	使用例	説明	演算子	使用例	説明
`>`	`a > b`	a が b より大きい $(a > b)$	`>=`	`a >= b`	a が b 以上 $(a \geq b)$
`<`	`a < b`	a が b より小さい $(a < b)$	`<=`	`a <= b`	a が b 以下 $(a \leq b)$
`==`	`a == b`	a が b と等しい $(a = b)$	`~=`	`a ~= b`	a が b と異なる $(a \neq b)$

```
j = -3, k = 2
j = -3, k = 1
j = -3, k = 0
j = 1, k = 2
j = 1, k = 1
j = 1, k = 0
j = 5, k = 2
j = 5, k = 1
j = 5, k = 0
```

(b) while 文

与えられた条件式を満足している間，繰り返し処理を続ける制御文として，while 文が用意されている．条件式には，表 B.7 の比較演算が用いられる．while 文を用いた M ファイルの例と，その実行結果を以下に示す．

while 文

```
while 条件式
  命令文
end
```

M ファイル "sample_while.m"：while 文

```
1  i = 1;                        ……… 初期値 i = 1 の設定
2  while i <= 5                  ……… while 文：i ≤ 5 である間，3, 4 行目を実行
3    fprintf('i = %d¥n', i);     ……… コマンドウィンドウに i を整数型 (%d) で表示した後，改行 (¥n)
4    i = i + 1;                  ……… i を 1 ずつ増加 (i ← i + 1)
5  end                           ……… while 文の終端
```

"sample_while.m" の実行結果

```
>> sample_while ↵   ……… M ファイルの実行
i = 1
i = 2
i = 3
i = 4
i = 5
```

(c) if 文

与えられた条件式を満足するかどうかで分岐処理を行う制御文として，if 文が用意されている．

if 文

```
if 条件式
  命令文
end
```

if-else 文 (2 個の分岐)

```
if 条件式
  命令文 1
else
  命令文 2
end
```

if-elseif-else 文 (3 個以上の分岐)

```
if 条件式 1
  命令文 1       ……… 条件式 1 を満足するとき実行
elseif 条件式 2
  命令文 2       ……… 条件式 2 を満足するとき実行
elseif 条件式 3
  命令文 3       ……… 条件式 3 を満足するとき実行
else
```

```
  命令文 4      ……… 条件式 1, 2, 3 を満足しないとき実行
end
```

if 文を使用した M ファイルの例と，その実行結果を以下に示す．

M ファイル “sample_if.m”：if 文

```
1  for i = -1:0.5:1                     ……… for 文：i = −1 から刻み幅 0.5 で i = 1 まで増加
2    if i < 0                           ……… if 文：i < 0 であれば 3 行目を実行
3      fprintf('i = %f：負の数 ¥n', i);  ……… i を浮動小数点 (%f) で表示した後，改行 (¥n)
4    elseif i > 0                       ……… (i < 0 以外で) i > 0 であれば 5 行目を実行
5      fprintf('i = %f：正の数 ¥n', i);  ……… i を浮動小数点で表示した後，改行
6    else                               ……… i < 0, i > 0 以外であれば 7 行目を実行
7      fprintf('i = %f：零 ¥n', i);      ……… i を浮動小数点で表示した後，改行
8    end                                ……… if 文の終端
9  end                                  ……… for 文の終端
```

“sample_if.m” の実行結果

```
>> sample_if ↵        ……… M ファイルの実行
i = -1.000000：負の数
i = -0.500000：負の数
i = 0.000000：零
i = 0.500000：正の数
i = 1.000000：正の数
```

(d) switch 文

分岐処理を行う別の制御文として，switch 文が用意されている．

switch-case-otherwise 文 (分岐)

```
switch 式
  case 値 1
    命令文 1     ……… “式 = 値 1” を満足するとき，命令文 1 を実行
  case 値 2
    命令文 2     ……… “式 = 値 2” を満足するとき，命令文 2 を実行
  otherwise
    命令文 3     ……… “式 = 値 1”, “式 = 値 2” を満足しないとき，命令文 3 を実行
  end
```

なお，else 文と同様，必要がなければ otherwise 文を省略してもよい．

switch 文を使用した M ファイルの例と，その実行結果を以下に示す．

M ファイル “sample_switch.m”：switch 文

```
1   for i = -1:0.5:1                      ……… for 文：i = −1 から刻み幅 0.5 で i = 1 まで増加
2     switch sign(i)                      ……… switch 文：符号関数 “sign” により i の符号を取得
3       case -1                           ……… i < 0 であれば 4 行目を実行
4         fprintf('i = %f：負の数 ¥n', i); ……… i を浮動小数点 (%f) で表示した後，改行 (¥n)
5       case 1                            ……… (i < 0 以外で) i > 0 であれば 6 行目を実行
6         fprintf('i = %f：正の数 ¥n', i); ……… i を浮動小数点で表示した後，改行
7       otherwise                         ……… i < 0, i > 0 以外であれば 8 行目を実行
8         fprintf('i = %f：零 ¥n', i);     ……… i を浮動小数点で表示した後，改行
9       end                               ……… switch 文の終端
10  end                                   ……… for 文の終端
```

“sample_switch.m” の実行結果

```
>> sample_switch ↵    ……… M ファイルの実行
i = -1.000000：負の数
i = -0.500000：負の数
i = 0.000000：零
i = 0.500000：正の数
i = 1.000000：正の数
```

(e) break 文

for 文や while 文を利用して繰り返し処理を行っている途中で，ある条件を満足したときに強制的に処理を抜け出したい場合がある．このときに用いられるのが break 文である．

break 文を使用した M ファイルの例と，その実行結果を以下に示す．

M ファイル "sample_break.m"：break 文

```
1  k = input('k = ?¥n');                 ……… "k = ?" を表示した後，k をキーボードから入力
2
3  for i = 0:0.1:1                        ……… i = 0 から刻み幅 0.1 で i = 1 まで増加
4    fprintf('i = %f¥n', i);              ……… i を浮動小数点 (%f) で表示した後，改行 (¥n)
5    if i > k                             ……… i > k であれば 6, 7 行目を実行
6      fprintf('ループから脱出:k = %f¥n', k);  ……… k を浮動小数点で表示した後，改行
7      break;                             ……… for 文 (3～9 行目) から抜け出す
8    end                                  ……… if 文の終端
9  end                                    ……… for 文の終端
```

"sample_break.m" の実行結果

```
>> sample_break ↵   ……… M ファイルの実行
k = ?
0.55 ↵
i = 0.000000
i = 0.100000
i = 0.200000
i = 0.300000
i = 0.400000
i = 0.500000
i = 0.600000
ループから脱出：k = 0.550000
```

B.5 Simulink の基本操作

(a) Simulink ライブラリブラウザ

"コマンドウィンドウ" の上部のアイコン をクリックするか，"コマンドウィンドウ" で

"Simulink ライブラリブラウザ" の起動

```
>> simulink ↵
```

と入力すると，図 B.9 の "Simulink ライブラリブラウザ" が起動する．ライブラリ "Simulink" 以下には，用途に応じて分類されたブロックが，表 B.8 に示す各ライブラリに格納されている．

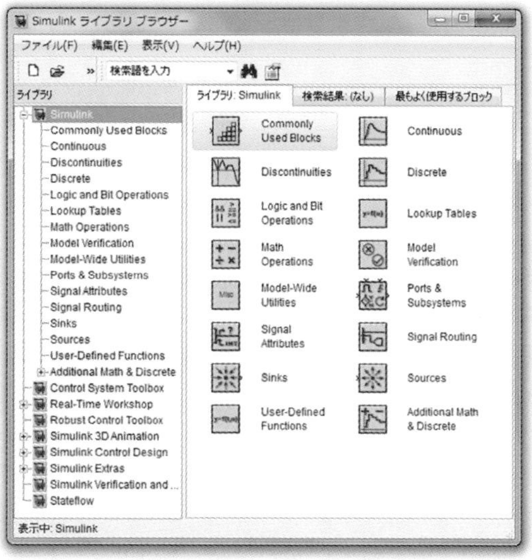

図 B.9 Simulink ライブラリブラウザ

(b) Simulink ブロックライブラリ

図 B.10 に示すように "Simulink ライブラリブラウザ" の Simulink を右クリックをするか，あるいは，"コマンドウィンドウ" で

"Simulink ブロックライブラリ" の起動

```
>> open_system('simulink') ↵
```

と入力すると，図 B.11 に示す “Simulink ブロックライブラリ” が起動する．また，収納されているブロック数は少ないが，シンプルなブロック群で構成されている旧版の “Simulink ブロックライブラリ” (図 B.12) を起動する場合，“コマンドウィンドウ” で以下のように入力する．

“Simulink ブロックライブラリ” (旧版) の起動

```
>> simulink3 ↵
```

表 B.8　Simulink のライブラリ

ライブラリ	説明
Commonly Used Blocks	一般によく用いられるブロック群
Continuous	連続時間システムを記述するブロック群 (伝達関数表現，状態空間表現など)
Discontinuities	信号の範囲制限などの不連続処理を定義するブロック群
Discrete	離散時間システムを記述するブロック群
Logic and Bit Operations	論理演算，ビット演算に関するブロック群
Lookup Tables	データの補間などの操作に関するブロック群
Math Operations	数学演算に関するブロック群 (加算器，減算器，比例要素，ゲインなど)
Model Verification	モデルの検証に関するブロック群
Model-Wide Utilities	種々の用途をもつブロック群
Ports & Subsystems	入力・出力端子やサブシステム (ブロックのグループ化) に関するブロック群
Signal Attributes	信号属性に関するブロック群
Signal Routing	信号経路を定義するブロック群 (信号の切り替え，信号のベクトル化，ベクトル信号のスカラー化など)
Sinks	信号を観測したりファイル，データに渡すためのブロック群
Sources	ステップ，正弦波などの信号を生成するブロック群
User-Defined Functions	任意の関数を記述するためのブロック群
Additional Math & Discrete	その他の数学関数と離散時間システムに関するブロック
Blocksets & Toolboxes	Control System Toolbox などの導入で使用可能なブロック群
Demos	Simulink を利用したデモンストレーション

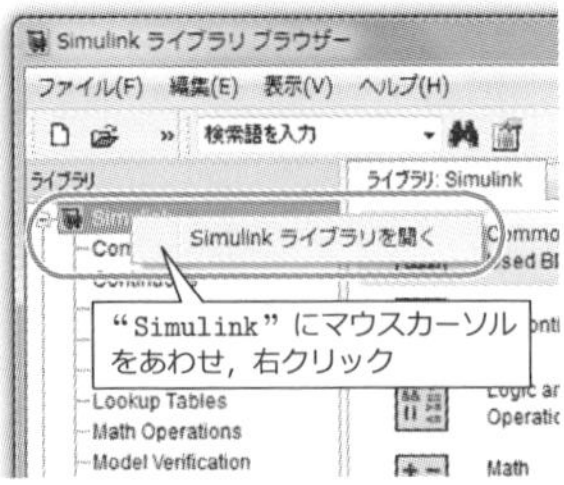

図 B.10　“Simulink ブロックライブラリ” の起動

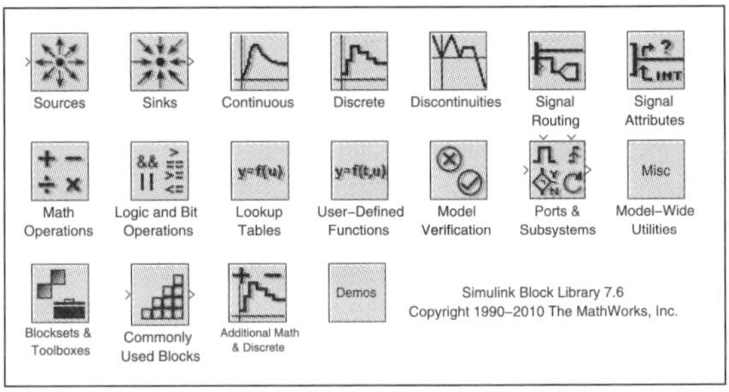

図 B.11　“Simulink ブロックライブラリ”

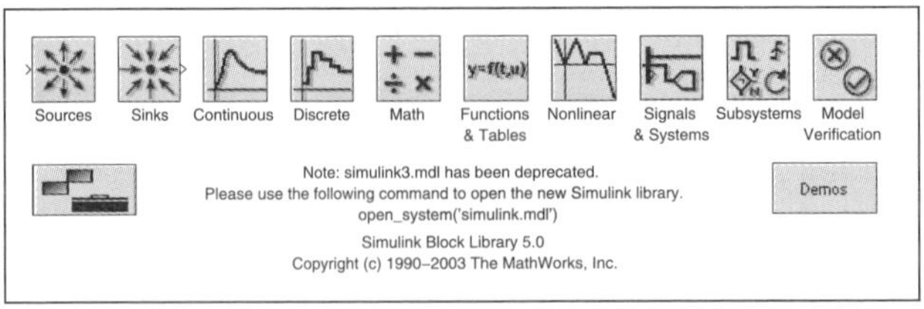

図 B.12　“Simulink ブロックライブラリ” (旧版)

(c) Simulink モデルの作成

“Simulink ライブラリブラウザ” を利用して Simulink モデルを作成する場合，図 B.13 に示すように，“Simulink ライブラリブラウザ” の上部のアイコン 🗋 をクリックし，“モデルエディ

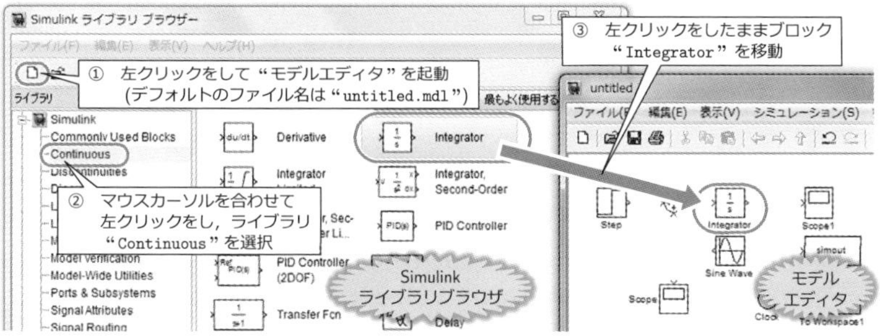

図 B.13　“Simulink ライブラリブラウザ”からのブロックの移動

タ”(デフォルトのファイル名は“**untitled.mdl**”) を起動する．このとき，図 B.13 に示す手順により，ブロックを“モデルエディタ”に移動することができる．

同様に，“Simulink ブロックライブラリ”を利用して Simulink モデルを作成する場合，図 B.14 に示すように，メニューから“ファイル／新規作成／モデル”を選択し，“モデルエディタ”を起動する．このとき，図 B.15 に示す手順により，ブロックを“モデルエディタ”に移動することができる．

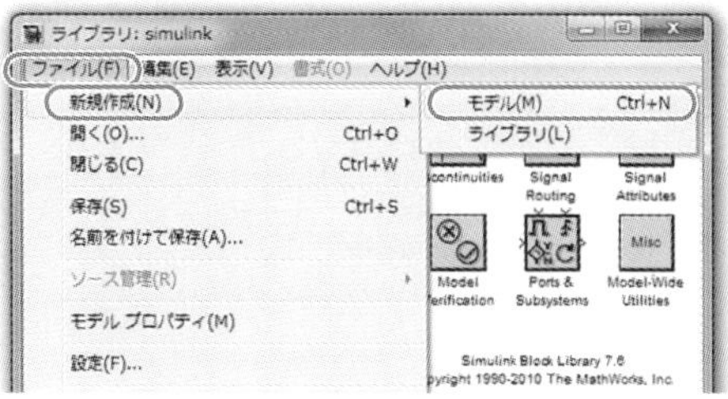

図 B.14　“モデルエディタ”の起動

実際に，Simulink モデルを作成してみよう．

- 図 B.16 (a) のようにブロックを配置する．
- ブロック“**To Workspace**”，“**To Workspace1**”をダブルクリックし，図 B.16 (b) のようにパラメータ設定を行う．
- 図 B.16 (c) のように，ブロック“**Sine Wave**”，“**Scope**”を左クリックで選択し，それぞ

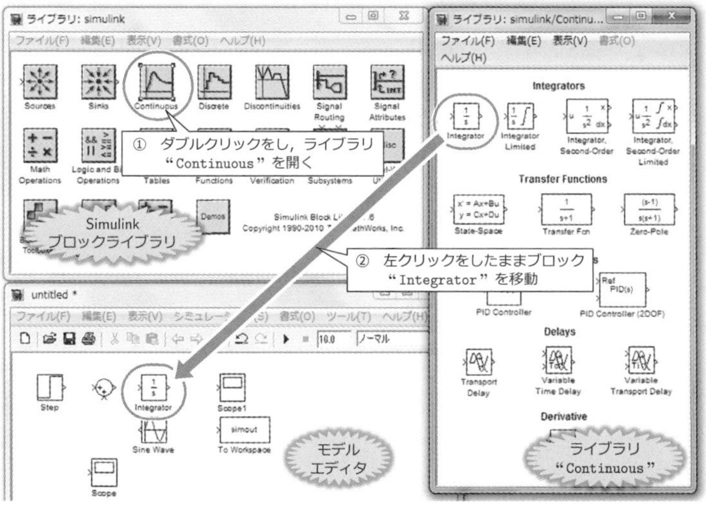

図 B.15　“Simulink ブロックライブラリ”を利用したブロックの移動

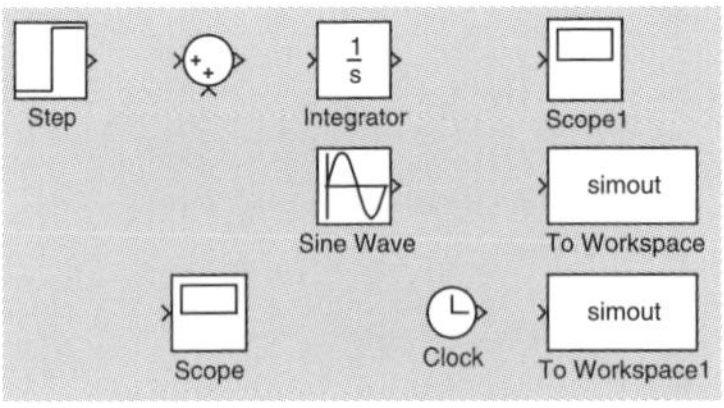

(a) ブロックの配置

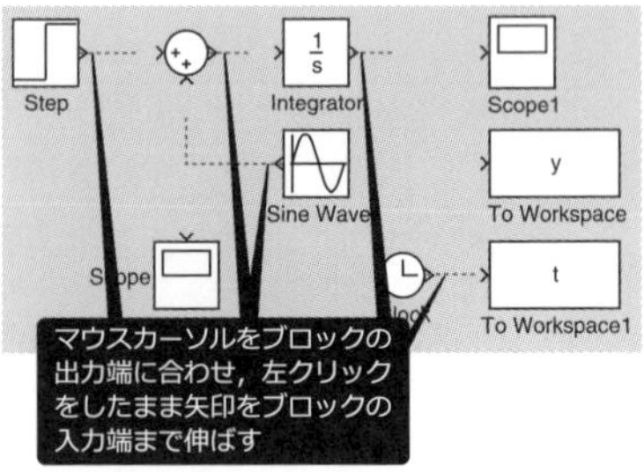

(d) ブロックの結線

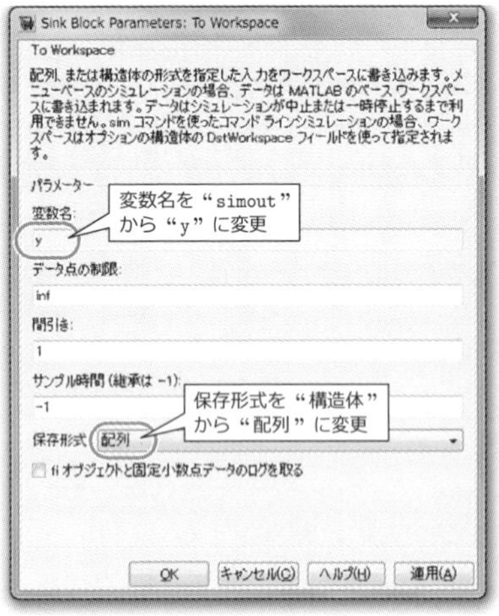

(b) “To Workspace”をダブルクリックし，パラメータ設定（“To Workspace1”も同様に，変数名を“t”，保存形式を“配列”に変更）

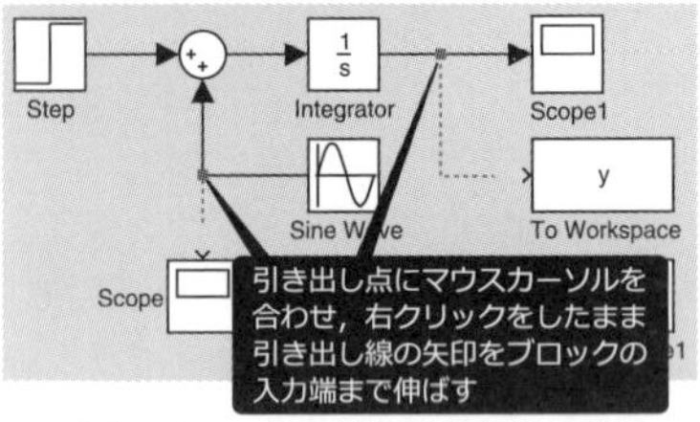

(e) ブロックの結線（引き出し線）

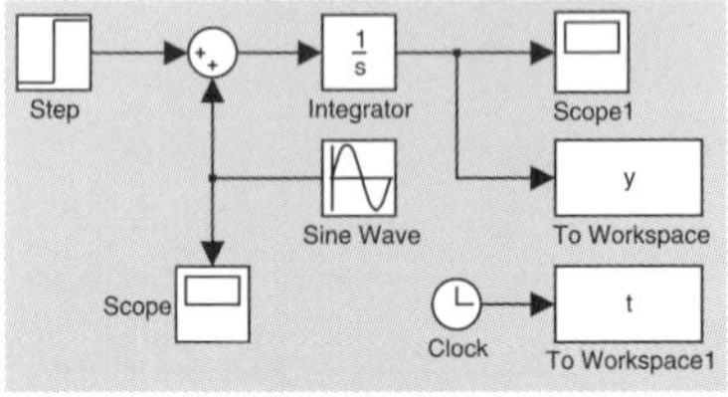

(f) 結線の完了

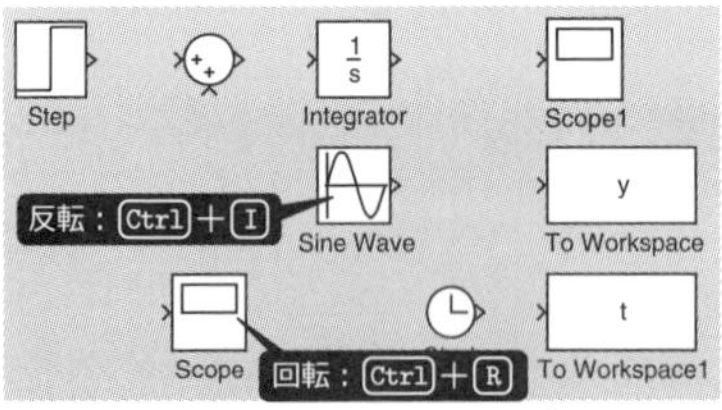

(c) “Sine Wave”，“Scope”を左クリックで選択し，それぞれ反転，回転操作

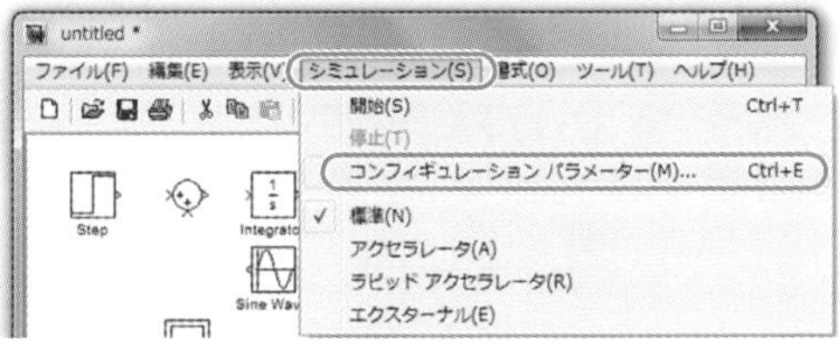

(g) “シミュレーション／コンフィギュレーションパラメータ”を選択

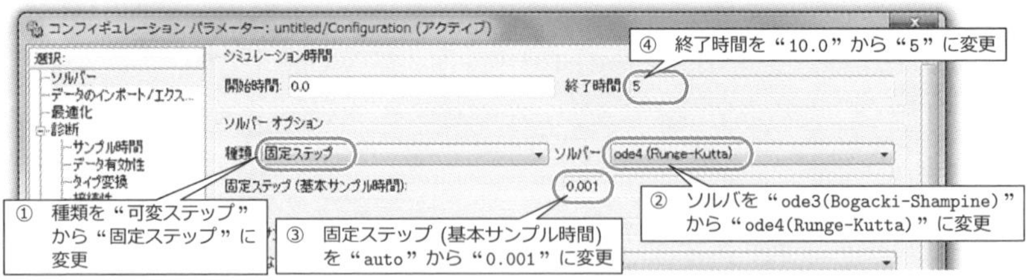

(h) コンフィギュレーションパラメータの設定（シミュレーションの開始時間を 0 秒，終了時間を 5 秒とし，0.001 秒の固定サンプリングで 4 次の標準ルンゲ–クッタ法により微分方程式の数値解を求める）

図 B.16　Simulink モデル“example.mdl”の作成

れ左右反転 (“Ctrl + I”)，90 度回転 (“Ctrl + R”) の操作を行う．

- 図 B.16 (d) のように，ブロック “`Step`”，“`Sum`”，“`Integrator`”，“`Sine Wave`”，“`Clock`” の出力端を，それぞれブロック “`Sum`”，“`Integrator`”，“`Scope1`”，“`Sum`”，“`To Workspace1`” の入力端に結線する．また，図 B.16 (e) のように，引き出し点とブロック “`Scope`”，“`To Workspace`” の入力端を結線する．その結果，図 B.16 (f) のようになる．
- シミュレーション方法を設定するため，図 B.16 (g) のように Simulink モデルのメニューから “シミュレーション／コンフィギュレーションパラメータ” を選択し，図 B.16 (h) のようにパラメータを設定する．このように，連続時間システムのシミュレーションでは，通常，ソルバオプションのタイプを “固定ステップ”，サンプリング間隔 (基本サンプル時間) を，たとえば機械システムなら 1 [ms] 程度に設定し，微分方程式の数値解法 (ソルバ) として 4 次の標準ルンゲ–クッタ法 “`ode4 (Runge-Kutta)`” を選択する[注 B.4]．

以上の手順により作成された Simulink モデルは，そのメニューから “ファイル／保存” または “ファイル／別名で保存” を選択することで，保存することができる．

(d) Simulink モデルの起動と実行

C ドライブのディレクトリ “`hoge`” に，“`example.mdl`” という名前で図 B.16 の Simulink モデルが保存されているとする．このとき，“コマンドウィンドウ” のメニューで “ファイル／開く” を選び，該当するファイル “`example.mdl`” を開くか，あるいは，“コマンドウィンドウ” で

Simulink モデルの起動

```
>> cd c:¥hoge ↵      ……… カレントディレクトリを C ドライブのディレクトリ (フォルダ) hoge に変更
>> example ↵         ……… Simulink モデル “ example.mdl” の起動
```

と入力すれば，この Simulink モデルが起動する．

つぎに，Simulink モデル “`example.mdl`” の実行方法について説明する．ブロック “`Scope1`” をダブルクリックして，信号観測用のウィンドウを開く．このとき，Simulink モデルのメニューで “シミュレーション／開始” を選ぶか，あるいは，ボタン ▶ をクリックすると，シミュレーションが開始され，図 B.17 の実行結果が観測できる．なお，ボタン 🔭 をクリックすると，グラフが自動的に適切な大きさとなる．また，シミュレーションが終了すると，ブロック “`To Workspace`”，“`To Workspace1`” により，メモリ上にデータ “`t`”，“`y`” が格納されるので，“コマンドウィンドウ” に

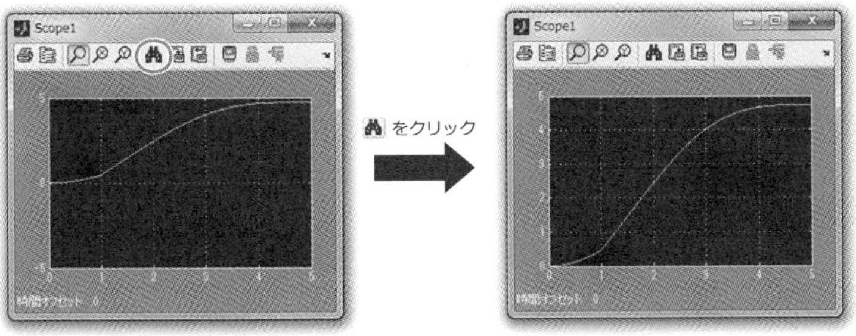

図 B.17 ブロック “`Scope1`” による信号観測

(注 B.4) その他，オイラー法 “`ode1 (Euler)`” やホイン法 “`ode2 (Heun)`” などが用意されている

グラフの描画

```
>> plot(t,y); ↵                ………… 横軸を t，縦軸を y としたグラフの描画
```

と入力することで，グラフをフィギュアウィンドウに描画することもできる．

B.6　Symbolic Math Toolbox の基本操作

Symbolic Math Toolbox がインストールされている環境下であれば，文字を含む数式処理を行うことができる．たとえば，2 次方程式の解の公式

$$f(x) = ax^2 + bx + c = 0 \;\; (a \neq 0) \quad \Longrightarrow \quad x = \frac{-b \pm \sqrt{b^2 - 4ac}}{2a}$$

は，コマンド "**syms**" により文字 a, b, c, x をシンボリック変数として定義した後，関数 "**solve**" を利用して方程式を解くことにより，以下のように得られる．

文字変数の定義 (コマンド "syms")，方程式の求解 (関数 "solve")

```
>> syms a b c x ↵                       ………… シンボリック変数 a, b, c, x の定義
>> fx = a*x^2 + b*x + c ↵               ………… f(x) = ax^2 + bx + c の定義
fx =
a*x^2 + b*x + c
>> sol = solve(fx, x) ↵                 ………… f(x) = ax^2 + bx + c = 0 の解 x を求める
sol =
 -(b + (b^2 - 4*a*c)^(1/2))/(2*a)       ………… f(x) = 0 の解 x = -(b ± √(b^2 - 4ac))/2a
 -(b - (b^2 - 4*a*c)^(1/2))/(2*a)
```

関数 "**subs**" により，シンボリック変数に値を代入することもできる．

値の代入 (関数 "subs")

```
>> sol1 = subs(sol, a, 1) ↵             ………… f(x) = 0 の解 x に a = 1 を代入
sol1 =
 - b/2 - (b^2 - 4*c)^(1/2)/2            ………… a = 1 のときの解 x = -b/2 ± √(b^2 - 4c)/2
   (b^2 - 4*c)^(1/2)/2 - b/2
>> sol2 = subs(sol, {a,b,c}, {1,1,3}) ↵ ………… f(x) = 0 の解 x に a = 1, b = 1, c = 3 を代入
sol2 =
  -0.5000 - 1.6583i                     ………… a = 1, b = 1, c = 3 のときの解 x = -0.5 ± 1.6583j
  -0.5000 + 1.6583i
```

得られた数値は，関数 "**sym**" を用いれば有理数，関数 "**double**" を用いれば倍精度で表示することができる．

有理数表示 (関数 "sym") と倍精度表示 (関数 "double")

```
>> sol3 = sym(sol2) ↵                   ………… x = -0.5 ± 1.6583j を有理数で表示
sol3 =
 - 1/2 - (11^(1/2)*i)/2                 ………… 有理数表示 x = -1/2 ± (√11/2)j
 - 1/2 + (11^(1/2)*i)/2
>> sol4 = double(sol3) ↵                ………… x = -1/2 ± (√11/2)j を倍精度で表示
sol4 =
  -0.5000 - 1.6583i                     ………… 倍精度表示 x = -0.5 ± 1.6583j
  -0.5000 + 1.6583i
```

また，定義された文字式が，$(a+b+c)^2$ のように因数分解されている場合，関数 "**expand**" により文字式を展開することができる．逆に，可能であれば，関数 "**factor**" により文字式を因数分解したり，関数 "**simplify**" により文字式を簡略化することができる．

式の展開 (関数 "expand") と因数分解 (関数 "factor"), 簡略化 (関数 "simplify")

```
>> syms a b c x ↵                    ……… シンボリック変数 a, b, c, x の定義
>> eq1 = (a + b + c)^2 ↵             ……… 文字式 (a+b+c)^2 の定義
eq1 =
(a + b + c)^2
>> eq2 = expand(eq1) ↵               ……… 文字式 (a+b+c)^2 を展開
eq2 =                                ……… (a+b+c)^2 = a^2+2ab+2ac+b^2+2bc+c^2
a^2 + 2*a*b + 2*a*c + b^2 + 2*b*c + c^2
>> eq3 = factor(eq2) ↵               ……… 文字式 a^2+2ab+2ac+b^2+2bc+c^2 を因数分解
eq3 =                                ……… a^2+2ab+2ac+b^2+2bc+c^2 = (a+b+c)^2
(a + b + c)^2
>> eq4 = simplify(eq2) ↵             ……… 文字式 a^2+2ab+2ac+b^2+2bc+c^2 を簡略化
eq4 =                                ……… a^2+2ab+2ac+b^2+2bc+c^2 = (a+b+c)^2
(a + b + c)^2
```

B.7 フリーウェアの LMI ソルバと LMI パーサのインストール

ここでは，フリーウェアの LMI ソルバ SeDuMi, SDPT3 および LMI パーサ YALMIP をインストールする方法についての概略を説明する．詳細については，本書のサポートページ

- https://www.morikita.co.jp/soft/92041/

を参照されたい．

(a) SeDuMi のダウンロード

SeDuMi は，Jos F. Sturm(注 B.5) により開発された LMI ソルバである．SeDuMi Ver.1.3 をインストールする場合，以下のホームページから zip ファイルをダウンロードする．

- https://sedumi.ie.lehigh.edu/
  (https://github.com/sqlp/sedumi/releases/ から "`sedumi.zip`" をダウンロード)

(b) SDPT3 のダウンロード

SDPT3 は，Kim-Chuan Toh らにより開発された LMI ソルバである．SDPT3 Ver.4.0 をインストールする場合，以下のホームページから zip ファイル "`sdpt3-master.zip`" をダウンロードする．

- https://blog.nus.edu.sg/mattohkc/softwares/sdpt3/
  (https://github.com/sqlp/sdpt3/archive/refs/heads/master.zip)

(c) YALMIP のダウンロード

YALMIP は，様々な LMI ソルバを，MATLAB 上の簡便な記述で統一的に利用可能とするパーサ(注 B.6) であり，Johan Löfberg により開発された．YALMIP をインストールする場合，ホームページ

(注 B.5) 残念ながら彼は若くしてこの世を去ったが，現在，Lehigh 大学のグループに SeDuMi の開発が引き継がれている．

(注 B.6) パーサ(parser)とは，アプリケーションソフトが利用しやすい形に変換するソフトウェアの総称である．

- https://yalmip.github.io/
  (https://github.com/yalmip/YALMIP/archive/master.zip)

から zip ファイル “**YALMIP-master.zip**” をダウンロードする．

(d) パスの設定

ダウンロードしたファイル “**sedumi.zip**”, “**sdpt3-master.zip**”, “**YALMIP -master.zip**” を適当なフォルダに解凍する．ここでは，C ドライブのフォルダ “**hoge**” の中にこれらのファイルが解凍され，“**sedumi**”, “**sdpt3-master**”, “**YALMIP-master**” というフォルダが生成されているものとする．これらを利用できるようにするには，M ファイル

M ファイル “lmi_path.m”：パスの設定

```
addpath(genpath('C:¥hoge¥sedumi'))
addpath(genpath('C:¥hoge¥sdpt3-master'))
addpath(genpath('C:¥hoge¥YALMIP-master'))
```

を実行して，これらディレクトリにパスを通す必要がある．M ファイル “**lmi_path.m**” を実行した後，

パスの確認 (関数 “path”)

```
>> path ↵                ……… パスの確認

MATLABPATH

C:¥hoge¥YALMIP-master
C:¥hoge¥YALMIP-master¥demos
C:¥hoge¥YALMIP-master¥extras
C:¥hoge¥YALMIP-master¥modules
C:¥hoge¥YALMIP-master¥modules¥bilevel
C:¥hoge¥YALMIP-master¥modules¥global
C:¥hoge¥YALMIP-master¥modules¥moment
C:¥hoge¥YALMIP-master¥modules¥parametric
C:¥hoge¥YALMIP-master¥modules¥robust
C:¥hoge¥YALMIP-master¥modules¥sos
C:¥hoge¥YALMIP-master¥operators
C:¥hoge¥YALMIP-master¥solvers
C:¥hoge¥sedumi
C:¥hoge¥sedumi¥conversion
C:¥hoge¥sedumi¥doc
C:¥hoge¥sedumi¥examples
C:¥hoge¥sdpt3-master
C:¥hoge¥sdpt3-master¥Examples
C:¥hoge¥sdpt3-master¥HSDSolver
C:¥hoge¥sdpt3-master¥HSDSolver¥etc
C:¥hoge¥sdpt3-master¥Solver
C:¥hoge¥sdpt3-master¥Solver¥Mexfun
C:¥hoge¥sdpt3-master¥Solver¥Mexfun¥Oldfiles
C:¥hoge¥sdpt3-master¥Solver¥Mexfun¥mexfun71
C:¥hoge¥sdpt3-master¥Solver¥Oldmfiles
C:¥hoge¥sdpt3-master¥dimacs
C:¥hoge¥sdpt3-master¥sdplib
        ……………… 《以下，省略》 ………………
```

と入力することで，パスが通ったことを確認できる．

また，ユーザが管理者権限をもっているのであれば，MATLAB の起動時にパスを自動的に通すことができる．たとえば，MATLAB が C ドライブのフォルダ “**MATLAB_R2010b**” にインストールされているのであれば，“**C:¥MATLAB_R2010b¥toolbox¥local**” にある M ファイル “**matlabrc.m**” の最下部に M ファイル “**lmi_path.m**” の 3 行を追加すればよい．

付録 C 行列・ベクトルについての補足

C.1 行列とベクトルの基礎

(a) 行列とベクトルの定義

数値や文字，式などを横と縦に並べた

$$\boldsymbol{A} = \begin{bmatrix} a_{11} & \cdots & a_{1n} \\ \vdots & \ddots & \vdots \\ a_{m1} & \cdots & a_{mn} \end{bmatrix} \tag{C.1}$$

を $m \times n$ の**行列**(matrix)，横の並びを行(row)，縦の並びを列(column)とよぶ．また，$m = 1$ あるいは $n = 1$ とした

$$\boldsymbol{a} = \begin{bmatrix} a_1 & \cdots & a_n \end{bmatrix}, \quad \boldsymbol{a} = \begin{bmatrix} a_1 \\ \vdots \\ a_m \end{bmatrix} \tag{C.2}$$

を，それぞれ**行ベクトル**(row vector)(横ベクトル)，**列ベクトル**(column vector)(縦ベクトル)とよぶ[注C.1]．なお，a_{ij} を行列の要素，a_i をベクトルの要素とよぶ．

(b) 実行列と複素行列

行列の要素 a_{ij} やベクトルの要素 a_i が実数の場合，$\boldsymbol{A}$ を**実行列**(real matrix)，$\boldsymbol{a}$ を**実ベクトル**(real vector)とよび，$m \times n$ の実行列を $\boldsymbol{A} \in \mathbb{R}^{m \times n}$，$m \times 1$ の実ベクトルを $\boldsymbol{a} \in \mathbb{R}^m$ と記述する．同様に，行列の要素 a_{ij} やベクトルの要素 a_i が複素数を含む場合，$\boldsymbol{A}$ を**複素行列**(complex matrix)，$\boldsymbol{a}$ を**複素ベクトル**(complex vector)とよび，$m \times n$ の複素行列を $\boldsymbol{A} \in \mathbb{C}^{m \times n}$，$m \times 1$ の複素ベクトルを $\boldsymbol{a} \in \mathbb{C}^m$ と記述する．

(c) 正方行列と長方行列

(C.1) 式において，行と列のサイズが同じ $(m = n)$ であるような $n \times n$ の行列

$$\boldsymbol{A} = \begin{bmatrix} a_{11} & \cdots & a_{1n} \\ \vdots & \ddots & \vdots \\ a_{n1} & \cdots & a_{nn} \end{bmatrix} \tag{C.3}$$

を**正方行列**(square matrix)とよぶ．それに対し，行列 $\boldsymbol{A}$ の行と列のサイズが異なるとき，それを**長方行列**(rectangular matrix)とよぶ．

[注C.1] 本書では，行列は $\boldsymbol{A}$ のように大文字の太字，ベクトルは $\boldsymbol{a}$ のように小文字の太字で表すこととする．また，単にベクトルという場合には列ベクトルを意味する．

(d) 対角行列とブロック対角行列

正方行列 $\boldsymbol{A}$ の i 行 i 列以外の要素がすべて零のとき，行列

$$\boldsymbol{A} = \begin{bmatrix} a_{11} & & 0 \\ & \ddots & \\ 0 & & a_{nn} \end{bmatrix} \tag{C.4}$$

を**対角行列**（diagonal matrix）とよび，

$$\boldsymbol{A} = \mathrm{diag}\{a_{11}, \cdots, a_{nn}\} \tag{C.5}$$

のように記述する．同様に，対角の部分を行列 $\boldsymbol{A}_1, \cdots, \boldsymbol{A}_k$ とした

$$\boldsymbol{A} = \begin{bmatrix} \boldsymbol{A}_1 & & 0 \\ & \ddots & \\ 0 & & \boldsymbol{A}_k \end{bmatrix} \tag{C.6}$$

を**ブロック対角行列**（block diagonal matrix）とよび，

$$\boldsymbol{A} = \mathrm{blockdiag}\{\boldsymbol{A}_1, \cdots, \boldsymbol{A}_k\} \tag{C.7}$$

のように記述する．

(e) 零行列と単位行列

すべての要素が零であるような行列 (ベクトル) を**零行列**（zero matrix） (**零ベクトル**（zero vector）) とよび，$\boldsymbol{O}$ (あるいは $\boldsymbol{0}$) と記述する．また，対角要素が 1 であるような $n \times n$ の対角行列

$$\boldsymbol{I} = \begin{bmatrix} 1 & & 0 \\ & \ddots & \\ 0 & & 1 \end{bmatrix} \tag{C.8}$$

を**単位行列**（identity matrix）とよび，$n \times n$ の行列 $\boldsymbol{A}$ に対して $\boldsymbol{IA} = \boldsymbol{AI} = \boldsymbol{A}$ が成立する．

(f) 転置行列と共役転置行列

行列 $\boldsymbol{A}$ の行と列を入れ替えた行列 $\boldsymbol{A}^{\mathrm{T}}$ を，**転置行列**（transposed matrix）とよぶ．また，複素行列 $\boldsymbol{A}$ に対し，行と列を入れ替え，さらに各要素の虚部の符号を反転させた行列 $\boldsymbol{A}^*$ を，**共役転置行列**（conjugate transposed matrix）とよぶ．ベクトル $\boldsymbol{a}$ についても同様に，**転置ベクトル**（transposed vector） $\boldsymbol{a}^{\mathrm{T}}$ や**共役転置ベクトル**（conjugate transposed vector） $\boldsymbol{a}^*$ が定義される．たとえば，

$$\boldsymbol{A} = \begin{bmatrix} 1 & 2 \\ 3 & 4 \end{bmatrix},\ \boldsymbol{a} = \begin{bmatrix} 1 \\ 2 \end{bmatrix} \quad \Longrightarrow \quad \boldsymbol{A}^{\mathrm{T}} = \begin{bmatrix} 1 & 3 \\ 2 & 4 \end{bmatrix},\ \boldsymbol{a}^{\mathrm{T}} = \begin{bmatrix} 1 & 2 \end{bmatrix}$$

$$\boldsymbol{A} = \begin{bmatrix} 1+j & 2+j \\ 3 & 1-2j \end{bmatrix} \quad \Longrightarrow \quad \boldsymbol{A}^{\mathrm{T}} = \begin{bmatrix} 1+j & 3 \\ 2+j & 1-2j \end{bmatrix},\ \boldsymbol{A}^* = \begin{bmatrix} 1-j & 3 \\ 2-j & 1+2j \end{bmatrix}$$

$$\boldsymbol{a} = \begin{bmatrix} 2+j \\ 1-2j \end{bmatrix} \quad \Longrightarrow \quad \boldsymbol{a}^{\mathrm{T}} = \begin{bmatrix} 2+j & 1-2j \end{bmatrix},\ \boldsymbol{a}^* = \begin{bmatrix} 2-j & 1+2j \end{bmatrix}$$

である．転置行列の性質を以下に示す．

Point! 転置行列の性質

性質 1 $(\boldsymbol{A}+\boldsymbol{B})^{\mathrm{T}}=\boldsymbol{A}^{\mathrm{T}}+\boldsymbol{B}^{\mathrm{T}}$

性質 2 $(\boldsymbol{AB})^{\mathrm{T}}=\boldsymbol{B}^{\mathrm{T}}\boldsymbol{A}^{\mathrm{T}}$，$(\boldsymbol{ABC})^{\mathrm{T}}=\boldsymbol{C}^{\mathrm{T}}\boldsymbol{B}^{\mathrm{T}}\boldsymbol{A}^{\mathrm{T}}$

$\boldsymbol{A}=\boldsymbol{A}^{\mathrm{T}}$ となる正方行列 $\boldsymbol{A}$ を**対称行列**（symmetric matrix）とよぶ．つまり，$n\times n$ の対称行列 $\boldsymbol{A}$ は，

$$\boldsymbol{A}=\boldsymbol{A}^{\mathrm{T}}=\begin{bmatrix} a_{11} & \cdots & a_{1n} \\ \vdots & \ddots & \vdots \\ a_{1n} & \cdots & a_{nn} \end{bmatrix} \tag{C.9}$$

という構造である．また，$\boldsymbol{A}=\boldsymbol{A}^{*}$ となる正方行列 $\boldsymbol{A}$ を**エルミート行列**（Hermitian matrix）とよぶ．

(g) 行列式

(C.3) 式に示す行列 $\boldsymbol{A}\in\mathbb{R}^{n\times n}$ が与えられたとき，行列 $\boldsymbol{A}$ の**行列式**（determinant）を，

$$|\boldsymbol{A}|=\begin{vmatrix} a_{11} & \cdots & a_{1n} \\ \vdots & \ddots & \vdots \\ a_{n1} & \cdots & a_{nn} \end{vmatrix} \quad \text{あるいは} \quad \det\boldsymbol{A}=\begin{vmatrix} a_{11} & \cdots & a_{1n} \\ \vdots & \ddots & \vdots \\ a_{n1} & \cdots & a_{nn} \end{vmatrix} \tag{C.10}$$

と記述する．行列式 $|\boldsymbol{A}|$ は，i を $1, 2, \cdots, n$ のいずれかとしたとき，

行列式の計算

$$|\boldsymbol{A}|=\sum_{j=1}^{n} a_{ij}\delta_{ij}, \quad \delta_{ij}=(-1)^{i+j}\left|\boldsymbol{A}_{ij}\right| \tag{C.11}$$

により計算できる．ここで，δ_{ij} は**余因子**（adjoint）とよばれ，$\boldsymbol{A}_{ij}$ は $\boldsymbol{A}$ の i 行 j 列を取り除いた行列である．また，行列式の性質を以下に示す．

Point! 行列式の性質

性質 1 正方行列 $\boldsymbol{A}\in\mathbb{R}^{n\times n}$ の 2 個の行または列を入れ換えた行列を $\overline{\boldsymbol{A}}\in\mathbb{R}^{n\times n}$ としたとき，$\left|\boldsymbol{A}\right|=-\left|\overline{\boldsymbol{A}}\right|$ である．たとえば，以下の関係式が成立する．

$$\begin{vmatrix} a_{11} & a_{12} & a_{13} \\ a_{21} & a_{22} & a_{23} \\ a_{31} & a_{32} & a_{33} \end{vmatrix} = -\begin{vmatrix} a_{21} & a_{22} & a_{23} \\ a_{11} & a_{12} & a_{13} \\ a_{31} & a_{32} & a_{33} \end{vmatrix} = -\begin{vmatrix} a_{12} & a_{11} & a_{13} \\ a_{22} & a_{21} & a_{23} \\ a_{32} & a_{31} & a_{33} \end{vmatrix}$$

性質 2 正方行列 $\boldsymbol{A}\in\mathbb{R}^{n\times n}$ の行または列に，別の行または列を k 倍したものを加えた行列を $\overline{\boldsymbol{A}}\in\mathbb{R}^{n\times n}$ としたとき，$\left|\boldsymbol{A}\right|=\left|\overline{\boldsymbol{A}}\right|$ である．たとえば，以下の関係式が成立する．

$$\begin{vmatrix} a_{11} & a_{12} \\ a_{21} & a_{22} \end{vmatrix} = \begin{vmatrix} a_{11}+ka_{12} & a_{12} \\ a_{21}+ka_{22} & a_{22} \end{vmatrix} = \begin{vmatrix} a_{11}+ka_{21} & a_{12}+ka_{22} \\ a_{21} & a_{22} \end{vmatrix}$$

性質 3 正方行列 $\boldsymbol{A}\in\mathbb{R}^{n\times n}$，スカラー k に対して，$|k\boldsymbol{A}|=k^{n}|\boldsymbol{A}|$ である．

性質 4 正方行列 $\boldsymbol{A}$，$\boldsymbol{B}\in\mathbb{R}^{n\times n}$ に対して，$\left|\boldsymbol{AB}\right|=\left|\boldsymbol{A}\right|\left|\boldsymbol{B}\right|$ である．

性質 5　$\boldsymbol{A} \in \mathbb{R}^{n\times n}$, $\boldsymbol{B} \in \mathbb{R}^{n\times m}$, $\boldsymbol{C} \in \mathbb{R}^{m\times n}$, $\boldsymbol{D} \in \mathbb{R}^{m\times m}$ に対して,

$$\begin{vmatrix} \boldsymbol{A} & \boldsymbol{B} \\ \boldsymbol{C} & \boldsymbol{D} \end{vmatrix} = |\boldsymbol{A}||\boldsymbol{D} - \boldsymbol{C}\boldsymbol{A}^{-1}\boldsymbol{B}| \ \ (|\boldsymbol{A}| \neq 0 \text{ のとき}) \tag{C.12}$$

$$= |\boldsymbol{D}||\boldsymbol{A} - \boldsymbol{B}\boldsymbol{D}^{-1}\boldsymbol{C}| \ \ (|\boldsymbol{D}| \neq 0 \text{ のとき}) \tag{C.13}$$

であり，とくに，$\boldsymbol{B} = \boldsymbol{O}$ あるいは $\boldsymbol{C} = \boldsymbol{O}$ のとき，以下の関係式が成立する．

$$\begin{vmatrix} \boldsymbol{A} & \boldsymbol{O} \\ \boldsymbol{C} & \boldsymbol{D} \end{vmatrix} = \begin{vmatrix} \boldsymbol{A} & \boldsymbol{B} \\ \boldsymbol{O} & \boldsymbol{D} \end{vmatrix} = |\boldsymbol{A}||\boldsymbol{D}| \tag{C.14}$$

例 C.1 ……………………………… **3 × 3 の行列 $\boldsymbol{A}$ の行列式 $|\boldsymbol{A}|$**

行列 $\boldsymbol{A} \in \mathbb{R}^{3\times 3}$ の行列式は，以下のように計算できる．

$$\begin{aligned}
|\boldsymbol{A}| &= \begin{vmatrix} a_{11} & a_{12} & a_{13} \\ a_{21} & a_{22} & a_{23} \\ a_{31} & a_{32} & a_{33} \end{vmatrix} \\
&= \underbrace{a_{11}(-1)^{1+1}\overbrace{\begin{vmatrix} a_{22} & a_{23} \\ a_{32} & a_{33} \end{vmatrix}}^{|\boldsymbol{A}_{11}|}}_{\delta_{11}} + \underbrace{a_{12}(-1)^{1+2}\overbrace{\begin{vmatrix} a_{21} & a_{23} \\ a_{31} & a_{33} \end{vmatrix}}^{|\boldsymbol{A}_{12}|}}_{\delta_{12}} + \underbrace{a_{13}(-1)^{1+3}\overbrace{\begin{vmatrix} a_{21} & a_{22} \\ a_{31} & a_{32} \end{vmatrix}}^{|\boldsymbol{A}_{13}|}}_{\delta_{13}} \\
&= a_{11}\overbrace{(a_{22}a_{33} - a_{23}a_{32})}^{|\boldsymbol{A}_{11}|} - a_{12}\overbrace{(a_{21}a_{33} - a_{23}a_{31})}^{|\boldsymbol{A}_{12}|} + a_{13}\overbrace{(a_{21}a_{32} - a_{22}a_{31})}^{|\boldsymbol{A}_{13}|} \\
&= a_{11}a_{22}a_{33} + a_{12}a_{23}a_{31} + a_{13}a_{21}a_{32} - (a_{11}a_{23}a_{32} + a_{12}a_{21}a_{33} + a_{13}a_{22}a_{31})
\end{aligned} \tag{C.15}$$

問題 C.1　以下の行列 $\boldsymbol{A}$ の行列式 $|\boldsymbol{A}|$ の値を求めよ．

(1) $\boldsymbol{A} = \begin{bmatrix} 0 & 1 \\ -2 & -3 \end{bmatrix}$　(2) $\boldsymbol{A} = \begin{bmatrix} 0 & 1 & 2 \\ 2 & -1 & 0 \\ -2 & 0 & 2 \end{bmatrix}$

(h) 逆行列，正則行列

正方行列 $\boldsymbol{A} \in \mathbb{R}^{n\times n}$ に対し，

$$\boldsymbol{A}\boldsymbol{B} = \boldsymbol{B}\boldsymbol{A} = \boldsymbol{I} \tag{C.16}$$

となる正方行列 $\boldsymbol{B} \in \mathbb{R}^{n\times n}$ が存在するとき，行列 $\boldsymbol{B}$ を行列 $\boldsymbol{A}$ の**逆行列**(inverse matrix)とよび，$\boldsymbol{A}^{-1}$ と記述する．行列 $\boldsymbol{A}$ の逆行列 $\boldsymbol{A}^{-1}$ は，行列 $\boldsymbol{A}$ の余因子 δ_{ij} で構成される**余因子行列**(adjoint matrix) $\mathrm{adj}\boldsymbol{A}$ を用いると，

逆行列の計算

$$\boldsymbol{A}^{-1} = \frac{1}{|\boldsymbol{A}|}\mathrm{adj}\boldsymbol{A}, \quad \mathrm{adj}\boldsymbol{A} := \begin{bmatrix} \delta_{11} & \cdots & \delta_{n1} \\ \vdots & \ddots & \vdots \\ \delta_{1n} & \cdots & \delta_{nn} \end{bmatrix} \tag{C.17}$$

により計算できる．したがって，逆行列 $\boldsymbol{A}^{-1}$ が存在するための必要十分条件は $|\boldsymbol{A}| \neq 0$ であり，逆行列が存在する行列 $\boldsymbol{A}$ を**正則行列**(regular matrix)とよぶ．また，逆行列の性質を以下に示す．

Point! 逆行列の性質

性質 1 正則行列 $\boldsymbol{A}, \boldsymbol{B} \in R^{n\times n}$ に対して $\left(\boldsymbol{AB}\right)^{-1} = \boldsymbol{B}^{-1}\boldsymbol{A}^{-1}$ が成立する．

性質 2 $|\boldsymbol{A}^{-1}| = 1/|\boldsymbol{A}|$

性質 3 $\left(\boldsymbol{A}^{\mathrm{T}}\right)^{-1} = \left(\boldsymbol{A}^{-1}\right)^{\mathrm{T}}$ (これを $\boldsymbol{A}^{-\mathrm{T}}$ と記述する)

性質 4 $\boldsymbol{A} \in \mathbb{R}^{n\times n}, \boldsymbol{B} \in \mathbb{R}^{n\times m}, \boldsymbol{C} \in \mathbb{R}^{m\times n}, \boldsymbol{D} \in \mathbb{R}^{m\times m}$ が与えられ，$|\boldsymbol{A}| \neq 0, |\boldsymbol{S}| \neq 0$ $(\boldsymbol{S} := \boldsymbol{D} - \boldsymbol{C}\boldsymbol{A}^{-1}\boldsymbol{B})$ のとき，以下の関係式が成立する．

$$\begin{bmatrix} \boldsymbol{A} & \boldsymbol{B} \\ \boldsymbol{C} & \boldsymbol{D} \end{bmatrix}^{-1} = \begin{bmatrix} \boldsymbol{A}^{-1} + \boldsymbol{A}^{-1}\boldsymbol{B}\boldsymbol{S}^{-1}\boldsymbol{C}\boldsymbol{A}^{-1} & -\boldsymbol{A}^{-1}\boldsymbol{B}\boldsymbol{S}^{-1} \\ -\boldsymbol{S}^{-1}\boldsymbol{C}\boldsymbol{A}^{-1} & \boldsymbol{S}^{-1} \end{bmatrix} \tag{C.18}$$

例 C.2 ……… **3 × 3 の行列 $\boldsymbol{A}$ の逆行列 $\boldsymbol{A}^{-1}$**

行列 $\boldsymbol{A} \in \mathbb{R}^{3\times 3}$ の逆行列は，以下のようにして計算できる．

$$\boldsymbol{A}^{-1} = \begin{bmatrix} a_{11} & a_{12} & a_{13} \\ a_{21} & a_{22} & a_{23} \\ a_{31} & a_{32} & a_{33} \end{bmatrix}^{-1} = \frac{1}{|\boldsymbol{A}|}\begin{bmatrix} \delta_{11} & \delta_{21} & \delta_{31} \\ \delta_{12} & \delta_{22} & \delta_{32} \\ \delta_{13} & \delta_{23} & \delta_{33} \end{bmatrix}$$

$$= \frac{1}{|\boldsymbol{A}|}\begin{bmatrix} \begin{vmatrix} a_{22} & a_{23} \\ a_{32} & a_{33} \end{vmatrix} & -\begin{vmatrix} a_{12} & a_{13} \\ a_{32} & a_{33} \end{vmatrix} & \begin{vmatrix} a_{12} & a_{13} \\ a_{22} & a_{23} \end{vmatrix} \\ -\begin{vmatrix} a_{21} & a_{23} \\ a_{31} & a_{33} \end{vmatrix} & \begin{vmatrix} a_{11} & a_{13} \\ a_{31} & a_{33} \end{vmatrix} & -\begin{vmatrix} a_{11} & a_{13} \\ a_{21} & a_{23} \end{vmatrix} \\ \begin{vmatrix} a_{21} & a_{22} \\ a_{31} & a_{32} \end{vmatrix} & -\begin{vmatrix} a_{11} & a_{12} \\ a_{31} & a_{32} \end{vmatrix} & \begin{vmatrix} a_{11} & a_{12} \\ a_{21} & a_{22} \end{vmatrix} \end{bmatrix} \tag{C.19}$$

問題 C.2 問題 C.1 (p.232) で与えた行列 $\boldsymbol{A}$ の逆行列 $\boldsymbol{A}^{-1}$ の値を求めよ．

(i) ベクトルの 1 次独立性と行列のランク

k 個の n 次元ベクトル $\boldsymbol{v}_i$ $(i = 1, \cdots, k)$ が **1 次独立 (線形独立)** (linearly independent) であるとは，

$$\alpha_1\boldsymbol{v}_1 + \alpha_2\boldsymbol{v}_2 + \cdots + \alpha_k\boldsymbol{v}_k = \boldsymbol{0} \tag{C.20}$$

を満足する α_i が，$\alpha_1 = \alpha_2 = \cdots = \alpha_k = 0$ のみであることをいう．それに対し，一つでも $\alpha_i \neq 0$ であるとき，**1 次従属 (線形従属)** (linearly dependent) であるという．

$m \times n$ の行列 $\boldsymbol{A} \in \mathbb{R}^{m\times n}$ において，いくつかの行と列を取り除いた $k \times k$ の行列の行列式を，**小行列式** (minor determinant) とよぶ．ただし，$k \leq m$ かつ $k \leq n$ である．$\boldsymbol{A} \in \mathbb{R}^{m\times n}$ の**ランク (階数)** (rank) とは，

- 行列 $\boldsymbol{A}$ の $(r+1) \times (r+1)$ の小行列式がすべて零
- 行列 $\boldsymbol{A}$ の $r \times r$ の小行列式のうち，零でないものが存在

を満足する正数 r であり，$\mathrm{rank}\boldsymbol{A} = r$ と記述する．行列 $\boldsymbol{A}$ のランクは，行列 $\boldsymbol{A}$ から抜き出した 1 次独立な行または列の数に等しい．

また，以下の性質は，付録 A.2 の (A.27), (A.30) 式や 6.2.2 項の (6.8) 式で示したように，可制御性や可観測性とランク条件の等価性を証明するうえで重要である．

Point! ランクの性質

横長か正方の行列 $\boldsymbol{A} \in \mathbb{R}^{m\times n}$ $(m \leq n)$ に対し，以下の条件 (a)～(c) は等価である．

(a) $\mathrm{rank}\boldsymbol{A} = m$ (行フルランク (full row rank)[注 C.2]) である.

(b) 任意の与えられた $\boldsymbol{v} \in \mathbb{R}^m$ に対して, $\boldsymbol{v} = \boldsymbol{A}\boldsymbol{u}$ となる $\boldsymbol{u} \in \mathbb{R}^n$ が存在する.

(c) $\boldsymbol{w}^{\mathrm{T}}\boldsymbol{A} = \boldsymbol{0}$ となる $\boldsymbol{w} \in \mathbb{R}^m$ は, $\boldsymbol{w} = \boldsymbol{0}$ のみである.

例 C.3 .... 行列のランク

(1) 行列 $\boldsymbol{A} = \begin{bmatrix} 1 & 3 & 5 \\ 2 & 6 & 5 \end{bmatrix} \in \mathbb{R}^{2\times 3}$ のランクを求めてみよう. 行列 $\boldsymbol{A}$ の 2×2 の小行列式は,

$$\begin{vmatrix} 1 & 3 \\ 2 & 6 \end{vmatrix} = 0, \quad \begin{vmatrix} 1 & 5 \\ 2 & 5 \end{vmatrix} = -5 \neq 0, \quad \begin{vmatrix} 3 & 5 \\ 6 & 5 \end{vmatrix} = -15 \neq 0 \tag{C.21}$$

であり, 零でないものが存在する. したがって, $\mathrm{rank}\boldsymbol{A} = 2$ (行フルランク) である. このとき,

$$\underbrace{\begin{bmatrix} 1 & 3 & 5 \\ 2 & 6 & 5 \end{bmatrix}}_{\boldsymbol{A}} \underbrace{\begin{bmatrix} u_1 \\ u_2 \\ u_3 \end{bmatrix}}_{\boldsymbol{u}} = \begin{bmatrix} u_1 + 3u_2 + 5u_3 \\ 2u_1 + 6u_2 + 5u_3 \end{bmatrix} \tag{C.22}$$

であるから, 任意の与えられた $\boldsymbol{v} = \begin{bmatrix} v_1 & v_2 \end{bmatrix}^{\mathrm{T}} \in \mathbb{R}^2$ に対して, $\boldsymbol{v} = \boldsymbol{A}\boldsymbol{u}$ となる $\boldsymbol{u} \in \mathbb{R}^3$ が存在する. たとえば, u_1 を適当に与えた後, 次式のように u_2 と u_3 を決定すればよい.

$$\begin{bmatrix} v_1 \\ v_2 \end{bmatrix} = \begin{bmatrix} u_1 + 3u_2 + 5u_3 \\ 2u_1 + 6u_2 + 5u_3 \end{bmatrix} \implies \begin{bmatrix} u_2 \\ u_3 \end{bmatrix} = -\frac{1}{15}\begin{bmatrix} 5 & -5 \\ -6 & 3 \end{bmatrix}\begin{bmatrix} v_1 - u_1 \\ v_2 - 2u_1 \end{bmatrix} \tag{C.23}$$

また, 次式で示すように, $\boldsymbol{w}^{\mathrm{T}}\boldsymbol{A} = \boldsymbol{0}$ となる $\boldsymbol{w} \in \mathbb{R}^2$ は, $\boldsymbol{w} = \boldsymbol{0}$ のみである.

$$\underbrace{\begin{bmatrix} w_1 & w_2 \end{bmatrix}}_{\boldsymbol{w}^{\mathrm{T}}} \underbrace{\begin{bmatrix} 1 & 3 & 5 \\ 2 & 6 & 5 \end{bmatrix}}_{\boldsymbol{A}} = \underbrace{\begin{bmatrix} 0 & 0 & 0 \end{bmatrix}}_{\boldsymbol{0}} \implies \underbrace{\begin{bmatrix} 1 & 2 \\ 3 & 6 \\ 5 & 5 \end{bmatrix}}_{\boldsymbol{A}^{\mathrm{T}}} \underbrace{\begin{bmatrix} w_1 \\ w_2 \end{bmatrix}}_{\boldsymbol{w}} = \underbrace{\begin{bmatrix} 0 \\ 0 \\ 0 \end{bmatrix}}_{\boldsymbol{0}}$$

$$\implies \underbrace{\begin{bmatrix} 35 & 45 \\ 45 & 65 \end{bmatrix}}_{\boldsymbol{A}\boldsymbol{A}^{\mathrm{T}}} \underbrace{\begin{bmatrix} w_1 \\ w_2 \end{bmatrix}}_{\boldsymbol{w}} = \underbrace{\begin{bmatrix} 0 \\ 0 \end{bmatrix}}_{\boldsymbol{A}\cdot\boldsymbol{0}} \implies \underbrace{\begin{bmatrix} w_1 \\ w_2 \end{bmatrix}}_{\boldsymbol{w}} = \underbrace{\begin{bmatrix} 0 \\ 0 \end{bmatrix}}_{(\boldsymbol{A}\boldsymbol{A}^{\mathrm{T}})^{-1}\boldsymbol{A}\cdot\boldsymbol{0} = \boldsymbol{0}} \tag{C.24}$$

このように, 横長の行列 $\boldsymbol{A} \in \mathbb{R}^{m\times n}$ が行フルランクのとき, $\boldsymbol{A}\boldsymbol{A}^{\mathrm{T}} \in \mathbb{R}^{m\times m}$ は必ず正則である.

(2) 行列 $\boldsymbol{A} = \begin{bmatrix} 1 & 3 & 5 \\ 2 & 6 & 10 \end{bmatrix} \in \mathbb{R}^{2\times 3}$ のランクを求めてみよう. 行列 $\boldsymbol{A}$ の 2×2 の小行列式は,

$$\begin{vmatrix} 1 & 3 \\ 2 & 6 \end{vmatrix} = 0, \quad \begin{vmatrix} 1 & 5 \\ 2 & 10 \end{vmatrix} = 0, \quad \begin{vmatrix} 3 & 5 \\ 6 & 10 \end{vmatrix} = 0 \tag{C.25}$$

のようにすべて零となるが, 行列 $\boldsymbol{A}$ の 1×1 の小行列式 (すなわち, 行列 $\boldsymbol{A}$ の要素) の中には零でないものが存在する. したがって, $\mathrm{rank}\boldsymbol{A} = 1$ であり, 行フルランクではない. このとき,

$$\underbrace{\begin{bmatrix} 1 & 3 & 5 \\ 2 & 6 & 10 \end{bmatrix}}_{\boldsymbol{A}} \underbrace{\begin{bmatrix} u_1 \\ u_2 \\ u_3 \end{bmatrix}}_{\boldsymbol{u}} = \begin{bmatrix} u_1 + 3u_2 + 5u_3 \\ 2(u_1 + 3u_2 + 5u_3) \end{bmatrix} \tag{C.26}$$

であり, 行ベクトル $\boldsymbol{A}\boldsymbol{u}$ の 2 番目の要素は, 1 番目の要素の 2 倍となる. したがって, $v_2 \neq 2v_1$ であるような任意の与えられた $\boldsymbol{v} = \begin{bmatrix} v_1 & v_2 \end{bmatrix}^{\mathrm{T}} \in \mathbb{R}^2$ に対して, $\boldsymbol{v} = \boldsymbol{A}\boldsymbol{u}$ となる $\boldsymbol{u} \in \mathbb{R}^3$ は存在しない. また,

$$\underbrace{\begin{bmatrix} w_1 & w_2 \end{bmatrix}}_{\boldsymbol{w}^{\mathrm{T}}} \underbrace{\begin{bmatrix} 1 & 3 & 5 \\ 2 & 6 & 10 \end{bmatrix}}_{\boldsymbol{A}} = \begin{bmatrix} w_1 + 2w_2 & 3(w_1 + 2w_2) & 5(w_1 + 2w_2) \end{bmatrix} \tag{C.27}$$

[注 C.2] 縦長か正方の $\boldsymbol{A} \in \mathbb{R}^{m\times n}$ $(m \geq n)$ が $\mathrm{rank}\boldsymbol{A} = n$ であることを, $\boldsymbol{A}$ が列フルランク (full column rank) であるという.

であり，列ベクトル $\boldsymbol{w}^{\mathrm{T}}\boldsymbol{A}$ の 2, 3 番目の要素は，それぞれ 1 番目の要素の 3, 5 倍となる．したがって，$\boldsymbol{w}=\boldsymbol{0}$ 以外にも，$w_1=-2w_2$ であるような任意の $\boldsymbol{w}\in\mathbb{R}^3$ に対して，$\boldsymbol{w}^{\mathrm{T}}\boldsymbol{A}=\boldsymbol{0}$ となる．なお，このように，横長の行列 $\boldsymbol{A}\in\mathbb{R}^{m\times n}$ が行フルランクではないとき，$|\boldsymbol{A}\boldsymbol{A}^{\mathrm{T}}|=0$ となるため，$\boldsymbol{A}\boldsymbol{A}^{\mathrm{T}}\in\mathbb{R}^{m\times m}$ は正則ではない．

問題 C.3　以下の行列 $\boldsymbol{A}$ のランク rank$\boldsymbol{A}$ を求めよ．

(1) $\boldsymbol{A}=\begin{bmatrix}2&0&0\\0&2&0\end{bmatrix}$　　(2) $\boldsymbol{A}=\begin{bmatrix}2&1&1\\3&1&2\\1&0&1\end{bmatrix}$

(j) トレース

(C.3) 式に示す正方行列 $\boldsymbol{A}\in\mathbb{R}^{n\times n}$ が与えられたとき，その対角要素 a_{ii} $(i=1,2,\cdots,n)$ の和を行列 $\boldsymbol{A}$ の**トレース**（trace）とよび，次式のように記述する．

$$\mathrm{trace}\big[\boldsymbol{A}\big]=a_{11}+a_{22}+\cdots+a_{nn} \tag{C.28}$$

行列のトレースの性質を，以下に示す．

Point!　トレースの性質

行列 $\boldsymbol{A},\boldsymbol{B}\in\mathbb{R}^{n\times n}$, $\boldsymbol{C}\in\mathbb{R}^{n\times m}$, $\boldsymbol{D}\in\mathbb{R}^{m\times n}$ およびベクトル $\boldsymbol{x},\boldsymbol{y}\in\mathbb{R}^n$，スカラー k に対して，以下の性質が成り立つ．

性質 1　$\mathrm{trace}\big[\boldsymbol{A}\big]=\mathrm{trace}\big[\boldsymbol{A}^{\mathrm{T}}\big]$

性質 2　$\mathrm{trace}\big[k\boldsymbol{A}\big]=k\,\mathrm{trace}\big[\boldsymbol{A}\big]$

性質 3　$\mathrm{trace}\big[\boldsymbol{A}\pm\boldsymbol{B}\big]=\mathrm{trace}\big[\boldsymbol{A}\big]\pm\mathrm{trace}\big[\boldsymbol{B}\big]$

性質 4　$\mathrm{trace}\big[\boldsymbol{C}\boldsymbol{D}\big]=\mathrm{trace}\big[\boldsymbol{D}\boldsymbol{C}\big]$

性質 5　$\boldsymbol{x}^{\mathrm{T}}\boldsymbol{y}=\mathrm{trace}\big[\boldsymbol{x}\boldsymbol{y}^{\mathrm{T}}\big]$

性質 6　$\boldsymbol{x}^{\mathrm{T}}\boldsymbol{A}\boldsymbol{x}=\mathrm{trace}\big[\boldsymbol{x}\boldsymbol{x}^{\mathrm{T}}\boldsymbol{A}\big]=\mathrm{trace}\big[\boldsymbol{A}\boldsymbol{x}\boldsymbol{x}^{\mathrm{T}}\big]$

なお，行列の固有値とトレースとの関係については，付録 C.2 (e) (p.238) で説明する．

例 C.4 ………………………………………………… 性質 6 の確認

行列 $\boldsymbol{A}\in\mathbb{R}^{2\times 2}$，ベクトル $\boldsymbol{x}\in\mathbb{R}^2$ が与えられたとき，

$$\boldsymbol{x}^{\mathrm{T}}\boldsymbol{A}\boldsymbol{x}=\begin{bmatrix}x_1&x_2\end{bmatrix}\begin{bmatrix}a_{11}&a_{12}\\a_{21}&a_{22}\end{bmatrix}\begin{bmatrix}x_1\\x_2\end{bmatrix}=a_{11}x_1^2+(a_{12}+a_{21})x_1x_2+a_{22}x_2^2 \tag{C.29}$$

$$\boldsymbol{x}\boldsymbol{x}^{\mathrm{T}}\boldsymbol{A}=\begin{bmatrix}x_1\\x_2\end{bmatrix}\begin{bmatrix}x_1&x_2\end{bmatrix}\begin{bmatrix}a_{11}&a_{12}\\a_{21}&a_{22}\end{bmatrix}=\begin{bmatrix}a_{11}x_1^2+a_{21}x_2x_1&a_{12}x_1^2+a_{22}x_1x_2\\a_{21}x_2^2+a_{11}x_1x_2&a_{22}x_2^2+a_{12}x_1x_2\end{bmatrix}$$

$$\Longrightarrow\quad\mathrm{trace}\big[\boldsymbol{x}\boldsymbol{x}^{\mathrm{T}}\boldsymbol{A}\big]=a_{11}x_1^2+(a_{12}+a_{21})x_1x_2+a_{22}x_2^2 \tag{C.30}$$

$$\boldsymbol{A}\boldsymbol{x}\boldsymbol{x}^{\mathrm{T}}=\begin{bmatrix}a_{11}&a_{12}\\a_{21}&a_{22}\end{bmatrix}\begin{bmatrix}x_1\\x_2\end{bmatrix}\begin{bmatrix}x_1&x_2\end{bmatrix}=\begin{bmatrix}a_{11}x_1^2+a_{12}x_1x_2&a_{12}x_2^2+a_{11}x_1x_2\\a_{21}x_1^2+a_{22}x_1x_2&a_{22}x_2^2+a_{21}x_1x_2\end{bmatrix}$$

$$\Longrightarrow\quad\mathrm{trace}\big[\boldsymbol{A}\boldsymbol{x}\boldsymbol{x}^{\mathrm{T}}\big]=a_{11}x_1^2+(a_{12}+a_{21})x_1x_2+a_{22}x_2^2 \tag{C.31}$$

であるから，性質 6 の $\boldsymbol{x}^{\mathrm{T}}\boldsymbol{A}\boldsymbol{x}=\mathrm{trace}\big[\boldsymbol{x}\boldsymbol{x}^{\mathrm{T}}\boldsymbol{A}\big]=\mathrm{trace}\big[\boldsymbol{A}\boldsymbol{x}\boldsymbol{x}^{\mathrm{T}}\big]$ が成立する．

C.2　行列の固有値と固有ベクトル

(a) 固有値と固有ベクトル

正方行列 $\boldsymbol{A} \in \mathbb{R}^{n\times n}$ に対して，

$$\boldsymbol{A}\boldsymbol{v} = \lambda \boldsymbol{v} \ \ (\boldsymbol{v} \neq \boldsymbol{0}) \tag{C.32}$$

を満足するスカラー値 $\lambda \in \mathbb{C}$ を**固有値**（eigenvalue），n 次元ベクトル $\boldsymbol{v} \in \mathbb{C}^n$ $(\boldsymbol{v} \neq \boldsymbol{0})$ を**固有ベクトル**（eigenvector）とよぶ．固有値 λ は実数とは限らず，複素数となるときもある．同様に，固有ベクトル $\boldsymbol{v}$ も実ベクトルとは限らず，λ が複素数のときには $\boldsymbol{v}$ は複素ベクトルとなる．(C.32) 式を書き換えると，

$$(\lambda \boldsymbol{I} - \boldsymbol{A})\boldsymbol{v} = \boldsymbol{0} \ \ (\boldsymbol{v} \neq \boldsymbol{0}) \tag{C.33}$$

となるため，行列 $\lambda\boldsymbol{I} - \boldsymbol{A}$ の逆行列が存在すると，$\boldsymbol{v} = \boldsymbol{0}$ のみが (C.33) 式を満足する解となってしまう．したがって，$\lambda\boldsymbol{I} - \boldsymbol{A}$ が逆行列をもたないための条件である，**特性方程式**（characteristic equation）

$$\left|\lambda \boldsymbol{I} - \boldsymbol{A}\right| = (\lambda - \lambda_1)(\lambda - \lambda_2)\cdots(\lambda - \lambda_n) = 0 \tag{C.34}$$

が成立しなければならない．この特性方程式を解くことにより，行列 $\boldsymbol{A}$ の n 個の固有値 $\lambda = \lambda_i$ が得られる．また，固有ベクトル $\boldsymbol{v} = \boldsymbol{v}_i \neq \boldsymbol{0}$ は，$\lambda = \lambda_i$ を (C.32) 式 (あるいは (C.33) 式) に代入することにより求めることができる．なお，

$$\left|\lambda \boldsymbol{I} - \boldsymbol{A}\right| = \lambda^n + \alpha_{n-1}\lambda^{n-1} + \cdots + \alpha_1\lambda + \alpha_0 \tag{C.35}$$

を行列 $\boldsymbol{A}$ の**特性多項式**（characteristic polynomial）とよぶ．

例 C.5 …………………………………… 行列の固有値，固有ベクトル

行列

$$\boldsymbol{A} = \begin{bmatrix} 2 & 1 \\ 1 & 2 \end{bmatrix} \tag{C.36}$$

の固有値，固有ベクトルを求めてみよう．特性方程式 (C.34) 式は，

$$\begin{aligned}\left|\lambda \boldsymbol{I} - \boldsymbol{A}\right| &= \left|\lambda \begin{bmatrix} 1 & 0 \\ 0 & 1 \end{bmatrix} - \begin{bmatrix} 2 & 1 \\ 1 & 2 \end{bmatrix}\right| = \begin{vmatrix} \lambda - 2 & -1 \\ -1 & \lambda - 2 \end{vmatrix} \\ &= \lambda^2 - 4\lambda + 3 = (\lambda - 1)(\lambda - 3) = 0 \end{aligned} \tag{C.37}$$

であるから，固有値は $\lambda_1 = 1,\ \lambda_2 = 3$ である．

$\lambda_1 = 1,\ \lambda_2 = 3$ に対する固有ベクトル $\boldsymbol{v}_1,\ \boldsymbol{v}_2$ は，(C.33) 式より

$$\begin{aligned}&(\lambda_1 \boldsymbol{I} - \boldsymbol{A})\boldsymbol{v}_1 = \boldsymbol{0} \\ \Longrightarrow\ &\begin{bmatrix} -1 & -1 \\ -1 & -1 \end{bmatrix}\begin{bmatrix} v_{11} \\ v_{12} \end{bmatrix} = \begin{bmatrix} 0 \\ 0 \end{bmatrix} \\ \Longrightarrow\ &\begin{cases} -v_{11} - v_{12} = 0 \\ -v_{11} - v_{12} = 0 \end{cases}\end{aligned} \tag{C.38}$$

$$\begin{aligned}&(\lambda_2 \boldsymbol{I} - \boldsymbol{A})\boldsymbol{v}_2 = \boldsymbol{0} \\ \Longrightarrow\ &\begin{bmatrix} 1 & -1 \\ -1 & 1 \end{bmatrix}\begin{bmatrix} v_{21} \\ v_{22} \end{bmatrix} = \begin{bmatrix} 0 \\ 0 \end{bmatrix} \\ \Longrightarrow\ &\begin{cases} v_{21} - v_{22} = 0 \\ -v_{21} + v_{22} = 0 \end{cases}\end{aligned} \tag{C.39}$$

を満足する．ここで，(C.38) 式における 2 個の方程式は等価であり，$v_{11} = \alpha$ $(\alpha \neq 0)$ とすると，$v_{12} = -v_{11} = -\alpha$ である．同様に，(C.39) 式における 2 個の方程式は等価であるから，$v_{21} = \beta$ $(\beta \neq 0)$ とすると，$v_{22} = v_{21} = \beta$ である．したがって，$\boldsymbol{v}_1,\ \boldsymbol{v}_2$ はそれぞれ以下のようになる．

$$\boldsymbol{v}_1 = \begin{bmatrix} \alpha \\ -\alpha \end{bmatrix},\ \ \boldsymbol{v}_2 = \begin{bmatrix} \beta \\ \beta \end{bmatrix} \ \ (\alpha \neq 0,\ \beta \neq 0 : \text{任意の実数}) \tag{C.40}$$

問題 C.4 以下の行列 $\boldsymbol{A}$ の固有値 $\lambda = \lambda_1$, λ_2, 固有ベクトル $\boldsymbol{v} = \boldsymbol{v}_1$, $\boldsymbol{v}_2$ を求めよ.

(1) $\boldsymbol{A} = \begin{bmatrix} 0 & 1 \\ -2 & -3 \end{bmatrix}$ (2) $\boldsymbol{A} = \begin{bmatrix} 0 & 1 \\ -10 & -2 \end{bmatrix}$

(b) 固有ベクトルの 1 次独立性

正方行列 $\boldsymbol{A} \in \mathbb{R}^{n\times n}$ が互いに異なる n 個の固有値 λ_i をもつとき，それぞれの固有値 λ_i に対応する固有ベクトル $\boldsymbol{v}_i$ が存在する．また，これらの固有ベクトル $\boldsymbol{v}_i$ に対して，

$$\alpha_1\boldsymbol{v}_1 + \alpha_2\boldsymbol{v}_2 + \cdots + \alpha_n\boldsymbol{v}_n = \boldsymbol{0} \tag{C.41}$$

を満足する α_i は $\alpha_1 = \alpha_2 = \cdots = \alpha_n = 0$ のみである．したがって，互いに異なる固有値をもつ場合，固有ベクトルは 1 次独立である．

例 C.6 ……………………………………………… 固有ベクトルの 1 次独立性

正方行列 $\boldsymbol{A} \in \mathbb{R}^{2\times 2}$ を考え，互いに異なる固有値を λ_1, λ_2，固有ベクトルを $\boldsymbol{v}_1, \boldsymbol{v}_2$ とし，

$$\alpha_1\boldsymbol{v}_1 + \alpha_2\boldsymbol{v}_2 = \boldsymbol{0} \tag{C.42}$$

という関係式を考える．(C.42) 式の両辺の左から $\boldsymbol{A}$ をかけると，

$$\begin{aligned} \boldsymbol{A}\big(\alpha_1\boldsymbol{v}_1 + \alpha_2\boldsymbol{v}_2\big) &= \alpha_1\boldsymbol{A}\boldsymbol{v}_1 + \alpha_2\boldsymbol{A}\boldsymbol{v}_2 \\ &= \alpha_1\lambda_1\boldsymbol{v}_1 + \alpha_2\lambda_2\boldsymbol{v}_2 = \boldsymbol{0} \end{aligned} \tag{C.43}$$

が得られる．一方，(C.42) 式の両辺に λ_1, λ_2 をかけると，

$$\alpha_1\lambda_1\boldsymbol{v}_1 + \alpha_2\lambda_1\boldsymbol{v}_2 = \boldsymbol{0}, \quad \alpha_1\lambda_2\boldsymbol{v}_1 + \alpha_2\lambda_2\boldsymbol{v}_2 = \boldsymbol{0} \tag{C.44}$$

であり，(C.43) 式から (C.44) 式を引くと，

$$\alpha_2(\lambda_2 - \lambda_1)\boldsymbol{v}_2 = \boldsymbol{0}, \quad \alpha_1(\lambda_1 - \lambda_2)\boldsymbol{v}_1 = \boldsymbol{0} \tag{C.45}$$

となる．ここで，固有値は互いに異なるから $\lambda_1 \neq \lambda_2$ であり，固有ベクトルは $\boldsymbol{v}_1 \neq \boldsymbol{0}, \boldsymbol{v}_2 \neq \boldsymbol{0}$ であるから，(C.45) 式より，$\alpha_1 = \alpha_2 = 0$ でなければならない．したがって，固有値 λ_1, λ_2 が互いに異なる場合，固有ベクトル $\boldsymbol{v}_1, \boldsymbol{v}_2$ は 1 次独立である．

(c) 固有値，固有ベクトルを用いた行列の対角化

正方行列 $\boldsymbol{A} \in \mathbb{R}^{n\times n}$ が与えられ，その固有値 λ_i，固有ベクトル $\boldsymbol{v}_i$ がすべて異なり，n 個存在するとする．このとき，$n \times n$ の正方行列を，

$$\boldsymbol{S} := \begin{bmatrix} \boldsymbol{v}_1 & \cdots & \boldsymbol{v}_n \end{bmatrix}, \quad \boldsymbol{\Lambda} := \mathrm{diag}\big\{\lambda_1, \cdots, \lambda_n\big\} \tag{C.46}$$

と定義すると，

$$\boldsymbol{S}^{-1}\boldsymbol{A}\boldsymbol{S} = \boldsymbol{\Lambda} \tag{C.47}$$

のように対角行列 $\boldsymbol{\Lambda}$ で表すことができる．このような操作を**対角化**（diagonalization）という．

例 C.7 ……………………………………………… 対角化

正方行列 $\boldsymbol{A} \in \mathbb{R}^{2\times 2}$ を考え，互いに異なる固有値を λ_1, λ_2，固有ベクトルを $\boldsymbol{v}_1, \boldsymbol{v}_2$ とすると，

$$\begin{aligned} \boldsymbol{A}\boldsymbol{S} &= \boldsymbol{A}\begin{bmatrix} \boldsymbol{v}_1 & \boldsymbol{v}_2 \end{bmatrix} = \begin{bmatrix} \boldsymbol{A}\boldsymbol{v}_1 & \boldsymbol{A}\boldsymbol{v}_2 \end{bmatrix} = \begin{bmatrix} \lambda_1\boldsymbol{v}_1 & \lambda_2\boldsymbol{v}_2 \end{bmatrix} \\ &= \begin{bmatrix} \lambda_1 v_{11} & \lambda_2 v_{21} \\ \lambda_1 v_{12} & \lambda_2 v_{22} \end{bmatrix} = \begin{bmatrix} v_{11} & v_{21} \\ v_{12} & v_{22} \end{bmatrix}\begin{bmatrix} \lambda_1 & 0 \\ 0 & \lambda_2 \end{bmatrix} = \boldsymbol{S}\boldsymbol{\Lambda} \end{aligned} \tag{C.48}$$

である．ここで，$\boldsymbol{v}_1, \boldsymbol{v}_2$ が 1 次独立であるので $\boldsymbol{S}$ は正則であり，$\boldsymbol{S}^{-1}\boldsymbol{A}\boldsymbol{S} = \boldsymbol{\Lambda}$ となることがわかる．

問題 C.5　問題 C.4 (p.237) で与えた行列 $\boldsymbol{A}$ の固有値 λ_1, λ_2，固有ベクトル $\boldsymbol{v}_1, \boldsymbol{v}_2$ に対し，$\boldsymbol{S}^{-1}\boldsymbol{A}\boldsymbol{S} = \boldsymbol{\Lambda}$ となることを確認せよ．ただし，$\boldsymbol{S} := \begin{bmatrix} \boldsymbol{v}_1 & \boldsymbol{v}_2 \end{bmatrix}$, $\boldsymbol{\Lambda} := \mathrm{diag}\{\lambda_1, \lambda_2\}$ である．

(d) ケーリー－ハミルトンの定理

正方行列 $\boldsymbol{A} \in \mathbb{R}^{n\times n}$ の特性多項式を，

$$\left|\lambda\boldsymbol{I} - \boldsymbol{A}\right| = \lambda^n + \alpha_{n-1}\lambda^{n-1} + \cdots + \alpha_1\lambda + \alpha_0$$

とすると，(C.34) 式で示した特性方程式 $\left|\lambda\boldsymbol{I} - \boldsymbol{A}\right| = 0$ の λ を $\boldsymbol{A}$ で置き換えた

$$\boldsymbol{A}^n + \alpha_{n-1}\boldsymbol{A}^{n-1} + \cdots + \alpha_1\boldsymbol{A} + \alpha_0\boldsymbol{I} = \boldsymbol{O} \tag{C.49}$$

が成立する．この結果を，**ケーリー－ハミルトンの定理**（Cayley-Hamilton theorem）とよぶ．

例 C.8 ………………………… ケーリー－ハミルトンの定理

例 C.5 (p.236) で示したように，(C.36) 式の行列 $\boldsymbol{A}$ の特性多項式は

$$\left|\lambda\boldsymbol{I} - \boldsymbol{A}\right| = \lambda^2 - 4\lambda + 3 \tag{C.50}$$

であった．そこで，$\boldsymbol{A}^2 - 4\boldsymbol{A} + 3\boldsymbol{I}$ を計算してみると，

$$\boldsymbol{A}^2 - 4\boldsymbol{A} + 3\boldsymbol{I} = \begin{bmatrix} 2 & 1 \\ 1 & 2 \end{bmatrix}^2 - 4\begin{bmatrix} 2 & 1 \\ 1 & 2 \end{bmatrix} + 3\begin{bmatrix} 1 & 0 \\ 0 & 1 \end{bmatrix} = \begin{bmatrix} 0 & 0 \\ 0 & 0 \end{bmatrix} \tag{C.51}$$

のようになり，(C.49) 式が成立することが確認できる．

問題 C.6　問題 C.4 (p.237) で与えた行列 $\boldsymbol{A}$ に対する特性多項式を求め，(C.49) 式が成立することを確認せよ．

(e) トレースと固有値との関係

$\boldsymbol{A} \in \mathbb{R}^{n\times n}$ を対角化したときの関係式 (C.47) 式と，トレースの**性質 4** (p.235) より，

$$\begin{aligned} \boldsymbol{S}^{-1}\boldsymbol{A}\boldsymbol{S} = \boldsymbol{\Lambda} \quad &\Longrightarrow \quad \boldsymbol{A} = \boldsymbol{S}\boldsymbol{\Lambda}\boldsymbol{S}^{-1} \\ \Longrightarrow \quad \mathrm{trace}\left[\boldsymbol{A}\right] &= \mathrm{trace}\left[\boldsymbol{S}\cdot\boldsymbol{\Lambda}\boldsymbol{S}^{-1}\right] = \mathrm{trace}\left[\boldsymbol{\Lambda}\boldsymbol{S}^{-1}\cdot\boldsymbol{S}\right] \\ &= \mathrm{trace}\left[\boldsymbol{\Lambda}\right] = \lambda_1 + \lambda_2 + \cdots + \lambda_n \end{aligned} \tag{C.52}$$

となる．したがって，以下の性質が成り立つ．

Point!　トレースの性質

性質 7　$\mathrm{trace}\left[\boldsymbol{A}\right] = \lambda_1 + \lambda_2 + \cdots + \lambda_n$　($\boldsymbol{A}$：正方行列，λ_i：$\boldsymbol{A}$ の固有値)

C.3　正定行列と負定行列

(a) 正定行列，負定行列とは

n 次元の実ベクトル $\boldsymbol{\xi} = \begin{bmatrix} \xi_1 & \cdots & \xi_n \end{bmatrix}^{\mathrm{T}} \in \mathbb{R}^n$ の要素 ξ_i に関するスカラー関数 $\phi(\boldsymbol{\xi})$ は，

- ▶ $\phi(\mathbf{0}) = 0$ かつ $\phi(\boldsymbol{\xi}) > 0$ $(\forall \boldsymbol{\xi} \neq \mathbf{0})$ $\iff$ $\phi(\boldsymbol{\xi})$ は正定関数 (positive definite function)
- ▶ $\phi(\mathbf{0}) = 0$ かつ $\phi(\boldsymbol{\xi}) \geq 0$ $(\forall \boldsymbol{\xi} \neq \mathbf{0})$ $\iff$ $\phi(\boldsymbol{\xi})$ は半正定関数 (準正定関数) (semi-positive definite function)
- ▶ $\phi(\mathbf{0}) = 0$ かつ $\phi(\boldsymbol{\xi}) < 0$ $(\forall \boldsymbol{\xi} \neq \mathbf{0})$ $\iff$ $\phi(\boldsymbol{\xi})$ は負定関数 (negative definite function)
- ▶ $\phi(\mathbf{0}) = 0$ かつ $\phi(\boldsymbol{\xi}) \leq 0$ $(\forall \boldsymbol{\xi} \neq \mathbf{0})$ $\iff$ $\phi(\boldsymbol{\xi})$ は半負定関数 (準負定関数) (semi-negative definite function)

とよばれる．また，$\phi(\boldsymbol{\xi})$ を実対称行列 $\boldsymbol{P} = \boldsymbol{P}^{\mathrm{T}} \in \mathbb{R}^{n \times n}$ の 2 次形式 (quadratic form) $\phi(\boldsymbol{\xi}) = \boldsymbol{\xi}^{\mathrm{T}} \boldsymbol{P} \boldsymbol{\xi}$ としたとき，その正負により正定行列，負定行列が以下のように定義される(注 C.3)．

Point！ 正定行列，負定行列

▶ **正定行列**

$\phi(\boldsymbol{\xi}) = \boldsymbol{\xi}^{\mathrm{T}} \boldsymbol{P} \boldsymbol{\xi} > 0$ $(\forall \boldsymbol{\xi} \neq \mathbf{0})$ $\iff$ $\phi(\boldsymbol{\xi})$ は正定関数
$\iff$ $\boldsymbol{P}$ は正定行列 (positive definite matrix) ………… $\boldsymbol{P} > 0$ と記述

▶ **半正定行列 (準正定行列)**

$\phi(\boldsymbol{\xi}) = \boldsymbol{\xi}^{\mathrm{T}} \boldsymbol{P} \boldsymbol{\xi} \geq 0$ $(\forall \boldsymbol{\xi} \neq \mathbf{0})$ $\iff$ $\phi(\boldsymbol{\xi})$ は半正定関数 (準正定関数)
$\iff$ $\boldsymbol{P}$ は半正定行列 (準正定行列) (semi-positive definite matrix) …… $\boldsymbol{P} \geq 0$ と記述

▶ **負定行列**

$\phi(\boldsymbol{\xi}) = \boldsymbol{\xi}^{\mathrm{T}} \boldsymbol{P} \boldsymbol{\xi} < 0$ $(\forall \boldsymbol{\xi} \neq \mathbf{0})$ $\iff$ $\phi(\boldsymbol{\xi})$ は負定関数
$\iff$ $\boldsymbol{P}$ は負定行列 (negative definite matrix) ………… $\boldsymbol{P} < 0$ と記述

▶ **半負定行列 (準負定行列)**

$\phi(\boldsymbol{\xi}) = \boldsymbol{\xi}^{\mathrm{T}} \boldsymbol{P} \boldsymbol{\xi} \leq 0$ $(\forall \boldsymbol{\xi} \neq \mathbf{0})$ $\iff$ $\phi(\boldsymbol{\xi})$ は半負定関数 (準負定関数)
$\iff$ $\boldsymbol{P}$ は半負定行列 (準負定行列) (semi-negative definite matrix) …… $\boldsymbol{P} \leq 0$ と記述

つまり，$-\boldsymbol{P} > 0$ $(-\boldsymbol{P} \geq 0)$ のとき，$\boldsymbol{P} < 0$ $(\boldsymbol{P} \leq 0)$ である．また，以下の点に注意する．

- $\boldsymbol{P}, \boldsymbol{Q} \in \mathbb{R}^{n \times n}$ に対して $\boldsymbol{P} - \boldsymbol{Q}$ が正定行列 $(\boldsymbol{P} - \boldsymbol{Q} > 0)$ であるとき，$\boldsymbol{P} > \boldsymbol{Q}$ のように記述する．
- 実対称行列 $\boldsymbol{P} = \boldsymbol{P}^{\mathrm{T}} \in \mathbb{R}^{n \times n}$ と複素ベクトル $\boldsymbol{\xi} \in \mathbb{C}^n$ を考えた場合，"$\boldsymbol{\xi}^* \boldsymbol{P} \boldsymbol{\xi} > 0$ が任意の $\boldsymbol{\xi} \neq \mathbf{0}$ に対して成立する" ことと，"$\boldsymbol{P}$ が正定である" ことは等価である (問題 C.7 参照)．この結果を利用することで，7.2.1 項や 9.2.1 項のように，線形システムの漸近安定性とリアプノフ不等式などの行列不等式との関係を議論することができる．

例 C.9 ………… 正定行列

対称行列 $\boldsymbol{P} = \begin{bmatrix} 2 & 1 \\ 1 & 2 \end{bmatrix} \in \mathbb{R}^{2 \times 2}$ が，正定行列であるかどうかを調べよう．実ベクトル $\boldsymbol{\xi} = \begin{bmatrix} \xi_1 & \xi_2 \end{bmatrix}^{\mathrm{T}} \in \mathbb{R}^2$ を考えると，$\boldsymbol{P}$ の 2 次形式は，

$$\boldsymbol{\xi}^{\mathrm{T}} \boldsymbol{P} \boldsymbol{\xi} = \begin{bmatrix} \xi_1 & \xi_2 \end{bmatrix} \begin{bmatrix} 2 & 1 \\ 1 & 2 \end{bmatrix} \begin{bmatrix} \xi_1 \\ \xi_2 \end{bmatrix} = 2\xi_1^2 + 2\xi_1\xi_2 + 2\xi_2^2 = 2\left(\xi_1 + \frac{1}{2}\xi_2\right)^2 + \frac{3}{2}\xi_2^2 \tag{C.53}$$

のように平方完成できる．したがって，$\xi_1 = 0$ かつ $\xi_2 = 0$ のときに限り，$\boldsymbol{P}$ の 2 次形式は 0 $(\boldsymbol{\xi} = \mathbf{0}$ で $\boldsymbol{\xi}^{\mathrm{T}} \boldsymbol{P} \boldsymbol{\xi} = 0)$，それ以外は正 $(\forall \boldsymbol{\xi} \neq \mathbf{0}$ で $\boldsymbol{\xi}^{\mathrm{T}} \boldsymbol{P} \boldsymbol{\xi} > 0)$ であるから，$\boldsymbol{P}$ は正定 $(\boldsymbol{P} > 0)$ である．

(注 C.3) "$\boldsymbol{P}$ が正定 (負定) 行列である" という代わりに "行列 $\boldsymbol{P}$ が正定 (負定) である" ということもある．

問題 C.7　例 C.9 において，複素ベクトル $\boldsymbol{\xi} \in \mathbb{C}^2$ を考えたときの $\boldsymbol{P}$ の 2 次形式 $\boldsymbol{\xi}^* \boldsymbol{P} \boldsymbol{\xi}$ が，任意の複素ベクトル $\boldsymbol{\xi} \neq \boldsymbol{0}$ に対して正であることを示せ．

(b) 正定対称行列の判別方法

対称行列 $\boldsymbol{P} = \boldsymbol{P}^{\mathrm{T}}$ が正定行列であるかどうかを判別する方法としては，以下に示す“**固有値による判別方法**”や，“**シルベスター(Sylvester's criterion)の判別条件**”がよく用いられる．

Point!　正定対称行列の判別方法 ①：固有値による判別

実対称行列 $\boldsymbol{P} = \boldsymbol{P}^{\mathrm{T}} \in \mathbb{R}^{n \times n}$ の固有値 λ_i $(i = 1, 2, \cdots, n)$ は実数であり，λ_i がすべて正 $(\lambda_i > 0)$ であれば，そのときに限り，$\boldsymbol{P}$ は正定行列である．また，λ_i がすべて非負 $(\lambda_i \geq 0)$ であれば，そのときに限り，$\boldsymbol{P}$ は半正定行列 (準正定行列) である．

例 C.10 ……………… **実対称行列の固有値と正定行列の判別**

まず，2×2 の実対称行列

$$\boldsymbol{P} = \boldsymbol{P}^{\mathrm{T}} = \begin{bmatrix} p_{11} & p_{12} \\ p_{12} & p_{22} \end{bmatrix} \in \mathbb{R}^{2 \times 2} \tag{C.54}$$

の固有値が実数であることを示す．固有値を λ とした特性方程式は，

$$\left|\lambda \boldsymbol{I} - \boldsymbol{P}\right| = \begin{vmatrix} \lambda - p_{11} & -p_{12} \\ -p_{12} & \lambda - p_{22} \end{vmatrix} = \lambda^2 - (p_{11} + p_{22})\lambda + p_{11}p_{22} - p_{12}^2 = 0 \tag{C.55}$$

のように 2 次方程式であり，その判別式 D は，任意の実数 p_{11}, p_{12}, p_{22} に対して，

$$D = (p_{11} + p_{22})^2 - 4(p_{11}p_{22} - p_{12}^2) = (p_{11} - p_{22})^2 + 4p_{12}^2 \geq 0 \tag{C.56}$$

となる．したがって，固有値 λ は 2 個の実数 λ_1, λ_2 である．

つぎに，簡単のため，実数の固有値 λ_1, λ_2 が互いに異なっている ($p_{11} \neq p_{22}$ かつ $p_{12} \neq 0$) ときを考え，“$\boldsymbol{P} = \boldsymbol{P}^{\mathrm{T}} > 0$” と，“$\lambda_1 > 0$ かつ $\lambda_2 > 0$” とが等価であることを示す．対角化の操作 (p.237) により，

$$\boldsymbol{S}^{-1}\boldsymbol{P}\boldsymbol{S} = \boldsymbol{\Lambda} \quad \Longrightarrow \quad \boldsymbol{P} = \boldsymbol{S}\boldsymbol{\Lambda}\boldsymbol{S}^{-1}, \quad \begin{cases} \boldsymbol{S} = \begin{bmatrix} \boldsymbol{v}_1 & \boldsymbol{v}_2 \end{bmatrix} (\boldsymbol{v}_1, \boldsymbol{v}_2 : \text{固有ベクトル}) \\ \boldsymbol{\Lambda} = \mathrm{diag}\{\lambda_1, \lambda_2\} \end{cases} \tag{C.57}$$

となる．したがって，任意の $\boldsymbol{\xi} = \begin{bmatrix} \xi_1 & \xi_2 \end{bmatrix}^{\mathrm{T}} \neq \boldsymbol{0}$ (すなわち，任意の $\boldsymbol{\psi} = \boldsymbol{S}^{-1}\boldsymbol{\xi} = \begin{bmatrix} \psi_1 & \psi_2 \end{bmatrix}^{\mathrm{T}} \neq \boldsymbol{0}$) に対して

$$\boldsymbol{\xi}^{\mathrm{T}}\boldsymbol{P}\boldsymbol{\xi} = \boldsymbol{\xi}^{\mathrm{T}}\boldsymbol{S}\boldsymbol{\Lambda}\boldsymbol{S}^{-1}\boldsymbol{\xi} = \boldsymbol{\psi}^{\mathrm{T}}\boldsymbol{\Lambda}\boldsymbol{\psi} = \lambda_1\psi_1^2 + \lambda_2\psi_2^2 \tag{C.58}$$

であるから，“実対称行列 $\boldsymbol{P}$ が正定である ($\boldsymbol{P} = \boldsymbol{P}^{\mathrm{T}} > 0$)” ことと，“実対称行列 $\boldsymbol{P}$ の固有値がすべて正である ($\lambda_1 > 0$ かつ $\lambda_2 > 0$)” ことは等価である．

例 C.11 ……………… **正定対称行列の判別 (固有値による判別)**

例 C.9 (p.239) で示した対称行列 $\boldsymbol{P} = \boldsymbol{P}^{\mathrm{T}}$ の固有値は $\lambda = 1, 3$ であり，共に正である．したがって，$\boldsymbol{P}$ は正定対称行列 ($\boldsymbol{P} = \boldsymbol{P}^{\mathrm{T}} > 0$) である．

Point!　正定対称行列の判別方法 ②：シルベスターの判別条件

実対称行列

$$\boldsymbol{P} = \boldsymbol{P}^{\mathrm{T}} = \begin{bmatrix} p_{11} & \cdots & p_{1n} \\ \vdots & \ddots & \vdots \\ p_{1n} & \cdots & p_{nn} \end{bmatrix} \in \mathbb{R}^{n \times n} \tag{C.59}$$

の主座小行列式がすべて正，すなわち，

$$p_{11} > 0, \quad \begin{vmatrix} p_{11} & p_{12} \\ p_{12} & p_{22} \end{vmatrix} > 0, \quad \begin{vmatrix} p_{11} & p_{12} & p_{13} \\ p_{12} & p_{22} & p_{23} \\ p_{13} & p_{23} & p_{33} \end{vmatrix} > 0, \quad \cdots, \quad |\boldsymbol{P}| > 0 \tag{C.60}$$

を満足するのであれば，そのときに限り，実対称行列 $\boldsymbol{P} = \boldsymbol{P}^{\mathrm{T}}$ は正定行列である．

シルベスターの判別条件の証明は複雑なので，省略する．

例 C.12 ……………… 正定対称行列の判別（シルベスターの判別条件）

例 C.9 (p.239) で示した対称行列 $\boldsymbol{P} = \boldsymbol{P}^{\mathrm{T}}$ が正定であるかどうかを，シルベスターの判別条件により調べよう．$\boldsymbol{P}$ の主座小行列式は，

$$2 > 0, \quad |\boldsymbol{P}| = \begin{vmatrix} 2 & 1 \\ 1 & 2 \end{vmatrix} = 3 > 0 \tag{C.61}$$

のようにすべて正であるから，$\boldsymbol{P}$ は正定対称行列 $(\boldsymbol{P} = \boldsymbol{P}^{\mathrm{T}} > 0)$ である．

なお，“$\boldsymbol{P}$ が負定である” ことと，“$-\boldsymbol{P}$ が正定である” ことが等価であることを利用すると，上記と同様の方法で，対称行列 $\boldsymbol{P}$ が負定であるかどうかを判別することができる．

問題 C.8 行列 $\boldsymbol{P} = \begin{bmatrix} 2 & \sqrt{2} \\ \sqrt{2} & 3 \end{bmatrix}$ が正定であることを，以下の方法により確認せよ．

(1) $\boldsymbol{P}$ の固有値を求める．
(2) シルベスターの判別条件を利用する．
(3) 例 C.9 (p.239) で示した手順で，2 次形式 $\boldsymbol{\xi}^{\mathrm{T}}\boldsymbol{P}\boldsymbol{\xi}$ を平方完成する．

(c) 合同変換

正定行列 $\boldsymbol{P} \in \mathbb{R}^{n\times n}$，正則行列 $\boldsymbol{T} \in \mathbb{R}^{n\times n}$ が与えられたとき，$\boldsymbol{\xi}, \boldsymbol{\eta} \in \mathbb{R}^n$ に対して，

$$\begin{aligned} \boldsymbol{P} > 0 \quad &\Longleftrightarrow \quad \boldsymbol{\xi}^{\mathrm{T}}\boldsymbol{P}\boldsymbol{\xi} > 0 \ \ (\forall \boldsymbol{\xi} \neq \boldsymbol{0}) \\ &\Longleftrightarrow \quad \boldsymbol{\eta}^{\mathrm{T}}\boldsymbol{T}^{\mathrm{T}}\boldsymbol{P}\boldsymbol{T}\boldsymbol{\eta} > 0 \ \ (\forall \boldsymbol{\eta} \neq \boldsymbol{0}), \ \ \boldsymbol{\xi} = \boldsymbol{T}\boldsymbol{\eta} \quad \Longleftrightarrow \quad \boldsymbol{T}^{\mathrm{T}}\boldsymbol{P}\boldsymbol{T} > 0 \end{aligned} \tag{C.62}$$

である．したがって，$\boldsymbol{P} > 0$ と $\boldsymbol{T}^{\mathrm{T}}\boldsymbol{P}\boldsymbol{T} > 0$ は等価である．

C.4 MATLAB を利用した演習

(A) 行列，ベクトルの定義と操作

(a) 行列，ベクトルの定義と演算

MATLAB で行列やベクトルを定義するには，

- 行列やベクトルのはじめと終わりを，“[” と “]” とで囲む
- 各要素は，スペースまたはカンマ “,” で区切る
- 各行の終わりは，セミコロン “;” または Enter キー ↵ で定義する

という決まりに注意すればよい．たとえば，行列やベクトル

$$\boldsymbol{A}=\begin{bmatrix} a_{11} & a_{12} & a_{13} \\ a_{21} & a_{22} & a_{23} \\ a_{31} & a_{32} & a_{33} \end{bmatrix}=\begin{bmatrix} 1 & 2 & 3 \\ 4 & 5 & 6 \\ 7 & 8 & 9 \end{bmatrix},\quad \boldsymbol{b}=\begin{bmatrix} b_1 \\ b_2 \\ b_3 \end{bmatrix}=\begin{bmatrix} 1 \\ 2 \\ 3 \end{bmatrix},\quad \boldsymbol{c}=\begin{bmatrix} c_1 & c_2 & c_3 \end{bmatrix}=\begin{bmatrix} 4 & 5 & 6 \end{bmatrix}$$

を MATLAB で定義するには，以下のいずれかを入力すればよい．

行列 $\boldsymbol{A}$ の定義

```
>> A = [1 2 3; 4 5 6; 7 8 9] ↵
A =
     1     2     3
     4     5     6
     7     8     9
>> A = [1 2 3 ↵
   4 5 6 ↵
   7 8 9] ↵
A =
     1     2     3
     4     5     6
     7     8     9
```

列ベクトル (縦ベクトル) $\boldsymbol{b}$ の定義

```
>> b = [1; 2; 3] ↵
b =
     1
     2
     3
>> b = [1 ↵
   2 ↵
   3] ↵
b =
     1
     2
     3
```

行ベクトル (横ベクトル) $\boldsymbol{c}$ の定義

```
>> c = [1 2 3] ↵
c =
     1     2     3
```

また，このように定義された $\boldsymbol{A}$, $\boldsymbol{b}$, $\boldsymbol{c}$ の一部を抜き出すには，以下のように入力すればよい．

行列やベクトルの要素表示

```
>> A(2,3) ↵
ans =
     6
```
……… $\boldsymbol{A}$ の 2 行 3 列要素 a_{23}

```
>> A(2:3,1:2) ↵
ans =
     4     5
     7     8
```
…… $\boldsymbol{A}$ の 2～3 行 1～2 列要素 $\begin{bmatrix} a_{21} & a_{22} \\ a_{31} & a_{32} \end{bmatrix}$

```
>> A(1,:) ↵
ans =
     1     2     3
```
……… $\boldsymbol{A}$ の 1 行目のすべての要素 $\begin{bmatrix} a_{11} & a_{12} & a_{13} \end{bmatrix}$

```
>> A(:,1) ↵
ans =
     1
     4
     7
```
……… $\boldsymbol{A}$ の 1 列目のすべての要素 $\begin{bmatrix} a_{11} \\ a_{21} \\ a_{31} \end{bmatrix}$

```
>> b(2) ↵
ans =
     2
```
……… $\boldsymbol{b}$ の要素 b_2 (b(2,1) と入力してもよい)

```
>> c(3) ↵
ans =
     6
```
……… $\boldsymbol{c}$ の要素 c_3 (c(1,3) と入力してもよい)

MATLAB では，行列の加減算，乗算，べき乗，左除算，右除算を，以下のように計算できる．

行列の加算，減算，乗算，べき乗，左除算，右除算

```
>> A = [0 1; -2 -3], B = [1 -2; 0 -3] ↵
A =
     0     1
    -2    -3
B =
     1    -2
     0    -3
```
……… $\boldsymbol{A}$, $\boldsymbol{B}$ の定義

```
>> C = A + B ↵
C =
     1    -1
    -2    -6
```
……… 加算 $\boldsymbol{C}=\boldsymbol{A}+\boldsymbol{B}$

```
>> D = A - B ↵
D =
    -1     3
    -2     0
```
……… 減算 $\boldsymbol{D}=\boldsymbol{A}-\boldsymbol{B}$

```
>> E = A*B ↵
E =
     0    -3
    -2    13
```
……… 乗算 $\boldsymbol{E}=\boldsymbol{A}\boldsymbol{B}$

```
>> F = A^3 ↵
F =
     6     7
   -14   -15
```
……… べき乗 $\boldsymbol{F}=\boldsymbol{A}^3$

```
>> G = A¥B ↵
G =
   -1.5000    4.5000
    1.0000   -2.0000
```
……… 左除算 ($\boldsymbol{A}\boldsymbol{G}=\boldsymbol{B}$ となる $\boldsymbol{G}=\boldsymbol{A}^{-1}\boldsymbol{B}$)

```
>> H = A/B ↵
H =
         0   -0.3333
   -2.0000    2.3333
```
……… 右除算 ($\boldsymbol{H}\boldsymbol{B}=\boldsymbol{A}$ となる $\boldsymbol{H}=\boldsymbol{A}\boldsymbol{B}^{-1}$)

(b) 複素行列の表現 (“i”, “j”)

複素行列

$$A = \begin{bmatrix} 1+j & 2+j \\ 3 & 1-2j \end{bmatrix}$$

は，虚数単位 “i” あるいは “j” を利用して MATLAB で定義でき，さらに，その実部 $\mathrm{Re}[\boldsymbol{A}]$，虚部 $\mathrm{Im}[\boldsymbol{A}]$ は，以下のようにして得ることができる．

複素行列の定義 (“i”, “j”)

```
>> A = [1+i 2+i; 3 1-2i] ↵   ……… 複素行列 A
A =
   1.0000 + 1.0000i   2.0000 + 1.0000i
   3.0000             1.0000 - 2.0000i
>> A = [1+j 2+j; 3 1-2j] ↵   ……… 複素行列 A
A =
   1.0000 + 1.0000i   2.0000 + 1.0000i
   3.0000             1.0000 - 2.0000i
```

実部，虚部 (関数 “real”, “imag”) の抽出

```
>> real(A) ↵          ………… A の実部 Re[A]
ans =
     1     2
     3     1
>> imag(A) ↵          ………… A の虚部 Im[A]
ans =
     1     1
     0    -2
```

(c) 行列のサイズ (“size”)

$m \times n$ 行列 $\boldsymbol{A}$ の行 (縦)，列 (横) のサイズ m, n は，関数 “size” により得ることができる．

関数 “size” の使用例

```
>> A = [1 2 3; 4 5 6] ↵   …… 2×3 の行列 A
A =
     1     2     3
     4     5     6
>> size(A) ↵      ………… A の行と列のサイズ
ans =             ………… 行と列のサイズ：2 行 3 列
     2     3
>> size(A,1) ↵        ………… A の行のサイズ
ans =                 ………… 行のサイズ：2 行
     2
>> size(A,2) ↵        ………… A の列のサイズ
ans =                 ………… 列のサイズ：3 列
     3
```

(d) 対角行列 (“diag”) とブロック対角行列 (“blkdiag”)

対角行列 $\boldsymbol{A} = \mathrm{diag}\{a_1, \cdots, a_n\}$ やブロック対角行列 $\boldsymbol{A} = \mathrm{blockdiag}\{\boldsymbol{A}_1, \cdots, \boldsymbol{A}_k\}$ は，それぞれ，関数 “diag”, “blkdiag” により，以下のように定義できる．

関数 “diag”, “blkdiag” の使用例

```
>> A = diag([1 2]) ↵   ………… 対角行列
A =                          A = diag{1,2}
     1     0                   = [1 0; 0 2]
     0     2
>> A = blkdiag(1,2) ↵   ………… 対角行列
A =
     1     0
     0     2
```

関数 “blkdiag” の使用例

```
>> A1 = [1 2; 3 4]; ↵      …… A1 の定義
>> A2 = [5 6]; ↵           …… A2 の定義
>> A = blkdiag(A1,A2) ↵    …… ブロック対角行列
A =                           A = blockdiag{A1, A2}
     1     2     0     0
     3     4     0     0
     0     0     5     6
```

(e) 単位行列と零行列 (“eye”, “zeros”)

単位行列 $\boldsymbol{I}$ や零行列 $\boldsymbol{O}$ は，関数 “eye” や “zeros” により，以下のように定義できる．

関数 “eye” の使用例

```
>> I2 = eye(2) ↵   …… 単位行列 I = [1 0; 0 1]
I2 =
     1     0
     0     1
```

関数 “zeros” の使用例

```
>> O23 = zeros(2,3) ↵   …… 零行列
O23 =                        O = [0 0 0; 0 0 0]
     0     0     0
     0     0     0
```

(f) 転置行列と共役転置行列 (“'”, “.'”)

行列 $\boldsymbol{A}$ の転置行列 $\boldsymbol{A}^{\mathrm{T}}$，共役転置行列 $\boldsymbol{A}^*$ は，それぞれ，

複素行列の共役転置 “'”, 転置 “.'” の使用例

```
>> A = [1+i 2+i; 3 1-2i] ↵      …… 複素行列 A
A =
   1.0000 + 1.0000i   2.0000 + 1.0000i
   3.0000             1.0000 - 2.0000i
>> A.' ↵                         ……… 転置行列 A^T
ans =
   1.0000 + 1.0000i   3.0000
   2.0000 + 1.0000i   1.0000 - 2.0000i
>> A' ↵                          ……… 共役転置行列 A*
ans =
   1.0000 - 1.0000i   3.0000
   2.0000 - 1.0000i   1.0000 + 2.0000i
```

のように求まる．また，$\boldsymbol{A}$ が実行列の場合，$\boldsymbol{A}^{\mathrm{T}}$ は単に “A'” とすればよい．

実行列の転置 “'” (または “.'”) の使用例

```
>> A = [1 2; 4 5] ↵      ……… 実行列 A
A =
     1     2
     4     5
>> A' ↵                  ……… A* = A^T
ans =
     1     4
     2     5
```

(g) 行列式 (“det”)

行列 $\boldsymbol{A}$ の行列式 $|\boldsymbol{A}|$ を求めるには，関数 “det” を用いればよい．以下にその使用例を示す．

関数 “det” の使用例

```
>> A = [1 0 2; 2 1 0; -1 -1 0] ↵   ……… A
A =
     1     0     2
     2     1     0
    -1    -1     0
>> det(A) ↵                        ……… 行列式 |A|
ans =
    -2                             ……… |A| = -2
```

(h) 逆行列 (“inv”)

行列 $\boldsymbol{A}$ の逆行列 $\boldsymbol{A}^{-1}$ を求めるには，関数 “inv” を用いればよい．以下にその使用例を示す．

関数 “inv” の使用例

```
>> A = [1 0 2; 2 1 0; -1 -1 0] ↵   ……… A
A =
     1     0     2
     2     1     0
    -1    -1     0
>> inv(A) ↵                        ……… 逆行列 A^-1
ans =
         0    1.0000    1.0000
         0   -1.0000   -2.0000
    0.5000   -0.5000   -0.5000
```

(i) 行列のランク (“rank”)

行列 $\boldsymbol{A}$ のランク rank$\boldsymbol{A}$ を求めるには，関数 “rank” を用いればよい．たとえば，**例 C.3** (2) (p.234) の結果を，MATLAB により確かめるには，以下のように入力すればよい．

関数 “rank” の使用例

```
>> A = [1 3 5; 2 6 10] ↵     ……… A
A =
     1     3     5
     2     6    10
>> rank(A) ↵                 ……… A のランク rankA
ans =
     1                       ……… rankA = 1
```

(j) トレース (“trace”)

正方行列 $\boldsymbol{A}$ のトレース trace$\boldsymbol{A}$ は，関数 “trace” により求まる．以下にその使用例を示す．

関数 “trace” の使用例

```
>> A = [1 2; -2 -4] ↵                ……… A
A =
     1     2
    -2    -4
```

```
>> trace(A) ↵          ……… A のトレース trace[A]
ans =
    -3
```

問題 C.9 問題 C.1 (p.232) で与えた $\boldsymbol{A}$ の行列式 $|\boldsymbol{A}|$，逆行列 $\boldsymbol{A}^{-1}$ を，MATLAB により計算せよ．

問題 C.10 問題 C.3 (p.235) で与えた $\boldsymbol{A}$ のランク $\mathrm{rank}\boldsymbol{A}$ を，MATLAB により計算せよ．

(B) 行列の固有値と固有ベクトルの計算

(a) 行列の固有値と固有ベクトル (“eig”)

行列 $\boldsymbol{A}$ の固有値 λ，固有ベクトル $\boldsymbol{v}$ を求めるには，関数 “**eig**” を用いればよい．たとえば，例 C.5 (p.236) で示した (C.36) 式の行列 $\boldsymbol{A}$ の固有値 $\lambda_1 = 1, \lambda_2 = 3$ を，MATLAB により求めるためには，以下のように入力すればよい．

関数 “eig” の使用例 1

```
>> A = [2 1; 1 2] ↵                  ……… A
A =
     2     1
     1     2
```

```
>> eig(A) ↵                ……… 固有値 λ = λ1,λ2
ans =
     1                     ……… λ1 = 1
     3                     ……… λ2 = 3
```

また，固有値 λ だけでなく固有ベクトル $\boldsymbol{v}$ も求めたい場合には，以下のように入力する．

関数 “eig” の使用例 2

```
>> A = [2 1; 1 2] ↵                  ……… A
A =
     2     1
     1     2
>> [S, Lambda] = eig(A) ↵            ……… A の固有値 λi，固有ベクトル vi の計算
S =                                  ……… S = [v1 v2]
   -0.7071    0.7071
    0.7071    0.7071
Lambda =                             ……… Λ = diag{λ1, λ2}
     1     0
     0     3
>> lambda1 = Lambda(1,1) ↵           ……… 固有値 λ1 の抽出
lambda1 =                            ……… λ1 = 1
     1
>> lambda2 = Lambda(2,2) ↵           ……… 固有値 λ2 の抽出
lambda2 =                            ……… λ2 = 3
     3
>> v1 = S(:,1) ↵                     ……… λ1 に対する固有ベクトル v1 の抽出
v1 =
   -0.7071                           ……… v1 = [ -1/√2 ; 1/√2 ]
    0.7071
>> v2 = S(:,2) ↵                     ……… λ2 に対する固有ベクトル v2 の抽出
v2 =
    0.7071                           ……… v2 = [ 1/√2 ; 1/√2 ]
    0.7071
```

例 C.5 (p.236) で求めた固有ベクトル $\boldsymbol{v}_1$, $\boldsymbol{v}_2$ は，(C.40) 式であった．MATLAB では，固有ベクトルの大きさが，

$$|\boldsymbol{v}_1| = 1,\ \ |\boldsymbol{v}_2| = 1$$

となるように**正規化**し，$\alpha = -1/\sqrt{2}$, $\beta = 1/\sqrt{2}$ とした固有ベクトルを計算している．

(b) 特性多項式と特性方程式の解 (“poly”, “roots”)

(C.35) 式で示した行列 $\boldsymbol{A}$ の特性多項式 $|\lambda\boldsymbol{I} - \boldsymbol{A}|$ の係数 α_i を求めるには，関数“**poly**”を用いればよい．また，特性方程式 $|\lambda\boldsymbol{I} - \boldsymbol{A}| = 0$ の根 λ は，関数“**roots**”を用いることにより求めることができる．たとえば，**例 C.5** (p.236) で示した (C.36) 式の行列 $\boldsymbol{A}$ に対する特性方程式の根 ($\boldsymbol{A}$ の固有値) を求めるには，以下のように入力すればよい．

関数“poly”,“roots”の使用例

```
>> A = [2 1; 1 2] ↵                  ……… A
A =
     2     1
     1     2
>> poly(A) ↵                  …… 特性多項式 |λI − A| の係数
ans =                              ……… |λI − A| = λ^2 − 4λ + 3
     1    -4     3
>> roots(poly(A)) ↵           …… |λI − A| = 0 の根 λ
ans =                              ……… λ = 3, 1
     3
     1
```

問題 C.11　**問題 C.8** (p.241) で与えた行列 $\boldsymbol{P}$ の固有値を MATLAB により計算し，正定行列かどうか判別せよ．ただし，行列 $\boldsymbol{P}$ の固有値は，

- 関数“**eig**”を用いる
- 関数“**poly**”,“**roots**”を用いる

の 2 通りの方法で求めよ．

(c) 対角化

p.237 で説明したように，実対称行列 $\boldsymbol{A}$ は，その固有ベクトル $\boldsymbol{v}_i$ を用いると，固有値 λ_i を対角要素とした $\boldsymbol{\Lambda} := \mathrm{diag}\{\lambda_1, \cdots, \lambda_n\}$ に対角化できる．**例 C.5** (p.236) で示した (C.36) 式の行列 $\boldsymbol{A}$ に対し，MATLAB により対角化の様子を確認するには，以下のように入力すればよい．

対角化

```
>> A = [2 1; 1 2] ↵                  ……… A = [2 1; 1 2]
A =
     2     1
     1     2
>> [S, Lambda] = eig(A) ↵           ……… A の固有値 λi，固有ベクトル vi の計算
S =
   -0.7071    0.7071                 ……… S = [v1 v2] = [−1/√2  1/√2; 1/√2  1/√2]
    0.7071    0.7071
Lambda =                             ……… Λ = diag{λ1, λ2} = diag{1, 3}
     1     0
     0     3
>> M = inv(S)*A*S ↵                  ……… M = S^(−1)AS
M =                                  ……… M = S^(−1)AS は対角行列 Λ = diag{1, 3} に等しい
     1     0
     0     3
```

問題の解答

第 2 章の解答

問題 2.1　図 2.6 の 1 慣性システムの運動方程式は，

$$M\ddot{z}(t) = f(t) - f_k(t) - f_\mu(t),\ \ f_k(t) = kz(t),\ \ f_\mu(t) = \mu\dot{z}(t)$$

であるから，$u(t) = f(t)$, $y(t) = z(t)$, $\boldsymbol{x}(t) = \begin{bmatrix} z(t) & \dot{z}(t) \end{bmatrix}^{\mathrm{T}}$ とすると，状態空間表現は次式となる．

$$\mathcal{P}: \begin{cases} \dot{\boldsymbol{x}}(t) = \boldsymbol{A}\boldsymbol{x}(t) + \boldsymbol{b}u(t) \\ y(t) = \boldsymbol{c}\boldsymbol{x}(t) \end{cases},\ \ \boldsymbol{A} = \begin{bmatrix} 0 & 1 \\ -\dfrac{k}{M} & -\dfrac{\mu}{M} \end{bmatrix},\ \ \boldsymbol{b} = \begin{bmatrix} 0 \\ \dfrac{1}{M} \end{bmatrix},\ \ \boldsymbol{c} = \begin{bmatrix} 1 & 0 \end{bmatrix}$$

問題 2.2　(1)　運動方程式 (2.11) 式を考慮して，$\overline{x}_1(t) = z_1(t)$, $\overline{x}_2(t) = \dot{z}_1(t)$, $\overline{x}_3(t) = z_1(t) - z_2(t)$, $\overline{x}_4(t) = \dot{z}_1(t) - \dot{z}_2(t)$ の時間微分を求めると，状態方程式が得られる．また，

$$y(t) = z_2(t) = z_1(t) - \overline{x}_3(t) = \overline{x}_1(t) - \overline{x}_3(t)$$

である．したがって，状態空間表現 (2.31) 式の係数行列は，次式となる．

$$\overline{\boldsymbol{A}} = \begin{bmatrix} 0 & 1 & 0 & 0 \\ 0 & 0 & -4 & -2 \\ 0 & 0 & 0 & 1 \\ 0 & 0 & -6 & -3 \end{bmatrix},\ \ \overline{\boldsymbol{b}} = \begin{bmatrix} 0 \\ 2 \\ 0 \\ 2 \end{bmatrix},\ \ \overline{\boldsymbol{c}} = \begin{bmatrix} 1 & 0 & -1 & 0 \end{bmatrix}$$

(2)　$\boldsymbol{T} = \left[\begin{array}{cc:cc} 1 & 0 & 0 & 0 \\ 0 & 1 & 0 & 0 \\ \hdashline 1 & 0 & -1 & 0 \\ 0 & 1 & 0 & -1 \end{array}\right] = \begin{bmatrix} \boldsymbol{I} & \boldsymbol{O} \\ \boldsymbol{I} & -\boldsymbol{I} \end{bmatrix}$ であるから，p.233 に示した (C.18) 式の性質を利用すると，$\boldsymbol{T}^{-1} = \boldsymbol{T}$ であることが示される．したがって，以下の関係式が得られる．

$$\boldsymbol{T}\boldsymbol{A}\boldsymbol{T}^{-1} = \begin{bmatrix} 1 & 0 & 0 & 0 \\ 0 & 1 & 0 & 0 \\ 1 & 0 & -1 & 0 \\ 0 & 1 & 0 & -1 \end{bmatrix} \begin{bmatrix} 0 & 1 & 0 & 0 \\ -4 & -2 & 4 & 2 \\ 0 & 0 & 0 & 1 \\ 2 & 1 & -2 & -1 \end{bmatrix} \begin{bmatrix} 1 & 0 & 0 & 0 \\ 0 & 1 & 0 & 0 \\ 1 & 0 & -1 & 0 \\ 0 & 1 & 0 & -1 \end{bmatrix} = \overline{\boldsymbol{A}},$$

$$\boldsymbol{T}\boldsymbol{b} = \begin{bmatrix} 1 & 0 & 0 & 0 \\ 0 & 1 & 0 & 0 \\ 1 & 0 & -1 & 0 \\ 0 & 1 & 0 & -1 \end{bmatrix} \begin{bmatrix} 0 \\ 2 \\ 0 \\ 0 \end{bmatrix} = \overline{\boldsymbol{b}},\ \ \boldsymbol{c}\boldsymbol{T}^{-1} = \begin{bmatrix} 0 & 0 & 1 & 0 \end{bmatrix} \begin{bmatrix} 1 & 0 & 0 & 0 \\ 0 & 1 & 0 & 0 \\ 1 & 0 & -1 & 0 \\ 0 & 1 & 0 & -1 \end{bmatrix} = \overline{\boldsymbol{c}}$$

問題 2.3　(1)　$\boldsymbol{x}_{\mathrm{e}} = \begin{bmatrix} x_{1\mathrm{e}} \\ x_{2\mathrm{e}} \end{bmatrix} = \begin{bmatrix} 5\pi/6 \\ 0 \end{bmatrix}$,　$u_{\mathrm{e}} = Mgl \sin\dfrac{5\pi}{6} = \dfrac{1}{2}Mgl$

(2)　$\widetilde{\boldsymbol{x}}(t) = \boldsymbol{x}(t) - \boldsymbol{x}_{\mathrm{e}}$, $\widetilde{u}(t) = u(t) - u_{\mathrm{e}}$, $\widetilde{y}(t) = \widetilde{x}_1(t)$ とおくと，(2.35) 式は $\boldsymbol{x}(t) = \boldsymbol{x}_{\mathrm{e}}$, $u(t) = u_{\mathrm{e}}$ 近傍で，次式のように近似線形化される．

$$\mathcal{P}: \begin{cases} \dot{\widetilde{\boldsymbol{x}}}(t) \fallingdotseq \boldsymbol{A}\widetilde{\boldsymbol{x}}(t) + \boldsymbol{b}\widetilde{u}(t) \\ \widetilde{y}(t) = \boldsymbol{c}\widetilde{\boldsymbol{x}}(t) \end{cases},\ \ \boldsymbol{A} = \begin{bmatrix} 0 & 1 \\ \dfrac{\sqrt{3}}{2}\dfrac{Mgl}{J} & -\dfrac{\mu}{J} \end{bmatrix},\ \ \boldsymbol{b} = \boldsymbol{g} = \begin{bmatrix} 0 \\ \dfrac{1}{J} \end{bmatrix},\ \ \boldsymbol{c} = \begin{bmatrix} 1 & 0 \end{bmatrix}$$

問題 2.4　(1)　$P(s) = \boldsymbol{c}(s\boldsymbol{I} - \boldsymbol{A})^{-1}\boldsymbol{b} + d = \dfrac{1}{s^2 + 2s + 3}$

(2)　$P(s) = \boldsymbol{c}(s\boldsymbol{I} - \boldsymbol{A})^{-1}\boldsymbol{b} + d = \dfrac{4(s+2)}{s^3 + 3s^2 + 4s + 2}$

問題 2.5　(1)　$y(0) = 0$, $\dot{y}(0) = 0$ として (2.53) 式の両辺をラプラス変換すると，次式が得られる．

$$Ms^2 y(s) + \mu s y(s) + k y(s) = u(s) \ \ \Longrightarrow\ \ P(s) = \frac{y(s)}{u(s)} = \frac{1}{Ms^2 + \mu s + k}$$

(2) $P(s) = \boldsymbol{c}(s\boldsymbol{I}-\boldsymbol{A})^{-1}\boldsymbol{b} = \begin{bmatrix} 1 & 0 \end{bmatrix}\left(\begin{bmatrix} s & 0 \\ 0 & s \end{bmatrix} - \begin{bmatrix} 0 & 1 \\ -\frac{k}{M} & -\frac{\mu}{M} \end{bmatrix}\right)^{-1}\begin{bmatrix} 0 \\ \frac{1}{M} \end{bmatrix} = \frac{1}{Ms^2+\mu s+k}$

問題 2.6 (1) 可制御標準形：$\boldsymbol{A}_\mathrm{c} = \begin{bmatrix} 0 & 1 \\ -3 & -2 \end{bmatrix}$, $\boldsymbol{b}_\mathrm{c} = \begin{bmatrix} 0 \\ 1 \end{bmatrix}$, $\boldsymbol{c}_\mathrm{c} = \begin{bmatrix} 1 & 0 \end{bmatrix}$，可観測標準形：$\boldsymbol{A}_\mathrm{o} = \boldsymbol{A}_\mathrm{c}^\mathrm{T} = \begin{bmatrix} 0 & -3 \\ 1 & -2 \end{bmatrix}$, $\boldsymbol{b}_\mathrm{o} = \boldsymbol{c}_\mathrm{c}^\mathrm{T} = \begin{bmatrix} 1 \\ 0 \end{bmatrix}$, $\boldsymbol{c}_\mathrm{o} = \boldsymbol{b}_\mathrm{c}^\mathrm{T} = \begin{bmatrix} 0 & 1 \end{bmatrix}$

(2) 可制御標準形：$\boldsymbol{A}_\mathrm{c} = \begin{bmatrix} 0 & 1 & 0 \\ 0 & 0 & 1 \\ -2 & -4 & -3 \end{bmatrix}$, $\boldsymbol{b}_\mathrm{c} = \begin{bmatrix} 0 \\ 0 \\ 1 \end{bmatrix}$, $\boldsymbol{c}_\mathrm{c} = \begin{bmatrix} 8 & 4 & 0 \end{bmatrix}$，可観測標準形：$\boldsymbol{A}_\mathrm{o} = \boldsymbol{A}_\mathrm{c}^\mathrm{T} = \begin{bmatrix} 0 & 0 & -2 \\ 1 & 0 & -4 \\ 0 & 1 & -3 \end{bmatrix}$, $\boldsymbol{b}_\mathrm{o} = \boldsymbol{c}_\mathrm{c}^\mathrm{T} = \begin{bmatrix} 8 \\ 4 \\ 0 \end{bmatrix}$, $\boldsymbol{c}_\mathrm{o} = \boldsymbol{b}_\mathrm{c}^\mathrm{T} = \begin{bmatrix} 0 & 0 & 1 \end{bmatrix}$

問題 2.7 (1) $P(s) = \boldsymbol{c}(s\boldsymbol{I}-\boldsymbol{A})^{-1}\boldsymbol{b} = \dfrac{4(s+1)}{(s+2)(s+3)}$ のように，分母と分子との間で約分が生じない．そのため，$P(s)$ の分母の次数と $\boldsymbol{x}(t)$ のサイズが等しいから，最小実現である．

(2) $P(s) = \boldsymbol{c}(s\boldsymbol{I}-\boldsymbol{A})^{-1}\boldsymbol{b} = \dfrac{2(s+2)}{(s+2)(s+3)} = \dfrac{2}{s+3}$ のように，分母と分子との間で約分が生じる．そのため，$P(s)$ の分母の次数と $\boldsymbol{x}(t)$ のサイズが異なるから，最小実現ではない．

問題 2.8～2.10　略

第 3 章の解答

問題 3.1 (1) $\mathcal{P}: \begin{cases} \dot{x}(t) = ax(t) + bu(t) \\ y(t) = cx(t) + du(t) \end{cases}$, $a = -\dfrac{R}{L}$, $b = \dfrac{1}{L}$, $c = 1$, $d = 0$

(2) (3.18) 式において，(1) のように a, b, c, d を選び，$u(t) = 1$ $(t \geq 0)$ とすると，次式が得られる．

$$y(t) = \frac{1}{L}\int_0^t e^{-\frac{R}{L}(t-\tau)}d\tau = \frac{1}{R}\left(1 - e^{-\frac{R}{L}t}\right)$$

問題 3.2 (1) $\boldsymbol{A}$ の固有値は互いに異なる実数 $-3, -1$ であるから，**例 3.4** (1) と同様の計算により，次式が得られる．

$$e^{\boldsymbol{A}t} = \frac{1}{2}\left(\begin{bmatrix} -1 & -1 \\ 3 & 3 \end{bmatrix}e^{-3t} + \begin{bmatrix} 3 & 1 \\ -3 & -1 \end{bmatrix}e^{-t}\right),\quad y(t) = \frac{1}{2}\left(3e^{-t} - e^{-3t}\right)$$

(2) $\boldsymbol{A}$ の固有値は共役複素数 $-1 \pm j$ であるから，**例 3.4** (2) と同様の計算により，次式が得られる．

$$e^{\boldsymbol{A}t} = e^{-t}\left(\begin{bmatrix} 1 & 0 \\ 0 & 1 \end{bmatrix}\cos t + \begin{bmatrix} 1 & 1 \\ -2 & -1 \end{bmatrix}\sin t\right),\quad y(t) = e^{-t}(\cos t + \sin t)$$

(3) $\boldsymbol{A}$ の固有値は実数 -2 (重根) である．そのため，**付録 A.1** (p.197) で説明するように，

$$(s\boldsymbol{I}-\boldsymbol{A})^{-1} = \frac{1}{(s+2)^2}\begin{bmatrix} s+4 & -4 \\ 1 & s \end{bmatrix} = \frac{1}{(s+2)^2}\boldsymbol{K}_{12} + \frac{1}{s+2}\boldsymbol{K}_{11}$$

という形式に部分分数分解でき，係数行列 $\boldsymbol{K}_{12}, \boldsymbol{K}_{11}$ はヘビサイドの公式

$$\boldsymbol{K}_{12} = (s+2)^2(s\boldsymbol{I}-\boldsymbol{A})^{-1}\big|_{s=-2},\quad \boldsymbol{K}_{11} = \frac{d}{ds}\left\{(s+2)^2(s\boldsymbol{I}-\boldsymbol{A})^{-1}\right\}\big|_{s=-2}$$

により定まる．したがって，次式が得られる．

$$e^{\boldsymbol{A}t} = te^{-2t}\boldsymbol{K}_{12} + e^{-2t}\boldsymbol{K}_{11} = \begin{bmatrix} 2 & -4 \\ 1 & -2 \end{bmatrix}te^{-2t} + \begin{bmatrix} 1 & 0 \\ 0 & 1 \end{bmatrix}e^{-2t},\quad y(t) = e^{-2t}(2t+1)$$

(4) $\boldsymbol{A}$ の固有値は互いに異なる実数 $-4, 1$ であるから，**例 3.4** (1) と同様の計算により，次式が得られる．

$$e^{\boldsymbol{A}t} = \frac{1}{5}\left(\begin{bmatrix} 1 & -1 \\ -4 & 4 \end{bmatrix}e^{-4t} + \begin{bmatrix} 4 & 1 \\ 4 & 1 \end{bmatrix}e^{t}\right),\quad y(t) = \frac{1}{5}\left(e^{-4t} + 4e^{t}\right)$$

問題 3.3 (1) $\boldsymbol{A}$ の固有値は $\lambda_1 = -3$, $\lambda_2 = -1$ であり，これらに対する固有ベクトル $\boldsymbol{v}_1, \boldsymbol{v}_2$ は，それぞれ

$$\boldsymbol{v}_1 = \begin{bmatrix} \alpha \\ -3\alpha \end{bmatrix}, \quad \boldsymbol{v}_2 = \begin{bmatrix} \beta \\ -\beta \end{bmatrix}$$

となる．ただし，$\alpha \neq 0, \beta \neq 0$ は任意の実数である．したがって，

$$\boldsymbol{S} = \begin{bmatrix} \boldsymbol{v}_1 & \boldsymbol{v}_2 \end{bmatrix} = \begin{bmatrix} \alpha & \beta \\ -3\alpha & -\beta \end{bmatrix}, \quad \boldsymbol{\Lambda} = \begin{bmatrix} \lambda_1 & 0 \\ 0 & \lambda_2 \end{bmatrix} = \begin{bmatrix} -3 & 0 \\ 0 & -1 \end{bmatrix} \implies e^{\boldsymbol{\Lambda}t} = \begin{bmatrix} e^{-3t} & 0 \\ 0 & e^{-t} \end{bmatrix}$$

であるから，次式が得られ，**問題 3.2** (1) の結果と一致する．

$$e^{\boldsymbol{A}t} = \underbrace{\begin{bmatrix} \alpha & \beta \\ -3\alpha & -\beta \end{bmatrix}}_{\boldsymbol{S}} \underbrace{\begin{bmatrix} e^{-3t} & 0 \\ 0 & e^{-t} \end{bmatrix}}_{e^{\boldsymbol{\Lambda}t}} \underbrace{\frac{1}{2\alpha\beta}\begin{bmatrix} -\beta & -\beta \\ 3\alpha & \alpha \end{bmatrix}}_{\boldsymbol{S}^{-1}} = \frac{1}{2}\begin{bmatrix} -e^{-3t}+3e^{-t} & -e^{-3t}+e^{-t} \\ 3e^{-3t}-3e^{-t} & 3e^{-3t}-e^{-t} \end{bmatrix}$$

(2) $\boldsymbol{A}$ の固有値は $\lambda_1 = -1+j, \lambda_2 = -1-j$ であり，これらに対する固有ベクトル $\boldsymbol{v}_1, \boldsymbol{v}_2$ は，それぞれ

$$\boldsymbol{v}_1 = \begin{bmatrix} \alpha \\ (-1+j)\alpha \end{bmatrix}, \quad \boldsymbol{v}_2 = \begin{bmatrix} \beta \\ (-1-j)\beta \end{bmatrix}$$

となる．ただし，$\alpha \neq 0, \beta \neq 0$ は任意の複素数である．したがって，

$$\boldsymbol{S} = \begin{bmatrix} \boldsymbol{v}_1 & \boldsymbol{v}_2 \end{bmatrix} = \begin{bmatrix} \alpha & \beta \\ (-1+j)\alpha & (-1-j)\beta \end{bmatrix}, \quad \boldsymbol{\Lambda} = \begin{bmatrix} \lambda_1 & 0 \\ 0 & \lambda_2 \end{bmatrix} = \begin{bmatrix} -1+j & 0 \\ 0 & -1-j \end{bmatrix}$$

$$\implies e^{\boldsymbol{\Lambda}t} = \begin{bmatrix} e^{(-1+j)t} & 0 \\ 0 & e^{(-1-j)t} \end{bmatrix} = \begin{bmatrix} e^{-t}(\cos t + j\sin t) & 0 \\ 0 & e^{-t}(\cos t - j\sin t) \end{bmatrix}$$

であるから，次式が得られ，**問題 3.2** (2) の結果と一致する．

$$e^{\boldsymbol{A}t} = \overbrace{\begin{bmatrix} \alpha & \beta \\ (-1+j)\alpha & (-1-j)\beta \end{bmatrix}}^{\boldsymbol{S}} \overbrace{\begin{bmatrix} e^{-t}(\cos t + j\sin t) & 0 \\ 0 & e^{-t}(\cos t - j\sin t) \end{bmatrix}}^{e^{\boldsymbol{\Lambda}t}} \overbrace{\frac{1}{2\alpha\beta}\begin{bmatrix} (1-j)\beta & -j\beta \\ (1+j)\alpha & j\alpha \end{bmatrix}}^{\boldsymbol{S}^{-1}}$$

$$= e^{-t}\begin{bmatrix} \cos t + \sin t & \sin t \\ -2\sin t & \cos t - \sin t \end{bmatrix}$$

問題 3.4 (1) **問題 3.2** (1) のように $e^{\boldsymbol{A}t}$ が求まるため，

$$\int_0^t e^{\boldsymbol{A}\tilde{\tau}} d\tilde{\tau} = \frac{1}{6}\left(\begin{bmatrix} 8 & 2 \\ -6 & 0 \end{bmatrix} - \begin{bmatrix} -1 & -1 \\ 3 & 3 \end{bmatrix} e^{-3t} - 3\begin{bmatrix} 3 & 1 \\ -3 & -1 \end{bmatrix} e^{-t}\right)$$

である．したがって，(3.69) 式より $y(t) = \dfrac{1}{3} + \dfrac{1}{6}e^{-3t} - \dfrac{1}{2}e^{-t}$ となる．

(2) **問題 3.2** (2) のように $e^{\boldsymbol{A}t}$ が求まるため，

$$\begin{cases} \alpha(t) = \displaystyle\int_0^t e^{-\tilde{\tau}} \cos\tilde{\tau}\, d\tilde{\tau} = \frac{1}{2}\left\{1 - e^{-t}(\cos t - \sin t)\right\} \\ \beta(t) = \displaystyle\int_0^t e^{-\tilde{\tau}} \sin\tilde{\tau}\, d\tilde{\tau} = \frac{1}{2}\left\{1 - e^{-t}(\cos t + \sin t)\right\} \end{cases}$$

$$\implies \int_0^t e^{\boldsymbol{A}\tilde{\tau}} d\tilde{\tau} = \begin{bmatrix} 1 & 0 \\ 0 & 1 \end{bmatrix}\alpha(t) + \begin{bmatrix} 1 & 1 \\ -2 & -1 \end{bmatrix}\beta(t)$$

である．したがって，(3.69) 式より，$y(t) = \dfrac{1}{2}\left\{1 - e^{-t}(\cos t + \sin t)\right\}$ となる．

問題 3.5 (1) $\boldsymbol{A}$ の固有値は負の実数 $-3, -1$ であるから，漸近安定である．

(2) $\boldsymbol{A}$ の固有値は実部が負の複素数 $-1 \pm j$ であるから，漸近安定である．

(3) $\boldsymbol{A}$ の固有値は負の実数 -2 (重根) であるから，漸近安定である．

(4) $\boldsymbol{A}$ の固有値は負の実数 -4 と正の実数 1 であるから，漸近安定ではない．

問題 3.6 $|\lambda \boldsymbol{I} - \boldsymbol{A}| = \lambda^2 + 2\zeta\omega_{\rm n}\lambda + \omega_{\rm n}^2$ より $\boldsymbol{A}$ の固有値は $\lambda = \omega_{\rm n}\left(-\zeta \pm \sqrt{\zeta^2 - 1}\right)$ であり，以下のことから $\zeta > 0$ ($\zeta \geq 1$ または $0 < \zeta < 1$) のとき漸近安定である．

- $\zeta^2 - 1 \geq 0$ ($\zeta \leq -1$ または $\zeta \geq 1$) のとき，λ は二つの実数 $\lambda_1 = \omega_{\rm n}\left(-\zeta + \sqrt{\zeta^2-1}\right)$，$\lambda_2 = \omega_{\rm n}\left(-\zeta - \sqrt{\zeta^2-1}\right)$ である．$|-\zeta| \geq \sqrt{\zeta^2 - 1}$ であるから，$\boldsymbol{\zeta \geq 1}$ **のとき，**$\boldsymbol{\lambda_1 < 0}$**，**$\boldsymbol{\lambda_2 < 0}$ **(負の実数) より漸近安定**であり，$\zeta \leq -1$ のとき，$\lambda_1 \geq 0, \lambda_2 \geq 0$ より漸近安定ではない．

- $\zeta^2-1<0\ (-1<\zeta<1)$ のとき，λ は共役複素数 $\lambda=\omega_{\rm n}\big(-\zeta\pm j\sqrt{1-\zeta^2}\big)$ であり，その実部 $\alpha=-\zeta\omega_{\rm n}$ は，**$0<\zeta<1$ のとき，$\alpha<0$ (実部が負の複素数) より漸近安定**であり，$-1<\zeta\le 0$ のとき，$\alpha\ge 0$ より漸近安定ではない．

問題 3.7 (1) $\omega_{\rm d}=\omega_{\rm n}\sqrt{1-\zeta^2}$ とおくと，

$$(s\boldsymbol{I}-\boldsymbol{A})^{-1}=\frac{s+\zeta\omega_{\rm n}}{(s+\zeta\omega_{\rm n})^2+\omega_{\rm d}^2}\begin{bmatrix}1&0\\0&1\end{bmatrix}+\frac{\omega_{\rm d}}{(s+\zeta\omega_{\rm n})^2+\omega_{\rm d}^2}\frac{1}{\omega_{\rm d}}\begin{bmatrix}\zeta\omega_{\rm n}&1\\-\omega_{\rm n}^2&-\zeta\omega_{\rm n}\end{bmatrix}$$

$$\Longrightarrow\quad e^{\boldsymbol{A}t}=e^{-\zeta\omega_{\rm n}t}\left(\begin{bmatrix}1&0\\0&1\end{bmatrix}\cos\omega_{\rm d}t+\frac{1}{\omega_{\rm d}}\begin{bmatrix}\zeta\omega_{\rm n}&1\\-\omega_{\rm n}^2&-\zeta\omega_{\rm n}\end{bmatrix}\sin\omega_{\rm d}t\right)$$

であるから，零入力応答 $y(t)=\boldsymbol{c}e^{\boldsymbol{A}t}\boldsymbol{x}_0$ は，(3.86) 式となる．

(2) $\dot{y}(t)=-\dfrac{\omega_{\rm n}}{\sqrt{1-\zeta^2}}e^{-\zeta\omega_{\rm n}t}\sin\omega_{\rm d}t$ より，各周期で零入力応答 $y(t)$ の振動が最大となるのは，$\dot{y}(t)=0$ となる奇数番目の時刻 $t=\bar{t}_k=2(k-1)\pi/\omega_{\rm d}\ (k=0,\,1,\,2,\,\cdots)$ である．したがって，周期 $T=\bar{t}_{k+1}-\bar{t}_k$，減衰率 $\delta=y(\bar{t}_{k+1})/y(\bar{t}_k)$ は，(3.87) 式となる．

問題 3.8〜3.12　略

第 4 章の解答

問題 4.1 (1) $\boldsymbol{V}_{\rm c}=\begin{bmatrix}\boldsymbol{b}&\boldsymbol{A}\boldsymbol{b}\end{bmatrix}=\begin{bmatrix}1&0\\0&-2\end{bmatrix}$ より，$|\boldsymbol{V}_{\rm c}|=-2\ne 0$ であるから，$(\boldsymbol{A},\,\boldsymbol{b})$ は可制御である．

(2) $\boldsymbol{V}_{\rm c}=\begin{bmatrix}\boldsymbol{b}&\boldsymbol{A}\boldsymbol{b}\end{bmatrix}=\begin{bmatrix}0&0\\1&-3\end{bmatrix}$ より，$|\boldsymbol{V}_{\rm c}|=0$ であるから，$(\boldsymbol{A},\,\boldsymbol{b})$ は不可制御である．

問題 4.2 (1) $\boldsymbol{V}_{\rm c}=\begin{bmatrix}\boldsymbol{B}&\boldsymbol{A}\boldsymbol{B}&\boldsymbol{A}^2\boldsymbol{B}\end{bmatrix}=\begin{bmatrix}0&1&1&0&-3&-2\\1&0&-3&-2&7&6\\0&0&0&0&0&0\end{bmatrix}$，$n=3$ より，${\rm rank}\boldsymbol{V}_{\rm c}=2\ne n$ であるから，$(\boldsymbol{A},\,\boldsymbol{B})$ は不可制御である．

(2) $\boldsymbol{V}_{\rm c}=\begin{bmatrix}\boldsymbol{B}&\boldsymbol{A}\boldsymbol{B}&\boldsymbol{A}^2\boldsymbol{B}\end{bmatrix}=\begin{bmatrix}0&1&1&0&-3&-1\\1&0&-3&-2&7&7\\0&0&0&1&1&0\end{bmatrix}$，$n=3$ より，${\rm rank}\boldsymbol{V}_{\rm c}=3=n$ であるから，$(\boldsymbol{A},\,\boldsymbol{B})$ は可制御である．

問題 4.3　$|\lambda\boldsymbol{I}-(\boldsymbol{A}+\boldsymbol{b}\boldsymbol{k})|=\lambda^2+(3-k_1)\lambda+2-3k_1+2k_2$ が $\Delta(\lambda)=(\lambda-p_1)(\lambda-p_2)=\lambda^2+10\lambda+125$ と一致するように，$k_1,\,k_2$ を定めればよい．その結果，$\boldsymbol{k}=\begin{bmatrix}k_1&k_2\end{bmatrix}=\begin{bmatrix}-7&51\end{bmatrix}$ となる．

問題 4.4　$|\lambda\boldsymbol{I}-(\boldsymbol{A}+\boldsymbol{b}\boldsymbol{k})|=(\lambda-1)(\lambda+3-k_2)$ であるから，$\boldsymbol{k}=\begin{bmatrix}k_1&k_2\end{bmatrix}$ により $\boldsymbol{A}+\boldsymbol{b}\boldsymbol{k}$ の固有値 λ を任意に設定することは不可能である．

問題 4.5 (1) $|\lambda\boldsymbol{I}-\boldsymbol{A}|=\lambda^2+3\lambda+2\ (\alpha_1=3,\,\alpha_0=2)$ より，次式が得られる．

$$\boldsymbol{M}_{\rm c}=\begin{bmatrix}\alpha_1&1\\1&0\end{bmatrix}=\begin{bmatrix}3&1\\1&0\end{bmatrix},\ \boldsymbol{V}_{\rm c}=\begin{bmatrix}\boldsymbol{b}&\boldsymbol{A}\boldsymbol{b}\end{bmatrix}=\begin{bmatrix}1&0\\0&-2\end{bmatrix},\ \boldsymbol{T}_{\rm c}=(\boldsymbol{V}_{\rm c}\boldsymbol{M}_{\rm c})^{-1}=\begin{bmatrix}0&-1/2\\1&3/2\end{bmatrix}$$

$$\Longrightarrow\ \boldsymbol{x}_{\rm c}(t)=\boldsymbol{T}_{\rm c}\boldsymbol{x}(t)=\begin{bmatrix}-(1/2)x_1(t)\\x_1(t)+(3/2)x_2(t)\end{bmatrix},\ \boldsymbol{A}_{\rm c}=\boldsymbol{T}_{\rm c}\boldsymbol{A}\boldsymbol{T}_{\rm c}^{-1}=\begin{bmatrix}0&1\\-2&-3\end{bmatrix},$$

$$\boldsymbol{b}_{\rm c}=\boldsymbol{T}_{\rm c}\boldsymbol{b}=\begin{bmatrix}0\\1\end{bmatrix},\ \boldsymbol{c}_{\rm c}=\boldsymbol{c}\boldsymbol{T}_{\rm c}^{-1}=\begin{bmatrix}3&1\end{bmatrix}$$

(2) $\Delta(\lambda)=(\lambda-p_1)(\lambda-p_2)=\lambda^2+10\lambda+125\ (\delta_1=10,\,\delta_0=125)$ より，次式が得られる．

$$\boldsymbol{k}_{\rm c}=\begin{bmatrix}\alpha_0-\delta_0&\alpha_1-\delta_1\end{bmatrix}=\begin{bmatrix}-123&-7\end{bmatrix},\ \boldsymbol{k}=\boldsymbol{k}_{\rm c}\boldsymbol{T}_{\rm c}=\begin{bmatrix}-7&51\end{bmatrix}$$

問題 4.6　$\Delta(\lambda)=(\lambda-p_1)(\lambda-p_2)=\lambda^2+10\lambda+125\ (\delta_1=10,\,\delta_0=125)$ より，次式が得られる．

$$\boldsymbol{\Delta}_{\boldsymbol{A}}=\boldsymbol{A}^2+\delta_1\boldsymbol{A}+\delta_0\boldsymbol{I}=\begin{bmatrix}123&7\\-14&102\end{bmatrix},\ \boldsymbol{e}=\begin{bmatrix}0&1\end{bmatrix},\ \boldsymbol{V}_{\rm c}=\begin{bmatrix}\boldsymbol{b}&\boldsymbol{A}\boldsymbol{b}\end{bmatrix}=\begin{bmatrix}1&0\\0&-2\end{bmatrix}$$

$$\Longrightarrow\ \boldsymbol{k}=-\boldsymbol{e}\boldsymbol{V}_{\rm c}^{-1}\boldsymbol{\Delta}_{\boldsymbol{A}}=\begin{bmatrix}-7&51\end{bmatrix}$$

問題 4.7　(4.62) 式と (4.68) 式の係数が等しくなるように $k_{11},\cdots,k_{14},k_{21},\cdots,k_{24}$ を決定すると，

$$\boldsymbol{K} = \begin{bmatrix} k_{11} & k_{12} & k_{13} & k_{14} \\ k_{21} & k_{22} & k_{23} & k_{24} \end{bmatrix} = \begin{bmatrix} 2 & 2 & 0 & -2 \\ -2-\delta_0 & -2-\delta_1 & 2-\delta_2 & 2-\delta_3 \end{bmatrix}$$

が得られる．また，(4.69) 式と

$$\Delta(\lambda) := (\lambda - p_1)(\lambda - p_2)(\lambda - p_3)(\lambda - p_4) = \lambda^4 + 12\lambda^3 + 52\lambda^2 + 96\lambda + 64$$

の係数が等しくなるのは，$\delta_3 = 12, \delta_2 = 52, \delta_1 = 96, \delta_0 = 64$ であるから，④ のように $\boldsymbol{K}$ が定まる．

問題 4.8～4.10　略

第 5 章の解答

問題 5.1　(1)　行列 $\boldsymbol{M}_0$ は，

$$\boldsymbol{M}_0 := \begin{bmatrix} \boldsymbol{A} & \boldsymbol{b} \\ \boldsymbol{c} & 0 \end{bmatrix} = \left[\begin{array}{cc:c} 0 & 1 & 0 \\ -2 & 3 & 1 \\ \hdashline 1 & 0 & 0 \end{array}\right] \implies |\boldsymbol{M}_0| = 1 \neq 0$$

より正則である．したがって，$y(t) = y_{\mathrm{c}}^{\mathrm{ref}}$ となるような定常値 $\boldsymbol{x}_\infty = [\, x_{1\infty} \;\; x_{2\infty} \,]^{\mathrm{T}}, u_\infty$ は，次式となる．

$$\boldsymbol{M}_0^{-1} = \begin{bmatrix} 0 & 0 & 1 \\ 1 & 0 & 0 \\ -3 & 1 & 2 \end{bmatrix} \implies \begin{bmatrix} \boldsymbol{x}_\infty \\ u_\infty \end{bmatrix} = \begin{bmatrix} \boldsymbol{A} & \boldsymbol{b} \\ \boldsymbol{c} & 0 \end{bmatrix}^{-1} \begin{bmatrix} \boldsymbol{0} \\ 1 \end{bmatrix} y_{\mathrm{c}}^{\mathrm{ref}} \implies \left[\begin{array}{c} x_{1\infty} \\ x_{2\infty} \\ \hdashline u_\infty \end{array}\right] = \left[\begin{array}{c} y_{\mathrm{c}}^{\mathrm{ref}} \\ 0 \\ \hdashline 2y_{\mathrm{c}}^{\mathrm{ref}} \end{array}\right]$$

(2)　アッカーマンの極配置アルゴリズムを利用して設計する．

$$\Delta(\lambda) = \{\lambda - (-2+2j)\}\{\lambda - (-2-2j)\} = \lambda^2 + 4\lambda + 8$$

より $\delta_1 = 4, \delta_0 = 8$ であるから，次式が得られる．

$$\boldsymbol{\Delta}_{\boldsymbol{A}} = \boldsymbol{A}^2 + \delta_1 \boldsymbol{A} + \delta_0 \boldsymbol{I} = \begin{bmatrix} 6 & 7 \\ -14 & 27 \end{bmatrix},\ \boldsymbol{e} = [\, 0 \;\; 1 \,],\ \boldsymbol{V}_{\mathrm{c}} = [\, \boldsymbol{b} \;\; \boldsymbol{A}\boldsymbol{b} \,] = \begin{bmatrix} 0 & 1 \\ 1 & 3 \end{bmatrix}$$

$$\implies \boldsymbol{k} = -\boldsymbol{e}\boldsymbol{V}_{\mathrm{c}}^{-1}\boldsymbol{\Delta}_{\boldsymbol{A}} = [\, -6 \;\; -7 \,],\ h = [\, -\boldsymbol{k} \;\; 1 \,] \begin{bmatrix} \boldsymbol{A} & \boldsymbol{b} \\ \boldsymbol{c} & 0 \end{bmatrix}^{-1} \begin{bmatrix} \boldsymbol{0} \\ 1 \end{bmatrix} = 8$$

問題 5.2　不変零点は，

$$|\boldsymbol{M}(s)| = \begin{vmatrix} -(s\boldsymbol{I} - \boldsymbol{A}) & \boldsymbol{b} \\ \boldsymbol{c} & 0 \end{vmatrix} = \left|\begin{array}{cc:c} -(s+1) & 1 & 2 \\ -2 & -(s+1) & 0 \\ \hdashline 2 & 0 & 0 \end{array}\right| = 4(s+1) = 0$$

の根であり，$s = -1$ となる．一方，$u(s)$ から $y(s)$ への伝達関数 $P(s)$ を求めると，

$$P(s) = \boldsymbol{c}(s\boldsymbol{I} - \boldsymbol{A})^{-1}\boldsymbol{b} = \frac{4(s+1)}{s^2 + 2s + 3}$$

であるから，伝達関数 $P(s)$ の零点は $s = -1$ であり，不変零点に等しい．

問題 5.3　$y^{\mathrm{ref}}(s) = 1/s,\ d(s) = 1/s$ であることを考慮し，(5.27) 式を利用すると，最終値の定理より，$\boldsymbol{x}(t)$ の定常値 $\boldsymbol{x}_\infty$ は，

$$\begin{aligned} \boldsymbol{x}_\infty &:= \lim_{t\to\infty} \boldsymbol{x}(t) = \lim_{s\to 0} s\boldsymbol{x}(s) = \lim_{s\to 0} s(s\boldsymbol{I} - \boldsymbol{A}_{\mathrm{cl}})^{-1}\left\{\boldsymbol{x}_0 + \boldsymbol{b}\left(h\frac{1}{s} + e^{-5s}\frac{1}{s}\right)\right\} \\ &= -\boldsymbol{A}_{\mathrm{cl}}^{-1}\boldsymbol{b}(h+1) \end{aligned}$$

である．ここで，**問題 5.1** より，

$$\boldsymbol{A}_{\mathrm{cl}}^{-1} = (\boldsymbol{A} + \boldsymbol{b}\boldsymbol{k})^{-1} = \begin{bmatrix} -1/2 & -1/8 \\ 1 & 0 \end{bmatrix},\ \boldsymbol{b} = \begin{bmatrix} 0 \\ 1 \end{bmatrix},\ h = 8 \implies \boldsymbol{x}_\infty = \begin{bmatrix} 9/8 \\ 0 \end{bmatrix}$$

であり，$y(t)$ の定常値は $y_\infty = \boldsymbol{c}\boldsymbol{x}_\infty = 9/8$ となるから，定常偏差は $e_\infty = 1 - y_\infty = -1/8$ である．

問題 5.4　アッカーマンの極配置アルゴリズムを利用して設計する．

$$\Delta(\lambda) = \{\lambda - (-2+2j)\}\{\lambda - (-2-2j)\}\{\lambda - (-2)\} = \lambda^3 + 6\lambda^2 + 16\lambda + 16$$

より，$\delta_2 = 16, \delta_1 = 16, \delta_0 = 6$ であるから，次式が得られる．

$$\boldsymbol{\Delta}_{\boldsymbol{A}_{\mathrm{e}}} = \boldsymbol{A}_{\mathrm{e}}^3 + \delta_2 \boldsymbol{A}_{\mathrm{e}}^2 + \delta_1 \boldsymbol{A}_{\mathrm{e}} + \delta_0 \boldsymbol{I} = \begin{bmatrix} -2 & 41 & 0 \\ -82 & 121 & 0 \\ -14 & -9 & 16 \end{bmatrix},\ \boldsymbol{e} = [\, 0 \;\; 0 \;\; 1 \,],$$

$$\boldsymbol{V}_{\mathrm{ce}} = \begin{bmatrix} \boldsymbol{b}_{\mathrm{e}} & \boldsymbol{A}_{\mathrm{e}}\boldsymbol{b}_{\mathrm{e}} & \boldsymbol{A}_{\mathrm{e}}^2\boldsymbol{b}_{\mathrm{e}} \end{bmatrix} = \begin{bmatrix} 0 & 1 & 3 \\ 1 & 3 & 7 \\ 0 & 0 & -1 \end{bmatrix}$$

$$\Longrightarrow \boldsymbol{k}_{\mathrm{e}} = -\boldsymbol{e}\boldsymbol{V}_{\mathrm{ce}}^{-1}\boldsymbol{\Delta}_{\boldsymbol{A}_{\mathrm{e}}} = \begin{bmatrix} -14 & -9 & \vdots & 16 \end{bmatrix} \Longrightarrow \boldsymbol{k} = \begin{bmatrix} -14 & -9 \end{bmatrix},\ g = 16$$

問題 5.5　偏差拡大システム (5.66) 式が可制御であるための条件を調べると，以下のようになる．

① (5.32) 式に対する可制御行列は $\boldsymbol{V}_{\mathrm{c}} = \begin{bmatrix} \boldsymbol{b} & \boldsymbol{A}\boldsymbol{b} \end{bmatrix} = \begin{bmatrix} 0 & 1 \\ 1 & 3 \end{bmatrix}$ であり，$|\boldsymbol{V}_{\mathrm{c}}| = -1 \neq 0$ より，(5.32) 式は可制御である．

② $|\boldsymbol{M}_0| = \begin{vmatrix} \boldsymbol{A} & \boldsymbol{b} \\ \boldsymbol{c} & 0 \end{vmatrix} = \begin{vmatrix} 0 & 1 & 0 \\ -2 & 3 & 1 \\ 1 & 0 & 0 \end{vmatrix} = 1 \neq 0$ より，(5.32) 式は原点に不変零点をもたない．

したがって，偏差拡大システム (5.66) 式は可制御である．

問題 5.6, 5.7　略

第 6 章の解答

問題 6.1 (1) $\boldsymbol{V}_{\mathrm{c}} = \begin{bmatrix} \boldsymbol{b} & \boldsymbol{A}\boldsymbol{b} \end{bmatrix} = \begin{bmatrix} 1 & -1 \\ 1 & -1 \end{bmatrix}$, $\boldsymbol{V}_{\mathrm{o}} = \begin{bmatrix} \bar{\boldsymbol{c}} \\ \bar{\boldsymbol{c}}\boldsymbol{A} \end{bmatrix} = \begin{bmatrix} 0 & 1 \\ -1 & 0 \end{bmatrix}$ より $\det\boldsymbol{V}_{\mathrm{c}} = 0$, $\det\boldsymbol{V}_{\mathrm{o}} = 1$ であるから，$(\boldsymbol{A}, \boldsymbol{b})$ は不可制御，$(\bar{\boldsymbol{c}}, \boldsymbol{A})$ は可観測である．

(2) $\boldsymbol{V}_{\mathrm{c}} = \begin{bmatrix} \boldsymbol{b} & \boldsymbol{A}\boldsymbol{b} & \boldsymbol{A}^2\boldsymbol{b} \end{bmatrix} = \begin{bmatrix} 0 & 0 & 1 \\ 0 & 1 & -1 \\ 1 & -1 & 2 \end{bmatrix}$, $\boldsymbol{V}_{\mathrm{o}} = \begin{bmatrix} \bar{\boldsymbol{c}} \\ \bar{\boldsymbol{c}}\boldsymbol{A} \\ \bar{\boldsymbol{c}}\boldsymbol{A}^2 \end{bmatrix} = \begin{bmatrix} 1 & 0 & 0 \\ 0 & 1 & 0 \\ 0 & 0 & 1 \end{bmatrix}$ より $\det\boldsymbol{V}_{\mathrm{c}} = -1$, $\det\boldsymbol{V}_{\mathrm{o}} = 1$ であるから，$(\boldsymbol{A}, \boldsymbol{b})$ は可制御，$(\bar{\boldsymbol{c}}, \boldsymbol{A})$ は可観測である．

(3) $\boldsymbol{V}_{\mathrm{c}} = \begin{bmatrix} \boldsymbol{b} & \boldsymbol{A}\boldsymbol{b} \end{bmatrix} = \begin{bmatrix} 1 & -1 \\ 0 & 1 \end{bmatrix}$, $\boldsymbol{V}_{\mathrm{o}} = \begin{bmatrix} \bar{\boldsymbol{c}} \\ \bar{\boldsymbol{c}}\boldsymbol{A} \end{bmatrix} = \begin{bmatrix} 2 & 0 \\ -2 & 0 \end{bmatrix}$ より $\det\boldsymbol{V}_{\mathrm{c}} = 1$, $\det\boldsymbol{V}_{\mathrm{o}} = 0$ であるから，$(\boldsymbol{A}, \boldsymbol{b})$ は可制御，$(\bar{\boldsymbol{c}}, \boldsymbol{A})$ は不可観測である．

問題 6.2　次数は $n = 3$ であり，次式より，$\mathrm{rank}\boldsymbol{V}_{\mathrm{c}} = n$, $\mathrm{rank}\boldsymbol{V}_{\mathrm{o}} = n$ であるから，$(\boldsymbol{A}, \boldsymbol{B})$ は可制御，$(\overline{\boldsymbol{C}}, \boldsymbol{A})$ は可観測である．

$$\boldsymbol{V}_{\mathrm{c}} = \begin{bmatrix} \boldsymbol{B} & \boldsymbol{A}\boldsymbol{B} & \boldsymbol{A}^2\boldsymbol{B} \end{bmatrix} = \begin{bmatrix} 0 & 0 & 1 & 0 & 0 & 1 \\ 1 & 0 & 0 & 1 & -1 & 0 \\ 0 & 1 & -1 & 0 & 2 & -1 \end{bmatrix},\quad \boldsymbol{V}_{\mathrm{o}} = \begin{bmatrix} \overline{\boldsymbol{C}} \\ \overline{\boldsymbol{C}}\boldsymbol{A} \\ \overline{\boldsymbol{C}}^2\boldsymbol{A} \end{bmatrix} = \begin{bmatrix} 1 & -1 & 0 \\ 1 & 0 & 0 \\ 0 & 1 & -1 \\ 0 & 1 & 0 \\ -2 & 1 & 1 \\ 0 & 0 & 1 \end{bmatrix}$$

問題 6.3 (1) $(\bar{\boldsymbol{c}}, \boldsymbol{A})$ は可観測なので，$\boldsymbol{A} + \boldsymbol{l}\bar{\boldsymbol{c}}$ の極配置を実現する $\boldsymbol{l} = \begin{bmatrix} l_1 & l_2 \end{bmatrix}^{\mathrm{T}}$ が，以下のように求まる．

(a) $|\lambda\boldsymbol{I} - (\boldsymbol{A} + \boldsymbol{l}\bar{\boldsymbol{c}})| = \lambda^2 - l_2\lambda - 1 + l_1$ が $\Delta(\lambda) = \{\lambda - (-5)\}^2 = \lambda^2 + 10\lambda + 25$ と一致するように l_1, l_2 を定めればよいから，$\boldsymbol{l} = \begin{bmatrix} 26 & -10 \end{bmatrix}^{\mathrm{T}}$ となる．

(b) $\Delta(\lambda) = \{\lambda - (-5)\}^2 = \lambda^2 + 10\lambda + 25$ ($\delta_1 = 10$, $\delta_0 = 25$) より，次式が得られる．

$$\boldsymbol{\Delta}_{\boldsymbol{A}} = \boldsymbol{A}^2 + \delta_1\boldsymbol{A} + \delta_0\boldsymbol{I} = \begin{bmatrix} 26 & -10 \\ -10 & 26 \end{bmatrix},\quad \boldsymbol{e} = \begin{bmatrix} 0 & 1 \end{bmatrix},\quad \boldsymbol{V}_{\mathrm{o}} = \begin{bmatrix} 0 & 1 \\ -1 & 0 \end{bmatrix}$$

$$\Longrightarrow \boldsymbol{l} = -\boldsymbol{\Delta}_{\boldsymbol{A}}\boldsymbol{V}_{\mathrm{o}}^{-1}\boldsymbol{e}^{\mathrm{T}} = \begin{bmatrix} 26 & -10 \end{bmatrix}^{\mathrm{T}}$$

(2) $(\bar{\boldsymbol{c}}, \boldsymbol{A})$ は可観測なので，$\boldsymbol{A} + \boldsymbol{l}\bar{\boldsymbol{c}}$ の極配置を実現する $\boldsymbol{l} = \begin{bmatrix} l_1 & l_2 & l_3 \end{bmatrix}^{\mathrm{T}}$ が，以下のように求まる．

(a) $|\lambda\boldsymbol{I} - (\boldsymbol{A} + \boldsymbol{l}\bar{\boldsymbol{c}})| = \lambda^3 + (1 - l_1)\lambda^2 - (1 + l_1 + l_2)\lambda + (2 + l_1 - l_2 - l_3)$ が $\Delta(\lambda) = \{\lambda - (-5)\}^3 = \lambda^3 + 15\lambda^2 + 75\lambda + 125$ と一致するように l_1, l_2, l_3 を定めればよいから，$\boldsymbol{l} = \begin{bmatrix} -14 & -62 & -75 \end{bmatrix}^{\mathrm{T}}$ となる．

(b) $\Delta(\lambda) = \{\lambda - (-5)\}^3 = \lambda^3 + 15\lambda^2 + 75\lambda + 125$ ($\delta_2 = 15$, $\delta_1 = 75$, $\delta_0 = 125$) より，次式が得られる．

$$\boldsymbol{\Delta_A} = \boldsymbol{A}^3 + \delta_2 \boldsymbol{A}^2 + \delta_1 \boldsymbol{A} + \delta_0 \boldsymbol{I} = \begin{bmatrix} 123 & 76 & 14 \\ -28 & 137 & 62 \\ -124 & 34 & 75 \end{bmatrix},\ \boldsymbol{e} = \begin{bmatrix} 0 & 0 & 1 \end{bmatrix},\ \boldsymbol{V}_{\mathrm{o}} = \begin{bmatrix} 1 & 0 & 0 \\ \hdashline 0 & 1 & 0 \\ \hdashline 0 & 0 & 1 \end{bmatrix}$$

$$\Longrightarrow\ \boldsymbol{l} = -\boldsymbol{\Delta_A} \boldsymbol{V}_{\mathrm{o}}^{-1} \boldsymbol{e}^{\mathrm{T}} = \begin{bmatrix} -14 & -62 & -75 \end{bmatrix}^{\mathrm{T}}$$

(3) $(\bar{\boldsymbol{c}},\ \boldsymbol{A})$ は不可観測であり，$\left|\lambda \boldsymbol{I} - \left(\boldsymbol{A} + \boldsymbol{l}\bar{\boldsymbol{c}}\right)\right| = (\lambda+1)(\lambda+1-2l_1)$ となる．したがって，$\boldsymbol{l} = \begin{bmatrix} l_1 & l_2 \end{bmatrix}^{\mathrm{T}}$ により，$\boldsymbol{A} + \boldsymbol{l}\bar{\boldsymbol{c}}$ の固有値 λ を任意の値に設定することは不可能である．

問題 6.4 (1) 0, 2　(2) $\boldsymbol{k} = \begin{bmatrix} -2 & -4 \end{bmatrix}$　(3) $\boldsymbol{l} = \begin{bmatrix} -6 & -20 \end{bmatrix}^{\mathrm{T}}$

(4) 次式より，$\boldsymbol{A}_{\mathrm{cl}}$ の固有値は $-1 \pm j,\ -2 \pm 2j$ となる．

$$\boldsymbol{A}_{\mathrm{cl}} = \left[\begin{array}{cc:cc} 0 & 1 & 0 & 0 \\ 0 & 2 & -2 & -4 \\ \hdashline 6 & 0 & -6 & 1 \\ 20 & 0 & -22 & -2 \end{array}\right]$$

$$\Longrightarrow\ \left|\lambda \boldsymbol{I} - \boldsymbol{A}_{\mathrm{cl}}\right| = \lambda^4 + 6\lambda^3 + 18\lambda^2 + 24\lambda + 16 = (\lambda^2 + 2\lambda + 2)(\lambda^2 + 4\lambda + 8)$$

問題 6.5, 6.6　略

第 7 章の解答

問題 7.1　任意の $\boldsymbol{x}(t) \neq 0$ に対して $E(\boldsymbol{x}(t)) > 0$ であるのは自明である．また，$\dot{E}(\boldsymbol{x}(t)) = -\mu x_2(t)^2$ であるから，任意の $\boldsymbol{x}(t) \neq 0$ に対して $\dot{E}(\boldsymbol{x}(t)) \leq 0$ である．ここで，ある時刻 $t = T$ で $\dot{E}(\boldsymbol{x}(T)) = 0$，すなわち，$x_2(T) = 0$ であるとすると，

$$\begin{cases} \dot{x}_1(T) = 0 \\ \dot{x}_2(T) = -\dfrac{k}{M} x_1(T) \end{cases}$$

となるが，$x_1(T) \neq 0$ の場合は $\dot{x}_2(T) \neq 0$ となり，$t = T$ 以降，$\dot{E}(\boldsymbol{x}(t)) = -\mu x_2(t)^2 = 0$ であり続けることはない．それに対し，$x_1(T) = 0$ の場合のみ $\dot{x}_2(T) = 0$ となり，$t = T$ 以降，$\dot{E}(\boldsymbol{x}(t)) = 0$ となる．したがって，$\boldsymbol{x}(t) = \boldsymbol{0}$ を除く解 $\boldsymbol{x}(t)$ に対して $\dot{E}(\boldsymbol{x}(t))$ が恒等的に零となることはないため，1 慣性システムの平衡点 $\boldsymbol{x}_{\mathrm{e}} = \boldsymbol{0}$ の漸近安定性がいえる．

問題 7.2　$\phi(\boldsymbol{x}(t)) = (1/2)\left\{(x_1(t) - x_2(t))^2 + 2x_2(t)^2\right\}$ より，任意の $\boldsymbol{x}(t) \neq 0$ に対して $\phi(\boldsymbol{x}(t)) > 0$ である．また，$\dot{x}_1(t) = -5x_2(t),\ \dot{x}_2(t) = x_1(t) - 2x_2(t)$ であることを考慮すると，$\dot{\phi}(\boldsymbol{x}(t)) = -\left(x_1(t)^2 + x_2(t)^2\right)$ であるから，任意の $\boldsymbol{x}(t) \neq 0$ に対して $\dot{\phi}(\boldsymbol{x}(t)) < 0$ である．したがって，$\phi(\boldsymbol{x}(t))$ はリアプノフ関数である．

問題 7.3 (1) (a) $\left|\lambda \boldsymbol{I} - \boldsymbol{A}\right| = \lambda^2 + 2\lambda + 2$ より，固有値は $\lambda = -1 \pm j$ であり，それらの実部 -1 は負であるから，漸近安定である．

(b) $\boldsymbol{Q} = \boldsymbol{I}$ としたリアプノフ方程式の解は，$\boldsymbol{P} = \dfrac{1}{8}\begin{bmatrix} 7 & -4 \\ -4 & 6 \end{bmatrix}$ である．$\boldsymbol{P}$ の主座小行列式は，$7/8 > 0,\ \left|\boldsymbol{P}\right| = 13/32 > 0$ であり，すべて正である．したがって，シルベスターの判別条件より $\boldsymbol{P}$ は正定行列であるため，漸近安定である．

(2) (a) $\left|\lambda \boldsymbol{I} - \boldsymbol{A}\right| = \lambda^3 + 3\lambda^2 + 3\lambda + 1$ より，固有値は $\lambda = -1$ (重根) であり，それらは負の実数であるから，漸近安定である．

(b) $\boldsymbol{Q} = \boldsymbol{I}$ としたリアプノフ方程式の解は，$\boldsymbol{P} = \dfrac{1}{16}\begin{bmatrix} 37 & 31 & 8 \\ 31 & 52 & 13 \\ 8 & 13 & 7 \end{bmatrix}$ である．$\boldsymbol{P}$ の主座小行列式は，$37/16 > 0,\ \begin{vmatrix} 37/16 & 31/16 \\ 31/16 & 52/16 \end{vmatrix} = 963/256 > 0,\ \left|\boldsymbol{P}\right| = 451/512 > 0$ であり，すべて正である．したがって，シルベスターの判別条件より，$\boldsymbol{P}$ は正定行列であるため，漸近安定である．

(3) (a) $\left|\lambda \boldsymbol{I} - \boldsymbol{A}\right| = \lambda^2 - 3\lambda - 4$ より，固有値は $\lambda = -1,\ 4$ であり，4 は正の実数であるから，漸近安定ではない．

(b) $\boldsymbol{Q} = \boldsymbol{I}$ としたリアプノフ方程式の解は，$\boldsymbol{P} = \dfrac{1}{8}\begin{bmatrix} 7 & -1 \\ -1 & -1 \end{bmatrix}$ である．$\boldsymbol{P}$ の主座小行列式は，

$7/8>0,\ |\boldsymbol{P}|=-1/8<0$ であり，負のものを含む．したがって，シルベスターの判別条件より，$\boldsymbol{P}$ は正定行列ではないため，漸近安定ではない．

問題 7.4 (1) $\boldsymbol{V}_{\rm o}=\begin{bmatrix}\boldsymbol{Q}_{\rm o}\\ \hdashline \boldsymbol{Q}_{\rm o}\boldsymbol{A}\end{bmatrix}=\begin{bmatrix}1 & 0\\ \hdashline 0 & -2\end{bmatrix}$ より $|\boldsymbol{V}_{\rm o}|=-2\neq 0$ であるから，$(\boldsymbol{Q}_{\rm o},\ \boldsymbol{A})$ は可観測である．

(2) リアプノフ方程式の解は $\boldsymbol{P}=\begin{bmatrix}3/4 & -1/2\\ -1/2 & 1/2\end{bmatrix}$ であり，その主座小行列式は $3/4>0,\ |\boldsymbol{P}|=1/8>0$ であり，すべて正である．したがって，シルベスターの判別条件より，$\boldsymbol{P}$ は正定行列であるため，漸近安定である．

(3) $\boldsymbol{A}$ の遷移行列は，$e^{\boldsymbol{A}t}=e^{-t}\begin{bmatrix}\cos t+\sin t & -2\sin t\\ \sin t & \cos t-\sin t\end{bmatrix}$ となるから，$\boldsymbol{Q}_{\rm o}\boldsymbol{x}(t)=\boldsymbol{Q}_{\rm o}e^{\boldsymbol{A}t}\boldsymbol{x}_0=e^{-t}(\cos t+\sin t)$ である．したがって，$\dot{\phi}(\boldsymbol{x}(t))=-\boldsymbol{x}^{\rm T}(t)\boldsymbol{Q}_{\rm o}^{\rm T}\boldsymbol{Q}_{\rm o}\boldsymbol{x}(t)=0$ となる時刻は，$t=3\pi/4,\ 7\pi/4,\ 11\pi/4,\ \cdots$ である．

問題 7.5 略

第 8 章の解答

問題 8.1 $q_1>0$ より，$\alpha=\sqrt{100+q_1}>10,\ \beta=2\alpha-19>1$ であることを利用すると，対称行列 $\boldsymbol{P}_1=\begin{bmatrix}\alpha\sqrt{\beta}-10 & \alpha-10\\ \alpha-10 & \sqrt{\beta}-1\end{bmatrix}$ の主座小行列式は，

- $\alpha\sqrt{\beta}-10>0$
- $|\boldsymbol{P}_1|=(\alpha\sqrt{\beta}-10)(\sqrt{\beta}-1)-(\alpha-10)^2=(\alpha+10)(\alpha-9-\sqrt{2\alpha-19})>0$

のようにすべて正であるから，$\boldsymbol{P}_1$ は正定行列である．

一方，$\boldsymbol{P}_2=\begin{bmatrix}-\alpha\sqrt{\beta}-10 & \alpha-10\\ \alpha-10 & -\sqrt{\beta}-1\end{bmatrix}$ の主座小行列式の一つは，$-\alpha\sqrt{\beta}-10<0$ であるから，$\boldsymbol{P}_2$ は正定ではない．

問題 8.2 $\boldsymbol{P}=\begin{bmatrix}p_{11} & p_{12}\\ p_{12} & p_{22}\end{bmatrix}$ とおくと，リカッチ方程式 (8.14) 式より，連立方程式

$$\begin{cases}-20p_{12}-p_{12}^2+2400=0\\ p_{11}-p_{12}-10p_{22}-p_{12}p_{22}=0\\ 2p_{12}-2p_{22}-p_{22}^2+144=0\end{cases}$$

が得られる．この連立方程式を解くことで，(8.14) 式の実数の対称解 $\boldsymbol{P}=\boldsymbol{P}_1,\ \boldsymbol{P}_2,\ \boldsymbol{P}_3,\ \boldsymbol{P}_4$ が，

$$\boldsymbol{P}_1=\begin{bmatrix}-260 & -60\\ -60 & 4\end{bmatrix},\quad \boldsymbol{P}_2=\begin{bmatrix}240 & -60\\ -60 & -6\end{bmatrix},\quad \boldsymbol{P}_3=\begin{bmatrix}740 & 40\\ 40 & 14\end{bmatrix},\quad \boldsymbol{P}_4=\begin{bmatrix}-760 & 40\\ 40 & -16\end{bmatrix}$$

のように得られる．これらの中で正定なのは $\boldsymbol{P}_3$ のみであるから，リカッチ方程式 (8.14) 式の唯一の正定対称解は，$\boldsymbol{P}=\boldsymbol{P}_3=\begin{bmatrix}740 & 40\\ 40 & 14\end{bmatrix}$ である．したがって，コントローラ (8.15) 式のゲインは，$\boldsymbol{k}=-(1/r)\boldsymbol{b}^{\rm T}\boldsymbol{P}_3=\begin{bmatrix}-40 & -14\end{bmatrix}$ となる．

問題 8.3 (1) $\boldsymbol{H}$ の固有値は $\lambda=\pm 5,\ \pm 10$ であり，その中で安定な固有値は，$\underline{\lambda}_1=-5,\ \underline{\lambda}_2=-10$ である．また，これらに対する固有ベクトル $\underline{\boldsymbol{v}}_1,\ \underline{\boldsymbol{v}}_2$ は，次式となる．

$$\underline{\boldsymbol{v}}_1=\begin{bmatrix}\underline{v}_{1,11}\\ \underline{v}_{1,12}\\ \hdashline \underline{v}_{1,21}\\ \underline{v}_{1,22}\end{bmatrix}=\begin{bmatrix}\alpha\\ -5\alpha\\ \hdashline 540\alpha\\ -30\alpha\end{bmatrix},\quad \underline{\boldsymbol{v}}_2=\begin{bmatrix}\underline{v}_{2,11}\\ \underline{v}_{2,12}\\ \hdashline \underline{v}_{2,21}\\ \underline{v}_{2,22}\end{bmatrix}=\begin{bmatrix}\beta\\ -10\beta\\ \hdashline 340\beta\\ -100\beta\end{bmatrix}\quad (\alpha\neq 0,\ \beta\neq 0：\text{任意の実数})$$

(2) $\underline{\boldsymbol{V}}_1=\left[\begin{array}{c:c}\underline{v}_{1,11} & \underline{v}_{2,11}\\ \underline{v}_{1,12} & \underline{v}_{2,12}\end{array}\right]=\left[\begin{array}{c:c}\alpha & \beta\\ -5\alpha & -10\beta\end{array}\right],\ \underline{\boldsymbol{V}}_2=\left[\begin{array}{c:c}\underline{v}_{1,21} & \underline{v}_{2,21}\\ \underline{v}_{1,22} & \underline{v}_{2,22}\end{array}\right]=\left[\begin{array}{c:c}540\alpha & 340\beta\\ -30\alpha & -100\beta\end{array}\right]$ より，

リカッチ方程式の解は，$\boldsymbol{P}=\underline{\boldsymbol{V}}_2\underline{\boldsymbol{V}}_1^{-1}=\begin{bmatrix}740 & 40\\ 40 & 14\end{bmatrix}$ となる．

(3) $\boldsymbol{A}+\boldsymbol{b}\boldsymbol{k}$ の固有値が，$\boldsymbol{H}$ の安定な固有値 $\underline{\lambda}_1=-5,\ \underline{\lambda}_2=-10$ となるような $\boldsymbol{k}$ を，アッカーマンの極配置アルゴリズムにより定めると，$\Delta(\lambda)=(\lambda-\underline{\lambda}_1)(\lambda-\underline{\lambda}_2)=\lambda^2+15\lambda+50\ (\delta_1=15,\ \delta_0=50)$ より，以下のようになる．

$$\boldsymbol{\Delta_A} = \boldsymbol{A}^2 + \delta_1 \boldsymbol{A} + \delta_0 \boldsymbol{I} = \begin{bmatrix} 40 & 14 \\ -140 & 26 \end{bmatrix}, \ \boldsymbol{e} = \begin{bmatrix} 0 & 1 \end{bmatrix}, \ \boldsymbol{V}_\mathrm{c} = \begin{bmatrix} \boldsymbol{b} & \boldsymbol{Ab} \end{bmatrix} = \begin{bmatrix} 0 & 1 \\ 1 & -1 \end{bmatrix}$$

$$\Longrightarrow \ \boldsymbol{k} = -\boldsymbol{e}\boldsymbol{V}_\mathrm{c}^{-1}\boldsymbol{\Delta_A} = \begin{bmatrix} -40 & -14 \end{bmatrix}$$

問題 8.4, 8.5　略

付録 C の解答

問題 C.1　(1) $|\boldsymbol{A}| = 2$　(2) $|\boldsymbol{A}| = -8$

問題 C.2　(1) $\boldsymbol{A}^{-1} = \begin{bmatrix} -3/2 & -1/2 \\ 1 & 0 \end{bmatrix}$　(2) $\boldsymbol{A}^{-1} = \begin{bmatrix} 1/4 & 1/4 & -1/4 \\ 1/2 & -1/2 & -1/2 \\ 1/4 & 1/4 & 1/4 \end{bmatrix}$

問題 C.3　(1) $\mathrm{rank}\boldsymbol{A} = 2$　(2) $\mathrm{rank}\boldsymbol{A} = 2$

問題 C.4　(1) 固有値は $\lambda_1 = -1$, $\lambda_2 = -2$ であり，これらに対する固有ベクトル $\boldsymbol{v}_1$, $\boldsymbol{v}_2$ は，それぞれ $\boldsymbol{v}_1 = \begin{bmatrix} \alpha \\ -\alpha \end{bmatrix}$, $\boldsymbol{v}_2 = \begin{bmatrix} \beta \\ -2\beta \end{bmatrix}$ となる．ただし，$\alpha \neq 0, \beta \neq 0$ は任意の実数である．

(2) 固有値は $\lambda_1 = -1 + 3j$, $\lambda_2 = -1 - 3j$ であり，これらに対する固有ベクトル $\boldsymbol{v}_1$, $\boldsymbol{v}_2$ は，それぞれ $\boldsymbol{v}_1 = \begin{bmatrix} \alpha \\ (-1+3j)\alpha \end{bmatrix}$, $\boldsymbol{v}_2 = \begin{bmatrix} \beta \\ (-1-3j)\beta \end{bmatrix}$ となる．ただし，$\alpha \neq 0, \beta \neq 0$ は任意の複素数である．

問題 C.5　(1)

$$\overbrace{\frac{1}{-\alpha\beta}\begin{bmatrix} -2\beta & -\beta \\ \alpha & \alpha \end{bmatrix}}^{\boldsymbol{S}^{-1}} \overbrace{\begin{bmatrix} 0 & 1 \\ -2 & -3 \end{bmatrix}}^{\boldsymbol{A}} \overbrace{\begin{bmatrix} \alpha & \beta \\ -\alpha & -2\beta \end{bmatrix}}^{\boldsymbol{S}} = \overbrace{\begin{bmatrix} -1 & 0 \\ 0 & -2 \end{bmatrix}}^{\boldsymbol{\Lambda}}$$

(2)

$$\underbrace{\frac{1}{-6\alpha\beta j}\begin{bmatrix} (-1-3j)\beta & -\beta \\ (1-3j)\alpha & \alpha \end{bmatrix}}_{\boldsymbol{S}^{-1}} \underbrace{\begin{bmatrix} 0 & 1 \\ -10 & -2 \end{bmatrix}}_{\boldsymbol{A}} \underbrace{\begin{bmatrix} \alpha & \beta \\ (-1+3j)\alpha & (-1-3j)\beta \end{bmatrix}}_{\boldsymbol{S}} = \underbrace{\begin{bmatrix} -1+3j & 0 \\ 0 & -1-3j \end{bmatrix}}_{\boldsymbol{\Lambda}}$$

問題 C.6　(1) $\left|\lambda\boldsymbol{I} - \boldsymbol{A}\right| = \lambda^2 + 3\lambda + 2$ より，次式が得られる．

$$\underbrace{\begin{bmatrix} 0 & 1 \\ -10 & -2 \end{bmatrix}^2}_{\boldsymbol{A}^2} + 3\underbrace{\begin{bmatrix} 0 & 1 \\ -10 & -2 \end{bmatrix}}_{\boldsymbol{A}} + 2\underbrace{\begin{bmatrix} 1 & 0 \\ 0 & 1 \end{bmatrix}}_{\boldsymbol{I}} = \underbrace{\begin{bmatrix} 0 & 0 \\ 0 & 0 \end{bmatrix}}_{\boldsymbol{O}}$$

(2) $\left|\lambda\boldsymbol{I} - \boldsymbol{A}\right| = \lambda^2 + 2\lambda + 10$ より，次式が得られる．

$$\underbrace{\begin{bmatrix} 0 & 1 \\ -2 & -3 \end{bmatrix}^2}_{\boldsymbol{A}^2} + 2\underbrace{\begin{bmatrix} 0 & 1 \\ -2 & -3 \end{bmatrix}}_{\boldsymbol{A}} + 10\underbrace{\begin{bmatrix} 1 & 0 \\ 0 & 1 \end{bmatrix}}_{\boldsymbol{I}} = \underbrace{\begin{bmatrix} 0 & 0 \\ 0 & 0 \end{bmatrix}}_{\boldsymbol{O}}$$

問題 C.7　複素ベクトル $\boldsymbol{\xi} = \begin{bmatrix} \xi_1 \\ \xi_2 \end{bmatrix} = \begin{bmatrix} \gamma_1 + j\delta_1 \\ \gamma_2 + j\delta_2 \end{bmatrix} \in \mathbb{C}^2$ を考えると，$\boldsymbol{P}$ の 2 次形式は，次式のように平方完成できるので，$\boldsymbol{P}$ は正定である．

$$\begin{aligned} \boldsymbol{\xi}^*\boldsymbol{P}\boldsymbol{\xi} &= \begin{bmatrix} \gamma_1 - j\delta_1 & \gamma_2 - j\delta_2 \end{bmatrix}\begin{bmatrix} 2 & 1 \\ 1 & 2 \end{bmatrix}\begin{bmatrix} \gamma_1 + j\delta_1 \\ \gamma_2 + j\delta_2 \end{bmatrix} \\ &= \left(2\gamma_1^2 + 2\gamma_1\gamma_2 + 2\gamma_2^2\right) + \left(2\delta_1^2 + 2\delta_1\delta_2 + 2\delta_2^2\right) \\ &= \left\{2\left(\gamma_1 + \frac{1}{2}\gamma_2\right)^2 + \frac{3}{2}\gamma_2^2\right\} + \left\{2\left(\delta_1 + \frac{1}{2}\delta_2\right)^2 + \frac{3}{2}\delta_2^2\right\} > 0 \ (\forall\boldsymbol{\xi} \neq \boldsymbol{0}) \end{aligned}$$

問題 C.8　(1) $\boldsymbol{P}$ の固有値は $\lambda = 1, \ 4$ であり，これらはすべて正であるから，$\boldsymbol{P}$ は正定である．

(2) $\boldsymbol{P}$ の主座小行列式は $2 > 0$, $|\boldsymbol{P}| = 4 > 0$ のようにすべて正であるから，$\boldsymbol{P}$ は正定である．

(3) 2 次形式 $\boldsymbol{\xi}^\mathrm{T}\boldsymbol{P}\boldsymbol{\xi}$ は，次式のように平方完成できるので，$\boldsymbol{P}$ は正定である．

$$\boldsymbol{\xi}^\mathrm{T}\boldsymbol{P}\boldsymbol{\xi} = \begin{bmatrix} \xi_1 & \xi_2 \end{bmatrix}\begin{bmatrix} 2 & \sqrt{2} \\ \sqrt{2} & 3 \end{bmatrix}\begin{bmatrix} \xi_1 \\ \xi_2 \end{bmatrix} = 2\left(\xi_1 + \frac{\sqrt{2}}{2}\xi_2\right)^2 + 2\xi_2^2 > 0 \ (\forall\boldsymbol{\xi} \neq \boldsymbol{0})$$

問題 C.9～C.11　略

参考文献

[現代制御全般]　現代制御の全般については，以下の文献が参考になる．

1) 小郷　寛，美多　勉：システム制御理論入門，実教出版 (1979)
2) 吉川恒夫，井村順一：現代制御論，昭晃堂 (1994)〔コロナ社 (2014)〕
3) 梶原宏之：線形システム制御入門，コロナ社 (2000)
4) 池田雅夫，藤崎泰正：多変数システム制御，コロナ社 (2010)
5) 浜田　望，松本直樹，高橋　徹：現代制御理論入門，コロナ社 (1996)
6) 鈴木　隆：現代制御の基礎と演習, 山海堂 (2004)
7) 川谷亮治：フリーソフトで学ぶ線形制御 — Maxima/Scilab 活用法, 森北出版 (2008)
8) 森　泰親：制御工学, コロナ社 (2001)

[安定性]　安定性に関する理論の詳細については，以下の文献が参考になる．

9) 井村順一：システム制御のための安定論, コロナ社 (2000)

[線形行列不等式 (LMI) に基づく制御系解析／設計]　LMI に基づく制御系解析や設計について興味があるのであれば，以下の文献が参考になる．

10) 岩崎徹也：LMI と制御，昭晃堂 (1997) ……https://sites.google.com/g.ucla.edu/cyclab/publications から無料で入手可能
11) 藤森　篤：ロバスト制御，コロナ社 (2001)
12) S. P. Boyd et al.: Linear Matrix Inequalities in System and Control Theory, *SIAM* (1998) ……https://www.stanford.edu/~boyd/lmibook/lmibook.pdf から無料で入手可能
13) 日本機械学会編：運動と振動の制御の最前線，共立出版 (2007)
14) 川田昌克，蛯原義雄：LMI に基づく制御系解析・設計，システム/制御/情報，Vol. 55，No. 5 (2011)

[MATLAB]　MATLAB について興味があるのであれば，以下の文献やホームページが参考になる．

15) 川田昌克，西岡勝博：MATLAB/Simulink によるわかりやすい制御工学 (第 2 版)，森北出版 (2022)
16) 足立修一：MATLAB による制御工学，東京電機大学出版局 (1999)
17) 野波健蔵，西村秀和：MATLAB による制御理論の基礎，東京電機大学出版局 (1998)
18) 野波健蔵，西村秀和，平田光男：MATLAB による制御系設計，東京電機大学出版局 (1998)
19) MathWorks JAPAN ホームページ：https://jp.mathworks.com/
20) 上坂吉則：MATLAB プログラミング入門，牧野書店 (2000)

索　引

行列・ベクトル関連

MATLAB 関連

MATLAB 関数等

添字 † の MATLAB 関数は Symbolic Math Toolbox, 添字 †† の MATLAB 関数は Robust Control Toolbox, 添字 ♯ の MATLAB 関数は YALMIP と SeDuMi (または SDPT3 か Robust Control Toolbox) が必要

blkdiag (ブロック対角行列) ……… 243
break (break 文) ……… 221
care (リカッチ方程式の求解) ……… 174, 180
case ……… → switch
cd (カレントディレクトリの変更，確認) ……… 215, 225
clear (メモリ上の変数の消去) ……… 28, 212
clf (フィギュアウィンドウをクリア) ……… 216
coeffs† (方程式の各項の係数を抽出) ……… 87
collect† (方程式の項をまとめる) ……… 87
conv (多項式の乗算) ……… 56, 88
ctrb (可制御行列) ……… 86, 88, 113
det (行列式) ……… 86, 87, 113, 134, 244
diag (対角行列) ……… 174, 243
disp (コマンドウィンドウにテキストを表示) ……… 135, 175
doc (ヘルプ機能) ……… 211
double (倍精度で表示) ……… 175, 226
eig (固有値，固有ベクトル) ……… 57, 66, 87, 135, 152, 175, 177, 245
else (if-else 文) ……… 219
elseif (if-elseif-else 文) ……… 219
expand† (文字式の展開) ……… 227
expm (ある時刻での遷移行列 $e^{\boldsymbol{A}t}$) ……… 58
expm† (遷移行列 $e^{\boldsymbol{A}t}$) ……… 58
eye (単位行列) ……… 30, 57, 58, 60, 87, 90, 91, 195, 243
factor† (文字式の因数分解) ……… 227
figure (フィギュアウィンドウの指定) ……… 91, 136, 153, 176, 216
for (for 文) ……… 175, 177, 218, 221
format (コマンドウィンドウでの表示形式)
— compact (余分な改行を省略) ……… 28
— short (固定小数点形式で表示) ……… 213
— short e (指数形式で表示) ……… 213
fprintf (コマンドウィンドウへの表示)
%d (整数型) ……… 218
%f (浮動小数点型) ……… 220
¥n (改行) ……… 218
genpath (指定したディレクトリ内に存在するディレクトリを表示) ……… 228
grid (補助線の描画) ……… 59, 63, 91, 111, 136, 153, 176, 216
help (ヘルプ機能) ……… 211
i ……… → j
if (if 文) ……… 175, 177, 219
ilaplace† (逆ラプラス変換) ……… 58, 60
imag (虚部) ……… 243
impulse (インパルス応答) ……… 61
Inf (無限大) ……… 212
initial (零入力応答) ……… 91
input (キーボードからの入力) ……… 135
inv (逆行列) ……… 88, 110, 111, 135, 174, 177, 195, 244
j (虚数単位) ……… 212, 243
laplace† (ラプラス変換) ……… 58
hold off (グラフの開放) ……… 63
hold on (グラフの保持) ……… 63
legend (グラフの凡例) ……… 63, 136, 153, 216
linspace (等間隔のデータ) ……… 91, 213
logspace (対数スケールで等間隔のデータ) ……… 213
lookfor (検索機能) ……… 211
lqr (最適レギュレータ) ……… 175
lsim (任意の時間応答) ……… 62
lyap (リアプノフ方程式の解) ……… 152
NaN (不定値) ……… 212
obsv (可観測行列) ……… 134, 153
ones (要素がすべて 1 の行列) ……… 62
otherwise ……… → switch
path (パスの確認) ……… 228
pi (円周率) ……… 212
place (多入力システムに対する極配置) ……… 89
plot (2 次元グラフの描画) ……… 59, 63, 91, 111, 136, 153, 176, 216
poly (特性多項式の係数) ……… 88, 246
print (eps，メタファイルなどの生成) ……… 216
pwd (カレントディレクトリの確認) ……… 215
rank (ランク) ……… 86, 113, 134, 153, 244
real (実部) ……… 177, 243
residue (部分分数分解) ……… 56
roots (n 次方程式の求解) ……… 246
sdpsettings♯ (関数“solvesdp”のオプション設定) ……… 194, 195
sdpvar♯ (LMI の決定変数を定義) ……… 194, 195
set (グラフのプロパティを設定) ……… 216
sign (符号関数) ……… 220
collect† (文字式をべき乗の形式で表示) ……… 30
simplify† (文字式の簡略化) ……… 30, 57, 227
size (行列のサイズ) ……… 175, 243
solve† (方程式の求解) ……… 87, 175, 226
solvesdp♯ (LMI の求解) ……… 194, 195
sqrt (平方根) ……… 195
ss (状態空間表現) ……… 28, 30, 32, 66, 91
ssdata (状態空間表現の係数行列の抽出) ……… 29, 32
ss2ss (同値変換) ……… 31
step (ステップ応答) ……… 61
subplot (フィギュアウィンドウの分割) ……… 136
subs† (変数に値を代入) ……… 57, 58, 60, 87, 226
switch (switch 文) ……… 220
sym† (有理数で表示) ……… 57, 226
syms† (変数の定義) ……… 57, 58, 60, 87, 175, 226
tf (伝達関数表現) ……… 29, 30, 32, 66
tfdata (伝達関数の分子・分母多項式の抽出) ……… 29
tf2ss (伝達関数表現から状態空間表現への変換) ……… 31
title (グラフのタイトル) ……… 216
trace (トレース) ……… 195, 245
while (while 文) ……… 219
who (メモリ上の変数の確認) ……… 212
whos (メモリ上の変数の詳細を確認) ……… 212

Simulink 関連

Simulink ブロック

Symbolic Math Toolbox 関連

著 者 略 歴

川田　昌克 (かわた・まさかつ)

1970 年　1 月 15 日生まれ
1988 年　山口県立豊浦高等学校卒業
1992 年　立命館大学理工学部情報工学科卒業
1997 年　立命館大学大学院理工学研究科博士課程後期課程情報工学専攻修了
(博士 (工学) 取得)
1997 年　立命館大学理工学部電気電子系助手 (任期制)
1998 年　舞鶴工業高等専門学校電子制御工学科助手
2000 年　舞鶴工業高等専門学校電子制御工学科講師
2006 年　舞鶴工業高等専門学校電子制御工学科助教授
2007 年　舞鶴工業高等専門学校電子制御工学科准教授
2010 年　舞鶴工業高等専門学校電子制御工学科教授
2023 年　北九州工業高等専門学校生産デザイン工学科教授
現在に至る

著 書

「MATLAB/Simulink によるわかりやすい制御工学」(森北出版)
「Scilab で学ぶわかりやすい数値計算法」(森北出版)
「MATLAB/Simulink と実機で学ぶ制御工学
—PID 制御から現代制御まで—」(TechShare)
「倒立振子で学ぶ制御工学」(森北出版)
「MATLAB/Simulink による制御工学入門」(森北出版)

MATLAB/Simulink による現代制御入門

2011 年 6 月　2 日　第 1 版第 1 刷発行
2025 年 3 月 19 日　第 1 版第 6 刷発行

著　　者　川田昌克
発 行 者　森北博巳
発 行 所　**森北出版株式会社**
東京都千代田区富士見 1–4–11 (〒102–0071)
電話 03–3265–8341 ／ FAX 03–3264–8709
https://www.morikita.co.jp/
日本書籍出版協会・自然科学書協会　会員
JCOPY ＜(一社) 出版者著作権管理機構 委託出版物＞

落丁・乱丁本はお取替えいたします　　印刷/ワコー・製本/ブックアート

Printed in Japan ／ ISBN978–4–627–92041–5